新型IP承载网关键技术及应用实践

张国新◎主　编
陈　凯　许洪东　黄国斌◎副主编

人民邮电出版社
北　京

图书在版编目（CIP）数据

新型IP承载网关键技术及应用实践 / 张国新主编
. -- 北京 : 人民邮电出版社, 2023.6
ISBN 978-7-115-61439-1

Ⅰ. ①新… Ⅱ. ①张… Ⅲ. ①无线电通信－移动网－
研究 Ⅳ. ①TN929.5

中国国家版本馆CIP数据核字(2023)第050811号

内 容 提 要

本书介绍了中国电信城域网从光网络化到网络扁平化改造、移动承载网从 3G 到 5G 的发展历程；简要介绍了传统 IP 承载网络关键技术，并指出了新型 IP 城域网的解决方向；讲述了新型 IP 承载网所涉及的 SR 和 SRv6、网络切片、EVPN、SDN 和 NFV 新技术；从云网融合趋势切入，重点分析了新型 IP 承载网在不同场景下的组网架构，以及总结了近年来广东电信新型 IP 承载网络的运营和建设中的各种部署实践方案与经验。

本书适合从事电信网络运营、规划、工程等建设相关工作的技术人员，以及通信相关科研单位、高校的网络技术相关专业的研究人员、老师、学生阅读。

◆ 主　　编　张国新
副 主 编　陈　凯　许洪东　黄国斌
责任编辑　刘亚珍
责任印制　马振武
◆ 人民邮电出版社出版发行　　北京市丰台区成寿寺路 11 号
邮编　100164　　电子邮件　315@ptpress.com.cn
网址　https://www.ptpress.com.cn
固安县铭成印刷有限公司印刷
◆ 开本：787×1092　1/16
印张：27　　2023 年 6 月第 1 版
字数：500 千字　　2023 年 6 月河北第 1 次印刷

定价：188.00 元

读者服务热线：(010)81055493　印装质量热线：(010)81055316
反盗版热线：(010)81055315
广告经营许可证：京东市监广登字 20170147 号

编委会

前言

随着国家信息化战略的实施，社会中各行业的数字化转型正快速发展，为国家经济发展和转型奠定了坚实的基础。电信运营商作为电信网络的运营主体，在社会数字化进程中承担了提供优质数字化基础设施的社会责任，并推动国家数字化转型。中国电信集团提出了“网是基础、云为核心、网随云动、云网一体”的数字化转型战略，简称为“云改数转”，构建云网融合的基础设施，加快第五代移动通信技术（5th Generation Mobile Communication Technology，5G）、物联网和数据中心建设，加强人工智能等新技术应用，打造数字化平台，为垂直行业赋能赋智，构建丰富的应用生态，承载客户信息化需求，支撑客户转型升级。

互联网协议（Internet Protocol，IP）网络作为电信运营商各种业务的承载基础，在社会数字化转型过程中发挥着重要的作用，IP 网络技术的发展推动着信息化的发展。回顾历史，信息产业革命作为人类第四次产业革命，伴随着互联网的出现、普及和升级，推动了人类社会的快速演进。21 世纪是互联网时代，电信运营商提供的 IP 网络服务正是互联网体系的基础，IP 网络在互联网体系中扮演着核心的角色。

新型 IP 承载网是为推动网络数字化转型而产生的新型网络架构，是近年来兴起的新技术发展方向，国内三大电信运营商的网络建设都在向这个方向演进。

在互联网出现的 20 多年中，运营商的 IP 网络经过多次升级迭代。在家庭互联网服务上，由窄带调制解调器（Modem）拨号网络，到宽带非对称数字用户线（Asymmetric Digital Subscriber Line，ADSL）拨号网络，到现在普及的光宽带网络，上网速度从千比特每秒到现在的吉比特每秒。在终端实现方式上，从过去的固定终端互联网服务实现了移动终端互联网服务，并进一步向物联网发展，移动网络经过 3G、4G、5G 不断演进；在业务形态上，从单一连接型网络传送发展为云网融合服务形态；同时，IP 承载网也出现了城域网（承载互联网络服务）、移动回传网、数据中心（Data Center，DC）承载网、融合云网等多种网络形态。

在网络技术上，IP 承载网技术经过了 3 个发展阶段，以 IP 交换和路由技术为特征的网络 1.0 时代，以多协议标签交换（Multi-Protocol Label Switching，MPLS）转发为特征的网络 2.0 时代，到现在以“IPv6+”为特征的网络 3.0 时代。在网络 1.0、网络 2.0 时代，IP 承载网都叫尽力而为服务（Best Effort，BE）网络，数据报文遵循二层和三层技术转发，网络中的每台设备只关注完成自己的转发，而对报文是否最终能到达目的地并不关注。到了网络 3.0 时代，承载网实现了基于 IPv6 的分段路由（Segment Routing IPv6，SRv6）源路由技术，始发设备在报文中压入全程路由信息，从而保证数据包能够最终顺利到达目的地。

在运营商 IP 承载网中，过去主要是用户访问互联网的南北向流量。但随着数据中心和算力网络技术的发展，数据中心和云成为流量的核心引擎，东西向流量逐步成为主导。为了适应这种流量模型的变化，国内各大运营商近年来提出新的 IP 承载网组网架构。例如，中国电信发布了城域云网架构，在 2021 年完成全国 5 个地市城域云网的试点，并在 2022 年在各省地市铺开建设。

与传统的 IP 承载网相比，新型 IP 承载网具有以下特征。

首先，新型 IP 承载网具有更加简化的网络架构。例如，采用脊 - 叶（Spine-Leaf）架构，更有利于东西向流量模型的承载，也有利于简化网络维护。

其次，新型 IP 承载网在一张网络上实现了固移融合，toH（Home，面向家庭）、toC（Customer，面向个人）、toB（Business，面向政企）融合，云网融合。过去的宽带城域网、移动回传网、精品专线网都是分开建设和运营的，不利于节约投资和网络运营的开展。新型 IP 承载网则打破了“烟囱式”分立网络方式，移动、家庭宽带、专线、云等多种业务在一张网上统一承载。

再次，新型 IP 承载网引入以 SRv6 为核心的“IPv6+”技术，实现源路由控制、流量工程及控制面、用户面[1]分离，业务层实现网络功能虚拟化（Network Function Virtualization，NFV）的控制面及用户面分离，并通过网络切片、随流检测和自治网络等技术提升网络的能力。

最后，新型 IP 承载网引入了可编程网络的概念，报文转发可编程，进一步结合应用和网络实现可编程，从而填补了网络和应用的“壕沟”，为互联网的应用发展提供了更多可能。

中国电信广东分公司（以下简称“广东电信”）作为具备自主研发实力的省分公司，积极开展新型 IP 承载网络的研究、部署和应用工作，并拥有一支强大的技术和业务专家队伍。在网络实践上，广东电信积极推动城域云网试点和全省推广；推动网络云改，全省构建云网汇接中心统一承载云网业务；实施智能传送网（Smart Transport Network，STN）2.0，在 5G 承载网上全面启用 SRv6 和切片技术；推动软件定义网络（Software Defined Network，SDN）控制器落地，自

1. 在数据网络术语中，用户面与转发面的意思相同，为了方便读者阅读，本书统一采用用户面来描述。

主研发省级SDN控制器实现基于SRv6策略（SRv6 Policy）的流量工程。因此，广东电信网络运营团队是新型IP承载网络、技术和业务的探索者、先行者，积累了丰富的网络部署和运营经验，为本书的编著打下了坚实的基础。本书凝聚了广东电信最新的技术、管理、运营等知识，充分体现了广东电信的实力和分享了广东电信多年的实践运营经验，希望读者能从本书中吸收到对自己有帮助的内容。

本书总结了广东电信新型IP承载网的运营和建设经验，系统阐述了新型IP承载网的技术体系、网络架构、业务承载、网络安全等内容。

第1章回顾了IP网络的发展与关键历史节点，介绍了中国电信城域网、移动承载网的发展历程；并简要说明了传统IP承载网络关键技术，让读者能初步了解IP相关技术。

第2章重点讲述了新型IP承载网的各种新技术，包括SR和SRv6、网络切片、以太网虚拟专用网络（Ethernet Virtual Private Network，EVPN）、SDN和NFV等。

第3章从云网融合趋势切入，讲述了新型IP承载网在不同场景下的组网架构，以及各种部署实践方案；尤其是展开论述了在固移融合的网络场景中，Spine-Leaf架构、虚拟宽带远程接入服务器（virtual Broadband Remote Access Server，vBRAS）组网方案，并比较了不同技术方案的效果。

第4章讲述了公众业务、政企业务、云网业务等的承载方案，并给出了实际承载的案例，介绍了运营商相关业务的实现模式。

第5章重点介绍了广东电信的运营经验，具体包括网管系统实现智能化运营、新型控制器与网管融合演进的方案，列举了在新型IP承载网的多种不同的运维场景。

第6章介绍了SDN控制器在新型IP承载网中的作用，描述了SDN控制器在网络中应用的关键技术和实现的核心功能。

第7章详细分析了IP承载网存在的风险和对策，阐述了基于EVPN的安全承载方案，解读了新型IP承载网中的云资源池安全体系。

第8章对网络可编程原理进行了说明，并指出今后可编程网络的各种应用场景，在确定性网络、业务功能链等应用中如何实现强大的功能。

第9章从业务驱动、技术驱动、“双碳”驱动描述了新型IP承载网未来发展的场景。

本书阐述的原理和案例，均来自脱敏后的网络规划、部署和云网实践，是广东电信对新型IP承载网的实践总结，也是对未来IP网络技术发展的探索。由于技术在不断进步，尤其IP网络的技术发展日新月异，本书的知识面覆盖有限，所以随着发展，我们的技术能力、运营经验、业务创新也将步履不停，今后会继续探索和提升。

值得说明的是，本书献给广大的 IP 网络运营人员、网络技术爱好者，以及高等院校的网络技术相关专业的老师、学生，希望读者能通过本书了解新型 IP 承载网的核心技术，从中获取有用的知识，成为更有竞争力的 IP 网络技术专家。

编著者

2023 年 2 月

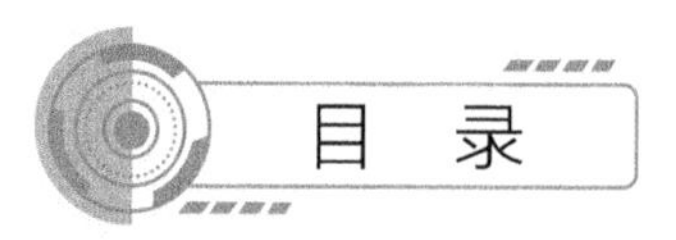
目 录

第1章

IP 承载网发展史

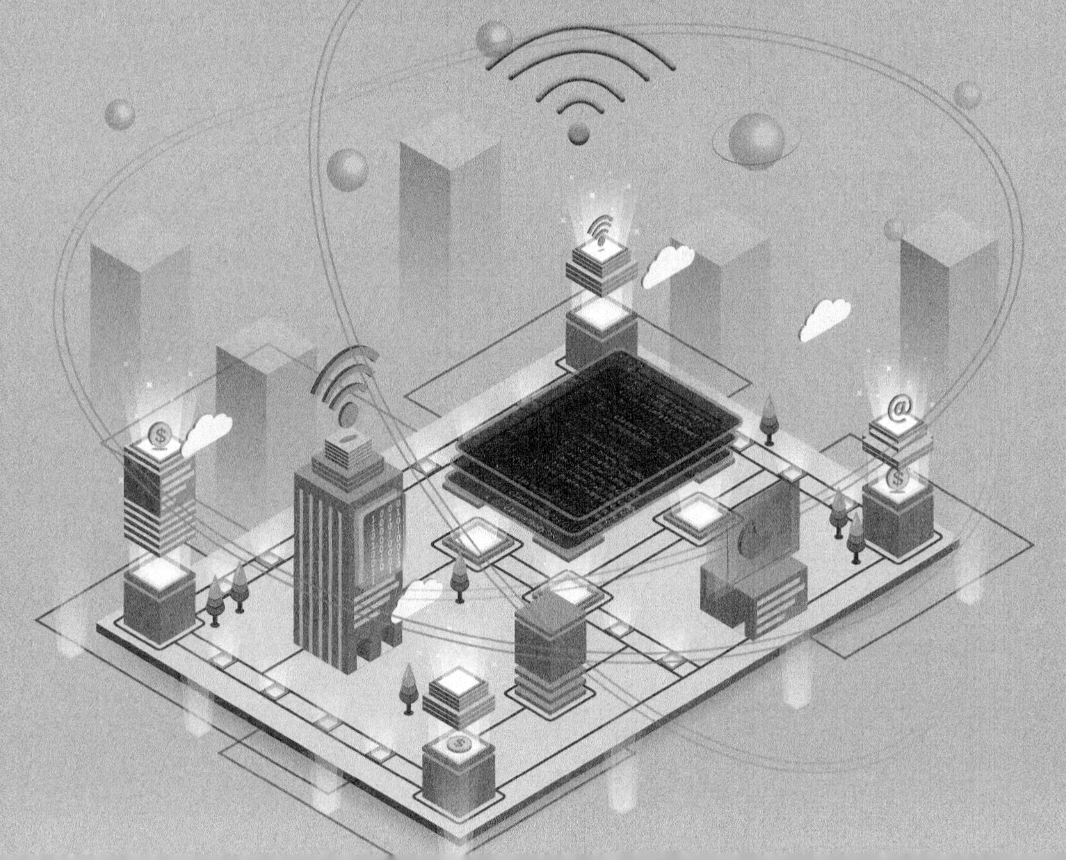

1.1 早期IP承载网发展简述

1994年，我国“中关村教育与科研示范网络”通过一条64kbit/s国际专线接入了互联网（Internet），这标志着我国最早的国际互联网络诞生。如今，互联网已成为创新驱动发展的先导力量，深刻地改变着人们的生产和生活方式。

互联网是运行在传输控制协议/网际协议（Transmission Control Protocol/Internet Protocol，TCP/IP）架构之上的，互联网的早期雏形是美国于1969年成立的阿帕网（ARPANET），构建基础是TCP/IP。相较于国际标准化组织（International Organization for Standardization，ISO）制定的开放系统互连（Open System Interconnection，OSI）7层网络模型，TCP/IP采用了4层结构，从协议上来说更加精简，方便不同厂家进行符合协议标准的开发。TCP/IP很好地实现了这一目标，任何厂家生产的计算机网络系统，只要遵守TCP/IP就可以与互联网互联互通。IP的易用性使其得到普遍应用，各种以IP为网络协议的业务都能实现不同网络的互通，具体的底层网络是什么类型已不需要关心，它使网络互联变得非常容易，并且越来越多的网络加入其中，最终使IP成为互联网的事实标准。

如今，我国已成为互联网大国，互联网已经完全融入我们日常的生产和生活中，但从互联网底层的网络架构来说，其离不开IP承载网。基础运营商提供的这张IP承载网，为广大人民提供了内容丰富多彩的互联网。

1.1.1 163网与169网

我国早期的互联网有163网和169网这两个不同的网络，使用的中国电信特服接入号码也分别为163和169。

163网即中国公用计算机互联网（ChinaNet），该网络由原邮电部建设经营，是我国早期四大计算机互联网之一，是互联网早期在我国的接入部分。由于其用户接入号码为163，故称163网。1994年，163网开始在全国范围建设，到1997年年底，163网在全国31个省（自治区、直辖市）及200个地市级以上城市建立了骨干网、接入网，成为当时国内覆盖最广、速率最高、用户最多的计算机互联网络。

169网是由原邮电部于1997年开始运营的，采用Internet/Intranet技术，充分利用国家公用通信网的网络资源组建的中国公众多媒体通信网。该网络的接入号码为169，故称169网，169网满足了早期低端客户的上网需求。

169网与163网是两张完全独立的网络，二者是相互补充的关系。首先，二者的业务定位不同。163网主要面向中国互联网服务提供方（Internet Service Provider，ISP）和具有一定英文水平的用户群，而169网是一个具有中国特色以中文信息为主体的多媒体信息服务网。其次，169网采用私网地址，解决了我国互联网发展初期公网IP地址资源紧张的问题。最后，169网根据需要也可以通过163网和互联网互联。169网与互联网的资源互访需要通过网关才能实现，随着上网用户规模、中文网站数量的迅猛增长，以及大量增长的国内运营商申请的公网IP地址资源，169网渐渐地淡出了历史舞台。

早期的163网和169网到现在的ChinaNet都由中国电信运营，可以说中国电信是中国公众互联网的开拓者，推动和引领着中国公众互联网的发展。

1.1.2 三网融合与IP承载网

三网融合，就是实现有线电视网络、电信网络及计算机网络三者的融合，目的是构建一个业务融合、高效的通信网络。三网融合在业务层面上的实现，有赖于IP技术在内容与传送介质之间搭起一座桥梁，可以对多种业务、多种软硬件、多种协议进行集成，使以IP为基础的各种业务能实现互通。现阶段，三网融合主要是指高层业务应用的融合，IP承载网正好可以实现各种类型网络的互联互通，形成无缝覆盖，为用户提供多样化、多媒体化、个性化的服务。

IP承载网是各家运营商以IP技术为基础构建的一张承载网络，可用于承载用户的各类业务，例如，接入互联网、软交换语音、交互式网络电视（Internet Protocol Television，IPTV）视频、虚拟专用网络（Virtual Private Network，VPN）等。IP承载网一般采用双核心双归属、双平面的高可靠性设计，精心设计在各种网络故障情况下的流量自动切换模型，快速检测网络断点，缩短故障设备、链路倒换时间。网络部署二层/三层服务质量（Quality of Service，QoS），以保障承载各种不同业务的质量。IP承载网既具备IP网络成本低、扩展性好、业务灵活承载的特点，又具备传统传输系统的高可靠性和高安全性。

从网络覆盖范围来看，IP承载网可以分为城域网和骨干网。城域网（Metropolitan Area Network，MAN）是在一个城市范围内所建立的计算机通信网络；骨干网（Backbone Network）是用来连接多个区域、城市或地区的高速网络。从用户终端的大类来看，IP承载网可以分为固网和移动承载网。固网是固定终端用户（例如，有线宽带、光纤宽带）的IP承载网；移动承载网是移动终端用户（例如，3G、4G、5G用户）的IP承载网。

1.2 城域网发展历程

1.2.1 光网络化

1. 地市出口光网络化改造

2000 年前，广东省 163 网有广州 A、广州 B、深圳 A、江门和汕头 5 个核心节点，广东省其他节点上联到 5 个核心节点中的 2 个，节点之间链路的最高速率为 622Mbit/s，多为 155Mbit/s 同步数字体系（Synchronous Digital Hierarchy，SDH）的包交换（Packet Over Synchronous Digital Hierarchy，POS）业务或异步传输模式（Asynchronous Transfer Mode，ATM）永久虚连接（Permanent Virtual Connection，PVC）业务。

广东电信于 2000 年率先在全国进行了出口光网络化改造，把原有的以 622Mbit/s 或 155Mbit/s 为主的线路带宽提升到以 2.5Gbit/s POS 为主的线路带宽，节点内部的两台路由器之间采用 GE 互联。珠江三角洲区域的数据流量较大，采用两条 2.5Gbit/s POS 链路上联到广州 A 和广州 B，粤东西北的节点全部换成 2.5Gbit/s POS（主用）和 155Mbit/s ATM PVC（备用）。2000 年广东省 163 网扩容的拓扑示意如图 1-1 所示。

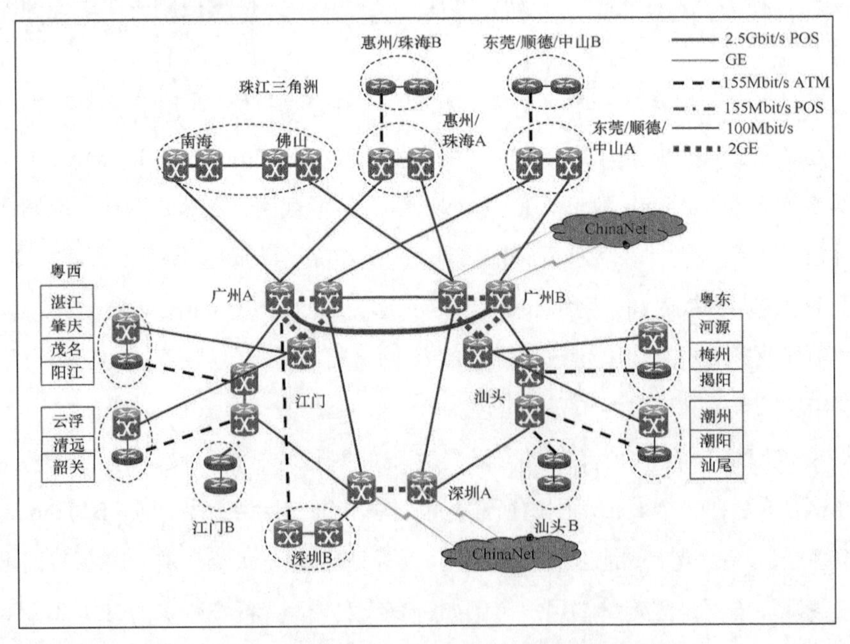

图1-1 2000年广东省163网扩容的拓扑示意

光网络化改造拉开了广东电信 IP 承载网光网络化的序幕，随后从省网到城域网的核心层、汇聚层、接入层进行了大规模的光网络化改造、扩容。

2. 城域网接入层“光进铜退”、光网络化改造

城域网一般分为核心层、汇聚层和接入层 3 个层次。其中，核心层和汇聚层一起组成城域骨干网，分别完成以下功能。

① 核心层提供大带宽的业务承载和传输，完成高速数据转发的功能。

② 汇聚层实现扩展核心层设备的端口密度和端口种类，扩大核心层节点的业务覆盖范围，同时实现业务的接入控制和服务等级分类。

③ 接入层将不同地理分布的用户快速、有效地接入城域骨干网，接入节点设备完成多业务的复用和传输。

2010 年前后，我国固网运营商开始大规模实施城域网接入层“光进铜退”。“光进铜退”是指固网运营商逐步用光纤替代铜缆，实现用户全面光纤接入。城域网接入网由此也逐渐实现从以铜缆为主的窄带网络向以光纤为主的宽带网络转变。

我国固网运营商采用的 ADSL 宽带接入网都是局端集中方式。用户家用 ADSL 调制解调器与运营商的 ADSL 局端设备距离一般超过 3km，距离成为制约 ADSL 接入技术提速的最大因素。因此，“光进铜退”的策略就是将光纤接入技术同 ADSL 接入技术相结合，尽可能缩短局端设备数字用户线接入复用器（Digital Subscriber Line Access Multiplexer，DSLAM）到用户端这段铜线的距离，以提高接入带宽速率。用户上网业务和 IPTV 业务对带宽都提出了越来越高的要求。

城域网接入光网络化改造有以下 4 种模式。

① 光纤到路边（Fibre To The Curb，FTTC）+ x 数字用户线（x-Digital Subscriber Line，xDSL）模式：将宽带接入设备 DSLAM 下移到小区，保证 DSLAM 设备到用户端距离小于 2km，这一段可以使用 ADSL、“ADSL2+”、甚高比特率数字用户线（Very High-bit-rate Digital Subscriber Line，VDSL）技术。

② 光纤到大楼（Fibre To The Building，FTTB）+xDSL 模式：将宽带接入设备 DSLAM 下移到大楼的分线盒，保证 DSLAM 设备到用户端距离小于 1km，这一段可以使用 ADSL、“ADSL2+”、VDSL 技术。

③ FTTB+LAN 模式：需要宽带接入交换机设备到用户端距离小于 100m（受以太网技术限制），可以根据用户需求提供 10M/100M/1000M 的双向对称接入带宽。

④ 光纤到家庭（Fibre To The Home，FTTH）模式：直接光纤入户，可以为用户提供从数十兆到千兆的带宽，这种模式是光网改造的解决方式。

光纤到户的优势在于它具有极大的带宽，适于引入各种新业务，是解决从运营商城域主干

网络到用户桌面的“最后一公里”瓶颈的最佳方案。目前，FTTH 接入方式已经普及，运营商发展的宽带用户基本上采用 FTTH 接入技术。FTTH 为实现“宽带中国”战略、实现信息化社会打下了坚实的基础，光纤宽带网络成为新时期我国经济社会发展的战略性公共基础设施。

1.2.2 IP 承载网扁平化

IP 承载网扁平化是指减少网络结构的层级，优化网络结构，减少数据传输路径和传输时延，提高承载网效率，从而进一步提升用户的业务体验。

1. ChinaNet C3[1] 整合

1997 年，中国电信各个省公司开始独立建设省内 IP 骨干网，构成独立的路由自治域，大部分采用私有自治系统（Autonomous System，AS）号码，在省出口节点同中国电信 ChinaNet 骨干网通过外部边界网关协议（External Border Gateway Protocol，EBGP）对接。省网整合前网络示意如图 1-2 所示，当时的 ChinaNet 网络分为骨干网、省网和城域网三层结构，其中，骨干网又分为核心层和汇接层二层。

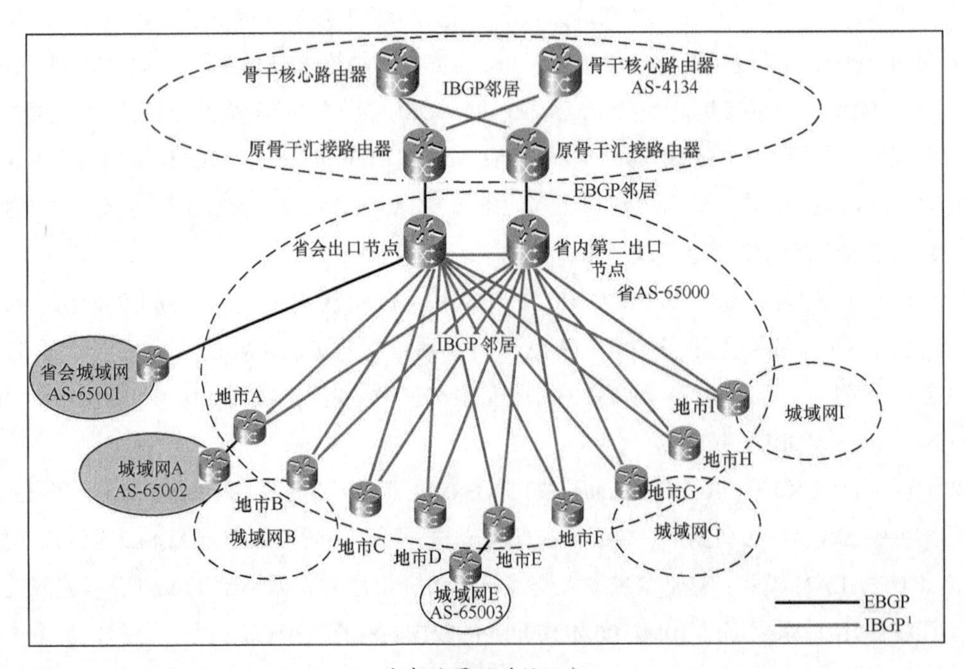

1. IBGP（Internal Border Gateway Protocol，内部边界网关协议）。

图1–2 省网整合前网络示意

1. C3是指地方一级的网络层次。

2003年，中国电信启动ChinaNet C3整合工程，对ChinaNet骨干网和省网进行整合。调整的总体思路是遵循网络结构和管理层次扁平化的原则，网络结构由三级调整为二级结构，即由原ChinaNet网络“骨干网、省网、城域网”的三层结构，通过网络结构优化、设备整合和中继链路调整，整合为“骨干网、城域网”的二层结构。基本维持ChinaNet骨干网核心层结构不变，汇接层逐渐向省内延伸，覆盖到C3这一层级的地市，并且以地市为单位组建城域网，或组建跨地市的大城域网。整合完成后，ChinaNet骨干网在全国大约覆盖300个节点，骨干网路由器约为800台，所有设备都在一个中间系统到中间系统（Intermediate System to Intermediate System，ISIS）路由协议中。

ChinaNet C3整合工程优化网络结构，简化管理层次，重构为一个大容量、高可靠性、宽带化，适应社会信息化发展需要的综合宽带信息与多媒体通信网，为用户提供带宽更大、性能更好的网络，为新业务的应用打下坚实的网络基础。

整合前，ChinaNet骨干网和省网都具有独立的AS号码，二者之间通过EBGP互相发送路由，引导二者网络之间的流量。整合后，现网骨干范围与原属于省网范畴的网络融合减少了一个网络层级，省网AS号取消，统一并入骨干网AS-4134，边界网关协议（Border Gateway Protocol，BGP）邻居也改为IBGP邻居。省网整合后网络示意如图1-3所示。

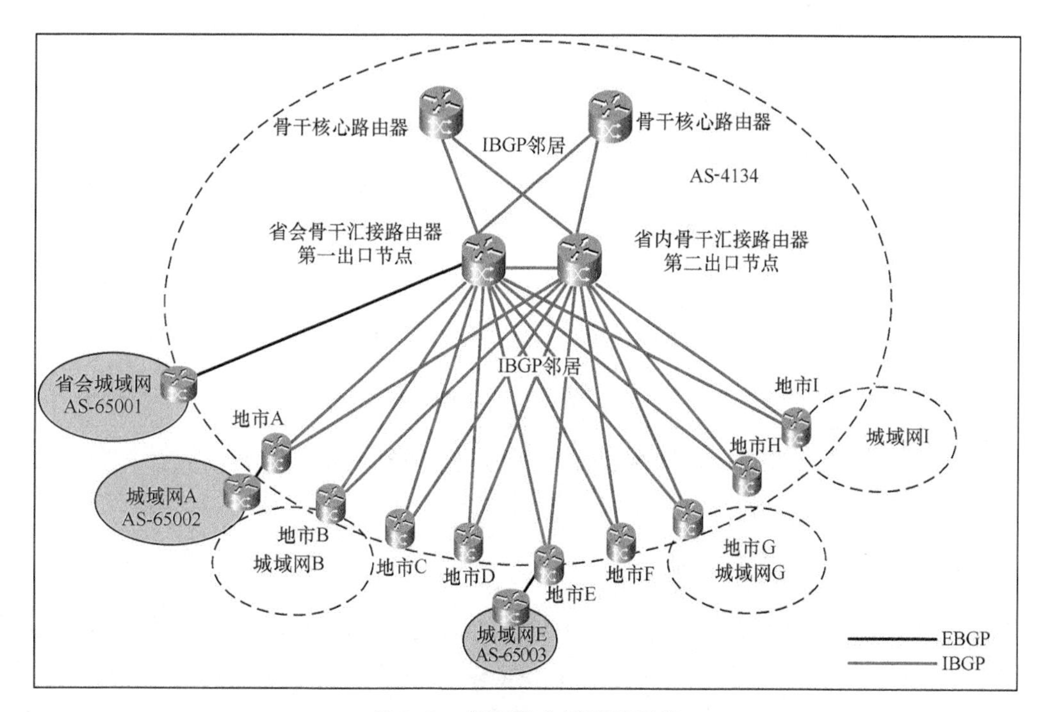

图1-3 省网整合后网络示意

2. ChinaNet 接入层网络结构简化

ChinaNet 整合后，ChinaNet 接入层节点扩展到本地网一级，ChinaNet 骨干网在全国各地市建有接入节点，负责与城域网出口和互联网数据中心（Internet Data Center，IDC）出口的连接。2007 年开始，ChinaNet 骨干网接入层网络继续推进扁平化，以减少同城骨干网接入节点与城域网出口之间“背靠背”电路，即取消骨干网接入层，城域网出口直接上联骨干网汇接节点或核心节点。城域网与 163 网之间运行 EBGP，便于应用 BGP 路由策略进行流量控制；同时保持了城域网双挂中国电信下一代承载网（Chinatelecom Next Carrier Network，CN2）、163 网的网络结构。骨干网和城域网的整合，降低了投资成本，减少了网络层次，加强了网络的集中管理和运维。

广东 ChinaNet 接入层改造拓扑示意如图 1-4 所示，改造前，骨干网络有骨干网汇接层、骨干网接入层、城域网 3 个层次；改造后，骨干网接入层取消，网络变为骨干网汇接层和城域网两个层次。由于减少了网络层级，用户的访问路径减少了一跳，所以访问时延也得到了改善，从而提升了用户体验。

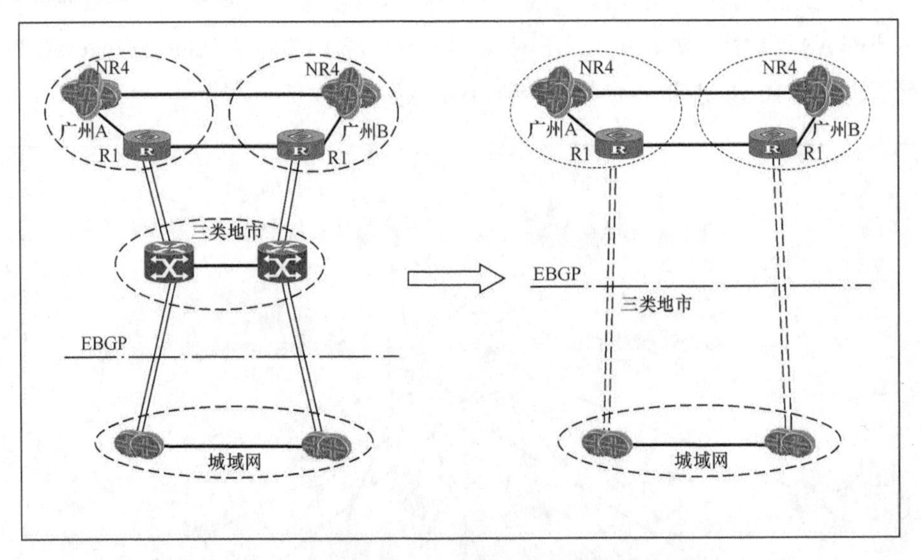

图1-4　广东ChinaNet接入层改造拓扑示意

3. 城域网内网络扁平化改造

2013 年开始，中国电信在城域网核心路由器（Core Router，CR）层面逐步引入 100G 集群设备，优化宽带远程接入服务器（Broadband Remote Access Server，BRAS）、布局全业务服务路由器（Service Router，SR）和大容量业务多服务边缘（Multi-Service Edge，MSE）路由器来完成 BRAS/SR 的融合演进和升级。超大城域网不再新增边界路由器（Border Router，BR），结合老旧 BR 设备自然退网，新建立的大容量 MSE 直挂城域网 CR。扁平化改造后，MSE 一跳直连城域网 CR，减少了一个层级，网络更加简洁，访问时延也得到一定的改善。MSE 直挂 CR 改造示意如图 1-5 所示。

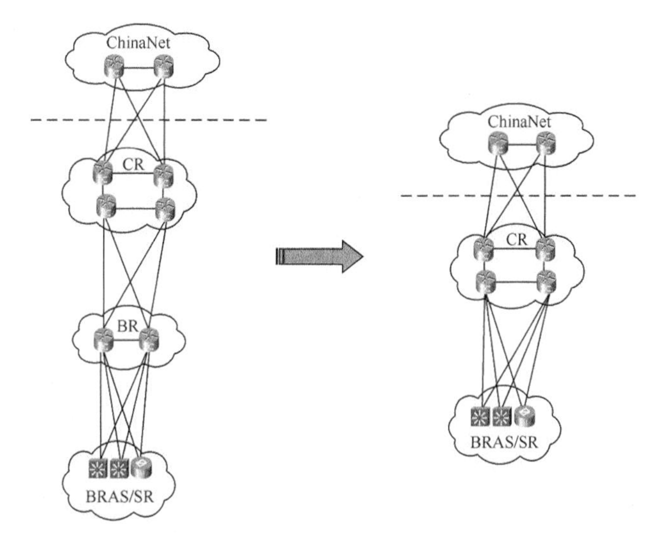

图1-5　MSE直挂CR改造示意

1.2.3　电信城域网路由协议改造

为了将城域网建设为一个能提供全面业务支撑能力、能满足不同客户需求、具备优良的稳定性和扩展性、全程业务可管可控的网络，广东电信于 2009 年启动了城域网路由优化改造工程，将之前以开放式最短路径优先（Open Shortest Path First，OSPF）路由协议为主的网络架构改造为“ISIS + BGP”模式。这是因为如果用内部网关协议（Interior Gateway Protocol，IGP）来承载用户路由，在经过一段时间的发展后，随着网络规模和用户数量的增长，IGP 无法满足承载大量用户路由的要求。而 BGP 与 IGP 一个很大的区别是，BGP 不会定期泛洪，可以支持的路由条目数量非常巨大，能够解决 IGP 承载路由条目数量的限制问题。城域网路由协议改造工程通过对整个城域网路由架构进行了彻底的改造，采用“ISIS + BGP”共同组建了城域网路由架构，BGP 路由实现了用户路由的承载，ISIS 可承载设备互通路由。ISIS 路由协议只承载设备的链路地址和环回（LoopBack）地址的主机路由，保证城域网业务控制层 BRAS/SR 以上设备之间的可达性，但不承载用户路由，用户路由全部由 BGP 来承载。这最终实现了设备互通路由和业务承载路由 ISIS 和 BGP 分离承载，大大提升了整体网络的稳定性和扩展性。改造后的广州 BGP 路由规划示意如图 1-6 所示。

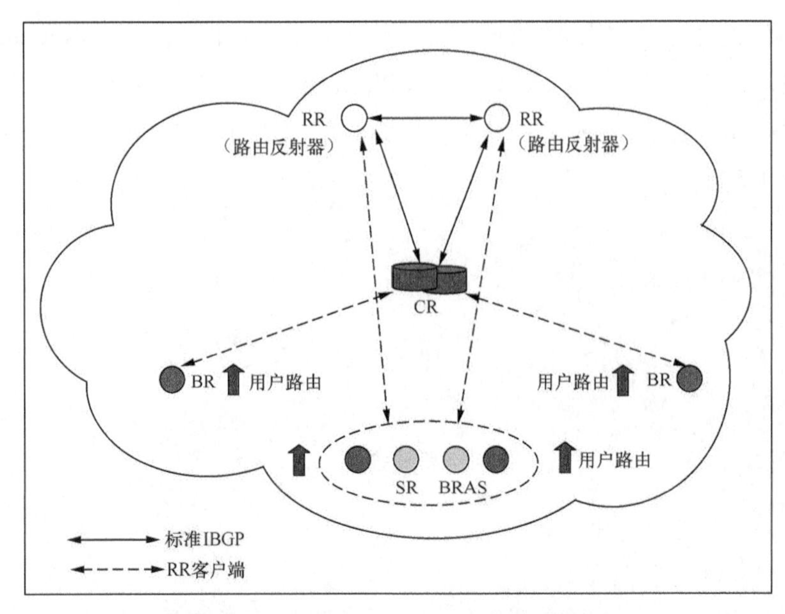

图1-6　改造后的广州BGP路由规划示意

路由改造通过采用大段新地址替换的方式，逐块将原有 BRAS 的 IP 池地址替换并重新聚合。由于原来广州城域网的 OSPF 路由域路由数量特别多，改造后绝大部分路由通过 BGP 承载，CR、BR 层面设备的 CPU 利用率下降非常明显，从原来 50% 的 CPU 利用率下降到不超过 20%，宽带接入服务器（Broadband Access Server，BAS）、SR 层面的路由条目数量下降约为 15%，由此可知，设备负荷大大减轻。

1.3　移动承载网发展历程

1.3.1　3G 承载网组网架构

3G 数据业务和视频业务对传统的时分复用（Time Division Multiplexing，TDM）或 ATM 承载方式提出了严峻的挑战，TDM 承载模式无法满足带宽飞速提升、全互联要求、多业务融合承载等业务需求。与 TDM/ATM 承载方式相比，IP 承载网简洁易用、业务扩展方便，能够避免运营商在分离的业务网上重复投资。因此，3G 使用 IP 承载网成为运营商必然的选择。

中国电信码分多路访问（Code Division Multiple Access，CDMA）IP 承载网负责承载 CDMA 移动网络无线接入网元、核心网电路域网元、核心网分组域网元、移动业务平台和网管系统等，为其提供互联互通、互联网访问等服务。

CDMA 移动核心网的主要网元通过 CN2 IP 承载网实现互联互通，承载网在 CN2 网络中为每个系统分配单独的 VPN，为每个系统提供独立的逻辑通道。

CDMA 移动核心网电路域软交换采用的是全 IP 组网方式，信令、语音可使用 CN2 进行承载，各节点电路域网元通过新增客户边缘设备（Customer Edge，CE）接入 CN2。

CDMA 移动核心网分组域数据服务节点（Packet Data Serving Node，PDSN）通过双链路连接至一对 CE 设备，分组控制功能（Packet Control Function，PCF）通过双链路接入 CE。

1.3.2 4G 移动回传网组网架构

1. 4G 及 IP RAN

4G 时代，长期演进（Long Term Evolution，LTE）相对于 3G，首先是网络架构发生了较大变化，LTE 抛弃了 2G、3G 沿用的基站至基站控制器（2G）/ 无线资源管理器（3G）至核心网的网络结构，而改成基站直连核心网，这使网络架构更加扁平化，降低了时延，提升了用户满意度。核心网方面抛弃了电路域，核心网全 IP 化，统一由 IP 多媒体系统（IP Multimedia Subsystem，IMS）承载语音业务。

随着 4G 业务的不断发展与互联网科技的不断创新，数据业务已成为承载主体，对带宽的需求迅猛增长。原有基于 TDM/SDH 技术独享管道的移动基站回传网络不能满足时代要求，已经开始应用无线接入网 IP 化（IP Radio Access Network，IP RAN）技术来承载，分组化的无线接入承载网建设成为一种不可逆转的趋势。

相对于传统的 SDH 传送网，IP RAN 是基于 IP 承载的。IP RAN 技术的特点及优势如下。

- 端到端的 IP 化：网络复杂度大大降低，简化了网络配置，极大地减少了基站开通、割接和调整的工作量，便于部署各类策略。
- 更高效的网络资源利用率：SDH 的刚性管道容易导致网络利用率较低，而 IP RAN 采取动态寻址和统计复用提高了网络资源的利用率。

由此可知，大力发展 IP RAN 技术，向多业务承载能力、高附加值发展是移动互联网数据传输发展的良性选择。

2. 4G IP RAN 组网架构

中国电信 IP RAN 网络是指以 IP/MPLS 及关键技术为基础，主要面向移动业务承载，并兼顾提供二三层通道类业务承载，由城域的 A、B、D、M-ER、X-ER 等设备组成端到端的业务承载网络。IP RAN 架构如图 1-7 所示。

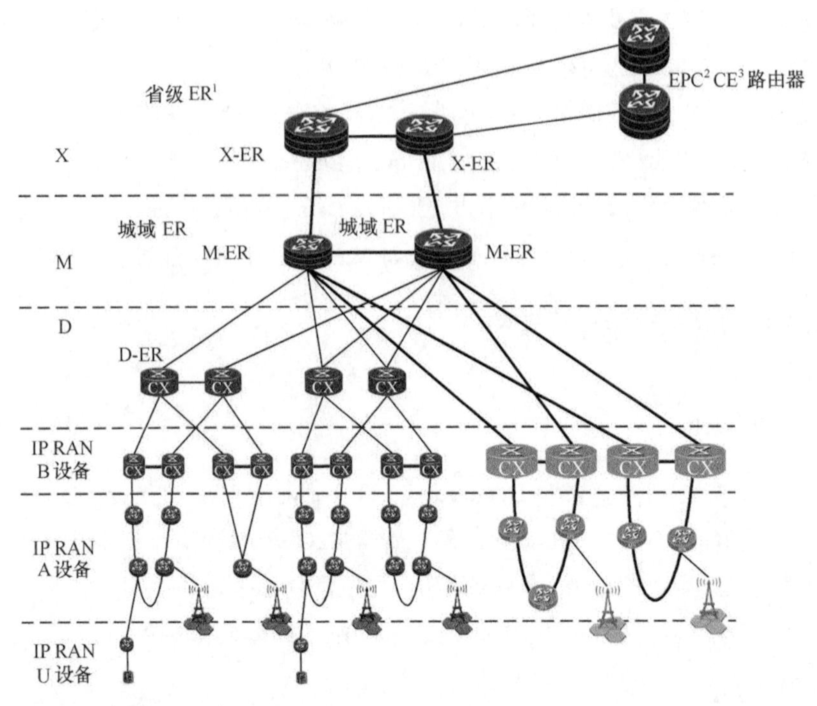

1. ER（Edge Router，边缘路由器）。

2. EPC（Evolved Packet Core，演进的分组核心）。

3. CE（Customer Edge，用户边缘）。

图1–7 IP RAN架构

IP RAN 架构中的设备说明见表 1-1。

表1–1 IP RAN架构中的设备说明

名称	解释
省级 ER：X	用来汇接 EPC CE 和省会 MCE 流量的 ER 设备，简称 X-ER
城域 ER：M	用来汇接 IP RAN 城域内流量的 ER 设备，简称 M-ER
汇聚 ER：D	用来汇接 IP RAN 城域内部分区域流量的 ER 设备，简称 D-ER
IP RAN A 设备	基站接入设备，分为 A1/A2 设备
IP RAN B 设备	基站接入设备的汇聚路由器
IP RAN U 设备	基于 IP RAN 政企专线的用户接入设备

IP RAN 网络具备同时承载 1X/3G 和 LTE 移动通信业务的能力，其业务承载如下。

（1）1X/3G 基站及基站控制器（Base Station Controller，BSC）/ 无线网络控制器（Radio Network Controller，RNC）的融合承载

- IP 化改造后的 1X/3G 基站和 BSC/RNC 就近接入。
- 承载 1X/3G 基站到 BSC/RNC 间的回传流量。

（2）4G 演进型 Node B（Evolved Node B，eNodeB）基站承载

- eNodeB 基站就近接入。
- 承载 eNodeB 和 EPC 之间的 S1 接口流量。
- 承载 eNodeB 之间的 X2 接口流量。

（3）EPC 网元承载

- EPC 网元接入。
- 承载 EPC 到 eNodeB 流量。
- 承载 EPC 漫游流量。

（4）二层点到点通道类业务

IP RAN 网络除了承载移动网络业务，还可以提供二层点到点通道类业务，用于承载其他高价值业务，二层点到点通道类业务可以分为以下两类应用场景。

- 本地网点到点二层专线。
- CN2 三层 VPN 在城域网内的落地应用。

1.3.3 5G 承载网组网架构

1. 5G 承载网组网架构

2020 年，在新基建和 5G 的推动下，中国电信在 IP RAN 的基础上升级，引入大容量新型设备，构建了 5G 智能传送网（Smart Transport Network，STN），用于实现 3G / 4G / 5G 等移动回传业务、政企以太专线、云专线 / 云专网等 5G + 云网的统一承载。中国电信 5G 承载网全面开启了基于 IPv6 用户面的分段路由（Segment Routing IPv6，SRv6）/ 以太网虚拟专用网络（Ethernet Virtual Private Network，EVPN）+ 灵活以太网（Flexible Ethernet，FlexE），简化了网络协议，进一步推进了网络转型和技术跨越，打造了中国电信新一代云网，为云网融合的战略转型奠定了基础。

中国电信 5G 承载网具备同时支持多种 5G 与 4G 互操作方案的能力，包括 5G 独立组网（Stand Alone，SA）和 5G 非独立组网（Non Stand Alone，NSA）两类互操作方案。其具体业务承载规划如下。

（1）无线基站的承载需求

- SA/NSA 模式下，eNodeB、5G 基站（next generation Node B，gNB）就近接入，逐步实现射频拉远单元（Remote Radio Unit，RRU）的接入。
- 承载 eNodeB 和 EPC 之间的 S1 接口流量。

- 承载 NSA 模式下 gNB 和 EPC 之间的 S1 接口流量。
- 承载 SA 模式下 gNB 和 5G 核心网（5G Core Network，5GC）之间的 N2、N3 接口流量。
- 逐步实现有源天线单元（Active Antenna Unit，AAU）到集中单元（Centralized Unit，CU）和分布单元（Distributed Unit，DU）间流量的承载。

（2）5G 核心网承载需求

中国电信初期按照集团 5G NSA 组网要求部署承载网络，满足业务快速部署的要求；同时按照集团 SA 商用部署进程提前规划承载网，初步按照 SA 核心网省中心部署，中心城市按需下沉用户面功能（User Plane Function，UPF）的方式构建承载网络。

（3）5G 网络与 IMS 网络承载需求

对于语音业务，5G 实现全覆盖相对较难，为了避免频繁切换，保持语音的连续性，NSA 模式下采用长期演进语音承载（Voice over Long Term Evolution，VoLTE）方案；SA 模式下初期采用 5G 回落 VoLTE 方案，IMS 网络与 5G 网络对接实现 5G 用户的 VoLTE IMS 注册。中远期，随着 VoNR 技术和网络条件的成熟，SA 模式将适时基于 IMS 网络开展 5G 语音承载（Voice over New Radio，VoNR）业务。

（4）用户业务的承载需求

UPF 作为 5G 用户数据网络（Data Network，DN）连接的锚点，用户与互联网之间的互通通过 UPF 到互联网的 N6 接口来完成。UPF 根据业务需要通过多个 N6 接口实现与互联网的互通，为用户提供公网、私网，以及移动虚拟专有拨号网络（Virtual Private Dial Network，VPDN）业务。

（5）边缘计算承载需求

为了满足边缘计算 UPF 及 MEC 的承载需求，同一个 UPF 可以同时支持上行分流（UpLink CLassifier，ULCL）或分支点（Branching Point，BP）以及协议数据单元（Protocol Data Unit，PDU）会话锚点的移动边缘计算（Mobile Edge Computing，MEC）功能。

- 本地 UPF 与远端 UPF 之间的 N9 接口流量。
- 本地边缘网络与业务应用接入和访问的 N6 接口流量。
- 本地 UPF 直接访问公网的 N6 流量。
- 支持 ULCL 或 BP 功能 UPF 与会话管理功能（Session Management Function，SMF）之间的 N4 接口控制流量。

2. 中国电信 5G 承载网络的承载组网基本原则

① 适配 5G SA、NSA 多种组网模式，满足移动业务高品质、大带宽承载需求，网络具备

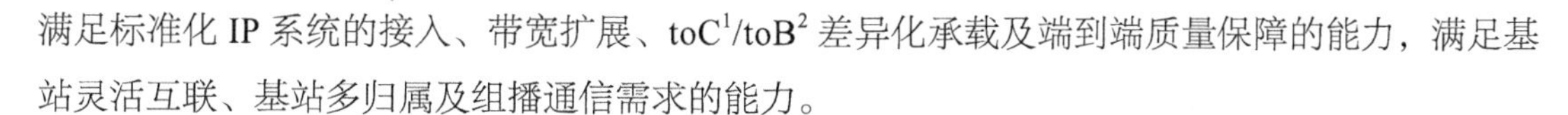

满足标准化 IP 系统的接入、带宽扩展、toC[1]/toB[2] 差异化承载及端到端质量保障的能力，满足基站灵活互联、基站多归属及组播通信需求的能力。

② STN-B 及以上层面设备全面引入 SRv6 / “EVPN + FlexE”，部署“EVPN + SRv6（优先）”和“VPN + MPLS”双用户面；采用“VPN + MPLS”方式兼容原 IP RAN 不支持 SRv6 的设备。

③ 在满足 4G 与 5G 统一网络融合承载的基础上，同时提供云专线及以太网专线、本地云间互联等业务接入与承载，构建综合业务承载增强能力的 STN 网络。

④ 满足移动承载业务的端到端质量要求，在单点故障场景下，城域网内路由收敛应控制在 300ms 以内，省内端到端收敛应控制在 500ms 以内，全网端到端收敛应控制在 1s 以内。

1.4 IP 承载网主要技术简介

1.4.1 IP 基础

1. IP 概述

IP 是 TCP/IP 族中核心且广为人知的协议，位于协议模型中的第三层（网络层）。网络分层模型如图 1-8 所示。网络层的主要作用是实现主机和主机之间的通信，任何制造商的计算机系统只须遵循 IP 就能实现互联互通，同时也使互联网上所有计算机都能实现互通。

<table>
<tr><td>OSI 7层模型</td><td>TCP/IP 4层模型</td><td colspan="5" rowspan="3">传递对象：报文</td></tr>
<tr><td>应用层</td><td rowspan="3">应用层</td></tr>
<tr><td>表示层</td></tr>
<tr><td>会话层</td><td>FTP
（文件传送协议）</td><td>TELNET
（远程登录）</td><td>SMTP
（简单邮件传送协议）</td><td>DNS
（域名系统）</td><td>其他</td></tr>
<tr><td>传输层</td><td>传输层</td><td>传输协议分组</td><td colspan="2">TCP（传输控制协议）</td><td colspan="2">UDP（用户数据报）</td></tr>
<tr><td>网络层</td><td>网络层</td><td colspan="5">IP　ICMP（互联网控制报文协议）　IGMP（互联网组管理协议）</td></tr>
<tr><td>数据链路层</td><td rowspan="2">网络接口层</td><td colspan="5">网络接口协议（链路控制和媒体访问）、ARP（地址解析协议）、RARP（反向地址解析协议）</td></tr>
<tr><td>物理层</td><td>以太网</td><td>令牌环</td><td>X.25网</td><td>FDDI
（光纤分布式数据接口）</td><td>其他网络</td></tr>
</table>

图1-8　网络分层模型

1．toC：to Customer，是指直接面向个体消费者提供相关的产品服务。

2．toB：to Business，是指面向企业或特定用户群体提供相关的产品服务。

图 1-8 中相关协议的具体含义为：文件传送协议（File Transfer Protocol，FTP）、远程登录（TELNET）、简单邮件传送协议（Simple Mail Transfer Protocol，SMTP）、域名系统（Domain Name System，DNS）、用户数据报协议（User Datagram Protocol，UDP）、互联网控制报文协议（Internet Control Message Protocol，ICMP）、互联网组管理协议（Internet Group Management Protocol，IGMP）、地址解析协议（Address Resolution Protocol，ARP）、反向地址解析协议（Reverse Address Resolution Protocol，RARP）、光纤分布式数据接口（Fiber Distributed Data Interface，FDDI）。

就 TCP/IP 结构而言，IP 是一种可路由协议（意味着它可以通过网络发送），能够处理寻址、路由及将数据放入或取出数据包的过程。IP 之所以是无连接的，是因为它在发送数据之前不会与远程计算机建立会话，只负责将 IP 数据报文从源传输到目标。IP 不能保证每个数据报都能成功送达目的地，一旦传输过程中发生了某种错误，IP 数据报可能会丢失、延迟或无序传递，并且不会尝试从这些错误中恢复过来。数据传输的可靠性是由高层协议提供的，例如，传输控制协议（Transmission Control Protocol，TCP）。因此，IP 提供的是不可靠、无连接的数据包传输服务。

2. IP 地址基础知识

IP 为互联网上的每台计算机和电子设备都规定了一个唯一的地址信息，我们称其为“IP 地址”。在 TCP/IP 网络通信时，为了确保双方能够顺利通信，每台设备都必须配置准确且唯一的 IP 地址。IP 地址可以通过动态寻址协议，例如，ARP、引导协议（Boot Strap Protocol，BOOTP）或动态主机配置协议（Dynamic Host Configuration Protocol，DHCP）等，或由网络管理员手动分配。

IP 有 IPv4[1] 和 IPv6[2] 两种版本。其中，IPv4 寻址方案将 IP 地址定义为 32 位二进制数，而人们为了方便记忆，采用点分十进制的标识方法，也就是将 32 位的 IP 地址表示成（a.b.c.d）的形式。需要说明的是，a、b、c、d 都是 0 ～ 255 的十进制整数。IPv6 寻址方案通过将地址长度从 32 位增加到 128 位来获得更多的地址。

（1）公用 IP 地址和私有 IP 地址

① 公有 IP 地址。公有 IP 地址是在全球互联网范围内保持唯一的地址，是由互联网名称与数字地址分配机构（Internet Corporation for Assigned Names and Numbers，ICANN）组织管理，因特网编号分配机构（Internet Assigned Numbers Authority，IANA）是 ICANN 的机构之一，负责分配公有 IP 地址。我国公有 IP 地址由中国互联网络信息中心管理，它是我国国内唯一指定

1．IPv4：Internet Protocol version 4，第4版互联网协议。
2．IPv6：Internet Protocol version 6，第6版互联网协议。

的 IP 地址管理组织。

② 私有 IP 地址。私有 IP 地址通常用在企业内部，不同企业的地址可以复用，由企业内部人员进行分配和管理。因此，A 公司的私有 IP 地址和 B 公司的私有 IP 地址可以是一样的。平时我们办公室、家庭、学校使用的 IP 地址一般都是私有 IP 地址。以下是预留的私有 IP 地址：A 类为 10.0.0.0 ～ 10.255.255.255；B 类为 172.16.0.0 ～ 172.31.255.255；C 类为 192.168.0.0 ～ 192.168.255.255。

（2）IP 地址分类

为了便于寻址及层次化构建网络，每个 IP 地址都带有两个标识码（Identification，ID），即网络 ID 和主机 ID。同一个物理网络上的所有主机都使用同一个网络 ID，网络上的任何一台工作站、服务器等都有一个主机 ID 与其对应。互联网架构委员会定义了 A 类～ E 类 5 种 IP 地址类型以适应不同容量的网络。IP 地址分类见表 1-2。

表1-2 IP地址分类

类别	地址范围	最大网络数	最大主机数 / 台	私有地址范围
A	1.0.0.1 ～ 127.255.255.254	126（2^7-2）	16777214	10.0.0.0 ～ 10.255.255.255
B	128.0.0.1 ～ 191.255.255.254	16384（2^{14}）	65534	172.16.0.0 ～ 172.31.255.255
C	192.0.0.1 ～ 223.255.255.254	2097152（2^{21}）	254	192.168.0.0 ～ 192.168.255.255
D	224.0.0.0 ～ 239.255.255.255	• 多播地址（Multicast Address），即组播地址。在以太网中，多播用于将包发送给特定组内的所有主机 • 224.0.0.0 ～ 224.0.0.255 为预留的组播地址，只能用于局域网中 • 224.0.1.0 ～ 238.255.255.255 为用户可用的组播地址，可用于互联网 • 239.0.0.0 ～ 239.255.255.255 为本地管理组播地址，可供内部网在内部使用，仅在特定的本地范围内有效		
E	240.0.0.0 ～ 247.255.255.255	保留（预留地址）		

（3）特殊 IP 地址

① 每个字节都为 0 的地址（0.0.0.0）对应当前主机。

② IP 地址中的主机 ID 部分全为 1 时，表示为该网络的广播地址。

广播地址分为本地广播和直接广播两种。

在本网络内广播叫作本地广播。例如，网络地址为 172.16.16.0/24，则广播地址是 172.16.16.255。这个广播地址的 IP 包只会在 172.16.16.0/24 这个网段内传播。

在不同网络之间的广播叫作直接广播。例如，网络地址为 172.16.16.0/24 的主机向网络地址为 172.16.17.0/24 的主机发送广播地址 172.16.17.255，这个广播地址的 IP 包将会被路由器转发给 172.16.17.0/24 这个网段的网络，从而使网络内 172.16.17.1 ～ 172.16.17.254 的主机都能收到这个广播包（由于直接广播存在安全风险，路由器通常设置为本地广播）。

③ 127.0.0.1 ～ 127.255.255.255 用于回路测试。

环回地址是在同一台计算机上的程序之间进行网络通信时所使用的一个默认地址。计算机使用一个特殊的 IP 地址（127.0.0.1）作为环回地址，与该地址具有相同意义的是一个叫作 localhost 的主机名。当使用这个 IP 或主机名时，数据包不会流向网络。例如，127.0.0.1 可以代表本机 IP 地址，用“http://127.0.0.1”就可以测试本机中配置的 Web 服务器。

（4）无类别域间路由选择

无类别域间路由选择（Classless Inter-Domain Routing，CIDR）是一种 IP 地址分配和 IP 数据包路由的方法。CIDR 取代此前在互联网上地址分级寻址架构，其目标是减缓路由器上路由表的增长及避免快速耗尽 IPv4 地址。IP 分类的优点是网络地址选路简单，缺点是在同一网络下的 IP 地址个数固定，造成 IP 地址的极度浪费。CIDR 将 IP 地址描述为指定 IP 地址及其相关路由前缀的语法，而不再有地址分类的概念。32 比特的 IP 地址表示形式为 a.b.c.d/x。其中，/x 表示 IP 地址的前 x 位属于网络号，x 的取值范围是 0 ～ 32，这就使 IP 地址更加具有灵活性。例如，对于 IPv4 地址的表示方式为 192.168.0.0/16，对于 IPv6 地址的表示方式为 2001:cd6::/32。

1.4.2 路由协议基础

1. 路由基本原理

在 TCP/IP 模型中，网络层的作用是实现任意两台终端设备之间的通信。IP 负责通过 IP 地址将数据包送达目的主机，中间通过路由器可以把全球网络都连接起来。

（1）路由器

路由器是可以同时连接多个不同区域的网络，并根据路由表进行数据转发的网络设备。

（2）路由

路由是指网络设备根据 IP 地址对数据包进行转发的操作。当路由器收到一个数据包时，根据数据包的目的 IP 地址查询路由表，如果有匹配的路由条目，则会将数据包转发出去；如果没有匹配的路由条目，则会将数据包丢弃，这个过程就是 IP 路由。只要是支持路由功能的设备（包括三层交换机、防火墙甚至主机等），就可以执行路由操作。

（3）路由表

路由表是路由器由各种来源获取的路由条目（包括目的网段、下一跳 IP 地址、下一跳出接口、路由协议、路由优先级等信息）形成的数据表。

（4）路由表的来源

路由器的路由表通常包含多个从不同来源获取的路由条目。路由表的来源可以分为直连路由、静态路由和动态路由 3 种。

① 直连路由：与路由器直接相连的路由条目。只要路由器接口配置了 IP 地址且状态正常，就会自动生成对应的直连路由条目。

② 静态路由：通过设备指令，手工添加的路由条目。

③ 动态路由：通过动态路由协议，自动学习的路由条目。

（5）路由优先级

路由优先级是指当路由器到相同目的网段存在多条不同来源的路由时，具有最高优先级的路由将成为最优路由被加入路由表中，而其他路由则不会出现在路由表中。只有当最优路由消失，次优路由才会成为最优路由被加入路由表中。

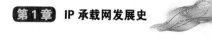

一般路由器会为不同的路由协议设置不同的默认优先级，不同厂商路由器的默认值不同。几种主要路由协议的默认优先级设置见表 1-3。

表1-3 几种主要路由协议的默认优先级设置

路由协议	华为	思科
直连	0	0
OSPF	10	110
ISIS	15	115
静态	60	1
RIP[1]	100	120
IBGP	200	200
EBGP	20	20

注：1. RIP（Routing Information Protocol，路由信息协议）。

（6）路由环路

路由环路是指数据包在网络中的转发形成“死循环”，无法正常到达目的地。路由环路形成的主要原因是人工配置了错误的静态路由或动态路由协议策略配置不当。例如，在两台路由器上都配置到相同目的网段的静态路由，并且将路由的下一跳地址均指向了对方，就会引起路由环路。

（7）黑洞路由

每个路由条目信息中都包含了去往下一跳设备的出接口，出接口可以是这台设备的物理接口，也可以是逻辑接口（例如，VLAN 子接口或隧道接口等）。其中，有一个特殊的逻辑接口，如果数据包被转发到这个接口，那么数据包将直接被丢弃，就像被扔进了一个“黑洞”，这个特殊的逻辑接口为 NULL0 接口，我们称这样的路由条目为黑洞路由。黑洞路由的主要作用是广播大段汇总路由，以及对一些非法数据包实施流量过滤。

2. 路由协议分类

（1）路由协议概述

静态路由是通过手动配置添加的路由条目。如果有 100 个网段，一个路由器就需要添加将近 100 条路由配置信息。在网络使用的过程中，网段的新增、删除、修改等情况会不可避免地出现。这些更新的路由信息需要在网络所有的路由器上进行相应的调整。这同时会带来一个问题，一旦网络中某个路由器出现了故障，数据包将无法自动绕过故障节点，只能通过手动调整路由指向，才能恢复正常。

如果使用动态路由，那么只需在全网路由器上提前配置好路由协议，路由器之间就会定期交换路由信息，路由器就能自动学习到网络中其他网段的信息，动态生成路由表，而不需要手动添加路由信息。如果网络发生了变化，路由条目需要新增、删除、修改，那么只需在相应的路由器上调整即可，而不需要像静态路由那样在所有路由器上进行修改。当网络上的某个路由器出现故障时，路由器会自动重新选择一条新的最优路由条目放入路由表，数据包也会自动选择这个路径进行转发。

由此可见，静态路由的网络维护效率低下，而动态路由无论是正常的路由新增、删除、修改，还是异常的网络故障，相关的路由器都会自动检测到变化，进而调整路由表信息，大大提升了维护效率。静态路由适用于小型网络，但在大中型网络中，通常会使用动态路由，或者运营商可以采取静态路由与动态路由相结合的方式规划网络。

（2）路由协议基本原理

路由协议是路由器之间相互沟通、相互交换路由信息的语言，其主要目的是计算路由信息和维护路由表项。路由协议的工作过程一般包括以下 4 个阶段。

① 邻居发现阶段：运行路由协议后，路由器会发送路由协议消息给所有相邻的路由器，与相邻运行相同路由协议的路由器建立邻居关系。

② 交换路由阶段：发现邻居后，路由器主动把自己所有网分段路由信息发送给相邻的路由器，相邻路由器又发送给下一个相邻路由器，最后，网络中每台路由器都会收到所有路由信息。

③ 计算路由阶段：每台路由器都会运行某种算法，计算并形成最终的路由表。

④ 维护路由阶段：路由协议规定建立邻居关系的两台路由器之间应该周期性地发送协议报文，以便实时感知到网络故障或变化情况。如果路由器在规定的时间内没有收到邻居路由器发

来的周期性协议报文，就会认定邻居路由器失效，并主动与邻居路由器中断邻居关系。

（3）动态路由协议类型

① 自治系统。随着 IP 网络规模发展壮大，全网的路由条目数量呈爆炸式增长，带来了极大的路由计算量，因此，全球网络被划分成很多个自治系统。自治系统是指拥有同一路由控制策略，由同一技术部门管理和运行的一组路由器的集合。自治系统编号（Autonomous System Number，ASN）主要用于区分不同的自治系统，长度为 2 个字节，所以取值范围为 1 ～ 65535。其中，1 ～ 64511 称为公有 ASN，用于在互联网上注册；64512 ～ 65535 称为私有 ASN，用于专用网络。

为了解决 ASN 长度不足的问题，BGP 重新定义了新的 4 个字节 ASN。4 个字节的 ASN 分为点分形式和整数形式两种，在系统内部是以无符号的整数形式存储的。点分形式的 4 个字节 ASN 一般为 $x.y$ 格式。点分形式和整数形式的 4 个字节自治系统编号的换算关系是：整数形式的 4 个字节自治系统编号 $=65536x+y$，例如，点分形式的 4 个字节自治系统编号为 3.4，则对应的整数形式的 4 个字节自治系统编号为 $65536 \times 3+4=196612$。

② IGP 与 EGP。按照路由选择域是否在自治系统内，动态路由协议可以分为内部网关协议（Interior Gateway Protocol，IGP）和外部网关协议（Exterior Gateway Protocol，EGP）两种。

- IGP 是用于处理自治系统内部动态路由使用的协议，有统一的 ASN，例如，RIP、OSPF、ISIS 等都是内部网关协议。
- EGP 是用于处理不同自治系统之间的路由传递使用的协议，通过路由控制策略等手段来控制路由信息在不同自治系统间传播。BGP 属于外部网关协议。

③ 距离矢量路由协议与链路状态路由协议。按照路由算法和路由信息的交换方式，路由协议分为距离矢量路由协议和链路状态路由协议两种。其中，RIP、BGP 属于距离矢量路由协议，OSPF、ISIS 属于链路状态路由协议。

- 距离矢量（Distance-Vector）路由协议基于距离和方向两个关键信息。其中，距离是指到达目的网络的度量值（即所要经过路由器的个数），而方向是指到达目的网络的下一跳设备。
- 每台运行距离矢量路由协议的路由器会周期性地将自己的路由表通告出去，相邻的路由器收到路由信息并更新自己的路由表，再继续向其他直连的路由器通告路由信息，最终网络中的每台路由器都能知道全网各网段的路由，这个过程称为路由的泛洪过程。
- 运行链路状态（Link-State）路由协议的路由器会使用链路状态信息描述网络的拓扑结构和 IP 网段，所有路由器都会产生自己直连接口的链路状态信息。

- 路由器将网络中泛洪的链路状态信息搜集起来，存入链路状态数据库（Link State Data Base，LSDB）中。LSDB 是对整个网络的拓扑结构及 IP 网段的描述，网络中任何一台路由器都拥有相同的 LSDB，网络拓扑完全一样。
- 所有的路由器都基于 LSDB 使用最短通路优先（Shortest Path First，SPF）算法进行路由计算，并将得到的路由加载到路由表中。
- 链路状态算法是使用增量更新的机制，只有当链路状态发生变化时，才能发送路由更新信息。

（4）路由协议的性能指标

不同的路由协议有不同的特点。各个路由协议的性能指标如下。

① 协议计算的准确性：不同路由协议使用不同的算法，路由计算的准确性也存在差异。链路状态路由协议的算法本身决定了其不会产生路由环路，在这点上比距离矢量路由协议更优。

② 路由收敛速度：路由收敛是指全网路由器的路由表达到完成同步的状态。路由收敛速度越快，路由器感知到网络拓扑的变化就越快，可以及时地更新相应的路由信息。OSPF、BGP 等协议的收敛速度明显快于 RIP。

③ 协议系统开销：运行路由协议需要消耗路由器 CPU、内存等系统资源。各路由协议的工作原理不同，对系统资源的需求也不同。相比距离矢量路由协议，链路状态路由协议具有更大的可扩展性和更快的收敛速度，但它也需要消耗更多的内存和 CPU 处理能力。

④ 协议的安全性：协议设计时需要考虑网络攻击的防范措施。例如，BGP、OSPF、RIPv2 协议均设计了防止攻击的加密认证算法。

⑤ 适用的网络规模：不同路由协议所适用的网络规模也不一样。例如，RIP 有最大 16 跳的跳数限制，只能应用在较小规模的网络中；OSPF 协议适用在几百台路由器的大规模网络中。理论上，BGP 可以管理世界上所有的路由器，网络规模大小只受系统资源的限制。

3. 主要路由协议简介

接下来，本节将简单介绍目前主流的 4 种动态路由协议。

（1）RIP

RIP 是一种距离矢量路由协议，采用 UDP 来封装协议报文。UDP 是不可靠的传输层协议，因此，RIP 需要周期性的广播协议报文来确保邻居路由器能够收到信息。RIP 使用跳数衡量距离信息，规定度量值（该值等于从本网络到达目的网络间的路由器数量）为0～15的整数，大于或等于16的跳数将会被定义为网络或主机不可达。RIP是一种比较简单的内部网关协议，主要适用于规模较小的网络。

（2）内部网关路由协议和增强内部网关路由协议

内部网关路由协议（Interior Gateway Routing Protocol，IGRP）属于思科公司的私有协议，与RIP一样属于距离矢量路由协议，路由特性与RIP类似，IGRP也是周期性广播路由表，也存在最大跳数（默认为100跳，大于或等于100跳将被定义为网络或主机不可达）。IGRP的最大特点是采用混合度量算法（同时，考虑链路带宽、时延、负载、MTU、可靠性5个方面）来计算路由度量值。目前，IGRP已被思科公司独立开发的增强内部网关路由协议（Enhanced Interior Gateway Routing Protocol，EIGRP）取代，EIGRP继承了IGRP的混合度量算法，同时，结合了链路状态和距离矢量两种路由协议的特点，引入非等价负载均衡技术，拥有极快的收敛速度。EIGRP主要在思科设备网络环境中广泛部署。

（3）OSPF与ISIS

① OSPF简单介绍。OSPF是IETF组织开发的一个基于链路状态的内部网关协议。OSPF提出了“区域（Area）”的概念，将链路状态公告（Link State Announcement，LSA）传送给区域内的所有路由器。每个区域中所有路由器维护着一个相同的LSDB，通过SPF算法计算得到路由表。OSFP报文直接采用IP封装，我们知道IP本身提供不可靠的网络层协议，因此，OSPF采用了复杂的确认机制来保证报文传输的可靠性。OSPF在各种网络中广泛部署，目前，针对IPv4使用的是OSPF Version 2（RFC2328），针对IPv6使用的是OSPF Version 3（RFC2740）。

② ISIS简单介绍。ISIS最初是ISO为它的无连接网络协议（Connectionless Network Protocol，CLNP）设计的一种动态路由协议。ISIS直接承载在数据链路层上，采用PDU封装，其核心部分基于高扩展性的TLV[1]编址方式。与OSPF一样，ISIS采用的是SPF算法，链路状态的变化能立即触发路由增量更新和路由的重新计算，同时，在ISIS泛洪的链路状态协议数据单元（Link State PDU，LSP）中包含保持时间（Remaining Lifetime）、序列号（Sequence Number）等参数，以周期性地更新LSP。

1. TLV是一种可变的格式，意为Type（类型）- Length（长度）- Value（值），即Type-Length-Value。T、L字段的长度往往固定（通常为1～4个字节），V字段长度可变。顾名思义，T字段表示报文类型，L字段表示报文长度，V字段往往用来存放报文的内容。

③ OSPF 与 ISIS 对比见表 1-4。

表1-4 OSPF与ISIS对比

比较维度	OSPF	ISIS
路由协议类型	IGP，链路状态协议	IGP，链路状态协议
环境支持	仅支持 IP 环境	支持 CLNP 和 IP 环境
报文封装方式	封装在 IP 包中	封装在数据链路层帧中
区域划分	基于接口划分区域	基于路由器划分区域（Level 1/Level 2）
网络类型支持	支持点到点、点到多点、广播、非广播多路访问网络类型	只支持点到点和广播网络类型
链路状态描述	使用 LSA 描述链路状态	使用 LSP 描述链路状态
最佳路由算法	最短通路优先算法	最短通路优先算法
可扩展性	可扩展性一般	采用 TLV 结构，可扩展性强

（4）BGP

BGP 是一种距离矢量路由协议，是帮助自治系统在互联网上交换路由信息的一套规则和程序，常用于 ISP 之间。目前，与前几个版本相比，版本 BGP-4 最大的改进就是支持无类别域间路由选择（CIDR）。

BGP 具有以下特点。

① BGP 有 IBGP 和 EBGP 两种邻居。IBGP 邻居是指运行 BGP 的对等体两端在同一个自治系统域内，EBGP 邻居是指运行 BGP 的对等体两端在不同的自治系统域内。

② BGP 从设计上避免了环路的产生。自治系统之间：BGP 通过携带自治系统路径信息标记途经的自治系统，带有本地 ASN 的路由将被丢弃，从而避免了域间产生环路。自治系统内部：BGP 在自治系统内学到的路由不会在自治系统中转发，避免了自治系统内产生环路。

③ BGP 使用 TCP 作为其传输层协议，并支持协议报文的认证功能，同时，提供了防路由振荡的机制，有效提高了协议和网络的安全可靠性。

④ BGP 支持无类别域间路由选择（CIDR），路由更新时只须发送更新的路由，减少了传播路由所占用的带宽，适用于在互联网上广播大量的路由信息。

⑤ BGP 提供了丰富的路由策略，能够对路由实现灵活的过滤和选择，同时具备较好的可扩展性，能够适应网络新的发展。

1.4.3 VPN 技术介绍

1. VPN 的定义

（1）VPN 的产生

随着经济的发展和企业的逐渐扩大，企业需要打通总部和各地分支机构之间的网络，同时，让企业员工在任意区域随时存取公司的内部资源，与此同时，也要保证数据传输的安全性。

早期，运营商是以出租数字电路的方式为企业提供专线服务的，这种方式传输资源建设的投资大、周期长、不易管理。随着 ATM 和帧中继（Frame Relay）技术的兴起，运营商开始使用虚拟线路的方式为客户提供点到点的二层连接，大幅压缩了提供服务的时间和投资成本。为了提供专网服务，运营商既要建立 ATM 网络，也要建立帧中继网络，这样会造成网络建设上的资源浪费。另外，传统专网提供的速率较低、网络部署复杂，导致其无法满足企业对于网络灵活性、经济性、扩展性等方面的需求，于是出现了一种新的解决方案——VPN。VPN 是一种私有的、封闭的，通过共享网络实现客户之间相互隔离的虚拟网络。

（2）VPN 的基本特征

VPN 主要具备虚拟化和专用性两个基本特征。

① 虚拟化（Virtual）：VPN 使用者内部通信是通过公共网络实现的，而该公共网络还可以与其他用户共享，实际用户获得的是一个逻辑虚拟的专用网络。

② 专用性（Private）：通常情况下，用户使用的 VPN 资源不会被网络中的其他用户使用，VPN 还提供了相应的安全性保护，使内部信息不会泄露或受外部影响。因此，对用户来说，VPN 与传统专网没有太大差别。

只要合理利用 VPN 虚拟化和专用性的特征，就能将企业网络分解为逻辑上相互隔离的网络。这种逻辑隔离的网络既解决了企业内各个区域、各个部门之间的互通，也成为运营商在互联网上提供增值服务的一种重要的技术手段。

（3）VPN 的优势

① 数据传输安全性：在远端用户、合作伙伴、供应商与公司总部之间建立可靠的连接，保证了数据传输的安全性。

② 网络接入成本低：利用公共网络进行通信，企业可以以更低的成本连接驻外机构和合作伙伴，出差人员随时随地通过 VPN 移动接入，以满足移动办公需求。

③ 服务质量等级保证：构建具有 QoS 保证的 VPN，可以为不同的 VPN 用户提供差异化的服务。

2. VPN 的分类

根据实现的网络层次不同，VPN 可以分为二层 VPN 和三层 VPN 两种。

（1）二层 VPN

二层（Level 2，L2）VPN（也称为 L2VPN）透传的是二层数据单元，不参与 L3 的协议和路由，因此，L2VPN 能支持 L3 多种协议。L2VPN 在城域网的应用主要有虚拟专用线路服务（Virtual Private Wire Service，VPWS）和虚拟专用局域网服务（Virtual Private Lan Service，VPLS）两种形态。

VPWS 与 VPLS 技术对比见表 1-5。

表1-5 VPWS与VPLS技术对比

比较维度	VPWS	VPLS
服务类型	提供点对点的服务	提供点对多点的服务
CE 接入方式	支持 PPP、ATM、Frame Relay、Ethernet、VLAN 及其他低速端口接入	仅支持 Ethernet 接入
可靠性	支持隧道级的保护和伪线冗余保护	支持隧道级保护、伪线冗余保护和联动管理虚拟路由冗余协议（Virtual Router Redundancy Protocol，VRRP）保护
安全性	不需要学习用户的介质访问控制（Medium Access Control，MAC）地址，不存在 MAC 攻击和 L2 环路风险	需要学习用户的 MAC 地址，存在广播风暴风险

（2）三层 VPN

三层（Level 3，L3）VPN（也称为 L3VPN）透传的是三层 IP 数据，例如，IP 安全协议（Internet Protocol Security，IPSec）VPN、通用路由封装（Generic Routing Encapsulation，GRE）协议 VPN、MPLS/BGP VPN 等，都属于 L3VPN 的范畴。其中，MPLS/BGP VPN 主要用于骨干层，IPSec VPN、GRE VPN 一般广泛应用于接入层。

（3）VPDN

严格来说，VPDN 也属于 L2VPN，但其在网络构成和协议设计上与其他 L2VPN 有很大差异，同时，IP 报文需要经过多次封装，首次封装采用第二层隧道协议（Layer2 Tunneling Protocol，L2TP），二次封装则采用 UDP。

（4）L2VPN 与 L3VPN 的技术对比

L2VPN 与 L3VPN 技术对比见表 1-6。

表1-6 L2VPN与L3VPN技术对比

项目	L2VPN	L3VPN
安全性	高	低
对三层协议的支持情况	相对灵活	有限制
用户网络对骨干网的影响	小	大
对传统 WAN 的兼容性	大	小
路由管理	用户管理自己的路由	用户路由管理需运营商协同
组网应用	主要用在接入层和汇聚层	主要用在核心层

3. VPN 的基本原理

VPN 的基本原理是利用隧道技术把报文封装在隧道内，通过骨干网建立专用数据传输通道，实现报文的透明传输。

（1）隧道技术

隧道技术的基本原理是使用某种协议封装另一种协议报文，而封装协议本身也可以被其他封装协议封装或承载。隧道是构建 VPN 的重要组成部分，其主要作用是在两个网络节点之间建立一条透明的数据传输通道，对用户而言，完全无感知。隧道的建立是通过隧道协议实现的，目前，主流的隧道协议有 IPSec、GRE、L2TP 等。隧道协议通过给传输数据增加隧道协议头来完成数据报文的封装和解封装的过程。

（2）隧道分类

根据不同的隧道协议类型，隧道可分为以下 4 种。

① LSP 隧道。在 MPLS 网络中，边缘路由器对报文打上了 MPLS 标签，网络内部路由器根据标签对报文进行转发。标签报文经过的路径称为标签交换路径（Label Switched Path，LSP）。BGP/MPLS VPN 中使用的隧道类型为 LSP。

② GRE 隧道。通用路由封装（Generic Routing Encapsulation，GRE）是思科公司开发的一种隧道协议，可以在基于 IP 的网络上将各种网络层协议封装到虚拟的点到点链路中，从而实现数据的透明传输。

GRE 报文转发过程：首先，将去往目标网络的报文送到 VPN 隧道源端，在 VPN 隧道源端进行 GRE 封装，写入隧道建立的源和目的 IP 地址；然后，通过公共网络送到隧道目的端，在隧道目的端进行 GRE 解封装；最后，将报文根据普通 IP 转发流程送到目标网络。

③ IPSec 隧道。IPSec 是 IETF 制定的一个开放的、标准框架协议，用来保证在互联网上传

送数据的安全。

IPSec 分为隧道模式和传输模式两种。其中，隧道模式的封装过程如下。

首先，需要定义一个 IP 流，IP 流的建立可以使用 IP 层以上某个协议的端口；然后，定义 IPSec 隧道的源和目的公网的 IP 地址信息；最后，配置缺省路由，下一跳指向 IPSec 隧道源地址所在链路的对端地址。在进行 VPN 通信时，所有去往目标网络的报文会先进行 IPSec 封装，到对端再进行解封装，然后再按普通 IP 转发流程进行数据转发。

④ L2TP。L2TP 是用于在 L3 网络上对二层流量进行隧道传输的协议，支持点对点协议（Point-to-Point Protocol，PPP）方式的 L2 封装，通过 UDP 承载。L2TP 主要应用于 VPDN，L2TP 隧道建立在 L2TP 访问集中器（L2TP Access Concentrator，LAC）和 L2TP 网络服务器（L2TP Network Server，LNS）之间。LNS 是 L2TP 隧道上的一个端点，配置在接入设备上的 LAC 从远程客户端接收数据包，并将其转发到远程网络上的 LNS。

（3）隧道策略

隧道策略（Tunnel Policy）可以根据不同的目的 IP 地址选择不同的隧道。隧道策略主要分为顺序选择和隧道绑定两种方式。

① 顺序选择。顺序选择（Select-seq）是指到同一个目的 IP 地址，优先选择排在最前面的隧道，除非排在前面的隧道都处于关闭（Down）状态或采用负载均衡模式，后面的隧道才会被选中。

② 隧道绑定。隧道绑定（Tunnel Binding）是指在骨干网的提供商边缘（Provider Edge，PE）设备上将 VPN 与某条 MPLS 流量工程（Traffic Engineering，TE）隧道相关联，VPN 到对端的数据通过专用 TE 隧道承载，同时，隧道不被其他 VPN 业务占用，从而实现该 VPN 业务的 QoS 保证。

1.4.4 MPLS 技术介绍

1. MPLS 的定义

MPLS 是一种在开放的通信网络上利用标签来引导数据传输的技术。MPLS 起源于 IP 技术，但运用了 ATM 技术的相关概念解决了 IP 技术上的缺陷。传统 IP 采用基于目的地址转发的方式，每跳都需要进行路由的查找，转发效率较低。MPLS 的精髓在于引入了标签（Label）的概念，MPLS 报文转发是基于标签的。标签是一种短且易于处理的信息内容，IP 包在进入 MPLS 网络时被打上标签，MPLS 网络中所有的节点都是将这个简短的标签来作为转发判决依据的，IP 包离开 MPLS 网络时标签被剥离。基于标签交换的 MPLS 技术集成了标签切换转发的高性能及网络层路由的灵活性和扩展性，大幅提升了数据的传输效率。

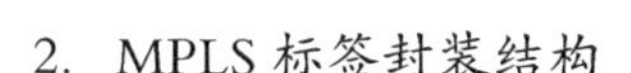

2. MPLS 标签封装结构

MPLS 报文封装结构如图 1-9 所示，MPLS 报文封装分别由 2 层报文头（Frame Header）、标签（Label）、IP 报文头（IP Header）、报文有效载荷（Payload）组成。与普通的 IP 报文相比，MPLS 报文封装增加了 MPLS 标签信息，标签封装在链路层和网络层之间，因此，MPLS 也被看作 2.5 层的技术，可以支持任意的链路层协议。

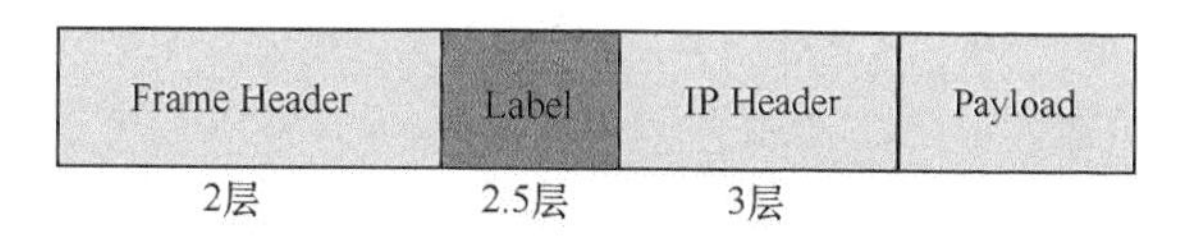

图1–9　MPLS报文封装结构

MPLS 标签结构如图 1-10 所示，MPLS 标签的长度为 4 个字节，即 32 位，共由以下 4 个字段组成。其中，Label：20 位标签；Exp：3 位，用于 QoS；S：1 位，用于栈底标识；生存时间值（Time To Live，TTL）：8 位，与 IP 报文中的 TTL 意义相同。

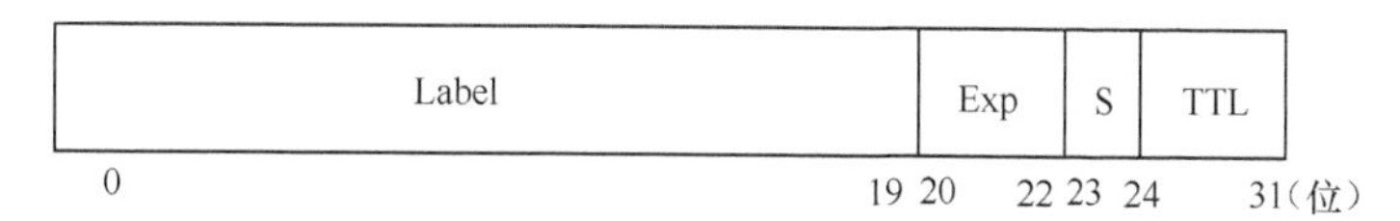

图1–10　MPLS标签结构

标签栈（Label Stack）是指标签的排序集合。多层标签嵌套结构如图 1-11 所示，MPLS 支持多层标签嵌套，S 值为 1 时，表明 S 为最底层标签。例如，MPLS VPN 应用有 2 层标签，外层标签用于 PE 与 PE 之间的 MPLS 路由可达，可通过标签分配协议（Label Distribution Protocol，LDP）分发，内层标签可用于区分不同的用户 VPN，通过 BGP 多协议扩展（MultiProtocol-BGP，MP-BGP）分发。

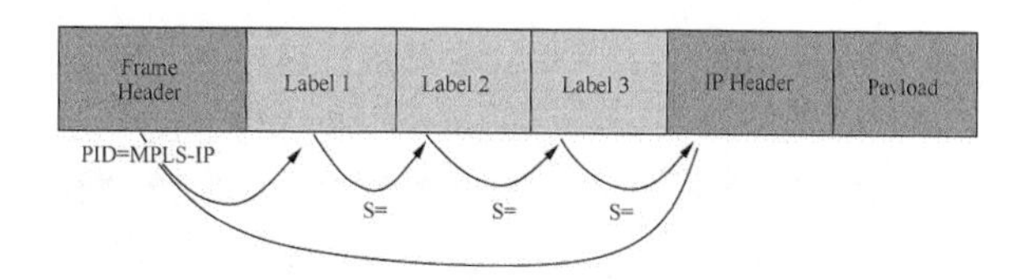

图1–11　多层标签嵌套结构

3. MPLS 网络结构和包转发过程

（1）MPLS 相关网元

① 提供商边缘路由器（Provider Edge Router，PE Router）：位于 MPLS 的边缘层，直接与

用户对接，既参与 IGP 路由和 Label 分发，也参与业务 IP 路由的学习和转发。

② 提供商路由器（Provider Router，PR，一般写作 P Router）：位于 MPLS 的核心层，不直接与用户对接，只参与核心网络的 IGP 和 Label 交换，不参与业务 IP 路由的学习或转发。

③ 自治系统边界路由器（Autonomy System Boundary Router，ASBR）：位于与其他 MPLS 域的边界，不直接与用户对接，可用于域间路由的学习和转发。

④ CE 路由器：用户边缘设备，具备直接连接用户和电信服务提供商的接口。

（2）标签路由转发原理

VPN 业务路由是通过 MP-BGP 在两台 PE 路由器之间传递，内层标签携带在对端 PE 路由器发过来的 MP-BGP 路由中，可用以区分不同的 VPN 用户；而 BGP 路由相同的下一跳（即对端 PE 路由器地址）需要封装相同的外层标签，外层标签通过 LDP 分发。因此，MPLS VPN 会先通过外层标签通道把数据引导到对端用户所在的 PE 路由器，对端 PE 路由器再根据内层标签判断业务属于哪个 VPN，然后根据该 VPN 的虚拟路由表项把数据转发到对端用户 CE 路由器。

（3）MPLS 包转发过程

MPLS 标签操作类型包括标签压入（PUSH）、标签交换（SWAP）和标签弹出（POP），它们是标签转发的基本动作。MPLS 包转发过程如图 1-12 所示。

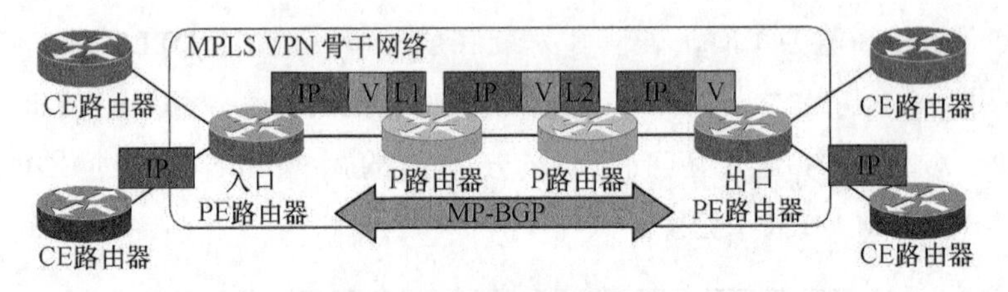

图1-12　MPLS包转发过程

本端 CE 路由器发送业务 IP 数据包，在进入 MPLS VPN 骨干网络（MPLS VPN Backbone）时，入口 PE 路由器会对 IP 数据包执行 PUSH 操作，首先，压入对端 PE 路由器通过 MP-BGP 分发的内层标签 V，然后再压入下游核心路由器设备通过 LDP 分发的外层标签 L1，并转发数据包到下游的 P 路由器，P 路由器对最外层标签执行 SWAP 标签交换操作，直到倒数第二跳设备执行 POP 标签弹出操作，去除外层标签 L2，并转发数据包到出口 PE 路由器。最后，离开 MPLS VPN 网络时，出口 PE 路由器执行标签弹出操作，去除最内层标签变为 IP 数据包，并根据内层标签将 IP 数据包转发到相关的 VPN 用户线路上，从而到达对端 CE 路由器。

1.5 IP 承载网的新发展

1.5.1 传统网络面临的问题和挑战

随着信息社会、知识经济的到来，互联网在潜移默化地影响着人们的生活方式，推动着社会与经济的变革。互联网基础设施及应用日益丰富，用户对接入带宽、网络质量、业务和服务保障提出了更高的要求。为了满足日益增长的业务需求，运营商需要为各种业务部署不同的专用设备，并不断进行纵向扩容，但是这种部署思路的建设不仅周期长，而且业务部署不灵活。目前，互联网业务推陈出新，单纯依靠带宽扩容的方式已经无法跟上当前各种业务的更新速度，运营商需要提供更灵活、快速的业务部署方式。

1. 传统组网存在的缺陷

以城域网为例，典型的城域网一般由核心层、业务控制层和接入层组成。城域网典型架构如图 1-13 所示。

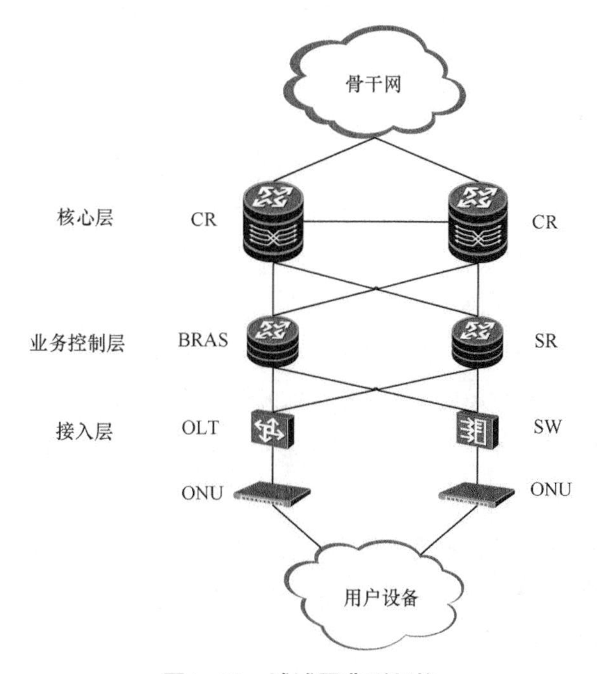

图1-13　城域网典型架构

用户设备主要是光网络单元（Optical Network Unit，ONU），接入层主要是为用户提供宽带接入的设备，例如，交换机（SWITCH，SW）、光线路终端（Optical Line Terminal，OLT）；

业务控制层主要是负责用户 IP 地址分配、用户接入认证和用户路由转发等核心功能。其中，有代表性的设备为宽带远程接入服务器、业务路由器等；核心层负责汇聚整个城域网的出口流量，提供了高速交换和转发能力。

现有城域网宽带远程接入服务器 / 业务路由器等设备均为专用硬件设备，设备建设周期长，难以支撑业务高速发展的需求；涉及的厂商设备型号繁多，不同厂家设备维护界面不统一；设备未能实现转控分离，采用分布式控制的方式，缺乏对全网资源、业务流量的灵活部署和调度能力，难以应对突发大流量事件和紧急业务部署需求；固网、移动网单独投资建网，未实现固移融合。

2. 网络安全问题凸显

随着宽带网络、用户规模的不断增长，IP 承载网面临的网络安全形势异常严峻，国内外网络安全事件层出不穷，目前，网络安全问题已经成为社会民众和各运营商重点关注的问题。

① 目前，IP 承载网存在的安全威胁如下。

- 城域网设备直接暴露在互联网上，存在被恶意攻击的风险，这种攻击可能造成设备性能下降，甚至整机脱网的情况，将严重影响用户使用。
- 城域网相关的网管系统、认证服务器和流量采集服务器等系统平台与城域网设备是通过互联网进行信息交互的。这些系统平台直接暴露在互联网上，同样存在被恶意攻击的风险，这种攻击可能带来平台不可用、网络被操控、敏感信息泄露等安全风险。

② 目前，各运营商应对外部攻击的安全防护措施是对暴露在互联网上的城域网设备、系统平台等做大量安全防护策略，主要包括以下内容。

- 在网络设备或系统平台服务器上部署严格的访问控制列表来限制访问的源地址、源端口和目的地址、目的端口等，只允许可信范围内的源访问。
- 在城域网出口设备或系统平台上联的网络设备上部署针对设备和平台的安全访问策略，禁止非法源地址访问设备和平台。
- 在网络设备和服务器上禁用不必要的服务端口。
- 在系统平台内网部署防火墙设备，在网络上部署安全防护系统，对非法攻击流量进行监控、清洗和阻断。
- 定期对网络设备和主机进行安全漏洞扫描，及时进行修复与升级。

③ 虽然上述的安全防护措施能够对 IP 承载网起到一定的保护作用，但其缺陷也非常明显，已经无法满足日益增长的网络安全需求，主要原因如下。

- 随着网络设备和系统服务器的不断增加，设备上的访问控制列表需要进行动态更新维护，如果出现工程新上设备验收把关不严、维护过程中人为配置失误造成访问限制被取消、列表控制不严格等情况，设备都将面临被攻击的风险。
- 网络设备或服务器本身软件存在的漏洞也会导致某些端口被利用、被攻击的情况，需要不断地修复、升级软件版本来解决漏洞，而通常修复、升级软件等工作有所滞后，未能从根本上阻断来自互联网的攻击。
- 网络上部署了大量复杂的安全控制策略，对设备性能产生了一定的影响，同时，也增加了网络维护人员日常维护工作的复杂性，需要熟悉各类安全控制策略，容易出现人为操作失误导致较大故障。
- 网络上部署安全防护系统成本较高，而且需要不断扩容升级，才能满足日益增长的安全需求。

因此，亟须一种基于原生安全的城域网保护方案，网络上不需要部署复杂的安全控制策略，而是将城域网设备、系统平台与互联网、业务彻底隔离，尽可能降低城域网设备和相关系统平台被攻击的风险，提升网络稳定性，为用户提供更安全、更可靠的网络服务。

3. 网络运维自动化水平低

随着“宽带中国”“千兆光网”等国家战略的稳步推进，以及移动互联网行业的蓬勃发展，网络规模成倍增长，网络上承载的业务类型越来越多，包括宽带上网业务、移动上网业务、IPTV 业务、互联网专线业务、VPN 专线业务、语音业务、Wi-Fi 业务、小基站业务等，业务实现的复杂度也越来越高，网络维护工作也面临越来越多的困难和挑战。

（1）网络自动化运维效率低下

目前，运营商自动化运维仍局限于设备备份、告警监控、网络巡检等基础性维护工作，以及家庭宽带业务、部分政企专线业务的自动开通配置等，而对于网络流量的分析调度、网络资源的自动缩扩容、业务拓扑的端到端呈现、网络和业务故障的自动定位和处理、设备安全加固，以及日常配置等方面还存在大量重复烦琐的人工作业。传统城域网还是采用命令行交互工具（Command Line Interface，CLI）方式登录网元设备进行指令操作，维护效率低，缺乏全网端到端可视化支撑能力，流量采集效率低，故障定界慢，亟须提升运维效率。

（2）运维人员数量与工作量不匹配

近年来，为了实现降本增效的目标，运营商将第三方维护人员逐步削减，同时，在网络规模不断扩大的情况下，维护人员通常身兼数职，工作量巨大。仅靠传统运维手段已无法满足日常网络质量隐患分析、网络指标预警、业务配置等工作要求，同时，维护人员长期在高强度工作的情况下，极易出现人为误操作造成网络阻断。因此，运营商必须通过提升自动化运维手段来减轻维护人员的工作量。

（3）运维能力不足与网络业务规模发展的矛盾

IP 数据具有专业性强的特点，一个 IP 数据传统维护人员至少需要一年的学习和实践，才能掌握各种路由协议知识、各种网络和业务配置规范、各种业务实现原理和故障排查方法，同时，还需要经过多年维护经验的积累，才能独立承担网络运维和具备处理复杂问题的能力。另外，数据维护队伍容易出现运维人员梯队“青黄不接”的情况，运维人员的水平不够稳定。

综上所述，在当前各运营商降本增效、工作强度不断增大，以及人力资源极度缺乏的背景下，面向网络、业务运营提供自动化、智能化管理手段，为 IP 承载网提供端到端监控、故障精准维护、网络分层可视化能力，全面实现网络智能驾驶和智慧化运营是解决目前 IP 承载网传统运维难题的理想解决方案。

4. IPv4/MPLS 技术发展局限

IP 技术发展的第一阶段：IPv4 的组网技术是“IP + 以太网”，网络可靠性差，组网规模受限，我们称为 IP 1.0 时代。IP 是一种无连接的通信协议，只提供尽力而为的转发能力，要依靠数据传输层的 TCP 来保证传输的可靠性，IP 本身无法为业务提供 QoS 保障，已经无法满足用户的需求，直到 MPLS 的出现才更好地解决了 IP 网络 QoS 能力不足的问题。

IP 技术发展的第二阶段：以 MPLS 为代表的时代，我们称为 IP 2.0 时代。IP/MPLS 技术解决了传统 IP/ 以太网的不足，为无连接的 IP 网络增加了连接的属性，可以提供面向连接的服务。相比 IP 基于最长前缀匹配原则来转发数据，MPLS 采用基于定长的标签交换来转发数据的效率更高。MPLS VPN 是 MPLS 当前最大的应用场景之一，通过 MPLS 标签实现 VPN 业务隔离，是解决企业互联和多业务承载的关键技术。MPLS 解决了路由隔离、大规模组网、流量工程及 ALL-IP（所有 IP）时代电信级业务 IP 化承载问题，提高了网络的可靠性和业务承载的质量。

尽管 IP/MPLS 技术使网络进入 ALL-IP（所有 IP）时代，但 IPv4 和 MPLS 技术仍然存在很多问题和短板，特别是随着网络规模的不断扩大和云时代的到来，这些问题更加凸显。

（1）IPv4 的短板

① 地址空间不足。目前，全球所有的 IPv4 公网地址已分配完毕。各国 IPv4 地址总数（前

5名）见表 1-7，我国共有 3 亿个地址，相当于 10 个人只能分到 2 个地址，远远不够用户使用。

表1-7 各国IPv4地址总数（前5名）

排序	国家	IP 数量 / 个
1	美国	1604289269
2	中国	335781929
3	日本	203083178
4	英国	123050120
5	德国	118631525

随着物联网的发展，万物互联都需要 IP 地址，显然 IPv4 公网地址已不能满足用户需求。当前，地址有限的解决方案是网络地址转换（Network Address Translation，NAT）技术。NAT 就是让多个内网主机转成一个公网 IP 来连接互联网。这样虽然能暂时解决地址紧缺的问题，但会带来更多的问题。首先，地址转换对设备的压力很大，势必会降低网络性能，增加时延，降低用户体验。其次，NAT 实现一个公网地址承载多个用户流量的原理是用端口号来区分不同用户的连接，但是一个公网 IP 最多只有 65535 个端口，因此，承载的连接数有限。用户数据持续增多，也必然用到更多的公网 IP 地址。

② 可扩展性差。很多需要扩展报文头的新业务，例如，源路由机制、业务功能链（Service Function Chaining，SFC）、带内操作管理和维护（In-band Operations Administration and Maintenance，IOAM）等，都很难有 IPv4 扩展支持，虽然 IPv4 定义了一些扩展选项（Options），但除了用于故障检测，很少有其他应用。IPv4 报文头可扩展性不足也会导致可编程能力不足，在一定程度上，限制了 IPv4 的发展。

（2）MPLS 短板

① 网络跨域互通部署复杂。目前，IP 骨干网、城域网、移动承载网等处于独立的 MPLS 域，但很多业务都需要端到端跨 MPLS 域进行部署，MPLS VPN 通常有 OptionA、OptionB、OptionC 这 3 种跨域解决方案，但业务部署复杂度较高，难以适应业务快速部署和日常简便维护的需求。另外，在 L2VPN、L3VPN 多种业务并存的情况下，设备中可能同时存在 LDP、RSVP、IGP、BGP 等协议，不适合大规模业务部署。

② 可扩展性不足。MPLS 只有 20 比特的标签空间，在网络规模增大后，会出现标签资源不足的问题，控制面资源预留协议流量工程（Resource ReSerVation Protocol-Traffic Engineering，RSVP-TE）的可扩展性不足，复杂度过高。

1.5.2 开启 IP 网络新时代

随着 5G、云计算、物联网等业务的发展和推动，要求网络的用户面有更强的可编程能力和更简洁的融合网络解决方案。在这种背景下，基于IPv6用户面的分段路由（SRv6）技术应运而生。SRv6是一种网络转发技术，作为新一代 IP 网络承载技术，SRv6 简化并统一了传统复杂的网络协议，弥补了传统 MPLS 标签空间不足的缺陷，提供了强大的可编程能力，迎来了基于 IPv6 万物互联的智简网络时代，我们称为 IP 3.0 时代。

1. IPv6

IPv6 也被称为下一代 IP（IP Next Generation，IPNG），具备强大的功能。

（1）地址空间巨大

IPv4 采用 32 位的地址空间，总地址数量是 2^{32}，这个数值约为 43 亿；而 IPv6 采用 128 位的地址空间，总地址数量是 2^{128}，也可以说，这个地址数量近乎无限大。

（2）网络性能提升

IPv6 不但可以避免 NAT 造成的性能损耗，还精简了报文头结构，让数据转发效率更高。IPv4 报文头如图 1-14 所示，IPv6 报文头如图 1-15 所示。与 IPv4 报文头相比，IPv6 报文头去除了大部分域，只增加了流标签域，因此，相比 IPv4 报文头，IPv6 报文头的处理效率有了很大提高。

- 取消了首部校验和字段。因为在数据链路层和传输层都会校验，所以 IPv6 直接取消了 IP 的校验。
- 取消了分片 / 重新组装相关字段。IPv6 不允许在中间路由器进行分片与重组，该操作只能在源与目标主机进行，提高了路由器的转发速度。
- 取消选项字段。选项字段不再是标准 IP 首部的一部分，使 IPv6 的首部成为固定长度的 40 个字节。

<table>
<tr><td>Version（版本）</td><td>Header Length（头长度）</td><td>DS Field（区分服务）</td><td colspan="2">Total Length（总长度）</td></tr>
<tr><td colspan="3">Identification（标识）</td><td>Flags（标记）</td><td>Fragment Offset（片偏移）</td></tr>
<tr><td>Time To Live（生存时间）</td><td colspan="2">Protocol（协议）</td><td colspan="2">Header Checksum（头部校验总和）</td></tr>
<tr><td colspan="5">Source IP Address（源地址）</td></tr>
<tr><td colspan="5">Destination IP Address（目的地址）</td></tr>
<tr><td colspan="5">IP Options（选项）</td></tr>
</table>

图1-14 IPv4报文头

<table>
<tr><td>Version（版本）</td><td>Traffic Class（流量分类）</td><td colspan="2">Flow Label（流标签）</td></tr>
<tr><td colspan="2">Payload Length（有效载荷长度）</td><td>Next Header（下一个头）</td><td>Hop Limit（条数限制）</td></tr>
<tr><td colspan="4">Source Address（源地址128位）</td></tr>
<tr><td colspan="4">Destination Address（目的地址128位）</td></tr>
</table>

图1-15　IPv6报文头

（3）可扩展性强

IPv6 提出了扩展头部的概念，可以按需对头部字段进行扩展，实现所需的功能。扩展头部的设计给 IPv6 带来了很好的可扩展性和可编程能力。例如，利用逐条选项扩展报文头可以实现 IPv6 逐跳数据的处理，利用路由扩展报文头可以实现源路由等。

2. SR

分段路由（Segment Routing，SR）是一种源路由协议，其核心思想是将报文转发路径切割为不同的分段，并在路径的起始点向报文中插入分段信息来指导报文在网络中的转发，这样的路径分段被称为“Segment”，一组有序的路径分段列表被称为“Segment List”，并通过分段标识符（Segment IDentifier，SID）来标识，从而指示网络在指定节点上执行对应的指令来实现网络可编程。目前，SR 支持 MPLS 和 IPv6 两种数据面，基于 MPLS 数据面的 SR 被称为 SR-MPLS，其 SID 为 MPLS 标签；基于 IPv6 数据面的 SR 被称为 SRv6，其 SID 为 IPv6 地址。

SR/SRv6 技术是 IP 网络的重大技术创新，相比传统的 MPLS 技术，SR/SRv6 通过引入源路由技术，简化了网络协议与网元功能，提升了组网的灵活性，特别是 SRv6 支持网络功能可编程和业务自主定制端到端网络路径，为构建下一代网络架构体系提供了重要的技术保障。同时，SR/SRv6 可面向重点业务，向用户提供更加敏捷和开放的网络服务能力。

相比 RSVP-TE MPLS，SR-MPLS 不需要 RSVP-TE 等信令协议，只需对 IGP 和 BGP 等进行扩展即可。在 RSVP-TE MPLS 网络中，中间节点需要为每个数据流维持转发状态，而在 SR-MPLS 网络中，仅需要在头节点维持逐流的转发状态，在中间节点和尾节点不需要维持主流的转发状态。

尽管基于 MPLS 数据面的 SR-MPLS 技术提供了较好的可编程能力，但其仍然受制于 MPLS 标签空间不足等实际问题，无法很好地满足业务功能链（Service Function Chaining，SFC）、IOAM 等一些需要携带元数据（MetaData）的业务需求。而基于 IPv6 数据面的 SRv6 技术，不但保留了 SR-MPLS 网络的所有优点，还拥有比 SR-MPLS 更好的可扩展性。

3. SRv6

SRv6 是基于源路由理念而设计的一种协议。SRv6 通过在 IPv6 报文中插入一个分段路由扩展报文头（Segment Routing Header，SRH），在 SRH 中压入一个显式的 IPv6 地址栈，并由中间节点不断更新目的地址和偏移地址栈来完成逐跳转发。SRH 扩展报文头如图 1-16 所示。

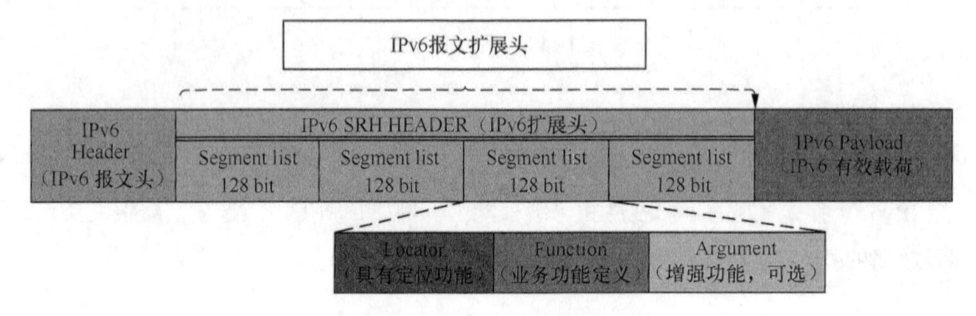

图1-16　SRH扩展报文头

SRv6 结合了 SR-MPLS 头端可编程和 IPv6 报文头可扩展性两个方面的优势，具体优势说明如下。

① SRv6 基于 IP 可达性，不需要全网升级，只需头尾节点支持 SRv6，中间节点支持 IPv6 即可，也不需要使用其他额外的信令，更容易实现不同网络之间的跨域互通。

② SRv6 基于源路由理念设计，通过头节点压入指令序列，编程网络路径，其余节点执行指令。利用 Segment 中 Locator、Function、Argument 及 Optional TLV 等字段信息可以更好地满足新业务的多样化需求。

③ SRv6 对于 IPv6 的亲和性使它可以将 IP 承载网与支持 IPv6 的应用无缝融合，通过网络感知应用，运营商可以更快捷地提供更多的增值业务，也更容易实现云网融合。

4. 从 SRv6 到“IPv6+”

SRv6 的出现为 IPv6 的规模部署带来了全新的机遇，SRH 扩展头的使用给人们很大的启发。随着新业务的发展，SRH 不再局限于 SRv6 应用，也就是说，数据面不仅可以基于 SRv6 SRH 封装，而且可以扩展到基于其他 IPv6 扩展头封装。

- 基于目的选项扩展报文头（Destination Options Header，DOH）可以实现新型组播方案 IPv6 封装的比特位索引显式复制（Bit Index Explicit Replication IPv6 encapsulation，BIERv6）。
- 基于逐跳选项扩展报文头（Hop-By-Hop Option Header，HBH）可以实现网络切片。

- 基于逐跳选项扩展报文头或SRH的Optional TLV也可以使SRv6支持随流检测（In-situ Flow Information Telemetry，iFIT）。

也可以说，SRv6 开启了基于 IPv6 扩展报文头的创新之门，从此基于 IPv6 的新应用方案层出不穷。业界也把这些新应用方案统一描述为“IPv6+”，同时，定义了“IPv6+”发展的 3 个阶段。

（1）“IPv6 + 1.0”

“IPv6 + 1.0”主要包括 SRv6 基础特性，包括 TE、VPN 和快速重路由（Fast Reroute，FRR）等。这些特性在现网应用广泛，SRv6 需要继承下来，并利用自身的优势来简化网络的业务部署。

（2）“IPv6 + 2.0”

“IPv6 + 2.0”重点在面向 5G 和云的新特性。这些新特性需要 SRv6 SRH 引入新的扩展，也可能是基于其他 IPv6 扩展头进行扩展。这些可能的新特性包括但不局限于“VPN+”（网络切片）、iFIT、确定性网络（Deterministic Networking，DetNet）、业务功能链（SFC）、软件定义广域网（Software Defined-Wide Area Network，SD-WAN）、BIERv6、通用 SRv6（Generalized SRv6，G-SRv6）和 SRv6 Path Segment 等。

（3）“IPv6 + 3.0”

“IPv6 + 3.0”重点是应用感知的 IPv6 网络（Application-aware IPv6 Networking，APN6）。随着云网的进一步融合，云网之间会交互更多的信息，IPv6 无疑是最具优势的媒介。

IPv6 并非下一代互联网的全部，只是网络创新的起点和平台，“IPv6 +”的演进路线打开了未来网络更多的可能性。随着 5G、云计算等业务的兴起、网络编程技术的发展，以及 IPv6 的规模部署，以 SRv6 为代表的“IPv6+”技术将在网络中广泛应用，构建出创新、智能、开放、弹性的下一代 IP 承载网。

1.5.3 构建新型 IP 承载网的解决方案

1. 新型 IP 承载网的特点

未来网络将从传统的“以网络资源为中心”转变为“以应用服务为中心”，实现“按需可定制”。中国电信提出了基于 SDN/NFV 的新型 IP 承载网架构，并融合 SRv6、FlexE、EVPN 等技术，构建固移融合、云网一体化的新型 IP 承载网，实现网络弹性扩展、业务快速提供及网络智慧化运维，为运营商适应新时代的网络转型和中国互联网下一代变革提供了新的思路。

（1）新架构

Spine-Leaf 架构：基于数据中心模块化分区 / 分发点（Point Of Delivery，POD）的先进理念，构建城域 Spine-Leaf，实现流量快速疏导和横向弹性扩展。基于 Spine-Leaf 的新型 IP 承载网总体架构如图 1-17 所示。

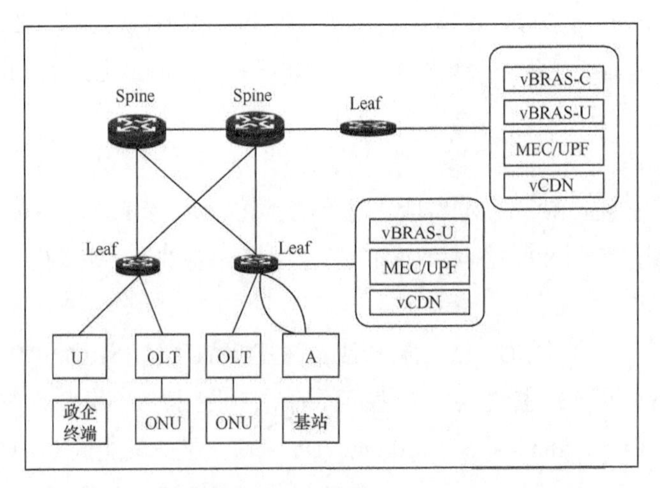

图1-17　基于Spine-Leaf的新型IP承载网总体架构

虚拟化承载：虚拟宽带远程接入服务器（virtual Broadband Remote Access Server，vBRAS）控制面（vBRAS-C）云化集中部署，组件冗余，统管虚拟 / 硬件用户面；用户面（vBRAS-U）池化，实现“*N*∶1”备份，提升系统可靠性。

固移融合：部署 SRv6/EVPN 等新技术实现云网业务、固移融合承载。

（2）新技术

SRv6：基于源路由转发模型，基于 Function 携带业务属性，提升网络可编程能力。

FlexE：在以太网技术上实现基于时隙传送、物理隔离和带宽保证，可构建端到端低时延、低抖动的路径。

EVPN：基于 BGP/MPLS 技术，通过扩展 BGP 网络层可达信息（Network Layer Reachability Information，NLRI）属性，可实现 L2VPN/L3VPN 业务承载融合。

（3）新运维

面向业务、网络运营提供自动化、智能化管理手段：提供端到端监控、故障智能精准定位、网络分层可视化能力、网络自动化维护、网络智能驾驶等基础及智慧化运营能力。

2. 新型 IP 承载网引入的新技术

（1）引入 SDN 控制器实现转控分离

软件定义网络（Software Defined Network，SDN）是通过从离散网络设备的数据转发功能

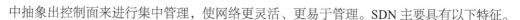

中抽象出控制面来进行集中管理，使网络更灵活、更易于管理。SDN 主要具有以下特征。

① 控制与转发分离：网络系统的控制面和用户面分离，可通过相应的控制协议实现交互。

② 逻辑集中控制：控制面分离出来后集中部署，可以管理多个用户面设备，拥有网络级视图。

③ 网络能力开放化：实现控制面和用户面设备通用化，设备能力和网络能力整合，并对外开放。

（2）基于 NFV 部署智能的城域网边缘节点

NFV 是一种虚拟化网络服务，允许通过运行在标准化计算节点上的软件来安装、控制和操作网络功能。NFV 融合了云和虚拟化技术，其核心在于将通信设备硬件统一为基于 x86 架构的服务器设备来降低成本，并通过在其上安装不同的软件来实现不同的功能。通过引入 NFV 技术，运营商可以将网络设备全部或部分功能统一到标准的高性能、大容量的服务器上，实现新业务快速部署，加速业务控制层的设备向池组化和云化的方向演进，以推动新网络服务的快速发展。

以城域网业务控制层设备 BRAS 为例，早期由于运营商的宽带业务较为单一，采用控制与转发紧耦合的软硬件一体化 BRAS 设备，随着业务种类、功能日益丰富和扩大，其缺点逐步显露出来：业务分布不均衡造成设备资源浪费；设备对新业务支持的扩展性不强，软硬件需要同时升级；设备配置采用命令行方式，业务开通和日常维护需要手工配置大量命令，配置和维护效率极低等。vBRAS 作为 NFV 技术在城域网的有效应用，克服了上述困难。部署 NFV 技术后，只要进行软件升级，就可较好地适应业务快速创新发展和部署的需要。因此，基于 vBRAS 资源池部署智能的城域网边缘节点架构演进有着重要的意义。

（3）基于原生安全的新型城域网架构

为了解决传统城域网安全防护措施存在的问题，新型城域网采用“SRv6+EVPN”承载城域网内互联网用户业务和系统信令，实现了城域网设备及相关系统与互联网用户的逻辑隔离，大大增强了城域网的安全性。

① 新型城域网安全防护总体部署思路。城域网设备地址只在本城域网内广播，防止域外地址访问城域网设备。城域网内所有用户业务通过“SRv6+EVPN”承载，实现了城域网内用户与网络核心设备的隔离。

② 新型城域网安全防护技术方案。

方案一：城域网设备地址规划和广播方案。城域网设备配置了两个 LoopBack 地址：一个采用公网地址，用于城域网设备之间路由协议等信息交互；另一个采用私网地址，并通过“SRv6+EVPN”承载，用于与网管等重要系统平台的网管信令信息交互。城域网设备的公网 LoopBack 和接口地址在城域网出口设备配置控制策略不向骨干网进行 BGP 路由广播，只在城域网 IGP 域内广播。

方案二：城域网内用户业务承载方案。城域网内部署互联网用户业务 VPN，可用于承载所有宽带互联网业务，包括公众上网业务、政企上网专线等，实现用户业务在城域网内访问均通过“SRv6+EVPN”承载，与城域网内设备路由隔离。城域网出口侧 VPN 接口与骨干网侧公网接口采用 EBGP 方式对接。

方案三：网管、认证等重要系统平台承载方案。将通过关闭网管等重要系统平台公网通道，改为通过“SRv6+EVPN”进行承载，实现系统平台与互联网路由的隔离。系统平台采用与互联网用户业务不同的 VPN 进行承载，并且与城域网设备的私网地址 LoopBack 共用一个 VPN，从而实现系统平台既能与城域网设备互通，又能与互联网用户隔离。

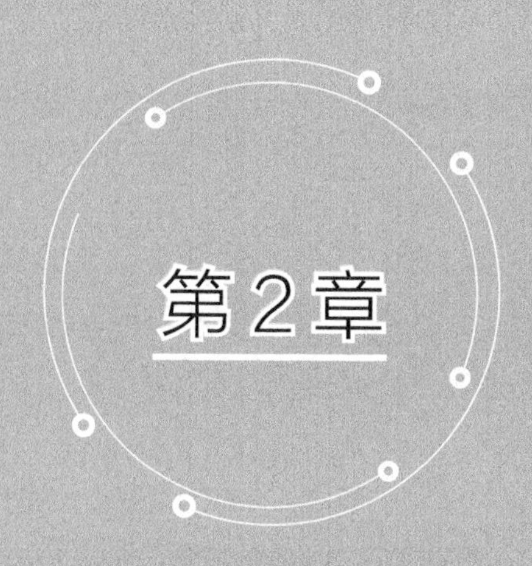

新型 IP 承载网关键技术原理

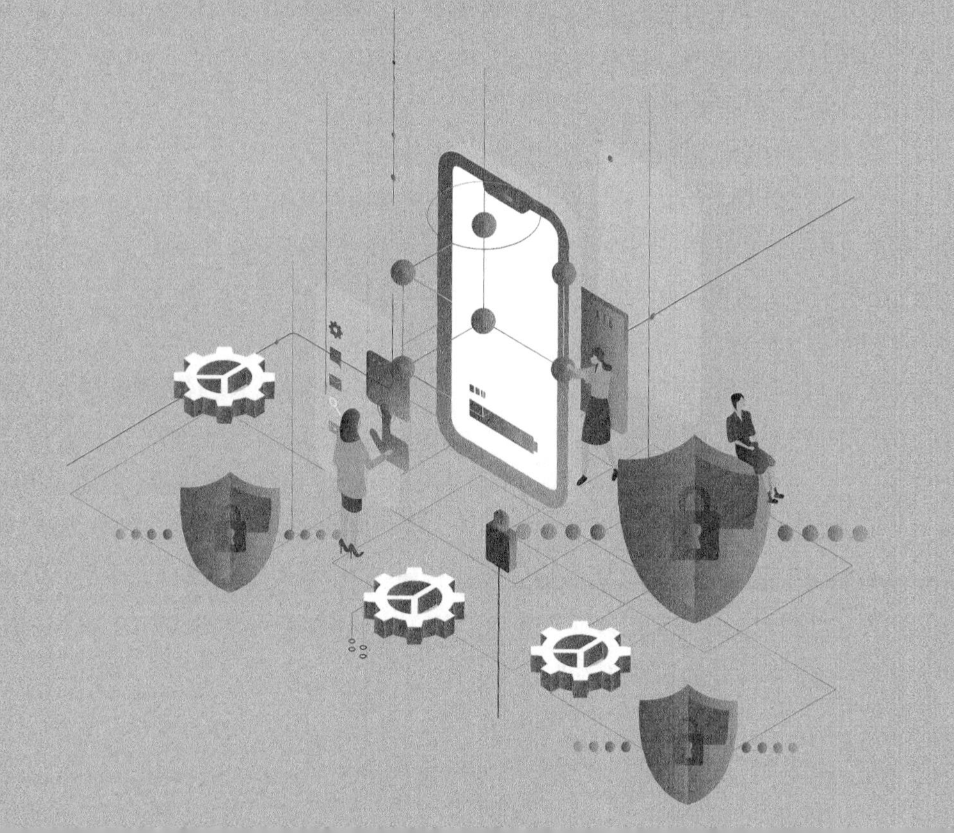

2.1 SR MPLS 及 SRv6 技术

一直以来，国内外运营商普遍依托 IP/MPLS 构建骨干网和城域网。随着物联网（Internet of Things，IoT）、5G 和云计算应用的发展，对于网络新的要求也随之出现，现有基于 IP/MPLS 的网络架构存在以下问题和挑战。

（1）转发优势消失

随着路由表项查找算法的优化改进，以网络处理器（Network Processor，NP）为代表的硬件性能不断提升，当前，MPLS 的转发性能优势已经不再明显。

（2）协议状态复杂

随着路由表算法的不断优化和硬件性能的不断提升，IGP 路由自身分配标签已不是问题，不再需要通过 LDP 等分配标签。RSVP-TE 实现比较复杂，网络节点间需要构建全网状 TE 隧道来提升路由收敛速度，导致网络复杂度大幅增长，为节点带来了巨大的性能压力。

（3）跨域部署困难

运营商骨干网、城域网和移动承载网部署在不同的 BGP 自治域，基于传统的 LDP 只能在每个自治域内分配 MPLS 标签，导致运营商骨干网、城域网和移动承载网形成各自独立的 MPLS 域。但运营商业务需要端到端部署，在部署业务时跨越多个自治域，需要使用特殊方式解决跨自治域标签传递问题。目前，MPLS VPN 有 OptionA、OptionB、OptionC 共 3 种跨域解决方案，但是业务部署都比较复杂。

（4）业务管理复杂

在 L2VPN、L3VPN 多种业务并存的情况下，设备中存在 LDP、RSVP、IGP、BGP 等不同协议，同时，存在宽带上网、组网专线、云网融合和 IPTV 等业务。各种业务部署和管理复杂，不适合 5G/ 云时代大规模业务部署。

（5）云网融合困难

随着互联网和云计算的发展，企业数据中心和专线融合组网的需求越来越多。目前，数据中心的厂家通过 IGP（大部分使用 OSPF）和 BGP 构建 Underlay 网络（下层的网络，也是基础架构层，用于承载用户流量传统的 IP 网络），Overlay 网络（又叫叠加网络、覆盖网络，就是把一个逻辑网络建立在一个实体网络之上）业务部署通过多段虚拟扩展局域网（Virtual extensible Local Area Network，VxLAN）拼接构建企业内部不同业务的业务链。但受制于网络管理边界、管理复杂度和可扩展性等多个方面原因，很难将运营商网络的 MPLS VPN 与数据中心的 VxLAN 拼接建立端到端的业务链。

分段路由（Segment Routing，SR）可以解决上述问题，其基于源地址路由，源节点在报文头中插入Segment列表。该列表包含网络中转发的节点或者链路形成显式路径。数据包沿着该路径转发报文，源节点之外的节点不需要存储流状态信息。

2.1.1 SR技术基础知识

SR是一种基于源的路由技术，可简化不同网域的流量工程和管理。它从网络中间路由器中移除网络状态信息，路径状态信息仅在网络入口节点处理，处理后生成Segment列表。Segment列表表示在网络中经过哪些路由器或端口，网络中间路由器不需要保留网络状态信息，仅处理数据包报文头中的Segment列表信息，将流量通过某个端口转发到下一跳路由器。

1. Segment概念

（1）SR基础组件

① SR域：一系列使用SR协议的节点，节点可以是网络内的入口、中间或出口路由器。

② Segment和Segment标识。数据包的SR报文头中包含Segment，基于Segment的内容节点可以按照去最短路径向目的节点转发数据包，也可以通过特定的节点或者端口转发数据包。

分段标识符（Segment IDentifier，SID）可用于标识Segment。SID可以是SR域中的某个节点或者节点中的某个端口，SID的格式包括MPLS标签、IPv6地址等。

在SR中，不同类型的SID示意如图2-1所示。

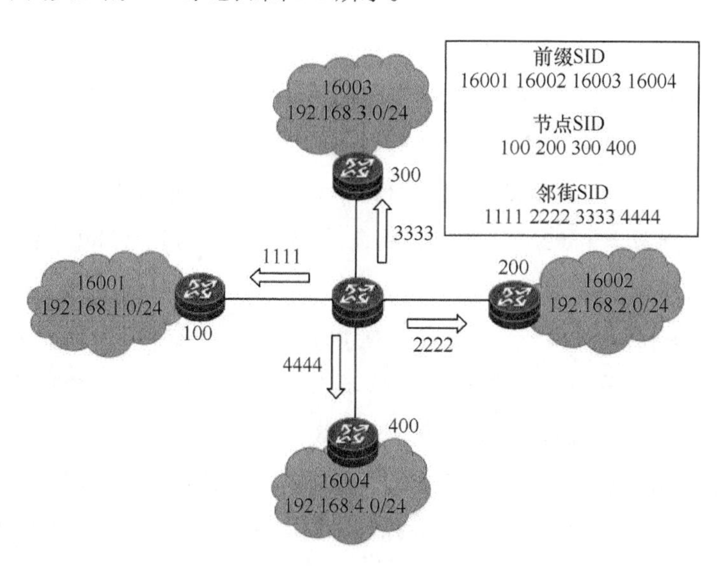

图2-1 不同类型的SID示意

- 前缀 SID（Prefix SID）。前缀 SID 要求在整个网络中唯一，是目的节点为自身 IP 地址前缀分配的标签。
- 邻接 SID（Adjacency SID）。邻接 SID 表示节点上一条链路或者一组链路，SR 域中所有其他节点都会接收到该邻接 SID，但是只有始发节点了解其代表的含义。
- 节点 SID（Node SID）。节点 SID 是一个特殊的前缀 ID，节点通过环回（LoopBack）地址分配一个前缀 ID，用来表示节点本身的标签。

③ Segment 列表。Segment 列表称为 SID 列表（SID List），是一个有序的分段列表，可用于标识 SR 入口节点和 SR 出口节点之间的转发路径。

④ Segment 列表操作。数据包处理 Segment 列表执行的指令，被称为活动 Segment 指令。目前，Segment 列表定义了以下 3 种操作。

- 压入（PUSH），在 Segment 列表中插入 Segment。
- 继续（CONTINUE），由于活动 Segment 还没完成，所以让它保持活动。
- 下一个（NEXT），活动 Segment 已完成，Segment 列表中的下一个 Segment 将成为活动 Segment。

（2）Segment 的 3 种模式

① 基于前缀 Segment 的模式。在基于前缀 Segment 的模式中，目的节点的前缀 Segment 通过 IGP（ISIS 或 OSPF）在网络中泛洪。网络中的所有路由器学习目的节点的 Segment，通过 SFP 算法计算到达目的节点的最短路径。该场景被称为分段路由尽力转发（Segment Routing Best Effort，SR BE）。

SR BE（前缀 Segment 模式）转发示意如图 2-2 所示，数据包从源节点发送到目的节点，在源节点压入（PUSH）目的节点的 Segment（400）并按照最短路径转发。在到达目的地之前，经过中间节点执行继续（CONTINUE）操作保持 Segment（400）为活动 Segment。当到达倒数第二跳路由器时，执行下一个（NEXT）操作将隐式空标签（Implicit-Null）作为活动标签弹出 Segment（400），然后转发到目的节点。

② 基于邻接 Segment 的模式。在基于邻接 Segment 的模式中，可以建立基于邻接 SID 的 Segment 列表，在源节点和目的节点之间建立基于链路的显式路径。该场景被称为分段路由流量工程（Segment Routing Traffic Enginering，SR TE）。

SR TE（邻接 Segment 模式）转发示意如图 2-3 所示，转发路径使用邻接 SID。源节点将邻接 SID 添加到数据包 SR 报文头的 Segment 列表中，根据 Segment 列表数据包被转发到目的节点。

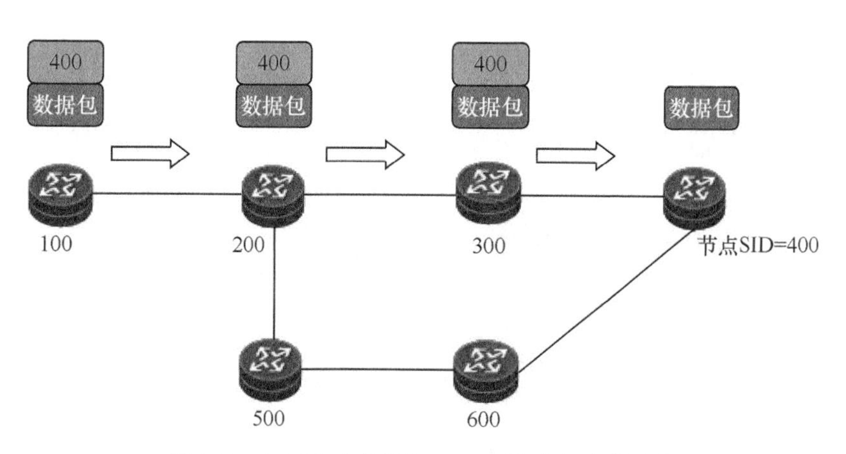

图2-2 SR BE（前缀Segment模式）转发示意

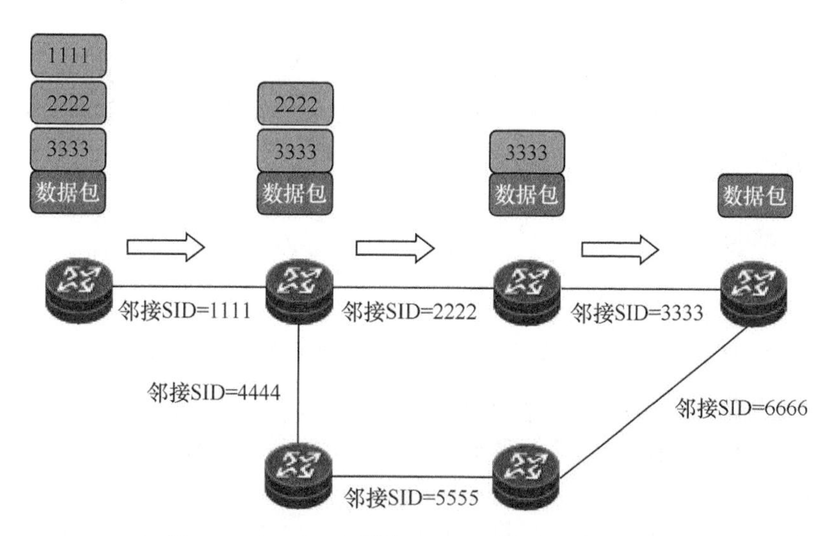

图2-3 SR TE（邻接Segment模式）转发示意

③ 邻接和节点 Segment 组合模式。在邻接和节点 Segment 组合模式中，如果压入节点 SID，计算到达下一跳的最短路径，这个路径被称为宽松（Loose）下一跳；如果压入邻接 SID，可以根据本地有效的邻接 SID 直接转发到下一跳路由器，这个路径称为严格（Strict）下一跳。SR TE（邻接和节点 Segment 组合模式）转发示意如图 2-4 所示。

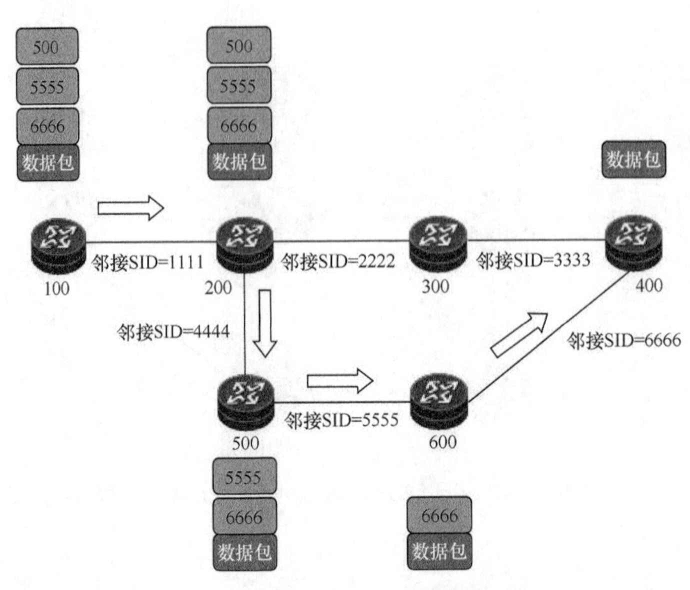

图2-4 SR TE（邻接和节点Segment组合模式）转发示意

基于所使用的技术，SR 主要包括两种类型：一是 SR MPLS，使用 MPLS 作为用户面协议，数据通过 MPLS 标签转发；二是 SRv6，使用 IPv6 作为用户面协议，数据通过 IPv6 路由转发。SR MPLS 和 SRv6 将在后续章节详细介绍。

2. 快速重路由保护

高价值业务要求 IP 承载网提供高可用性，例如，高品质政企专线，政府、金融、医疗行业对可用性的要求为 99.99%；5G 低时延业务对可用性的要求为 99.999%；部分业务（例如，远程控制高压供电等）的可用性则要达到 99.9999%。

快速重路由（FRR）是在网络发生故障时减少业务恢复时间的机制。FRR 主要关注链路故障，同时解决节点故障。

网络中提供保护的节点称为本地修复节点（Point of Local Repair，PLR）。PLR 的工作原理是：事先计算 FRR 备份路径，当 PLR 检测到某条链路中断时，选择 FRR 备份路径作为转发路径，并在 IGP 中实现路由收敛。

FRR 有两种类型的解决方案：一种是基于网络设施的 FRR 解决方案；另一种是基于前缀的 FRR 解决方案。

（1）基于网络设施的 FRR 解决方案

基于网络设施的 FRR 解决方案能计算出从 PLR 开始，绕过指定的网络设施（例如，链路）

并返回到 PLR 经由受保护设施的下一跳的单条备份路径。在链路失效后，所有受影响的业务被重新路由至该条备份路径。基于网络设施的 FRR 解决方案如图 2-5 所示，节点 2 是 PLR 节点，正常情况下两条转发路径是“节点 1—节点 2—节点 3—节点 6”和“节点 1—节点 2—节点 3—节点 9”，计算出来的“节点 2—节点 3”的备份路径是“节点 2—节点 4—节点 5—节点 6—节点 3”。当节点 2 和节点 3 之间链路中断后，基于网络设施的备份路径将流量引导到节点 2 和节点 3 之间的备份链路上，流量到达节点 2 后共享相同的网络设施备份路径。因此，两条转发路径切换成“节点 1—节点 2—节点 4—节点 5—节点 6—节点 3—节点 6”和“节点 1—节点 2—节点 4—节点 5—节点 6—节点 3—节点 9”。

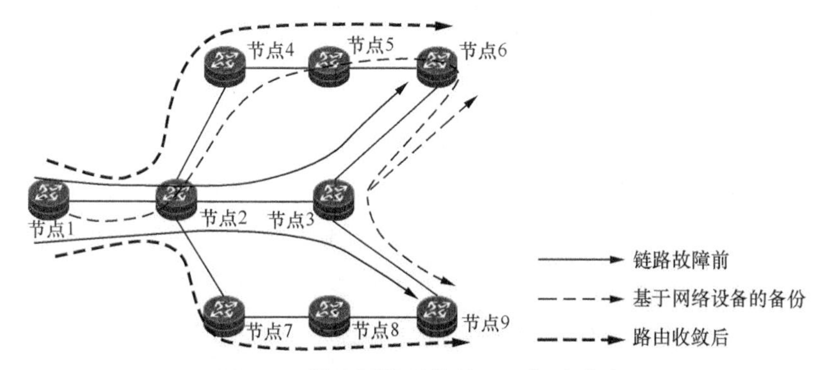

图2-5　基于网络设施的FRR解决方案

RSVP-TE FRR 是基于网络设施的 FRR 的经典案例。基于网络设施的 FRR 存在明显的缺陷：引导所有流量沿着相同的备份路径一直到达受保护链路的另一端（不一定是最优路径），而不是使用等价多路径（Equal Cost Multiple Path，ECMP）实现负载分担。

（2）基于前缀的 FRR 解决方案

在基于前缀的 FRR 解决方案中，PLR 针对每个目的地 / 前缀预先计算出一条单独的备份路径，IP FRR 是基于前缀的 FRR 解决方案的经典案例。基于前缀的 FRR 解决方案如图 2-6 所示。

图 2-6 中对节点 2 和节点 3 之间的链路实施了保护，正常情况下两条转发路径是“节点 1—节点 2—节点 3—节点 6”和“节点 1—节点 2—节点 3—节点 9”，基于前缀计算出来的备份路径是“节点 2—节点 4—节点 5—节点 6”和“节点 2—节点 7—节点 8—节点 9”。当节点 2 和节点 3 之间的链路中断后，两条转发路径切换成“节点 1—节点 2—节点 4—节点 5—节点 6”和“节点 1—节点 2—节点 7—节点 8—节点 9”。

IP FRR 最初使用无环路备份（Loop-Free Alternate，LFA）解决链路、节点保护问题，LFA 协议的局限性通过远端无环路备份（Remote Loop-Free Alternate，RLFA）实现了业务场景的扩展，基于 SR 的拓扑无关的无环路备份（Topology-Independent Loop-free Alternate，TI-LFA）实现了

覆盖所有业务场景的 IP FRR 解决方案。

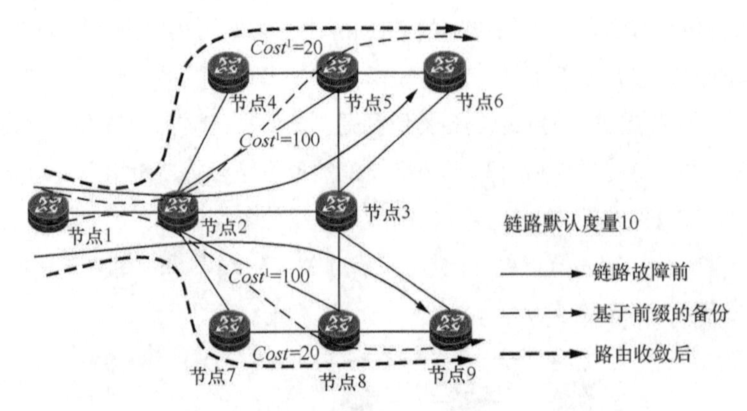

1. *Cost*为链路开销。

图2-6　基于前缀的FRR解决方案

① LFA。PLR 计算一个直连路径，这个路径是到达目的节点的最短路径，同时，该路径不经过受保护节点，该方法是去往目的地备份路径的最简单方法。

LFA 要求满足条件：*Dist*(N，D) < *Dist*(N，PLR) + *Dist*(PLR，D)。

其中，Dist(A，B) 表示 A 到 B 的最短距离，N 表示 PLR 的邻居，D 表示目的节点。LFA 拓扑计算如图 2-7 所示。

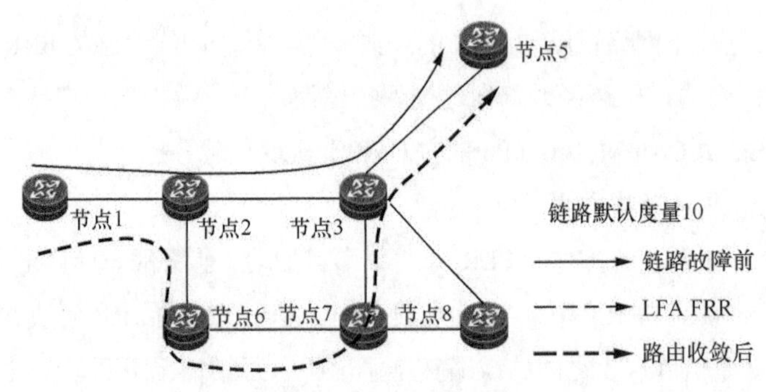

图2-7　LFA拓扑计算

节点 2 在连接节点 3 的链路出现故障时，要保护去往目的节点 8 和节点 5 的流量。研究网络拓扑可以发现，节点 6 是节点 2 去往目的节点 8 的 LFA。这是因为该拓扑满足上述的无环路条件。其中，D = 节点 8，PLR = 节点 2，N = 节点 6，*Dist*(N，D)=20，*Dist*(N，PLR)=10，*Dist*(PLR，D)=20。但是，节点 2 没有针对目的节点 5 的 LFA。节点 2 只有一个备份邻居：节点 6。然而从节点 6 到目的节点 5 存在最短路径，其中一条路径经过节点 2 和节点 3 之间的链路，从节点 6 到节点 5 的另外一条等价路径经过节点 7。因为 *Dist*(节点 6，节点 5)=30，*Dist*(节点 6，节点 2)=10，*Dist*(节点 2，节点 5)=20，节点 6 不满足 LFA 基本的无环路条件：*Dist*(节点 6，节点 5)<*Dist*(节点 6，节点 2)+*Dist*(节点 2，节点 5)。

改变拓扑后计算如图 2-8 所示。

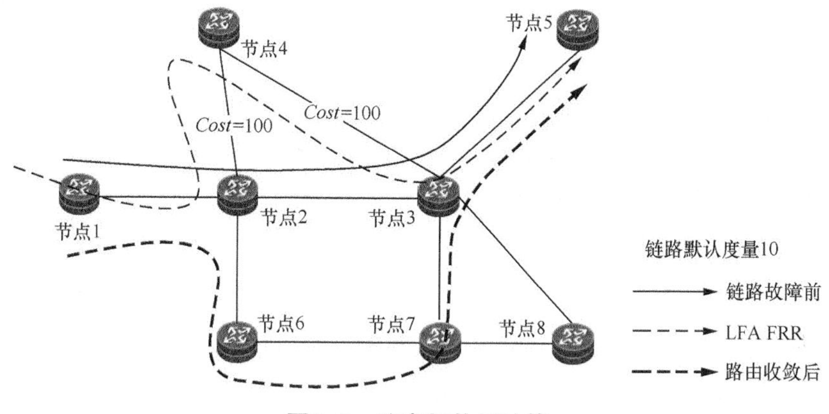

图2-8 改变拓扑后计算

当节点 2 和节点 3 之间的链路中断时，要保护去往目的节点 5 的流量，节点 4 是针对目的节点 5 的 LFA，也就是说，备份链路是节点 1—节点 2—节点 4—节点 3—节点 5，但实际最短路径应该是节点 1—节点 2—节点 6—节点 7—节点 3—节点 5。因此，LFA 存在一些局限性和缺点：不是所有场景都能提供保护，其覆盖率是和拓扑相关的；有些拓扑的备份路径不是最佳路由。

② RLFA。由于 LFA 不是所有场景都能够提供保护，IETF RFC7490 规定了远端无环路备份（Remote LFA，RLFA）。在 RLFA 解决方案中，PLR 通过隧道将业务发送到非直连的 RLFA 节点，在 MPLS 网络中，隧道通常是 LDP LSP。RLFA 计算示例如图 2-9 所示。RLFA 在满足 LFA 的无环路条件公式的基础上基于以下两个条件计算到 RLFA 节点列表。

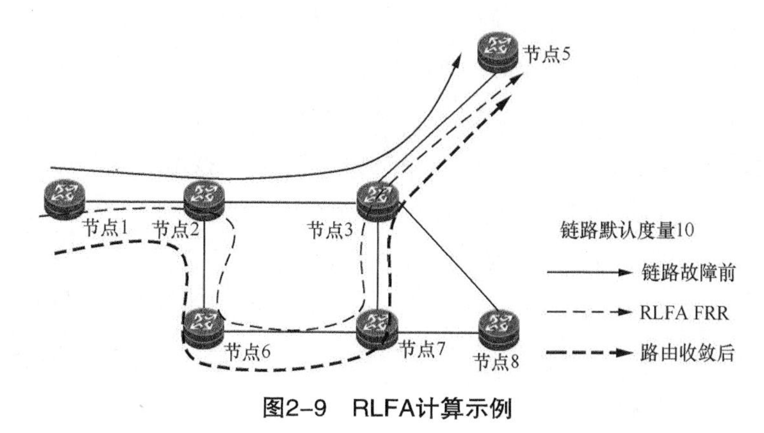

图2-9 RLFA计算示例

条件一：P 空间。从 PLR 到 RLFA 候选节点的最短路径不得经过受保护组件 C（例如，链路、节点），满足这一条件的节点集合记为 P（PLR，C）。图 2-9 中节点 2 是 PLR，节点 2 和节点 3 之间的链路是受保护组件 C，需要在节点 1、节点 2、节点 3、节点 5，节点 6、节点 7 和节点 8 中确定 RLFA 候选节点的集合，满足从节点 2 到这些节点的最短路径不经过节点 2 到节点 3 的链路。

条件二：Q 空间。从 RLFA 的候选节点到目的地 D 的最短路径不得经过受保护组件 C，满足这一条件的节点集合记为 Q（D，C）。图 2-9 中节点 5 是目的地 D，节点 2 和节点 3 之间的链路是受保护组件 C，需要在节点 1、节点 2、节点 3、节点 5，节点 6、节点 7 和节点 8 中确定 RLFA 候选节点的集合，使其满足从这些节点到节点 5 的最短路径不经过节点 2 到节点 3 的链路。

RLFA 是同时满足 P 空间和 Q 空间的节点，因此，RLFA 也被称为 PQ 节点。

如果通过上述条件无法找到 RLFA，则需要扩展 P 空间计算扩展 RLFA 节点，扩展 P 空间记为 Pext（PLR，C），即 PLR 和 PLR 的邻居到 RLFA 候选节点的最短路径不得经过受保护组件 C。这个时候 RLFA 是同时满足扩展 P 空间和 Q 空间的节点。图 2-9 中节点 6 是 PLR 的邻居，扩展 P 空间是节点 2 和节点 6 的 P 空间的并集，需要在节点 1、节点 2、节点 3、节点 5，节点 6、节点 7 和节点 8 中确定 RLFA 候选节点的集合，使其满足从节点 2 和节点 6 到这些节点的最短路径不经过节点 2 到节点 3 的链路。

图 2-9 中，节点 2 的 P 空间 P（节点 2，链路节点 2—节点 3）：{节点 1，节点 2，节点 6}；节点 2 的 Q 空间 Q（节点 5，链路节点 2—节点 3）：{节点 3，节点 5，节点 7，节点 8}，P 空间和 Q 空间没有交集。

因此，需要计算扩展 P 空间，扩展 P 空间是节点 2 和节点 6 的 P 空间的并集，Pext（节点 2，链路节点 2—节点 3）：{节点 1，节点 2，节点 6，节点 7，节点 8}。此时，扩展 P 空间和 Q 空间的交集是{节点 7，节点 8}。由于节点 7 靠近节点 2，所以节点 2 选择节点 7 作为 RLFA。当节点 2 和节点 3 之间的链路发生故障时，节点 2 将流量转发到节点 7 后到达节点 5。

为了将受保护的业务流量经由 RLFA 引导到目的地，PLR 需要将数据包经过隧道转发到 RLFA。典型情况下，RLFA 解决方案使用 LDP 作为隧道传送技术。图 2-9 中，节点 2 需要与 RLFA 节点 7 建立目标 LDP 会话，从而节点 2 可以获得节点 7 关于目的节点 5 前缀的本地 LDP 标签：LDP（节点 7，D：节点 5），同时，节点 2 从其下游邻居节点 6 获得去往节点 7 所需的 LDP 标签：LDP（节点 6，D：节点 7）。当节点 2 和节点 3 之间的链路发生故障时，节点 2 压入内层标签 LDP（节点 7，D：节点 5）、外层标签 LDP（节点 6，D：节点 7）两层标签确保流量能够从节点 2 经过节点 7 后转发到节点 5。

RLFA扩展了LFA解决方案的覆盖范围，但是并没有解决某些拓扑下备份路径不是最佳路由的问题，同时，不保证提供100%的拓扑覆盖率。

③ TI-LFA。RLFA将拓扑覆盖率提升到95%～99%，但它并不能解决某些拓扑下备份路径不是最佳路由的问题，同时，它要求建立从PLR到RLFA的目标LDP会话，这也增加了网络配置的复杂性。

在没有SR之前，收敛后的路径不可用是因为在很多情况下，它不是无环路径，也就是说，它会把流量发回给PLR。因此，流量必须采用显式路由的方式才能沿着收敛后的路径转发而避免出现环路现象。

基于SR的源路由能力，我们可以将IGP路由收敛后的路径作为备份路径。备份路径被编排成Segment列表可用于避免环路问题，同时，备份路径沿途各节点也不需要任何额外操作。这是因为备份路径不是通过任何额外的协议产生的，而是在PLR压入报文头中产生的。因此，与LFA/RLFA一样，TI-LFA也是PLR的本地机制。

TI-LFA的基本原理如下。

- 计算P空间和Q空间。
- 计算组件C发生故障后的最短路径树（SPT）。
- 建立修复列表（Repair List）。该列表表示如何从PLR按照最短路径树到达Q空间节点，该列表在PLR以Segment列表方式压入数据包。

TI-LFA示例如图2-10所示，源节点11访问目的地节点6，主用路径是节点11—节点1—节点2—节点6，PLR是节点1，受保护组件C是节点1和节点2之间的链路。

TI-LFA的计算过程如下。

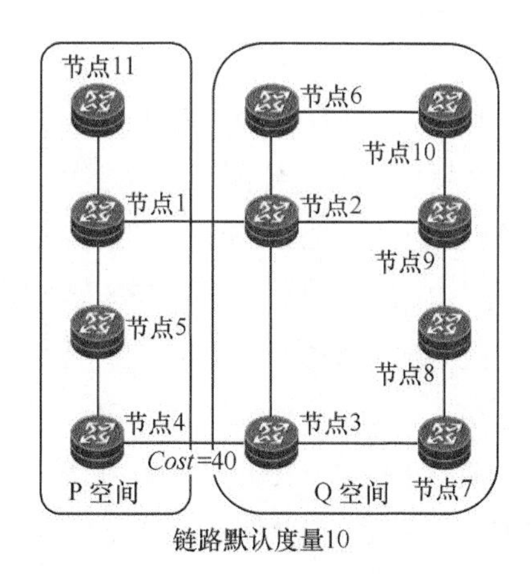

图2-10 TI-LFA示例

- P 空间是 { 节点 1，节点 4，节点 5，节点 11} ; Q 空间是 { 节点 2，节点 3，节点 6，节点 7，节点 8，节点 9，节点 10 }。P 空间和 Q 空间没有交集。
- 删除去往节点 6 主用路径上的链路（节点 1 和节点 2 之间的链路），并基于此拓扑计算最短路径树 { 节点 5，节点 4，节点 3，节点 2，节点 6 }。
- 节点 4 属于 P 空间，节点 3 属于 Q 空间，同时，节点 4 和节点 3 相邻，都在收敛后的最短路径上。因此，在 PLR 节点 1 压入的 Segment 列表是 { 前缀 SID(节点 4)，邻接 SID(节点 4—节点 3)}。

上述行为应用于每个前缀，是每个目的地前缀计算收敛后的路径，并在此基础上，为每个目的地定制 TI-LFA 备份路径。

2.1.2 SR MPLS

SR 不需要改变 MPLS，可以直接应用于 MPLS 架构，也就是说，只要软件升级就可以在节点上启用 SR 功能。

MPLS 使用转发等价类（Forwarding Equivalence Class，FEC）定义在网络的入节点插入标签，建立入节点和出节点之间的端到端 LSP。FEC 定义为“以相同的方式（例如，通过相同路径，具有相同转发处理）转发的一组 IP 数据包”。当 IP 数据包进入 MPLS 网络后，MPLS 网络边缘上的入节点将 IP 数据包分类为 FEC，然后压入与该 FEC 相对应的 MPLS 标签。

在 IPv4/IPv6 MPLS 转发架构中，FEC 基于目的地址前缀，入节点查找转发表，找到与数据包目的地址匹配的最长掩码，压入该前缀的标签。需要注意的是，对应 FEC 的 MPLS 标签是从目的节点的前缀 SID 获得的，而不是由传统的 MPLS 标签逐跳分配而产生的。

1. SR 全局块

在 SR 架构中，SR 全局块（SR Global Block，SRGB）表示整个 SR 域内的 Segment 的 SID 集合。全局 Segment 的 SID 在 SR 域中是唯一分配的，每个节点可以独立决定使用哪个范围来做全局 Segment，并将它们分配给自己的本地 SRGB。

SID 的索引 *n* 指向节点本地 SRGB 中的第 *n* 个标签。通常，SR 域中的节点使用相同的 SRGB，通过 SRGB 的首标签的数值加上 SID 索引的数值，能够计算出全局 Segment 的本地标签。例如，节点将标签范围 [16000 ～ 23999] 分配为 SRGB，要计算出 SID 索引为 10 的全局 Segment 的本地标签值，只须计算 16000+10=16010，16010 就是 SID 索引为 10 的全局 Segment 的本地标签值。如果节点使用不同的 SRGB，某节点的 SRGB 使用 [20000 ～ 27999]，则 SID 索引为 10 的 Segment 的本地标签值为 20010。

由于SRGB本地有效，所以每个节点必须向所有节点通告它的SRGB，其他节点需要根据此信息来计算对某一特定SID索引的节点的标签。每个节点必须分发它的SRGB信息与它的全局Segment的SID索引。

一个全局Segment的本地标签值是由SRGB中的第一个标签加上SID索引计算出来的。所有节点如果使用相同的SRGB，那么SID索引在所有节点上就会有相同的本地标签值，这些相同的本地标签值就等同于全局标签值。

SRGB不适用于本地Segment。用于本地Segment的SID是从SRGB之外的标签范围中分配的本地标签。邻接SID属于有效的本地标签，因此，节点在SRGB之外为邻接SID分配本地标签。

设备默认的SRGB范围是16000～23999。相同SRGB部署模式如图2-11所示，所有节点部署默认的SRGB，节点5通告一个与其环回地址1.1.1.5/32相关联的前缀Segment，其SID索引是5。由于所有节点使用相同的SRGB，所以所有节点关于节点5前缀Segment的本地标签值都是16005。对于去往节点5的前缀Segment的数据包，每个节点的本地标签都是16005。

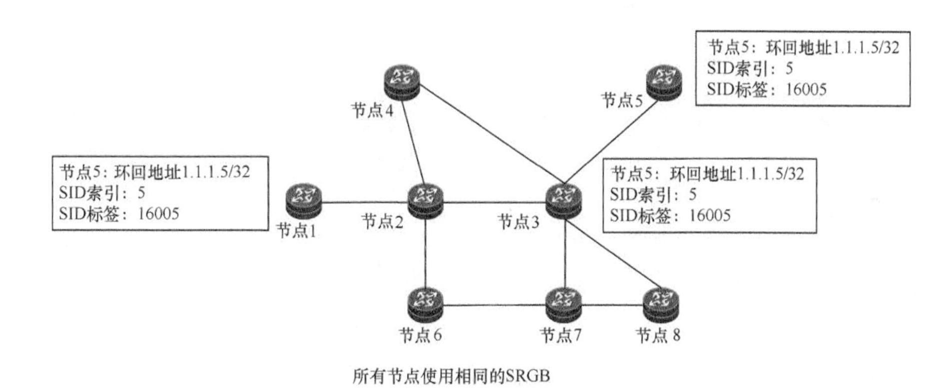

图2-11 相同SRGB部署模式

2. SR MPLS标签栈操作

MPLS定义了以下3种标签栈操作。

- 压入（PUSH）：在报文头标签栈的顶部添加一个标签。
- 交换（SWAP）：将报文头标签栈的顶层标签替换为新标签。
- 弹出（POP）：移除报文头标签栈的顶层标签。

SR MPLS数据面利用现有的MPLS操作，在本章第1节中描述Segment列表的操作（PUSH、CONTINUE、NEXT）可以被映射到MPLS数据面操作。Segment列表操作和MPLS标签栈操作映射关系见表2-1。

表2-1 Segment列表操作和MPLS标签栈操作映射关系

Segment 列表操作	MPLS 标签栈操作
PUSH（压入）	PUSH（压入）
CONTINUE（继续）	SWAP（交换）
NEXT（下一个）	POP（弹出）

SR MPLS 数据面操作如图 2-12 所示，网络所有节点启用 SR，并且所有节点均未启用 LDP。网络中的所有节点使用相同的 SRGB[16000 ～ 23999]。节点 4 通告其 IPv4 环回地址前缀 1.1.1.4/32 和前缀 SID 标签 16004，同时，通告 IPv6 环回地址前缀 2001::4/128 和前缀 SID 标签 17004。因为整个 SR 域采用相同的 SRGB，所以所有节点为相同的前缀 SID 分配相同的标签。例如，所有节点为 1.1.1.4/32 的前缀 SID 分配的标签都为 16004。

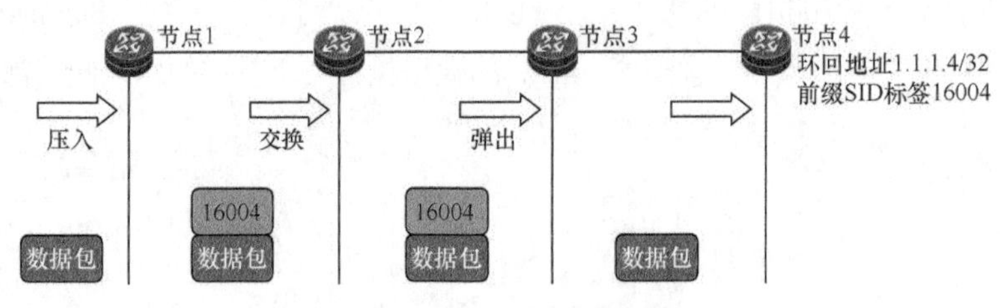

图2-12 SR MPLS数据面操作

节点 1 启用 SR MPLS，未启用 LDP，节点 1 为节点 4 的环回地址前缀 1.1.1.4/32 及其关联的前缀 SID 分配了标签 16004。

（1）压入 MPLS 标签

目的地址为 1.1.1.4 的不带标签的数据包到达节点 1 后，节点 1 对该数据包进行转发查找，发现前缀 1.1.1.4/32 是匹配数据包目的地址的最长前缀。该前缀具有相关联的前缀 SID 标签 16004，去往标签 16004 的下一跳节点 2 也启用了 SR MPLS，同时，节点 1 没有启用 LDP。满足上述条件后，节点 1 在数据包中压入前缀 SID 标签 16004（节点 2 关于 1.1.1.4/32 的前缀 SID 标签），并且将报文按照最优路由转发到节点 2。

（2）MPLS 标签交换

图 2-12 中的节点 2 是从节点 1 到节点 4 的前缀 Segment 路径上的中间节点。节点 2 沿着前缀 Segment 路径转发数据包，由于网络中的所有节点使用相同的 SRGB，所以入向前缀 SID 标签被交换成相同的出向前缀 SID 标签。

节点 2 对收到的携带标签 16004 的数据包执行 MPLS 标签交换操作，节点 2 把入向前缀 SID 标签 16004 交换成相同的出向前缀 SID 标签 16004（节点 3 关于 1.1.1.4/32 的前缀 SID 标签），并且将数据包转发给节点 3。

（3）标签弹出行为

在图 2-12 中，节点 3 是节点 1 到节点 4 的前缀 Segment 的倒数第二跳节点。节点 4 去除前缀 SID 标签后，再把数据包转发到最后一跳节点 4。该行为被称为倒数第二跳弹出（Penultimate Hop Popping，PHP）。

SR MPLS 因其简单、高效、易扩展的特性，一经推出便很快得到业界的认可。而 SRv6 不仅继承了 SR MPLS 网络的所有优点，还拥有比 SR MPLS 更好的扩展性，同时，网络编程能力更强。

2.1.3 SRv6

与 SR MPLS 使用 MPLS 作为数据面不同的是，SRv6 使用 IPv6 作为数据面。在 SRv6 域中，Segment 列表被压入 IPv6 数据包报文头中的路由扩展报文头（SRH）。SRH 中 Segment 列表中的每个 Segment 都是 IPv6 地址，表示节点或者链路。SRH 通过指针指向目前需要处理的 Segment（活动 Segment），当完成该 Segment 操作后，不会将该 Segment 从列表中删除，而是将指针指向列表中的下一个 Segment。

1. IPv6 报文头格式

SRv6 报文是基于 IPv6 报文构造的，IPv6 报文由基本报文头、扩展报文头和上层协议数据单元 3 个部分组成。IPv6 基本报文头如图 2-13 所示，报文头长度为 40 个字节，IPv6 报文头必须包含基本报文头，包含 IPv6 数据报文转发的基本信息。

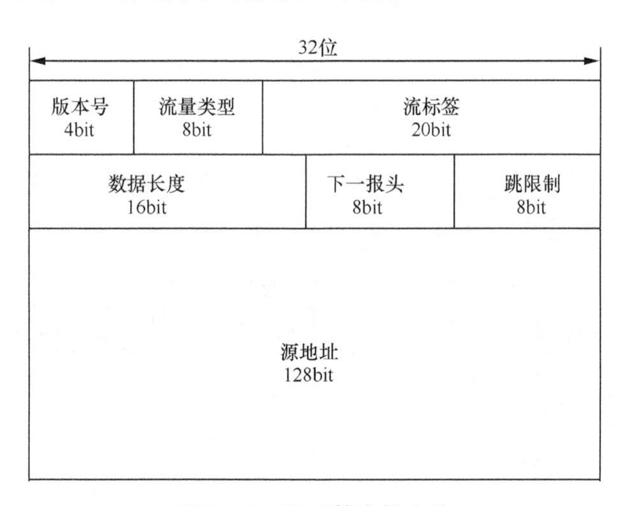

图2-13 IPv6基本报文头

目的地址 128bit

图2-13　IPv6基本报文头（续）

基本报文头的设计思想是让 IPv6 基本报文头尽量简单。大多数情况下，设备只须处理基本报文头，就可以转发 IP 流量。因此，与 IPv4 相比，IPv6 去除了分片、校验、选项等相关字段，仅增加了流标签（Flow Label）字段，IPv6 报文头在简化报文头的同时提高了处理效率。

扩展报文头主要用来扩展 IPv6 报文头支持未来的需求和能力。典型的 IPv6 数据包不存在扩展报文头，如果数据包需要对其路径上的中间节点或目的节点进行特殊处理，则可以在 IPv6 报文头中插入扩展报文头。带有 0 个、1 个和多个扩展报文头的 IPv6 报文，它们形成一个报文头链，被称为 IPv6 报文头级联。IPv6 报文头级联如图 2-14 所示。每个报文头在其下一报文头字段中指示其后的报文头类型，直到链中最后的报文头标识上层协议数据单元。

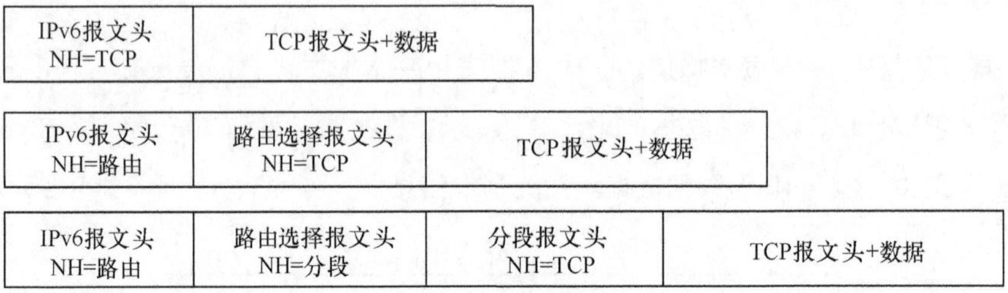

IPv6报文头 NH=TCP	TCP报文头+数据

IPv6报文头 NH=路由	路由选择报文头 NH=TCP	TCP报文头+数据

IPv6报文头 NH=路由	路由选择报文头 NH=分段	分段报文头 NH=TCP	TCP报文头+数据

图2-14　IPv6报文头级联

IPv6 扩展报文头分类见表 2-2，网络设备根据基本报文头和扩展报文头中的下一报文头（Next Header，NH）字段指定需要处理的扩展报文头。

表2-2　IPv6扩展报文头分类

IPv6 扩展报文头名称	协议号
逐跳选项扩展报文头（HBH）	0
目的选项扩展报文头（DOH）	60
路由扩展报文头（RH）	43
分片扩展报文头（FH）	44

续表

IPv6 扩展报文头名称	协议号
认证扩展报文头（AH）	51
封装安全有效载荷扩展报文头（ESP）	50

路由扩展报文头（Routing extension Header，RH）属于 IPv6 扩展报文头，协议号为 43。源节点使用路由扩展报文头列出数据包在去往目的节点的路径上经过中间节点和链路。IPv6 路由扩展报文头格式如图 2-15 所示。

- 下一报文头（Next Header，NH）：表示在该路由报文头之后的报文头类型。
- 扩展报文头长度（Header Extension Length，HEL）：表示路由扩展报文头的长度。
- 路由类型（Routing Type，RT）：特定路由类型的标识。
- 剩余分段（Segment Left，SL）：表示在到达目的节点的显式中间节点的数量，同时，它是一个指针，指示当前活跃的分段。
- 类型特定数据（Type-Specific Data，TSD）：由路由类型字段决定该字段的内容。

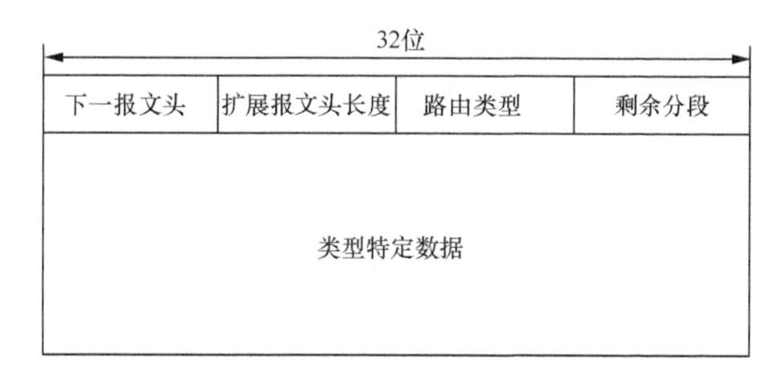

图2-15 IPv6路由扩展报文头格式

SRv6 是通过路由扩展报文头实现的，SRv6 报文没有改变原有 IPv6 报文的封装结构，SRv6 报文仍是 IPv6 报文，普通的 IPv6 设备也可以识别，这样对现有网络具有更好的兼容性。

数据面从 MPLS 回归 IPv6，IP 网络去除了 MPLS，协议简化，并且归一到 IPv6 本身，具有重大的意义。利用 SRv6，只要路由可达，就意味着业务可达，路由可以轻易跨越 AS 域，这对于简化网络部署，扩大网络的范围非常有利。

2. SRH 处理过程

IPv6 路由扩展报文头通过分段路由扩展报文头（SRH）类型，实现基于 IPv6 的 SR 路由功能，该扩展报文头表示到达目的节点的显式路径。

SR 域的入节点在 IPv6 报文中插入一个 SRH 扩展报文头，中间节点按照 SRH 扩展报文头里的显式路径信息将报文转发到目的节点。SRH 格式如图 2-16 所示。

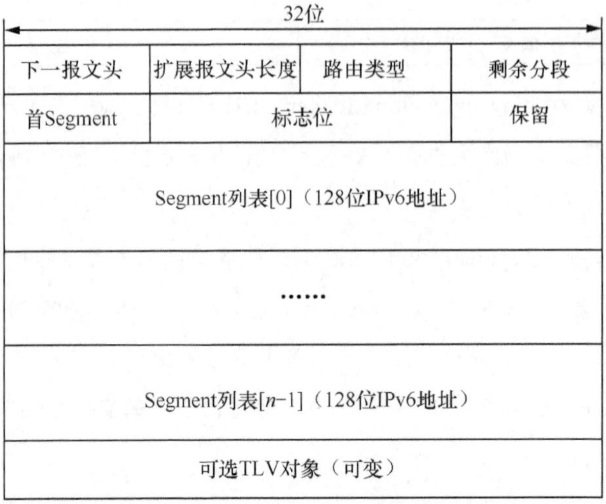

32位

下一报文头	扩展报文头长度	路由类型	剩余分段
首Segment	标志位		保留
Segment列表[0]（128位IPv6地址）			
……			
Segment列表[n−1]（128位IPv6地址）			
可选TLV对象（可变）			

图2-16　SRH格式

- 下一报文头：标识 SRH 报文头之后的报文头类型。
- 扩展报文头长度：SRH 报文头的长度。
- 路由类型：SRH 类型为 4。
- 剩余分段：被称为指针，表示 SRH 的 Segment 列表中当前活动 Segment 的索引。每完成一个 Segment，该索引值会逐一递减。
- 首分段（First Segment，FS）：SRH 的 Segment 列表所表示路径的第一个 Segment 的索引。由于 Segment 列表以逆序排列，所以这个字段实际表示的是 Segment 列表的最后一个 Segment。
- Segment 列表 [x]（Segment List[x]）：128 位 IPv6 地址，代表路径的每个 Segment。采用逆序排列的方式，第一个 Segment 表示为 Segment 列表 [$n-1$]，最后一个 Segment 表示为 Segment 列表 [0]。

在 SRv6 的 SRH 里，指针和 Segment 列表信息决定节点下一步需要执行的操作。指针最小值为 0，最大值为“$n-1$”。在 SRv6 域中，每处理完一个显式路径操作后，指针的数值减 1，IPv6 报文头的目的 IPv6 地址变更为指针当前指向的 SID。

- 如果指针值为“$n-1$”，则 IPv6 的目的地址取值为 SID [$n-1$] 的值。
- 如果指针值为 x，则 IPv6 目的地址取值为 SID [x] 的值。

- 如果指针值为0，则IPv6目的地址取值为SID [0] 的值。

支持SRv6的源节点产生带有SRH的IPv6数据包。SRH在数据包中一直保留，并被数据包转发路径上的相关节点使用。最后，数据包送到其目的地节点，报文头中仍然带有SRH。SRH处理过程如图2-17所示。

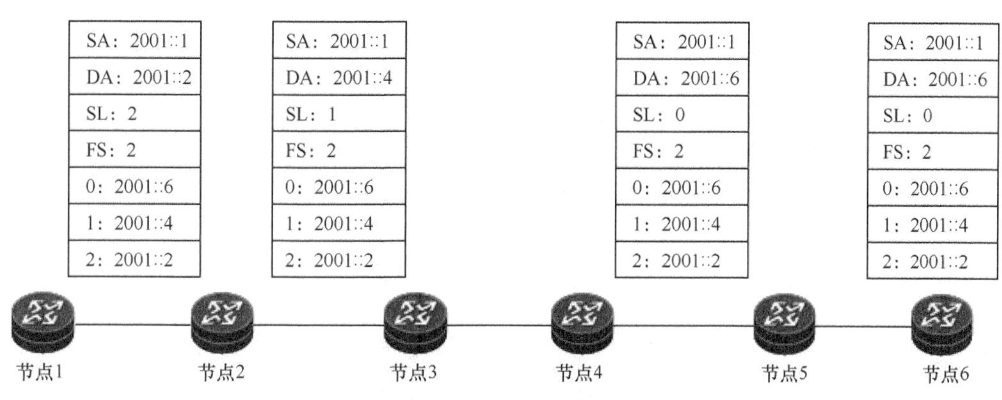

图2-17 SRH处理过程

我们可以选择在数据包被送到目的地节点之前删除其SRH。SRH的标志位包含清除（Clean-up flag，C-flag）标志位，如果置位，则必须在数据包发送最后一个Segment之前从数据包中删除SRH。C-flag置位的SRH处理过程如图2-18所示，节点5收到指针为1且C-flag被置位的数据包，节点5首先递减指针为0，然后将目的地址更新为2001::6。由于指针为0且C-flag置位，所以节点5从报文头删除SRH并转发数据到目的地节点6。

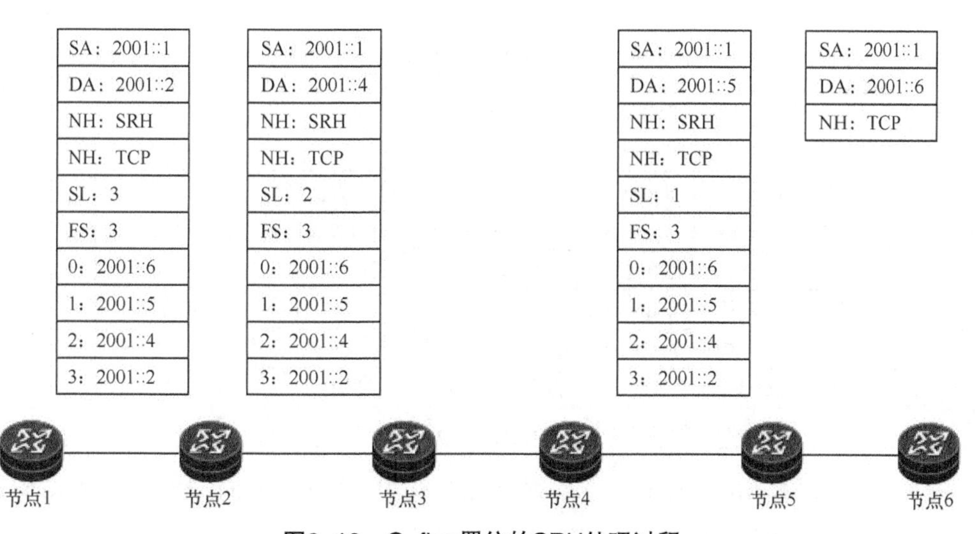

图2-18 C-flag置位的SRH处理过程

3. SRv6 SID

Segment ID（SID）在 SR MPLS 中是 MPLS 标签格式，在 SRv6 中换成 IPv6 地址格式。SRv6 也是通过对 SID 组成的 Segment 列表的操作来完成转发。

SRv6 SID 是 IPv6 地址形式，但不是普通的 IPv6 地址。SRv6 SID 格式如图 2-19 所示，SRv6 SID 由 Locator（定位器）、Function（功能）和 Arguments（参数）共 3 个部分组成。

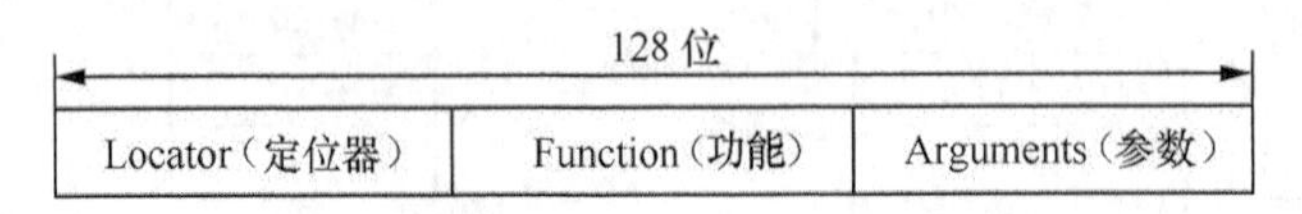

图2-19　SRv6 SID格式

- Locator（定位器）用于路由寻址，SR 域内其他节点通过 IGP 路由寻址就可以查询 Locator（定位器）对应的 SRv6 SID 属于哪个节点。
- Function（功能）表示节点的操作指令，用于通告节点执行相应的功能操作。
- Arguments（参数）定义数据流和服务等信息，该字段为可选项。例如，在 EVPN VPLS 的 CE 多归场景，转发广播、未知单播、组播（Broadcast Unknown-unicast Multicast，BUM）流量时利用 Arguments（参数）实现水平分割（Split horizon），水平分割是一种避免路由环路的出现和加快路由汇聚的技术。

SRv6 SID 包括路径 SID 和业务 SID 两种类型。例如，路径 SID、End SID 和 End.X SID 分别代表节点和链路，业务 SID、End.DT4 SID 和 End.DT6 SID 代表 IPv4 VPN 和 IPv6 VPN 等功能。SRv6 常用的 SID 见表 2-3。

表2-3　SRv6常用的SID

SID	含义	发布协议	类型
End	Endpoint SID，表示 SR 域中的节点	IGP	路径 SID
End.X	3 层 Endpoint SID，表示节点的某条链路		
End.DT4	3 层 VPN 类型的 Endpoint SID，表示 SR 域中的 IPv4 VPN 实例	BGP	业务 SID
End.DT6	3 层 VPN 类型的 Endpoint SID，表示 SR 域中的 IPv6 VPN 实例		
End.DX2	2 层 VPN 类型的 Endpoint SID，表示 2 层主机		
End.DX4	3 层 VPN 类型的三层 Endpoint SID，表示 SR 域中的 IPv4 CE 路由器		
End.DX6	3 层 VPN 类型的三层 Endpoint SID，表示 SR 域中的 IPv6 CE 路由器		
End.DT2U	单播 MAC 地址表示查询到的 Endpoint SID，表示 2 层主机		
End.DT2M	广播域中广播泛洪的 Endpoint SID，表示 2 层主机		

End SID 和 End.X SID 的结构如图 2-20 所示。其中，End SID 表示 SR 域中的某个节点，End.X SID 表示节点的某条链路。首先在各个节点上配置 Locator（定位器），然后为节点配置不

同的 Function（功能），用来表示节点和链路。

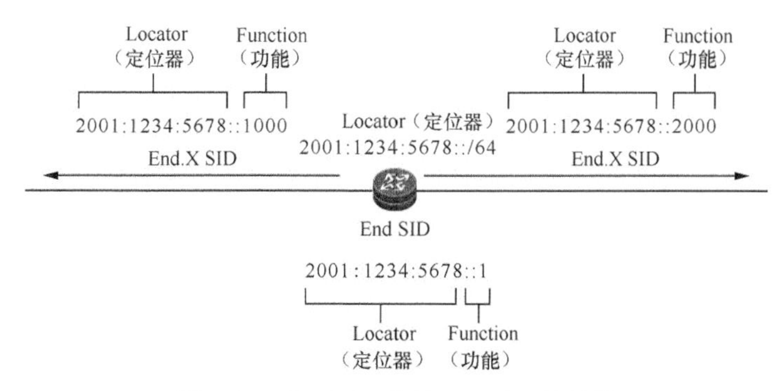

图2-20　End SID和End.X SID的结构

4. SR MPLS 和 SRv6 技术比较

SR MPLS 和 SRv6 技术比较见表 2-4。

表2-4　SR MPLS和SRv6技术比较

对比项	SRv6	SR MPLS
简化网络协议	数据面不需要增加额外协议	需要增加 MPLS 作为数据面协议
可编程性	灵活，能够根据 SLA、业务等进行灵活编排和调度	困难
跨域部署	容易，IPv6 路由可达就可以实现跨域部署，只需跨域广播大段汇聚路由	复杂，自治域内 PE 路由器需要跨域 PE 路由器的 LoopBack 主机路由
网络兼容性	SRv6 可以和普通 IPv6 设备共组网，只需首尾节点支持 SRv6 即可	SR MPLS 需要域内所有设备升级支持
可靠性	TI-LFA	TI-LFA
转发效率	对于 3 层 VPN，需要至少 40 字节的 IPv6 报文头；SRH 每增加 1 个 SID，增加 16 字节。报文头开销大	对于 3 层 VPN，需要至少 8 字节 2 层标签；标签栈每增加 1 个 SID，增加 4 字节。报文头开销小

5. SRv6 控制面

为了支持 SRv6，SR 域中的节点需要发布两类 SRv6 信息。

- Locator 信息：用于帮助网络中的其他节点定位到发布 SID 的节点，然后由该节点执行 SID 的指令。域内 Locator 信息需要通过 IGP 来泛洪。
- SID 信息：用于完整描述 SID 的功能，例如，SID 绑定的 Function 信息。SID 信息包括路径类 SID 和业务类 SID，它们都是全局可见、本地有效的。其中，路径类 SID 主要描述节点或者链路，需要通过 IGP 扩展来进行泛洪；业务类 SID 和路由信息强相关，一般通过 BGP 扩展来发布，携带在 BGP 的 Update 报文中。

综上所述，SRv6 的基础功能需要通过 IGP 和 BGP 共同实现。

（1）IGP 扩展

ISIS 是使用类型 / 长度 / 数值（TLV）三元组定义宣告的路由信息，子 TLV（sub-TLV）可以在 TLV 内部封装更多的信息元素。ISIS 定义新的 TLV 或者对现有 TLV 进行扩展，就可以轻松添加新的协议功能。

ISIS 通过 2 个 TLV 来发布 Locator 的路由信息，这 2 个 TLV 的作用并不同，具体说明如下。

① SRv6 Locator TLV

SRv6 Locator TLV 包含 Locator 的前缀和掩码，用于发布 Locator 的前缀。通过该 TLV，网络中其他 SRv6 节点能学习到 Locator 路由；Locator TLV 除了携带用于指导路由的信息，还会携带不需要关联 ISIS 邻居节点的 SRv6 SID，例如，End SID。

② 多拓扑可达 IPv6 前缀 TLV

多拓扑可达 IPv6 前缀 TLV（Multi Topology Reachable IPv6 Prefixes TLV）携带的 IPv6 Prefix 与 SRv6 Locator TLV 里携带的 Locator 信息拥有相同的前缀和掩码。多拓扑可达 IPv6 前缀 TLV 是 ISIS 协议已有的 TLV，普通 IPv6 节点（不支持 SRv6 的节点）也能处理该 TLV。因此，普通 IPv6 节点也能通过此 TLV 生成 Locator 路由，指导报文转发到发布该 Locator 的节点，进而支持与 SRv6 节点共同组网。

如果设备同时收到多拓扑可达 IPv6 前缀 TLV 和 SRv6 Locator TLV，则多拓扑可达 IPv6 前缀 TLV 优先使用。

（2）BGP 扩展

业务类 SID 主要用于 SRv6 VPN。SRv6 VPN 是通过 SRv6 隧道承载 IPv6 网络中的 VPN 业务的技术，控制面采用 BGP EVPN 通告 VPN 路由信息，数据面采用 SRv6 封装方式转发报文。

BGP EVPN 是一种 MP-BGP 实例，BGP 通过 BGP EVPN 扩展业务类 SID 功能。L2VPN 和 L3VPN 的业务 SID 都需要通过 BGP Update 来发布。

6. SRv6 BE

传统 MPLS 有 LDP 和 RSVP-TE 两种控制协议。其中，LDP 方式不支持流量工程能力，LDP 利用 IGP 算路结果，建立 LDP LSP 端到端转发路径。SRv6 中也有类似的方式，只不过 SRv6 仅使用 1 个业务 SID 来指引报文在 IP 网络中进行尽力而为（Best Effort，BE）的转发，这种方式就是 SRv6 BE。

常规 SRv6 和 SRv6 BE 的报文格式如图 2-21 所示，SRv6 BE 的报文封装没有代表路径约束的 SRH，其格式与普通 IPv6 报文格式一致，转发行为也与普通 IPv6 报文转发一致。这就意味着普通 IPv6 节点也可以处理 SRv6 BE 报文，这也是 SRv6 兼容普通 IPv6 设备的原因之一。

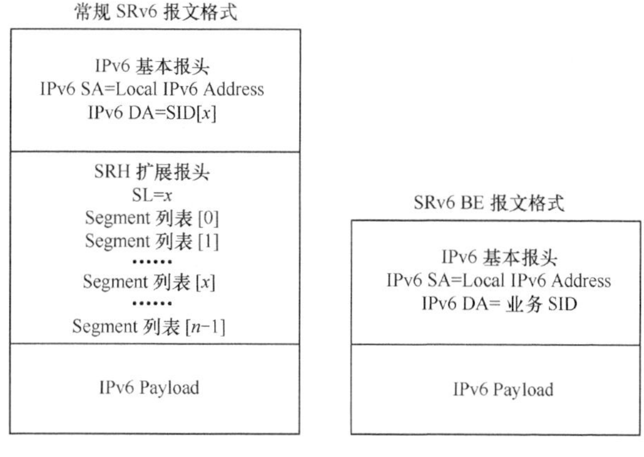

图2-21　常规SRv6和SRv6 BE的报文格式

SRv6 BE 的报文封装与普通 IPv6 报文封装的不同点为：普通 IPv6 报文的目的地址是一个主机地址或者网段，但是 SRv6 BE 报文的目的地址是一个业务 SID。业务 SID 可以指引报文按照最短路径转发到生成该 SID 的节点，并由该节点执行业务 SID 的指令。

在 L3 MPLS VPN 场景使用两层 MPLS 标签。外层 MPLS 标签通过 LDP 生成，用来将报文转发到指定的 PE 路由器，内层 MPLS 标签属于业务标签，一般标识 PE 路由器上的某个 VPN 实例，通过 VPNV4 协议产生标签。在 L3 SRv6 EVPN 场景中，一个 SRv6 的业务 SID 即可实现 2 层 MPLS 标签的功能。L3 SRv6 EVPN 报文格式如图 2-22 所示。业务 SID 2001:1234:5678::1000 的 Locator 部分是 2001:1234:5678::/64，Function 部分是 ::1000。Locator 2001:1234:5678::/64 具有路由功能，可以将报文引导到对应的 PE 路由器；Function ::1000 是在 PE 路由器上配置的本地功能，可以标识 PE 路由器上的业务，例如，某个 VPN 实例。因此，SRv6 SID 融合了 L3 MPLS VPN 的 LDP 和 VPNV4 的能力，简化了网络架构。

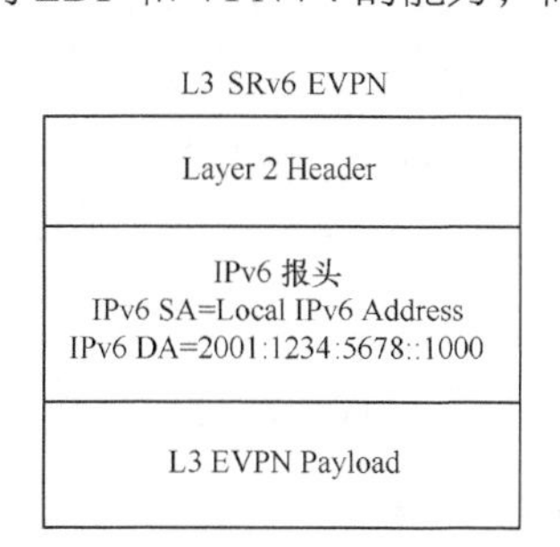

图2-22　L3 SRv6 EVPN报文格式

SRv6 BE 可以承载常见的 L2 和 L3 EVPN 业务，我们以 L3 EVPN 为例，介绍 SRv6 BE 的业务实现。在 SRv6 BE 场景下，L3 EVPN 的控制面路由发布和用户面数据转发过程如图 2-23 所示。

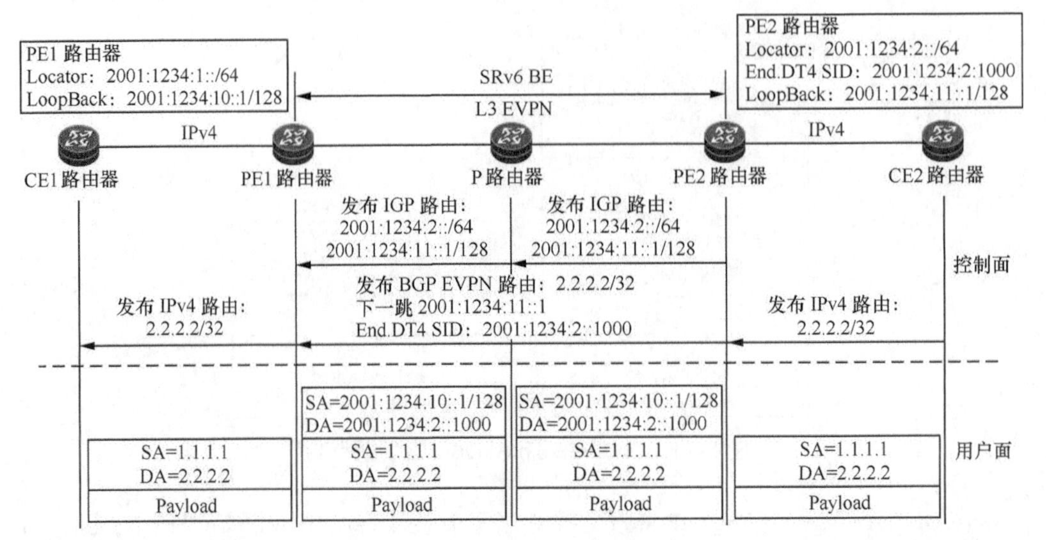

图2-23 在SRv6 BE场景下，L3 EVPN的控制面路由发布和用户面数据转发过程

控制面路由发布阶段的具体说明如下。

① PE2 路由器通过 IGP 将 SRv6 SID 对应的 Locator 网分段路由 2001:1234:2::/64 发布给 PE1 路由器。

② PE2 路由器在 Locator 范围内配置 VPN 实例 End.DT4 SID：2001:1234:2::1000，生成本地 SID 表。

③ PE2 路由器将从 CE2 路由器收到的普通 IPv4 路由转换为 BGP EVPN 路由，然后通过 BGP EVPN 邻居发送给 PE1 路由器，此路由携带的 End.DT4 SID 是 2001:1234:2::1000。

④ PE1 路由器将接收到的 EVPN 路由映射到 EVPN 实例的路由表，然后，PE1 路由器将 BGP EVPN 路由转换为普通 IPv4 路由，再将其信息传送给 CE1 路由器。

用户面数据转发阶段的具体说明如下。

① CE1 路由器向 PE1 路由器发送 IPv4 数据报文。

② PE1 路由器接到 IPv4 数据报文后，首先查找对应 VPN 实例的路由表，获得目的 IPv4 前缀关联的 End.DT4 SID 与转发下一跳信息，然后在 IPv4 数据报文插入 IPv6 报文头，IPv6 报文头的源 IPv6 地址是 PE1 路由器的 LoopBack 地址（2001:1234:10::1），目的 IPv6 地址是 PE2 路由器的 End.DT4 SID（2001:1234:2::1000）。

③ PE1 路由器查找 IPv6 路由表将报文转发到 P 路由器。

④ P 路由器查找 IPv6 路由表将报文转发到 PE2 路由器。

⑤ PE2 路由器查找本地 SID 表，根据 End.DT4 SID（2001:1234:2::1000）对应的 VPN 实例查找 IPv4 路由表，剥掉 IPv6 报文头后转发到 CE2 路由器。

7. SRv6 TE Policy

为了提升可靠性，提高带宽的利用率，SRv6 TE Policy 的结构做了精心的设计，SRv6 TE Policy 包括以下 3 个要素。

- 头端（Headend）：SRv6 TE Policy 生成的节点。
- 颜色（Color）：SRv6 TE Policy 携带的扩展团体属性，具有相同颜色的 BGP 路由使用相同的 SRv6 TE Policy。
- 尾端（Endpoint）：SRv6 TE Policy 的目的地址。

SRv6 TE Policy 的结构如图 2-24 所示。

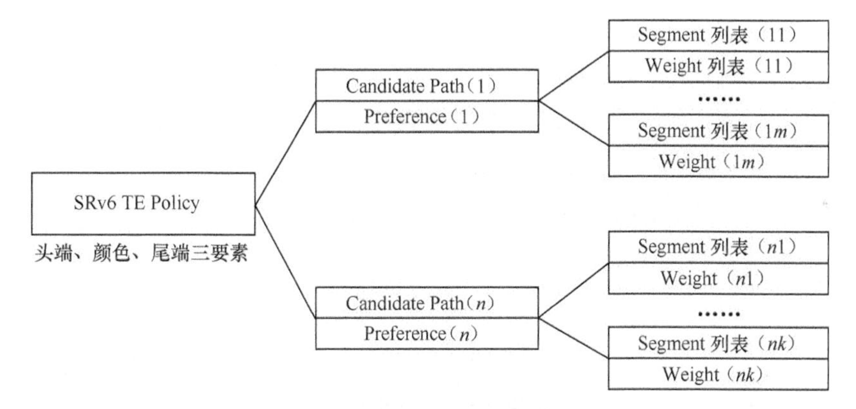

图2-24 SRv6 TE Policy的结构

SRv6 TE Policy 的结构具有如下特点。

（1）灵活引流

头端通过路由携带的颜色和尾端信息映射 SRv6 TE Policy，实现基于业务的流量调度。从而可以按照不同业务的 SLA 要求设计不同的网络路径，实现基于业务的端到端流量调度。

（2）可靠性高

一个 SRv6 TE Policy 包含多个携带不同优先级的候选路径。当主用候选路径网络出现故障或无法满足 SLA 要求时，流量可以切换到备用候选路径。

（3）负载分担

候选路径包含多个携带 Weight 属性的 Segment 列表，因此，每个 Segment 列表的权重可以调整，从而实现等价多路径或非等价多路径（Unequal Cost Multiple Path，UCMP）的负载分担。

SRv6 TE Policy 通过在头端封装显式路径列表，实现报文按照有序路径在网络中转发。SRv6 TE Policy 的工作流程如下。

① 网络节点将网络拓扑信息通过 BGP LS 上报给网络控制器。拓扑信息包括节点、链路信息，以及链路的开销、带宽和时延等 TE 属性。

② 控制器基于收集到的拓扑信息，按照业务需求计算路径，符合业务的 SLA。

③ 控制器通过 BGP SR-Policy 扩展将路径信息下发给网络的头端，头端生成 SRv6 TE Policy。生成的 SRv6 TE Policy 包括尾端、Segment 列表和 Color 等关键信息。

④ 头端为业务选择合适的 SRv6 TE Policy 指导转发。

⑤ 数据转发时，节点按照 Segment 列表执行指令。

SRH 中封装一系列的 SRv6 SID，可以显式引导报文按照规划的转发路径，实现对转发路径端到端的细粒度控制，满足业务的低时延、大带宽、高可靠等 SLA 需求。如果业务的目的地址与 SRv6 TE Policy 的尾端匹配，业务的偏好（通过路由的 Color 扩展团体属性标识）与 SRv6 TE Policy 的一致，那么业务的流量就可以导入指定的 SRv6 TE Policy 进行转发。

SRv6 TE Policy 可以承载常见的 L2 和 L3 EVPN 业务，它们的转发过程都比较类似。我们以 L3 EVPN 为例来介绍 SRv6 TE Policy 的用户面业务实现。

SRv6 TE Policy 场景下 L3 EVPN 的用户面如图 2-25 所示。

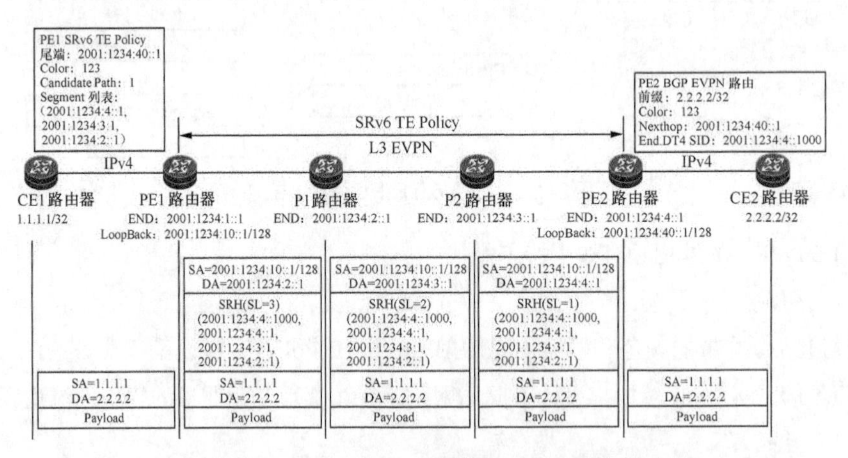

图2-25　SRv6 TE Policy场景下L3 EVPN的用户面

数据转发过程如下。

① 控制器向头端 PE1 路由器下发 SRv6 TE Policy，Color 为 123，尾端为 PE2 路由器的地址 2001:1234:40::1，只有一个候选路径，且候选路径只包含一个 Segment 列表 <2001:1234:4::1,

2001:1234:3::1，2001:1234:2::1>。

② 尾端PE2路由器向PE1路由器发布BGP EVPN路由2.2.2.2/32，BGP路由的下一跳是PE2路由器的地址2001:1234:40::1，Color为123。

③ PE1路由器在接收到BGP路由后，利用路由的Color和下一跳迭代到SRv6 TE Policy。

④ CE1路由器将报文发送到PE1路由器，PE1路由器查找EVPN实例IPv4路由表，该路由迭代到一个SRv6 TE Policy。PE1路由器为报文插入SRH信息，封装SRv6 TE Policy的Segment列表，Segment列表里最后一个SID是VPN路由对应的End.DT4 SID，同时封装IPv6报文头后查表转发。

⑤ 中间P1路由器和P2路由器节点根据SRH信息逐跳转发，并更改IPv6基本报文头的IPv6目的地址和SRH扩展报文头的指针。

⑥ 报文到达PE2路由器后，PE2路由器使用报文的IPv6目的地址2001:1234:4::1查找本地SID表，命中了End SID，所以PE2路由器将报文的*SL*减1，IPv6 DA更新为SID（2001:1234:4::1000）。

⑦ PE2路由器查找本地SID表，根据End.DT4 SID（2001:1234:4::1000）对应的VPN实例查找IPv4路由表，剥掉IPv6报文头后转发到CE2路由器。

8. SRv6中间节点保护

SRv6中间节点在处理SRv6报文时，需要执行的转发行为是*SL*减1，并将下层SID复制到IPv6报文头的目的地址字段。但当某一个中间节点故障时，它就无法完成对应SID的处理动作，导致转发失败。

SRv6中间节点保护通过中间节点的上游节点解决这个问题，该节点被称为代理转发节点。当代理转发节点收到上游转发的报文，同时检测到下一跳接口故障，并且下一跳是报文目的地址或者不存在下一跳路由时，如果*SL*大于0，代理转发节点代替中间节点将*SL*减1，并将SRH指针指向的SID更新到外层IPv6报文头，然后按照SRH扩展报文头的指令进行转发，从而绕过故障节点，实现SRv6中间节点故障的保护。

SRv6中间节点保护的工作流程如图2-26所示，具体保护过程介绍如下。

① 节点1向目的节点6转发报文，并在SRv6 SRH中指定经过中间节点4。

② 节点4故障时，节点2探测到下一跳接口故障，而数据报文的目的地址2001:1234:4::4正好是下一跳中间节点。由于*SL*大于0，节点2将*SL*减1，并将SRH指针指向的SID 2001:1234:6::6复制到外层IPv6报文头的目的地址字段。此时*SL*=0，节点2去掉SRH扩展报文头，然后根据目的地址2001:1234:6::6查表转发。

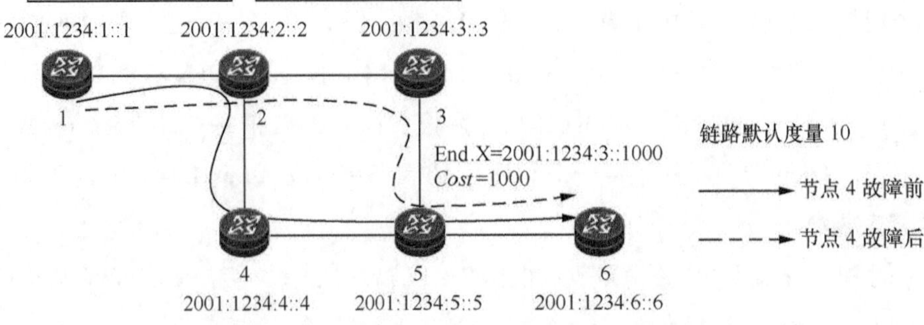

图2-26　SRv6中间节点保护的工作流程

③ 数据报文的目的地址是 2001:DB8:6::6，在 IGP 路由收敛前，节点 2 查询路由表下一跳是节点 4。但是节点 2 不是节点 6 的中间节点，且 *SL*=0，所以节点 2 不再符合代理转发条件。因此，节点 2 按照 TI-LFA 算法新增 1 个 SRH 扩展报文头，其 Segment 列表是 <2001:1234:6::6，2001:1234:3::100>，经过该备份路径转发到节点 6。

④ IGP 路由收敛后节点 1 感知到节点 4 故障，删除关于节点 4 的路由表项。节点 1 查找路由表发现没有关于 2001:1234:4::4 的路由，执行代理转发行为，*SL* 减 1，并将 SRH 指针指向 SID 2001:1234:6::6 并将其更新到 IPv6 报文头的目的 IPv6 地址。报文按照节点 1 →节点 2 →节点 3 →节点 5 的路径转发到节点 6。

9. 小结

SRv6 使用现有的 IPv6 转发技术，通过扩展 IPv6 报文头，实现类似标签转发的处理能力。

SRv6 定义不同类型的 SID，不同类型的 SID 具有不同的功能。SRv6 结合 TI-LFA 和中间节点保护能力，能够覆盖所有故障场景，提供高可靠性的网络保护能力。SRv6 既可以通过 SRv6 BE 实现尽力而为的网络转发能力，也可以通过 SRv6 TE Policy 实现灵活的网络路径端到端编排能力。

2.2　网络切片技术

随着 5G 和云业务的涌现，一张 IP 网络需要满足众多业务的多样化、差异化、复杂化需求。

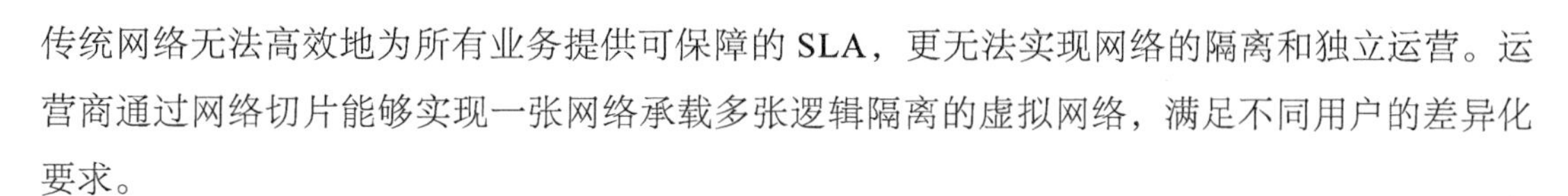

传统网络无法高效地为所有业务提供可保障的SLA，更无法实现网络的隔离和独立运营。运营商通过网络切片能够实现一张网络承载多张逻辑隔离的虚拟网络，满足不同用户的差异化要求。

不同的行业、业务或用户将通过不同的网络切片在同一张网络中承载，网络切片之间需要根据业务和用户的需求提供不同类型和程度的隔离能力。网络切片隔离的目的，一方面是从服务质量的角度，需要控制和避免某个切片中的业务突发或异常流量影响到同一网络中的其他切片，做到不同网络切片内的业务之间互不影响；另一方面从安全性角度来看，某个网络切片中的业务或用户信息不希望被其他网络切片的用户访问或者获取，因此，要为不同切片之间提供有效的安全隔离措施。

IP网络的网络切片可以提供以下3个层面的隔离能力。

1. 业务隔离

针对不同业务在网络中建立不同的网络切片，提供业务连接和访问的隔离。业务隔离本身不提供对服务质量的保证，只使用业务隔离的不同网络切片的业务性能可能相互影响。业务隔离可以满足部分对服务质量要求相对不苛刻的传统业务的隔离需求。

2. 资源隔离

根据网络切片所使用的网络资源与其他网络切片所使用的网络资源之间是否存在共享，资源隔离可以分为硬隔离和软隔离两种。软隔离与硬隔离相结合，可以灵活选择哪些网络切片需要独享资源，哪些网络切片之间可以共享部分资源，从而实现在同一张网络中满足不同业务的差异化SLA要求。

① 硬隔离是指为不同的网络切片在网络中分配完全独享的网络资源，从而可以保证不同网络切片内的业务在网络中不会互相影响。例如，通过FlexE接口承载的网络切片。

② 软隔离是指不同的网络切片既拥有部分独立的资源，又互相共享一些资源，从而在提供满足业务需求的隔离特性的同时，也可以保持一定的统计复用能力。例如，通过QoS或层次化QoS（Hierarchical Quality Service，HQoS）承载网络切片。

3. 运维隔离

对于部分网络切片租户，除了需要业务隔离和资源隔离提供的能力，还要求能够对运营商分配的网络切片进行独立的管理和维护操作，即做到对网络切片的使用近似于使用一张专用网络。网络切片通过管理面接口开放提供运维隔离功能。

IP 网络切片按照功能可以分为以下 3 层。

（1）网络切片管理层

为了满足运营商不同业务对网络质量的要求，一个 IP 网络通过网络切片被划分成多个逻辑切片网络，导致 IP 网络的管理复杂度增加。因此，切片网络需要从规划、部署、运维、优化 4 个方面实现智能化管理。

① 切片规划。完成切片网络的物理链路、转发资源、业务 VPN 和隧道规划，指导切片网络的配置和参数设置。提供多种网络切片规划方案，例如，全网按照固定带宽进行切片、灵活定制拓扑连接或者基于业务模型和 SLA 诉求自动计算切片的拓扑和需要的资源。

② 切片部署。完成切片实例部署，包括创建切片接口、配置切片带宽、配置 VPN 和隧道等。

③ 切片运维。完成切片网络可视、故障运维等功能。通过随流检测等技术监控业务时延、丢包指标。通过遥测技术上报网络切片的流量、链路状态、业务质量信息，实时呈现网络切片状态。

④ 切片优化。基于业务服务等级要求，切片优化是在切片网络性能和网络成本之间寻求最佳平衡的过程，具体包括切片转发资源预测、切片内流量优化等领域。

（2）网络切片实例层

网络切片实例层由上层（Overlay）的虚拟业务网络（VPN）与下层（Underlay）的虚拟承载网络（Virtual Transport Network，VTN）组成。虚拟业务网络提供网络切片内业务的逻辑连接和不同网络切片之间的业务隔离，即传统的 VPN Overlay 功能，在 SRv6 场景下通过 L2 和 L3VPN 实现。

针对运营商不同业务所需要的网络资源，VTN 可以进一步分为数据面和控制面两种。

① 数据面。数据面的主要功能是报文通过携带切片信息，实现报文按照其标记的切片进行差异化的转发处理。在 SRv6 网络中，数据面通过 SRv6 SID 携带切片信息。

② 控制面。控制面的主要功能是分发和收集各个网络切片的拓扑、资源等属性及状态信息，并基于网络切片的拓扑和资源约束进行路由和路径的计算和发放，实现业务流按需映射到对应的网络切片实例。目前，在控制面可以通过灵活算法（Flexible Algorithm，Flex-Algo）进行网络切片拓扑的灵活定制，通过 SRv6 Policy 下发网络切片的路径信息。因此，网络切片实例是在 VPN 业务的基础上增加了与底层 VTN 之间的集成。

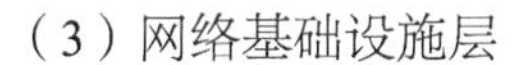

（3）网络基础设施层

网络基础设施层是用于创建 IP 网络切片实例的基础网络，即物理设备网络。为了满足业务的资源隔离和 SLA 保障需求，网络基础设施层需要具备灵活精细化的资源预留能力，支持将物理网络中的转发资源按照需要的粒度划分为多份相互隔离，并分别提供给不同的网络切片。其中，一些可选的资源隔离技术包括 FlexE 子接口、HQoS 等。

2.2.1 FlexE 切片技术

FlexE 切片技术通过以太网 MAC 速率和 PHY 速率的解耦，实现灵活控制接口速率，以适应不同的网络传输结构。

FlexE 切片技术的优点有：不同于 IEEE 802.3 定义的 10G、100G、400G 等阶梯形速率体系，FlexE 接口速率灵活可变，接口的带宽可以按需满足不同业务的需求，且不受制于光传输网络能力。

FlexE 的结构示意如图 2-27 所示，在 OSI 模型中，FlexE 通过在物理层和数据链路层中间增加 FlexE 垫层（FlexE Shim），实现物理层（PHY）和数据链路层（MAC）解耦。

应用层
表示层
会话层
传输层
网络层
数据链路层（MAC）
FlexE Shim
物理层（PHY）

图2-27 FlexE的结构示意

FlexE 架构示意如图 2-28 所示，FlexE 基于 Client/Group 基本架构，支持多个不同子接口（FlexE Client）在任意一组 FlexE 物理层分组（FlexE PHY Group）上的映射和传输，实现上述捆绑、通道化及子速率等功能。

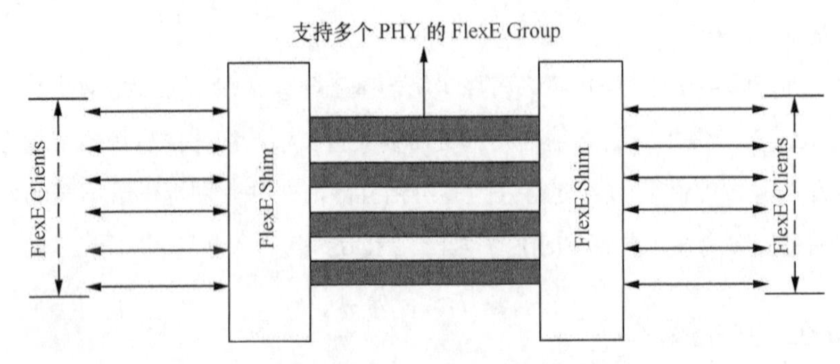

图2-28 FlexE架构示意

① FlexE 物理层分组（FlexE PHY Group）

每个 FlexE PHY Group 由 1 到多个（最多 254 个）基于 802.3 标准的以太网 PHY 组成，组内所有的 PHY 使用相同的物理层，每个 PHY 在 FlexE Group 都有一个唯一的编号。

② FlexE 垫层（FlexE Shim）

FlexE Shim 处于数据链路层和物理层之间，是 FlexE 的核心处理逻辑层。它将数据链路层（MAC）的 FlexE Client 数据流映射到 FlexE PHY Group 上进行传输，并且也支持将 FlexE PHY Group 内传输的数据反映射到数据链路层的 FlexE 用户接口（FlexE Client）数据流。FlexE Shim 可以基于组对组内 PHY 的带宽进行捆绑、子速率、通道化处理。

③ FlexE 用户接口（FlexE Client）

对应于以太网络中的传统接口，FlexE Client 基于数据链路层速率的以太网数据流，速率不固定，是对接不同速率需求的网络用户接口（User Network Interface，UNI）。FlexE Client 的数据流按照 64B/66B 编码形成多个数据块，这些数据块会插入 FlexE Group 的某个位置的 Sub-Calendar 中。

④ FlexE 时隙分配表（FlexE Calendar）

FlexE Calendar 是 FlexE Shim 处理映射和反映射处理的机制。将 FlexE Group 内 100G 的 PHY 拆分为 20 个时隙（Slot），每个 PHY 的一组 Slot 称为 Sub-Calendar，每个 Slot 承载 5G 速率。FlexE Calendar 将 FlexE Group 内每个 PHY 的 Sub-Calendar 上承载的 66B 数据块分配给指定的 FlexE Client。

1. FlexE 的主要功能

（1）端口绑定功能

端口绑定功能示意如图 2-29 所示，FlexE 支持捆绑多个 IEEE 802.3 标准的物理接口，以支持更高的传输速率。例如，将2个100G物理接口捆绑，实现200G的数据链路层速率，可以把多个物理端口捆绑，从而扩大带宽。

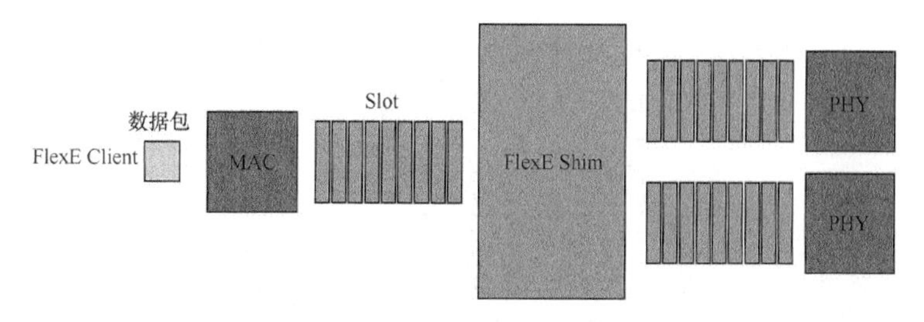

图2-29　端口绑定功能示意

（2）通道化功能

通道化功能示意如图2-30所示，通道化功能利用SDH时分复用的基本原理，将以太网端口基于时隙灵活划分，切片之间不会共享带宽。例如，可以将1个100GE端口划分为20个5GE，然后对时隙进行配置，其中，一个灵活接口带宽为30GE，一个为35GE，一个为25GE，这3个接口之间的带宽不共享。

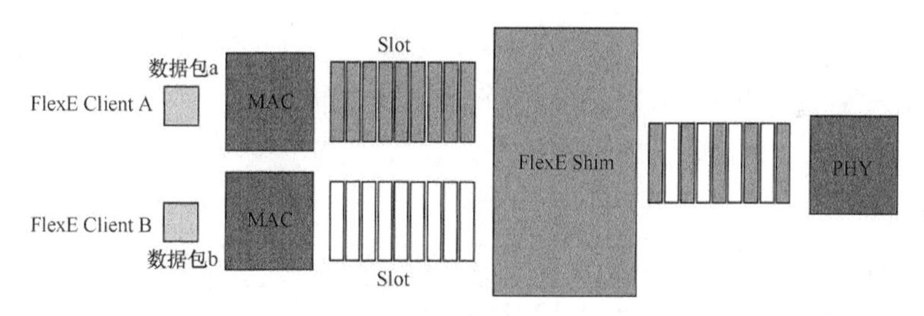

图2-30　通道化功能示意

（3）子速率功能

子速率功能示意如图2-31所示，基于IEEE 802.3标准物理接口的子速率是指一个低速率的数据流共享一个PHY或多个PHY，即只将PHY的一部分时隙分配给Client。

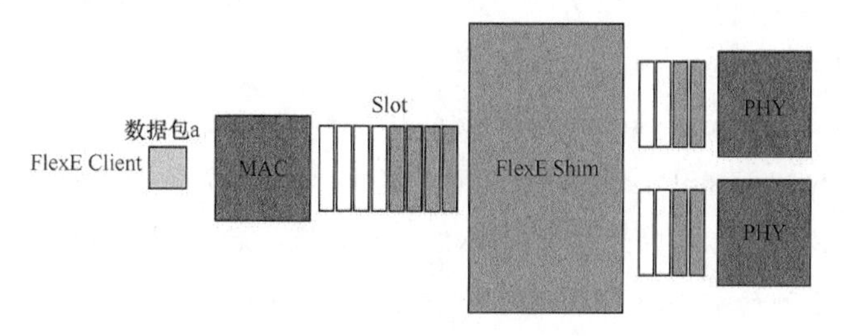

图2-31　子速率功能示意

2. FlexE 帧结构

FlexE 帧结构示意如图 2-32 所示，一个 Slot 包含 64B/66B 数据块，20 个 Slot 成为一个 blocks，20 个 blocks（对应 Slot0 ～ Slot19）成为一个逻辑单元，1023 个逻辑单元成为一个 Calendar，最终形成具有颗粒度特征的 FlexE 转发通道。

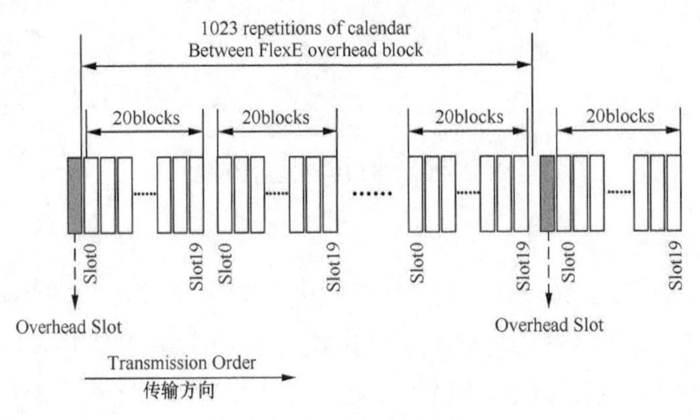

图2-32　FlexE帧结构示意

FlexE 开销帧示意如图 2-33 所示，FlexE Shim 通过 Overhead 提供带内管理通道，支持在对接的两个 FlexE 接口之间传递配置、管理信息，实现链路的自动协商建立。

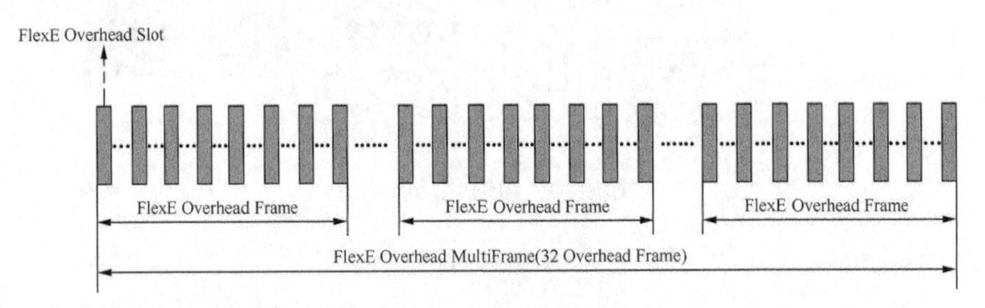

图2-33　FlexE开销帧示意

- FlexE Overhead Slot：FlexE 开销时隙，实际为按照 64B/66B 编码形成的数据块。FlexE 开销时隙每隔 1023 个“20blocks”出现一次。
- FlexE Overhead Frame：FlexE 开销帧，由 8 个开销时隙组成。
- FlexE Overhead MultiFrame：FlexE 开销复帧，由 32 个开销帧组成。FlexE 开销复帧的前 16 个开销帧，标记位为“0”；FlexE 开销复帧的后 16 个开销帧，标记位为“1”。当 FlexE 开销复帧的前 16 个开销帧的标记位和后 16 个开销帧的标记位从“0”转换为“1”或从“1”转换为“0”时，可以实现循环冗余校验（Cyclic Redundancy Check，CRC）。

FlexE 开销时隙包含控制字符与 O Code 字符等信息。在两个互联的 FlexE 接口之间转发数据包时，可以通过控制字符（0x4B）与 O Code 字符（0x5）确定第一个 FlexE 开销帧，从而在两个互联的 FlexE 接口之间建立一个管理通道，实现配置信息的协商。

3. Client/Slot 映射机制

Client/Slot 映射机制是指 FlexE Client 数据流在发送端的 FlexE Shim 和 FlexE Group 数据通道中映射到 Slot，然后当这些 Slot 映射的信息、位置等内容传送到接收端后，接收端可以从数据通道中根据发送端的 Slot 映射等信息恢复该 FlexE Client 的数据流。

（1）FlexE Mux

FlexE Mux 是指将 FlexE Client 数据映射到 Slot。FlexE Mux 结构示意如图 2-34 所示，将不同带宽的 FlexE Client 数据插入 Calendar 中。只要 Calendar 中有足够的 Slot，分配给特定 FlexE Client 的 Slot 并不都需要位于 FlexE Group 的同一个 PHY 上，这样可以同时使用多个 PHY 并行发送 FlexE Client 的数据流，从而提高发送效率。

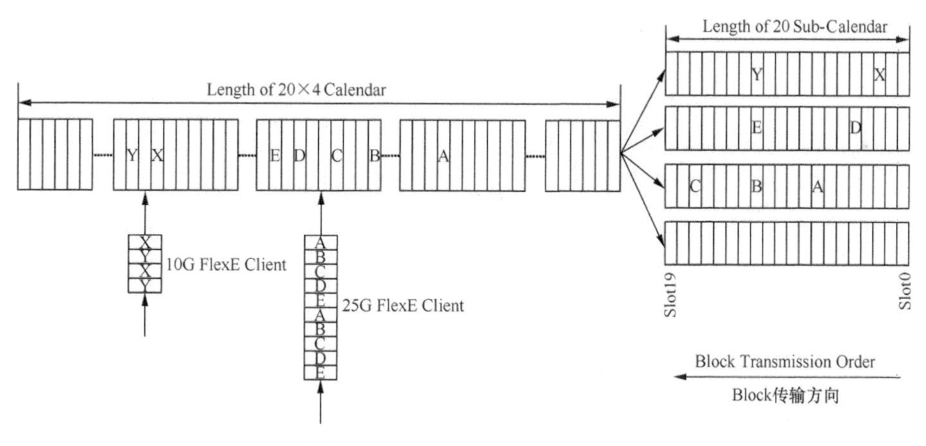

图2-34 FlexE Mux结构示意

（2）FlexE Demux

FlexE Demux 是指将 Slot 承载的数据恢复为 FlexE Client 数据。FlexE Demux 结构示意如图 2-35 所示，FlexE 将从多个 PHY 接收到的 Slot 数据重新拼装，恢复为两个 FlexE Client 数据。

4. Slot/Calendar 更改机制

FlexE 通过为每个 FlexE Client 提供 Slot/Calendar 更改机制，即允许 FlexE Client 的 Slot/Calendar 映射关系实时变化，实现带宽动态调整。

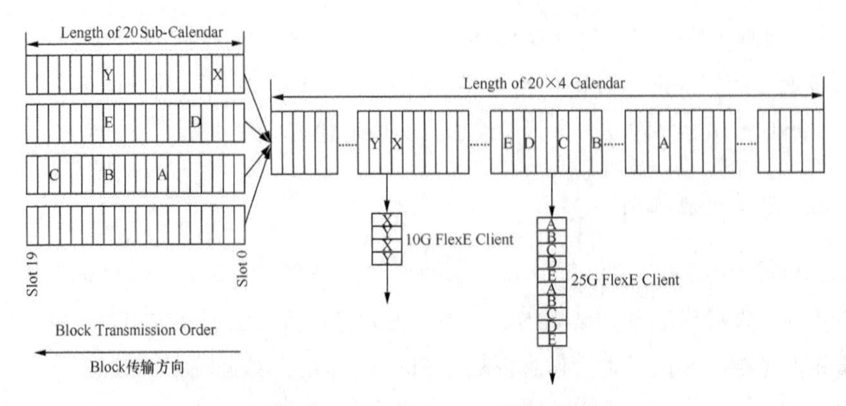

图2-35 FlexE Demux结构示意

Slot/Calendar 更改机制示意如图 2-36 所示，本端 FlexE 接口下记录了多种不同的 FlexE Calendar 信息，例如，Calendar A 和 Calendar B。FlexE Client 的带宽在 Calendar A 和 Calendar 中是不同的，通过动态切换 Calendar A 和 Calendar B，进一步结合系统应用控制可以实现无损带宽调整。本端进行 FlexE Calendar 切换后，可以通过传递 FlexE 开销帧来通知对端 FlexE 接口进行 FlexE Calendar 切换，保证两端 FlexE 接口的传输速率一致。

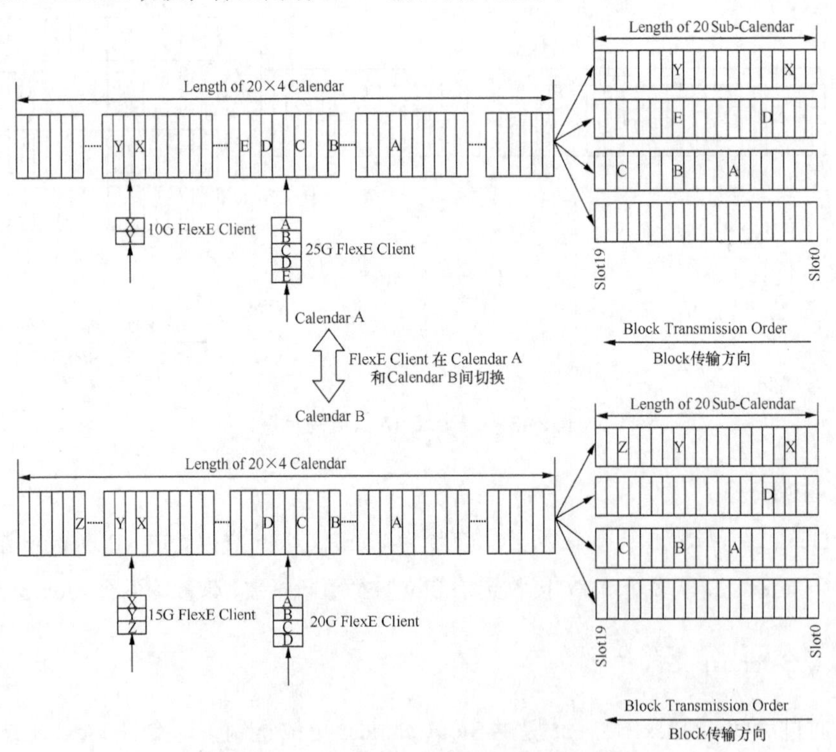

图2-36 Slot/Calendar更改机制示意

2.2.2 灵活算法（Flex-Algo）技术

5G 时代来临，对于网络的灵活性提出了新的要求。运营商希望可以根据自己的需求去定义 IGP 路径的计算规则，例如，按照时延最小的路径转发、排除网络中的部分链路转发等。传统 IGP 只能根据链路的 Cost 值，当所有报文都选择 Cost 值最短路径时，会导致所有业务的流量路径固定，无法灵活地利用网络资源。

多年来，运营商一直在探索如何利用流量工程技术，实现网络流量按照显式路径传输，但是使用流量工程技术（例如，MPLS TE）就要求所有 IP 的流量跑在资源预留协议流量工程（RSVP-TE）隧道中，出现了应用上的复杂性和可扩展性问题。

在此背景下，灵活算法（Flex-Algo）技术应运而生，灵活算法（Flex-Algo）可以应用为切片的技术。灵活算法（Flex-Algo）允许 IGP（ISIS 或 OSPF）自己计算基于约束条件的网络路径，能够更简单和更灵活地实现网络的流量工程能力。灵活算法（Flex-Algo）技术主要在 SR（SR MPLS 和 SRv6）网络中使用。

1. Flex-Algo 的基本概念

Flex-Algo 不是一个算法，每个 Flex-Algo 算法用 Flex-Algo（*k*）表示，用户可以自定义的算法范围是 Flex-Algo（128）～ Flex-Algo（255），共有 128 个自定义算法 [255-128=127，包括 Flex-Algo（128），所以共有 127+1=128 个]。Flex-Algo（*k*）只在参与这个算法的逻辑拓扑中具有本地意义，并且只具有唯一定义。

Flex-Algo（*k*）的定义包含以下 3 个要素。

（1）计算类型（Calc-Type）

① 0：SPF，即传统 IGP 中的 SPF，使用 Dijkstra 最短路径优先算法，允许本地策略覆盖 SPF 计算的路径。当前，IGP 仅支持 SPF（0）。

② 1：严格 SPF，使用 Dijkstra 最短路径优先算法，但不允许本地策略覆盖 SPF 计算的路径，将 SPF 计算的路径修改为不同的路径。

（2）度量类型（Metric-Type）

① 0：IGP 度量，即传统 IGP 中的链路 Cost 值。

② 1：最小单向链路时延。

③ 2：TE 度量。

（3）约束条件（Constraints）

① Admin-group：链路约束，使用 Exclude/Include-Any、Include-All 来描述链路约束。

Exclude Admin Group 表示链路管理组不能包含任何一个引用的亲和属性名称，不满足的链路将被排除；Include-Any Admin Group 表示链路管理组只要包含一个引用的亲和属性名称，该链路就可以参与算路；Include-All Admin Group 表示链路管理组要包含所有引用的亲和属性名称，不满足的链路将被排除，不能参与算路。

② 风险共享链路组。风险共享链路组（Shared Risk Link Group，SRLG）是具有相同故障风险的一组链路集合，使用 Exclude SRLG 来描述对风险共享链路组的约束。

Flex-Algo(0) ～ Flex-Algo(127) 保留为标准算法。严格来说，标准算法可以认为不属于 Flex-Algo。其中，Flex-Algo(0) 的 3 要素表示如下。

算法表述为 { 计算类型：0，SPF；度量类型：0，IGP 度量；约束条件：NULL}。从 3 要素中我们可以看出，Flex-Algo(0) 即为传统 IGP 的算法。

用户可以自定义算法，例如，创建 1 个 Flex-Algo(128)，并将其做如下定义。

{ 计算类型：0，SPF；度量类型：1，最小单向链路时延；约束条件：NULL}。

假设所有节点参与 Flex-Algo(128) 的路径计算，同时所有节点参与 Flex-Algo(0) 的路径计算。节点 2 和节点 5 之间、节点 4 和节点 7 之间的链路 *Cost* 值为 100，其他链路 *Cost* 值为 10；节点 1 和节点 4 之间、节点 3 和节点 5 之间、节点 5 和节点 8 之间的链路时延值为 100，其他链路时延值为 10。Flex-Algo 算法的拓扑示意如图 2-37 所示，图 2-37 中的 C 代表 Cost，D 代表时延（Delay）。

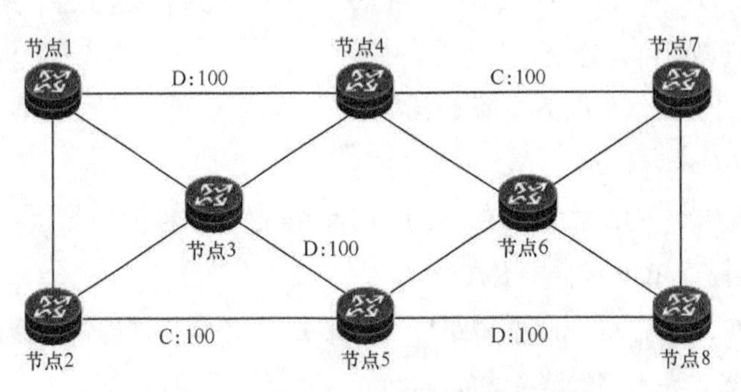

图2-37 Flex-Algo算法的拓扑示意

以节点 1 到节点 8 的路径为例，通过 SPF 算法可以分别得到 Flex-Algo(0) 和 Flex-Algo(128) 的路径计算结果，具体说明如下。

① Flex-Algo(0) 以 *Cost* 值为度量，计算节点 1 ～节点 8 的最短路径为：节点 1> 节点 4> 节点 6> 节点 8 或者节点 1> 节点 3> 节点 5> 节点 8，Flex-Algo(0) 的路径计算结果如图 2-38 所示。

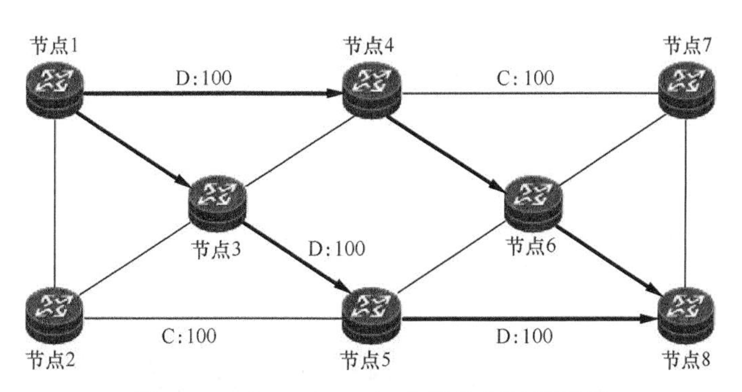

图2-38 Flex-Algo（0）的路径计算结果

② Flex-Algo（128）以时延值为度量，计算节点 1 ～节点 8 的最短路径为：节点 1> 节点 3> 节点 4> 节点 6> 节点 8 或者节点 1> 节点 2> 节点 5> 节点 6> 节点 8，Flex-Algo（128）的路径计算结果如图 2-39 所示。

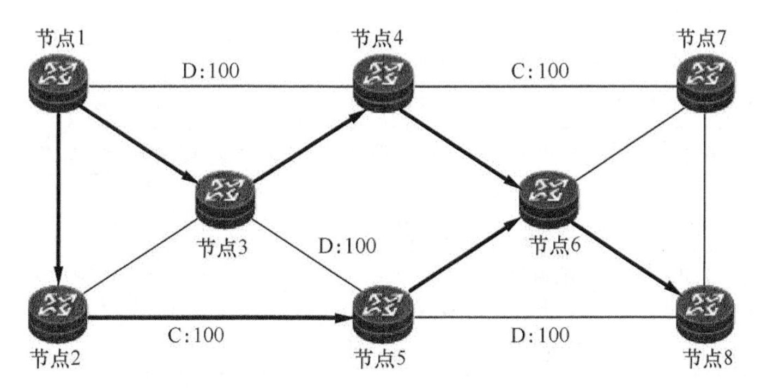

图2-39 Flex-Algo（128）的路径计算结果

2. Flex-Algo 的工作过程

Flex-Algo 的工作过程包括定义算法、通告算法、生成拓扑、计算路径 4 步。

（1）第一步：定义算法

在参与 Flex-Algo（k）计算的逻辑拓扑中，首先需要存在 Flex-Algo（k）的定义，即 Flex-Algo（k）的 3 要素。这个 Flex-Algo（k）的定义不需要每个节点都来定义，只需部分（至少一个）节点定义并通告到拓扑内。为了保证拓扑内所有节点对于 Flex-Algo（k）的定义统一，并且具有唯一的认识，避免定义冲突，建议在其中 2 个节点进行相同的定义，并通告出来即可。

ISIS 使用携带 ISIS 灵活算法定义（Flexible Algorithm Definition，FAD）Sub-TLV 的协议报文来定义 Flex-Algo（k）。ISIS FAD Sub-TLV 的报文格式如图 2-40 所示。

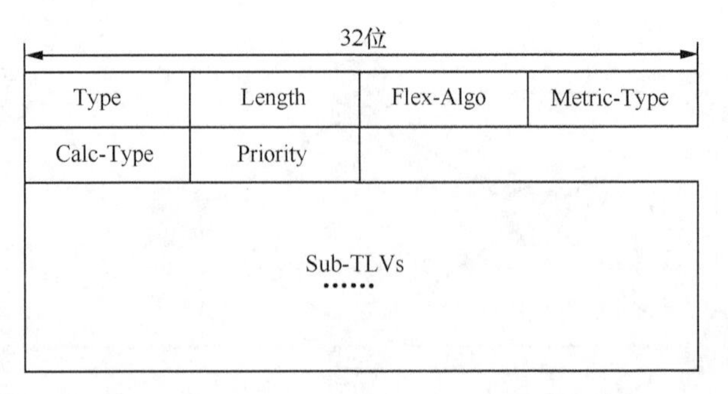

图2-40 ISIS FAD Sub-TLV的报文格式

ISIS FAD Sub-TLV 报文的字段解释见表 2-5。

表2-5 ISIS FAD Sub-TLV报文的字段解释

字段	长度	含义
Type	8bit	Sub-TLV 类型，取值是 26
Length	8bit	Sub-TLV 去除 Type 和 Length 字段后的总长度
Flex-Algo	8bit	灵活算法 ID，取值范围为 128 ～ 255
Metric-Type	8bit	计算过程中要使用的度量类型包括 IGP 度量、最小单向链路时延度量和 TE 度量
Calc-Type	8bit	计算类型，当前仅包括 SPF
Priority	8bit	Sub-TLV 的优先级，对算法定义通告的接收者生效，包括接收者本地产生和接收到的通告。 如果相同 ID 的算法存在定义冲突，优先级不同，则以优先级高者为准； 如果相同 ID 的算法存在定义冲突，优先级相同，则以 SID 高者为准
Sub-TLVs	可变长度	可选的 Sub-TLV，可以定义一些约束条件

根据 ISIS FAD Sub-TLV 格式中包含的字段，在 ISIS 中定义 Flex-Algo(*k*) 算法时，除了 3 要素，还需要包括灵活算法 ID(*k* 的值)、优先级。在图 2-37 中，选择在节点 1 和节点 8 上定义相同的 Flex-Algo(128)。

① 灵活算法 ID：128(可配置范围为 128 ～ 255)。

② 计算类型：SPF(不需要配置)。

③ 度量类型：时延度量 DELAY(可配置为 IGP、Delay、TE)。

④ 约束条件：可选配置，这里我们不配置。

⑤ 优先级：200(可配置范围为 0 ～ 255，不配置缺省值为 128)。

(2) 第二步：通告算法

算法的通告存在 3 个部分节点。其中，部分 (至少一个) 节点将本地定义的算法通告到拓扑内。这个通告是通过第一步中提到的 ISIS FAD Sub-TLV 来实现的。ISIS FAD Sub-TLV 只能

在同一个 ISIS 级别里传播，不能传播到该级别区域之外。

所有节点将本节点拥有的 Flex-Algo 能力，即所有支持算法的 ID 通告到拓扑内。这个通告是通过 SR-Algorithm Sub-TLV 来实现的。SR-Algorithm Sub-TLV 只能在同一个 ISIS 级别里传播，不能传播到该级别区域之外。SR-Algorithm Sub-TLV 的格式如图 2-41 所示。

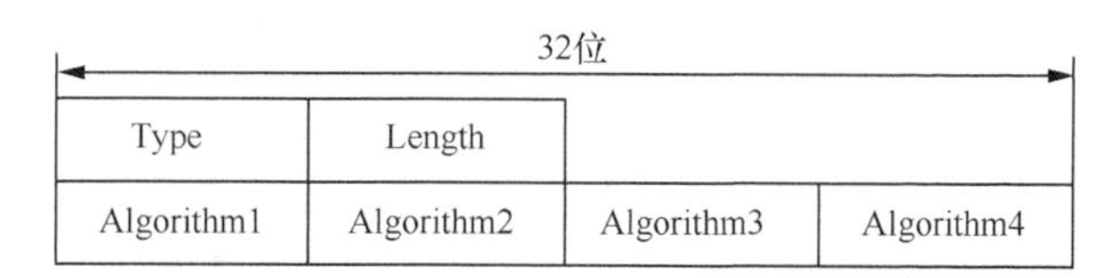

图2-41　SR-Algorithm Sub-TLV的格式

SR-Algorithm Sub-TLV 的字段解释见表 2-6。

表2-6　SR-Algorithm Sub-TLV的字段解释

字段	长度	含义
Type	8bit	未分配，建议该值设为 2
Length	8bit	报文长度
Algorithm	8bit	算法 ID

所有节点将 Prefix SID 通过 Prefix-SID Sub-TLV 通告到拓扑内，其中包含了 Prefix SID 和算法 ID 的关联关系。Prefix-SID Sub-TLV 的格式如图 2-42 所示。

图2-42　Prefix-SID Sub-TLV的格式

Prefix-SID Sub-TLV 的字段解释见表 2-7。

表2-7　Prefix-SID Sub-TLV的字段解释

字段	长度	含义
Type	8bit	未分配，建议该值设为 3
Length	8bit	报文长度
Flags	8bit	标志位
Algorithm	8bit	算法 ID
SID/Index/Label	可变长度	—

至此，对于 Flex-Algo(128) 的定义，所有节点已经有了统一且唯一的认识；同时，Flex-Algo(128) 与 Prefix SID 的关联关系也已明确。

(3) 第三步：生成拓扑

每个 Flex-Algo(*k*) 都会生成自己的逻辑拓扑，逻辑拓扑生成的原则如下。

① 节点范围：只有参与 Flex-Algo(*k*) 的节点才会被包含在 Flex-Algo(*k*) 拓扑中，包括 Flex-Algo(*k*) 定义的本地产生者和通告接收者。

② 链路范围：如果在 Flex-Algo(*k*) 的定义中配置了约束条件，例如，Admin-group 或者 SRLG，逻辑拓扑将根据这些约束条件进行调整、保留或排除部分链路。如果逻辑拓扑中某些链路不具有 Flex-Algo(*k*) 所使用的度量值，那么这些链路也会被排除。

由 Flex-Algo(*k*) 根据以上原则生成的拓扑，可以称为 Topo(*k*)。Flex-Algo(128) 拓扑 Topo(128) 示意如图 2-43 所示，拓扑中的节点将全部保留，所有节点都参与 Flex-Algo(128) 的计算。如果节点 3 和节点 5、节点 5 和节点 6 之间的链路不具有时延（Delay）度量值，那么相关链路会被排除。Flex-Algo(128) 中未定义约束条件。

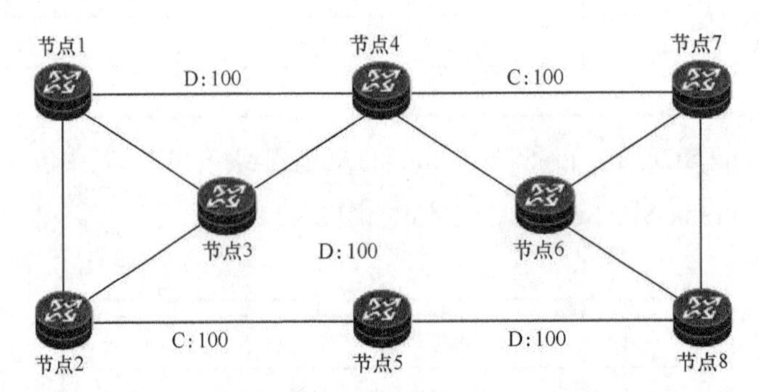

图2-43 Flex-Algo(128) 拓扑Topo(128) 示意

(4) 第四步：计算路径

在 Topo(*k*) 的基础上，Flex-Algo(*k*) 将采用其定义中的计算类型和度量类型进行路径计算。Flex-Algo 支持 ECMP 负载分担，可以根据情况生成多条具有相同 Flex-Algo 代价的路径。

任何参与 Flex-Algo(*k*) 的节点都会执行路径计算。如果节点参与多个 Flex-Algo，则将针对每个 Flex-Algo 进行独立计算。所有节点都默认支持 Flex-Algo(0)，因此，对应的传统 IGP 的路径始终会计算出来。路径计算的结果，节点将会通过 Flex-Algo(*k*) 关联的 Prefix SID 安装到自己的转发表条目中。

在 Topo(128) 的基础上，Flex-Algo(128) 将采用其定义中的 SPF 算法基于时延（Delay）度量值进行路径计算。Topo(128)Flex-Algo(128) 路径计算结果如图 2-44 所示，节点 1 到节点 8 的路径计算结果为：节点 1> 节点 3> 节点 4> 节点 7> 节点 8 或者节点 1> 节点 3> 节点 4> 节点 6> 节点 8。

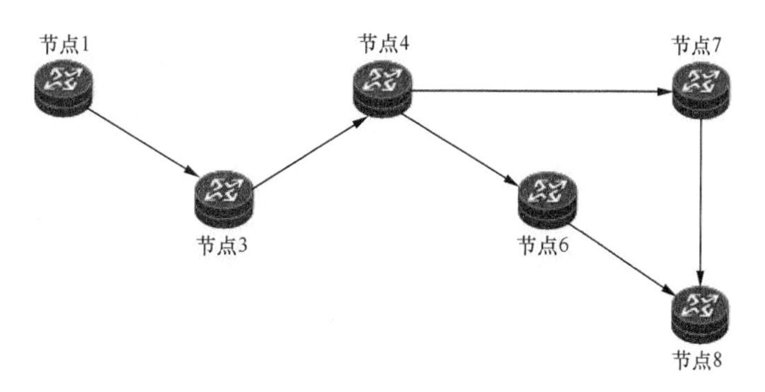

图2-44　Topo（128）Flex-Algo（128）路径计算结果

2.3 EVPN 技术

2.3.1 传统 L2VPN 技术的背景和缺陷

传统 L2VPN 技术包括承载点到点业务的 VPWS 技术和承载多点到多点业务的 VPLS 技术。其中，VPWS 技术在 IP 网络的基础上，借助 MPLS 构建点到点的虚拟专线，让用户的端到端业务在 IP 网络中也能享受到像 ATM、帧中继网络那样的专线服务；VPLS 技术则借助 MPLS 和以太网技术，在 IP 网络上创建虚拟 L2 交换网络，VPLS 很好地解决了在 IP 网络中承载多点到多点 L2 网络业务，但是存在以下缺陷。

（1）仅支持单活模式，导致流量分担不均匀

传统 L2VPN 仅支持单活模式接入，但是为了保证 CE 路由器接入 PE 路由器的可靠性，通常采用 CE 路由器双归接入 PE 路由器的组网方式。CE 路由器双归接入 PE 路由器拓扑示意如图 2-45 所示。双归会导致 L2 网络出现环路。交换机为了解决环路问题，有了生成树协议（Spanning Tree Protocol，STP）技术，该技术的思路是阻塞掉环路上的一个端口，故障时解除端口阻塞状态，从而形成一种主备保护模式。VPLS 借鉴了交换机的解决环路思路，CE 路由器双归接入 PE 路由器时采用 Active—Standby（主—备）模式，由于 Standby 链路不转发数据，所以导致网络侧路径单一，无法形成多路径负载分担，造成部分链路拥塞。

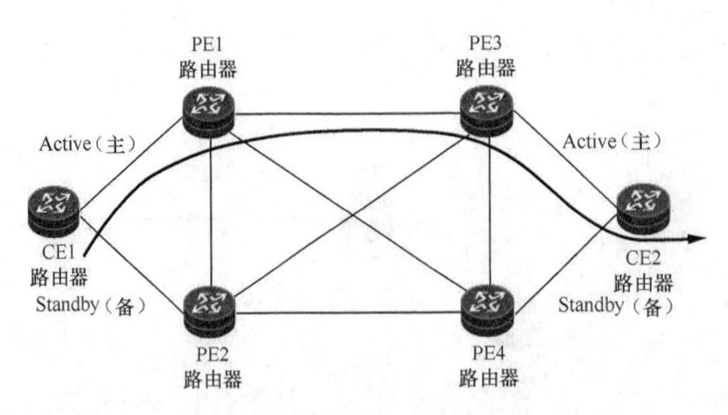

图2-45　CE路由器双归接入PE路由器拓扑示意

（2）伪线全连接问题

在 VPLS 网络中，伪线（Pseudo Wire，PW）是 PE 路由器之间转发业务的实际载体，并且在各个 PE 路由器之间要实现全连接。超大型企业建立 VPLS 网络时，PE 路由器设备需要建立大量伪线实现 PE 路由器全连接。VPLS 全连接示意如图 2-46 所示。

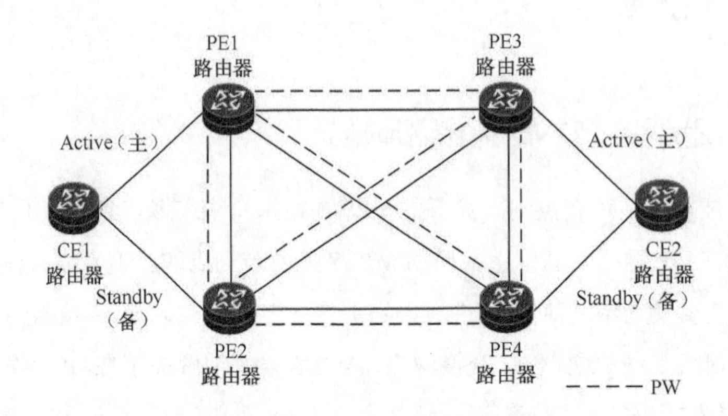

图2-46　VPLS全连接示意

（3）ARP 请求报文泛洪问题

VPLS 网络是通过广播 ARP 请求获得其他站点的 MAC 地址。ARP 泛洪需要占用网络带宽，同时 PE 路由器设备处理 ARP 请求会消耗设备 CPU 性能。VPLS ARP 请求报文泛洪如图 2-47 所示。

（4）VPLS 故障收敛慢问题

在图 2-45 中，如果 PE3 路由器和 CE2 路由器之间链路中断，则主备倒换时间受 MAC 地址数量影响需要 1 ～ 10 秒，同时，在 MAC 地址被清除未重新学习之前，需要通过广播泛洪转发流量，这样会浪费带宽。

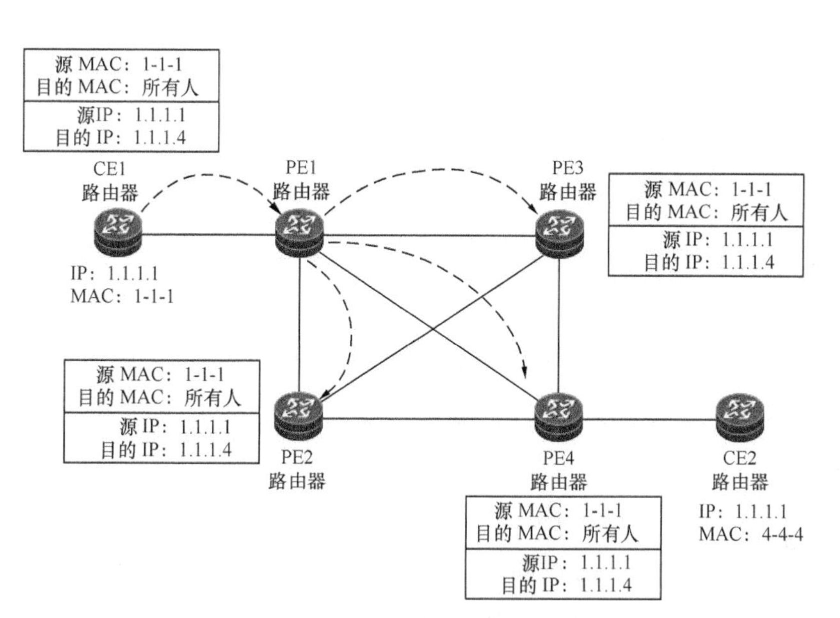

图2-47 VPLS ARP请求报文泛洪

2.3.2 EVPN 原理解析

1. EVPN VPLS

以太网虚拟专用网络（EVPN）解决了传统L2VPN的各种缺陷问题，给运营商带来多活接入、快速收敛等新特性。

（1）基本概念

① 以太网段和以太网段标识。当一个CE路由器通过一组链路连接到一个或多个PE路由器时，这一组链路就称为一个以太网段（Ethernet Segment，ES）。而全局唯一标识一个ES的ID称作以太网分段标识（Ethernet Segment Identifier，ESI）。ES和ESI示意如图2-48所示，在PE路由器上，连接同一个CE路由器的接口具备相同的ESI值；当ESI为0时，表示PE路由器连接的是单归CE路由器。接口ESI常见的生成方式有两种：一种是静态配置；另一种是依靠链路聚合控制协议（Link Aggregation Control Protocol，LACP）动态生成。

② EVPN实例（EVPN Instance，EVI）：代表一个EVPN实例，类似于VPLS的虚拟交换接口（Virtual Switch Interface，VSI），用于标识一个VPN用户。

③ MAC-虚拟路由转发（Virtual Routing Forwarding，VRF）：通过MP-BGP学习到EVI的MAC转发表。

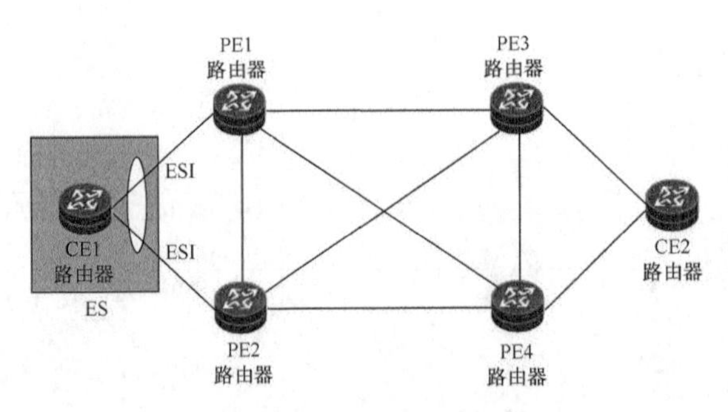

图2-48　ES和ESI示意

BGP 在原有协议的基础上进行了扩展，为 EVPN 定义 BGP-EVPN 协议族。5 种常用的 EVPN 路由类型见表 2-8。

表2-8　5种常用的EVPN路由类型

类型	路由名称	主要功能
Type1	以太自动发现路由（Ethernet Auto-Discovery Route），分为两种子类型： ① Per ES A-D Route ② Per EVI A-D Route	别名、MAC 地址批量撤销、多活指示、通告 ESI 标签
Type2	MAC/IP 通告路由（MAC/IP Advertisement Route）	MAC 地址学习通告、MAC/IP 绑定、MAC 地址移动性
Type3	集成多播以太标记路由（Inclusive Multicast Ethernet Tag Route）	组播隧道端点自动发现、组播类型自动发现
Type4	以太网段路由（Ethernet Segment Route）	ES 成员自动发现
Type5	IP 前缀路由（IP Prefix Route）	IP 主机路由通告、IP 网分段路由通告

（2）支持多活接入

ES Route（Type4）携带了 PE 路由器本地的 ESI 和 PE 路由器的 EVPN 源地址，Per ES A-D Route（Type1）携带了 PE 路由器本地的 ESI 和 PE 路由器为 ESI 分配的标签值。ES 成员发现过程如图 2-49 所示，CE1 路由器双归接入 PE1 路由器和 PE2 路由器，首先，PE1 路由器和 PE2 路由器互相发送 ES Route，双方检查 ESI，发现拥有相同的 ESI，于是 PE1 路由器和 PE2 路由器把对方的 EVPN 源地址加入本地 ES 成员列表中；然后，PE1 路由器和 PE2 路由器互相发送 Per ES A-D Route（Type1），PE1 路由器和 PE2 路由器检查 ESI，发现拥有相同的 ESI，PE1 路由器和 PE2 路由器把路由携带的标签值贴到对应的 ES 成员。

EVPN 引入 ESI，实现了水平分割功能，解决了 CE 路由器双活接入场景下的网络环路问题。水平分割示意如图 2-50 所示，CE1 路由器双活接入 PE1 路由器和 PE2 路由器。CE1 路由器发送了一个广播报文，PE1 路由器收到该广播报文后，首先检查需要广播的对象是否在本地的 ES 成员列表中。PE1 路由器发现 PE2 路由器在自己的 ES 成员列表中，因此，PE1 路由器发往 PE2

路由器的广播报文增加一个 ESI 标签值。PE2 路由器收到该广播报文后，发现广播报文中有自己的 ESI 标签值，丢弃该广播报文。

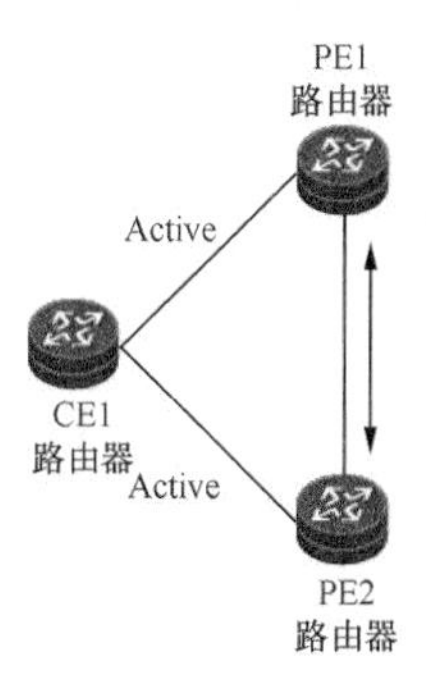

ES 成员列表			
序号	ESI	源地址	标签值
0	esi1	pe1	L1
1	esi1	pe2	L2

ES 成员列表			
序号	ESI	源地址	标签值
0	esi1	pe1	L1
1	esi1	pe2	L2

图2-49　ES成员发现过程

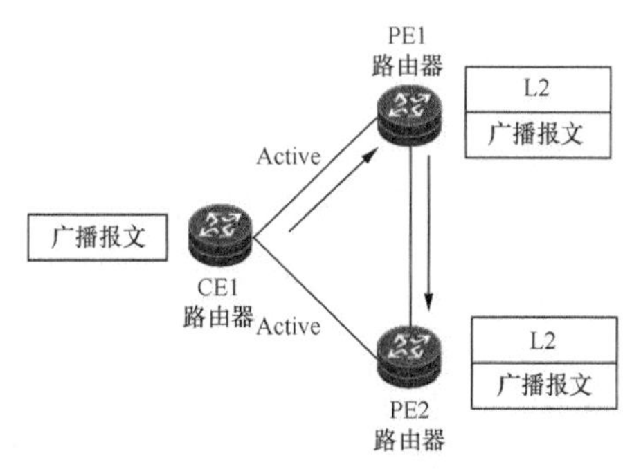

ES 成员列表			
序号	ESI	源地址	标签值
0	esi1	pe1	L1
1	esi1	pe2	L2

ES 成员列表			
序号	ESI	源地址	标签值
0	esi1	pe1	L1
1	esi1	pe2	L2

图2-50　水平分割示意

（3）MAC 地址学习和 ARP 代答

EVPN 通过 MAC/IP Route（Type2）解决学习 MAC 地址和 ARP 的问题，MAC/IP Route 的 BGP 网络层可达信息（Network Layer Reachability Information，NLRI）包括通告的 MAC 地址、通告的 IP 地址、ESI、L2 转发标签。MAC/IP Route 的 NLRI 格式见表 2-9。

表2-9　MAC/IP Route的NLRI格式

字段	长度	说明
Route Distinguisher	8bit	该字段为 EVPN 实例下设置的 RD 值，用于区分不同 EVPN 实例的私网地址空间
Ethernet Segment Identifier	10bit	该字段为 ESI 的值，唯一标识 PE 路由器与某一 CE 路由器的连接
Ethernet Tag ID	4bit	该字段为以太网标记 ID
MAC Address Length	1bit	该字段为当前路由通告的 MAC 地址的长度
MAC Address	6bit	该字段为当前路由通告的 MAC 地址

续表

字段	长度	说明
IP Address Length	1bit	该字段为当前路由通告的 IP 地址的长度
IP Address	0bit 或 4bit 或 16bit	该字段为当前路由通告的 IP 地址（IPv4 或 IPv6）
MPLS Label1	3bit	该字段为指导 L2 业务流量转发的标签值
MPLS Label2	0bit 或 3bit	该字段为指导 L3 业务流量转发的标签值

根据携带有效信息的不同，MAC/IP Route 有以下两种形态。

① 通过 MAC 通告路由。MAC 地址学习示意如图 2-51 所示，假设 CE1 路由器双归接入 PE1 路由器和 PE2 路由器。首先，PE1 路由器和 PE2 路由器通过用户面报文（例如，ARP 请求报文等），获得 CE1 路由器的 MAC 地址 mac1。然后，PE1 路由器和 PE2 路由器分别生成 MAC/IP Route，向所有 EVPN 邻居通告 mac1。

PE1 路由器和 PE2 路由器之间的 MAC 地址通告过程：首先，它们收到彼此发来的 MAC/IP Route，检查发现和自身的 ESI 相同，为了避免网络环路，优选本地学到的 mac1 路由；然后，PE3 路由器和 PE4 路由器作为远端 PE 路由器，它们学到来自 PE1 路由器和 PE2 路由器的 mac1，放入自身的 MAC 转发表。

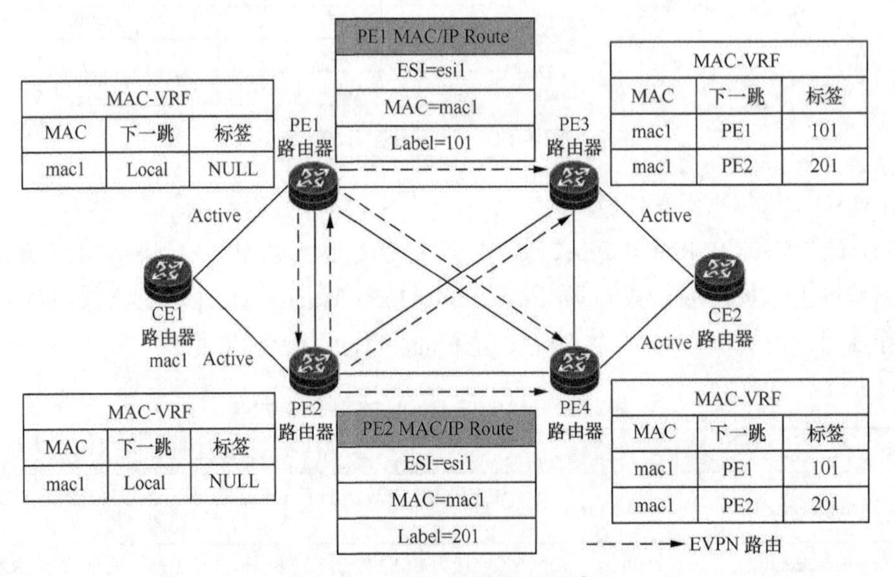

图2-51 MAC地址学习示意

② ARP 代答路由。ARP 代答示意如图 2-52 所示，首先，假设 CE1 路由器双归接入 PE1 路由器和 PE2 路由器。PE1 路由器和 PE2 路由器通过用户面报文（例如，ARP 请求报文等），

不仅获得了 CE1 路由器的 MAC 地址 mac1，还获得了 CE1 路由器的 IP 地址 ip1。换句话说，PE1 路由器和 PE2 路由器得到了一条关于 ip1 和 mac1 的 ARP 信息。然后，PE1 路由器和 PE2 路由器分别生成 MAC/IP Route，向所有 EVPN 邻居通告这条 ARP 信息。

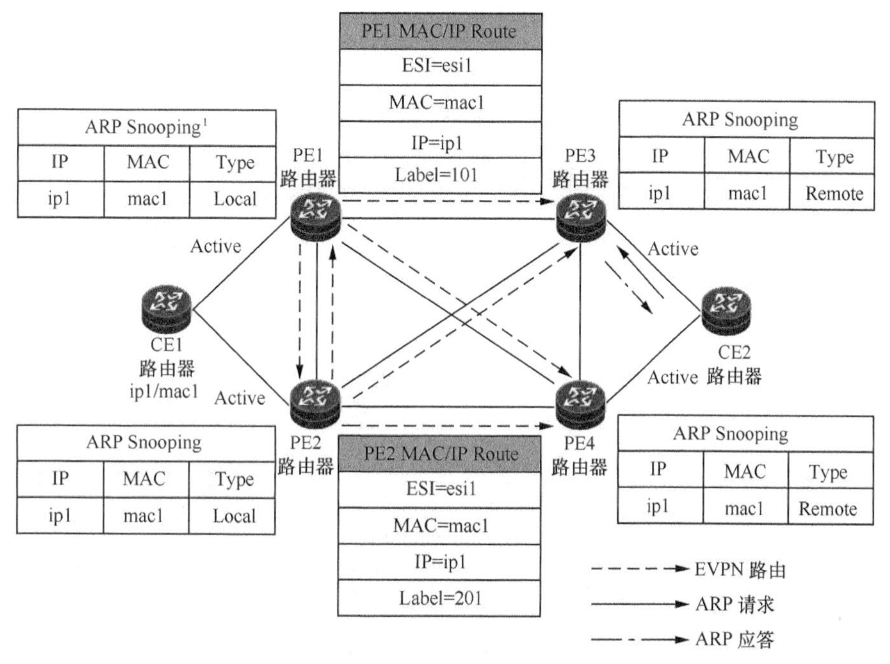

1. ARP Snooping的功能是用于二层交换网络环境，通过侦听ARP报文建立ARP Snooping表项，从而提供给ARP快速应答。

图2-52 ARP代答示意

首先，PE1 路由器和 PE2 路由器之间的 ARP 通告过程是，它们收到彼此发来的 MAC/IP Route，检查发现和自身的 ESI 相同，为了避免网络环路，基于本地的 ARP 信息生成 ARP Snooping 表项，用于 ARP 代答。然后，无论 PE3 路由器和 PE4 路由器是否有 ARP Snooping 表项，它们都会基于较新的 ARP 信息生成 ARP Snooping 表项。如果 PE3 路由器或 PE4 路由器再收到来自 CE2 路由器的 ARP 请求报文，想获取 ip1 对应的 MAC 地址，则 PE3 路由器或 PE4 路由器会先检查一下本地的 ARP Snooping 表项，发现本地的 ARP Snooping 表项包含 ip1 的表项，此时直接回复 ARP 应答报文，避免了 PE3 路由器和 PE4 路由器继续广播 ARP 请求，进一步减少了网络的广播范围。

（4）邻居自动发现功能

在 EVPN 网络中，PE 路由器通过 IMET Route（Type 3）邻居发现，并分配标签，指导

BUM 流量转发。

PE 路由器启动 EVPN 后会互相发布 IMET Route，其携带的关键信息包括 EVPN 实例的 RD、PE 路由器的源地址和隧道转发用的标签值。待 PE 路由器收完该路由后，等于 PE 路由器感知到了所有 EVPN 邻居，并在本地生成基于某个 EVPN 实例（标识业务）的邻居列表，该表也称为 BUM 流量转发表。假设 PE1 路由器收到一份未知单播流量，它就按照 BUM 流量转发表，打上 BUM 标签后向所有邻居广播。BUM 流量转发表示意如图 2-53 所示。

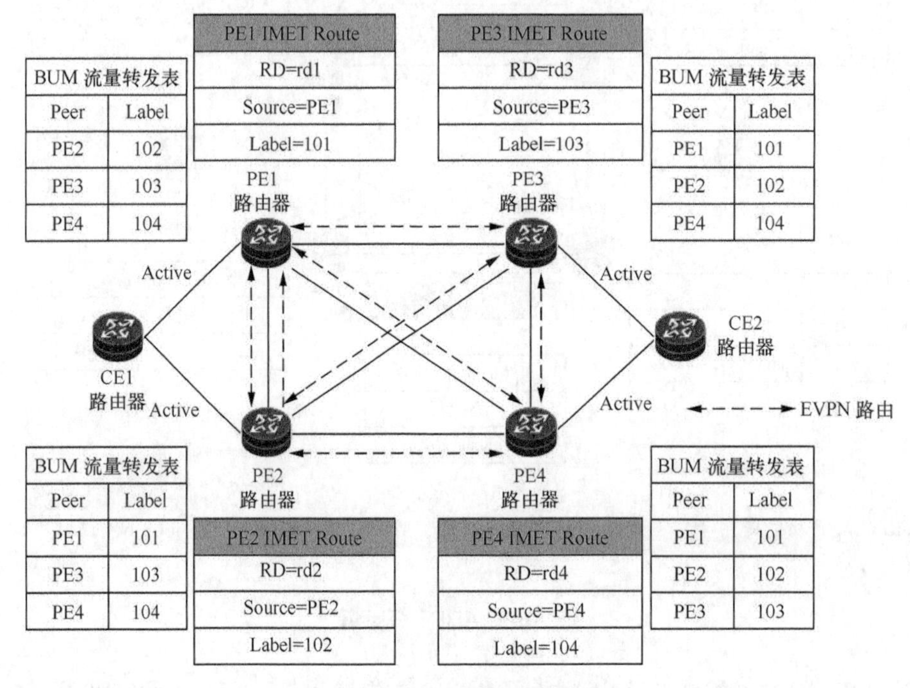

图2-53　BUM流量转发表示意

（5）避免 CE 路由器收到重复的 BUM 报文

EVPN 通过指定转发器（Designated Forwarder，DF）选举解决 CE 路由器收到重复的 BUM 报文。DF 选举示意如图 2-54 所示，PE1 路由器和 PE2 路由器交互完 ES Route 之后，各自形成 ES 成员列表，DF 选举基于该列表进行，具体有如下两种方式。

- 基于端口选举。ES 成员列表里的 EVPN 源地址最小的是 DF。
- 基于 VLAN 选举。根据公式 $V\text{mod}N = i$ 来计算，其中，V 是 VLAN ID，N 是连接同一个 CE 路由器的 PE 路由器数量，i 是 ES 成员列表中被选为 DF 的 PE 路由器序号。假设有 2 个 VLAN，对于 VLAN 10 的业务来说，10mod2 = 0，则序号为 0 的 PE1 路由器就是DF；对于VLAN 11的业务来说，11mod2 = 1，则序号为1的PE2路由器就是DF。这种方式的好处是不同VLAN的业务可以有自己的DF，便于更精细的控制。

ES成员列表			
序号	ESI	源地址	标签值
0	esi1	pe1	L1
1	esi1	pe2	L2

方式1：基于端口

ES成员列表			
序号	ESI	源地址	标签值
0	esi1	pe1	L1
1	esi1	pe2	L2

方式2：基于VLAN

VLAN 10：10mod2=0，PE1为DF
VLAN 11：11mod2=1，PE2为DF

图2-54　DF选举示意

当流量需要按照BUM报文广播转发时，在报文打上标记BUM报文的标签后转发出去。BUM报文处理示意如图2-55所示，在多活模式下，当PE1路由器和PE2路由器同时收到一份BUM流量时，如果经过选举，则PE1路由器成为DF。当PE1路由器收到该广播报文，该报文带有BUM标签，由于PE1路由器是DF设备，直接转发到CE1路由器；PE2路由器收到该广播报文，该报文带有BUM标签，由于PE2路由器不是DF设备，所以丢弃该报文。

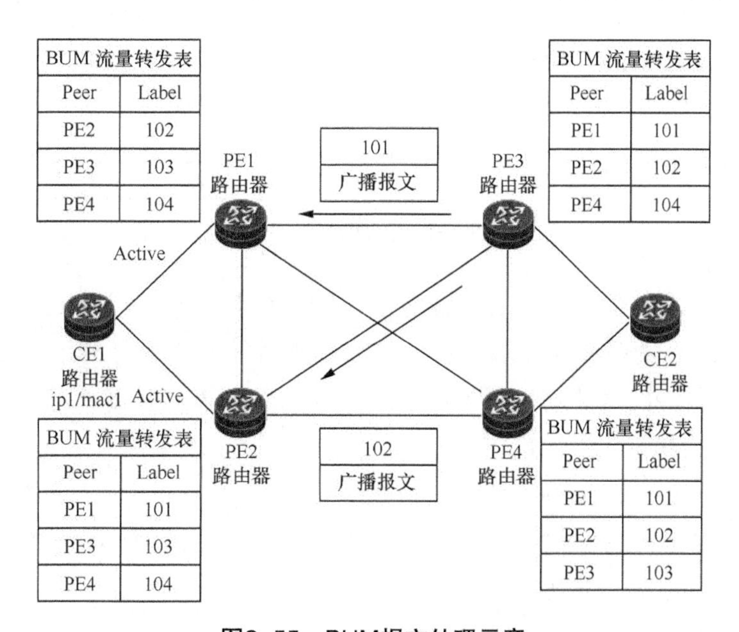

BUM流量转发表	
Peer	Label
PE2	102
PE3	103
PE4	104

BUM流量转发表	
Peer	Label
PE1	101
PE2	102
PE4	104

BUM流量转发表	
Peer	Label
PE1	101
PE3	103
PE4	104

BUM流量转发表	
Peer	Label
PE1	101
PE2	102
PE3	103

图2-55　BUM报文处理示意

（6）EVPN 负载分担

EVPN 负载分担如图 2-56 所示，假设有 4 条不同的单播业务流量从 CE2 路由器发往 CE1 路由器。

- 流量在 CE2 路由器上通过双活链路进行负载分担，基于流哈希分别发送到 PE3 路由器和 PE4 路由器上。
- 在 PE3 路由器和 PE4 路由器上，事先已经有 2 条目的 MAC 地址都是 mac1 且下一跳是不同的 MAC 路由，因此，流量仍然会基于流哈希通过两条不同的路径发往 PE1 路由器和 PE2 路由器。
- PE1 路由器和 PE2 路由器收到流量后，分别根据本地的 MAC 地址表转发给 CE1 路由器。
- EVPN 形成网络侧基于不同业务流的负载分担。

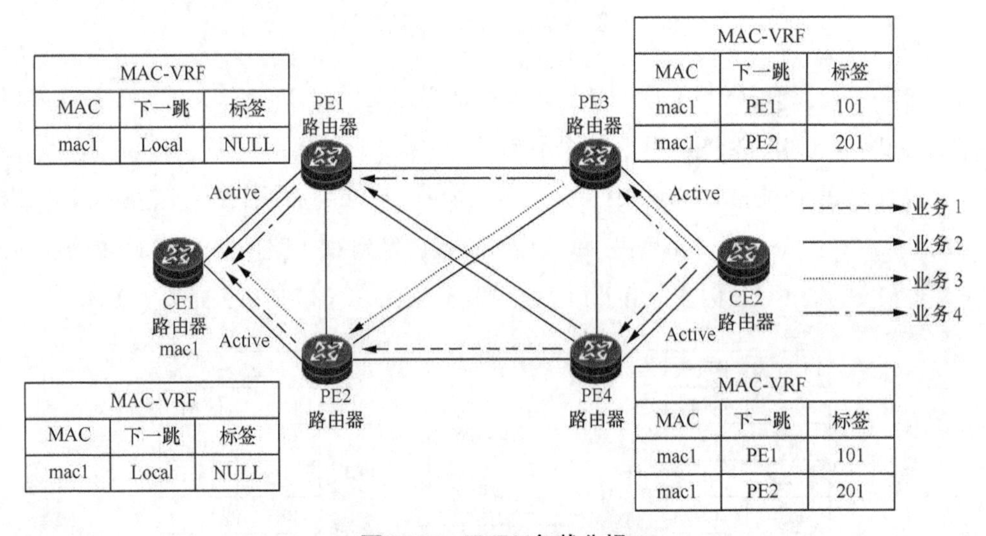

图2-56　EVPN负载分担

网络中出现双归接入的两台 PE 路由器学习到的 MAC 地址不一致，在这个场景下就需要使用 Per EVI A-D Route 的别名功能实现负载分担。基于别名的 EVPN 负载分担如图 2-57 所示，CE1 路由器双归接入 PE1 路由器和 PE2 路由器。PE1 路由器学习到 mac1，但是由于某种原因，PE2 路由器没有学习到 mac1。

- PE1 路由器生成 MAC/IP Route，向 PE2 路由器、PE3 路由器和 PE4 路由器通告 mac1。
- PE2 路由器向 PE3 路由器和 PE4 路由器发布 Per EVI A-D Route，携带的关键信息有 ESI、单播转发的标签值。
- PE3 路由器和 PE4 路由器虽然没有收到 PE2 路由器发来的 MAC/IP Route，但是它们发现 PE1 路由器发来的 MAC/IP Route 携带的 ESI 与 PE2 路由器的 ESI 相同，于是它们认为 PE2 路由器也能到达 mac1，并据此更新 MAC 地址表。

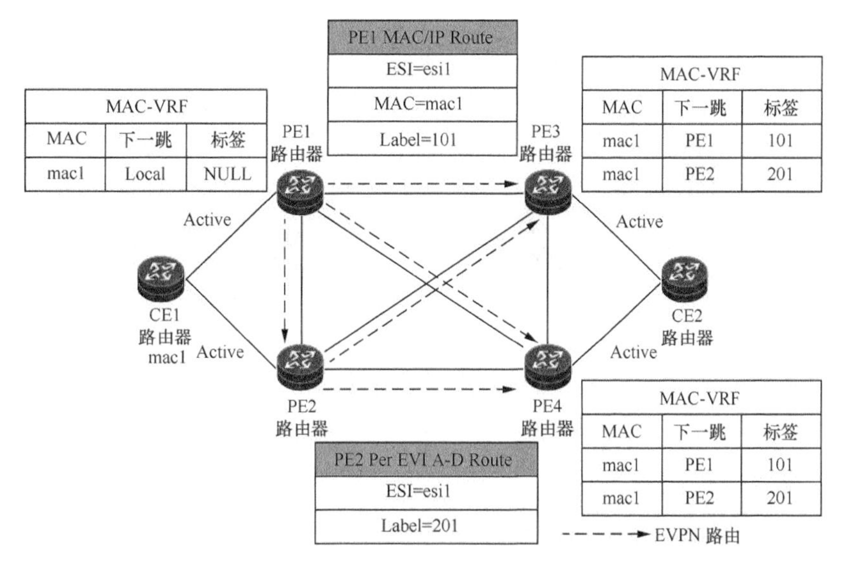

图2-57　基于别名的EVPN负载分担

- PE2 路由器收到 PE1 路由器的 MAC/IP Route，发现这个路由携带和自己一样的 ESI，通过 EVPN 的 MAC 地址重定向功能，将 mac1 的出口重定向为自己本地连接 CE1 路由器的接口，从而产生 mac1 的 MAC-VRF 表项。
- PE3 路由器和 PE4 路由器再向 mac1 发送单播流量时，仍然会通过 PE1 路由器和 PE2 路由器进行负载分担。

（7）EVPN 的故障快速收敛

EVPN 通过 Per ES A-D Route（Type1）快速批量撤销 MAC-VRF 表项，实现故障快速收敛。EVPN 的故障快速收敛如图 2-58 所示，假设 PE1 路由器被选举为 DF 设备，PE1 路由器与 CE1 路由器之间的链路发生了故障。

- PE1 路由器感知到故障后，向 PE3 路由器发布 Per ES A-D Route。需要注意的是，Per ES A-D Route 不是针对每个 MAC 地址进行逐一撤销，而是通知 PE3 路由器一口气撤销所有下一跳是 PE1 路由器、标识 esi1 的 MAC 路由。
- PE2 路由器感知到故障以后，将自己升级为 DF 设备，能够正常转发 BUM 报文。
- PE3 路由器收到 Per ES A-D Route 后，刷新 MAC 表，批量撤销到达 PE1 路由器关于 esi1 的 MAC 表项。流量自动切换到 PE2 路由器，实现单播流量的快速收敛。

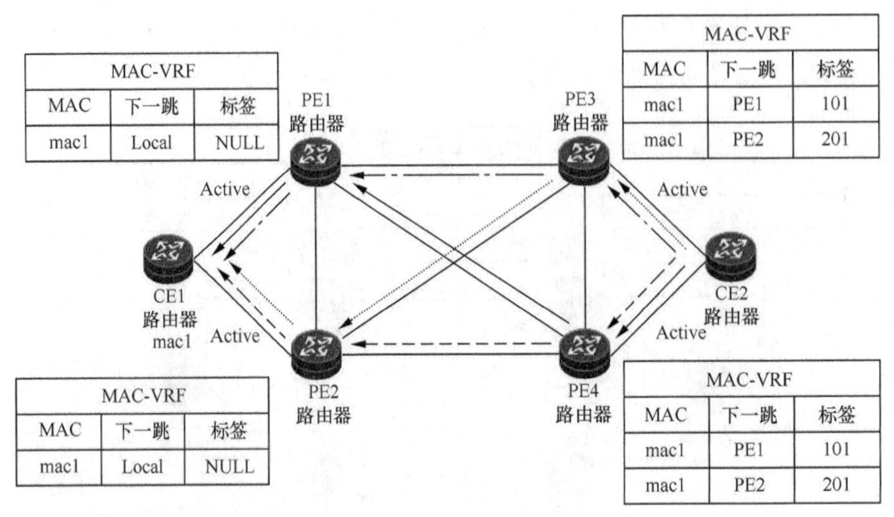

图2-58　EVPN的故障快速收敛

（8）避免全连接

在 EVPN 网络中，所有 PE 路由器之间需要建立全网状 EVPN 邻居关系，以便交互 EVPN 路由，在引入路由反射器（Route Reflector，RR）机制后，PE 路由器和 RR 建立邻居关系，然后由 RR 将大家的 EVPN 路由反射给彼此。EVPN RR 机制如图 2-59 所示。

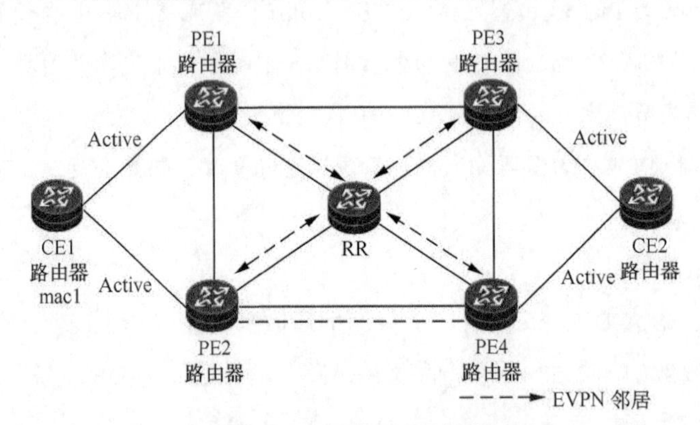

图2-59　EVPN RR机制

2. EVPN VPWS

EVPN VPWS 提供了一种点到点的 L2VPN 解决方案。

（1）基本概念

① 接入电路（Attachment Circuit，AC）：AC 是 CE 路由器和 PE 路由器的链路，AC 接口是 PE 路由器侧的物理或者逻辑接口。

② 以太网虚拟专线（Ethernet Virtual Private Line，EVPL）实例：EVPL实例需要配置本端和远端Service ID。对于一个EVPN VPWS，两端PE路由器的EVPL实例配置一致的Service ID，实现点到点的互联。

③ EVPN VPWS实例：表示PE路由器上有着共同网络侧属性的业务组合，BGP EVPN地址簇基于每个实例中配置的基于路由标识符（Route Distinguisher，RD）、路由目标（Route Target，RT）属性传递路由。

④ Tunnel：网络侧MPLS隧道或者SR隧道。

（2）EVPN VPWS支持的路由

EVPN VPWS以BGP作为统一的控制面，主要支持以下几种EVPN NLRI。

① 以太自动发现路由（Ethernet Auto-Discovery Route，EADR）（Type1）。

- Per ES A-D Route：EVPN VPWS网络中的PE路由器通过发送Per ES A-D Route来通知远端设备本地的冗余模式为单活或多活。
- Per EVI A-D Route：EVPN VPWS网络中的PE路由器之间通过相互发送Per EVI A-D Route来指导L2业务流量的转发。

② 以太网段（Ethernet Segment Route，ESR）（Type4）路由：用于同一个CE路由器互联的2台PE路由器之间自动发现。

（3）单归场景

单归场景EVPN VPWS协议报文交互如图2-60所示，EVPN VPWS的单归场景协议报文交互流程的具体说明如下。

- PE1路由器和PE2路由器配置EVPL和EVPN VPWS实例。
- PE1路由器和PE2路由器分别向对端发送Per EVI A-D Route，该路由携带有RD、RT、下一跳、本地Service ID、EVPL标签或SRv6 SID等信息。
- PE1路由器和PE2路由器收到Per EVI A-D Route，检查路由发现和自身EVPL实例的远端Service ID相同，生成本地EVPL实例的转发关联表项。

（4）双归场景

双归场景又分为双归双活场景和双归单活场景两种。双归双活场景EVPN VPWS协议报文交互如图2-61所示，该组网为CE路由器双归组网，PE1路由器和PE2路由器间的冗余模式为双活。该场景下协议报文交互流程的具体说明如下。

① 在每个PE路由器上配置EVPL和EVPN VPWS实例，其中，PE1路由器和PE2路由器将冗余模式配置为多活，并且在接入侧接口上配置相同的ESI。

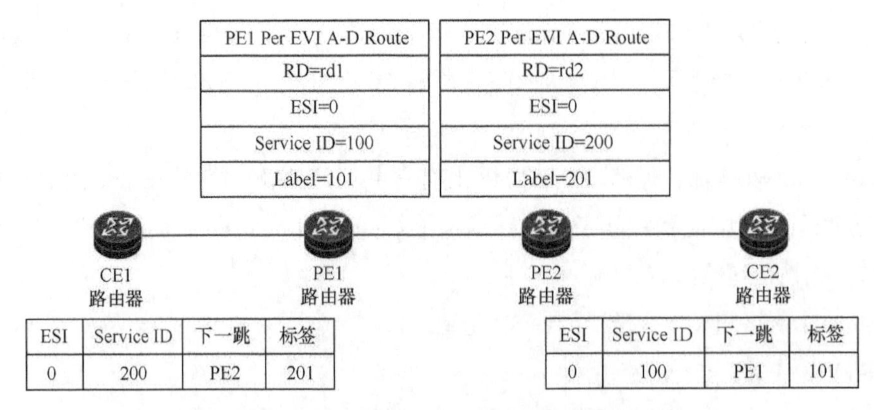

图2-60 单归场景EVPN VPWS协议报文交互

② PE1 路由器和 PE2 路由器之间相互发送 ES 路由，在收到 ES 路由后，PE1 路由器和 PE2 路由器两台设备都处于主 DF 状态，不进行 DF 选举。

③ PE1 路由器和 PE2 路由器向 PE3 路由器发送 Per ES A-D Route。其中，多活模式为 All-Active 双活模式。

④ 各个 PE 路由器之间相互发送 Per EVI A-D Route。该路由携带有 RD、RT、下一跳、本地 Service ID、EVPL 标签或 SRv6 SID、主备角色等信息。

⑤ PE1 路由器和 PE2 路由器收到 PE3 路由器的 Per EVI A-D Route。检查路由发现和自身 EVPL 实例的远端 Service ID 相同，生成本地 EVPL 实例的转发关联表项。

⑥ PE3 路由器从 PE1 路由器和 PE2 路由器收到 Per EVI A-D Route。检查路由发现和自身 EVPL 实例的远端 Service ID 相同，生成本地 EVPL 实例的负载分担表项。

⑦ PE1 路由器和 PE2 路由器互相收到对方的 Per EVI A-D Route。检查发现收到的路由上的 Service ID、ESI 和本地 EVPL 实例上的本端 Service ID、ESI 相同，生成本地 EVPL 实例的关联 Bypass 表项。

双归单活场景 EVPN VPWS 协议报文交互如图 2-62 所示。该组网为 CE 路由器双归组网，PE1 路由器和 PE2 路由器间的冗余模式为单活，假设 PE1 路由器是主设备，同时被选举为 DF 设备。该场景下协议报文交互流程如下。

① 在每个 PE 路由器上配置 EVPL 和 EVPN VPWS 实例，其中，在接入侧接口上配置相同的 ESI。

② PE1 路由器和 PE2 路由器之间相互发送 ES 路由，PE1 路由器和 PE2 路由器进行 DF 选举，假定 PE1 路由器为主，PE2 路由器为备。

③ PE1 路由器和 PE2 路由器向 PE3 路由器发送 Per ES A-D Route，其中，多活模式为

Single-Active 单活模式。

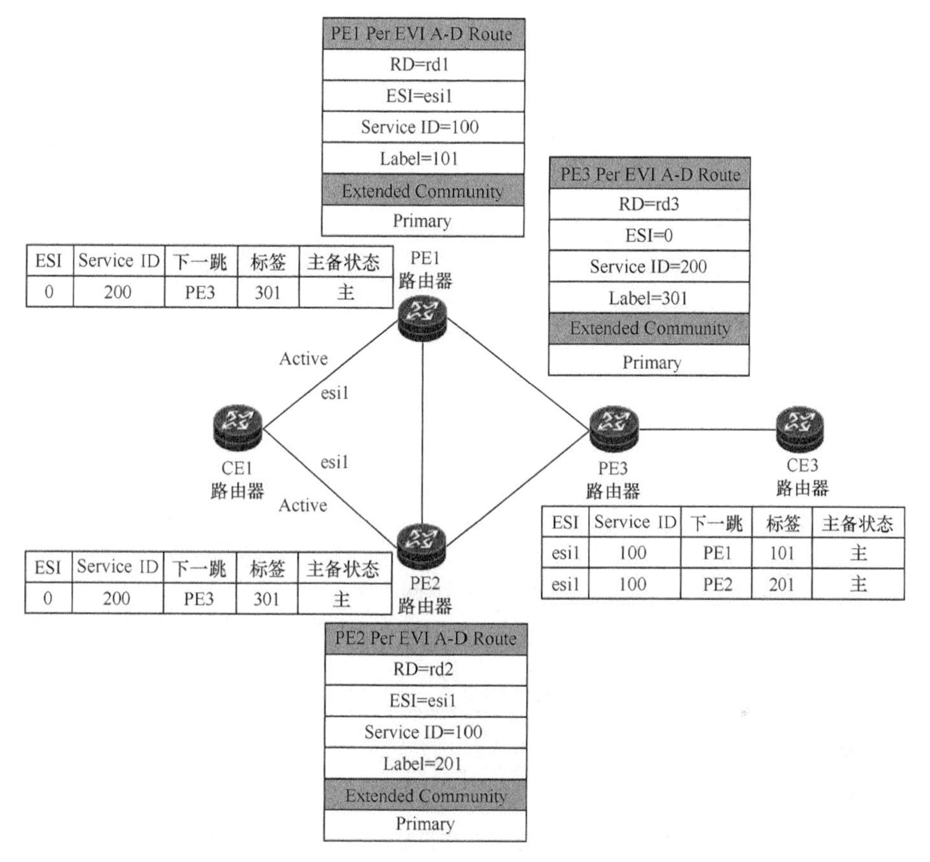

图2-61 双归双活场景EVPN VPWS协议报文交互

④ 各个 PE 路由器之间相互发送 Per EVI A-D Route，该路由携带有 RD、RT、下一跳、本地 Service ID、EVPL 标签或 SRv6 SID、主备角色等信息。

⑤ PE1 路由器和 PE2 路由器收到 PE3 路由器的 Per EVI A-D Route，检查路由发现和自身 EVPL 实例的远端 Service ID 相同，生成本地 EVPL 实例的转发关联表项。

⑥ PE3 路由器从 PE1 路由器和 PE2 路由器收到 Per EVI A-D Route，检查路由发现和自身 EVPL 实例的远端 Service ID 相同，生成本地 EVPL 实例的转发关联表项。其中，指向 PE1 路由器的表项为主，指向 PE2 路由器的表项为备。

⑦ PE1 路由器和 PE2 路由器互相收到对方的 Per EVI A-D Route，检查发现收到的路由上的 Service ID、ESI 和本地 EVPL 实例上的本端 Service ID、ESI 相同，生成本地 EVPL 实例的关联 Bypass 表项。

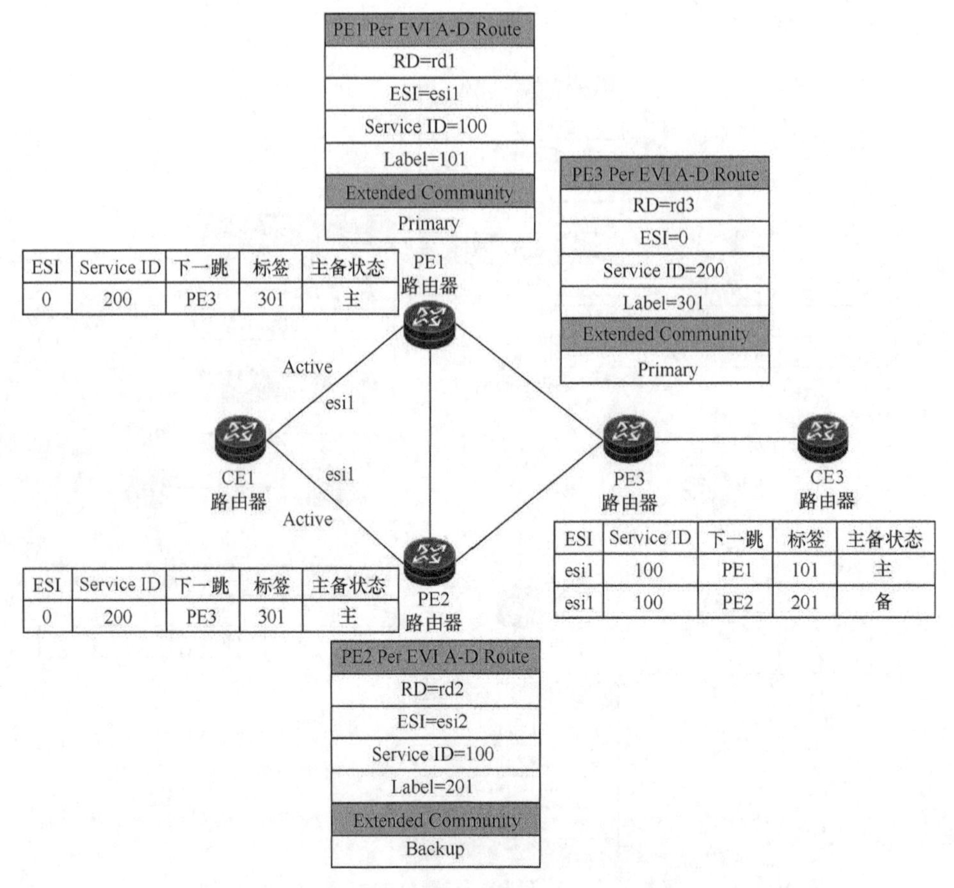

图2-62 双归单活场景EVPN VPWS协议报文交互

3. EVPN E-Tree

随着 EVPN 网络上承载业务量的不断增加，MAC 地址也会不断增加并随 EVPN 路由在网络中扩散，最后同一广播域中所有接口都可以二层互通。但对于没有互访需求的用户无法隔离 BUM 流量和单播流量。因此，如果用户希望同一广播域中无互访需求的用户接口之间可以相互隔离，则可以在网络中部署 EVPN E-Tree 功能。

EVPN 支持一种特殊的点到多点的二层业务模型——树形以太网（Ethernet Tree，E-Tree）。在该模型中，有 Root 和 Leaf 两种角色。其中，Root 与 Leaf 之间可以互通，但 Leaf 之间不能互通。

EVPN E-Tree 业务场景有 Per-PE 和 Per-AC 两种实现方式。

Per-PE 方式 EVPN E-Tree 示意如图 2-63 所示，对于同一个 EVPN 实例，每个 PE 路由器只能是 Root 或 Leaf。该方式利用 EVPN 实例 RT 值的匹配关系来控制 PE 路由器是否接收 EVPN

路由，从而实现 Root 与 Leaf 之间的互通，以及各 Leaf 之间的隔离。

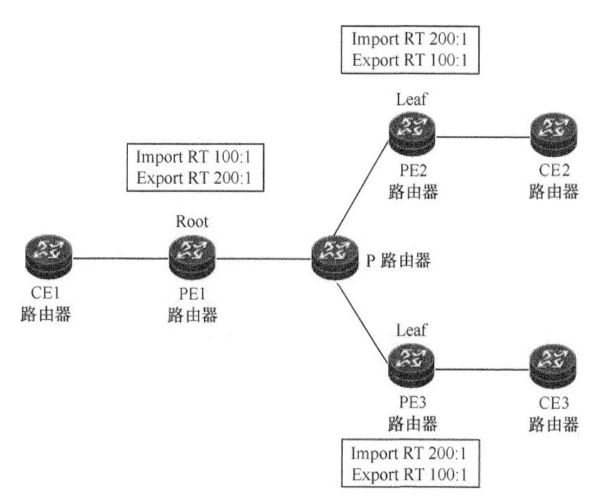

图2-63　Per-PE方式EVPN E-Tree示意

Per-AC 方式 EVPN E-Tree 路由交互如图 2-64 所示，每个关联 EVPN 实例的 AC 接口可以是 Root 或 Leaf。这种方式的 PE 路由器之间利用 MAC/IP Route 通告 MAC 路由的 Leaf 标记，利用 Per ES A-D Route 互相通告各自的 Leaf 标签值。

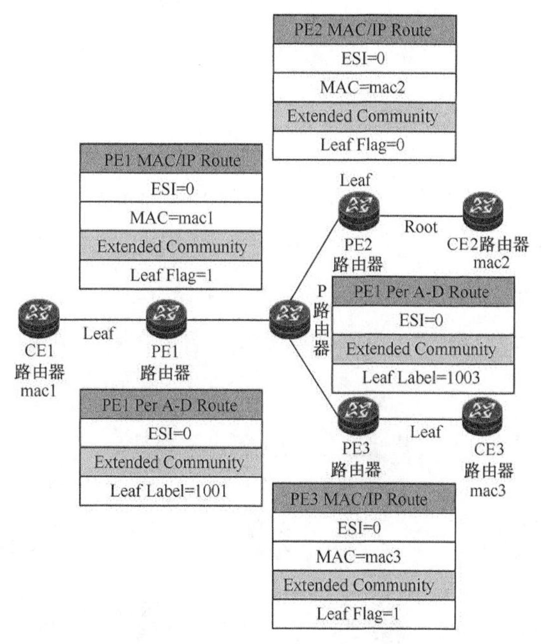

图2-64　Per-AC方式EVPN E-Tree路由交互

Per-AC 方式 EVPN E-Tree 报文处理过程如图 2-65 所示。PE1 路由器从 Leaf 属性的 AC 接

口收到发往 CE3 路由器的单播流量，查看本地 MAC 路由表，发现去往 CE3 路由器的 MAC 路由标记了 Leaf，因此，直接丢弃该流量。PE1 路由器从 Leaf 属性的 AC 接口收到 BUM 流量，当 PE1 路由器向 PE2 路由器发送时，不需要封装 Leaf 标签值，因此，PE2 路由器收到该 BUM 流量后直接转发给 Root 属性的 AC 接口；当 PE1 路由器向 PE3 路由器发送时，封装上 PE3 路由器的 Leaf 标签值，PE3 路由器收到该 BUM 流量后，识别到自己的 Leaf 标签值不能发给 Leaf 属性的 AC 接口，因此，丢弃该流量。

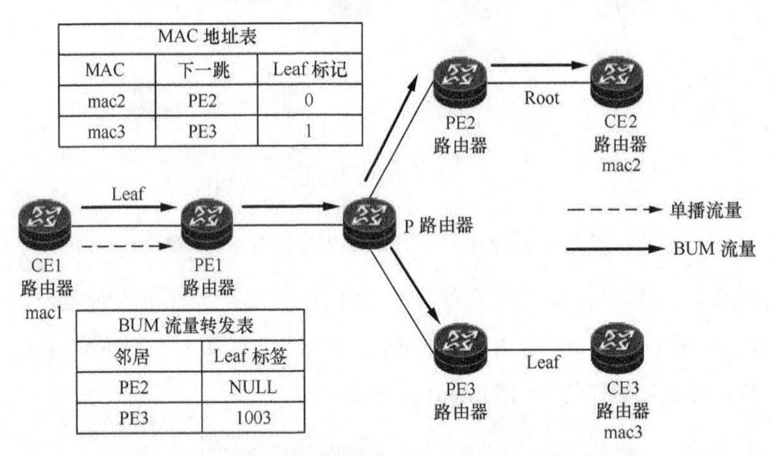

图2-65 Per-AC方式EVPN E-Tree报文处理过程

4. EVPN L3VPN

EVPN L3VPN 的实现原理与传统 L3VPN 是类似的。EVPN L3VPN 如图 2-66 所示，在控制面，EVPN 使用 Prefix Route（Type5）传递私网 IP 路由，相当于 MPLS VPN 网络中的 VPNv4 和 VPNv6 路由。在用户面，EVPN L3VPN 的报文也封装两层标签，内层是 EVPN L3VPN 标签，用来标识属于哪个 VPN 实例；外层是公网隧道标签，用来在网络中进行标签转发。

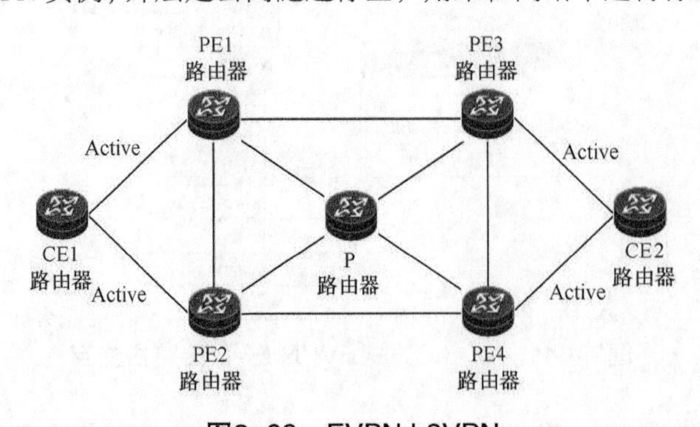

图2-66 EVPN L3VPN

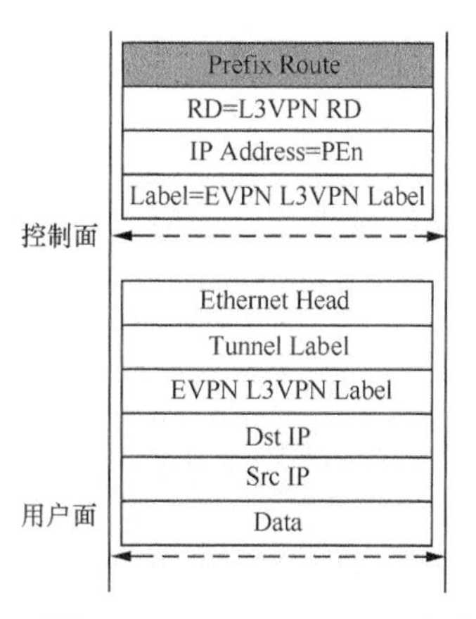

图2-66 EVPN L3VPN（续）

5. 小结

EVPN 能够应用于 MPLS /SR/VxLAN 等控制面协议。同时，EVPN 在继承 MPLS L3VPN 的诸多优点的同时，相比传统的 L2VPN 具有双活、减少 ARP 泛洪、减少逻辑连接等诸多优点。因此，EVPN 能够适配业务模型，实现 L2VPN/L3VPN 的统一承载。EVPN 支持的业务场景见表 2-10。

表2-10 EVPN支持的业务场景

EVPN 业务场景	控制面协议	业务模型
EVPN VPLS	MPLS、SR MPLS、SRv6	点到多点 L2 业务
EVPN VPWS	MPLS、SR MPLS、SRv6	点到点 L2 业务
EVPN E-Tree	MPLS、SR MPLS、SRv6	特殊的点到多点 L2 业务，无互访需求的 CE 互相隔离
EVPN L3VPN	MPLS、SR MPLS、SRv6、VxLAN	L3 业务
EVPN VxLAN	VxLAN	数据中心的 L2、L3 业务

2.4 SDN 技术及 NFV 技术

2.4.1 SDN 技术

传统网络基于路由协议实现基于最短路径的转发行为，基于传统硬件的转控融合的网络架构，基于简单网络管理协议（Simple Network Managment Protocol，SNMP）、系统日志（Syslog）

等网管协议的运维能力，无法满足云时代网络智能化、自动化的各种需求。

（1）管理运维困难

为了满足新业务的技术要求，网络控制协议不断扩展协议能力，导致协议复杂度越来越高。同时，每台设备控制协议独立工作，设备配置复杂，网络维护人员需要具备较高的技能水平，才能实现网络的高效管理。

（2）网络硬件封闭

传统网络设备普遍采用用户面和控制面融合网络架构，网管系统只能使用 SNMP、Syslog 等标准协议接口与设备通信，无法通过标准接口实现通过网管系统的复杂调度能力。同时，传统硬件设备只能依赖设备商升级版本满足新业务需求，通常一个基于新技术的版本需要 3 ～ 5 年才能达到现网部署业务的要求。因此，传统转控融合的硬件架构已经严重制约了运营商网络的迭代升级能力。

（3）设备功能复杂

IP 承载网需要支持复杂的协议和网管功能满足不断增加的业务需求。运营商核心路由器需要具备复杂的 L2、L3 网络协议能力，导致设备价格昂贵，同时也难以具备网络的弹性扩容能力。

为了解决上述网络难题，运营商和设备厂商一直在寻找一种网络架构实现网络智能、随选、敏捷等新特性，因此，推动了 SDN 技术的兴起。

1. SDN 的发展现状

SDN 定义了一种网络架构，实现设备控制面与用户面分离。传统专用网络设备只负责基本转发功能，设备控制面采用软件方式承载，专用网络设备和通用硬件设备通过开放接口实现互联，以适应快速变化的云计算业务。

SDN 作为一种新技术能够为运营商快速部署业务提供便利，但是运营商在实际部署中需要解决以下关键问题。

（1）接口标准化问题

目前，北向接口尚未实现标准化，南向接口协议还在不断演进发展，同时，针对大规模组网而定义的东西向接口的研究刚刚起步。

（2）性能和可靠性问题

控制器软件的架构和性能尚需不断完善和优化，与传统专用网络设备相比，通用硬件的稳定性和转发性能均存在较大差距。

（3）扩展性和安全问题

传统网络采用分布式控制架构，每台网络设备根据控制协议计算转发路径。SDN 采用集中

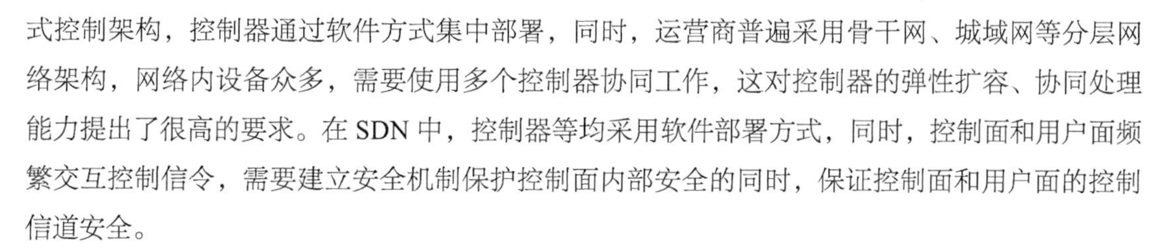

式控制架构，控制器通过软件方式集中部署，同时，运营商普遍采用骨干网、城域网等分层网络架构，网络内设备众多，需要使用多个控制器协同工作，这对控制器的弹性扩容、协同处理能力提出了很高的要求。在 SDN 中，控制器等均采用软件部署方式，同时，控制面和用户面频繁交互控制信令，需要建立安全机制保护控制面内部安全的同时，保证控制面和用户面的控制信道安全。

（4）兼容性问题

在 SDN 架构下，我们需要解决 OSS/BSS 与 SDN 编排器、控制器与传统网管系统、转控分离设备与传统网络设备的协同工作问题。

2. SDN 的基本架构

SDN 的基本架构如图 2-67 所示。SDN 的基本架构分为 3 层：上层为应用层，包括各种上层应用和业务；中间是控制层，负责处理用户面的业务链编排，也用于监控网络状态信息，维护网络拓扑；底层是基础设施层，负责基于流表的状态收集、数据的处理和转发。

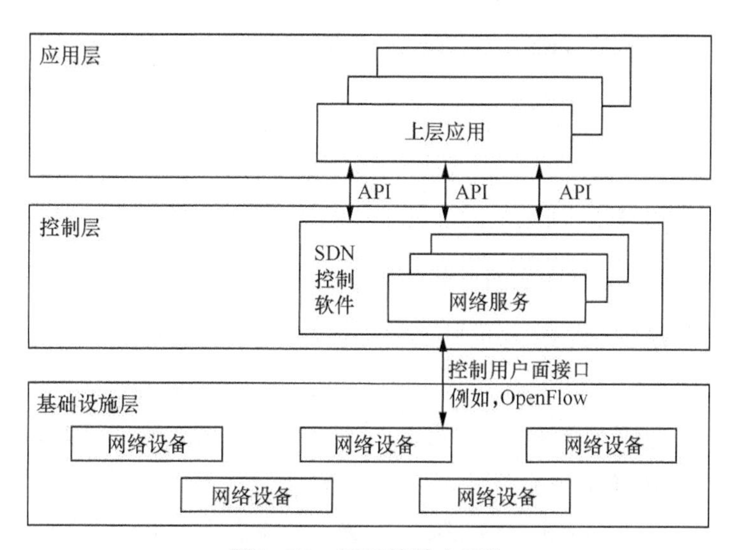

图2–67 SDN的基本架构

通过部署 SDN 架构，网络设备只关注转发能力与业务特性解耦。网络设备的业务控制功能由网络操作系统（Network Operating System，NOS）实现，并通过通用服务器承载。IP 承载网络通过 SDN 控制器实现对网管的统一管理和业务控制。SDN 架构利用通用硬件和软件的可编程性，能够提供比传统网络更快的业务响应速度，可以灵活定制路由、安全、策略、QoS、流量工程等各种网络参数，并实时配置到网络中。

因此，SDN 架构具备以下技术特点。

（1）转发与控制分离

使用 SDN 控制器实现网络拓扑收集、路由计算、流表生成及下发、网络管理与控制等功能，而网络设备仅负责流量的转发及策略的执行。这种方式使网络的用户面和控制面独立发展。其中，用户面向通用化、简单化发展，成本逐步降低；控制面向集中化、统一化发展，具有更强的性能和容量。

（2）控制逻辑集中

转发与控制分离后，控制面向集中化发展。控制面的集中化使 SDN 控制器拥有网络的全局静态拓扑、全网的动态转发表信息、全网的资源利用率和故障状态等。因此，SDN 控制器可以实现基于网络级别的统一管理、控制和优化，可以依托全局拓扑的实时监控和动态路由计算能力实现快速的故障定位和排除，提高运营效率。

（3）网络能力开放化

集中的 SDN 控制器可以实现网络资源的统一管理，采用规范化的北向接口为上层应用提供按需分配的网络资源及服务，进而实现网络能力开放。

2.4.2 NFV 技术

1. NFV 的产生背景

现有转控融合的网络硬件架构和基于传统网管协议的运维模式难以支撑网络可持续发展。随着数据业务流量的爆炸式增长，现有网络架构暴露出难以克服的结构性问题，主要体现在以下 4 个方面。

① 网络复杂且与业务强相关。每种新业务的引入都需要新建一张承载网络，而且通常是由功能单一、专用的硬件设备构成。

② 网络设备采用转控融合的一体化架构，导致扩展性差、功能提升空间小。

③ 网络和业务相互割裂，缺少协同，业务不了解网络的资源使用状况，网络无法适应业务动态的资源需求，造成资源不能共享、业务难以融合。

④ 网络中存在大量不同厂商、不同功能的设备，在网络部署中，需要实现多厂商设备的集成、互通、维护和升级，很难降低成本。

新服务带来了降低网络建设与运维成本、提高网络资源利用效率、提升网络与业务部署速度的新需求。

未来是数字化、全连接的世界，云计算、大数据、物联网、移动互联网、工业互联网以及高清视频、虚拟现实等将成为未来的热点技术和发展方向，运营商面临流量/连接数快速增加、用户体验要求高和新业务不断涌现的需求。在流量方面，运营商网络的流量将会有爆炸式的增长；在连接数方面，2020年，全球超过2000亿个物联网终端接入互联网；在用户体验方面，按需定制、实时在线、自助服务以及社交分享成为用户的核心需求。

新服务带来了对网络敏捷、创新、安全、经济、开放的新需求，要求网络遵循开放标准体系，能够支撑业务多样化、弹性化，高效支持第三方业务创新，提供高安全性，支持自动化部署和运维。

2. NFV的典型应用场景

NFV所倡导的网络开放化、融合化、智能化和虚拟化的新理念，驱动网络技术路线的深刻调整，推动网络建设、运维、业务创新和产业生态产生根本性变革。

（1）NFV将深刻改变网络运营商的网络建运维、业务管理和创新模式

在网络建设方面，NFV利用通用化硬件构建统一的资源池，在大幅降低硬件成本的同时，还可以实现网络资源的动态按需分配，从而实现资源共享和资源利用率的显著提升。在研发和运维方面，NFV采用自动化集中管理模式，将推动硬件单元管理自动化、应用生命周期管理自动化，以及网络运维自动化。因此，未来的运维研发一体化（DevOps）成为可能。

在业务创新方面，基于NFV架构的网络，业务部署只须申请云化资源（计算/存储/网络），加载软件即可，网络部署和业务创新变得更简单。在企业管理方面，为了应对NFV对运营商带来的一系列变化，基础网络运营商的组织关系、企业文化等都需要变革，运营商的企业文化在NFV引入之后将加速向软件文化转变。

（2）NFV推动通信设备制造业的发展、产业升级与生态重构

NFV拉长了整个通信产业链条，传统设备制造商面临严峻挑战。引入NFV以前，产业链相对单一，核心成员主要包括设备制造商、芯片制造商等，NFV引入后，新的产业链核心成员主要包括通用硬件设备制造商、芯片制造商、虚拟化软件提供商、网元功能软件提供商、管理设备提供商等。其中，受冲击最大的是传统设备制造商，原本的软硬件一体化设备销售模式被拆解为通用硬件、虚拟化平台和网元功能软件3个部分的销售模式，传统设备制造商除了在网元功能软件上具有较强的技术壁垒，在通用硬件和虚拟化平台软件方面，将面临来自IT领域的强大竞争。

（3）NFV将极大地激发互联网企业与第三方业务服务商的业务创新活力

NFV软件化、模块化的实现方式可灵活地定义、组合和管理网络能力，对外提供更为丰富

的网络能力接口，促进第三方业务服务商与运营商的灵活对接，实现业务的快速集成和上线，激发第三方业务创新活力。

3. NFV 应用场景

NFV 将率先在五大应用场景落地，商用化发展路径进一步清晰。现阶段，vBRAS、虚拟化客户终端（virtual Customer Premise Equipment，vCPE）、vEPC、vIMS 以及虚拟化业务路由器（virtual Service Router，vSR）是业界普遍认同的 NFV 率先应用领域。

（1）vCPE

传统 CPE（客户驻地设备）在定制化家庭网关 / 企业网关应用中存在提供新业务能力差、升级周期长、L3 配置复杂且故障率较高、网络演进困难等诸多问题。vCPE 将传统 CPE 上的 L3 路由、用户认证、组播控制、增值业务等功能上移到网络侧，客户端设备仅保留 L2 转发、L2TP 隧道封装及配置、基于 L2 信息的防火墙等功能。该方式简化了用户侧设备的配置难度，从而降低了用户侧故障率，避免网关频繁升级引起的故障与硬件、软件成本增加，有利于网络演进。

（2）vBRAS

智能边缘是城域网的关键节点，是用户接入的终节点及基础服务的提供点。专业一体化设备在业务功能实现上与硬件强相关，给新业务部署带来了很多难题。vBRAS 是实现智能边缘虚拟化的代表技术，其以功能集为单元对设备控制面进行重构，形成用户管理、组播、QoS 与路由等独立模块，每个模块可按需在虚拟机上部署，实现灵活扩展。

（3）vEPC

传统 EPC 设备为专用的硬件设备，设备通用性差导致研发、测试、入网和运维周期长，且成本较高。vEPC 通过通用硬件构建虚拟化的统一平台，支撑 EPC 网元的高效部署，从而降低建网和运维成本。引入虚拟化后，vEPC 网络架构、接口及协议依然遵循原有规范。

（4）vIMS

vIMS 网络可以快速调配硬件资源池中的资源，可以快速搭建业务测试环境，可以对预上线的业务进行上线测试，将有助于运营商缩短业务上线时间，提升市场的竞争能力。

（5）vSR

为了实现虚拟私有云与企业租户的内部网络互通，需要通过虚拟私有云网关在虚拟私有云与企业内部网络之间建立 VPN。vSR 运行在标准的服务器上，可以提供路由、防火墙、VPN、QoS 等功能，帮助企业建立安全、统一、可扩展的智能分支，精简分支基础设施的数量和投入。目前，国内外主要的几大公有云服务器提供商包括亚马逊、谷歌、微软、阿里云、腾讯云等，它们都在虚拟私有云（Virtual Private Cloud，VPC）内部出口处，提供VPN网关业务。随着VPC应用的增加，vSR的应用将越来越广泛。

4. vBRAS解决方案

在运营商网络中，vBRAS设备位于城域网边缘，在物理位置上是宽带接入网和城域骨干网的衔接点；在功能上是通过固网接入实现各种宽带业务的门户，是控制用户网络行为的策略执行点。vBRAS由于功能复杂、数量较多，是IP承载网NFV转型的关键网元，也是整个网络体现智能化、开放性的核心载体。

传统BRAS设备由于通用性差，无法实现资源的池化和弹性扩缩容。另外，随着用户流量的激增和4K高清及物联网等新业务的快速发展，传统BRAS设备也面临资源利用率低、管理运维复杂和新业务上线慢等一系列难题。

（1）资源利用率低

现网BRAS设备是专用系统设备，是典型的控制与转发一体化的网络设备。控制面与用户面资源没有分离导致控制面与用户面的资源不能充分利用，资源利用率低。另外，由于控制面与用户面无法集中管控，IP地址等资源的利用率也不高。

（2）管理维护复杂

由于传统BRAS设备数量众多，所以网络在部署一个全局业务策略时，需要逐一配置每台设备。这种配置模式随着网络规模的扩大核心业务的引入，难以实现对业务的高效管理和对故障的快速排除。

（3）新业务上线周期长

新业务上线涉及网络中多台设备的同步更新，以及与业务系统的联动调测，很难满足日新月异的互联网业务需求。

目前，业界3种vBRAS架构如图2-68所示。

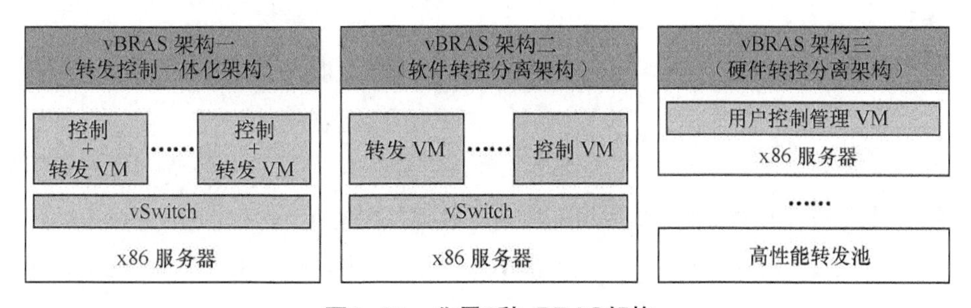

图2-68 业界3种vBRAS架构

（1）vBRAS 架构一（转发控制一体化架构）

转发控制一体化架构。用户面和控制面为一体化设计，没有分离，部署在同一个虚机上，整体方案简单，厂商可以快速实现，但是这种架构用户面和控制面紧耦合，无法解决传统 BRAS 面临的运营难题。

（2）vBRAS 架构二（软件转控分离架构）

转发控制分离，并且用户面和控制面都基于通用服务器实现。转发控制分离，二者均采用 x86 服务器进行承载，但受限于当前 x86 芯片的处理性能，这种架构的 vBRAS 转发和 QoS 能力较弱。如果通过这种架构提供大流量、高性能的业务处理，需要依靠堆叠硬件的方式实现，这样会消耗大量的设备资源、能耗和机房空间等。

（3）vBRAS 架构三（硬件转控分离架构）

转发控制分离，控制面基于通用服务器实现，用户面基于高性能硬件实现。将 BRAS 接入控制、用户管理、策略管理及地址管理等控制管理功能 NFV 化，采用 x86 服务器实现，用户面仍然采用高性能设备实现。该架构较好地解决了转发性能问题，适合于大流量、高 QoS 要求的业务场景。

综上所述，将 vBRAS 架构二和 vBRAS 架构三结合起来的转控分离混合虚拟化 BRAS 方案是未来发展趋势，该方案结合了通信技术（Communication Technology，CT）和信息技术（Information Technology，IT）的技术优势，其特点包括转控分离、控制面虚拟化、用户面虚实共存等。

借鉴 NFV 的技术思路，结合 CT 和 IT 的技术优势，充分考虑运营商的业务场景需求，按照用户面和控制面分离、控制面虚拟化集中化、用户面虚实共存设计 vBRAS 基本架构。转控分离 vBRAS 系统包括控制面（Control Plane，CP）BRAS-CP、用户面（User Plane，UP）BRAS-UP 和 C/U 之间的标准化接口。

转控分离 vBRAS 方案如图 2-69 所示，转控分离 vBRAS 具有如下特点。

- 控制转发分离：vBRAS 的控制面和用户面分离，同时控制面和用户面之间采用标准化接口。
- 控制面集中化、虚拟化 / 云化：控制面通过分布式、虚拟化等云计算技术部署在核心云的资源池。
- 用户面虚实共存：对于目前主流的宽带、ITV 等大流量业务场景，用户面采用高性能硬件形态且分布式部署于汇聚机房。对于终端综合管理系统（Integrated Terminal Management System，ITMS）等大会话、小流量业务场景，用户面采用虚拟化形态且集中部署于核心云。

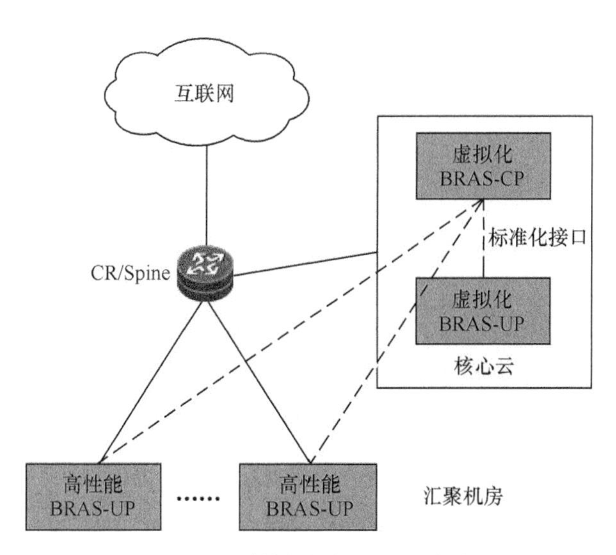

图2-69　转控分离vBRAS方案

从功能上看，控制转发分离 vBRAS 系统主要包括控制面 BRAS-CP 和用户面 BRAS-UP 两个部分。转控分离 vBRAS 系统功能如图 2-70 所示。

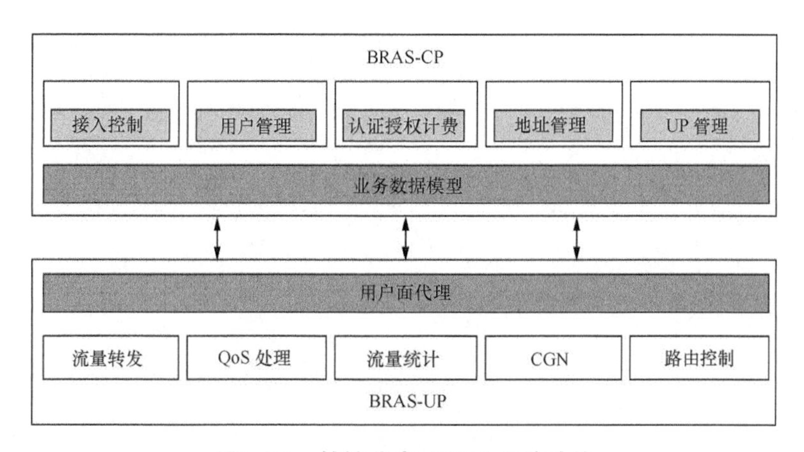

图2-70　转控分离vBRAS系统功能

其中，控制面 BRAS-CP 定位为用户控制管理部件，主要包括用户接入控制、用户管理、认证授权计费、地址管理、UP 管理等功能模块。

- 用户接入控制：用于处理 BRAS-UP 上传送的基于以太网的点对点协议（Point-to-Point Protocol Over Ethernet，PPPoE）或基于以太网的互联网协议（Internet Protocol over Ethernet，IPoE）等接入协议报文，完成用户接入。

- 用户管理：包括用户表项管理功能和用户策略管理功能。用户表项管理是指 BRAS-CP 生成用户会话表项并下发给 BRAS-UP，用于指导用户侧流量转发。用户策略管理是指对用户的认证、计费、授权、地址分配、QoS 等相关策略的管理。
- 认证授权计费：BRAS-CP 与 AAA 服务器相互配合，完成接入用户的认证、授权和计费。
- 地址管理：BRAS-CP 对其拥有的 IP 地址资源进行统一管理，或者与 DHCP 服务器通信，为用户进行地址分配。
- UP 管理：包括对 UP 接入和退出的管理，CP 和 UP 间通信通道的管理。

用户面 BRAS-UP 定位为 3 层网络边缘及用户策略执行部件，主要包括流量转发、QoS、流量统计等功能，以及动态路由协议等管道类控制面功能。

- PPPoE 隧道处理：对于去往骨干网的流量识别 PPPoE 数据报文后，剥离 PPPoE 报文头后进行转发。对于返程流量，需要对原始报文进行 PPPoE 封装，然后转发给接入网。
- 流量处理功能：包括流量转发、QoS、组播、NAT 及流量统计等功能。
- 管道类控制面功能：主要包括单播路由协议（IGP/BGP）、组播路由协议和 LDP 等功能。对于动态路由协议等管道类控制面功能，未来可能逐步剥离到 SDN 控制器中。

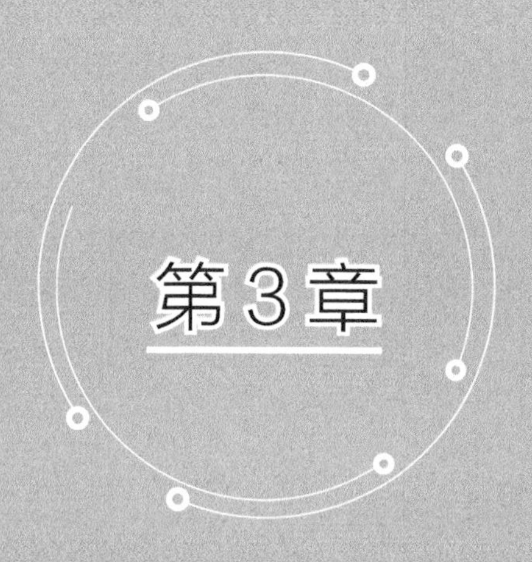

新型 IP 承载网组网架构

随着云计算、大数据、人工智能、物联网和5G等新技术的发展，人类社会正在进入万物智联、万智互联的智能时代。据预测，到2025年，85%的企业的基础设施将部署在云上。2020年突发的疫情加速了企业数字化转型，智慧城市、在线教育、远程医疗、家庭办公等不断改变着每个人的生活、工作方式，同时也对企业的运营模式和生产模式产生了深刻的影响。而无处不在的算力，将为人类社会、千行百业提供强大的智慧体验。在数字化时代，企业对算力的需求就像二次革命后企业对电力的需求一样迫切，而云网是实践数字战略的基础设施主体，网络连接是行业和社会数字化转型的基石。运营商利用自身优势，从传统网络向云网融合及新型 IP 承载网迈进。

3.1 新型 IP 承载网目标网络

传统运营商对家宽业务和移动业务都是分别在不同的 IP 承载网中进行承载的。其中，家宽业务主要通过城域网进行承载，中国电信的移动业务通过 IP RAN 或 STN 进行承载。目前，运营商规划了传统承载网络演进，但不同运营商对未来网络演进的方向并不相同。本小节我们将以运营商 A、运营商 B、运营商 C 来指代国内 3 家主流运营商。

3.1.1 运营商目标网 A：新型 IP 承载网

运营商 A 的目标网络通过固移融合、宽带接入服务器云化、引入脊 - 叶（Spine-Leaf）架构与新一代运营系统，并通过“IPv6+”等技术升级来构建极简、弹性、灵活、智能、确定性的承载网络。城域网以云和数据中心为中心，以 toC、toH、toB 业务需求牵引，数据为驱动，围绕各类云网场景来构建极简、扁平、敏捷、智能、差异化的承载网络。

1. 组网目标

打造敏捷、智能的差异化多云承载网络；建设固移融合、云网一体的新型城域网，业务端到端可视可管，云网能力同步建设，网随云动进一步降低云网业务时延，满足特定业务的低时延访问需求。

2. 目标架构

城域内以边缘云为核心，入云业务通过云网 POP 标准化对接，全面引入 FlexE/SRv6 等

"IPv6+"技术。新型 IP 承载网的目标架构如图 3-1 所示。

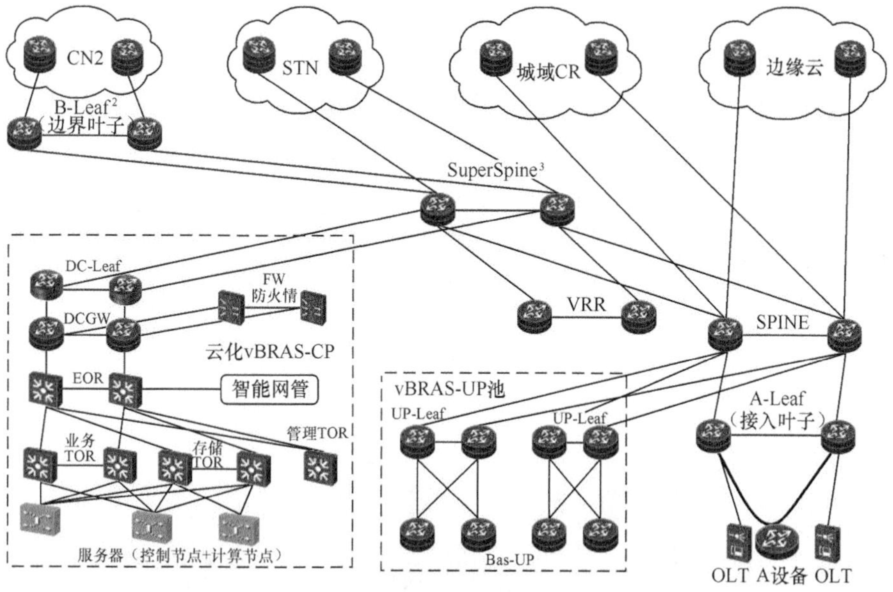

1. VRR（Virtual Router Redundancy，虚拟路由冗余）。

2. 边界叶子（Border Leaf，B−Leaf）。

3. SuperSpine（超级脊）。

图3−1　新型IP承载网的目标架构

从新型 IP 承载网目标架构来看，有以下 3 个重要变化。

（1）固移两网融合

固网 OLT 和无线接入 A 设备，通过接入叶子（Access Leaf，A-Leaf）节点做固移融合点，固网通过 Spine 直连城域 CR 或 163 网，移动业务通过 SuperSpine 连接 STN。

（2）引入 Spine-Leaf 来扁平化城域网架构

地市核心部署 Spine，通过 A-Leaf 双上行连接到 Spine 来解决用户接入侧的灵活扩展，DC-Leaf 来解决中心云 / 边缘云的灵活部署和扩展，业务叶子节点（Service Leaf，S-Leaf）来解决池化 vBRAS 的灵活扩展。

（3）BRAS 云化

沿用 NFV 技术，把固网网关 BRAS 控制面做云化集中变为 vBRAS，用户面区分业务类型做了虚拟化（vUP）和池化（pUP），承载固网 toH 类业务。

3.1.2 运营商目标网 B：智能城域网

运营商 B 的未来网络面向 5G、云网一体，构建稳定、健壮、智能、高效、灵活的综合承载网，城域目标网规划智能城域网。

智能城域网以 DC 为核心，综合承载 toC、toH、toB 业务，网络架构在城域核心路由器（Metropolitan Core Router，MCR）到汇聚城域边缘路由器（Metropolitan Edge Router，MER）引入 Spine-Leaf 架构来做网络的灵活扩展，BRAS 云化 + 池化来承载 toH 类业务。智能城域网网络架构如图 3-2 所示。

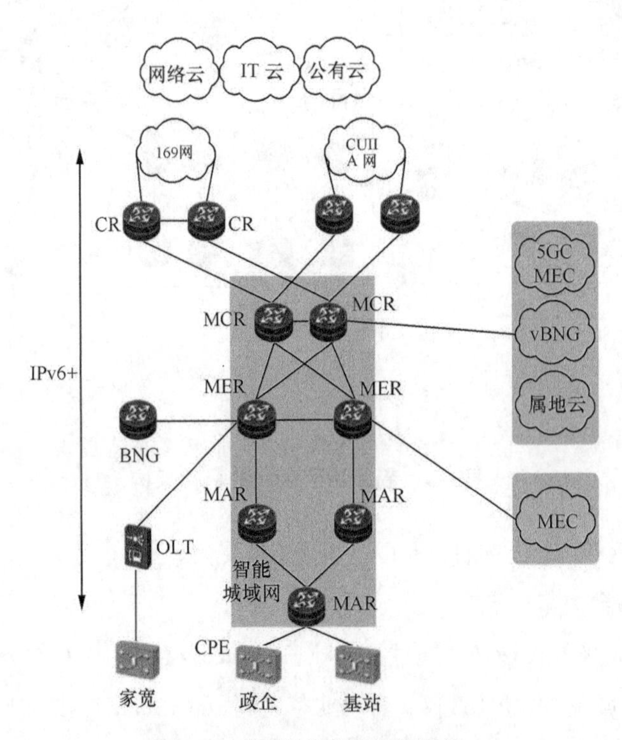

图3-2 智能城域网网络架构

3.1.3 运营商目标网 C：数智网络

运营商 C 为了匹配“5G+AI+ 云”发展战略，提出云网融合网络规划，该规划中明确将基础网络分为入云网络和云间网络。数智网络的网络规划如图 3-3 所示。

云间网络主要是集团云骨干，负责集团级、省级大型云资源池及三方云池的互联互通，结合上层管控平台，实现一网多云、一云多网。入云网络即城域网络，包括基于物理网络构建逻辑网络（overlay）的软件定义广域网（Software Defined Wide Area Network，SD-WAN）网络和物理基础层网络、固网承载城域网、移动承载切片分组网（Slicing Packet Network，SPN）。

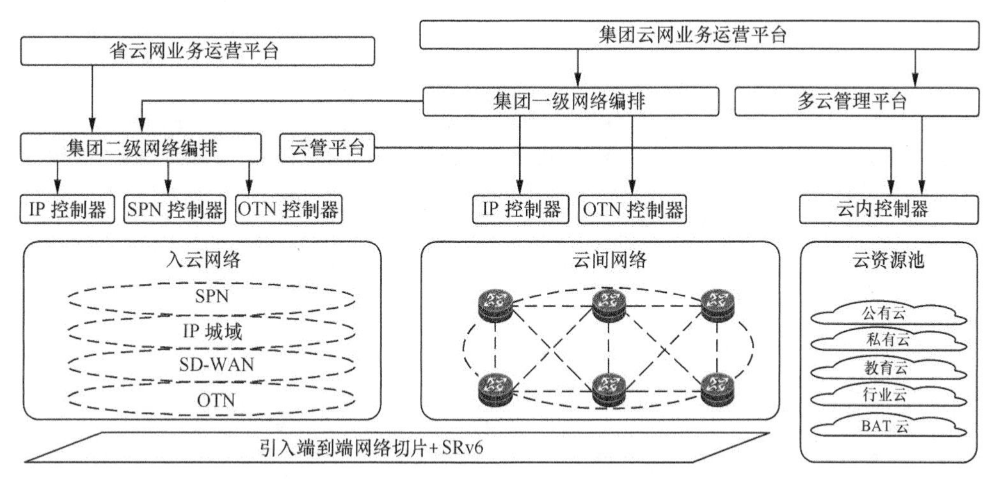

图3-3　数智网络的网络规划

城域网：承载家宽业务和互联网专线，构建高品质千兆承载网络，逐步向超宽、智能、场景化方向演进，并持续提升网络的稳定性。

SPN：承载2G/3G/4G/5G和高价值切片专线业务，SPN将逐渐融合分组传送网（Packet Transport Network，PTN）网络，并面对5G行业新需求，向SPN3.0（融入“IPv6+”技术特性）持续升级演进。

3.1.4　组网方案主要考虑因素

从不同运营商的目标网规划来看，未来城域网演进的主要差异如下。

① 家宽业务和移动业务是否继续分开，使用不同网络承载。

② 网络架构选择Spine-Leaf云化架构还是传统的环形/口字形组网。

③ BRAS控制面选择云化还是继续使用传统方式。

1. 固移融合选择

（1）业务需求推动

网络演进业务需求分析见表3-1，未来影响城域网架构的主要因素为边缘云的规模建设，边缘云下沉带来了如下业务需求。

- 围绕价值区域快速布局边缘云资源池的需求。
- 扁平化架构满足低时延入云、云间互访的需求。
- 入云业务快速开通、带宽弹性调整、质量达到端到端可视可管的目的。
- 城域流量从南北转向“南北 + 东西”向灵活扩展的需求。

表3-1　网络演进业务需求分析

	业务场景	组网要求
传统	互联网：用户至 IDC 公用交换电话网（Public Switch Telephone Network，PSTN）：点到点 / 点到多点，网络围绕 PSTN 机房组网。 政企专线：端到端组网专线	流量：南北向为主，方向较明确 架构：逐级汇聚，层级多 覆盖：关注企业分支 / 住宅小区 业务：简单，差异化保障要求低
未来	企业办公：公有云 + 私有云 个人消费：公有云 + 边缘云 产业互联网：公有云 + 私有云 + 边缘云 网络云化：电信云	流量：“南北 + 东西”向 架构：尽可能扁平化，使用户流量快速入云 覆盖：以用户为中心，布局相应各层级的云资源池 业务：快速开通，弹性调整、端到端可视可管

（2）如何满足业务需求

从网络架构如何满足业务需求角度来看，当前现网存在以下问题。

① 网络逐级汇聚层级多，时延较高。

② 网络利用率低，现网总体带宽利用率城域固网约为 45%，移网承载网 IP RAN/STN 约为 20%。

③ 运维效率低，固移两网分设，管理、编排、保障等分散，不利于提高维护人员的具体工作效率。

④ 网络功能与设备耦合，架构不灵活，扩展性差。

（3）固移融合组网的优势

结合业务需求和现网中存在的问题，从以下几个方面总结固移融合组网的优势。

① 快速布局云资源池。从各目标网规划来看，各运营商均定义了标准化的云网 POP 方案，不管是固移融合还是分离都可以与云进行标准化对接，但是企业入云的方式有通过固网无源光网络（Passive Optical Network，PON）接入的，有移动网 5G 接入的，也有其他有线方式接入的，这就需要边缘云（云网 POP）与所有类型网络对接，增加云和网的对接成本。

② 快速开通、弹性调整、可视可管。通过“技术升级 + 智能管控”来实现，例如，借助“SRv6+ 管控”来实现业务快速开通与灵活选路，进而实现业务可视可管、QoS/“FlexE+ 管控”来实现业务带宽的弹性调整。

③ 提升网络利用率。根据设备所处位置，端口可以分为连接驱动型端口和流量驱动型端口两种。其中，连接驱动型端口的利用率整体较低；流量驱动型端口按照扩容门限扩容，利用率较高。固移网网络利用率特性如图3-4所示。固移融合统一承载，并利用固网和移动网流量早晚错峰的特征，可以有效提升汇聚—核心间的网络利用率。

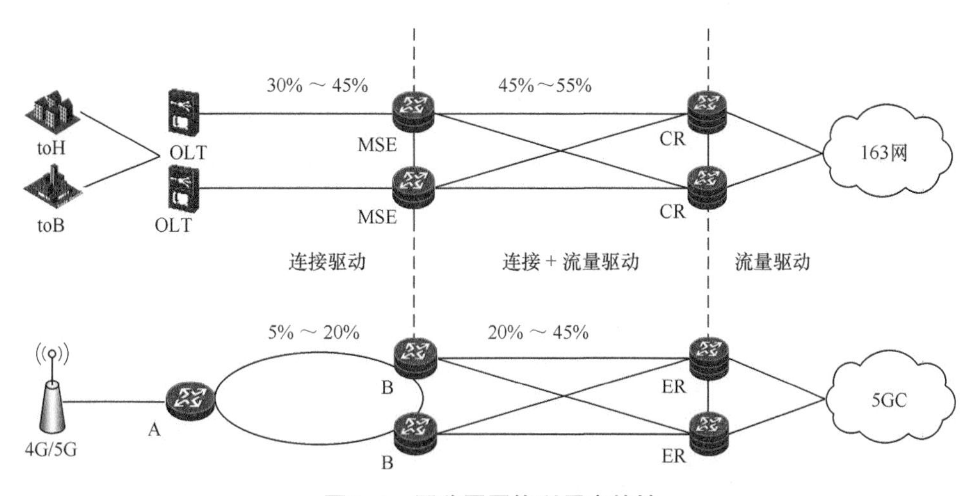

图3–4 固移网网络利用率特性

④ 提升网络运维与管理效率。运维与管理效率牵涉用户内部的组织结构、人才结构，流程、配套管理和服务等难以量化，新型IP承载网统一了承载网络，简化了管控系统。

从上述分析来看，固移融合可以提升网络利用率，节约与云的对接成本。

2. 网络架构选择

运营商的城域网目标网规划架构可以采用环形组网或V形组网。

（1）网络汇聚层环形组网与V形组网

环形组网和V形组网如图3-5所示。城域网汇聚层Spine-Leaf（V形）与环形架构的选择主要根据流量的大小和建网成本来确定。3个不同参考维度的对比说明如下。

- 建网成本：光纤消耗和设备端口消耗，流量的大小用流量/端口扩容门限对比单端口带宽来判断。当流量较小时，环形组网光纤和端口消耗较少；当流量较大时，两种组网光纤需求差不多，V形组网端口消耗较少。
- 架构时延：环形架构和Spine–Leaf架构的时延差不多，二者的差值小于0.1ms。
- 架构扩展性：两种架构没有本质区别，Spine–Leaf扩展性更强，环形更灵活。

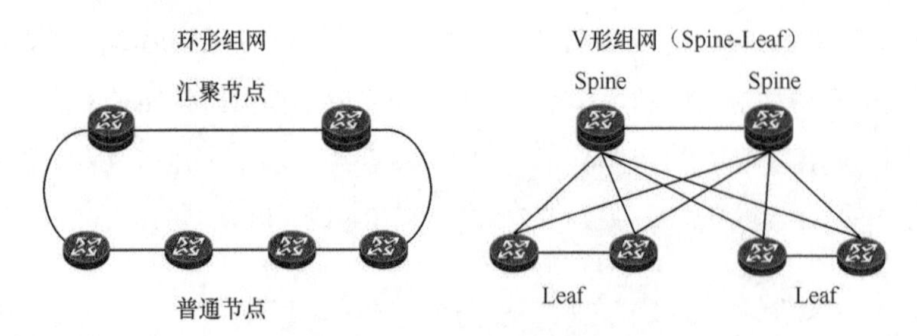

图3-5　环形组网和V形组网

（2）两种架构选择分析

① 光模块端口和光纤端口消耗对比。

- 光模块端口消耗：V 形在大流量时优势较为明显，环形在低流量时更节约。
- 光纤端口消耗：长期需求差不多，流量越大，二者的需求越接近。

光模块端口和光纤端口消耗对比趋势如图 3-6 所示，从长期演进来看，环形组网对光模块端口的消耗更大，V 形组网对光模块端口的消耗相对稳定，因此，V 形组网会更具有投资优势。

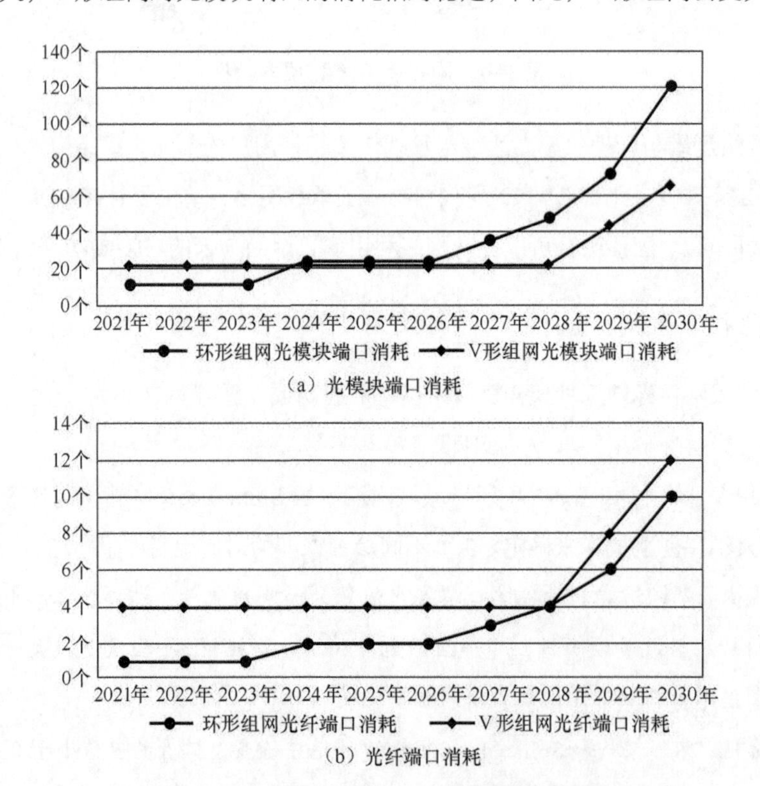

图3-6　光模块端口和光纤端口消耗对比趋势

② 网络时延对比。两种组网的时延差异小于0.1ms，对业务体验影响不大。

组网假设：S-S链路距离为30km，S-L链路距离为20km，L-L链路距离为10km；环形组网按照4个节点，设备处理时延为20μs。

南北向流量时延对比如图3-7所示，环形组网中，A到边缘云的访问路径是A-B1-E1、A-B2-B1-E1；V形组网中，A到边缘云的访问路径是A-L1-S1、A-L2-S1，对比二者，环形组网只增加了一跳，时延增加了20μs，对网络时延的差别不大。

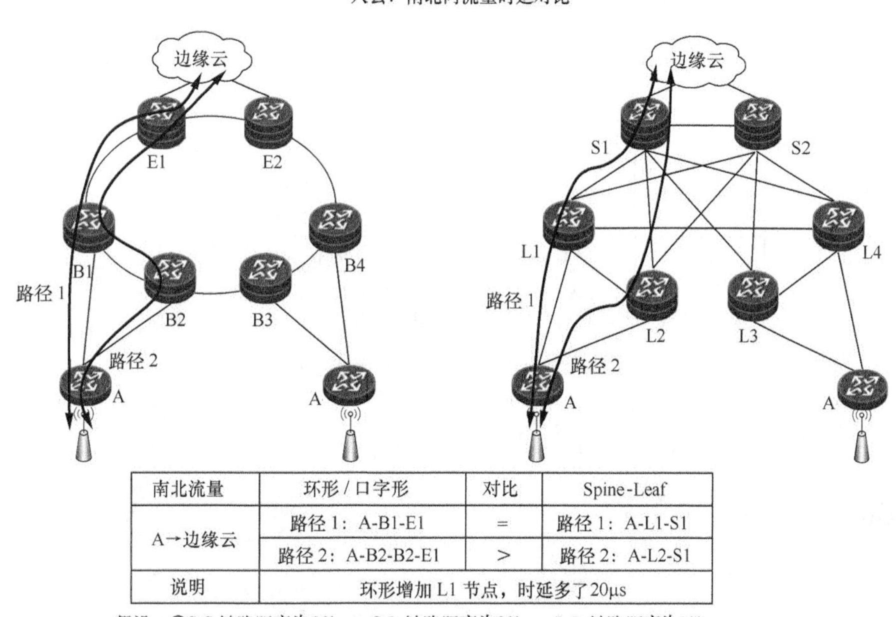

南北流量	环形/口字形	对比	Spine-Leaf
A→边缘云	路径1：A-B1-E1	=	路径1：A-L1-S1
	路径2：A-B2-B2-E1	>	路径2：A-L2-S1
说明	环形增加L1节点，时延多了20μs		

假设：①S-S链路距离为30km，S-L链路距离为20km，L-L链路距离为10km；
②环形组网按照4个节点，设备处理时延为20μs。

图3–7 南北向流量时延对比

东西向流量时延对比如图3-8所示，云和云之间的路径，环形组网路径为：边缘云A-B1-B2-B3-B4-边缘云B；V形组网路径为：边缘云A-L1-S1-L4-边缘云B；V形增加了传输距离（需要从S1/S2核心绕行），减少了1个节点，整体时延多了55μs。

需要说明的是，网络架构本身的时延问题还与业务路径上经过的路由器节点数量相关，在网络出现高利用率与拥塞的情况下，环形组网时延比V形组网的时延高。

③ 架构扩展性。两种架构没有本质区别，V形组网的扩展性更强，环形组网更灵活。

从新增机房的场景看，环形组网破环加点，会出现业务中断，需要实施业务割接。而V形组网弹性扩展Leaf节点，不会影响已有业务的正常运行。破环加点场景对比如图3-9所示。

时延对比：两种组网的时延差异小于0.1ms，对业务体验影响不大

云间：东西向流量时延对比

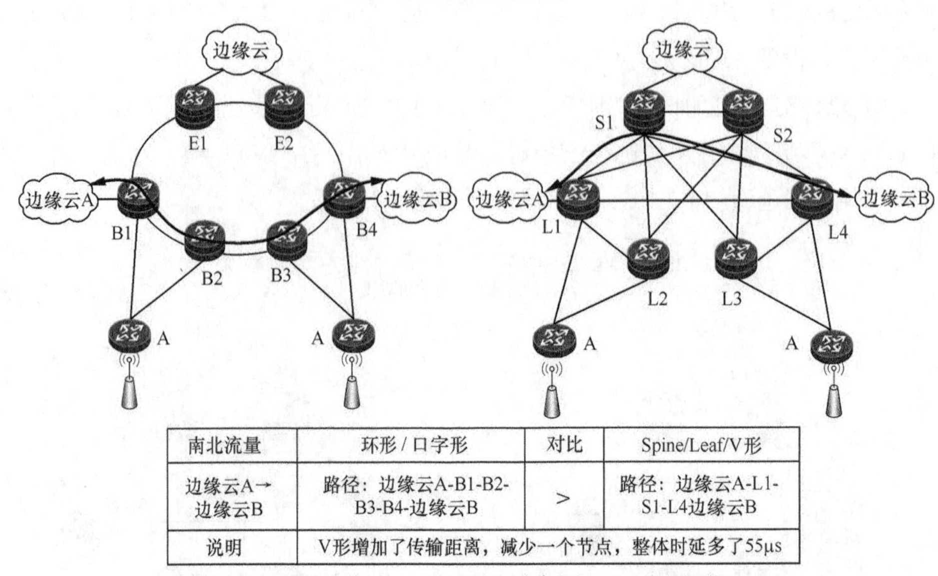

南北流量	环形 / 口字形	对比	Spine/Leaf/V形
边缘云A→边缘云B	路径：边缘云A-B1-B2-B3-B4-边缘云B	>	路径：边缘云A-L1-S1-L4边缘云B
说明	V形增加了传输距离，减少一个节点，整体时延多了55μs		

假设：①S-S 链路距离为30km，S-L 链路距离为20km，L-L 链路距离为 10km；
②环形组网按照 4 个节点，设备处理时延为 20μs。

图3–8　东西向流量时延对比

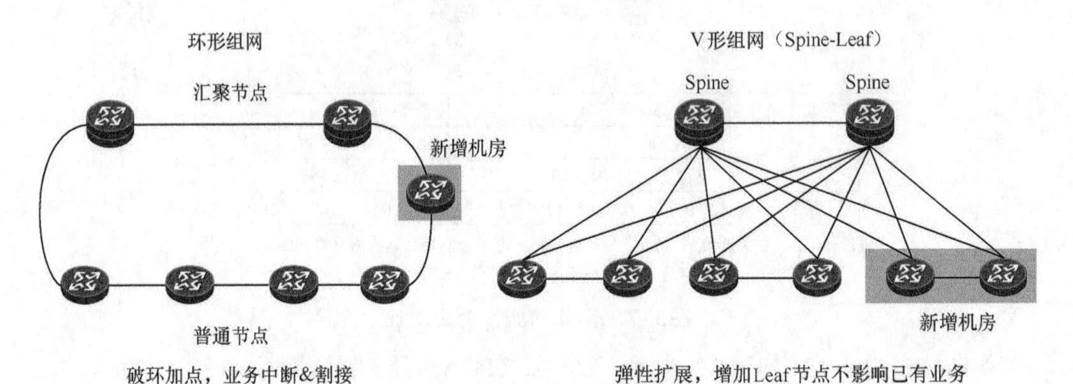

图3–9　破环加点场景对比

3. BRAS 云化

（1）传统网络分布式 BRAS 架构存在的问题

随着业务的发展，传统网络分布式 BRAS 架构存在的问题主要体现在以下 4 个方面。

① 全互联（Full Mesh）架构，对接和配置时间长，运维困难。

② 用户面和控制面紧耦合，带宽和会话利用率不均衡，造成投资浪费的问题。

③ 无法满足大量会话承载需求。

④ 嵌入式开发及逐个设备升级，造成业务开发周期长。

网络业务云化能够显著提升网络的运行效率，硬件分离的资源池模式可以使运维模式大大简化，从而使运维效率成倍提升，使网络部署和业务发放更简单快速；资源池模式使资源可以被充分利用。

BRAS 云化主要分为控制面（Control Surface，CP）和用户面（User Plane，UP）两部分。其中，CP 负责所有 UP 的控制面功能，UP 包括虚拟 UP（virtual User Plane，vUP）和物理 UP（physical User Plane，pUP）两种形态。vBRAS 基于虚拟云化技术，实现灵活的扩缩容，控制面集中化，可以实现资源池化，最大化 IP 地址、会话和带宽利用率。

（2）BRAS 控制面云化的优势

① IP 地址池化。传统城域网采用 IP 地址预留的方式，地址资源无法共享，IP 地址利用率不均衡。采用云化架构后，空闲资源自动回收，新地址按需自动分配，可以提升 IP 地址的资源利用率。

② 用控解耦。传统城域网的控制面和用户面紧耦合，会话资源受主控影响，无法跟随带宽资源同步增长。采用云化架构，控制面与用户面解耦，控制面会话能力大幅提升，一套控制面管理多套用户面，按需扩展，实现会话资源利用最大化。

③ 带宽池化。传统城域网主备 BRAS 之间需要复杂的协议配置，难以维护，且仅能实现“1∶1”的备份或者负载均衡。采用云化架构，可以集中策略管理，减少单个设备间的重复配置，并灵活调整资源，实现带宽高度均衡。

④ 统一外部接口，集中运维，降低运营成本（Operating Expense，OPEX）。CP 进行 UP 预配置，设备即插即用，免去二次进站，UP 实现“1∶1”备份的主备关系由 CP 指定，免去复杂协议配置。IP 地址由 CP 进行自动化分配，免去逐个设备配置。CU 分离架构预计可以减少配置量 90%。

（3）传统 BRAS 与云化 vBRAS 用户面对比

传统的 BRAS 包含复杂的控制和用户功能，控制面和用户面都没有充分凸显各自的功能。而云化 BRAS 架构使控制面和用户面解耦，让控制面和用户面充分发挥各自的优势，控制面使用 CPU 使其专注于自己的计算能力，用户面使用 NP 处理器使其专注于自己的转发能力。

但是影响业务云化的关键因素仍是性能，云化 BRAS 的用户面基于 x86 处理器，当网卡与处理器不匹配时，多级缓存和复杂的指令会增加转发时延，当使用双倍数据速率（Double Data Rate，DDR）同步动态随机存储器时，会使接入内存时延增加，即使加入加速卡，也没有明显改善，这些不确定时延对于 4K 视频及虚拟现实（Virtual Reality，VR）业务、无人驾驶等新业务来说是不能接受的。

传统 BRAS 的用户面基于 NP 处理器，NP 处理器的处理频率是 112.2GHz，而 x86 处理器的处理频率是 8（帧数量）× 2.9（帧频率）=23.2GHz，NP 处理器的处理频率是 x86 的 5 倍。可以看出，与传统 BRAS 相比，云化 BRAS 的转发能力仍存在较大差距。

综上所述，BRAS 控制面云化方案与传统 BRAS 相比有着弹性、高效、敏捷开发等特点，但 BRAS 用户面云化则存在 x86 性能瓶颈问题，因此，IP 承载网演进近期仍以控制面云化、用户面采用传统物理设备方式为最优组合，远期可以根据云化服务器性能提升程度再考虑用户面云化方案。

3.2 云网融合网络演进方案

新型 IP 网络可以与云密切结合，打造一张云网融合的专网，本节主要介绍不同运营商的云网融合演进方向。

3.2.1 云网融合网络演进方案介绍

1. 网络演进背景

运营商正在从信息通信技术（Information and Communication Technology，ICT）向数字信息通信技术（Data and Information and Communication Technology，DICT）转型，希望以云网融合服务能力为核心抓手，加速全行业数字化进程，“云、网、安”将更加紧密地融合，为千行百业提供智能化、差异化、安全的全新业务体验。展望未来，云网融合将进一步向上延伸到云内，向下延伸到园区分支，实现“云、网、端”统一协议、统一语言、统一部署；云网架构将进一步融合，在运营、管控、数据、资源、协议等方面实现融合演进，持续提升云网的自动化、智能化水平，为运营商创造更多新的商业机会。下面介绍云网融合的主要变化及诉求。

（1）变化 1：企业多云应用兴起，任意云按需灵活连接成为关键诉求

随着关键信息系统、核心生产系统的上云，企业从安全、成本、弹性等方面考虑，采用多云、混合云部署方式，例如，通过多云灾备和多活部署，增加业务的可靠性和可用性，通过混合云实现资源的灵活扩展。某第三方机构预测，未来，93% 的企业将采用多公有云，74% 的企业采用混合云模式。多云、混合云将成为主流趋势。相应地，从企业分支到总部的点对点（Point-to-Point，P2P）连接方式也变为企业分支、总部到多云的点对多点（Point-to-MultiPoint，P2MP）

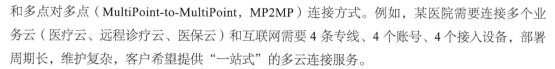

和多点对多点（MultiPoint-to-MultiPoint，MP2MP）连接方式。例如，某医院需要连接多个业务云（医疗云、远程诊疗云、医保云）和互联网需要 4 条专线、4 个账号、4 个接入设备，部署周期长，维护复杂，客户希望提供“一站式”的多云连接服务。

（2）变化 2：网络从尽力而为到确定性体验保障

企业业务上云分为互联网应用上云、信息系统上云、核心系统上云 3 个阶段。网络需求差异化显著，互联网应用上云追求性价比，要求敏捷上云，快速开通。信息系统上云要求大带宽和低时延，例如，远程教育要求每个教室的带宽大于 400Mbit/s，VR 课堂要求每名学生的带宽大于 50Mbit/s，时延小于 20ms。核心系统上云需要低时延，例如，某电网差动保护业务要求承载网确保时延小于 2ms。这些要求对传统的 IP 承载网提出了巨大的挑战，为了提供高品质上云体验，IP 网络要实现从尽力而为到确定性保障的转变，能够满足不同的业务诉求，支撑千行百业上云。

（3）变化 3：云网“一站式”服务、快速开通、灵活调整等成为关键需求

根据调查，企业对云网服务的最关键需求包含提供多云一体化服务、“一站式”自助订购云网组合产品、专线业务 1 ～ 2 天快速开通、云和专线资源根据业务变化灵活调整等。从调查中可以看到，在数字时代，用户希望云和网能够具备一体化供给、一体化服务的能力，就像第二次工业革命的电网一样，电能从发电厂经过电网源源不断地输送给千家万户和企业，电网本质上是一张输送电力的业务网。当今的趋势是数字经济，在数字时代，云就像发电厂一样，包含企业所需要的高性能计算、大数据分析等核心业务能力，运营商不仅提供连接服务，还提供一体化的云网服务，云网相当于业务网，把数字经济的动能输送给企业、政府、医院、学校等场所。

2. 智能云网的需求

（1）任意云连接

随着多云、混合云成为趋势，企业客户需要灵活访问分布在不同云上的应用，网络需要能够按需提供相应的上云连接；同时，为了支撑不同云间的应用进行灵活调度，需要承载网将多云打通，为不同云上的资源提供动态、敏捷、按需的互联互通。

智能云网解决方案可以提供多云预集成，云网连接预部署，实现入网即入多云；通过云网路径服务化能力实现无缝跨域多云连接，业务敏捷开通；通过多因子智能算法，实现基于应用的多云业务差异化保障。

① 多云集成。智能云网随云部署，智能云网和云进行预连接，节省云和网连接的资源规划、资源部署时间；智能云网管控平台与云管平台可以直接进行协同，通过应用程序接

口（Application Programming Interface，API）调用，交互云池资源信息和网络路径信息，实现云网数据融合，云网业务快速开通。

② 多云接入。支持“IPv6+”技术的智能云端接入设备，通过多点到多点的 SRv6 三层 EVPN，实现一条专线接入多个云平台，通过基于 SRv6 的智能切片技术，实现企业一线多业务，不同切片保障不同业务的服务等级协定（Service Level Agreement，SLA）；智能云骨干中边缘网关实现多网泛在接入，通过广覆盖的边缘网关汇接不同网络，实现一点入网，入网即入云；同时，智能云骨干可以通过 SRv6 绑定 SID（Binding SID，BSID）技术提供云网路径服务化能力，支持上云路径、业务 SLA 保障等自助服务。智能云网管控平台灵活调用云网路径服务，进行端到端的路径编排，使跨域业务部署更便捷、故障收敛时间最小化。

（2）确定性体验

① 一盒 *N* 线“入多云”。面对多样化的企业业务，传统的方案往往采用多条专线、多个网络承载，使用不同的终端来接入，成本较高，运维较难。智能云网方案使用端口切片能力的智能云端设备，将切片专网延伸到企业侧，实现多种业务的统一接入，提供了端到端的切片能力。

② 一网千业“片中片”。针对不同行业、客户及应用对 SLA 保障的差异化诉求，智能云网方案支持不同粒度、不同层次的切片方式。

行业切片：针对行业用户提供基于 FlexE 接口隔离的行业切片专网，该方式下，行业用户的业务不受其他行业用户及互联网流量的影响。

用户切片：对于需要重点保障的用户，可以在行业切片中通过 FlexE 利用“片中片”方式进一步提供用户级切片隔离，保障该用户的业务不受其他用户影响。

③ 一线“入多云”。除了一盒 *N* 线场景，有的用户希望只使用一条专线接入不同的云。一线“入多云”要求运营商要与不同的行业云、公有云同时具备互联关系，提供多云预集成、云网链接预部署，不同云之间通过路由策略实现相互隔离，用户可以通过只开通一条专线来访问不同的云业务，实现入网即“入多云”的目标。

④ 一键部署“随用随切”。切片部署可采用分布式部署，使用 SDN 控制器先创建切片，再部署业务，并选择已创建好的切片；也可以采取一键式部署，使用 SDN 控制器部署业务的同时驱动切片创建。SDN 控制器切片部署可以分钟级完成，当切片业务负载变化时，SDN 控制器会根据用户行为、业务流量模型、流量增长情况，对切片资源进行智能化弹性扩缩容，并且在进行资源调整的同时，业务不受任何影响，充分保证业务的稳定性。

（3）网络服务化

随着云网融合时代的到来，云网业务的目标是从传统的工单模式向电商化订单模式转变，由人力交互模式向机器模式、智能主动运维模式转变，并具备端到端（End-to-End，E2E）业务自动发放、敏捷开通的能力；云网的资源和能力需要以快速、按需、灵活的服务化形式提供给企业客户，实现云网资源的服务化转型。

智能云网解决方案通过网络服务化的理念，以租户使用者和网络运维者的视角来重新定义网络服务能力，对用户无须感知的技术实现细节进行屏蔽，利用意图编排、事前仿真、事后验证等核心技术，实现网络全生命周期的极致自动化，从而替代传统工单驱动、人与人流程配合的落后方式，实现租户云网产品电商化的购物体验。

（4）泛在安全

智能云网通过内生安全方案对网络基础设施进行防护，通过云网安全服务方案满足运营商云网业务安全随需开通的需求。

内生安全：内生安全方案设计目标是通过加固网络设备自身安全及内置安全检测能力对安全事件进行分析，实现对网络基础设施威胁的精准判定、快速阻断，从而减少业务受损时间。

云网安全服务：在企业业务“入多云”场景中，需要对多云业务进行防护，当前必须在不同的云上分别部署安全功能，多份部署、多份投资；如果安全能力以资源池的形式统一部署，以服务化的形式提供给企业租户，可以实现运营商少投资（节省50%）、企业租户少投入（节省50%），同时，可以通过云网安一体化服务大幅提升用户体验。

当前，全球网络威胁形势不断变化，新型攻击方式复杂且隐蔽，攻击频率和严重程度不断增长。传统云和网络中的安全设备各自为战，导致威胁检测及响应周期长，安全风险不能及时发现和处理。如果安全控制器实现全网安全设备的统一管理、统一策略优化，同时，部署统一的智能安全分析平台，为企业租户提供威胁检测和安全运维的能力，运营商可以实现对威胁的精准判定、快速阻断，从而大幅降低企业租户的安全风险。

3.2.2 运营商A云网融合部署方案介绍

1. 网络架构

为了满足不同行业/企业的差异化SLA诉求，运营商A基于城域网和智能传送网（Smart Transport Network，STN）改造成云网汇接专网，同时，IP城域网通过BRAS改造升级、结合云端CPE部署，作为未来云接入网络的一部分。为了解决IP RAN、IP城域网等多张网接入多云的诉求，相关环节应新建省内云骨干，部署云PE路由器实现云接入，部署网PE路由器实现多网接入，打通云PE路由器和网PE路由器实现一网“入多云”。省内上云流量在省内云骨干处理，流量不出省；跨省上云流量通过跨省云骨干 CN2 连接。企业接入侧支持固定移动融合接入，满足高可靠、快速部署的诉求。对安全要求较高的企业在 CPE 连接企业设备侧部署安全网关设备，可以与云有效联动，提供更卓越的安全防护效果和轻松的运维体验。网络部署整体方案示意如图 3-10 所示。

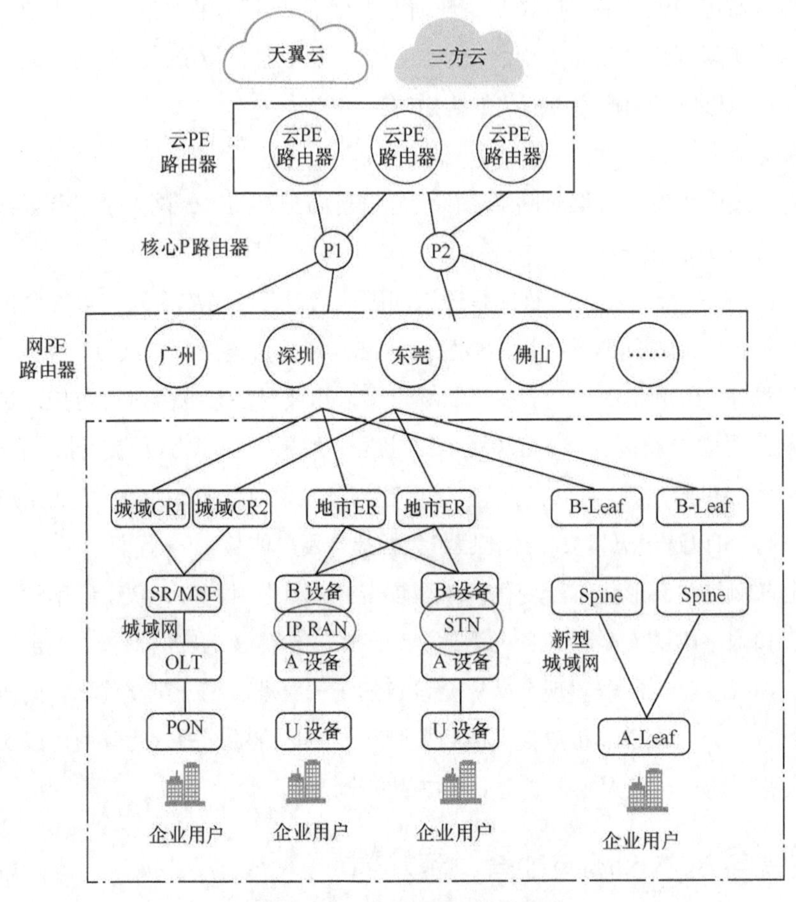

图3–10　网络部署整体方案示意

（1）建网方案

每个地市设置一对网 PE 路由器，与城域网、IP RAN 互联；省会 / 核心城市设置云骨干 P 路由器，汇聚地市网 PE 路由器，实现跨地市业务互通；每个地市部署各类云池，包含核心云、行业云、三方云等，云池接入云 PE路由器；网 PE 路由器与省集中云设置的云 PE 路由器通过 P 路由器互联；其他地市网 PE 路由器直接与本地市云 PE 路由器互联。部分业务较少的地市可以合设网 PE 路由器和云 PE 路由器。

（2）方案特点

① 智能切片：云网使用切片提供确定性SLA服务，应用5G级粒度；行业内按租户实现二级切片，应用10Mbit/s级别颗粒度。

② 智能连接：云网中网PE路由器和云PE路由器实现SRv6全互联预连接。用户业务开通一线“入多云”，入网即入云。专线业务实现时延选路，路径可编程，并且提供高可靠保障业务，实现故障50ms倒换。

③ 智能运营：实现多云预集成，网络服务化云网互调；提供拓扑服务，实时核查网络资源；快速连接服务，硬装即开通，开通即验收；高效分析服务，质量实时可视，历史可追溯，实现SLA多维可视。

④ 智能运维：实现E2E业务流高精度检测和可视；实现主动运维，故障自管理、健康自检测。

⑤ 智能安全：实现全网感知流量，实时安全检测；快速识别安全风险，精准防护。

（3）网元角色定义

① 云PE路由器：统一云接入，满足企业上云和多云互联场景。

② 网PE路由器：统一业务接入，接入多个存量网络，实现一线“入多云”。

③ P路由器：汇聚设备，连接网PE路由器、云PE路由器及云网PE路由器。

④ CPE：固移融合统一接入CPE（固定或移动CPE）。

⑤ SDN控制器：对接云网协同系统，并对网络设备进行控制管理。

2. 路由协议部署

（1）IGP部署

每个地市使用独立的AS，包含U/A/A-Leaf/Spine/网PE路由器，IGP规划基本遵循原来城域网的设计，网PE路由器与新建云骨干P路由器之间跨AS连接。IGP部署方案如图3-11所示。

接入层、汇聚层和核心层的IGP设计采用IGP多进程方式。接入、汇聚/核心和云骨干分别使用不同的IGP进程，避免IGP规模过大，从而影响故障收敛速度。

① 用户接入端：由于U设备一般习惯放置于用户侧，为了避免U设备路由或配置误操作影响骨干业务，A设备与U设备之间使用静态路由的方式对接。

② 城域网/IP RAN接入层：接入层可以根据实际需求选择OSPF协议或者ISIS协议。考虑未来SRv6业务发展需求，接入层可以优先选择ISIS协议。如果接入层网络规模过大，可以考虑分成不同进程。A-Leaf/B设备针对接入网设备ISIS/OSPF发布缺省路由。A设备ISIS/OSPF进程引入静态路由，实现与U设备互通。

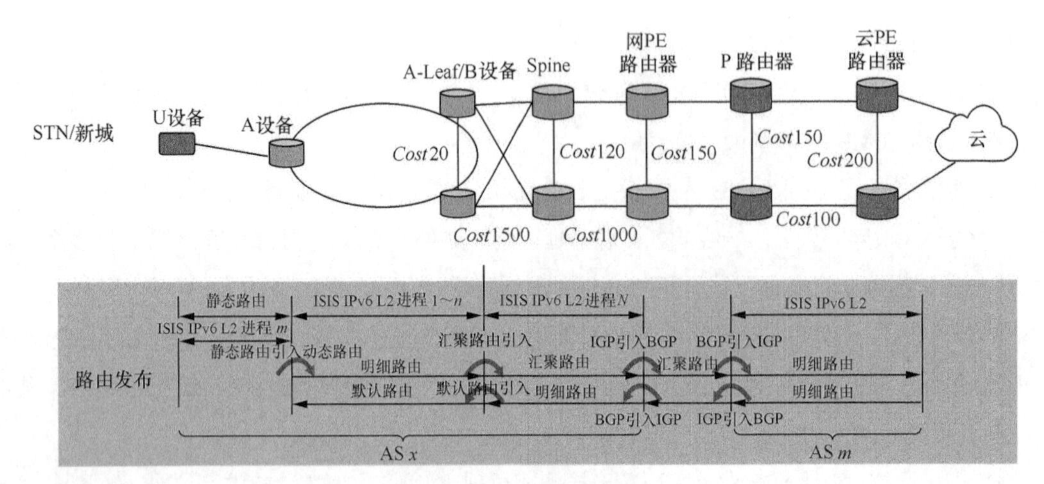

图3-11　IGP部署方案

③ 城域 /IP RAN 汇聚层与核心层：汇聚层 A-Leaf 与核心层 Spine 采用 ISIS 协议，只设置 Level-2 区域。网 PE 路由器跟随城域 /IP RAN 的 ISIS 进程。A-Leaf/B 设备、Spine、网 PE 路由器之间建立 ISIS Level-2。汇聚层 A-Leaf/B 设备 ISIS 引入接入层的 ISIS 进程路由，针对接入层路由（LoopBack 地址的路由）做聚合。

④ 云骨干层。P 路由器和云 PE 路由器部署 ISIS 协议，二者之间建立 ISIS Level-2。

网 PE 路由器和 P 路由器使用 BGP 对接传递设备的业务 IP 地址，从左向右，在网 PE 路由器上将 IGP 路由引入 BGP，汇聚后通过 EBGP 发布到 P 路由器，在 P 路由器上将 BGP 路由引入 IGP。从右向左，在 P 路由器将 IGP 路由引入 BGP，在 BGP 中不进行汇聚，按照明细通过 EBGP 发布到网 PE 路由器，在网 PE 路由器上将 BGP 路由引入 IGP。同时，为了防止互引成环，需要对 IGP 和 BGP 互引的路由设置 Tag 防环。

（2）BGP 部署

云骨干网中网 PE 路由器归属地市的 AS，不同地市有不同的 AS，与云骨干的 P 路由器之间部署跨 AS。BGP 部署方案如图 3-12 所示。

① 公网面。AS 域内在云骨干区域的 AS 内使用 IGP 引入骨干区域 AS 内设备的路由到 EBGP；在城域区域的 AS 使用 IGP 引入城域区域 AS 内设备的路由到 EBGP。AS 域间在网 PE 路由器和 P 路由器之间建立 EBGP 关系，传递 SRv6 LoopBack 和 Locator 路由；跨 AS 的网 PE 路由器和 P 路由器进行 IGP 和 BGP 路由互引入。

② 私网面。AS 域内各设备分别与自己 AS 域内的 RR 建立 IBGP 邻居关系，传递 VPN 路由。RR 之间建立 BGP 邻居关系。在 AS 域间，网 PE 路由器和 P 路由器间建立 EBGP 邻居关系，传递 VPN 路由。

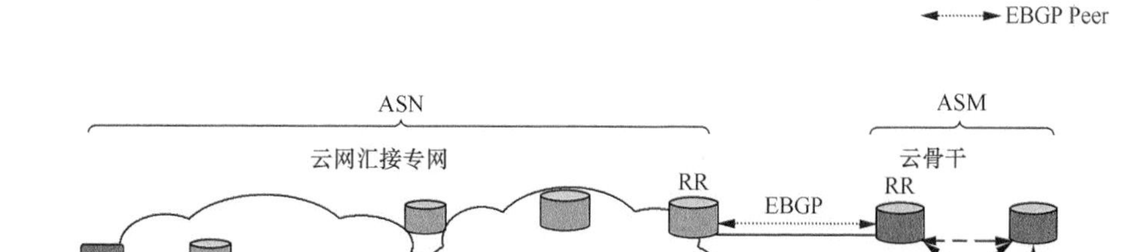
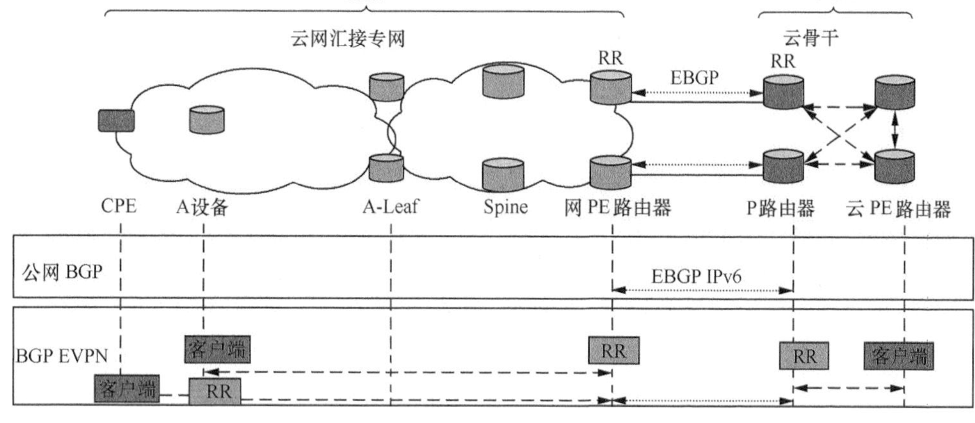

图3-12　BGP部署方案

③ 管控面。云网汇接专网管控面如图 3-13 所示。

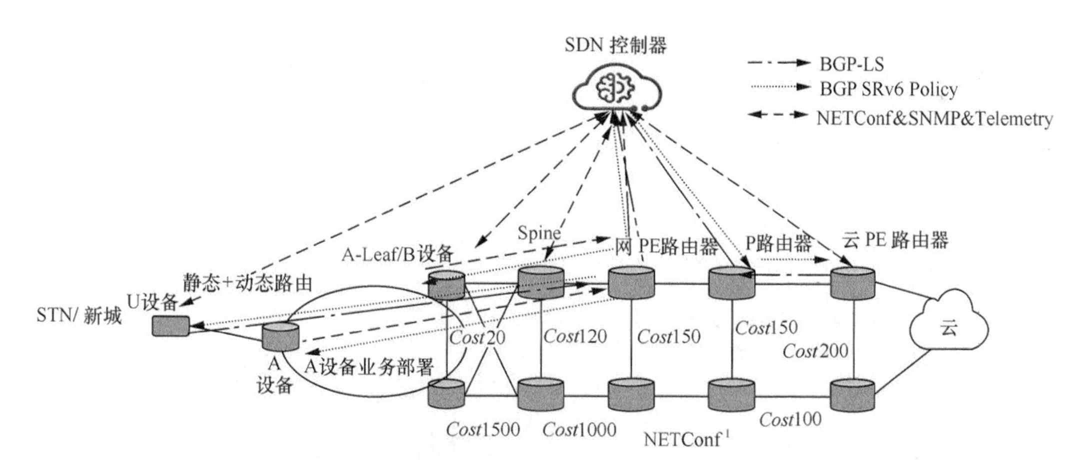

1. NETConf（Network Configuration Protocol，网络配置协议）。

图3-13　云网汇接专网管控面

接入和汇聚部分云专网在一个 AS 内，云骨干在另一个 AS 内。不同 AS 内选择不同的 RR 分别与 SDN 控制器建立 BGP-LS 邻居关系和 BGP SRv6 Policy 邻居关系。

在城域网 /IP RAN 中，网 PE 路由器与 SDN 控制器建立 BGP 链路状态（BGP Link-State，BGP-LS）邻居关系，其他 U 设备 /A 设备 /B 设备（上报接入层）与网 PE 路由器建立 BGP-LS 邻居关系，汇聚环以上将网络拓扑及其他属性通过 ISIS 协议泛洪到网 PE 路由器，网 PE 路由器将其上报给 SDN 控制器。同时，隧道头节点通过 BGP-LS 上报 SRv6 Policy 隧道状态给 RR，RR 将其上报给 SDN 控制器。

在云骨干网中，P 路由器作为 RR 和云 PE 路由器建立 BGP-LS 邻居，将网络拓扑及其他属性通过 ISIS 协议泛洪到 RR，RR 通过 BGP-LS 上报给 SDN 控制器。同时，隧道头节点通过 BGP-LS 上报 SRv6 Policy 隧道状态给 RR，RR 将其上报给 SDN 控制器。

云专网内的 CPE 与 A-Leaf 之间配置静态路由，SDN 控制器通过链路层发现协议（Link Layer Discovery Protocol，LLDP）采集到 CPE 和 A 设备之间的物理拓扑，SDN 控制器算路不考虑 CPE 和 A 设备之间的 3 层拓扑，SDN 控制器计算 A 设备和网 PE 路由器之间路径后封装成 BSID，将 BSID 编排到 CPE 至网 PE 路由器的路径中，下发给 CPE。

3. 业务部署

云网专线业务主要包含上云业务、互联业务、上网业务 3 种业务场景。业务部署方案如图 3-14 所示。

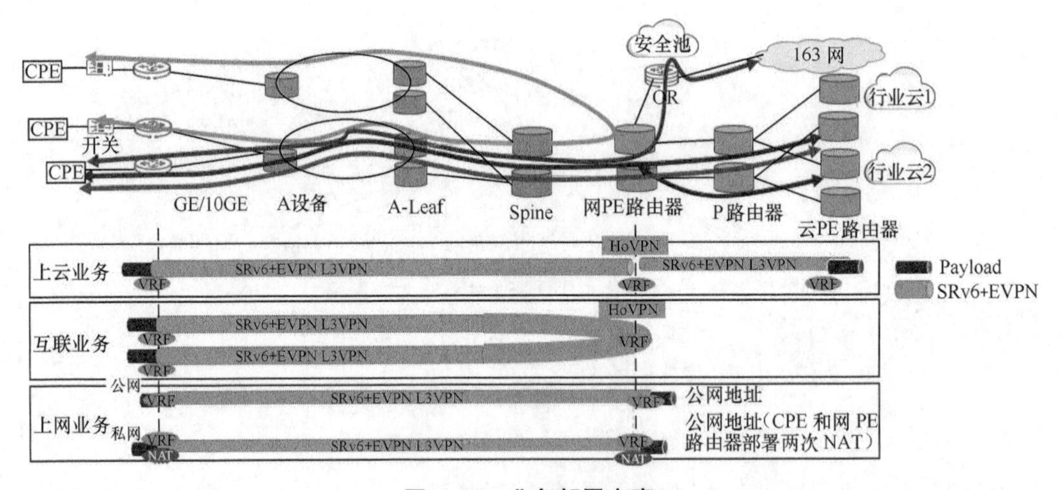

图3-14 业务部署方案

（1）上云业务

对于行业上云专网用户，例如，医疗专网、教育专网，整个行业上云业务使用一个 VPN，但行业内接入点数量多，为了降低隧道数量，同时，考虑业务集中控制，采用在网 PE 路由器位置分段 VPN 的方式，灵活满足网 PE 路由器与云 PE 路由器之间的分流。核心层预建 SRv6 隧道和业务，接入用户按需建设网 PE 路由器的隧道。从接入用户角度来看，入网即入云。

（2）互联业务

行业互联专网中，例如，医疗专网、教育专网，推荐整个行业互联专网与上云业务使用同一个 VPN。对于有特殊互联诉求的行业，例如，行业部分分支不允许全互联，可以采用在 CPE 上配置访问控制列表（Access Control List，ACL）对不允许互联的点的目的地址进行过滤。核心层预建网 PE 路由器之间的全互联 SRv6 隧道和业务，接入用户按需建立到网 PE 路由器的隧道。接入用户入网即互联，业务使用 EVPN L3VPN。如果客户存在互联业务单独切片或者可以在 A-Leaf 下就近互访 E2E VPN 的诉求，则需要单独规划 VPN。

（3）上网业务

上网业务整网采用一个 E2E L3VPN 承载，与上云 / 互联不同，为 CPE 设备用户侧分配的 IP 地址不同：行业提供服务器可以供外部用户访问，CPE 的静态公网地址直接发布到外网，无 NAT。行业用户访问外网，CPE 规划私网地址及 NAT，接入网 PE 路由器访问公网，网 PE 路由器同时部署私网至公网 NAT，将流量送至现网 CR 安全能力池；CPE 和网 PE 路由器两次 NAT 场景；网 PE 路由器根据不同私网地址部署 ACL 及 NAT，再向 CR 进行路由转发；行业上网和企业上网共享一个 VPN，部署在共享切片。

4. 切片部署

IP 网络通过统计复用技术大大提升了网络利用率，降低了单比特传输成本，但同时网络对不同业务的质量保障等级具有不确定性，按照 SLA 最高要求来准备资源以满足所有类型的专线及客户是不合适的。综合承载网络需要在多种业务隔离保障与统计复用之间进行平衡，保证各个客户及业务的 SLA 诉求。智能云网解决方案依托于切片云专网及云骨干，在网络层面，通过在网络中部署切片技术，让 toC 业务、行业业务和企业 toB 业务，在不同的切片中承载，实现业务之间的硬隔离，保证业务的安全性，并实现带宽保证，解决一些特殊行业对带宽及安全性要求高的企业客户的诉求，提供高质量的业务体验。

（1）切片部署原则

- 在城域网 /STN 上分一级和二级切片，主要用于上云、互联及上网。
- 全省使用一个 SDN 控制器管理新型 IP 承载网、省内云骨干、IP RAN（新 U 设备），城域网（新 CPE、升级的 BRAS）。
- 行业上云、行业机构间互联、行业不同云之间互联推荐承载在同一个切片上，复用现网 toB 切片或者新建一级切片。普通企业在 toB 切片内部署 VPN 实例即可，VIP 企业在 toB 切片内切企业专网。企业上云、企业机构间互联、企业不同云之间互联，推荐使用租户切片。行业和企业上网业务部署在一级切片内，提供共享 VPN 实例。

（2）切片部署方案

① 一级切片。在 toB 共享切片内部署 VPN，根据项目情况，不同的行业共享行业 FlexE 或者不同行业采用不同的 FlexE，切片的基本原则是对每个共享一级切片部署 5Gbit/s 以上的带宽。一般情况下，不同的行业规划不同的 VPN；对行业内的各类业务，可采用不同的 VPN；对不同的企业规划不同的 VPN，推荐部署在共享 toB 切片内。

② 二级切片。行业租户切片诉求的带宽一般为 10Mbit/s ～ 5Gbit/s，在共享 FlexE 中承载，可以在现网 toB FlexE 或者新增一个共享的行业 FlexE 来承载。一个行业租户推荐用一个子通道，或多个租户共用一个子通道。一个行业租户可以是单 VPN 和多 VPN 接入。

（3）切片部署模式

① 全网切片：支持按固定带宽、百分比、收敛比多种切片带宽部署的方式。

按固定带宽切片：固定按一个规划的带宽值进行切片，例如，按固定值为 1Gbit/s 切片。

按百分比切片：按物理链路带宽的百分比进行切片，例如，按百分比 2% 切片，物理链路带宽为 50Gbit/s，切出来的切片带宽是 1Gbit/s，物理链路带宽为 100Gbit/s，则切出来的切片带宽是 2Gbit/s。

按收敛比切片：接入层、汇聚层、核心层按照一定收敛比进行切片。例如，接入层、汇聚层、核心层的收敛比是“2∶1∶1”，指定接入层切片带宽是 2Gbit/s，则汇聚层、核心层的切片带宽是 1Gbit/s。

② 局部切片：切片不一定要全网切，也可以按照业务需求范围，或只在部分区域内部署切片，也可以在子网或者按链路进行切片，这样可以节省资源。带宽部署方式同样支持按固定带宽、百分比、收敛比进行切片。

③ 灵活切片：用户可以在 SDN 控制器上输入业务接入点和带宽要求，通过业务驱动隧道，再驱动切片创建，全自动化按业务诉求使切片精细化。

3.2.3 运营商 B 云网融合部署方案介绍

1. 网络架构

运营商 B 核心云网目前存在省内网络无法支撑多云架构，大量存量网络无法提供确定性、差异化服务，SPN 和 IP 域分段管理，业务存在断点、跨专业网络端到端切片、运维实现困难等问题。运营商 B 通过网络创新优化打造智能化云网架构：建设省内云骨干，实现多云预连接；城域升级行业切片专网；SDN 管控配套 IT 改造，支撑智慧运营。

（1）运营商 B 智能云网建设方案

运营商 B 在当前城域网、SPN 承载网的基础上，建设省内云骨干，网 PE 设备连接地市多专业网络，云 PE 设备连接省内云数据中心，省网核心节点对接集团云专网实现跨省连接。省内落地核心云同时连接省内云骨干和集团云专网，分别实现省内上云和跨省上云。

（2）省内智能云网业务方案

企业 / 行业租户同时存在多分支上云和多分支互联诉求时，该方案为企业 / 行业租户提供云专网业务。企业 / 行业租户在同一城域网内接入的站点数量较少时，在 SPN 城域网内使用 E2E L3VPN 承载方案，跨 SPN 城域网和云骨干使用 L3VPN OptionA 方案。根据企业 / 行业租户需求，可以为租户提供行业切片（大颗粒）服务。

（3）智能云网部署物理架构

省内云网物理架构如图 3-15 所示。每个地市都部署一对网 PE 设备 / 云网 PE 设备。在地市没有云资源池时，部署网 PE 设备可以实现地市内多专业网络（城域网 /PTN/SPN/OTN）快速接入云。对于中心 / 省级核心云及其他面向省内服务的省级云资源池，设置独立云 PE 设备，根据地理位置，多个云可以使用同一对云 PE。省级云资源池接入业务量大，分设网 PE 设备和云 PE 设备，可以减轻 VPN 业务的配置压力，云网界限清晰。结合省内云资源池分布、省地理形态，按需建设独立 P 节点，流量就近入云。

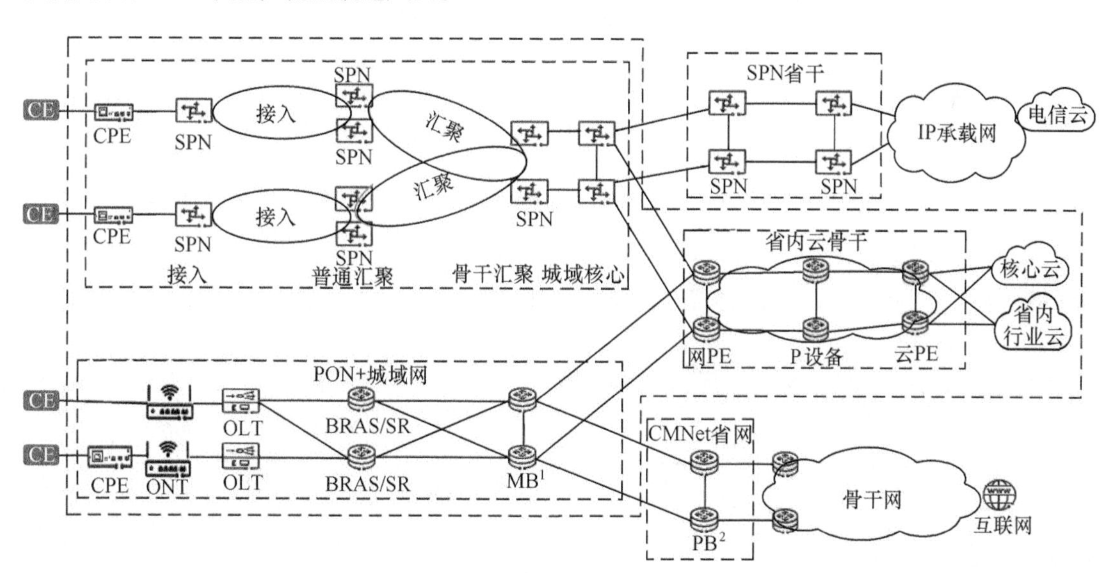

1. MB（Metropolis Backbone，地市骨干，城域网核心）。

2. PB（Province Backbone，省骨干，省网核心）。

图3-15　省内云网物理架构

2. 路由协议部署

（1）IGP 部署

省内云骨干 IGP 部署如图 3-16 所示。省内云骨干部署独立的 AS 域。IGP 部署 ISIS 协议，所有设备属于同一个 ISIS 进程，部署 ISIS Level2，开启 IPv4 和 IPv6 协议栈，使用 IPv4 地址对设备进行管理，使用 IPv6 地址承载业务，IPv6 独立拓扑。

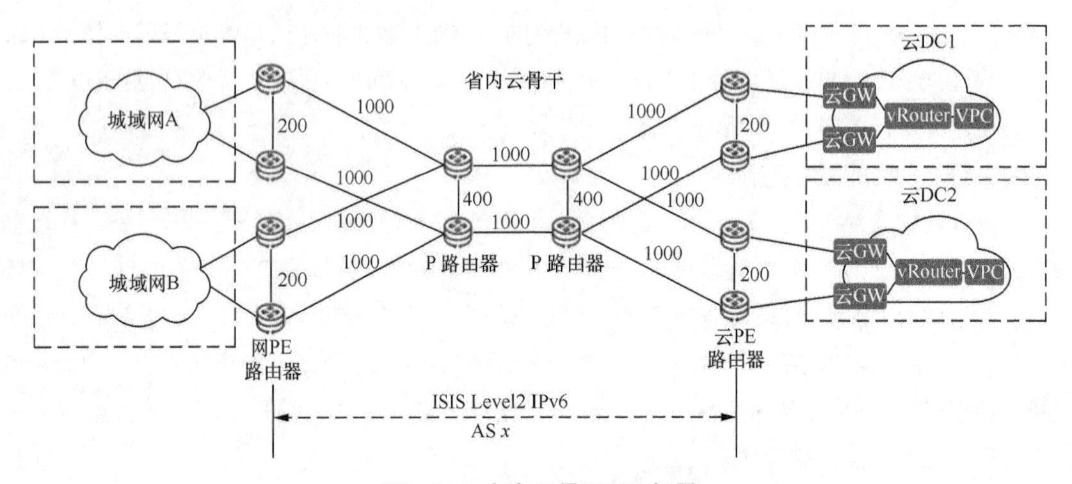

图3-16 省内云骨干IGP部署

（2）BGP 部署

省内云骨干 BGP 部署如图 3-17 所示。省内云骨干部署独立的 AS，城域网和 SPN 承载网继承现有的 AS。与运营商 A 方案网 PE 设备归属城域 AS 不同，运营商 B 方案网 PE 路由器归属云骨干 AS，二者无明显优劣区别，可以根据实际组网进行规划。如果城域网上云时在企业侧部署云端 CPE，则建议 CPE 和城域网使用相同的 AS 号，CPE 也可以使用独立的 AS 号。

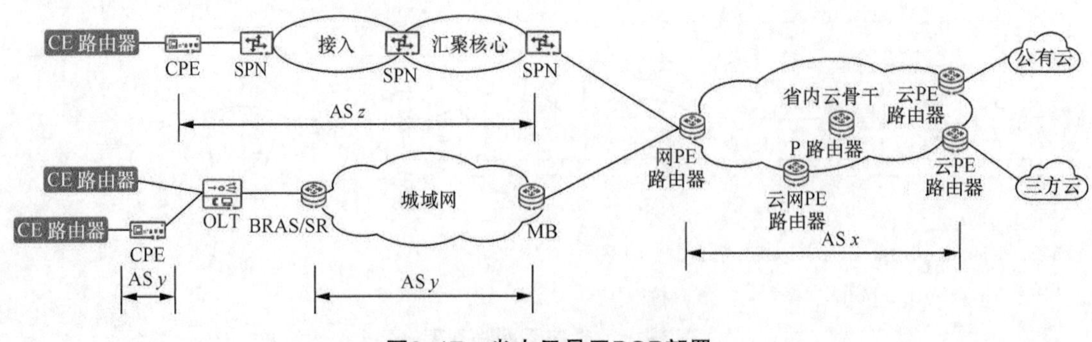

图3-17 省内云骨干BGP部署

3. 业务部署

云专线场景：企业通过城域网 /SPN 等接入云，实现云接入网络、云骨干、云内网络自动化配置、敏捷运维，企业自助入云，带宽随选，资源可视化管理。

云互联场景：云资源池间通过云骨干实现 VPC 间高速互通，实现云骨干、云内网络自动化配置、分钟级开通、敏捷运维，企业多云间 VPC 高速互联，带宽随选，资源可视化管理及运维。

云专网场景：企业通过云骨干实现多分支上云、多云间业务互通，实现云接入网络、云骨干、云内网络自动化配置、敏捷组网，快速开通，企业多分支上云、云上互访、多云互通，组建云上局域网，一点接入，全云可达。

通过两个运营商在云网建设的方案对比可以看出，两个运营商的演进方向基本类似，都是基于当前网络的现状，部署合适的演进方案，演进方案都具备三大特点：①端到端部署 SRv6，实现一跳入云，一线多云；②根据行业及租户需求，灵活快捷部署切片业务，满足不同的用户需求；③部署 SDN 控制器，与北向编排系统对接，实现业务快速开通及变更。

3.3 新型 IP 融合承载网应用实践

3.3.1 演进背景

5G 和云网融合时代的到来及新技术发展成熟，带来了多样化的业务及高质量、差异化的用户体验，对运营商的网络承载能力提出了更高的要求，承载网作为大量业务承载的重要网络，对其提出了低时延、大带宽、灵活接入、低成本、一网多用、云网融合等诸多需求，对网络的组网架构提出了更多的需求，具体包括以下 4 个方面的新需求。

- 核心网、云资源及算力下移，流量从原有的南北走向逐步演变为南北走向和东西走向并存，流量流向由树形演变为全互联。
- 大量新业务场景对网络提出大带宽、低时延、高可靠、差异化、可定制及 SLA 可保障等能力需求。
- 云网融合、云网一体化大趋势，网络具备云网深度融合的能力。
- 固移接入业务一致性体验，终端可自适配灵活选择接入方式。

目前，运营商传统城域内的承载网是由 IP 城域网和移动回传网两张网络并行组成的，固网和移动网分网承载架构如图 3-18 所示，IP 城域网和移动回传网都采用烟囱式的组网架构，IP

城域网用于承载宽带、IPTV、语音、互联网专线及政企等业务；移动回传网用于承载移动业务和政企业务，两张网所承载的业务有重叠的部分。IP 城域网主要采用路由器和交换机进行组网，网络采用口字形或树形组网；移动回传网主要采用路由器设备进行组网，网络主要以环形、口字形和树形结构架构组网为主。

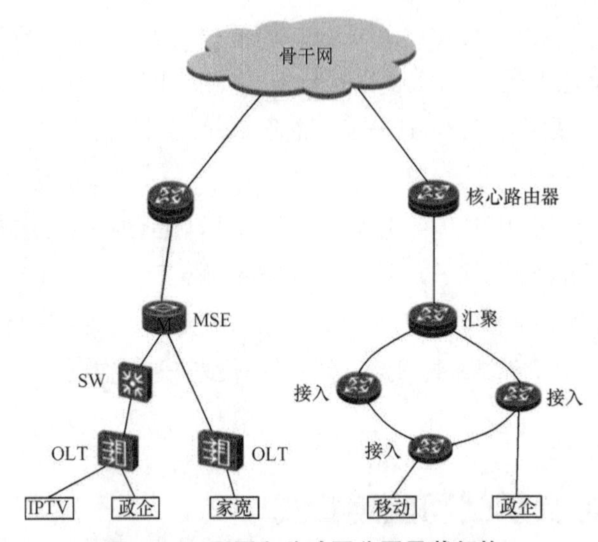

图3-18　固网和移动网分网承载架构

传统承载网基站业务与家宽业务由两张网独立承载，运营系统也是由两套系统进行管理的。虽然网络功能与设备紧耦合，但都是采用路由器进行网络搭建，分两张网承载业务会导致网络的资源利用率低，同时，网络架构缺乏灵活扩展能力，难以适应 5G 和云网融合时代业务的新需求，传统承载网具备以下 7 个方面的发展挑战。

- 架构不灵活：网络架构缺乏弹性扩展能力，扩容压力大，难以承载新业务。
- 难以满足东西向流量增长：传统城域内的承载网以南北向流量为主，树形网络架构难以适应东西向流量。
- 难以适应算力下沉：现有架构难以满足算力下沉带来的边缘云快速接入，IP 城域网难以满足边缘云泛在接入的需求，移动回传网无法实现公众客户访问边缘云的需求，云网对接未标准化，现有可实现的对接方案比较复杂。
- 传统网络的平均利用率低，业务分网承载，网络业务承载有重叠，总体利用率较低。
- 业务分网承载：同一政企客户按互联网访问、组网业务类型进行不同的网络承载，导致运维管理难，复杂性大大提高。
- 跨网互访方案复杂：针对需跨固网和移动网的业务场景，跨网互访实现方案复杂，存在开通慢、运营难、端到端业务保障难。

- 网络运维复杂，效率低：每个网络对应一个网管系统，存在多套网管系统共同管理一类业务或客户，网络管理和业务开通效率低。

5G和云网融合时代的到来使传统承载网面临诸多问题和挑战，随着路由器功能的增强、芯片性能的提高及“IPv6+”等新技术的成熟，固移两张网统一融合承载的演进方向变得越来越确定，演进方案的可实施性也有了更多保证。

3.3.2 组网方式

固移融合承载演进示意如图3-19所示，新型IP融合承载网的主要设计思路有4个方面：①两张网合并成一张网，固移融合承载，支持多种方式接入，实现一网多业务的高效承载；②对网络架构进行创新，使网络架构简洁，支持弹性扩缩；③通过引入大容量设备及新技术协议，提升设备的承载能力；④部署智能运营系统和自动化管理网络，提升网络数据智能感知采集与分析、配置下发、业务自动开通、路径智能调度及智能运维能力。

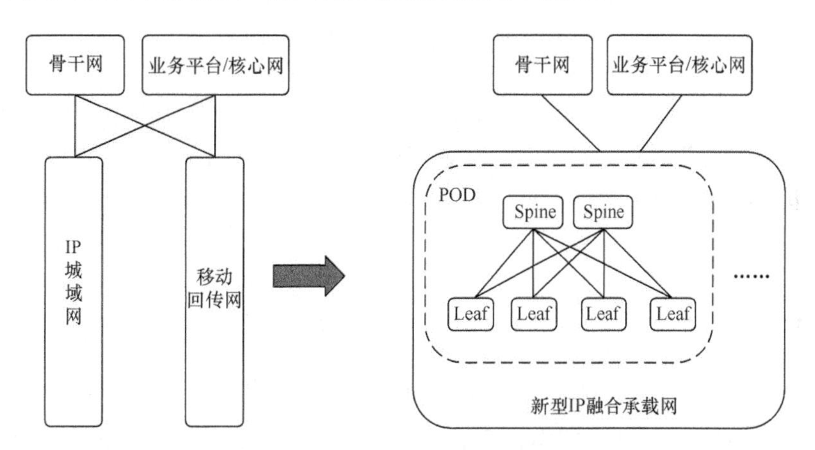

图3-19 固移融合承载演进示意

1. 网络架构模型选择

常见的组网方式有星形网络、树形网络、总线形网络、环形网络、网状形网络5种类型。目前，传统承载网大多是采用树形结构的“接入—汇聚—核心”这3层架构，从树顶端到树底端网元节点数量逐渐递增，能够分级进行集中控制，是一种聚合访问模型，对于南北向流量的业务形态非常有效。另外，这种结构可以延伸出很多分支和节点，具备扩展的能力。随着5G和云时代的到来，城域网内的业务流量走向也出现了变化，由原来的以南北向流量为主逐渐变成南北向流量和东西向流量共存的场景。因此，在组网架构上还需考虑东西向流量，各层级横向的分支及节点能弹性地扩缩容，为了适应未来业务的发展需求，选择 Spine-Leaf 架构模型进行新型 IP 融合承载方案设计。Spine-Leaf 架构模型如图 3-20 所示。Spine-Leaf 架构采用两层架构并广泛用于数据中心，每个低层级的 Leaf 节点都会连接到每个高层级的 Spine 节点，形成一个 FullMesh 拓扑设备的扁平化网络架构，添加 Spine-Leaf 节点就可以横向或纵向弹性扩展，相比于传统网络的 3 层架构，Spine-Leaf 网络架构进行扁平化处理，变成两层架构，因此，传统 3 层树形网络具备演进成 Spine-Leaf 架构的能力。Spine-Leaf 架构模型具有以下优点。

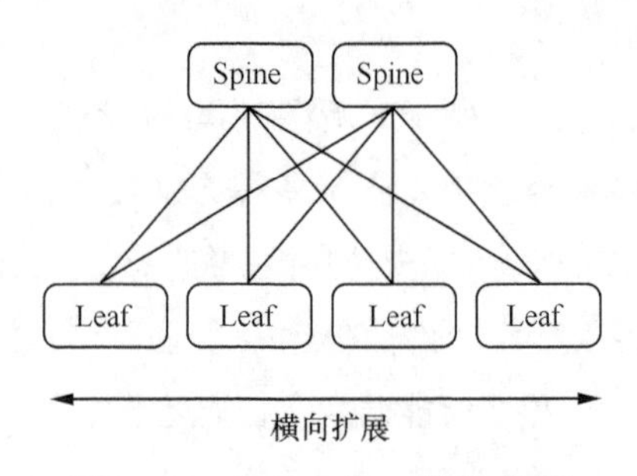

图3-20　Spine-Leaf架构模型

① Spine-Leaf 采用分层 FullMesh 架构，实现 Spine-Leaf 任意节点间流量快速转发。

② 在不增加单台设备性能和容量的前提下进行扩展，Spine-Leaf 可实现低成本弹性扩展。

③ 带宽利用率高，Spine-Leaf 可实现网内多链路负载负担和节点冗余，充分利用了带宽，同时也提升了网络的可靠性。

2. 组网方式探讨

新型 IP 融合承载网组网按照不同的组网方式、用户面、控制面、业务侧重点、方案难易程度及建设改造成本等，存在多种方案，可根据实际情况按需选择。将传统的 IP 城域网和移动回传网两张网合并成一张网，形成固移融合的新型 IP 承载网，组合的方案也会因考虑的侧重点不同而存在多种方式，以下主要探讨业务接入点位置考虑 BRAS 设备是否做云化处理。

（1）组网方式一：采用原有方案，仍使用 MSE 设备

传统 PPPoE 方式的家宽业务流量和基于互联网电话（Voice over IP，VoIP）/ITMS 业务流量为南北向流量，属于存量业务，且无算力下沉需求，会随着人口红利消退，流量增速减缓。因此，采用 OLT 经 Leaf 设备汇聚后接入 MSE 设备，继续采用 MSE 作为业务接入点，不需要进行 BRAS 云化处理。

如果不进行 BRAS 用户面和控制面分离处理，就不会涉及 UP 池化、VLAN 重耕和周边 IT 系统改造等工作，因此，在进行两网合并成一张网时，采用组网方式一进行网络演进，网络改

造的工作量较小，投入的成本较低，业务也不会涉及大量割接，部署较为简单。

（2）组网方式二：采用用户面和控制面分离 vBRAS 设备，部署在云资源池

BRAS 设备用户面和控制面分离示意如图 3-21 所示，通过云化理念将独立设置的软硬耦合设备重构为大容量池化网元部署在服务器中，用户面和控制面分离处理可分为云化控制面与池化用户面。云化控制面采用 x86 统一承载，统管虚拟 / 实体用户面，并发能力动态扩缩容，网络新能力“一站式”加载；池化用户面可按照业务特征采用不同硬件用户面，“N+1”冗余提升网络可靠性，同时，新用户面模式也可采用 x86 用户面实现快速应用。vBRAS 的 CP 采用 x86 服务器进行云化部署，作为综合控制；vBRAS 的 UP 包括硬件专用设备和 x86 虚拟化网元两种类型，pUP 承载 PPPoE 业务，vUP 承载 iTMS/VoIP 业务。

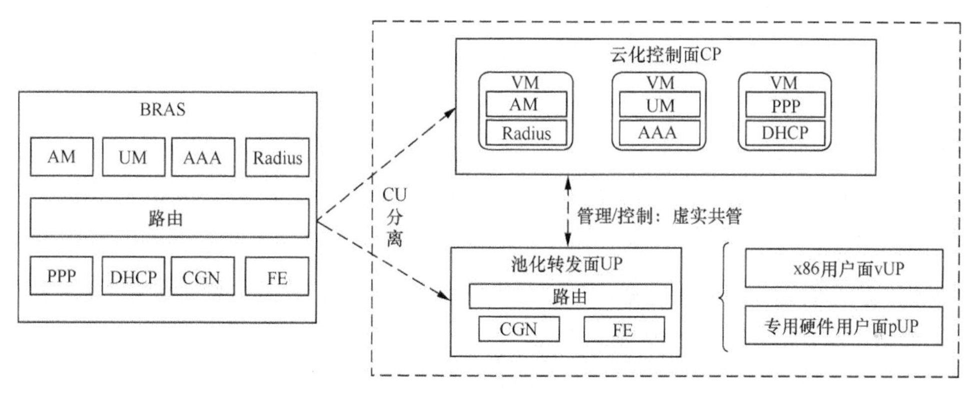

图3-21　BRAS设备用户面和控制面分离示意

对 BRAS 设备进行用户面和控制面分离处理，可对宽带业务集中处理，提升处理效率，实现虚实网络资源统一部署、按需扩展，在提升资源利用率的同时提供新功能快速上线、自动化配置管理等能力，但是引入新网元会增加建设成本，带来业务割接的新工作，改造难度较大。

3.3.3　技术方案选择

在新型 IP 城域网中，技术方案存在两个分歧比较大的方面：① UP 的方案是选择 pUP 还是选择 vUP；②如果选择 pUP，那么还需确认业务承载方案选择 VPWS 还是选择 VPLS。下面我们针对这几个疑问进行探讨。

- 用户面 UP 一般有两种选择方案。

  方案一：用户面池化pUP。pUP池化部署，pUP设备高挂组成池化，形成“N+1”/“N:1”保护。

  方案二：用户面虚拟化vUP。家宽业务采用管控分离的架构，UP采用vUP虚拟化网元进行部署。

- 而 pUP 场景按业务承载方式又分为两个方案。

  方案一：基于 VPWS 的 pUP 高可靠性实现方案，A-Leaf 和 S-Leaf 之间部署 VPWS。

  方案二：基于 VPLS 的 pUP 高可靠性实现方案，Leaf 和 S-Leaf 之间部署 VPLS。

以上几个方案和场景，对城域网的演进有关键的意义。下面，我们对各种技术方案进行对比分析。

1. pUP 方案中，选择 VPWS 和 VPLS 的对比

（1）网络规划约束

资源使用率：池组使用率至少达到 60% 以上，其中，池组使用率 = 可承载流量 / 池组建设总容量。故障切换后，用户容量 / 端口利用率 / 会话（Session）利用率不超过 100%。

安全性：当接入侧出现各种二层恶意攻击或环路导致的广播风暴时，需要有安全防护措施确保设备和网络能够稳定运行，不能影响整网和系统的安全。

业务开通的便利性：当新设备上线和新增网络覆盖时，网络具备快速上线能力。

维护的便利性：当日常维护时，要能快速定位用户上线的 UP 和 OLT；出现故障时，能够快速进行故障定位和故障恢复。

可靠性：当池外承载网络的链路、节点发生故障时，业务能快速恢复；当池内 UP 链路或节点发生故障时，用户可以快速切换到其他 UP。

（2）基础概念及原理

① EVPN VPLS。EVPN VPLS 是指利用 EVPN 以太网专网业务（E-LAN）模型来传输多点到多点的 VPLS 业务。EVPN VPLS over SRv6 是指利用公网的 SRv6 路径承载 EVPN E-LAN 私网数据。

EVPN VPLS 双活组网如图 3-22 所示。VPLS 接入冗余 / 双活原理 :CE 路由器双归接入的两台 PE 路由器（PE1 路由器 /PE2 路由器）配置为双活模式，PE1 路由器和 PE2 路由器可以通过以太网自动发现路由将冗余信息发送到对端 PE3 路由器，PE3 路由器在向 PE1 路由器 /PE2 路由器发送流量时会以负载分担的形式同时向 PE1 路由器和 PE2 路由器发送。

② EVPN VPWS。EVPN VPWS 在 EVPN 业务架构基础上提供了一种 P2P 的 L2VPN 服务方案。此方案使用 SRv6 隧道穿越网络，为接入电路（Access Circuit，AC）之间的连接提供无须学习 / 查找 MAC 转发表项的二层报文转发方式。

EVPN VPWS 双活组网如图 3-23 所示。VPWS 接入冗余 / 双活原理：CE 双归接入的两台 PE 路由器（PE1 路由器 /PE2 路由器）配置为双活模式，PE1 路由器和 PE2 路由器可以通过以太自动发现路由将 RD、RT、本地服务 ID、SRv6 SID 和多活模式信息发送到对端 PE3 路由器，PE3 路由器会同时优选 PE1 路由器和 PE2 路由器作为首选 PE 路由器，转发时进行负载分担。

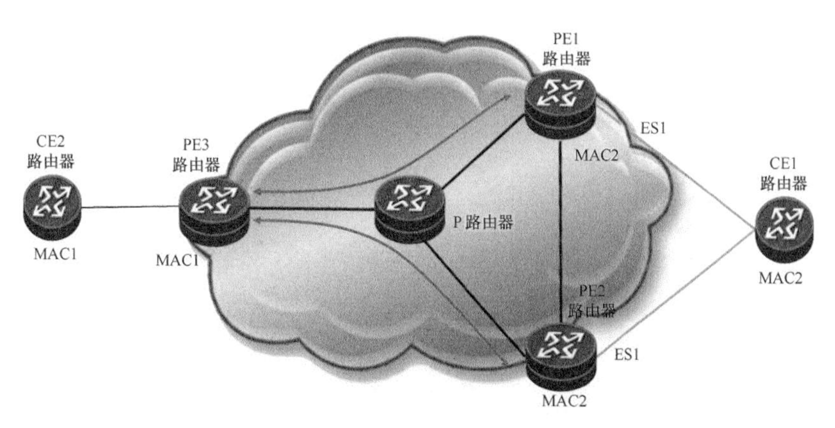

图3-22 EVPN VPLS 双活组网

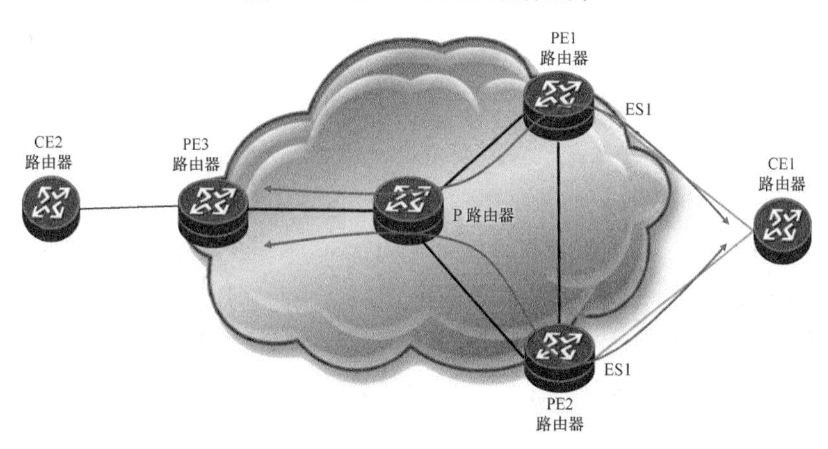

图3-23 EVPN VPWS 双活组网

（3）VPLS 方案介绍

① 总体方案。VPLS 整体方案如图 3-24 所示。

OLT 连接 A-Leaf1/A-Leaf2 的上行口，配置太网链路聚合（Ethernet Trunk，Eth-trunk）接入。OLT 用户需要将物理接口加入 Eth-trunk 接口中，实现增加带宽、提高可靠性和负载分担的功能。双归接入两台 A-Leaf 的场景，A-Leaf1/A-Leaf2 可使用跨设备链路聚合 Enhanced Trunk，E-trunk 实现链路级可靠性和设备级可靠性，当 A-Leaf1 发生故障或 A-Leaf1 连接 OLT 的链路发生故障时，让 OLT 到 A-Leaf1 的流量切换到 A-Leaf2 上，通过 A-Leaf2 与 OLT 继续通信。当 OLT 与 A-Leaf1 之间的故障恢复，流量重新切换到 A-Leaf 上。E-trunk 在 A-Leaf1 与 A-Leaf2 之间实现备份，提高网络可靠性。

OLT 双归接入 A-Leaf 设备，A-Leaf 部署 E-trunk 双活，部署 E-Trunk 下的双向转发检测（Bidirectional Forwarding Detection，BFD），检测 AC 口或者 A-Leaf 节点故障做快速倒换。

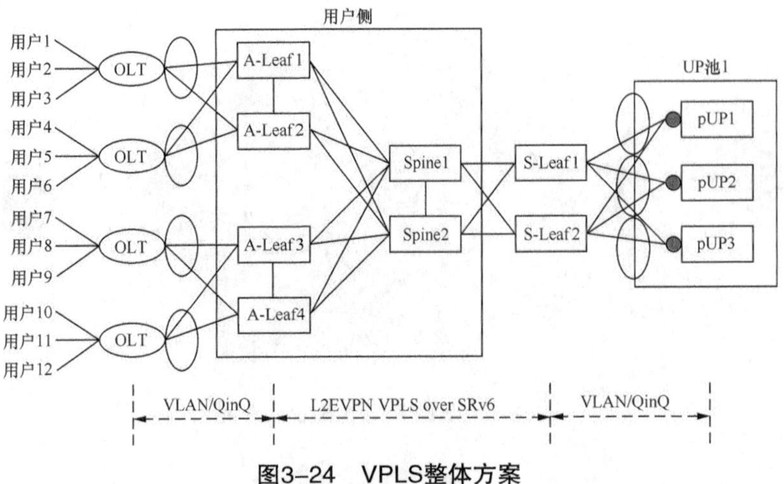

图3–24 VPLS整体方案

A-Leaf1 和 A-Leaf2 的 AC 口配置 EVPN 双活模式；pUP 连接 S-Leaf1/S-Leaf2 的上行口配置 Eth-trunk 接入；A-Leaf 和 S-Leaf 之间配置 EVPN VPLS over SRv6，打通二层广播域。

高速上网（High Speed Internet，HSI）用户业务上线 CU 间交互流程：CP 根据主用 UP 端口所在单板 Session 业务负载，选择负载最低的端口响应用户拨号请求，实现业务负载均衡，CP 将用户表项下发至对应主用 UP，且不向备用 UP 下发对应用户表项。

② 控制和转发流向说明。VPLS 池化控制面流程示意如图 3-25 所示。用户发起上线拨号，PPPoE 拨号报文在 A-Leaf 广播到温备中的每个 UP 端口，下行在 EVPN 中走单播转发。中间设备走路由负载分担转发。

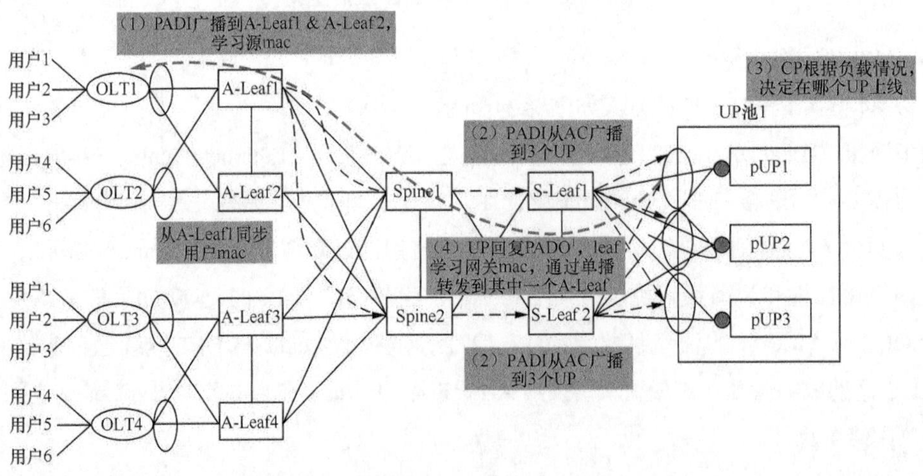

1. PADO（PPPoE Active Discovery Offer，PPPoE协议发现响应报文）。

图3–25 VPLS池化控制面流程示意

VPLS 池化用户面流量示意如图 3-26 所示，上行用户侧流量先沿 IPv6 负载分担转发到 S-Leaf1& S-Leaf2，在 S-Leaf1& S-Leaf2 转发到 UP，然后从 UP 网络侧去 CR。下行流和图 3-26 中的箭头方向相反。

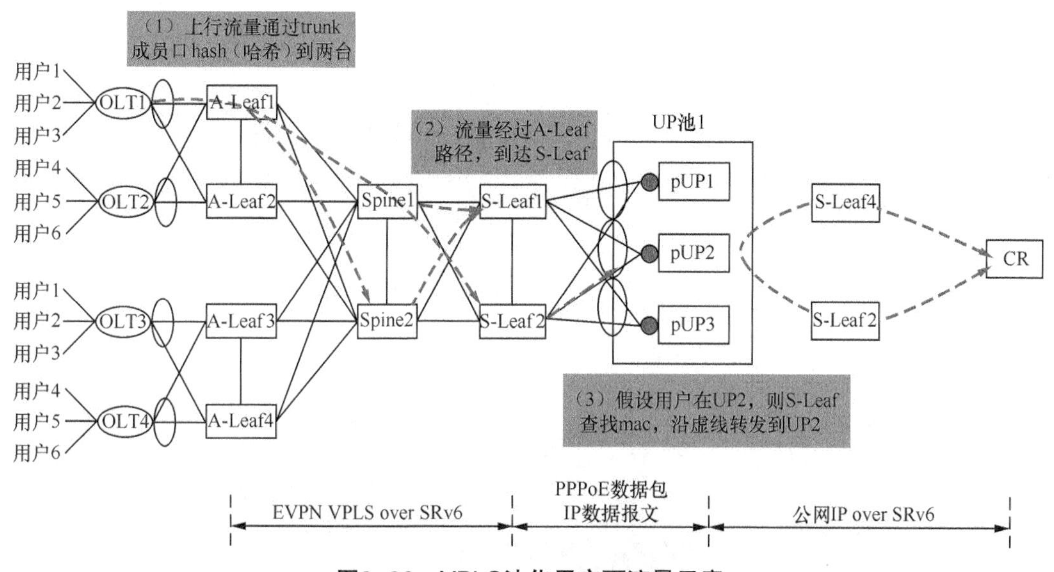

图3-26　VPLS池化用户面流量示意

（4）VPWS 方案介绍

① 总体方案。VPWS 整体方案如图 3-27 所示。

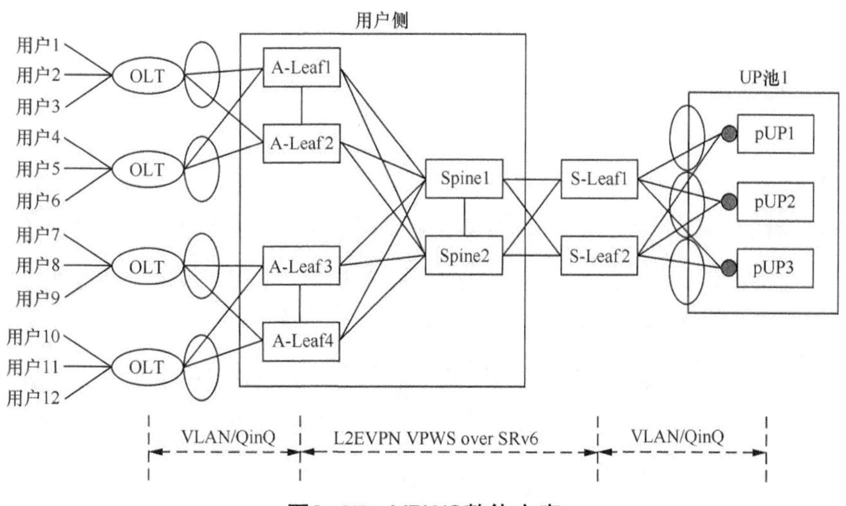

图3-27　VPWS整体方案

OLT 连接 A-Leaf1/A-Leaf2 的上行口不能 trunk 接入，广播报文双发至两台 A-Leaf。pUP

连接 S-Leaf1/S-Leaf2 的上行口配置 Eth-trunk 接入，S-Leaf1/S-Leaf2 配置 EVPN VPWS 双活。

A-Leaf 和 S-Leaf 之间配置 EVPN VPWS over SRv6，打通点到点二层广播通道。

② 控制和转发流向说明。VPWS 池化控制面流程示意如图 3-28 所示，用户发起上线拨号，拨号报文在 OLT 上广播，分片进入两个 EVPL。

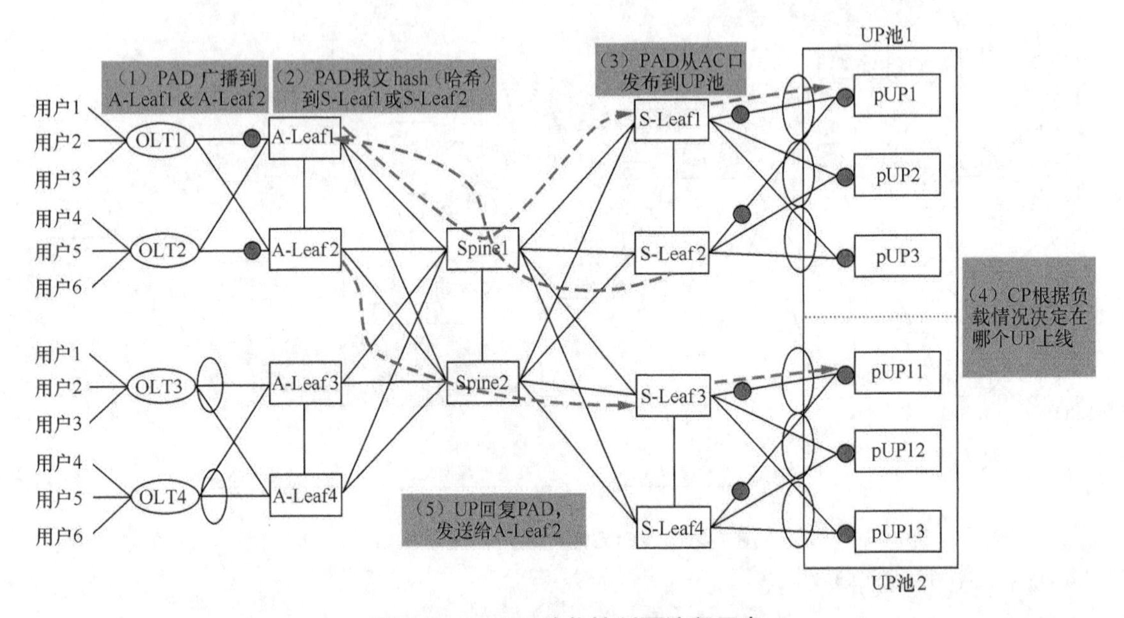

图3–28 VPWS池化控制面流程示意

VPWS 池化用户面流程示意如图 3-29 所示，上行用户侧流量先经过点状线，沿途 IPv6 负载分担转发到 S-Leaf1/S-Leaf2，在 S-Leaf1/S-Leaf2 转发到 UP，然后从 UP 网络侧去 CR。下行流量与图 3-29 中的箭头方向相反。

（5）vBRAS 备份方案介绍

① 热备、温备、冷备基本概念。热备模式是指用户上线后，主备设备上都会下发用户转发表。当主用设备发生故障时，备用设备升主后不需要重新下发转发表用户流量即可进入转发状态，因此，热备的主备切换速度最快，用户无感知。

温备模式是指用户上线后，只在主用设备上下发用户表项，当主用设备发生故障时，备用设备升主用后，再重新下发转发表，用户不需要重新拨号即可切换到备用设备转发，用户会感知到断流。温备模式切换速度较冷备快，较热备慢。

冷备模式用户上线后，当主用设备发生故障后，用户掉线，之后在备份设备重新拨号上线。冷备需要终端自动或者手工重新拨号，用户感知差。

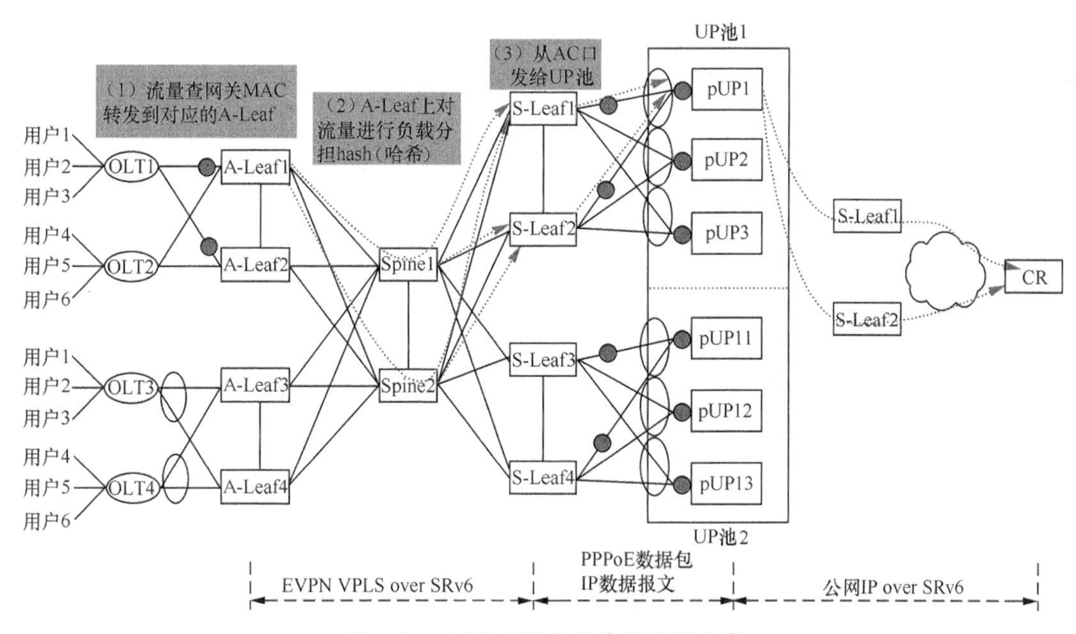

图3–29　VPWS池化用户面流程示意

② vBRAS各种备份关系介绍。在池化宽带网关（Broadband Network Gateway，BNG）的场景中，需要做备份的资源包含转发容量、端口数量、用户会话（Session）数量。其中，转发容量以物理端口/单板/整机为单位分别计算，端口数量以物理端口/子接口为单位分别计算，用户Session以单板/整机为单位分别计算。在设计备份关系时，需要考虑故障切换后，转发容量/端口利用率/Session利用率不超过100%。

（a）“1+1”备份（主接口粒度）。两个端口处于负载分担工作状态，常态下两个端口都承载业务，当一个端口发生故障后，全部流量切换到另一个端口。热备/温备/冷备都可以采用“1+1”模式。

（b）“*N*∶1”备份（主接口粒度）。“*N*+1”个端口形成一个备份组。其中，*N*个端口处于工作状态，1个端口处于备份状态无流量，当工作状态中的任何一个端口发生故障后，全部流量切换到备份端口。备份端口在同一时刻只能作为一个工作状态端口的备份，因此，只有温备/冷备可以采用“*N*∶1”模式。热备需要主备状态的端口都下发用户表，“*N*∶1”无法实现。

（c）“*N*+1”备份（主接口粒度）。“*N*+1”个端口形成一个备份组，所有端口都处于工作状态，任何一个端口发生故障后，该端口的全部流量和用户会负载分担到剩余工作端口上。所有（“*N*+1”）端口的用户和流量总和≤*N*个端口的带宽和用户总和，该模式下每个端口的用户数和流量会超过“1/*N*”，因此，只有温备/冷备可以采用“*N*+1”模式。流量/用户在所有端口负载分担的场景，热备需要主备状态的端口都下发用户表，“*N*+1”中备份的UP资源无法满足。

③ 3 种 vBRAS 备份关系端口利用率对比。3 种 vBRAS 备份关系端口利用率对比见表 3-2，其中，*N* 代表主端口数量。此表用于 UP 池方案设计参考，评估资源利用率，例如，“*N*+1”场景发生故障时，两个端口最多承载 200GB 流量，正常运行时承载流量不能超过 200GB，最多可以承载 200/(200+100)≈66.7%。电信规范中，BAS 端口扩容门限为 70%，即达到这个门限就必须进行扩容。在“*N*∶1”和“*N*+1”备份关系下，需要考虑设备端口故障切换后，工作端口的使用率不超过 100%。

表3-2 3种vBRAS备份关系端口利用率对比

	“*N*∶1”	“*N*+1”	“1+1”
计算公式	*N*× 扩容门限 /（“*N*+1”）	扩容门限	50%× 扩容门限
3 台 UP	46%	66%	35%
4 台 UP	52%	70%	35%
5 台 UP	58%	70%	35%

④ 结合承载模式（VPLS/VPWS）备份方案对比。VPLS 可支持的备份关系见表 3-3。

表3-3 VPLS可支持的备份关系

	“*N*:1”	“*N*+1”	“1+1”
热备	NA[1]	NA	Y
温备	Y[2]	Y	Y
冷备	Y	Y	Y

注：1. NA表示不涉及这种场景，NA是Not Available的英文缩写。
2. Y表示支持，Yes的缩写。

VPWS 可支持的备份关系见表 3-4。

表3-4 VPWS可支持的备份关系

	“*N*:1”	“*N*+1”	“1+1”
热备	NA	NA	Y
温备	N[1]	N	Y
冷备	N	N	Y

注：1. N表示不支持，是No的缩写。

（6）OLT 扩容场景对比

① VPLS 扩容场景。新增 OLT 设备，配置 OLT 双归接入 A-Leaf1/A-Leaf2，A-Leaf 的 AC 侧接口加入对应 UP 的 EVPN 实例即可。对于同一对 Leaf 下新增 OLT，该对 Leaf 下已经

有OLT接入，如果没有OLT接入，则需要提前配置EVPN实例和桥域（Bridge Domain，BD）。新增OLT时，通过“PPPoE+”解决精绑问题，新增加的用户可以在之前BAS口上继续承载。如果BAS口由于会话或者带宽不足，则需要新规划一组端口。

“PPPoE+”精绑改造后，用户上线的ONU SN、VLAN、OLT、PON、UP端口可以上报，后台3A系统能够精确绑定用户。

② VPWS扩容场景。新增OLT设备，配置OLT双归接入A-Leaf1/A-Leaf2，在A-Leaf和S-Leaf上都需要新增EVPN实例及创建对应的接口/子接口，同时还需要在A-Leaf和S-Leaf对应的AC侧接口加入该EVPN实例，pUP上也需要创建对应的接口/子接口与S-Leaf的AC口连接。

（7）广播域对比

VPLS&VPLS MAC学习方式见表3-5。

表3-5 VPLS&VPLS MAC学习方式

池化类型	A-Leaf	S-Leaf
VPLS	学习下挂OLT的用户MAC 学习UP网关MAC	学习下挂OLT的用户MAC 学习UP网关MAC
VPWS	不学习MAC	不学习MAC

广播域方案防攻击对比效果见表3-6。

表3-6 广播域方案防攻击对比效果

攻击类型	VPLS OLT为单位规划广播域，攻击对设备的影响	VPLS A-Leaf为单位规划广播域，攻击对设备的影响	VPWS方案防护策略，攻击对设备的影响
OLT上行广播攻击（非上送协议报文）	对A-Leaf、S-Leaf：占用部分带宽，抑制后，占用带宽更小。 对UP：转发丢弃，基本无影响	对A-Leaf、S-Leaf：占用部分带宽，抑制后，占用带宽更小。 对UP：转发丢弃，基本无影响	对A-Leaf、S-Leaf：不感知，占用带宽更多。 对UP：转发丢弃，基本无影响
OLT上行广播攻击（上送协议报文）	对A-Leaf、S-Leaf：占用部分带宽，抑制后，占用带宽更小。 对UP：会导致CPU变高一些，超过CP-CAR[1]值则丢弃	对A-Leaf、S-Leaf：占用部分带宽，抑制后，占用带宽更小。 对UP：会导致CPU变高一些，超过CP-CAR值则丢弃	对A-Leaf、S-Leaf：不感知，占用带宽更多。 对UP：会导致CPU变高一些，超过CP-CAR值则丢弃，单台UP会收到更大的攻击流
OLT上行已知单播攻击	对A-Leaf、S-Leaf：不感知。 对UP：会导致CPU变高一些，超过CP-CAR值则丢弃	对A-Leaf、S-Leaf：不感知。 对UP：会导致CPU变高一些，超过CP-CAR值则丢弃	对A-Leaf、S-Leaf：不感知。 对UP：会导致CPU变高一些，超过CP-CAR值则丢弃
S-Leaf未知单播、广播	对A-Leaf、S-Leaf：占用部分带宽，抑制后，占用带宽更小。 对UP：转发丢弃，基本无影响	对A-Leaf、S-Leaf：占用部分带宽，抑制后，占用带宽更小。 对UP：转发丢弃，基本无影响	对A-Leaf、S-Leaf：占用部分带宽，抑制后，占用带宽更小。 对UP：转发丢弃，基本无影响，单台UP会收到更多的广播流

注：1. CP-CAR（Control Plane Committed Access Rate，控制面承诺访问速率）。

VPLS 方案中，BUM 流对 A-Leaf、S-Leaf 基本无影响，BUM 流在 A-Leaf、S-Leaf 设备中会进行广播，属于转发行为，对 Leaf 控制面本身无影响，广播会占用一定的带宽，经过 BUM 抑制后，占用带宽较小。

VPWS 方案中，A-Leaf、S-Leaf 不感知广播报文。

对 UP 用户侧接口的上线报文攻击，例如，PADI 等攻击，靠 UP 的 CP-car 进行防护；对 UP 用户侧接口的非上线报文攻击，直接在用户面丢弃，基本无影响。

（8）VPLS EVPN 防环广播抑制技术方案介绍

防环广播抑制技术方案如图 3-30 所示。

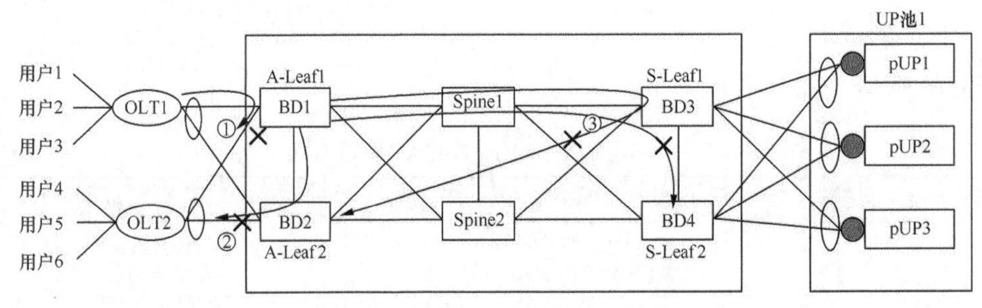

图3-30 防环广播抑制技术方案

① 防环技术方案。节点防环：配置 BD 内 AC 隔离，同一个 BD 内 AC 间隔离，避免用户 MAC 地址在同一个 A-Leaf 内转发。不同 BD 间 Per-AC 隔离，同一个 EVPN 实例下，在 A-Leaf 上配置 Per-AC 隔离，避免用户 MAC 地址在 A-Leaf 间的 AC 侧转发。节点防环采用 EVPN 水平分割，避免广播报文在 Leaf 之间转发。

② 广播抑制方案。如果接入用户使用变源 MAC 攻击，则 RR 会学习大量攻击报文的 MAC 路由，可在 A-Leaf 节点的 EVPN 实例下配置 MAC-LIMIT（MAC 限制）功能，限制该 EVPN 可学习的 MAC 数量，减小攻击时的影响范围。A-Leaf 或 S-Leaf 收到 BUM 报文后，设备会再次进行广播，可以在 AC 口进行广播抑制。

③ 配置 BUM 抑制。A-Leaf 从两个不同的 AC 口学习到相同的 MAC，影响流量转发，可以配置基于接口的 MAC-Flapping（防 MAC 地址跳变）特性。

A-Leaf 分别从 AC 口和网络侧学习到相同的 MAC，导致环路风险，可以配置 BGP EVPN 的 MAC 抑制功能（默认使能）。

针对用户之间不经过 BRAS 直接在同一广播域内的通信，通过 AC 隔离和 EVPN E-Tree 解决。随着 EVPN 上承载业务量的不断增加，EVPN 所管理的用户 MAC 地址也会不断增加。这些用户 MAC 地址会随 EVPN 路由在网络中扩散，最后同一广播域中的所有接口都可以二层互通。需要注意的是，对于没有互访需求的用户，既无法隔离BUM流量，也无法隔离单播流量。因此，如果用户希望同一广播域中无互访需求的用户接口之间可以相互隔离，则可以在网络中部署EVPN E-Tree功能。

针对同一A-Leaf节点下挂的OLT的成环，通过EVPN内的AC口隔离解决。

（9）EVPN VPWS和EVPN VPLS对比

EVPN VPWS和EVPN VPLS对比总结见表3-7。

表3-7　EVPN VPWS和EVPN VPLS对比总结

对比项	EVPN VPLS	EVPN VPWS
资源利用率（温备）	“3+1”为70%	“3:1”为52%
	“3:1”为52%	
安全性	A-Leaf和S-Leaf需要学习用户MAC，S-Leaf上需要维护大量用户MAC，对设备的MAC表项能力要求高，需规划缺省未知MAC路由（Unknown MAC Route，UMR）方案优化	A-Leaf和S-Leaf不需要学习用户MAC，不存在变源MAC攻击和二层环路的风险
	针对各种安全风险，可以通过BGP EVPN MAC-Flapping和MAC抑制、AC口隔离、E-Tree等技术解决	本身无广播机制，无广播导致的安全问题
业务规划和部署	OLT<—>A-Leaf，S-Leaf<—>pUP独立规划，OLT和pUP无一一对应关系	OLT<—>A-Leaf<—>S-Leaf<—>pUP端到端规划；OLT和pUP的端口有对应关系
	新增OLT时，在A-Leaf AC侧配置，将OLT对应的VLAN加入EVPN实例中	新增OLT时，在A-Leaf和S-Leaf上新增EVPL实例，将OLT和pUP的VLAN加入对应的EVPL实例中
维护管理	OLT之间的外层Q重叠时，不影响pUP上的物理端口规划	OLT之间的外层Q重叠时，pUP上无法使用同一物理端口接入
	VLAN冲突时需引入“PPPoE+”解决精绑的问题（现网大部分已部署）	不存在VLAN冲突导致的精绑的问题
	故障定位需要关注Leaf MAC	故障定位不需要关注Leaf MAC
可靠性	链路和节点发生故障时，可以实现亚秒级保护	A-Leaf AC侧端口发生故障之后用户断流，需要重新上线，时间分钟级

需要注意的是，UMR的核心思想借鉴了默认路由，当系统中存在一条默认MAC，且没有查到目的MAC表项存在时，按照默认MAC表转发数据。

2. 用户面vUP和pUP对比

用户面vUP和pUP分别是UP的虚拟化实现方式和物理设备实现方式，二者在业务转发流程、物理架构、性能演进等方面有较大差异。下面对两种方案进行分析对比。

（1）vUP的部署模型和环境

vUP是一个路由器，通过对虚拟机（Virtual Machine，VM）的虚拟网络接口控制器（virtual Network Interface Controller，NIC）映射而来。VM上的vNIC与服务器上物理NIC之间的数据交换，可以使用硬直通或者是软交换。

对于高性能的转发，一般要使用硬直通。vUP 的软转发性能有限，需要多个服务器才能达到业务要求，因此，需要用交换机将多个服务器连接起来形成资源池来提供业务。

vUP 是一个虚拟网络功能（Virtualized Network Function，VNF），部署在网络功能虚拟化基础设施（Network Functions Virtualization Infrastructure，NFVI）加上管理和编排（Management and Orchestration，MANO）的环境中。vUP 是一个软件，需要部署在多个服务器的多种不同类型的 VM 上（不同 CPU、内存、vNIC 数量），因此，ETSI 定义了虚拟网络功能管理（Virtual Network Functions Manager，VNFM）来对 VNF 的生命周期进行管理。vUP 需要部署在多个服务器组成的 VM 池上，因此，需要部署计算虚拟化软件及虚拟基础架构管理（Virtual Infrastructure Management，VIM）。VM 池需要多个使用网络互联的服务器组成的硬件环境，还需要足够大的存储空间保证可靠性。

vBRAS 的现网部署需要 NFVI、MANO 和 vBRAS，NFVI 的建设包括网络、服务器、存储的组网和配置，MANO 的建设包括 MANO 软件的安装，在 MANO 上基于虚拟化的网络功能模块描述符（Virtualized Network Function Descriptor，VNFD）脚本运行 vBRAS 软件。

NFVI 一般对 L2 和 MPLS 转发并不支持，因此，vBRAS 一般需要修改为 L3 入和 L3 出的模型，对应的配置模型也要修改。vBRAS 的性能不足，因此，需要部署多个 vBRAS 网元，对应的地址池要分割而且要复制多个配置。

（2）业务转发流程对比

对于 BAS 的网元角色，电信网络设备的转发基本要求为：业务特性叠加性能不下降，业务容量提升性能不下降，提供确定性的转发时延，减少转发抖动，同流报文不能乱序。

vBRAS 从实现角度看，就是 CPU 内核从接受缓存中提取一个报文，然后通过大量的缓存读取（查表）后，再写入发送缓存中，具体包括以下 3 个模块。

- 转发业务模块：支持用户接入、IPv4、IPv6、MPLS、VxLAN、GRE、流分类等 QoS、安全防攻击策略、BFD 等功能。
- 流量管理模块：支持用户流量整形、监管等功能。
- 报文收发模块：支持基于数据平面开发套件（Data Plane Development Kit，DPDK）和网卡驱动收发报文，承担跨 VM 流量转发及进程间通信功能。

（3）物理架构和性能对比

vBRAS 转发基于 CPU，物理 BAS 基于 NP，芯片决定差异。CPU 是针对 IT 场景设计的通用芯片，内核主频高，但线程数量有限。内核部分的尺寸较小，包括 Cache（缓存）、多媒体指令集。CPU 针对 IT 场景，主要处理计算和存储，特别适用于强密集计算、图形计算、多媒体处理等场景，对于输入/输出（Input/Output，I/O）吞吐型场景非常低效。NP是针对网络转发定制的专用芯片，内核主频稍低，但线程数量非常多。内核包括处理器、串行器和解串器（Serializer-Deserializer，SerDes）/MAC等I/O接口、转发表项和报文缓存等部分，所有DIE（管芯）都用于转发，而且内置大量硬件协处理器，QoS、计数等都有专门硬件处理。通过专门微码直接在硬件上编程，通过“微码+表项”支持转发流程。

（4）vUP和pUP方案对比总结

vUP方案可以实现软硬件解耦，降低对厂家的依赖度，扩容方案更加灵活。vUP软转发机制存在天然缺陷，无法满足家宽业务的大流量、低时延、实时QoS要求。vUP的成本与pUP相比并不占优势。相反，业务规模越大，pUP的成本优势越明显。vUP的交付运维比pUP复杂得多。

基于上述分析，当前网络采用vUP的案例还相对比较少，主流依然采用pUP方案。

3.3.4 组网架构方案选择

1. 组网架构方案一

新型IP融合承载网架构方案一如图3-31所示。该组网架构以数据中心为中心，采用Spine-Leaf灵活架构，由接入层、汇聚层和核心层组成，按POD建设落地，本地网可划分为云网POD和互联网POD两种。云网POD综合承载入云专线、政企专线、云间高速、云网超宽等云网类业务和5G业务。云网类业务和5G业务在Leaf上分离到云网POD，发挥Spine-Leaf架构疏导东西向流量、灵活入云的优势，该业务是未来流量增长的主力。互联网POD中，仍采用MSE承载家庭上网、ITMS、固话业务，该业务是南北向流量，无算力下沉需求，流量增速减缓。新型IP融合承载网由Spine和Leaf设备、云资源、云网运营系统4个部分组成。

目标架构方案一具备以下能力。

① 两网合一：建设一张网用于多业务统一承载，以本地网为单位，按POD建设落地，本地网可划分为云网POD和互联网POD，面向固网业务、移动业务、政企业务、云网业务一体化统一承载，并降低网络建设投资和运营成本。

② 架构弹性扩张：基于Spine-Leaf灵活架构，通过增加Spine或Leaf节点设备的方式实现网络弹性扩展。

③ 协议简化统一：设备引入新的“IPv6+”新技术，承载协议简化，采用SRv6/EVPN协议统一提供所有业务的承载，简化跨域和跨网之间部署复制的问题。

④ 安全隔离通道：可按客户需求，部署软切片或FlexE硬切片，实现客户的业务流量安全隔离。

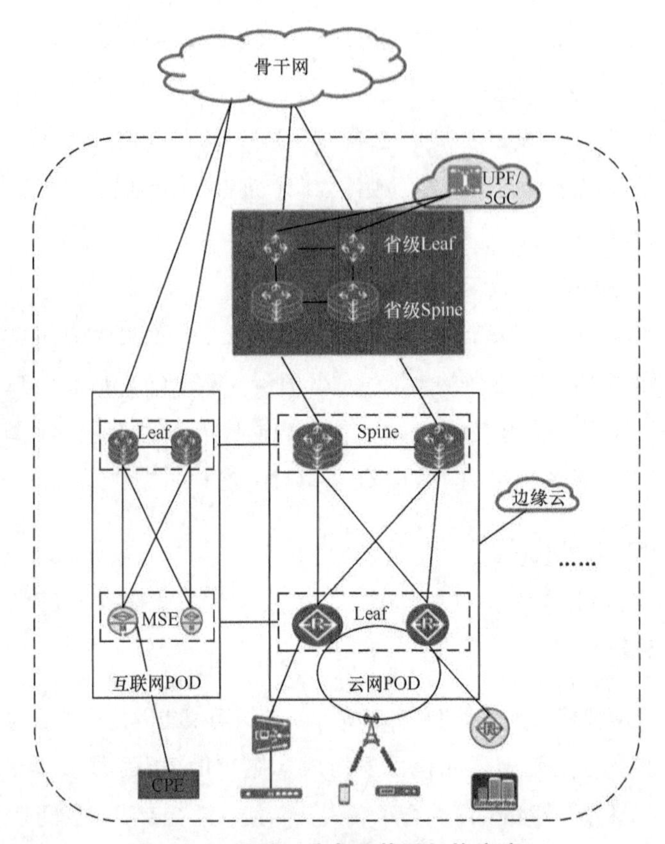

图3-31　新型IP融合承载网架构方案一

⑤ 云网运营系统：部署云网运营系统，除了传统的网络管理、数据采集分析、配置管理、业务自动开通、智能运维等功能，还引入支持 SRv6 Policy 灵活选路和流量调度的控制调度模块，实时满足客户高标准的 SLA 需求。

2. 组网架构方案二

（1）总体架构

新型 IP 融合承载网架构方案二如图 3-32 所示。

组网架构以云为中心，面向固移融合、政企产品及云网产品等一体化场景需求，基于“积木式”Spine-Leaf 架构组网，采用模块化组件实现网络弹性扩展。网络架构由城域 POD、云网 POP、POD 出口功能区三大组件搭建。城域 POD 以本地网为单位，负责各类用户 / 业务接入；云网 POP 主要采用标准对接方案接入云资源池；POD 出口功能区主要用来对接骨干网、业务平台 / 核心网等网络，实现业务流量分流。BRAS 设备用户面和控制面分离，toH 业务拆成 4 个部分：

CP作为综合控制、vUP承载ITMS/VoIP业务、pUP承载PPPoE业务和Leaf设备承载云网超宽业务，其他业务按照原有承载方式。

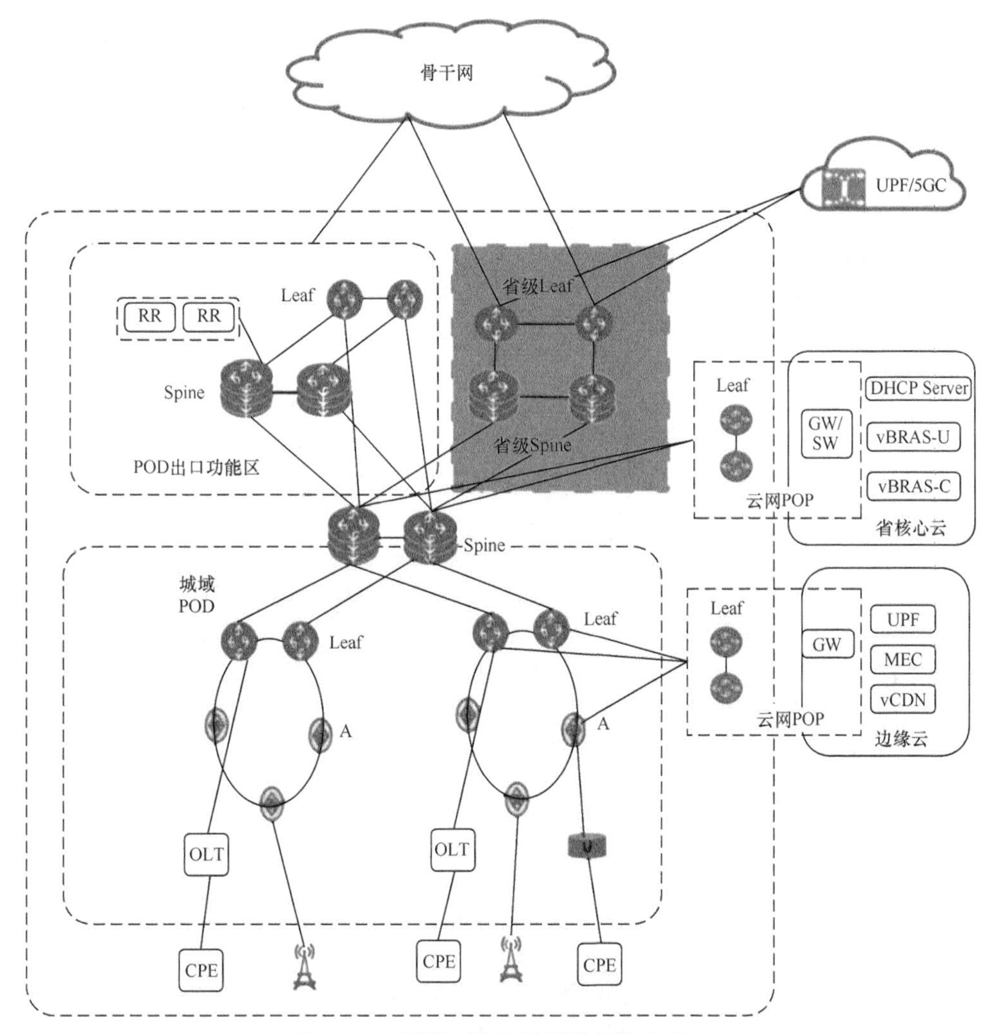

图3-32 新型IP融合承载网架构方案二

具体组网架构的说明如下。

① 组网架构由城域POD、云网POP、POD出口功能区三大组件构建，可基于网络规模按统一的模块化组件进行弹性扩展。

② 城域POD以Spine-Leaf架构组建：每个POD设置两台Spine，下挂多对Leaf设备。

③ 云网POP标准化对接：部署于云网POP与云业务网络网元对接，采用标准化方案接入云资源池。

④ POD 出口功能区：用于接入骨干网、核心网等外部网络，采用 Spine-Leaf 架构组网。

⑤ 固移统一接入：基站接入环形组网的 A 设备后再接入 Leaf，OLT 通过 Leaf 设备接入。

⑥ 对 BRAS 设备进行转控分离：控制面云化、用户面池化。

（2）城域 POD

城域 POD 示意如图 3-33 所示，采用 Spine-Leaf 组网模式，以本地网为单位进行建设，主要用于业务综合接入和转发，并可基于业务需求量通过增加 Spine-Leaf 节点进行弹性扩展。城域 Spine 设备作为高速流量转发与汇聚，Leaf 设备间流量互访节点；城域 Leaf 设备作为固、移、云等业务综合接入，主要包括①家宽 / 语音 / 政企 / 基站业务接入点；②边缘 / 园区 DC 及云资源池的接入；③视频点播与直播业务流量控制点。

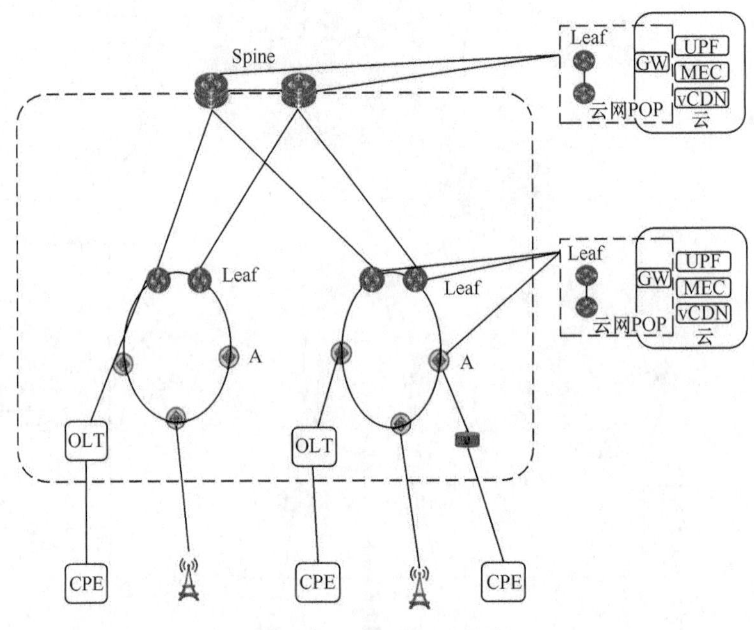

图3-33 城域POD示意

（3）POD 出口功能区

POD 出口功能区如图 3-34 所示，POD 出口由 Spine 和 Leaf 组成，连接骨干网、核心网等外部网络，实现业务流量分流与转发，各设备的具体作用和说明如下。

① Spine 设备：针对网络和资源池接入，向上连接骨干网，可按层次接入城域核心 DC、中小 IDC；针对业务流量，可对全球互联网、政企、移动等流量进行分流，同时也接收全球路由表，通过明细路由、策略路由等方式实现高质量、差异化和安全服务。

② Leaf设备：可部署 VPN 实例或端到端 SRv6 Policy 路径调度实现跨域政企组网和云网业务。

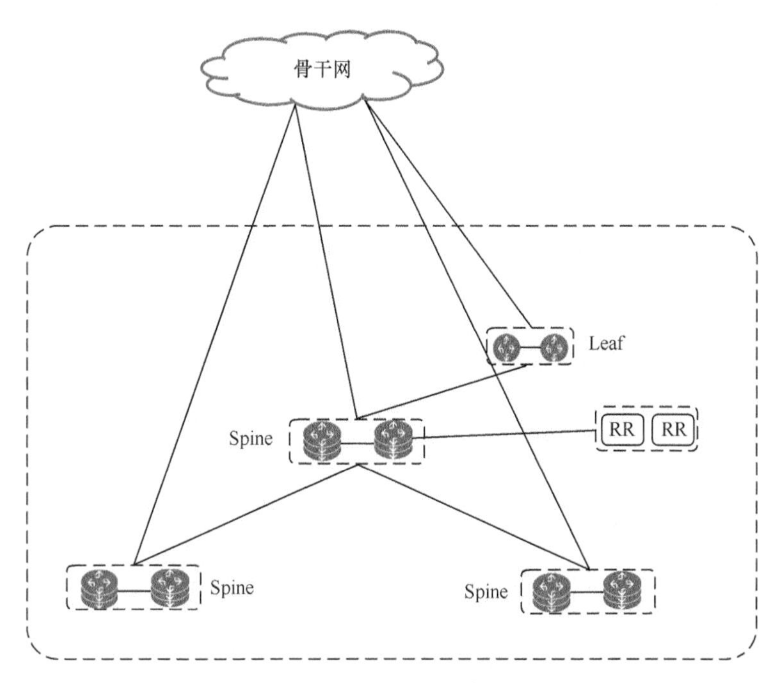

图3-34 POD出口功能区

③ RR 设备：作为城域内的路由反射器，实现 POD 间的路由反射；在城域外，从上一级 RR 获得外部路由，并反射到 Leaf，实现跨域的业务承载。

（4）云网 POP

云网 POP 示意如图 3-35 所示，云网 POP 是资源池中云业务接入网络与城域内网络入云边界网元组成的对接网络，部署于云资源池所在的站点，包括云业务网络出口网元和网络接入网元，云业务网络出口网元包括专线、云业务、VPN 等网关设备；网络接入网元包括 Leaf 、PE 等城域内网络终结设备。

（5）方案二的目标架构的主要能力

① 一网多业务承载：将两张网合并为一张网，对固网业务、移动业务、政企业务及云业务进行统一承载。

② 架构灵活可扩展，基于 Spine-Leaf 灵活架构，采用统一的 POD 模块化组网，可根据实际网络、业务分布情况灵活扩容或收缩。

③ 协议简洁，引入 SRv6、EVPN、FlexE 等新协议，使网络可提供差异化、定制化的服务。

④ 对 BRAS 设备进行转控分离处理，公众家宽业务集中式处理，提升运营效率，提高资源利用率。

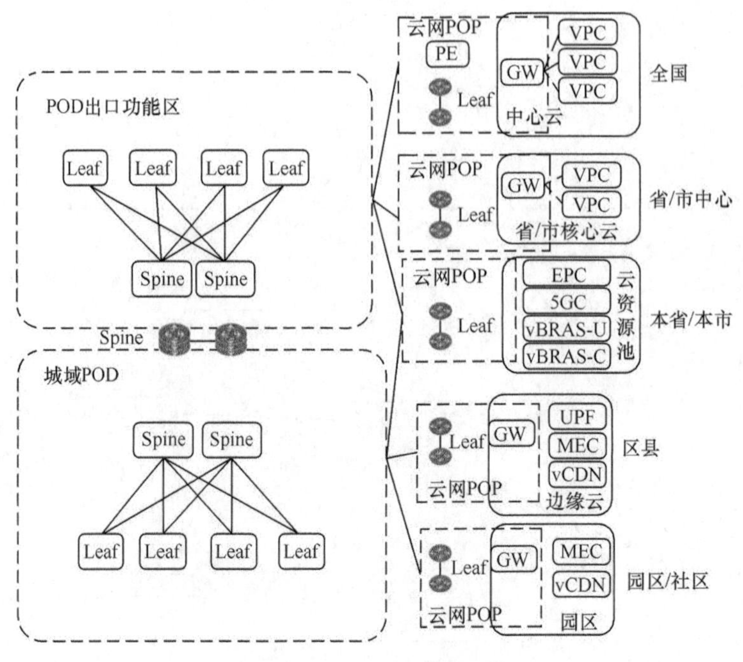

图3-35　云网POP示意

⑤ 引入云网运营系统，支持网络自动化管理、业务一键式开通、路径调度、数据采集分析、故障快速定位与修复等功能。

3. 组网架构方案的比较

新型 IP 融合承载网组网架构方案一和方案二的不同之处在于二者的业务侧重点及设备部署位置、业务流量走向不同。

组网架构方案一城域内分为互联网 POD 和云网 POD 两种，对特大型本地网按需拆分多 POD。Leaf 设备做综合业务接入，作为业务锚点进行分流，toH 业务（面向家庭用户的业务）拆成两个部分：一部分宽带上网 /VoIP/ITMS 业务通过 MSE 进行承载；另一部分云网超宽业务通过 Leaf 进行承载，其他业务按照原有承载方式。

组网架构方案二的网络架构由城域 POD、云网 POP 和 POD 出口功能区三大组件组成，Leaf 设备做综合业务接入，toH 业务可以拆分成 4 个部分：CP 作为综合控制、vUP 承载 ITMS/VoIP 业务、pUP 承载 PPPoE 业务、Leaf 承载云网超宽业务，其他业务按照原有承载方式。

两个方案改造对比见表 3-8，从演进过程中，在改造的难易程度上，方案一相较于方案二部署更简单，需要改造的地方较少，能快速从传统 5G 移动回传网络演进到新型 IP 融合承载网，业务也能快速部署上线开通。方案二部署较复杂，改造的地方较多，需要较长时间才能完成演进。总体来看，两种方案对现网机房条件、传输资源、VLAN 资源等需求及改造难度有所差异，都可以满足未来算力下沉、确定性承载、云网业务、一网多业务承载等需求，可结合实际情况按需选择。

表3-8 两个方案改造对比

项目	方案一	方案二
“IPv6+”技术承载云网业务	是	是
一网多业务	是	是
架构灵活扩展	是	是
提高 UP 使用率	是	是
CP、vUP 部署	不需要改造	需要改造
MSE 割接改造	Leaf 接入设备改造	池化高挂改造
云网超宽改造	需要改造	需要改造
VLAN 整改	不需要改造	需要改造
周边系统对接	少量改造	需要改造
运维系统升级	不需要改造	需要改造
安全措施加固	不需要改造	需要改造

第4章

新型 IP 承载网业务承载方案

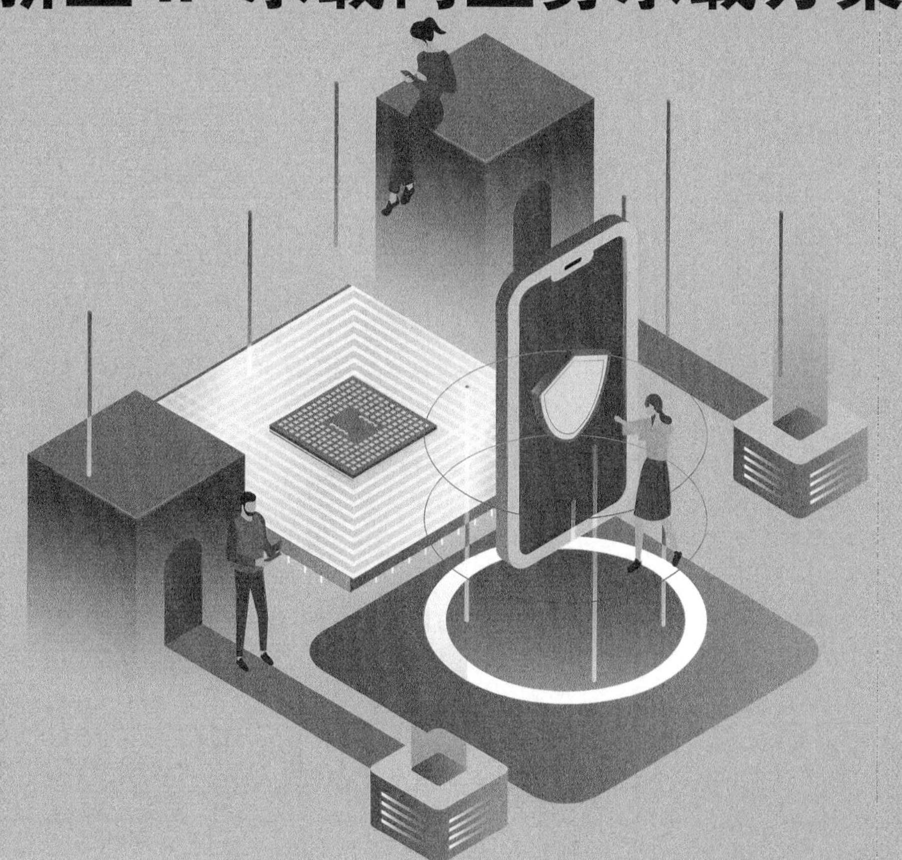

随着 5G 和云网融合时代的到来，多样化业务与企业加速云改数转给运营商带来新机遇的同时，也带来了新的挑战。用户对云网服务质量要求越来越高，除了要求运营商能按需提供差异化、确定性的云网服务能力，还对业务开通、发放的敏捷性提出了更高的诉求，这促使承载网更加弹性、灵活，网络控制和管理需实现集中化、智能化，能做到网随云动，支持云与网的深度融合与协同。

传统的 IP 承载网络在城域层面存在多张网络，IP 城域网、IP RAN 等多域网络烟囱式并立，移动业务与固网宽带业务分网承载，IP 城域网用于承载互联网业务和组网业务，包括家庭宽带、互联网专线、MPLS VPN 等业务，IP RAN 网络用于承载移动网基站回传业务、大客户专线业务等，网络功能与设备紧耦合，传统的城域网络架构在承载 5G 大带宽、云网融合业务时，面临网络架构复杂、网络协议繁多、运营管理难度大、网络利用率低、难以实现网络云化和云网融合等问题，无法适应 5G 和云网融合时代的新需求。

面向云网融合和固移融合的新型 IP 承载网具有简洁、通用、高效、智能的特点，采用 Spine-Leaf 云化架构，提供城域内流量无阻塞转发能力，提升 DC 内网络甚至城域网络的扩展性，具备网业分离、转控分离、智能管控等特征，并引入 SRv6、EVPN 等新型网络协议，简化 IP 网络的协议层级，统一实现二层 VPN 和三层 VPN，满足服务差异化、SLA 保障及业务快速灵活部署等需求，实现“5G+ 政企专线 + 家庭宽带业务”的统一承载。

传统与新型 IP 承载网架构对比如图 4-1 所示。

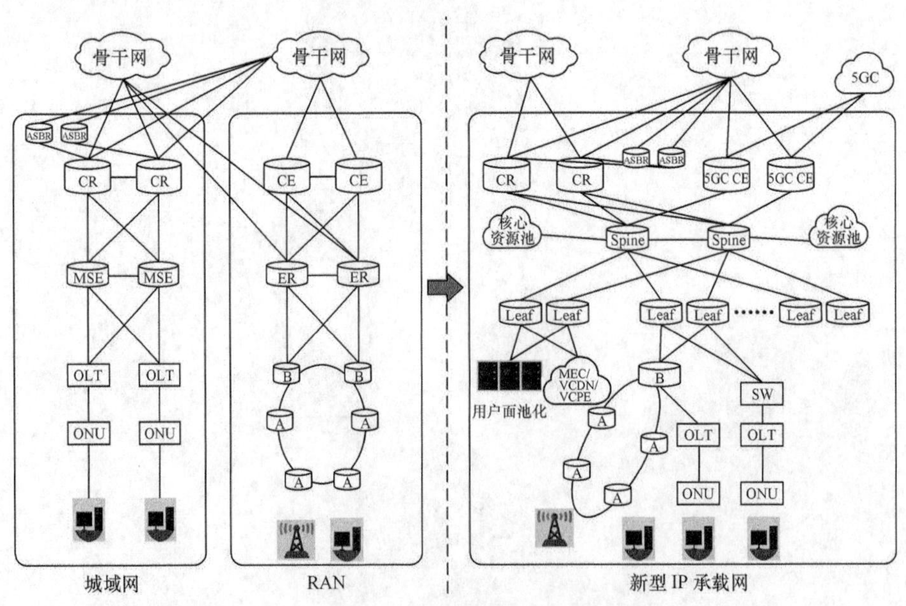

图4–1　传统与新型IP承载网架构对比

业务在新型IP承载网络上承载的主要特征是以POD为单位来组织Spine-Leaf网络两级架构，小型承载网一般为1个POD，而大型和特大型IP承载网可以由多个POD组成，新型IP承载网单POD架构如图4-2所示。

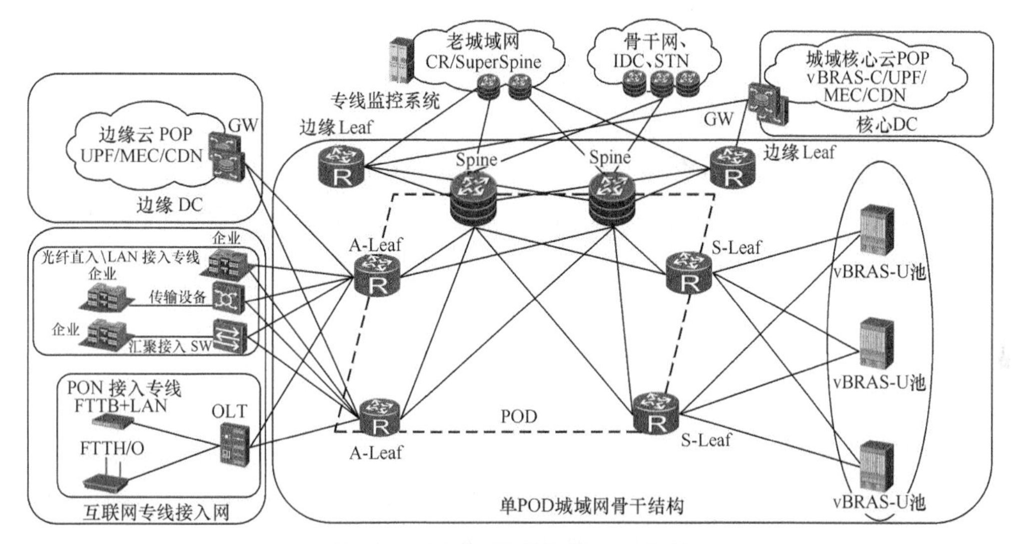

图4-2 新型IP承载网单POD架构

城域POD基于城域叶—脊（Spine-Leaf）网络组建，每个POD设置两台Spine，下挂多对Leaf设备，实现POD内灵活扩展。Spine用于实现高速流量转发与Leaf设备间流量互访；Leaf设备包含A-Leaf、S-Leaf与B-Leaf共3种不同的类型。A-Leaf作为公众、政企与移动业务的接入点，可实现固、移、云等业务的综合接入。另外，A-Leaf作为云网超宽带、光纤直驱/LAN型互联网专线用户的终节点，采用非Session级IPoE方式实现用户接入。S-Leaf作为核心/边缘DC及云资源池的网络对接点，实现云资源池的标准化对接。B-Leaf用于实现与外部网络的对接，例如，骨干网络。Leaf原则上不直连城域外的网元，访问外部网元通过Spine转发。

4.1 公众拨号宽带业务

拨号宽带业务是运营商用户量最多、覆盖面和影响面最大的业务，是运营商的基础业务，主要使用PPPoE协议实现BRAS与用户之间的点对点连接，实现线路独享、QoS、灵活计费。

拨号宽带主要包括用户接入部分、认证部分和转发部分3个部分。

用户接入部分经历了电话线、网线、光纤的发展，“光进铜退”的升级，用户接入设备经历了 56K 调制解调器、ADSL 调制解调器和 ONU 的发展，局端设备经历了数字用户线路接入复用器、交换机、OLT 的发展，一步步向大带宽、低时延的方向稳步推进。

认证部分主要使用远程用户拨号认证服务（Remote Authentication Dial In User Service，RADIUS）进行，除了进行用户身份认证、用户线路认证，还需进行用户 QoS 参数、在线时长、域等用户参数的下发，并同时对用户上网记录进行保存，方便日后溯源。

转发部分主要通过高性能路由器进行实现，目前，主干网络已可达 T 级别的容量及能力。由于 IPv4 地址分配耗尽，各运营商不得已启动了 NAT 功能，以进行业务的承载。拨号宽带业务通常上下行速率不对称，下行速率较大，目前，主流的速率为 50Mbit/s、100Mbit/s、200Mbit/s、500Mbit/s、1000Mbit/s，上行速率较低，速率基本在 20 ～ 100Mbit/s。

4.1.1 新型公众宽带业务承载方案

1. 业务承载需求

拨号宽带业务在接入层主要使用二层技术，目前，主流使用光纤接入（Fiber To The X，FTTX）模式，“OLT+ONU”方式进行接入承载，使用 QinQ（802.1Q-in-802.1Q）技术对广播域进行控制，对业务进行分离。

拨号宽带业务在控制面需要完成 PPPoE 协议的通道建立、用户信息认证、IP 地址分配和 QoS 下发等工作，并需要协同认证平台进行计费。

拨号宽带业务在用户面需要完成 IP 转发、限速、地址转换等工作，并承担故障切换的工作。

2. 业务承载方案

拨号宽带业务在新型承载网的主要实现方式如下。

用户终端通过 PON 接入，经 OLT 二层透传接入 A-Leaf 节点；A-Leaf 节点作为 OLT 的 VPLS 分支（Spoke Point）的接入节点，通过 SRv6 技术的二层虚拟专用局域网（L2EVPN VPLS over SRv6）技术将用户 MAC 传递到 S-Leaf，从而形成用户 ONU—OLT—A-Leaf—S-Leaf 的大二层通道。公众宽带上网业务接入承载实现拓扑如图 4-3 所示。

A-Leaf 以下的接入层中可以使用 OLT 单归和双归 A-Leaf 的方式进行接入。OLT 单归接入承载实现场景如图 4-4 所示，OLT 以双链路聚合接入单台 A-Leaf，A-Leaf 通过二层子接口视图 BD 将二层 EVPN 与业务接口进行绑定；OLT 双归接入承载实现拓扑如图 4-5 所示，OLT 接入两台 A-Leaf，通过以太网段（ES）、EVPN 实例（EVPN Instance，EVI）选举指定转发者（DF）方式，再通过BD实现与资源池的EVPN互通，使业务信息完成在大二层通道中的传递。

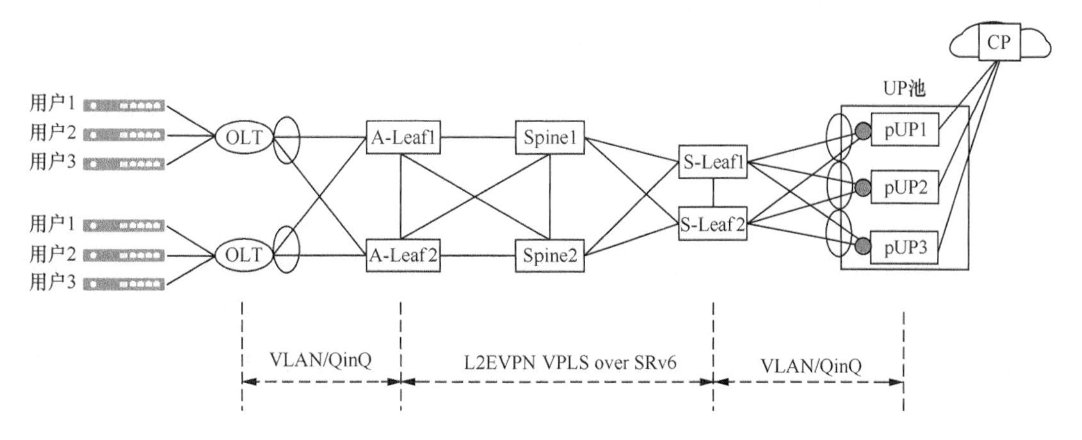

图4-3 公众宽带上网业务接入承载实现拓扑

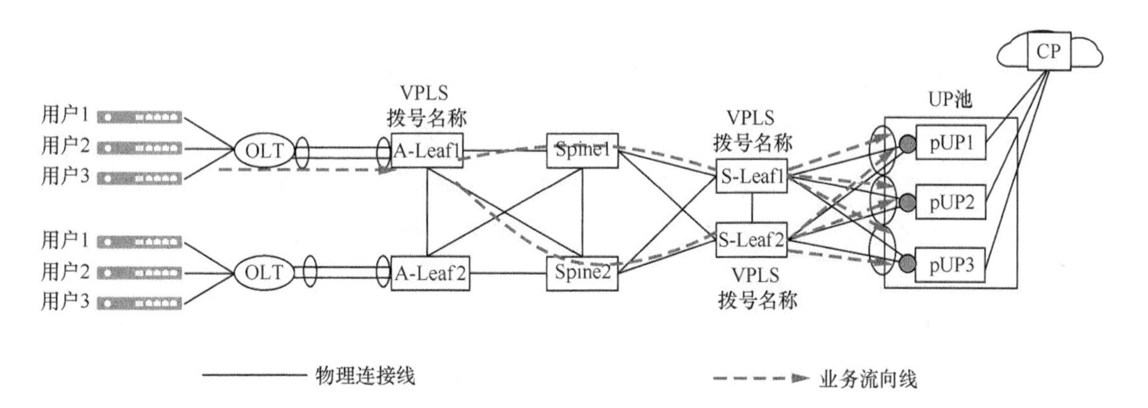

图4-4 OLT单归接入承载实现场景

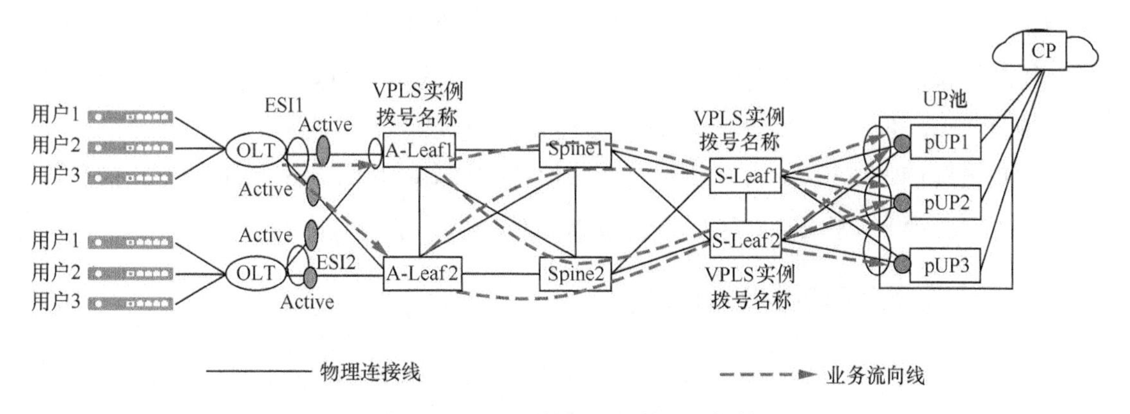

图4-5 OLT双归接入承载实现拓扑

另外，此环节中由于需要通过大二层进行承载，需要重点考虑二层安全及参数。OLT 使用 QinQ 封装内外层 VLAN，可以做到业务 VLAN 不重复，在 A-Leaf 乃至整个网络中，接入的 OLT 数量不定，在业务量不多的情况下，可以考虑使用每台 OLT 封装一个外层 VLAN 的方式进行安全隔离，S-Leaf 侧端口也不需要考虑 VLAN 重复的问题。但在接入 OLT 数量超过可分配外层 VLAN 的数量时，会不可避免地导致外层 VLAN 重复的情况，S-Leaf 侧端口将无法直接配置，此时可以考虑使用每台 A-Leaf 封装一个外层服务商端 VLAN（Service VLAN，SVLAN）的方式进行承载，同时，需要进行水平分割、E-tree、网关防仿冒等安全配置。

需要说明的是，每台 A-Leaf 封装一个外层 VLAN 的承载方式还能方便地解决大二层网络引起的大量 MAC 地址反射的问题。在 EVPN VPLS 业务的标准组网方案中，用户侧的所有 MAC 路由都会通过路由反射器在整个网络中传递，导致路由反射器学习 MAC 地址的压力很大。同时，一台汇聚层设备通常对接多台接入层设备，因此，汇聚层设备的 MAC 地址学习压力也很大，而且汇聚层设备的 MAC 容量会限制接入用户的数量。为了解决上述问题，可以配置 EVPN 针对每个外层 VLAN 发布未知 MAC 路由（UMR）功能。在接入层的 A-Leaf 上生成并发布一条 UMR 到 RR，不再发布 MAC 明细路由给 RR，从而减轻 RR 学习 MAC 地址的压力，同时，RR 只将 A-Leaf 发来的 UMR 反射给汇聚层的 S-Leaf，既缓解了 S-Leaf 学习 MAC 地址的压力，又避免了 S-Leaf 的 MAC 容量限制接入用户的数量。

新型 IP 承载网 Spine-Leaf 架构网络中，对拨号宽带业务需要引进 CP 和 UP 对业务进行承载；同时在 SDN 的架构下，也要求 C/U 分离进行承载，可以有效保证拨号宽带业务大体量、高稳定的要求得以实现。

CP 对 PPPoE 协议发现响应报文进行响应，作为客户端代理构建业务认证信息报文至认证平台，根据认证平台的结果和 UP 的负载情况，指定提供服务的 UP 设备回应业务报文，并对此 UP 下发 IP 地址、限速等信息，同时，向计费平台发送计费信息，完成业务控制工作。

UP 池根据 CP 的控制指令，终结业务二层信息，完成 IP 地址的下发、路由明细的下发、QoS 限制下发及地址转换分配的工作，进行流量转发工作。

4.1.2 新型公众宽带业务承载实现

公众宽带上网业务控制如图 4-6 所示，以下结合主流厂家华为设备指令形式来讲述业务承载的实现，本章后续涉及设备配置指令均以主流厂家华为作为示例展示。

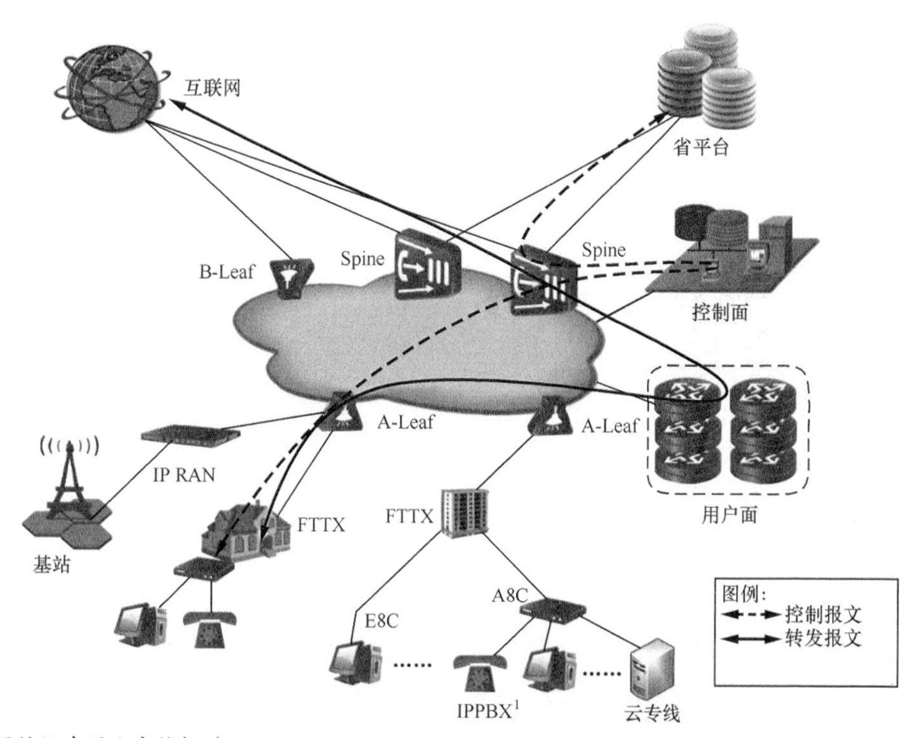

1. 互联网协议专用小交换机（Internet Protocol Private Branch eXchange，IPPBX）。

图4-6 公众宽带上网业务控制

1. A-Leaf配置

（1）场景一：OLT单挂A-Leaf场景

A-Leaf作为OLT直接接入的设备，需要建立基于BD域模式的L2EVPN。

A-Leaf配置详见如下。

```
步骤一： 配置EVPN全局参数
  evpn
     df-election type vlan   #配置基于VLAN的DF选举
     df-election ac-influence enable  #使能AC状态影响DF的选举功能
     vlan-extend private enable    #使能MAC路由携带VLAN私有扩展团体属性
     vlan-extend redirect enable   #配置VLAN扩展重定向属性使能
     local-remote frr enable  #配置 EVPN本远端AD路由快速重路由功能使能

步骤二：建立EVPN实例
evpn vpn-instance DialerName  bd-mode   #新建基于BD模式的EVPN实例
     route-distinguisher 192.168.001.001:1234   #RD值建议包含设备管理IP地址信息，vlan信息等，方便识别
segment-routing IPv6 best-effort   #使能基于EVPN路由携带的SID属性进行隧道迭代
     segment-routing IPv6 locator man-to C1 #使能私网路由上送EVPN协议时添加SID属性功能
```

```
etree enable                                   #使能Etree防环保护
vpn-target 192.168.001.001:12341 export-extcommunity #RT值建议包含设备管理IP地址信息，vlan信息，12341（代表Spoke站点）
vpn-target 192.168.001.001:12340 import-extcommunity #RT值建议包含设备管理IP地址信息，vlan信息，12340（代表Hub站点）
#
mac-duplication
black-hole-dup-mac  #将振荡的MAC路由设置为“黑洞”MAC路由

步骤三：建立二层BD域
bridge-domain 1234  #定义BD域
statistic enable  #使能主接口的流量统计功能
split-horizon enable #开启水平分割
evpn binding vpn-instance  DialerName  #调用上面定义的evpn instance

步骤四：建立安全防护策略
QoS-profile suppression  #安全防护限速模板
broadcast-suppression cir 5000 cbs 935000    #广播流限速5M
unknown-unicast-suppression cir 5000 cbs 935000  #未知单播流限速5M
```

对连接 OLT 的 AC 上透传的宽带业务 SVLAN 进行改写，并加入拨号宽带业务 BD 域，具体配置如下。

```
interface Eth-trunk1 #建立Eth-trunk1逻辑端口
undo shutdown

interface  GigabitEthernet2/0/0  #连接OLT1的端口1
undo shutdown
Eth-trunk 1

#
interface GigabitEthernet2/0/1  #连接OLT1的端口2
undo shutdown
Eth-trunk 1

interface Eth-trunk1.1234 mode l2  #创建二层逻辑业务子接口
description FOR-PPPOE
statistic enable mode single        #基于子接口的方式来统计业务流量
encapsulation dot1q vid 1000 to 2000  #该接口下的OLT的拨号宽带业务外层SVLAN范围
rewrite map 1-to-1 vid 1234         #进行外层SVLAN的1-to-1的改写
bridge-domain  1234    # 关联二层BD域
trust upstream default  #在接口上绑定DS域，使其支持简单流分类，以便对IP报文、MPLS报文的优先级进行修改
trust 8021p  #用来在接口上配置根据802.1p值进行简单流分类
QoS-profile suppression inbound identifier vid       #引用安全防护限速模板
QoS-profile suppression outbound identifier vid      #引用安全防护限速模板
```

（2）场景二：OLT 双挂 A-Leaf 场景

A-Leaf 作为 OLT 直接接入的设备，同样需要建立基于 BD 域模式的 EVPN；配置与上一节场景一相应的步骤相同，本小节不再赘述。

对连接 OLT 的 AC 链路上透传宽带业务 SVLAN 进行改写或映射，并加入拨号宽带业务 BD 域。

```
A-Leaf1配置：
步骤一：创建e-trunk
e-trunk 1    #建立e-trunk1
      peer-IPv6 3289:187:81A4::7 source-IPv6 3289:187:81A4::8   #与A-Leaf2建立基于IPv6地址的e-trunk

步骤二：业务接入接口配置
interface Eth-trunk1 #建立Eth-trunk1逻辑端口
mode lacp-static  #配置Eth-trunk的工作模式为静态LACP模式
e-trunk 1      #将Eth-trunk成员接口加入e-trunk1
e-trunk mode force-master  #配置e-trunk成员口的工作模式为主用，2台都为主，则为双机双活
esi 0010.0010.0100.1001.0020  #配置静态的ESI，同一台OLT的ESI值必须相同
timer es-recovery 30  #配置延迟发布ES路由的时间是30s

interface  GigabitEthernet2/0/0  #连接OLT1的端口1
undo shutdown
Eth-trunk 1

interface Eth-trunk1.1234 mode l2
statistic enable mode single  #使能二层子接口的流量统计功能
encapsulation dot1q vid 1000 to 2000  #该接口下的OLT的拨号宽带业务外层SVLAN范围
rewrite map 1-to-1 vid 1234          #进行外层SVLAN的1-to-1的改写
bridge-domain  1234    # 关联BD域
evpn e-tree-Leaf  #为接口配置Leaf属性
QoS-profile suppression inbound identifier vid      #引用安全防护限速模板
QoS-profile suppression outbound identifier vid     #引用安全防护限速模板

A-Leaf2配置：（只列出和A-Leaf1不同的代码部分，相同部分不再重复，下同）
创建e-trunk
e-trunk 1   #建立e-trunk1
peer-IPv6 3289:187:81A4::8  source-IPv6  3289:187:81A4::7 #与A-Leaf1建立基于IPv6地址的e-trunk

interface  GigabitEthernet2/0/0  #连接OLT1的端口2
undo shutdown
Eth-trunk 1
```

2. S-Leaf配置

S-Leaf设备作为UP池的前置设备，一方面需要与A-Leaf设备进行EVPN对接，另一方面也需要与UP层进行QinQ或单层VLAN终结，具体配置如下。

```
步骤一：建立EVPN实例（与A-Leaf侧相对应）
evpn vpn-instance DialerName  bd-mode
route-distinguisher 192.168.100.001:1234
segment-routing IPv6 best-effort
mac-duplication disable
segment-routing IPv6 locator man-to C1  #使能私网路由上送EVPN协议时携带SID属性功能
vpn-target  192.168.001.001:12341   export-extcommunity   #S-Leaf作为Hub站点，export  Hub&Spoke路由，其中12341是给Spoke站点A-Leaf使用，12340是给另外1台S-Leaf（Hub）使用
vpn-target 192.168.001.001:12340  export-extcommunity
vpn-target 192.168.001.001:12340  import-extcommunity
vpn-target 192.168.001.001:12341  import-extcommunity

步骤二：建立BD域
bridge-domain 1234  #  #定义BD域
```

```
statistic enable
split-horizon enable
evpn binding vpn-instance  DialerName  #上面定义的evpn instance
```

同时，配置两台 S-Leaf 下连 3 个 UP 设备的所有接口进行二层 VLAN 透传（UP 池使用 2：1 温备模式），下面的举例配置以图 4-5 为基础，且每台 S-Leaf 的 3 个 100GE 端口对接 UP1/UP2/UP3，S-Leaf 与 UP 池设备连接见表 4-1。

表4-1　S-Leaf与UP池设备连接

A 端设备	A 端端口	Z 端设备	Z 端资源池设备逻辑命名	Z 端物理端口	Z 端逻辑端口	Z 端资源池逻辑端口命名
S-Leaf1	100GE3/0/0	UP1	UP1101	100GE2/0/0	Eth-trunk20	Eth-trunk1101/20
	100GE4/0/0	UP2	UP1102			Eth-trunk1102/20
	100GE5/0/0	UP3	UP1103			Eth-trunk1103/20
S-Leaf2	100GE3/0/0	UP1	UP1101	100GE2/0/1		Eth-trunk1101/20
	100GE4/0/0	UP2	UP1102			Eth-trunk1102/20
	100GE5/0/0	UP3	UP1103			Eth-trunk1103/20

具体配置如下。

```
1.2台S-Leaf的配置基本一致，下面仅列举单台S-Leaf1的配置
2.建立EVPN VPLS实例和BD域配置跟A-Leaf侧配置类似，此处不再赘述
  步骤一：与UP1对接的配置。
  interface 100GE3/0/0   #连接UP1的100GE2/0/0端口
  undo shutdown
  interface 100GE3/0/0.1011234 mode 12   #建立二层逻辑业务口
  statistic enable mode single
  encapsulation dot1q vid 1234         #将vlan1234进行dot1q透传
  bridge-domain 1234                #绑定BD域
  QoS-profile suppression inbound identifier vid  #引用安全防护限速模板

  步骤二：与UP2对接的配置。
  interface 100GE4/0/0   #连接UP2的100GE2/0/0端口
  undo shutdown

  interface 100GE4/0/0.1011234 mode 12
  statistic enable mode single
  encapsulation dot1q vid 1234
  bridge-domain 1234

  QoS-profile suppression inbound identifier vid

  步骤三：与UP3对接的配置。
  interface 100GE5/0/0   #连接UP3的100GE2/0/0端口
  undo shutdown

  interface 100GE5/0/0.1011234 mode 12
  statistic enable mode single
  encapsulation dot1q vid 1234
  bridge-domain 1234
  QoS-profile suppression inbound identifier vid
```

3. UP配置

UP配置主要是建立与CP连接通道和物理端口相关的配置。建立与CP的连接通道，具体配置如下。

```
UP1设备上的配置
说明：***vpn-instance HW_C&U定义与基于VxLAN over SRv6相关的技术或配置（暂略）
interface LoopBack10  #新建C&U通道互联的管理地址
ip binding vpn-instance HW_C&U   #binding vpn接口
ip address 192.168.21.101 255.255.255.255
cu-agent  #进入cu-agent视图
control-tunnel cusp-agent up1101#通过绑定cusp-agent，创建vBRAS-CP与指定vBRAS-UP之间的控制通道。
protocol-tunnel vni 1101 source 192.168.21.101 destination 192.168.21.111 vpn-instance HW_C&U #使用VxLAN tunnel模式建立CP与UP基于在VxLAN over SRv6的数据交付通道

#UP2设备上的配置
interface LoopBack10  #新建C&U通道互联的管理地址
ip binding vpn-instance HW_C&U
ip address 192.168.21.102 255.255.255.255
cu-agent  #进入cu-agent视图
control-tunnel cusp-agent up1102
protocol-tunnel vni 1102 source 192.168.21.102 destination 192.168.21.111 vpn-instance HW_C&U

#UP3设备上的配置（参考UP2配置）
```

配置与S-Leaf相关的物理和逻辑端口，具体配置如下。

```
#UP1设备上的配置
interface Eth-trunk20  #建立Eth-trunk20逻辑端口，且该Eth-trunk是跨设备进行捆绑，即跨S-Leaf1、S-Leaf2
undo shutdown
interface 100GE2/0/0  #连接S-Leaf1的100GE3/0/0
undo shutdown
Eth-trunk 20
interface 100GE2/0/1  #连接S-Leaf2的100GE3/0/0
undo shutdown
Eth-trunk 20

#UP2、UP3设备上的配置同上
```

4. CP配置

① 与UP建立连接逻辑通道，具体配置如下。

```
说明：拨号宽带业务控制面的配置都在CP上,然后通过NetConf协议下发到相应的3台UP设备。

步骤一：在CP上指定UP池内的UP设备。
***vpn-instance HW_C&U定义与基于VxLAN over SRv6相关的技术或配置（暂略）

interface LoopBack10  #建立C-U交互的逻辑端口
ip binding vpn-instance HW_C&U
ip address 192.168.21.111 255.255.255.255

cu-controller   #进入cu-controller视图
#
up-backup-group 1   #在vBRAS-CP上创建UP备份组
```

```
backup 1101          #把vBRAS-UP1设备加入UP备份组中
backup 1102          #把vBRAS-UP2设备加入UP备份组中
backup 1103          #把vBRAS-UP3设备加入UP备份组中
#
up 1101  #进入第1台UP视图
NetConf-client enable      #使能 NetConf-client
bind NetConf-connection up1101  #绑定NetConf连接策略，创建vBRAS-CP与指定vBRAS-UP之间的管理通道
control-tunnel cusp-agent up1101 #通过绑定cusp-agent，创建vBRAS-CP与指定vBRAS-UP之间的控制通道
protocol-tunnel vni 1101 source 192.168.21.111 destination 192.168.21.101 vpn-instance HW_C&U #使用VxLAN tunnel模式建立vBRAS-CP与vBRAS-UP的数据交互通道，此通道是建立在L3EVPN over SRv6之上。
remote interface Eth-trunk20 #指定UP池的逻辑端口，该端口在UP池上已经配置好，且关联了实际的物理接口
remote up-board 2    #指定远端UP二维槽位视图

up 1102  #进入第2台UP视图
NetConf-client enable
bind NetConf-connection up1102
control-tunnel cusp-agent up1102
protocol-tunnel vni 1102 source 192.168.21.111 destination 192.168.21.102 vpn-instance HW_ C&U
remote interface Eth-trunk20
remote up-board 2
up 1103  #第3台UP视图代码参考第2台视图

步骤二：在CP上指定UP池的2:1温备模式。
cu up-backup-profile eth20 warm-standby  #在vBRAS-CP上创建UP备份策略模板，并进入该视图
slave interface Eth-trunk1103/20    #备份接口是UP1103/20 采用二维槽位视图标识，UP1103代表UP3
master interface Eth-trunk1101/20 vrid 1#主接口是UP1101/20 采用二维槽位视图标识，UP1101代表UP1
master interface Eth-trunk1102/20 vrid 2#主接口是UP1102/20 采用二维槽位视图标识，UP1102代表UP2
IPv4-assigned-mode by-up #指定按vBRAS-UP设备分配IPv4地址
IPv6-assigned-mode by-up #指定按vBRAS-UP设备分配IPv6地址

步骤三：在CP上配置3台UP子接口业务终结。
基于UP1业务终结配置：
interface Eth-Trunk1101/20.12340001  ##1101：UP1的ID号，20：UP1的Eth-trunk号
IPv6 enable
IPv6 address auto link-local
user-vlan 100 200 qinq 1234    #终结svlan是1234，cvlan是100～200内的所有二层数据
trust upstream default
bas  #进入bas视图
access-type layer2-subscriber default-domain authentication Dialer #默认认证域为Dialer
roam-domain Dialer   #漫游域也为Dialer

基于UP2业务终结配置：
interface Eth-trunk1102/20.12340001
代码参考UP1
#
基于UP3业务终结配置：
interface Eth-trunk1103/20.12340001
代码参考UP1
```

② CP 上其他业务身份认证、授权和记账协议（Authentication Authorization and Accounting，AAA）认证、地址池管理等配置属性，与原来老城域网拨号宽带业务承载的配置类似，此处不再赘述。

4.2 IPTV 视频业务

IPTV 视频业务是通过网络接入，以机顶盒或其他具有视频编码、解码能力的网络数字化设备作为终端，提供视频播放服务的业务，其基本技术形态可以概括为：视频节目数字化、传输 IP 化和播放流媒体化。IPTV 视频业务可分为直播和点播服务。

IPTV 视频业务主流使用 PPPoE 和 IPoE 技术进行接入，IPTV 视频业务主流采用三级内容分发网络（Content Delivery Network，CDN）结构，分别为省级中心、区域中心、片区节点三级架构。省级中心部署多台核心交换机，分别和服务提供商（Service Provider，SP）、省级中心 CDN、转发平台及城域网出口进行互联。

IPTV 视频业务直播业务通过组播方式承载，IPTV 承载网与城域网均部署组播协议，已经经过 IPoE 改造的节点用户组播复制点部署在 OLT 侧，用户通过 IPoE 方式上线，非 IPoE 用户组播复制点部署在 MSE，用户通过 PPPoE 方式上线。点播业务通过单播承载。

IPTV 视频业务对故障容忍度很低，网络出现抖动、时延等情况有较大的概率导致花屏、黑屏、卡顿、音画不同步等问题，其对网络稳定性要求较高。

4.2.1 新型公众 IPTV 业务承载方案

1. 业务承载需求

IPTV 视频业务在接入层上与拨号宽带业务使用相同的技术和拓扑，主要使用二层技术，目前主流使用的 FTTX 模式以“OLT+ONU”方式进行接入承载，使用 QinQ 技术对广播域进行控制，对业务进行分离。

IPTV 视频业务在控制面与拨号宽带业务类似，需要完成 PPPoE、IPoE 协议的通道建立，用户信息认证，IP 地址分配和 QoS 下发等工作，并需要协同认证平台进行计费。IPTV 视频业务在用户面需要完成 IP 转发、限速等工作，并承担故障切换的工作。IPTV 视频业务与拨号宽带业务的不同在于 IPoE 的通道模式、认证模式启用了 DHCP Option82。

2. 业务承载方案

IPTV 视频业务的承载方案与拨号宽带业务类似，均以 PON 接入用户端，在 OLT 二层透传至 A-Leaf 节点，然后 A-Leaf 节点作为 OLT 的 VPLS Spoke 接入站点，通过 L2EVPN VPLS over SRv6 将用户的 MAC 地址传递到 S-Leaf Hub 站点，从而形成用户 ONU—OLT—A-Leaf—

S-Leaf 的大二层通道，其协议承载同家宽业务。

IPTV 视频业务的承载方案和拨号带宽业务的不同之处在于，IPTV 视频业务主要通过 IPoE 方式经 DHCP 服务器获取 IP 地址，不需要 NAT 动作。在多用户观看直播时，IPTV 视频业务流量通过 OLT 进行复制，不需要再次通过转发层面请求节目源，也可以做到单独通道，独立高 QoS 保障。

4.2.2 新型公众 IPTV 业务承载实现

公众 IPTV 业务控制如图 4-7 所示。

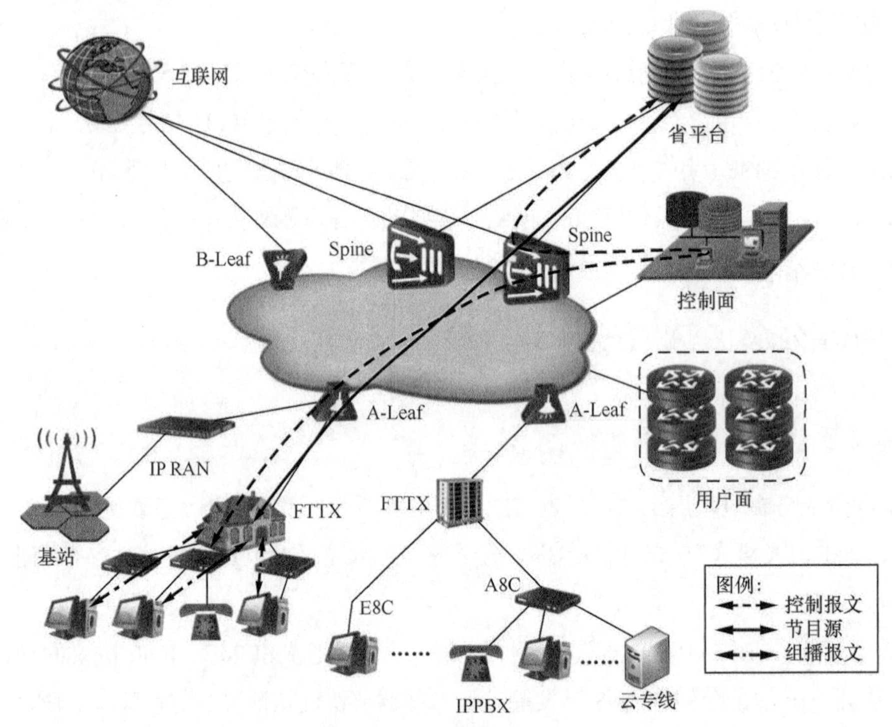

图4-7 公众IPTV业务控制

1. A-Leaf 配置

公众 IPTV 业务与公众宽带业务共用 L2EVPN VPLS 通道，配置相同，此处不再赘述。

2. S-Leaf 配置

公众 IPTV 业务与公众宽带业务共用 L2EVPN VPLS 通道，配置相同，此处不再赘述。

3. CP 配置

公众 IPTV 业务与公众宽带业务对比，只是业务终结点的用户侧接口配置和业务属性配置不同，其中，业务配置属性同老城域网实现方式基本相同，因此，在此只列出用户侧接口配置。

```
# CP下发至UP1的业务子接口配置
interface Eth-trunk1101/20.12340045
user-vlan 45 qinq 1234        #单独QinQ通道承载IPTV视频业务
bas
#
access-type layer2-subscriber default-domain pre-authentication IPoE-iptvauthentication iptv #默认认证前域为IPoE-iptv
multicast copy by-session  #在接口上启用按会话进行组播复制
client-Option82     #启用Option82的IPoE模式，信任客户端上报的access-line-id信息
client-Option60     #启用Option60的IPoE模式，用来完成在客户端输入用户名和密码的方式进行的地址鉴权
dhcp session-mismatch action offline  #用来将物理位置信息发生变化、MAC地址不变的已在线用户重新发起DHCP上线请求或ND上线请求时，触发已在线用户下线
authentication-method ppp Web   #指定BAS接口的认证方法为Web认证
igmp enable            #使能IGMP
igmp prompt-leave      #使能IGMP快速离开机制

#CP下发UP2\UP3业务子接口相关配置
说明：与CP下发UP1业务子接口配置基本相同，二者的差异仅仅是配置时，关联的设备及端口号不同。
UP2关联子接口为：interface Eth-trunk1102/20.12340045
UP3关联子接口为：interface Eth-trunk1103/20.12340045
其他业务相关业务属性的配置例如，RADIUS认证、IP-POOL定义等，与传统的BRAS配置类似，此处不再列出
```

4.3 语音业务

语音业务又称为 VoIP 业务，VoIP 的基本原理是通过语音的压缩算法对语音数据编码进行压缩处理，然后把这些语音数据按 TCP/IP 标准进行打包，经过 IP 网络把数据包送至目的地，再把这些语音数据包串起来，经过解压处理后，恢复成原来的语音信号，从而达到由 IP 网络传送语音的目的。IP 电话的核心与关键设备是 IP 网关，它把各地区的电话区号映射为相应的地区网关 IP 地址。这些信息存放在一个数据库中，数据接续处理软件将完成呼叫处理、数字语音打包、路由管理等功能。在用户拨打长途电话时，网关根据电话区号数据库资料，确定相应网关的 IP 地址，并将此 IP 地址加入 IP 数据包，同时选择最佳路由，以减少传输时延，IP 数据包经过 IP 网络到达目的地网关。

语音业务主要使用会话初始化协议（Session Initiation Protocol，SIP）和 IMS 技术。SIP 用于创建、修改和释放一个或多个参与者的会话。IMS 解决了软交换技术无法解决的问题，例如用户移动性支持、标准开放的业务接口、灵活的 IP 多媒体业务提供等；其接入无关性，也使

IMS 成为固定和移动网络融合演进的基础。

4.3.1 新型公众语音业务承载方案

1. 业务承载需求

语音业务在接入层与拨号宽带业务使用相同的拓扑，主要使用二层技术，目前，主要采用 FTTX 模式以“OLT+ONU”方式进行接入承载，使用 QinQ 技术对广播域进行控制，对业务进行分离。语音业务在控制面需要完成 IPoE 协议的通道建立、IP 地址分配、VPN 加入和 QoS 下发等工作。语音业务在用户面需要完成 IP 转发、限速等工作，并承担故障切换的工作。语音业务与拨号宽带业务的不同主要在于 ONU，ONU 使用专用逻辑通道，通过 DHCP Option60 进行 IP 地址的分配，并在控制和用户面加入 VPN 进行隔离，增加了安全性。

2. 业务承载方案

语音业务的承载通道与拨号宽带业务承载通道相同，此处不再赘述。下面仅说明控制层面。

二层通道建立完成后，ONU 主动发起 IPoE，通过 CP 或专用 vBRAS 获取语音业务的 IP 地址并加入相应的 VPN，同时根据写入的 SIP/IMS 协议相关信息，构建 TCP/IP 报文，发往语音网关进行注册，完成语音业务的上线工作。

大型语音网关或 IPPBX 与语音业务使用相同的技术及拓扑，仅在 ONU 上设置桥接，使 IPPBX 设备可以同时获取语音业务 VPN 地址，以完成业务承载。

4.3.2 新型公众语音业务承载实现

公众语音业务控制如图 4-8 所示。

1. A-Leaf 配置

与宽带业务共用 L2EVPN VPLS 通道，配置相同，此处不再赘述。

2. S-Leaf 配置

宽带业务共用 L2EVPN VPLS 通道，配置相同，此处不再赘述。

3. CP 配置

新型公众语音业务与公众宽带业务对比，只是业务终结时的用户侧接口配置和业务属性配置不同，业务配置属性同老城域网业务承载实现基本相同，因此，在此只列出用户侧接口配置。

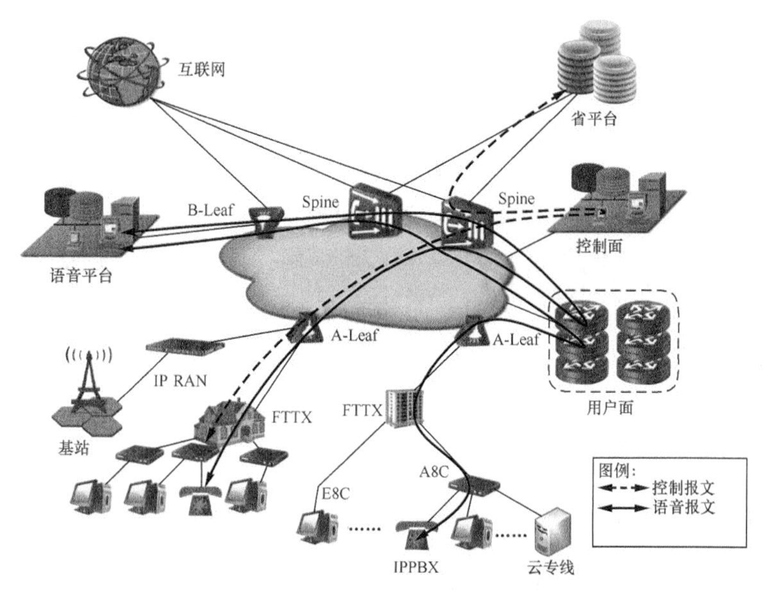

图4-8　公众语音业务控制

```
# CP配置下发至UP1业务子接口终结配置:
interface Eth-trunk1101/20.12340046
description VOIP
user-vlan 46 qinq 1234     #单独QinQ通道承载语音业务
trust upstream default
bas
#
access-type layer2-subscriber default-domain authentication voip #业务认证默认域为voip
authentication-method bind
vpn-instance voip     #归属于语音voip vpn-instance

#CP下发UP2\UP3业务子接口相关配置      说明：与CP下发UP1业务子接口配置基本相同，二者的差异仅仅是配置时，关联的设备及端口号不同：
UP2关联子接口为：interface Eth-trunk1102/20.12340046
UP3关联子接口为：interface Eth-trunk1103/20.12340046

##说明
1.vpn-instance voip定义与软交换中心的互通（暂略）
2.其他业务相关业务属性的配置例如，RADIUS认证、IP-POOL定义等，与传统的BRAS配置基本类似，此处不再列出
```

4.4 政企互联网专线业务

互联网专线业务是针对政府、企业或个人客户对于接入互联网有需求，并依托运营商在国内

骨干网及宽带城域网的资源，采用数字电路、光纤直连、PON、LAN 等方式并通过静态路由协议或 BGP 接入互联网，使用固定公网 IP 地址（IPv4、IPv6），上下行速率对称的互联网接入服务。

互联网专线业务具有以下特点。

- 灵活的大带宽接入方式：主要有“$N\times2$”Mbit/s 方式的 PON 接入专线、有通过光纤“$N\times100$”Mbit/s 方式直接接入业务控制层设备等大带宽接入专线。
- 静态 IP：为客户提供或客户自带静态的 IP 地址接入。
- 提供多种服务：互联网专线除了提供基本的高速上网功能，还可以承载多种新型互联网综合应用。
- 承载方式：主要分为静态路由协议和 BGP 接入。

4.4.1 传统承载方式

对于互联网专线传统承载方式，我们主要从业务接入方式差异和承载协议两个方面来说明。

1. 传统互联网专线业务接入方式差异

（1）PON 接入专线

PON 接入专线是指通过“FTTB + LAN”方式或者 FTTH/ FTTO 方式接入 OLT，再由 OLT 设备接入 BRAS 设备的接入方式。其特征是以 OLT 为单位，所有用户共享 OLT 上联 BRAS 的端口，且用户的三层网关及带宽限制等属性都由 BRAS 来完成，通过配置静态 IP 地址，共享同一个网关的方式来实现上网。

（2）光纤直驱和 LAN 接入

光纤直驱是指用户直接利用光纤接入 SR 设备的方式，LAN 接入是指用户通过汇聚交换机接入 SR 设备的方式。光纤直接接入的客户将独享城域网 SR 设备的接入端口带宽，而通过汇聚交换机接入的客户则以交换机为单位共享城域网 SR 设备的接入端口带宽。所有用户的三层网关及带宽限制等属性都由 SR 来完成。光纤直驱用户因为独享 SR 的端口，所以都是点对点的地址方式，端口之间完全隔离。这种方式接入有静态路由接入，也有 BGP 方式接入。

传统互联网专线业务承载架构如图 4-9 所示。

2. 传统互联网专线业务承载协议

（1）互联网专线接入层

基于 PON 接入专线基本上是采用 QinQ 二层 VLAN 嵌套的方式进行接入，用户和 BRAS 之间是静态路由接入。基于光纤直入或交换机汇聚接入采用的是 QinQ 或单层 VLAN 接入，用户或以静态路由方式或以 BGP 动态路由协议方式接入。

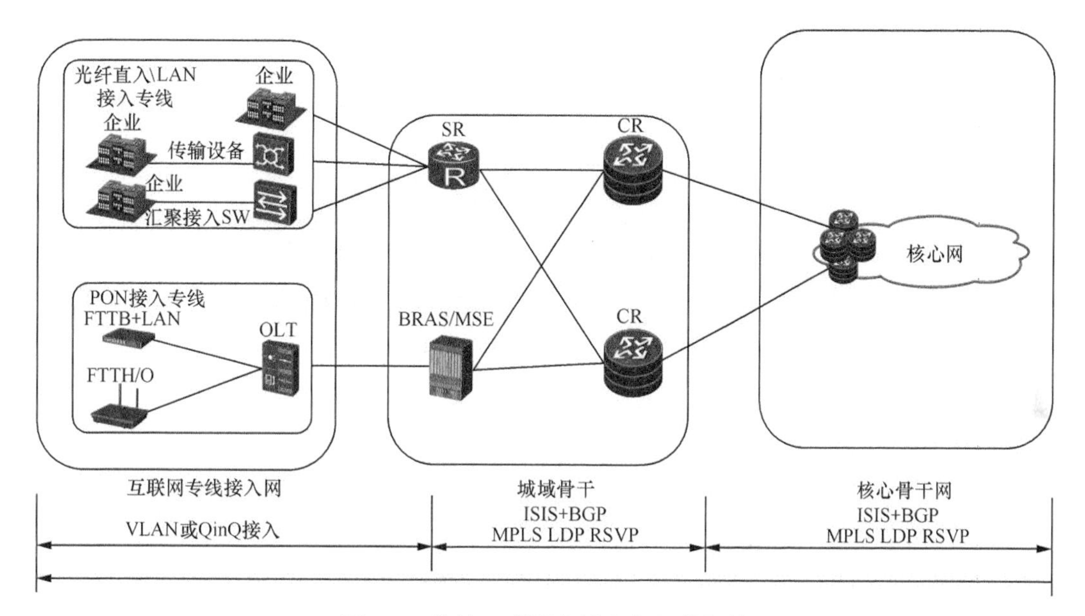

图4-9 传统互联网专线业务承载架构

（2）城域和核心骨干层

城域和核心骨干层除了基础的 IGP（例如，ISIS 或 OSPF、静态路由）和 BGP，还开启了 MPLS LDP、RSVP-TE 等，网络比较复杂。

3. 传统 IP 承载架构存在问题

传统的互联网专线承载架构存在以下问题。

（1）缺乏业务的灵活调度，资源利用率不均衡

专线用户与其上联 BRAS/MSE/SR 架构，直接导致用户处理与带宽接口紧耦合，业务不能以灵活的方式在 BRAS/MSE/SR 之间进行调度；同时，导致并发用户数低，带宽利用不均的问题。

（2）业务汇聚可靠性方面的问题

无论是 PON 或光纤直驱 /LAN 接入方式，在汇聚接入 BRAS/MSE/SR 都基本无法形成资源池，都是单节点无冗余；虽然以前也采用两台或多台 MSE/BRAS/SR 进行分布式或集中式备份，但是会受诸多限制。例如，同一节点需要多增加一倍的端口或带宽资源、引流方案过于复杂、地区分散造成所需设备数量多而导致成本高、新设备引入备份组困难等。

（3）传统承载网协议相对复杂，可维护性稍差

传统承载网除了一些基础的网络路由协议 ISIS、BGP，还开启了 MPLS、LDP、RSVP-TE 等协议。新型 IP 承载网抛弃了 MPLS、LDP、RSVP-TE 等协议，以 SRv6/EVPN 为基础协议来构建，即 EVPN 作为 L2/L3 业务承载协议，SRv6 作为基础转发协议，推动设备的配置简化与自动化，提升运营效率。网络承载协议对比如图 4-10 所示。

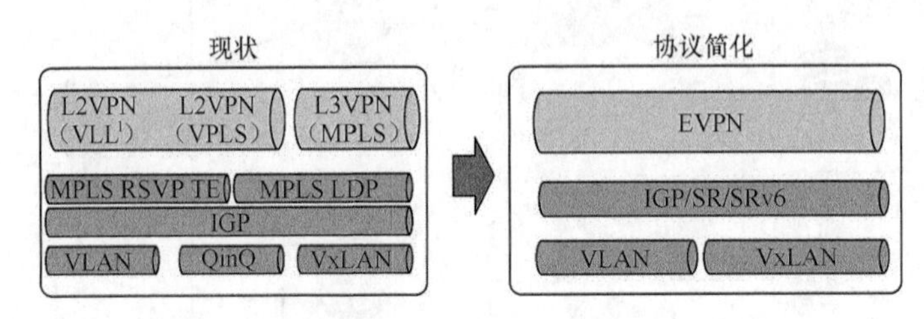

1. VLL（Virtual Leased Lines，虚拟租用专线）。

图4-10　网络承载协议对比

（4）业务开通及运维支撑能力差

传统承载网在业务开通和运维支撑能力方面，由于缺少业务编排、SDN 控制器、NFV 等智能化模块等，造成业务开通时间比较长，运维支撑能力差。

4.4.2　新型 PON 接入专线业务方案

互联网专线业务因接入方式的不同，业务实现的方式差异也比较大，最主要的差异体现在用户三层业务网关的终结上。目前，三层业务网关的终结方式有两种：一种是 PON 接入方式，用户三层网关在 vBRAS 设备上；另一种是光驱直入或 LAN 接入方式，用户三层网关在 A-Leaf 上。

采用 PON 接入的用户业务以 vBRAS 系统作为 IP 网络业务的接入控制点。CP 池针对专线接入与控制模块的主要功能有：支持专线用户管理，包括用户表项管理及用户的接入带宽、优先级、安全策略等管理；支持与 RADIUS server 等配合，完成专线接入用户的认证、授权和计费管理；支持统一的地址池管理，与 UP 池配合使用统一的本地地址池模式，完成用户的地址分配。UP 池的专线业务网络功能模块主要功能有：支持类似传统 BRAS 设备用户面功能，包括流量转发、QoS、流量统计等功能；支持类似传统 BRAS 设备控制面功能，包括路由、组播、MPLS、SRv6 等功能。

互联网专线业务新型 IP 承载结构（PON 接入）如图 4-11 所示。

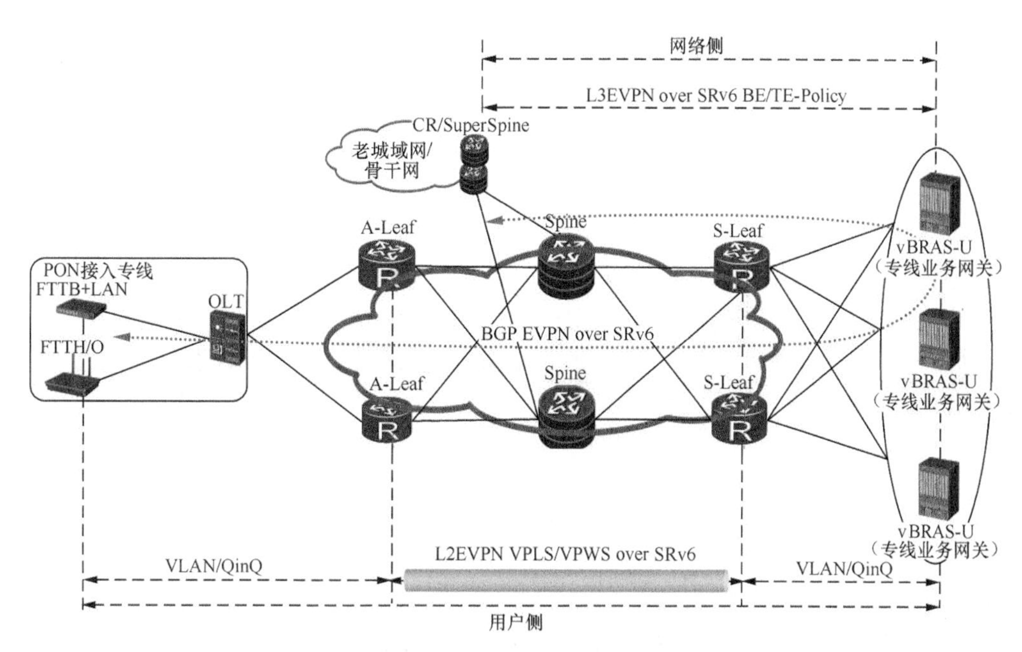

图4–11 互联网专线业务新型IP承载结构（PON接入）

1. 用户侧的承载方案与实现

用户侧：用户通过 OLT 的两条上行链路采用 E-Trunk 捆绑模式单归 1 台或 2 台（一对）A-Leaf；在 A-Leaf 和 S-Leaf 上部署 L2EVPN（VPLS 或者 VPWS）over SRv6，承载专线用户的数据流；最后用户数据流三层双归于 UP 池（即三层网关部署在 UP 池）。本节主要描述在 EVPN 背景下的 VPLS 和 VPWS 两种承载方式。

（1）VPLS 实现方案

EVPN VPLS 提供了一种 MP2MP 的 L2VPN 服务方案，使用 SRv6 隧道技术穿越 Spine-Leaf 网，为 AC 之间的连接提供多点交换的二层报文转发方式。

EVPN VPLS 业务建立时，MAC/IP 地址通告路由携带本端 PE 上 EVPN 实例的 RD 值、ESI 值及 EVPN 实例对应的私网标签，从本端 PE 向其他 PE 发布单播 MAC/IP 地址的可达信息。用户上线时，ARP 报文在 A-Leaf 广播到每个 UP 接口，下行在 EVPN 中是由单播转发的，中间设备是由路由负载分担转发的。

互联网专线 VPLS 实现方案与新型公众宽带业务承载实现相似，只是由于互联网专线与新型公众家宽业务的属性不同，所以二者在备份方式、VLAN 透传方式等方面略有不同。

对于公众业务来说，专线业务的保障级别要高一些，因此，目前对于专线业务来说，一般采取

"1∶1"热备方式。这种热备方式的切换速度较快，基本能做到用户无感知；S-Leaf与UP池的连接一般只选取2台UP作为一组链路组，专线L2EVPN VPLS实现方案（用户侧层面）如图4-12所示。

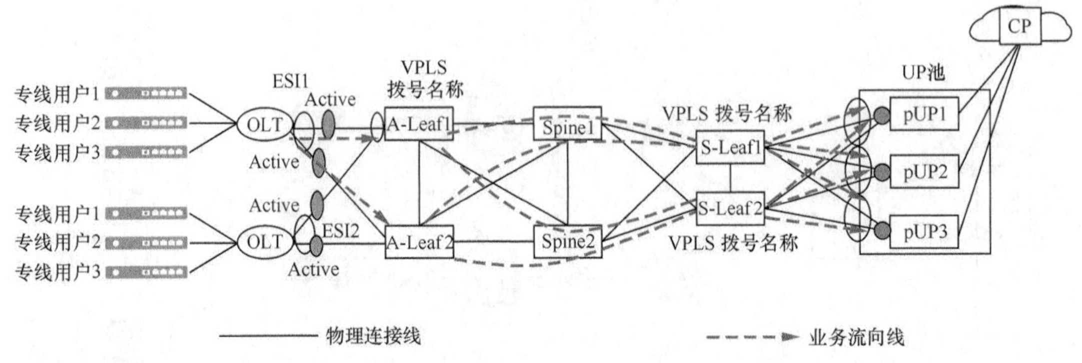

图4-12 专线L2EVPN VPLS实现方案（用户侧层面）

① A-Leaf的配置

A-Leaf作为直接接入OLT等的设备，需要建立基于BD域模式的EVPN VPLS实例，与新型公众宽带业务承载实现的配置基本相同，二者的差别只在于EVPN实例RD/RT值不同。

A-Leaf对连接OLT的接入链路（AC）的专线业务进行透传，并加入专线业务BD域。A-Leaf的具体配置如下。

```
#定义AC接口（OLT），并关联到EVPN实例
**主端口Eth-trunk配置，请参考上面章节（略）***
interface Eth-Trunk1.2397 mode l2  #定义OLT接入专线业务子接口
description FOR-LeasedLine
statistic enable mode single
encapsulation dot1q vid 2397 ce-vid 101 to 4000  #封装为QinQ vlan
bridge-domain 2397                              ##关联BD域2397
evpn e-tree-Leaf                ##用户侧属于evpnLeaf节点
trust upstream default
trust 8021p
QoS-profile suppression inbound identifier vid    #基于每vlan进行未知单播和广播限速5M，策略的定义后面进行补充
QoS-profile suppression outbound identifier vid  #基于每vlan进行未知单播和广播限速5M

补充安全策略列表：
QoS-profile suppression  #定义广播流量抑制限速模板，名字为suppression
broadcast-suppression cir 5000 cbs 935000   #广播流限速5M
unknown-unicast-suppression cir 5000 cbs 935000  #未知单播流限速5M
```

② S-Leaf的配置

S-Leaf部署EVPN双活，在同一个EVPN实例下，相同的vBRAS-UP属于同一个ESI实例。不同的vBRAS-UP属于不同的ESI实例；每台vBRAS-UP双归接入一对S-Leaf进行链路聚合，

采用 QinQ 终结业务。S-Leaf 与 UP 池设备连接见表 4-2。

表4-2 S-Leaf与UP池设备连接

A端设备	A端端口	A端逻辑端口命名	A端逻辑端口	Z端资源池设备逻辑命名	Z端物理端口	Z端逻辑端口	Z端资源池逻辑端口命名
S-Leaf1	G5/0/0	UP1	Eth-trunk100	UP1101	G5/0/0	Eth-trunk500	Eth-trunk1101/500
	G5/0/1	UP2	Eth-trunk101	UP1102			Eth-trunk1102/500
S-Leaf2	G5/0/0	UP1	Eth-trunk100	UP1101	G5/0/1		Eth-trunk1101/500
	G5/0/1	UP2	Eth-trunk101	UP1102			Eth-trunk1102/500

在 2 台 S-Leaf 上定义 E-Tree 模型的 EVPN 双活，同时关联 ESI 到 UP 池，以 UP1/UP2 进行热备来配置。S-Leaf 的具体配置如下。

```
步骤一：定义EVPN实例（与公众宽带业务S-Leaf配置基本相同，此处略）。
步骤二：定义BD域，并关联EVPN实例（与公众宽带业务S-Leaf配置基本相同，此处略）。
步骤三：定义AC接口（到UP池），并关联到EVPN实例，以UP1/UP2为例进行热备配置。
#S-Leaf1:
 interface Eth-trunk100  #定义S-Leaf连接UP1池的逻辑Eth-trunk端口
 esi 0001.1111.1111.1111.0001  # AC链路的esi值用来区分UP池的UP

 interface Eth-trunk101  #定义S-Leaf连接UP2池的逻辑Eth-trunk端口
 esi 0001.1111.1111.1111.0002   # AC链路的esi值用来区分UP池的UP

 interface Eth-trunk100. 2397 mode l2
 statistic enable mode single
 encapsulation dot1q vid 2397  #与A-Leaf侧的用户VLAN 2397一致
 bridge-domain 2397
 trust upstream default
 trust 8021p
 QoS-profile suppression inbound identifier vid #基于VLAN-ID号进行广播流量的限速
 #
 interface Eth-trunk101. 2397 mode l2
 statistic enable mode single
 encapsulation dot1q vid 2397  #与A-Leaf侧的用户VLAN 2397一致
 bridge-domain 2397
 trust upstream default
 trust 8021p
 QoS-profile suppression inbound identifier vid #基于VLAN-ID号进行广播流量的限速
 #

 interface GigabitEthernet 2/0/0
 undo shutdown
 eth-trunk 100

 interface GigabitEthernet2/0/1
 undo shutdown
 eth-trunk 101

 #S-Leaf2：与S-Leaf1基本相同，差异仅在于不同的接口
```

UP 池采用热备方式，对用户进行 QinQ 三层网关 VPN 终结；同时也配置用户的相关业务属性，例如，限速等，具体配置如下。

```
步骤一：在CP上配置“1:1”热备份组。
cu up-backup-profile leasedline hot-standby  #建立C-U热备份组
backup-group master Eth-trunk1101/500 slave Eth-trunk1102/500

步骤二：在UP上配置Eth-trunk链路捆绑，以单台UP池进行链路捆绑，即每台UP到2台S-Leaf的端口进行捆绑
#UP1配置Eth-trunk链路捆绑。
interface GigabitEthernet5/0/0
     undo shutdown
      eth-trunk 500
    interface GigabitEthernet5/0/1
     undo shutdown
      eth-trunk 500

#UP2配置Eth-trunk链路捆绑，代码通UP1配置

步骤三：在CP上配置业务终结子接口，并通过NetConf协议下发到UP1/UP2。
interface Eth-trunk1101/500.23970108    #1101：代表UP1，500：UP的 eth-trunk号
user-vlan 108 qinq  2397      #用户QinQ双层vlan
bas
#
access-type layer2-subscriber default-domain authentication uni_static  #用户默认domain
authentication-method bind
QoS-profile uni_20M inbound pe-vid 2397 ce-vid 108 identifier none   #用户限速inbound 20M
QoS-profile uni_20M outbound pe-vid 2397 ce-vid 108 identifier none  #用户限速outbound 20M
arp-proxy
ip-trigger
arp-trigger
vpn-instance Leased_line                                               #专线L3EVPN终结

interface Eth-trunk1102/500.23970108    #1102：代表UP2，500：UP的 eth-trunk号
     user-vlan 108 qinq  2397      #用户QinQ双层vlan
其余代码同上。

其他全局配置补充：例如，限速模板、vpn-instance、IP-POOL、AAA等相关业务属性
QoS-profile uni_20M  #限速模板为inbound和outbound方向为20M
car cir 23552 pir 23552 cbs 4404224 pbs 4404224 green pass yellow pass red discard inbound
car cir 23552 pir 23552 cbs 4404224 pbs 4404224 green pass yellow pass red discard outbound

ip vpn-instance Leased_line  #定义vpn-instance
vpn-id 1:1
IPv4-family
route-distinguisher 1:1
apply-label per-route
vpn-target 1:1 export-extcommunity evpn
vpn-target 1:1 import-extcommunity evpn

ip pool leased_line-01 bas local  #建立IP-POOL
vpn-instance Leased_line    #VPN形式承载
gateway 1.1.1.1 255.255.255.0
```

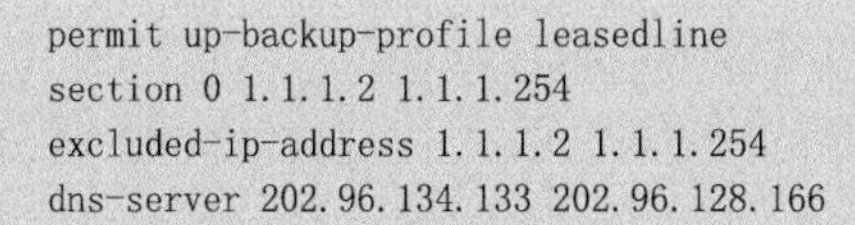

```
permit up-backup-profile leasedline
section 0 1.1.1.2 1.1.1.254
excluded-ip-address 1.1.1.2 1.1.1.254
dns-server 202.96.134.133 202.96.128.166

domain uni_static
authentication-scheme none
accounting-scheme none
ip-pool leased_line-02
vpn-instance Leased_line

步骤四：配置静态用户绑定
static-user  1.1.1.2   gateway  1.1.1.1  vpn-instance Leased_line interface Eth-trunk1101/500.23970108
up-backup-interface Eth-trunk1102/500.23970108 vlan 108 qinq 2397 domain-name uni_static detect
```

以上配置完成后，vBRAS-CP 可以感知 vBRAS-UP 的设备和接口故障，感知故障后进行温备或热备切换。

（2）VPWS 实现方案

EVPN VPWS 提供了一种 P2P 的 L2VPN 服务方案，使用 SRv6 隧道技术穿越 Leaf-Spine 网，为 AC 之间的连接提供无须查找 MAC 转发表项的点对点二层报文转发方式。EVPN VPWS 业务建立时，PE 之间会传递以太自动发现路由。以太自动发现路由向其他 PE 通告本端 PE 对接入站点的 MAC 地址的可达性，即 PE 对连接的站点是否可达。

专线 L2EVPN VPWS 实现方案（用户侧层面）如图 4-13 所示。

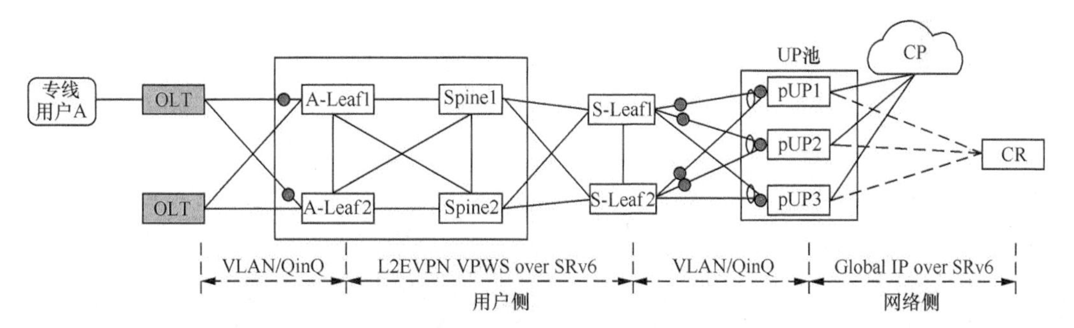

图4-13　专线L2EVPN VPWS实现方案（用户侧层面）

专线 L2EVPN VPWS 的具体实现过程如下。

单台 OLT 的两条或多条上行链路一般不进行链路聚合配置，一个用户的数据不能同时在 2 条链路上或者不能以双活方式进行 VLAN 透传，1 台 OLT 在 2 台 A-Leaf 上以 2 个不同的 EVPL Instance 存在。

以每台 OLT 或每组 OLT 为单位创建一个或一组 EVPL Instance，每增加 1 台 OLT 或 1 组 OLT 都需要新增 1 个或 1 组 EVPL Instance，每个 EVPL Instance 都含有 1 个 local-service-id 和

1 个 remote service-id，同理，S-Leaf 侧的 EVPL Instance 与之对应。

以 1 台 A-Leaf 为单位对应 2 台 S-Leaf 创建 2 个双活的 VPWS 通道，A-Leaf 之间并无关联关系。

在 1 台 A-Leaf 上配置 1 个单用户的 EVPN VPWS 通道，具体配置如下。

```
步骤一：定义VPWS实例。
evpn vpn-instance leased_line vpws  #建立名为leased_line的VPWS实例
route-distinguisher 1:1
segment-routing IPv6 best-effort   #使能基于EVPN路由携带的SID属性进行路由迭代
segment-routing IPv6 locator manto C1  ##使能私网路由上传送EVPN协议时携带SID属性功能
vpn-target  1.1.1.1:2397  export-extcommunity evpn  ##定义EVPN的RT值
vpn-target  1.1.1.1:2397  import-extcommunity evpn

步骤二：绑定EVPN EVPL。
evpl instance 1 SRv6-mode   #建立SRv6-mode的EVPL转发实例
evpn binding vpn-instance leased_line #绑定指定的EVPN实例
local-service-id 10  remote-service-id  20  ##定义本端ID为10和远端ID为20，与S-Leaf侧对应
segment-routing IPv6 locator manto C1 ##使能私网路由上传送EVPN协议时携带SID属性功能

步骤三：绑定VC接口。
interface Gi 1.1 mode l2
evpl instance 1                       #绑定EVPL实例
encapsulation dot1q vid 2397 ce-vid 101 to 4000  #封装为QinQ VLAN
trust upstream default
trust 8021p
```

在 2 台 S-Leaf 上配置相应单用户的 EVPN VPWS 通道，具体配置如下。

```
#2台S-Leaf设备的配置相同：
步骤一：定义VPWS实例。
与A-Leaf侧的配置一致（略）

步骤二：绑定EVPN EVPL实例。
evpl instance 1 SRv6-mode   #建立SRv6-mode的EVPL转发实例
evpn binding vpn-instance leased_line #绑定指定的EVPN实例
local-service-id 20  remote-service-id 10  #定义本端ID为20和远端ID为10，与A-Leaf侧对应
segment-routing IPv6 locator manto C1  #使能私网路由上传送EVPN协议时携带SID属性功能
步骤三：绑定VC接口。
interface 100GE1/1.1 mode l2
evpl instance leased_line                        #绑定EVPL实例
encapsulation dot1q vid 2397
trust upstream default
trust 8021p
```

每台 vBRAS-UP 双归接入一对 S-Leaf，进行链路聚合，且采用 QinQ 终结业务；每台 vBRAS-UP 与远端的 OLT 绑定在同一个 EVPL 实例下；同时，vBRAS-UP 面对同一台 OLT 也可

以部署“1+1”保护和负载分担，整池实现全网OLT的接口级“*N*+1”保护（*N*个“1+1”）。

vBRAS-CP可以感知vBRAS-UP的设备和接口故障，感知故障后进行温备或者热备切换。

UP池侧和CP的配置基本与VPLS方案的UP/CP配置相同（略）。

另外，VPWS是一种P2P的二层服务，因此，在VPWS场景下需要规划OLT与UP池的归属关系，这样才能更好地均衡和分配资源。OLT与UP池的归属关系如图4-14所示，以*N*个“1+1”主备关联为例，假设2台OLT设备为一组，对应于3台UP设备。

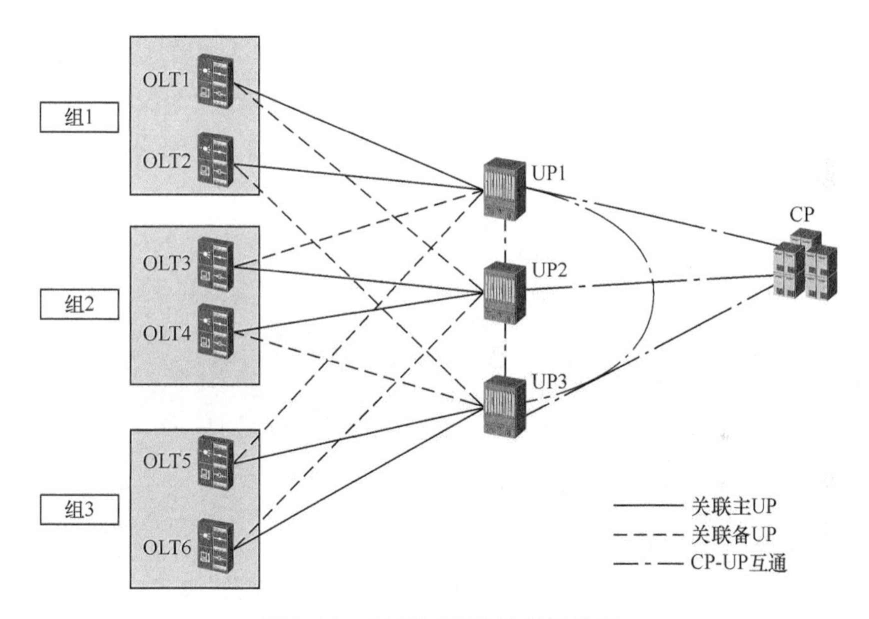

图4-14 OLT与UP池的归属关系

以*N*=2为例，所有UP均处于工作状态，采取负载分担工作模式，每台UP设定接入OLT计数器，CP基于资源均衡原则选取UP。

对OLT进行分组，每组2台OLT（这里的2对应的是“*N*+1”中的*N*），组1中的OLT均选择UP1为主UP，剩余2台UP为备UP（OLT-1关联UP2，OLT-2关联UP3，以此类推）。组2中的OLT均选择UP2为主UP，剩余2台UP为备UP（OLT1关联UP1，OLT2关联UP3，以此类推）。组3中的OLT选择UP3为主UP，剩余2台UP为备UP。

为了提高运维效率，网管/控制器/编排器根据UP的资源使用率情况，自动决策OLT与UP的归属关系，并周期性地根据UP使用率灵活调整这种归属关系。

2. 网络侧的承载方案与实现

Spine 作为一个独立 POD 流量的互联网出口，直连 CR 或 SuperSpine，以实现专线业务的互联网访问。CR 或 SuperSpine 汇聚和疏导 POD 之间的流量。

在业务量大的新型承载网中，采用 CR 或 SuperSpine 部署统一的互联网出口，采取全球互联网路由同样的方式，将深度包检测（Deep Packet Inspection，DPI）、安全能力池、流量清洗设备和固网僵木蠕分析设备进行统一接入。业务量小的新型承载网可以不设置 SuperSpine，但初期仍采用 CR 作为政企互联网出口，在设备能力具备后，政企互联网出口也可与 Spine 合设。

互联网专线用户通过 L2EVPN VPLS 或 VPWS over SRv6 BE 通道，最后三层终结在 vBRAS-UP 设备上，在网络侧，vBRAS-UP 与 Spine 之间则采用 L3EVPN over SRv6 承载，vBRAS-UP 通过 BGP EVPN 发送用户地址池业务路由，并接收默认路由；最后经 Spine 进入 CR。

在 vBRAS-UP、S-Leaf、Spine 配置基础网络的联通性，包括开启 IPv6 ISIS 协议（略）。

在两端 PE（vBRAS-UP 和 Spine）配置 IPv4 L3EVPN 实例，具体配置如下。

```
#vBRAS-UP和Spine配置相同：
ip vpn-instance Leased_line  #定义L3EVPN实例
vpn-id 1:1
IPv4-family
route-distinguisher 1:1
apply-label per-route
vpn-target 1:1 export-extcommunity evpn
vpn-target 1:1 import-extcommunity evpn
```

在 vBRAS-UP 的 IP-POOL 地址池绑定 L3EVPN 实例，具体配置如下。

```
#2台vBRAS-UP上都需要配置
ip pool leased_line-01 bas local  #建立IP-POOL
vpn-instance Leased_line    #VPN形式承载
gateway 1.1.1.1 255.255.255.0
permit up-backup-profile leasedline  #关联UP池备份策略
section 1.1.1.2 1.1.1.254
excluded-ip-address 1.1.1.2 1.1.1.254
dns-server 202.96.134.133 202.96.128.166
```

配置 ISIS SRv6，建立 PE 之间的 SRv6 BE 通道，具体配置如下。

```
#vBRAS-UP池和Spine都需要配置
 Segment-routing IPv6
 Encapsulation source-address 240E::1    #配置SRv6 EVPN 封装的源地址
 locator man-to C1 IPv6-prefix 3289:188:1D::96 static 12 args 16 # 配置SID的节点路由段
 opcode::100 end-dt4 vpn-instance leased_line # 配置静态SID的Opcode，IPv4业务使用end-dt4
```

```
isis 1
  segment-routing IPv6 locator man-to C1 auto-sid-disable  #使能ISIS SRv6 能力
```

配置 BGP EVPN 邻居，进行业务 IP-POOL 路由通告和接收，具体配置如下。

```
#vBRAS-UP池业务路由通告
bgp 1
peer 240E:1F::1 as-number 1    #与RR建立BGP对等体（承载网一般会选取RR与所有设备建立BGP邻居）
peer 240E:1F::1 connect-interface LoopBack0 240E::1

IPv4-family vpn-instance Leased_line # 进入BGP VPN实例IPv4地址簇视图
import-route unr              #引入unr路由，IP-POOL地址分段路由属于unr类型路由
advertise L2VPN evpn           #配置发布IP 前缀类型的路由
segment-routing IPv6 locator man-to C1 evpn #使能私网路由上传送EVPN时携带SID属性功能
segment-routing IPv6 best-effort evpn #使能基于EVPN路由携带的SID属性进行路由迭代

L2VPN-family evpn          #进入BGP-EVPN地址簇视图
peer 240E:1F::1 enable
peer 240E:1F::1 advertise encap-type SRv6  #配置向RR邻居发送携带SRv6封装属性的EVPN路由

#Spine接收业务明细路由，并下发默认路由
bgp 1
peer 240E:1F::1 as-number 1    #与RR建立BGP对等体（承载网一般会选取RR与所有设备建立BGP邻居）
peer 240E:1F::1 connect-interface LoopBack0 240E::1

IPv4-family vpn-instance Leased_line # 进入BGP VPN实例IPv4地址簇视图
default-route imported         #允许将缺省路由引入BGP表中
advertise L2VPN evpn           #配置发布IP前缀类型的路由
segment-routing IPv6 locator man-to C1 evpn #使能私网路由上传送EVPN时携带SID属性功能
segment-routing IPv6 best-effort evpn #使能基于EVPN路由携带的SID属性进行路由迭代

L2VPN-family evpn          #进入BGP EVPN地址簇视图
peer 240E:1F::1 enable
peer 240E:1F::1 advertise encap-type SRv6  #配置向RR邻居发送携带SRv6封装属性的EVPN路由
```

4.4.3 新型 LAN 接入专线业务方案

采用光驱直入或 LAN 接入方式的用户业务三层网关终结在 A-Leaf，该网关通过静态配置来实现用户的 IP 地址分配、速率限制、业务备份等。新型 LAN 接入互联网专线业务实现如图 4-15 所示。

1. 用户侧

用户通过交换机或光纤直接接入 1 台或 1 对 A-Leaf，A-Leaf 以单层或双层 VLAN 进行终结，并配置 IP 三层网关地址。目前，大多数普通客户使用静态路由来接入，也有政企大客户需要采用 EBGP 动态路由方式接入。

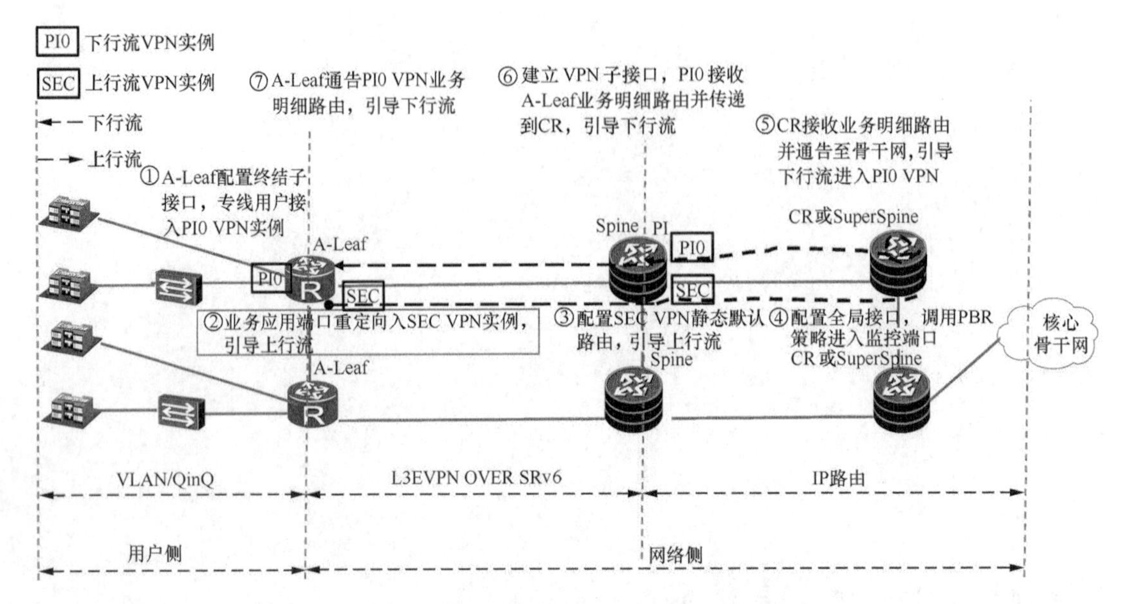

图4-15　新型LAN接入互联网专线业务实现

新型 LAN 接入互联网专线业务的具体接入是以 A-Leaf 设备配置来体现的。

配置三层 VPN 实例 PI0，并定义子接口 VLAN 终结，具体配置如下。

```
步骤一：定义VPN实例PI0，请参考上节定义leased_line  VPN实例部分（仅名字RD/RT配置不同）。

步骤二：新建子接口并划入PI0 VPN实例。
****主Eth-trunk配置请参考前面章节*******
interface Eth-trunk1002.551
vlan-type dot1q 551
ip binding vpn-instance PI0
ip address 11.13.11.1 255.255.255.252
statistic enable
```

新型 LAN 接入互联网专线业务根据不同接入方式，可选择静态路由或 EBGP 路由大客户专线接入，具体配置如下。

```
场景一：静态公网接入。
用户的网关在A-Leaf上，A-Leaf作为PE设备重分布直连路由；而用户设备配置正确的网关地址即可。
bgp 1
IPv4-family vpn-instance PI0 # 进入BGP VPN实例IPv4地址簇视图
import-route direct                #引入用户业务地址段的直连路由
advertise L2VPN evpn            #配置发布IP 前缀类型的路由
segment-routing IPv6 locator man-to C1 evpn #使能私网路由上传送EVPN协议时携带SID属性功能
segment-routing IPv6 best-effort evpn #使能基于EVPN路由携带的SID属性进行路由迭代
......
```

```
与RR建立EVPN邻居配置（与上节相同）
场景二：EBGP公网大客户接入。
A-Leaf通过直连地址与客户设备建立PE-CE的EBGP邻居，A-Leaf学习客户业务地址，通告互联网部分或全部路由给客户
bgp 1
vpn-instance PI0
peer 11.13.11.2 as-number 2  #与客户建立点对点的EBGP邻居
peer 11.13.11.2 description  IPCYW12345  #描述对接大客户

IPv4-family vpn-instance PI0 # 进入BGP VPN实例IPv4地址簇视图
advertise L2VPN evpn
segment-routing IPv6 locator man-to C1 evpn
segment-routing IPv6 best-effort evpn

与RR建立EVPN邻居配置（与上节相同）
```

2. 网络侧

以A-Leaf为L3VPN专线业务的起点PE，以Spine为落点PE，CR或SuperSpine作为互联网专线CE，同时CR或SuperSpine也作为互联网出口，直接对接骨干网。

（1）流量路径规划

出于专线监控系统的需要，由于要避免互联网专线用户在A-Leaf、Spine处出现互访，所以需要将客户的上下行流量路径针对不同的VPN进行分流。

上行流量路径：定义VPN实例SEC为用户上行流量通道。虽然用户接入A-Leaf子接口归属于PI0 VPN（如图4-15第①点），但是已经采用策略路由（Policy Based Route，PBR）重定向入SEC VPN，下一跳为Spine节点上的SEC VPN子接口地址（如图4-15第②点）；同时，Spine在SEC VPN也配置了静态的默认路由（如图4-15第③点）指向CR或SuperSpine来引导上行流；最后在CR上通过PBR（如图4-15第④点）进入流量监控系统。

下行流量路径：定义PI0 VPN为用户下行流量通道。从路由层面来讲，用户接入A-Leaf子接口归属于PI0 VPN，A-Leaf将用户业务明细路由通告给Spine（远端PE），最后，CR或SuperSpine从Spine的PI0 VPN子接口接收业务明细路由，并通告给骨干网（如图4-15第⑤⑥⑦点），从骨干网返回的下行流经过专线监控系统，再从CR传送到Spine的PI0 VPN子接口，最后回到A-Leaf PI0 VPN。

（2）实现配置

配置A-Leaf、Spine的基础网络联通性、ISIS SRv6，建立PE之间的SRv6 BE通道；配置A-Leaf接入子接口的复杂流策略，将进入方向的流量，重定向到SEC VPN，将上行流量强制引导到CR，具体配置如下。

```
步骤一：定义三层VPN实例SEC （略）。
步骤二：定义复杂流分类策略，将进入流量重定向进VPN SEC实例。
acl number 3001
rule 10 permit ip source 11.13.11.2 0
traffic classifier re_up operator or
if-match acl 3001 precedence 1
#
traffic behavior re_up
redirect ip-nexthop 10.60.17.5 vpn  SEC      #重定向到Spine的VPN SEC子接口地址
#
traffic policy re_up
share-mode
statistics enable
classifier re_up behavior re_up precedence 1
#
****主Eth-trunk配置请参考前面章节*******
interface Eth-trunk1002.551
vlan-type dot1q 551
ip binding vpn-instance PI0   #这个定义参考上节“用户侧接入”配置
ip address 11.13.11.1 255.255.255.252
statistic enable
traffic-policy re_up inbound
```

配置 A-Leaf 在 PI0 VPN 实例通告业务明细路由，并传递到远端 PE（CR 或 SuperSpine），具体配置如下。

```
bgp 1
vpn-instance PI0
IPv4-family vpn-instance PI0 # 进入BGP VPN实例IPv4地址簇视图
import-route direct                #引入用户业务地址段的直连路由
advertise L2VPN evpn           #配置发布IP前缀类型的路由
segment-routing IPv6 locator man-to C1 evpn #使能私网路由上传送EVPN协议时携带SID属性功能
segment-routing IPv6 best-effort evpn #使能基于EVPN路由携带的SID属性进行路由迭代

vpn-instance SEC
IPv4-family vpn-instance SEC # 进入BGP VPN实例IPv4地址簇视图
advertise L2VPN evpn
segment-routing IPv6 locator man-to C1 evpn
segment-routing IPv6 best-effort evpn
```

配置 Spine 的 2 个 VPN 实例 PI0 和 SEC，并与 CR 互联的子接口关联，具体配置如下。

```
步骤一：配置2个VPN实例（略）。
步骤二：与CR互联的子接口关联。
interface 1/0/1.1  #PI0与CR互联的接口
vlan-type dot1q 1
ip binding vpn-instance PI0
ip address 10.60.17.1 255.255.255.252
#
interface 1/0/1.2  #Sec VPN与CR互联的接口
vlan-type dot1q 2
ip binding vpn-instance SEC
```

```
ip address 10.60.17.5 255.255.255.252
```

配置 Spine VPN PI0 与 CR 的 BGP 邻居，通告用户业务明细路由；同时配置 EVPN，具体配置如下。

```
步骤一：配置 Spine VPN PI0与CR的BGP邻居，通告用户业务明细路由。
bgp 1
vpn-instance PI0
peer 10.60.17.2 as-number 65002
IPv4-family vpn-instance PI0
advertise L2VPN evpn
segment-routing IPv6 locator man-to C1 evpn #使能私网路由上传送EVPN协议时携带SID属性功能
segment-routing IPv6 best-effort evpn #使能基于EVPN路由携带的SID属性进行路由迭代
peer 10.60.17.2 enable
#
vpn-instance SEC
IPv4-family vpn-instance SEC
import-route static     #将静态默认路由引入BGP
default-route imported  #允许通告默认路由
advertise L2VPN evpn
segment-routing IPv6 locator man-to C1 evpn
segment-routing IPv6 best-effort evpn

ip route-static vpn-instance SEC 0.0.0.0 0.0.0.0 10.60.17.6

步骤二：配置Spine EVPN （略）。
```

4.5 政企 VPN 组网业务专线

政企 VPN 组网业务专线一般也被称为数据专线、VPN 专线等，政企 VPN 组网业务专线与互联网业务专线的差异见表 4-3。

表4-3　政企VPN组网业务专线与互联网业务专线的差异

差异点	政企 VPN 组网业务专线	互联网业务专线
主要用途	主要为企业用户提供跨运营商骨干网络的点对点或点对多点的专用传输 VPN 数据通道，一般为企业总部和分部之间的跨地区互联	主要为客户提供互联网上网服务
IP 地址	一般为企业自己规划的私网 IP 地址，运营商不参与规划	一般由运营商提供互联网上网服务且 IP 地址段唯一
安全性	主要为企业提供点对点独享传输通道接入，私密性好、有源可监控设备，专用安全级别较高	一般为企业提供树形共用传输链路接入，有源可监控设备、安全级别较高
组网方式	可以为企业提供二层或三层 VPN 互通服务	仅为企业提供三层 IP 可达

4.5.1 L2VPN 组网专线承载模式

1. 传统政企 L2VPN 组网专线承载问题

传统政企 L2VPN 组网专线承载方式大部分是基于 VLAN 方式的企业同城互联，如果用户需要采用 L2VPN 方式接入，则用户可以在 SR/BRAS/MSE 上开启 VPLS 功能，作为 L2VPN 用户接入控制设备。

如果用户采用 L2VPLS 方式，那么从协议的角度分析存在以下问题。

一是传统 VPLS 不支持在多归网络中进行流量传输的负载均担，即 CE 路由器虽然具备双链路接入 2 台运营商边界 PE（SR/MSE）路由器，但流量也只能以单活方式选中其中的 1 条链路进行数据传输，无法形成多路径，这样就会造成带宽资源浪费。

二是传统 VPLS 在 PE 路由器链路故障的情况下，会清除和泛洪 MAC 地址，所以收敛较慢，一般受 MAC 地址表的容量大小影响在 1 ～ 10s。

三是对运营商网络的资源消耗较高，当企业客户有大量站点需要互联时，运营商骨干网商的所有 PE 路由器都要配置为全连接状态，网络资源的消耗较大；另外，大量用来学习 MAC 地址的 ARP 报文不仅占用网络带宽，远端站点的主机频繁处理 ARP 报文也会浪费主机资源。

2. 新型 IP 承载 L2 组网专线采用 EVPN 方式

新型 IP 承载网 L2 组网由于采用 BGP EVPN（EVPN VPWS/VPLS over SRv6）方式，所以从协议层面避免了传统城域网基于 LDP VPLS 方式的缺陷，新型 IP 承载网 L2EVPN 组网如图 4-16 所示。

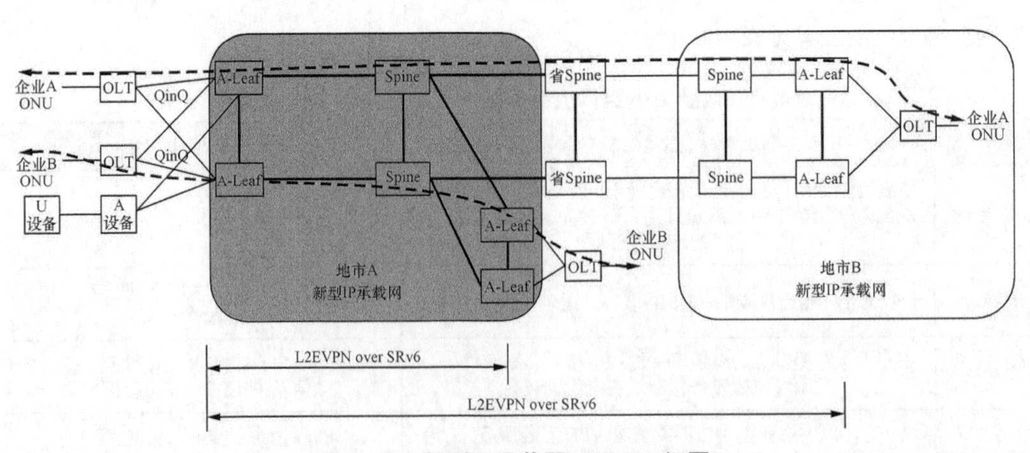

图4-16 新型IP承载网L2EVPN组网

EVPN E-LAN（VPLS）全面支持多路径负载均衡，通过采用E-tree等技术来解决环路问题，从而实现CE路由器“双归双活”接入，这样可充分利用线路资源。对于EVPN E-Line（VPWS）则采用多个EVPL实例来实现“双归双活”。EVPN VPLS和VPWS协议承载如图4-17所示。

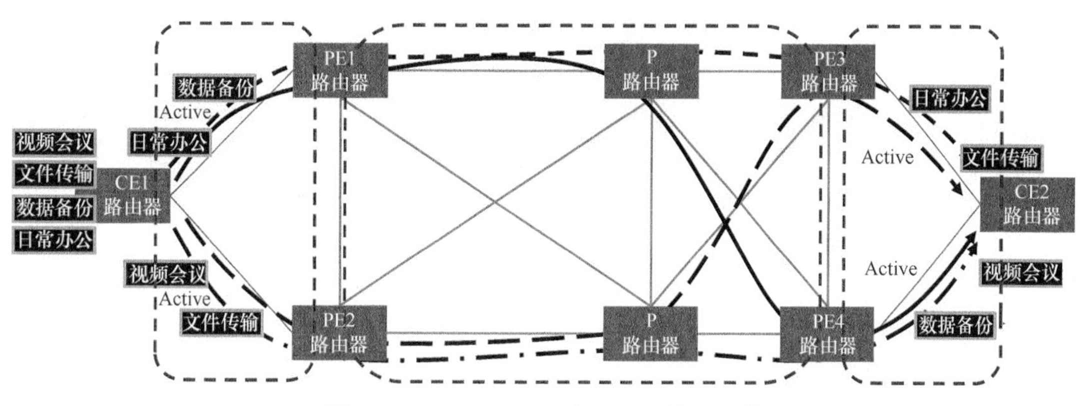

图4-17　EVPN VPLS和VPWS协议承载

EVPN可通过BGP承载MAC路由控制面信令，具备直接学习本端接入、远端PE路由器的MAC地址学习能力，因此，EVPN具有快速的故障收敛特性，可从控制面直接切换，无须泛洪，且其切换时间与MAC地址表的数量无关，通常在亚秒级。EVPN协议收敛示意如图4-18所示。

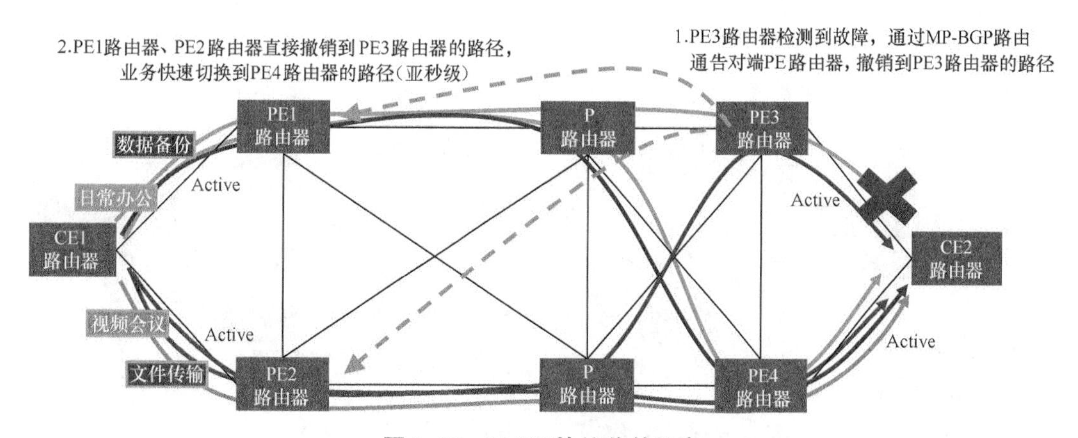

图4-18　EVPN协议收敛示意

新型IP承载网都部署了RR路由反射器，RR与所有PE路由器都有BGP EVPN邻居，因此，这种部署方式减少了PE路由器之间逻辑连接的数量，EVPN PE路由器组网示例如图4-19所示。

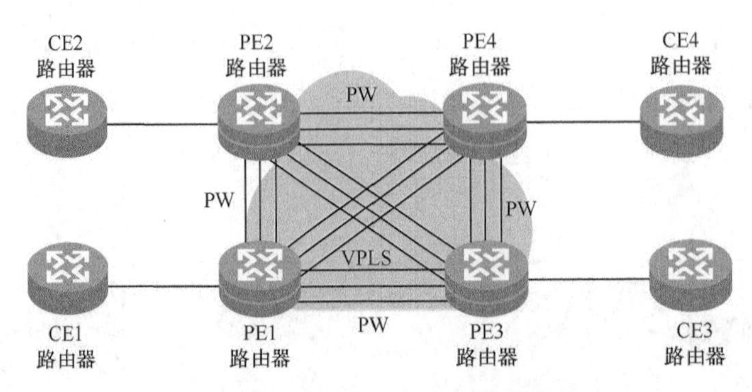

图4-19　EVPN PE路由器组网示例

4.5.2　新型 IP 承载网 L2 组网专线业务的实现

1. 域内 L2 互联互访

域内场景下的 L2 组网专线用户的接入点都在 A-Leaf 上，业务数据在同一个域内，且两端的 A-Leaf 均支持 SRv6，因此，只需在 A-Leaf 之间部署 EVPN VPWS/VPLS over SRv6，就可以实现 L2VPN 流量的互通。本节我们以 EVPN VPLS 承载为示例来具体说明，域内 L2VPN 组网承载示例如图 4-20 所示。

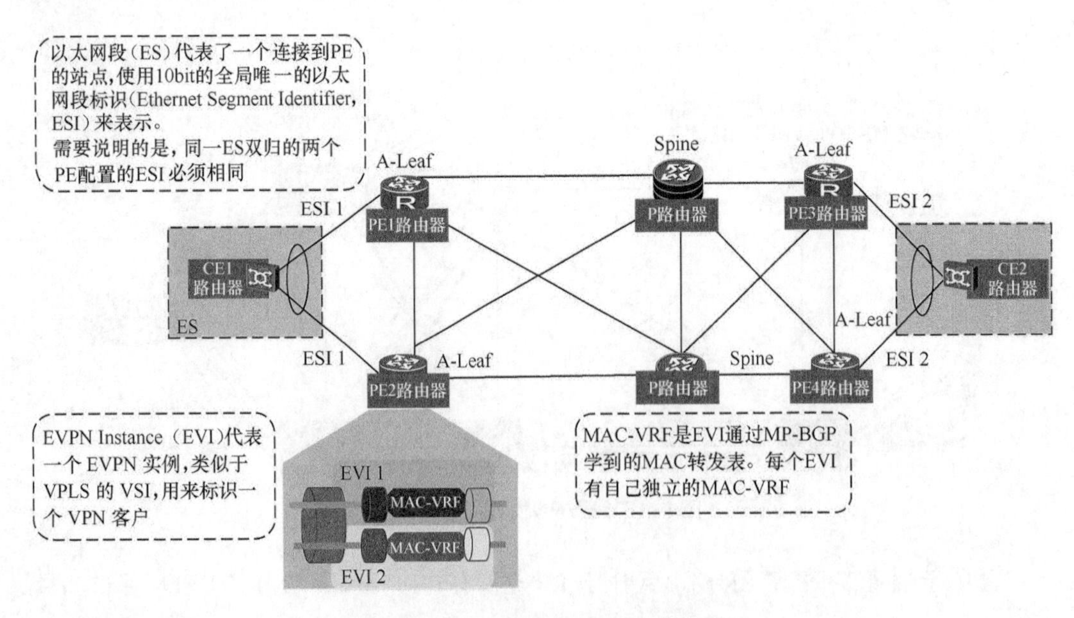

图4-20　域内L2VPN组网承载示例

新型IP承载网L2组网专线业务的具体实现如下。

其一，配置基础网络连接：在A-Leaf、Spine节点上部署IPv6地址、IGP、BGP等来保证设备基础网络互联互通（基础网络配置内容略）。

其二，两端接入A-Leaf都需要部署EVPN VPLS，包括全局EVPN参数、EVPN实例（EVI）、AC链路的ESI、AC链路所归属的本地有效的BD域，以及BD域归属的EVPN实例等，同时为了实现“双活双归”功能，我们要按需部署E-tree功能。A-Leaf侧的具体配置此处不再赘述。

其三，POD内A-Leaf、Spine等设备开启ISIS SRv6、BGP EVPN协议，建立SRv6 BE通道。A-Leaf配置示例如下，其他设备类似。

```
步骤一：配置SRv6 locator定义和相关ISIS。
segment-routing IPv6
encapsulation source-address 240E::1      #配置SRv6 EVPN 封装的源地址
locator man-to C1 IPv6-prefix 3289:188:1D:: 96 static 12 args 16   # 配置SID的节点路由段

ISIS 1
segment-routing IPv6 locator man-to C1 auto-sid-disable  #使能ISIS SRv6 能力

步骤二：配置bgp evpn协议。
bgp 1
peer 240E:1F::1 as-number 1    #与RR建立BGP对等体（承载网一般会选取RR与所有设备建立IBGP邻居）
peer 240E:1F::1 connect-interface LoopBack0 240E::1

L2VPN-family evpn          #进入BGP EVPN地址簇视图
peer 240E:1F::1 enable
peer 240E:1F::1 advertise encap-type SRv6  #配置向RR邻居发送携带SRv6封装属性的EVPN路由
```

2. *跨域二层互访*

域内场景下的二层组网专线用户的部分接入点在A-Leaf上，部分接入点在其他域内SR/MSE，业务数据不在同一个域内，尤其是出现在城域网的演进过程中，这种组网的区别在于新型IP承载端的A-Leaf支持SRv6，而远端的设备不支持SRv6。这种场景就需要采用分段拼接的方式来实现，一般有如下两种方式。

第一种方式：新型IP承载网区域内使用EVPN VPWS/VPLS over SRv6，老城域网域内使用VPLS，中间ASBR采用AC链路拼接来实现L2VPN流量的互通。跨域二层用户互访承载方案一如图4-21所示。

第二种方式：新型IP承载网B-Leaf既开启了EVPN VPLS，同时也开启了传统VPLS，担当二层转换设备；老城域网SR/MSE维持使用传统VPLS来实现L2VPN流量的互通。跨域二层用户互访承载方案二如图4-22所示。

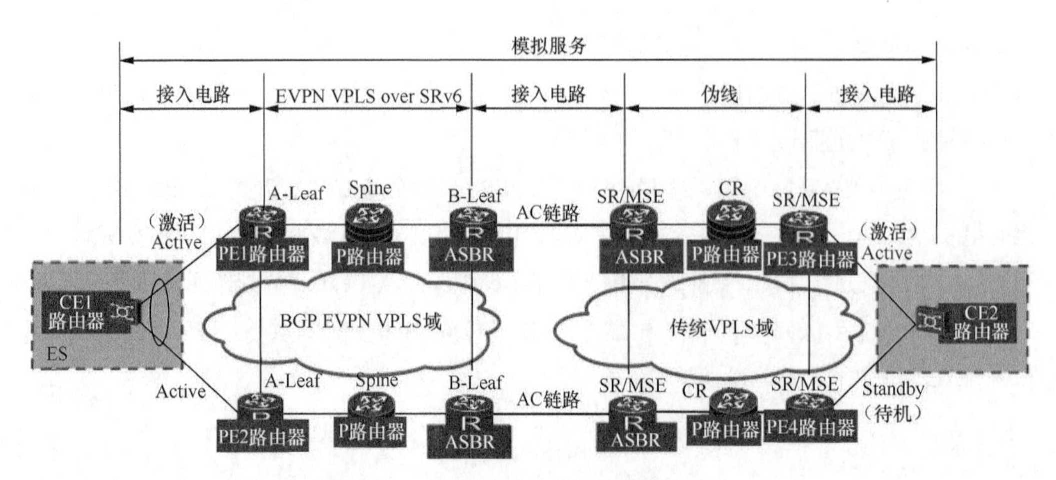

图4-21　跨域二层用户互访承载方案一

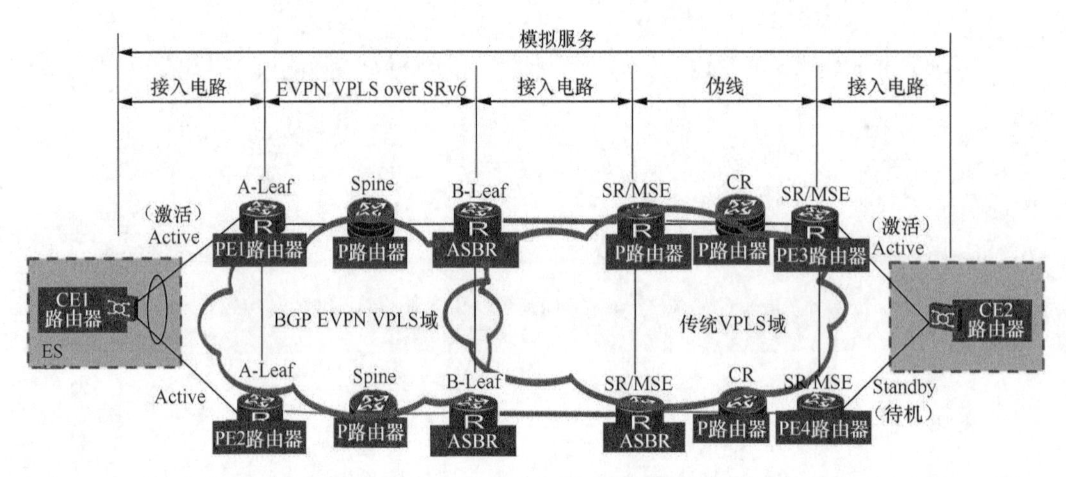

图4-22　跨域二层用户互访承载方案二

跨域二层互访的具体实现如下。

其一，配置基础网络连接，在新城 A-Leaf、Spine、B-Leaf 节点上部署 IPv6 地址、IGP、BGP 等来保证设备基础网络互联互通（基础网络配置内容略）。

其二，接入 A-Leaf、B-Leaf 都需要部署 EVPN VPLS，包括全局 EVPN 参数、EVPN 实例（EVI）、AC 链路的 ESI、AC 链路所归属的本地有效的 BD 域，以及 BD 域归属的 EVPN 实例等；同时为了实现“双归双活”功能，我们要按需部署 E-tree 功能。

其三，跨域二层用户互访承载方案一对接实现。

一是老城域网侧 ASBR 和接入 PE 路由器侧需要配置传统的 VPLS，即 VSI 电路、AC 链路

关联子接口、全局 MPLS、LDP 、ISIS 等，具体配置如下。

```
步骤一：配置MPLS、LDP 全局基本配置。
mpls lsr-id 1.1.1.9   #定义全局本地 lsr-id
mpls          #全局开启MPLS
quit
mpls ldp    #全局开启MPLS LDP
quit
mpls ldp remote-peer LSR1  #手动建立MPLS LDP远端对等体（非直连）LSR1
remote-ip 1.1.1.8              #与远端对等体建立MPLS LDP session
步骤二：建立VSI虚电路。
vsi vpn974_RS static  #创建VSI,使用静态成员发现机制
pwsignal ldp     #配置PW信令协议为LDP
vsi-id 30974  #配置VSI标识符，两端对等体的VSI必须一致
peer 1.1.1.8 # 配置VSI对等体
encapsulation ethernet    # 以太封装模式
步骤三：进行AC链路关联。
interface Eth-trunk1.301  #进入AC业务子接口
control-vid 301 qinq-termination
qinq termination pe-vid 2433 ce-vid 1001 #QinQ封装
l2 binding vsi vpn974_RS #将以太网接口绑定到VSI虚链路
步骤四：配置全局ISIS、BGP VPN等（略）。
```

二是 4 台 ASBR 之间采用 AC 链路对接，即“背靠背”的二层链路连接关系，主接口或子接口透传相同 VLAN 即可。

```
步骤一：配置老城域网侧ASBR设备的AC链路对接。
interface Eth-trunk100.301 #进入AC业务链路对接子接口
control-vid 301 qinq-termination
qinq termination pe-vid 2433 ce-vid 1001  #QinQ封装
l2 binding vsi vpn974_RS   #将以太网接口绑定到VSI虚链路
步骤二：配置新型IP承载网侧ASBR设备的AC链路对接。
*bridge-domain 2433 和EVPN实例定义请参考4.4.2的二层域内配置内容*
interface Eth-trunk100. 301 mode l2    #进入AC业务对接子接口
encapsulation qinq vid 2433 ce-vid 1001 #QinQ对接
bridge-domain 2433   # 关联二层BD域
```

其四，跨域二层用户互访承载方案二对接实现。

2 台 B-Leaf 采用 EVPN VPLS 对接新型 IP 承载网接入 PE 路由器，采用 VPLS VSI 对接老城域网接入 PE，跨域老城域网 ASBR 不再配置 VSI 虚链路，只需与 B-Leaf 增加 ISIS/MPLS 连通性配置即可。该方案实现的关键是 EVPN VPLS 实例和传统 VPLS 实例都在 B-Leaf 设备上划入同一个 BD 域，具体配置如下。

```
#2台B-Leaf的配置
步骤一：配置与老城域网PE 进行VPLS VSI对接。
mpls L2VPN
mpls ldp remote-peer LSR100
remote-ip 1.1.1.100  #老城域网远端接入PE建立LDP 邻居
```

```
#
vsi vpn974_RS bd-mode   #建立VSI虚链路
pwsignal ldp
vsi-id  30974
peer 1.1.1.100 upe   #创建与远端peer
peer 1.1.1.100 pw pw1   #创建与远端peer PW视图
evpn e-tree-Leaf   #需要使能E-Tree，BD先绑定VSI和EVPN。
esi 0003.1111.1111.1111.0118  #绑定ESI标识符
encapsulation ethernet
#
bridge-domain 30974
l2 binding vsi vpn974_RS      #BD域一侧是关联老城域网的VSI
步骤二：配置新老城域网PE 进行EVPN VPLS对接。
evpn vpn-instance vpn974_RS bd-mode   #建立与新城远端接入PE路由器（A-Leaf）相同的EVPN实例
route-distinguisher 21:30974
segment-routing IPv6 best-effort #使能基于EVPN路由携带的SID属性进行路由迭代
segment-routing IPv6 locator to B  #使能私网路由上送EVPN协议时携带SID属性功能
etree enable
vpn-target 19:30974 export-extcommunity
vpn-target 19:30974 import-extcommunity
mac-duplication
black-hole-dup-mac #将振荡的MAC路由设置为“黑洞”路由
#
bridge-domain  30974
evpn binding vpn-instance vpn974_RS  #BD域另外一侧是关联新型IP承载网的EVPN VPLS实例
步骤三：将B-Leaf直连城域网SR/MSE的链路开启ISIS、MPL LDP对接即可。
Interface 100GE1/0/0
ip address 1.1.1.2 255.255.255.252
isis enable 1          #端口开启ISIS
isis circuit-type p2p   #根据实际情况，开启链路类型P2P
isis circuit-level level-2  #根据实际情况，互联链路为Level-2模式
mpls                 #开启MPLS
mpls ldp              #开启MPLS LDP

#老城域网接入PE与新型IP承载网对接传统的VPLS  （略）
```

4.5.3 新型 IP 承载网 L3 组网专线业务实现

传统的政企 L3 组网专线业务用户都是接入老城域网 SR/BRAS/MSE 网络控制层设备的，L3 网关也终结在这些设备上，城域和核心骨干区域承载主要是基于 L3MPLS VPN 架构；新型政企 L3 组网专线业务用户都是接入 A-Leaf 设备，在 A-Leaf 设备上进行 L3 网关终结，核心承载基于 L3EVPN over SRv6 架构。

因此，政企 L3VPN 组网专线业务在建设初期和中期的迁移阶段可能会存在新、老城域网之间的跨 MPLS\SRv6 域 VPN 多点互访、地市之间跨 MPLS\SRv6 域 VPN 多点互访等情况；建设后期，当所有组网 VPN 专线业务的所有站点都迁移至新型 IP 承载网后，才可以完全过渡到 SRv6 端到端的互访。

综上所述，下面的章节主要介绍跨 MPLS/SRv6 域 L3 组网专线和 SRv6 域内端到端的互访。这两种情况基本涵盖了新老承载技术演进过程中的主要技术。

1. 跨 MPLS/SRv6 域 L3 组网专线承载

地市内或地市间跨域 L3 组网 VPN 专线互访的关键技术是处理好跨域边界的互通，借助老城域网的 MPLS VPN 跨域互访经验，我们一般都会选择新型 IP 承载网的一对 B-Leaf 作为新型 IP 承载网的跨域 ASBR，老城域网也会选择一对 MSE 设备作为老城域网的 ASBR。

不同于以往老城域网，L3 组网 VPN 跨域互访的技术说明如下。

新型 IP 承载网内部使用 L3EVPN over SRv6，老城域网内部使用 L3VPN over LDP，因此，这就需要做好这 2 对 ASBR 之间的协议对接。跨域 L3VPN 互访架构如图 4-23 所示。

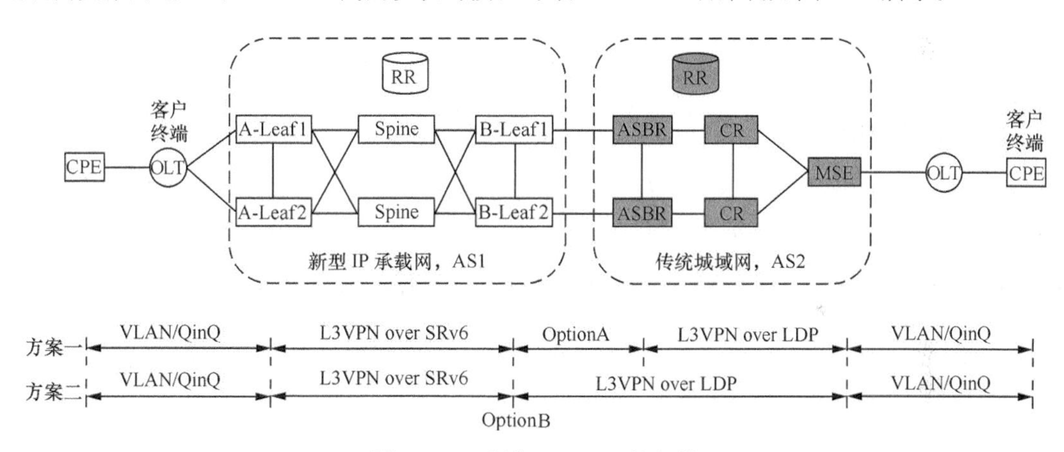

图4-23　跨域L3VPN互访架构

方案一：OptionA 跨域对接，即在两对 ASBR 之间做背对背的连接，两对 ASBR 之间互为 PE 和 CE 的方式，新型 IP 承载网的 B-Leaf 作为 AS1 的 PE 设备，老城域网的 ASBR 在此看作 B-Leaf 连接的 CE 设备，反之亦然。ASBR 需要为每个 VPN 分配一个物理或逻辑链路，每个 AS 内单独建立双层 LSP 隧道，ASBR 之间依靠 IP 连接，适用于 VPN 业务开展初期及 VPN 数量较少的情况。

配置 B-Leaf 与老城域网 ASBR 背对背的连接，并开启 eBGP 互通，具体配置如下。

```
步骤一：配置1个EVPN实例（同前面章节A-Leaf配置VPN实例相同，略）。
步骤二：配置B-Leaf关联与老城域网ASBR互联的子接口，并建立EBGP邻居关系。
interface 1/0/1.1  #与老城域网的ASBR相连接口
vlan-type dot1q 1
ip binding vpn-instance VPNA
ip address 1.1.1.1 255.255.255.252
```

```
bgp 1
IPv4-family vpn-instance VPNA # 进入BGP VPN实例IPv4地址簇视图
import direct   #发布直连路由
advertise L2VPN evpn          #配置发布IP前缀类型的路由
segment-routing IPv6 locator man-to C1 evpn #使能私网路由上送EVPN协议时携带SID属性功能
segment-routing IPv6 best-effort evpn #使能基于EVPN路由携带的SID属性进行路由迭代
vpn-instance VPNA
peer 1.1.1.2 as-number 2  #与老城ASBR建立点对点的EBGP邻居
peer 1.1.1.2 description  IPCYW  #描述大客户

步骤三：配置老城域网ASBR与新型B-Leaf关联的互联子接口，并建立EBGP邻居关系。
interface 1/0/2.1  #与老城域网的ASBR相连接口
vlan-type dot1q 1
ip binding vpn-instance VPNA
ip address 1.1.1.2 255.255.255.252

bgp 2
IPv4-family vpn-instance VPNA # 进入BGP VPN实例IPv4地址簇视图
peer 1.1.1.1 as-number 1  #与B-Leaf建立点对点的EBGP邻居
peer 1.1.1.1 description  IPCYW  #描述大客户
import direct   #发布直连路由
#其他与本地域RR建立IBGP邻居配置（略）
```

方案二：Option B 跨域对接，又叫单跳跨域的多协议扩展边界网关协议（Multi-Protocol Extended Border Gateway Protocol，MP-EBGP）对接，但由于B-Leaf承载的是BGP EVPNv4路由，老城域网 ASBR 承载的是 BGP VPNv4 路由，所以在目前的场景下，B-Leaf 必须开启 MPLS 和 SRv6 双栈，需要将域内 EVPNv4 的路由进行转换或重生成 VPNv4 的路由再发送到老城域网的 ASBR，反之，将从老城域网 ASBR 学习的 VPNv4 路由转换或重生成 EVPNv4，然后发送到新型 IP 承载网。

配置 B-Leaf 与老城域网 ASBR OptionB 的对接，具体配置如下。

```
步骤一：配置B-Leaf与老城域网ASBR互联的接口，并建立BGP VPNv4邻居关系。
interface GigabitEthernet1/1  #与老城域网的ASBR相连接口
ip address 12.12.12.11 255.255.255.0
mpls                    #互联链路要开启MPLS 转发

bgp 1
peer 12.12.12.12 as-number 2     #与老城域网ASBR建立EBGP邻居
peer 240E:1F::1 as-number 1     #与RR建立IBGP EVPN邻居
#
IPv4-family vpnv4  #进入BGP-VPN地址簇视图
undo policy vpn-target  #关闭VPN使能VPN-Target过滤功能
peer 12.12.12.12 enable
peer 12.12.12.12 import reoriginate #使能从对端ASBR接收的BGP VPNv4路由打上重生成标记
peer 12.12.12.12 advertise route-reoriginated evpn ip   #向ASBR VPNv4对等体发布重新生成后的
VPNv4的路由
#
L2VPN-family evpn  #进入BGP-EVPN地址簇视图
```

```
undo policy vpn-target        #关闭VPN路由使能VPN-Target功能
peer 240E:1F::1 enable
peer 240E:1F::1  advertise encap-type SRv6  #向RR发送携带SRv6封装的EVPN路由
peer 240E:1F::1  import reoriginate #使能从RR 接收的bgp evpn路由打上重生成标记
peer 240E:1F::1  advertise route-reoriginated vpnv4 #向RR对等体发布重生成后的EVPNv4路由

步骤二：配置老城域网ASBR与新型B-Leaf的互联子接口，并建立BGP VPNv4邻居关系。
老城域网ASBR的跨域VPN配置：
interface GigabitEthernet1/3
ip address 12.12.12.12 255.255.255.0
mpls          #与新城B-Leaf设备相连接口开启MPLS协议
bgp 2
peer 12.12.12.11 as-number 1 #与新城B-Leaf新建BGP VPNv4邻居
peer 3.3.3.3 as-number 2      #与老城域网RR建立VPNv4邻居

IPv4-family vpnv4
undo policy vpn-target
peer 12.12.12.11 enable  与新城B-Leaf新建BGP VPNv4邻居
peer 12.12.12.11 advertise-community
peer  3.3.3.3 enable  #与老城域网RR建立VPNv4邻居
peer  3.3.3.3  advertise-community
```

2. SRv6域内全程L3组网专线承载

建设后期，所有的政企L3组网VPN专线都已经迁移到新型IP承载网内，新型IP承载网核心承载技术全部基于L3EVPN over SRv6，对于这种全程SRv6端到端的L3组网专线承载，考虑到业务开展的快速和灵活性，一般建议采取端到端的基于SRv6分段路由流量工程（SRv6-Traffic Engineer，SRv6-TE）Policy来实现，政企VPN组网专线业务SRv6端到端承载结构如图4-24所示。假设用户2个站点是接入不同的新型IP承载网A-Leaf设备，中间跨骨干网新平面域，这样就需要建立SRv6域端到端的跨骨干新面的SRv6-TE Policy。

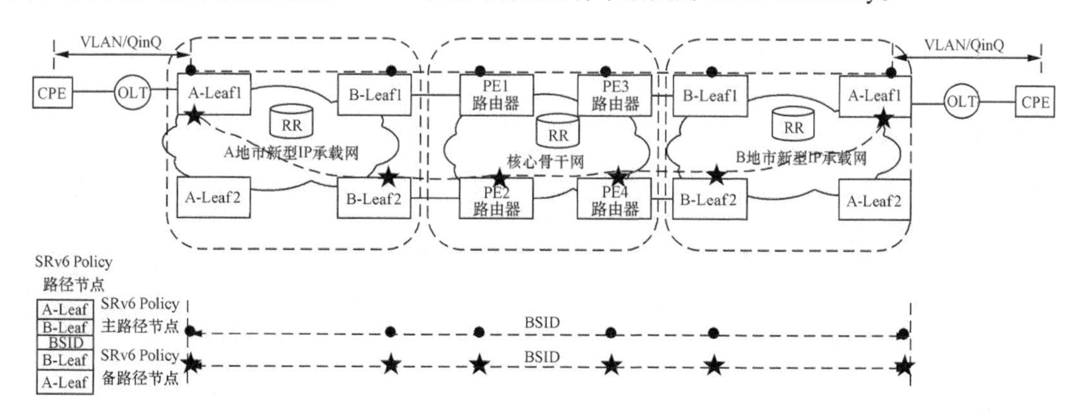

图4-24 政企VPN组网专线业务SRv6端到端承载结构

SRv6-TE Policy是在SRv6技术的基础上发展的一种新型的隧道引流技术，其具体技术介绍见本书第 2 章。

SRv6-TE Policy 中，Color 和 End Point 信息通过配置添加到 SRv6-TE Policy。SRv6-TE Policy 在算路时按照代表业务 SLA 要求的 Color 属性计算转发路径，业务网络头端通过路由携带的 Color 属性和下一跳信息来匹配对应的 SRv6-TE Policy 实现业务流量转发。Color 属性定义了应用级的网络 SLA 策略，可基于特定业务 SLA 规划网络路径，实现业务价值细分，构建新的商业模式。

（1）静态配置 SRv6-TE Policy 场景

该场景如果使用动态 SID，则 SID 在 IGP 重启后可能发生变化，此时，静态 SRv6-TE Policy 也需要人工介入做相应的调整才能保持工作状态，在实际现网中，无法大规模部署。基于上述原因，我们建议用户手工配置 SID，禁止使用动态 SID。

（2）控制器动态下发 SRv6-TE Policy 场景

该场景建议用户手工配置 SID。在该场景中，控制器可以通过 BGP-LS 感知 SID 的变化，但是如果使用 IGP 动态生成 SID，则 SID 随机变化，不利于日常维护和故障定位。

另外，在建立 SRv6-TE Policy 路径中，一部分为跨域骨干新面，因此，建议使用 Binding SID（BSID）来替代 SID 列表，主要原因如下。

① 骨干网新面属于另外的管理域，且骨干层面路径可能会动态调整，因此，需要采用 BSID 来屏蔽骨干网内部路径细节，头节点 SRv6 SID list 保持不变。

② SRv6 SID List 的字节过长，存在传输效率问题，且目前网络设备支持的 SID 列表栈深也是有限制的，因此，减少栈深能提高传输效率。

我们建议在骨干新面使用 BSID 来替代新的 SID 列表，一条隧道下配置一个 BSID，同样 1 个 BSID 也只能被 1 个隧道引用。

需要说明的是，配置 A-Leaf、Spine 等的基础网络联通性、ISIS SRv6 等配置（略）。

配置首节点 SRv6-TE Policy，一般为控制器动态下发，也可以手工静态配置，这里我们以静态配置为例来说明，具体配置如下。

```
#新型城域网起始点PE设备A-Leaf的配置
步骤一：配置新型城域网设备的静态SID。
[这里举例配置新型IP承载网起始点PE设备（A-Leaf）VPNv4的end-dt4的SID]
segment-routing IPv6
locator man-to C1 IPv6-prefix 3289:188:1D:: 96 static 12 args 16
opcode ::100 end-dt4 vpn-instance VPNA          #配置静态的end-dt4的opcode

步骤二：配置显式Segment List。
segment-routing IPv6
Segment list VPNA-path1  #定义第1个Segment list 列表
index 10 sid IPv6 3289:188:1D::100  #路径中的第1个SID为本端新型城域网起点end SID
index 20 sid IPv6 3289:100::1          #路径中的第2个SID为骨干新面内的BSID
```

```
index 30 sid IPv6 3289:1F:1000::100   #路径中的第3个SID为跨域远端新型城域网的SID

Segment list VPNA-path2  #定义第2个Segment list 列表
index 10 sid IPv6 3289:188:1E:100::100  #路径中的第1个SID为本端新型城域网起点SID
index 20 sid IPv6 3289:100::1            #路径中的第2个SID为骨干新面内的BSID
index 30 sid IPv6 3289:1F:1000::100   #路径中的第3个SID为跨域远端新型城域网的SID

步骤三：配置 SRv6-TE Policy。
segment-routing IPv6
SRv6-te-policy VPNA endpoint 240e:1F:1000::1 color 100 # 创建SRv6-TE Policy
candidate-path preference 200 #配置SRv6-TE Policy的候选主路径及其优先级
Segment list VPNA-path1
exit
candidate-path preference 100 #配置SRv6-TE Policy的候选备份路径及其优先级
Segment list VPNA-path2
exit

#骨干新面流量路径起始PE节点
步骤四：创建骨干网新面内Segment list 显示路径列表。
Segment list  core-path1 和 core-path2 请参考上面步骤二增加骨干新面内的Segment list显式路径，SID为骨干新
面设备上的end或end-x的SID

步骤五：创建骨干新面SRv6-TE Policy。
segment-routing IPv6
SRv6-TE-policy core endpoint 3289:100::1000  color 100 # 创建SRv6-TE Policy，是骨干新面内的SRv6-TE
binding-sid 3289:100::1                   #骨干新面SID列表绑定Binding SID作为跨域衔接SID使用
candidate-path preference 200 #配置SRv6-TE Policy的候选路径及其优先级
Segment list  core-path1  # 这里是调用SID-list 1
exit
candidate-path preference 100 #配置SRv6-TE Policy的候选路径及其优先级
Segment list  core-path2   #这里是调用SID-list 2
exit

#新型城域网起始点PE设备A-Leaf的配置
步骤六：在流量始发节点配置SRv6引流策略。
注意：  SRv6-TE有多种引流方式，有自动方式、PBR方式、ODN（按需引流）等，这里以PBR为例
acl number 3222
rule 5 permit ip destination 88.0.0.0 0 255.255.0.0  #定义访问数据流的目的地
#
traffic classifier to-szman1 operator or
if-match acl 3222 precedence 1

traffic behavior redirect-SRv6-TE
redirect SRv6-TE policy 3289:1F::1  100   sid  3289:1F:1000::200 #数据包入SRv6-TE Policy，各参数的具体说
明如下。
#3289:1F:1000:100::1：本端设备IPv6 encapsulation源地址
#100： color
#3289:1F:1000::200：远端PE设备的VPNA的end-dt4 的SID

traffic policy VPNA
share-mode
statistics enable
classifier to-szman1  behavior redirect-SRv6-TE precedence 2
```

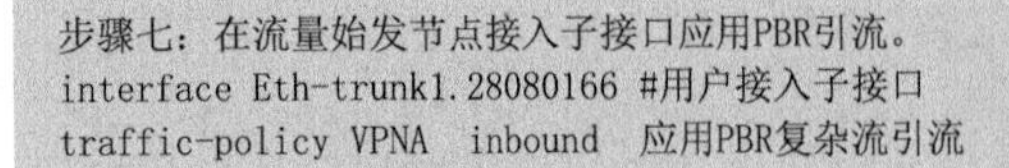

```
步骤七：在流量始发节点接入子接口应用PBR引流。
interface Eth-trunk1.28080166 #用户接入子接口
traffic-policy VPNA  inbound  应用PBR复杂流引流
```

4.6 视频云网业务

近年来，城市及行业视频监控建设逐步进入新的发展高潮，视频点的建设需求逐年上升，呈现高速增长态势。为了进一步满足客户业务需求，各大运营商相继启动了视频监控云网项目的建设，将存储、视频联网、视频云平台进一步产品化，提升了服务能力。

视频云网业务一般由分布式存储云网、视频组网专线云网、视频监控平台 3 个部分组成，三者之间为松耦合关系，各自独立。

为了确保视频云网本身的安全性，整体组网采取了隔离性组网原则，视频云网逻辑组网结构如图 4-25 所示。

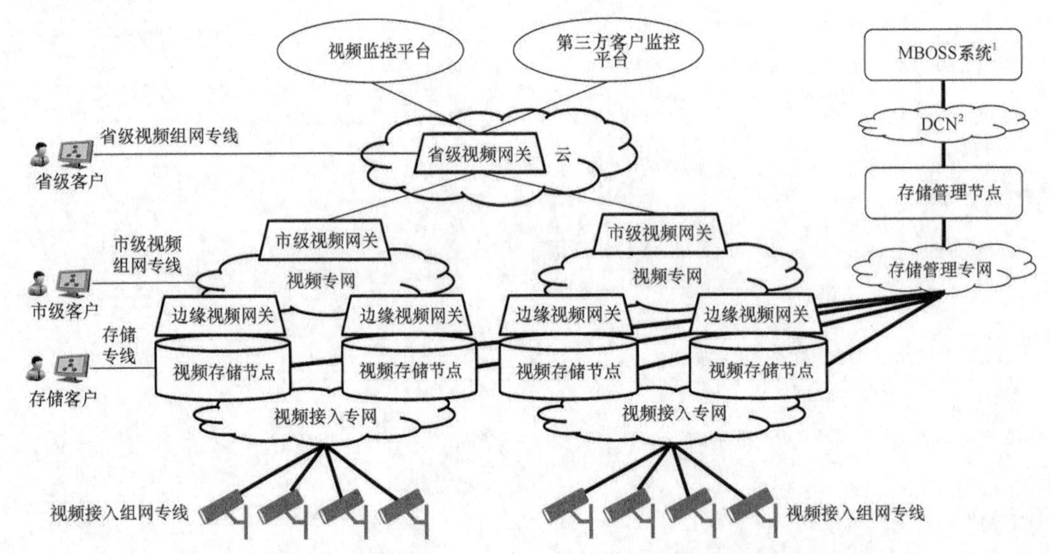

1. MBOSS是英文Management Business & Operation Support System的缩写，是新一代运营支撑系统。

2. DCN（Data Communication Network，数据通信网络）。

图4-25 视频云网逻辑组网结构

分布式存储系统由一个管理节点和多个存储节点组成，为客户提供网络存储服务。存储节点采用就近部署方式，部署在地市分公司各 MSE 数据机房，满足视频监控设备就近接入、数据属地存储的需求；同时为了确保分布式存储系统进行统一管理，省（自治区、直辖市）会建立统一的产品管理平台，分布式存储管理节点通过存储管理专网实现对各存储节点的统一管理，包括资源查询、新增、变更、删除等。

4.6.1 视频存储云网承载

各地市城域网和骨干网都是基于MPLS VPN架构的，新型IP承载架构很难一次性将MPLS VPN改造成基于SRv6域的BGP EVPN承载，需要逐步演进，可能的演进方式如下。

1. 双栈部署过渡演进

这种演进方式在建设初期对支持SRv6的PE路由器开启MPLS和SRv6双栈，且在改造的早期以MPLS承载优先，待PE路由器的双栈开启完成后，再过渡到SRv6承载优先。至于其他P路由器，前期并不要求支持SRv6，只须支持IPv6转发即可；最后阶段，P路由器改造完成后，就可以取消全域MPLS。

2. 路由重生成过渡演进

这种演进采用先新建、后业务迁移的方式，并且在业务迁移的同时进行路由重生成达到互通，即先新建以BGP EVPN over SRv6为核心架构的新型IP承载网，再将原网络中的视频存储节点迁移到新型IP承载网中，或以单端口业务迁移，或以整台PE路由器升级成支持SRv6后再迁移的方式；同时，需要在新型IP承载网和老城域网的边界，即Border-Leaf和ASBR上再进行相互路由重生成来完成业务的拼接。

ASBR设备需要考虑路由重生成和跨域对接情况。一般情况下，PE路由器主要分为部署地市存储PE路由器和部署跨域存储ASBR两种场景，具体介绍如下。

（1）部署地市存储PE路由器

地市存储节点主要分为两种场景：PE路由器仅支持MPLS单栈协议场景和PE路由器支持SRv6和MPLS双栈协议场景。

场景一：PE路由器仅支持MPLS单栈协议场景。

需要说明的是，全局连通性相关的基础配置例如IGP、MPLS 、LDP、BGP不在此列出（略）。定义业务存储专网业务接入VPN实例，具体配置如下。

```
ip vpn-instance CC      #配置存储专网业务 VPN实例
IPv4-family
route-distinguisher 100:100
apply-label per-instance  #使能每实例每标签的标签分配方式
vpn-target 100:101  export-extcommunity  #采用Hub-Spoke方式组网，Spoke站点导出的路由设置community
值100:101
vpn-target 100:100  import-extcommunity  #Hub站点导出的路由community值100:100，而Spoke站点仅引入Hub站
```

```
点路由，Spoke站点之间不互通
```

地市存储节点接入专线三层接口配置，具体配置如下。

```
interface GigabitEthernet1/0/0.3002
vlan-type dot1q 3002
ip binding vpn-instance CC
ip address 1.1.1.1 255.255.255.252
```

地市存储节点接入专线路由相关配置，具体配置如下。

```
ip route-static vpn-instance CC 172.16.1.0 255.255.255.0 GigabitEthernet3/0/0.2002 1.1.1.2  业务静态路由
bgp 1
vpn-instance CC
IPv4-family vpn-instance CC
import-route direct
import-route static
```

场景二：PE 路由器支持 SRv6 和 MPLS 双栈协议场景。

需要说明的是，全局连通性相关的基础配置例如 SRv6、ISIS、BGP 部分配置等协议不在此列出（略）。定义业务存储专网业务接入 VPN 实例，同时开启双 community 属性，具体配置如下。

```
ip vpn-instance CC
IPv4-family
route-distinguisher 100:100
apply-label per-instance
vpn-target 100:101  export-extcommunity  evpn  #采用Hub-Spoke方式组网，Spoke站点导出的路由设置community值
100:101
vpn-target 100:101  export-extcommunity   #同时export MPLS VPN community属性
vpn-target 100:100  import-extcommunity  evpn  #Hub站点导出的路由community值100:100，而Spoke站点仅引入Hub
站点路由，Spoke站点之间不互通
vpn-target 100:100  import-extcommunity    #同时import MPLS VPN community属性
```

地市存储节点接入专线三层接口配置，具体配置如下。

```
interface GigabitEthernet1/0/0.3002
vlan-type dot1q 3002
ip binding vpn-instance CC
ip address 1.1.1.1 255.255.255.252
```

地市存储节点业务 Loctor 定义与 ISIS 路由发布，地市存储节点接入专线路由相关配置，具体配置如下。

```
ip route-static vpn-instance cc 172.16.1.0 255.255.255.0 GigabitEthernet3/0/0.2002 1.1.1.2  业务静态路由
bgp 1
L2VPN-family evpn
policy vpn-target
peer rr enable
peer rr advertise encap-type SRv6
peer A::1 enable
peer A::1 group rr
peer B::1 enable
peer B::1 group rr
```

```
#
vpn-instance CC
IPv4-family vpn-instance CC
import-route direct
import-route static
maximum load-balancing 16
bestroute nexthop-priority IPv6   #下一跳是IPv6地址优先，即在同时收到远端PE的路由下一跳是IPv6和IPv4
的场景下，数据报转发会优先SRv6承载，如果不支持SRv6，则会通过MPLS VPN承载
advertise L2VPN evpn
segment-routing IPv6 locator to B evpn
segment-routing IPv6 best-effort evpn
```

（2）部署跨域存储 ASBR 节点

跨域存储 ASBR 节点分为两种场景：ASBR 节点仅支持 MPLS 单栈协议场景和 ASBR 节点支持 SRv6 和 MPLS 双栈协议场景。

场景一：ASBR 节点仅支持 MPLS 单栈协议场景（以跨域 OptionA 为例）。

需要说明的是，全局连通性相关的基础配置例如 IGP、MPLS 、LDP、BGP 不在此列出（略），定义存储专网 VPN 实例（与 PE 路由器仅支持 MPLS 节点配置相同），地市存储节点跨域 ASBR 路由相关配置（以跨域 OptionA 对接为例），具体配置如下。

```
ip route-static vpn-instance CC 172.16.0.0 255.255.0.0 null0  汇总业务静态路由
ip ip-prefix CC index 5 permit 172.16.0.0 16
route-policy CC permit node 10
if-match ip-prefix cc
bgp 1
vpn-instance CC
IPv4-family vpn-instance CC
import-route direct
import-route static
peer 2.2.2.2 as-number 2  ##对接ASBR的邻居
peer 2.2.2.2 route-policy CC export  ##OptionA对接，向对端邻居通告IPv4的业务路由
peer 2.2.2.2 advertise-community
```

场景二：ASBR 节点支持 SRv6 和 MPLS 双栈协议场景（以跨域 OptionB 为例）。

需要说明的是，全局连通性相关的基础配置例如 IGP、MPLS 、LDP、BGP、SRv6 全局基础配置等不在此列出（略），定义存储专网 VPN 实例（与 PE 路由器支持 SRv6 和 MPLS 场景配置相同），地市存储节点跨域 ASBR 路由相关配置，具体配置如下。

```
bgp 1
L2VPN-family evpn
undo policy vpn-target
peer rr enable
peer rr advertise encap-type SRv6
peer rr import reoriginate #使能从RR接收的BGP EVPN路由打上重生成标记
peer rr advertise route-reoriginated vpnv4 #向RR EVPN对等体发布重生成后的VPNv4路由
peer A::1 enable
peer A::1 group rr
```

```
peer B::1 enable
peer B::1 group rr

IPv4-family vpnv4
import-route direct
import-route static
undo policy vpn-target
peer 2.2.2.2 as-number 2  #跨域OptionB对接的直连邻居
peer 2.2.2.2 import reoriginate使能从对端ASBR 接收的BGP VPNv4路由打上重生成标记
peer 2.2.2.2 advertise route-reoriginated evpn ip  #向ASBR VPNv4对等体发布重新生成后的VPNv4的路由
```

4.6.2 视频接入专网 IP 承载

1. 传统视频接入专网 IP 承载

视频接入专网是连接视频监控设备与视频专网的 PON VPN 专线，与互联网进行安全隔离。视频接入专线采用标准 PON 光纤宽带放装流程，其传输速率不同于普通宽带，采取视频专用上下行宽带规格。城域网建立单独的视频接入专网，连接各视频存储节点，摄像头所在的光调制解调器通过拨号接入视频接入专网，核心承载结构全部基于 MPLS VPN 进行组网。地市视频接入专网组网结构如图 4-26 所示。

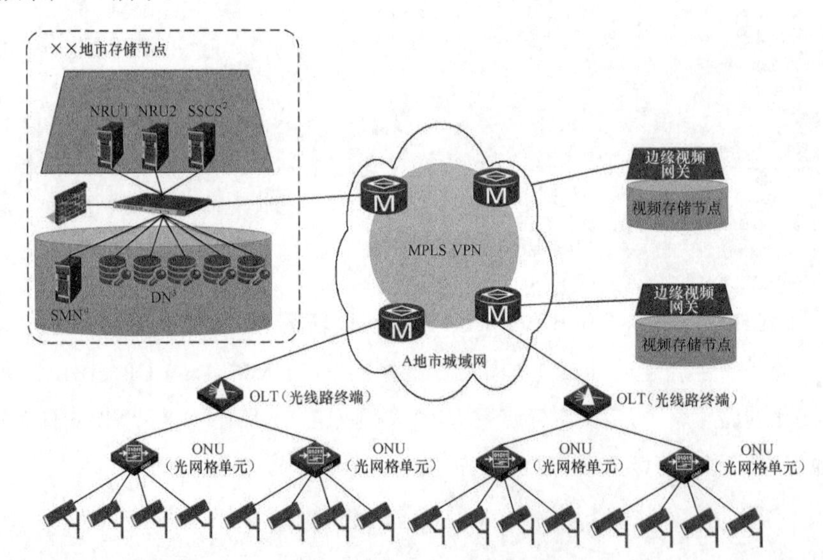

1. NRU是Network Record Unit的英文缩写，中文意为网络录像单元。
2. SSCS（Support Set Cross Supervision Server，基于支持集的交叉监督服务器）。
3. DN（Data Network，数据网）。
4. SMN（Switched Message Network，交换信息网）。

图4-26 地市视频接入专网组网结构

2. 新型视频接入专网IP承载

新型视频接入专网承载方式与新型分布式视频存储承载方式类似，其差异主要体现在业务终结方面，其他L3城域骨干协议承载基本相同，因此，本小节将重点介绍新型分布式视频接入专网的业务终结部分。

地市视频接入节点主要分为两种场景：传统MSE/BRAS接入场景和新型vBRAS池接入场景。

（1）场景一：传统MSE/BRAS接入场景

需要说明的是，全局连通性相关的基础配置例如IGP、MPLS 、LDP、BGP不在此列出（略），定义视频接入专网业务VPN实例，具体配置如下。

```
ip vpn-instance BB      #配置接入专网业务VPN实例
IPv4-family
route-distinguisher 200:200
apply-label per-instance  #使能每实例每标签的标签分配方式
vpn-target 200:201  export-extcommunity  #采用Hub-Spoke方式组网，Spoke站点导出的路由设置community值200:201
vpn-target  200:200   import-extcommunity   #Hub站点导出的路由community值200:200，而Spoke站点仅引入Hub站点路由，Spoke站点之间不互通
```

定义地市视频接入业务终结属性，具体配置如下。

```
步骤一：定义用户访问控制（用户只能访问视频专网，不能访问互联网）。
user-group bb.gd  #定义用户组，并后面在domain  bb.gd下进行关联
acl number 8501  #定义用户只允许访问视频中心，举例2段地址，实际需根据业务写全地址段
rule 10 permit ip source user-group bb.gd destination ip-address  10.0.0.0 0.0.0.255
rule 20 permit ip source user-group bb.gd destination ip-address  10.0.1.0 0.0.0.255
acl number 8502     #定义所有其他地址段
rule 10 permit ip source user-group bb.gd
traffic classifier permit-spjr operator or       #建立复杂流分流
if-match acl 8501
quit
traffic classifier deny-spjr operator or       #建立复杂流分流
if-match acl 8502
quit
traffic behavior op_permit     #建立行为策略op_permit
permit
traffic behavior op_deny     #建立行为策略op_deny
deny

traffic policy AABBCC_in
classifier per-spjr behavior op_permit     #视频接入用户业务流只能访问视频专网的地址段
classifier deny-spjr behavior op_deny      #视频接入用户业务流禁止访问其他地址段
quit
traffic-policy AABBCC_in inbound #全局进行调用，所有接入用户符合复杂流分类的inbound方向都受限制

步骤二：配置用户业务属性。
ip pool BB-pool-01 bas local  #定义用POOL
```

```
vpn-instance BB              #划入VPN实例
gateway 10.8.80.1 255.255.252.0  #用户网关地址
section 0 10.8.80.2 10.8.83.254     #用户实际使用的业务地址范围
#
radius-server group  radius  #建立RADIUS认证服务器组
radius-server authentication 1.1.1.1 1812 weight 50 #配置认证服务器
radius-server authentication 2.2.2.2 1812 weight 50 #配置认证服务器
radius-server accounting 1.1.1.1 1813 weight 50   #配置审计服务器
radius-server accounting 2.2.2.2 1813 weight 50   #配置审计服务器
radius-server shared-key @#123QWa           #配置交互密钥
radius-server retransmit 2 timeout 3            #重传次数和超时时间
radius-server class-as-car            #配置报文中携带CAR值
radius-server algorithm loading-share    #负载均衡运算法则，结合上面的weight一起使用
#
aaa
authentication-scheme radius    #定义RADIUS认证方案
#
accounting-scheme radius    #定义RADIUS审计方案
accounting interim interval 120  ##实时计费审计间隔位120s
accounting start-fail online    ## 用户上线时如果开始计费失败，那么还是会允许用户上线
#
domain bb.gd
authentication-scheme  radius   #用户上线使用该认证方案
accounting-scheme  radius     #用户上线使用该审计方案
vpn-instance BB       #用户归属VPN-instance BB
radius-server group  radius  #域使用RADIUS认证服务器组
ip-pool BB-pool-01  #域内使用的IP-POOL
ip-warning-threshold 90  #域内IP地址使用上线阈值达到90%时告警
user-group bb.gd  #关联用户组

步骤三：用户业务接入端口配置。
interface Eth-trunk1.2489
user-vlan 101 900 qinq 2489  #多用户QinQ终结，外层VLAN 2489，内层是101～900
bas
#
access-type layer2-subscriber default-domain authentication bb.gd   #用户线路终结默认域bb.gd
roam-domain bb.gd #漫游域也是bb.gd
nas logic-port GigabitEthernet 21/7/1    #nas接入逻辑端口号，用来精确绑定用户
multicast copy by-session  ##组播按会话来进行复制
```

用户业务路由发布，具体配置如下。

```
bgp 1
vpn-instance BB
IPv4-family vpn-instance BB      #将直连、静态、用户地址引入VPN
import-route direct
import-route static
import-route unr
```

（2）场景二：新型 vBRAS 池接入场景

需要说明的是，全局连通性相关的基础配置例如 IGP、SRv6、BGP 基础全局配置不在此列出（略），定义视频接入专网业务 L3VPN 实例（略）。

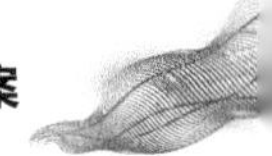

定义地市视频接入业务终结属性，具体配置如下。

```
步骤一：CP上定义用户访问控制（用户只能访问视频专网，不能访问互联网）。
同传统MSE/BRAS接入场景配置相同（略）
步骤二：CP上配置用户业务属性。
（首先，需要在UP上定义相应的Eth-trunk100，定义方式参考4.4.3章节的UP配置）
cu up-backup-profile spjr hot-standby  #建立UP热备份模式
backup-group master Eth-trunk1101/100 slave Eth-trunk1103/100  #热备份主端口和备份端口
#
ip pool BB-pool-01 bas local  #定义用POOL
vpn-instance BB            #划入VPN实例
gateway 10.8.80.1 255.255.252.0  #用户网关地址
permit up-backup-profile spjr    #地址池备份方式
section 0 10.8.80.2 10.8.83.254    #用户实际使用的业务地址范围
#
dap-server ip pool BB-pool-01  #建立地址池灾备IP-POOL
network 10.8.80.0 22 subnet length 22
disaster-recovery group 1    #建立地址池灾备组
dap-server ip-pool BB-pool-01  #地址池灾备
#
radius-server group  radius  #建立RADIUS认证服务器组
radius-server authentication 1.1.1.1 1812 weight 50 #配置认证服务器
radius-server authentication 2.2.2.2 1812 weight 50 #配置认证服务器
radius-server accounting 1.1.1.1 1813 weight 50   #配置审计服务器
radius-server accounting 2.2.2.2 1813 weight 50   #配置审计服务器
radius-server shared-key @#123QWa                 #配置交互密钥
radius-server retransmit 2 timeout 3               #重传次数和超时时间
radius-server class-as-car             #配置报文中携带CAR值
radius-server algorithm loading-share    #负载均衡运算法则，结合上面的weight一起使用
#
aaa
authentication-scheme radius    #定义RADIUS认证方案
#
accounting-scheme radius    #定义RADIUS审计方案
accounting interim interval 120  ##实时计费审计间隔位120s
accounting start-fail online    ## 用户上线时如果开始计费失败，则还是会允许用户上线
#
domain bb.gd
authentication-scheme  radius   #用户上线使用该认证方案
accounting-scheme  radius     #用户上线使用该审计方案
vpn-instance BB       #用户归属VPN-instance BB
radius-server group  radius  #域使用RADIUS认证服务器组
ip-pool BB-pool-01  #域内使用的IP-POOL
ip-warning-threshold 90  #域内IP地址使用上线阈值达到90%时告警
user-group bb.gd  #关联用户组
步骤三：CP上配置用户业务接入端口配置。
interface Eth-trunk1101/100.2489 #定义用户业务接入主接口
user-vlan 101 900 qinq 2489  #多用户QinQ终结，外层VLAN 2489，内层是101～900
bas
#
access-type layer2-subscriber default-domain authentication bb.gd  #用户线路终结默认域bb.gd
roam-domain bb.gd #漫游域也是bb.gd
interface Eth-trunk1103/100.2489   #定义用户业务接入备接口
user-vlan 101 900 qinq 2489  #多用户QinQ终结，外层VLAN 2489，内层是101～900
```

```
bas
#
access-type layer2-subscriber default-domain authentication bb.gd   #用户线路终结默认域bb.gd
roam-domain bb.gd #漫游域也是bb.gd
```

用户业务路由发布，具体配置如下。

```
#在 UP1和UP3上配置:
bgp 1
vpn-instance BB
IPv4-family vpn-instance BB      #将直连、静态、用户地址引入VPN
import-route direct
import-route static
import-route unr
advertise L2VPN evpn  #使能VPN实例向EVPN实例发布IP路由功能
segment-routing IPv6 locator to B evpn #使能私网路由上传送EVPN协议时携带SID属性功能
segment-routing IPv6 best-effort evpn #使能基于EVPN路由携带的SID属性进行路由迭代
```

4.6.3 视频组网 IP 承载

1. 传统视频组网 IP 承载

视频组网专线是连接视频专网与客户视频监控平台、客户视频监控中心的组网专线，用于监控平台调阅视频流。专线宽带按客户需求订制，支持千路级以上并发数据。

根据客户调阅组网级别，视频组网专线可以分为市级视频组网专线与省级视频组网专线。其中，市级视频组网专线可供客户调阅单个地市内摄像头的连接线路。如果客户的摄像头分布在一个地市内，则客户在调阅的时候需要拉通市级组网专线。省级视频组网专线可供客户调阅多个地市内摄像头的连接线路。如果客户的摄像头分布在省多个地市内，则客户在调阅时需要拉通省级组网专线。

视频组网专线网络示意如图 4-27 所示。

（1）市级视频组网专线

市级视频组网专线是为客户提供接入本地的视频专网，完成对视频资源的调阅。其具体形式分为 PON 接入和光纤接入两种。

其一，PON 接入的视频组网专线通过 ONU、OLT 等设备接入客户就近的 MSE 设备连接进入视频专网。ONU 光调制解调器设备通过拨号形式获取接入的 IP 地址。

其二，光纤接入的视频组网专线通过裸纤接入客户就近的 MSE 设备，连接进入视频专网。

市级视频组网专线的具体业务实现与前文中视频接入专网的实现类似，二者都是独立分开、独立承载的，因此，二者都有各自不同的业务属性（访问控制、IP-POOL、AAA 认证方式、域）、独立 VPN 实例、独立的业务子接口。

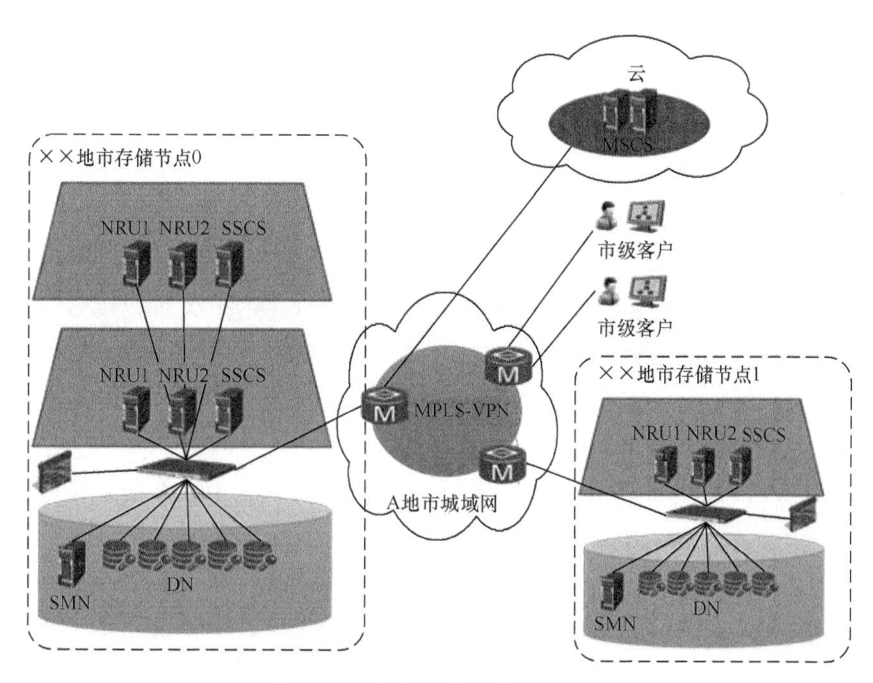

图4-27　视频组网专线网络示意

（2）省级视频组网专线

省级视频组网专线是为客户的监控计算机接入电信提供的视频云平台，供客户调阅视频监控。当客户为多台监控终端时，省级视频组网专线可以用于连接客户原来的监控内网。如果客户监控内网有自有平台，那么省级视频组网专线可用于电信的视频云平台与客户自有平台之间的对接。

视频组网专线可以分为 PON 接入形式和 STN 接入形式，二者承载的网络通道不一样，因此，二者的网络保障级别也不一样。

省级视频组网专线的具体业务实现分为两种：一种是分布式存储云网业务，采用 L3VPN VPLS 方式来实现；另一种是政企 L2 组网专线业务，采用 L2VPN VPLS 方式来实现。

2. 新型视频组网专线 IP 承载

市级视频组网专线的具体业务实现与视频接入专网的实现类似，在此不再赘述。

省级视频组网专线的具体业务实现的第一种是分布式存储云网业务，采用 L3VPN 方式来实现；第二种是政企 L2 组网专线业务，采用 L2VPN 方式来实现，在此不再赘述。

4.7 移动业务

随着移动网络的高速发展，移动网络流量呈海量增加态势，增强现实（Augmented Reality，AR）技术、VR 技术、直播等新型应用层出不穷。5G 单基站峰值速率将达到 10 ～ 20Gbit/s，是 4G 的 10 倍以上，5G 基站回传网络的容量需求也随之增加。

为了应对海量的移动数据流量增长、海量设备连接、不断涌现的各类新业务和应用场景，以及对网络提出的大带宽、低时延、SLA 可保障等能力需求，5G 网络在无线侧引入了新无线（New Radio，NR）大带宽，在核心网引入了云化、C/U 分离、多接入边缘计算（Multi-Access Edge Computing，MEC）等技术。这些技术将给新型 IP 承载网的数据流量和数据流向产生较大影响。一方面，NR 大带宽给城域网带来成倍的流量增长；另一方面，核心网用户功能面（User Plane Function，UPF）下沉与 MEC 组成分布式边缘 DC，云端的算力和应用也将下沉到边缘云，这将导致大量的流量不出城域网，呈现流量本地化、网格（Mesh）化的特征，并带来承载网络转型的关键诉求。

新型 IP 承载网是一个综合业务承载网络，5G 业务承载能力尤为重要，5G 业务对新型承载网络的需求主要体现在以下 3 个方面。

1. 新型无线接入网（Radio Access Network，RAN）架构演进支撑能力

5G 时代，基站密度和单站能力都将提升 10 倍以上，密切的站点协同、更广泛密集的覆盖，以及核心网层面虚拟化和 C/U 分离要求承载网提供更大带宽、更广覆盖和更灵活连接的传输通道，满足云化核心网演进与按需部署的需求。

2. 差异化服务能力

5G 有 3 类典型的应用：增强型移动宽带（enhanced Mobile BroadBand，eMBB）、低时延高可靠通信（ultra-Reliable&Low-Latency Communication，uRLLC）以及大连接物联网（massive Machine-Type Communication，mMTC），不同类型业务的特性和需求各不相同，这要求网络能提供契合业务特征需求的网络虚拟资源与相应的差异化服务能力。

3. 低时延业务服务能力

未来，不管是固网还是移动网络，其视频流量都将占 50% 以上，用户体验的视频要求无卡顿等将是 5G 的重要业务，网络架构需满足视频的本地化需求，即将低时延的服务器资源部署在更接近最终用户的地方，用户可直接访问与这些服务相关的应用，不需要将所有的流量都路

由到集中部署的移动核心网位置，尽可能减少长距离传输数据所带来的时延。

目前，5G 业务按用户和承载方式的不同一般分为 toC(to consumer 面向个人，通常简写为 toC) 和 toB(to businesses 面向企业，通常简写为 toB)。

4.7.1 新型移动 5G toC 业务

1. 承载方案

5G 基站接入方式可采用 STN-A1 设备、STN-A2 设备或 IP RAN-A2 设备接入，按需采用 10GE、2×10GE 或 25GE 接口接入。

基带处理单元(Building Baseband Unit, BBU)接入方式分为分布式无线接入网(Distributed Radio Access Network，D-RAN) 和集中式 / 云化无线接入网 (Centralized/Cloud-Radio Access Network，C-RAN) 两种。5G D-RAN 部署场景 BBU 与 RRU 合设的室外宏站、室分系统的 BBU 可采用 STN-A1 设备、STN-A2 设备接入。5GC-RAN 部署场景采用 STN-A2 设备接入，单台 STN-A2 设备接入 4 ～ 20 个 5G 基站。经过 A 设备后再接入 A-Leaf 节点。

5G 基站回传业务用于实现将基站流量接入 5GC。5G 基站业务采用“PW+L3EVPN”方案承载，在接入环 A 与 A-Leaf 之间通过伪线承载，在 A-Leaf 到核心层之间采用 L3EVPN over SRv6 承载，在 A-Leaf 上进行二层转三层配置，并进入 SRv6 隧道。A-Leaf 以上采用 RAN VPN over SRv6 统一承载基站业务。5G 移动业务实现方式如图 4-28 所示。

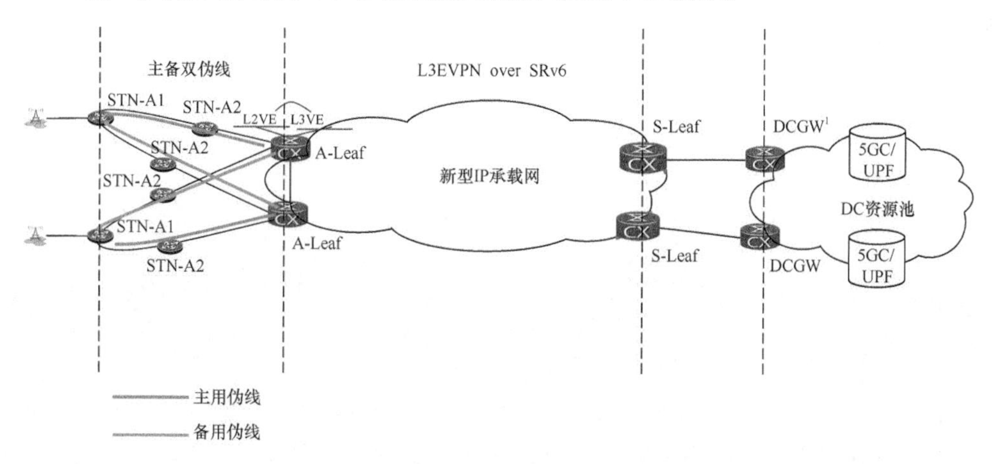

1. DCGW (Data Center Gate Way，数据中心网关)。

图4-28 5G移动业务实现方式

5G 基站业务接入 A 设备，A 设备建立主备双伪线分别到两台 A-Leaf 设备，当作设备冗余，主备双伪线保持单发双收状态，通过主用伪线发送基站上传数据，通过冗余伪线接收回程数据。两台 A-Leaf 分别作为基站 L3 网关，终结主备伪线转入 RAN VPN，同时向 RAN VPN 发布基站明细及汇总路由，提供基站业务的双网关保护，为了提高业务路由收敛速度，引入双 RD 设计。新型网络演进过程中还需考虑新型承载网与核心网、原 IP RAN、STN 网络的互通，可通过边界 B-Leaf 与城域边缘路由器（Edge Router，ER）互联，以“背靠背”方式实现与省核心网、IP RAN、STN 网络的互通，同时还可以采用端到端的 SRv6 网络进行部署，使用 L3EVPN over SRv6 实现业务承载，通过 SRv6 隧道及业务故障保护实现业务的快速倒换。

上行流量：业务的上行转发报文，在 A 设备进入 L2PW 隧道，网关配置在 A-Leaf，上行流量主备伪线，通过主伪线到 A-Leaf 后，进入 SRv6 隧道，流量到远端 S-Leaf 节点出 SRv6 隧道，然后 S-Leaf 与 5GC/UPF 前端的 DCGW 通过 OptionA “背靠背” EBGP 对接。

下行流量：S-Leaf 进入 L3EVPN over SRv6 隧道，在 A-Leaf 设备出 L3EVPN 隧道后通过 A-Leaf<->A 之间的伪线转发到 A 设备。

2. 新型移动 5G 基站 toC 业务实现

新型移动 5G 基站 toC 业务实现主要分为两大部分：5G 移动基站 toC 业务接入层实现和新型骨干核心路由承载实现。

（1）5G 移动基站 toC 业务接入层实现

新型 5G 移动基站 toC 业务接入主要是在 A 设备与 A-Leaf 设备形成环形组网架构，主要基于 PW over LDP 的方式来实现。

① A 设备部署

- 使能 MPLS LDP。
- 使能 MPLS L2VPN。

与主备 A-Leaf 分别建立远端对等体，具体配置如下。

```
mpls ldp remote-peer A-Leaf-1 #定义远端对等体名称
remote-ip 3.3.3.3  #指定建立对等体的远端IP地址
mpls ldp remote-peer A-Leaf-2        #定义远端对等体名称
remote-ip 4.4.4.4  #指定建立对等体的远端IP地址
```

基站接入端口配置 PW，部署要点包括业务 VLAN、MTU 值、主备伪线、伪线协商模式、主备 BFD for PW 及 BFD 检测周期参数、回切等待时间设置、伪线单发双收，具体配置如下。

```
interface GigabitEthernet0/1/0.40   #NSA 业务基站接入端口
mtu 2000
vlan-type dot1q 40
```

```
mpls l2vc 4.4.4.4 200 control-word raw         #配置主伪线，其中，4.4.4.4为目的LSR ID，200 为伪线VCID。
mpls l2vc 3.3.3.3 201 control-word raw secondary  #配置备伪线
mpls L2VPN redundancy master  #主从协商模式
mpls L2VPN reroute delay 300   #配置伪线回切等待时间为300s
mpls L2VPN stream-dual-receiving   #配置主备伪线双收，避免伪线回切时造成流量丢失
mpls L2VPN nd-dual-sending  #在双网关场景下，A设备开启ND双发功能
mpls L2VPN pw bfd min-rx-interval 50 min-tx-interval 50 #配置到主伪线的BFD，检测周期50ms×3
mpls L2VPN pw bfd min-rx-interval 50 min-tx-interval 50 secondary#配置到备伪线的BFD，检测周期50ms×3

interface GigabitEthernet0/1/0.43   #SA业务基站接入端口
mtu 2000
vlan-type dot1q 43
mpls l2vc 4.4.4.4 300 control-word raw         #配置主伪线，其中，4.4.4.4为目的LSR ID，300为伪线VCID。
mpls l2vc 3.3.3.3 301 control-word raw secondary  #配置备伪线
mpls L2VPN redundancy master  #主从协商模式
mpls L2VPN reroute delay 300   #配置伪线回切等待时间为 300s
mpls L2VPN stream-dual-receiving   #配置主备伪线双收，避免伪线回切时造成流量丢失
mpls L2VPN nd-dual-sending  #在双网关场景下，A设备开启ND双发功能
mpls L2VPN pw bfd min-rx-interval 50 min-tx-interval 50 #配置到主伪线的BFD，检测周期50ms×3
mpls L2VPN pw bfd min-rx-interval 50 min-tx-interval 50 secondary#配置到备伪线的BFD，检测周期50ms×3
```

② A-Leaf部署

需要说明的是，两台A-Leaf除了Local-lsr-id 、VCID不一致，其他配置相同。

- 使能MPLS LDP。
- 使能MPLS L2VPN。
- 创建二层虚拟端口。
- 与基站接入的A设备建立远端对等体。

```
mpls ldp remote-peer A #定义远端对等体名称
remote-ip 1.1.1.1  #指定建立对等体的远端IP地址
mpls ldp local-lsr-id LoopBack0  #指定建立远端对等体的源地址
```

配置基站业务PW(两类基站SA/NSA场景接入)，具体配置如下。

```
interface Virtual-ethernet1/0/2.40  #NSA基站接入二层虚子接口，与A设备建立PW接入
vlan-type dot1q 40
mtu 2000  #与对端A设备端口MTU保持一致，用于端到端的PW协商，如果不一致，则将导致PW协商失败
description TO-A-NSA
mpls L2vc 1.1.1.1 200 control-word raw ignore-standby-state     #主A-Leaf对端lsrid及VCID，与A设备主PW VCID
对应一致；另外1台备A-Leaf与A设备相对应的备VCID一致
mpls L2VPN pw bfd min-rx-interval 50 min-tx-interval 50     #BFD检测周期50ms×3

interface Virtual-Ethernet1/0/2.43  #SA基站接入二层虚子接口，与A设备建立PW接入
vlan-type dot1q 43

mtu 2000
description TO-A-SA
mpls L2vc 1.1.1.1 300 control-word raw ignore-standby-state    #建立PW业务 VCID
mpls L2VPN pw bfd min-rx-interval 50 min-tx-interval 50     #BFD检测周期50ms×3
```

（2）新型骨干核心路由承载实现

① A-Leaf 部署

全局使能 SRv6，配置 Locator，具体配置如下。

```
segment-routing IPv6
encapsulation source-address 4:1:1::2   #配置SRv6的报文源地址，一般是LoopBack0的地址
locator SRv6-to C IPv6-prefix 4:1:1:2:: 96 static 8 #配置SRv6 toC 切片locator
opcode ::2 end-op    #配置静态 end-op 路由，用于SRv6的oam检测
```

ISIS 进程下使能 SRv6 能力，具体配置如下。

```
isis 1
segment-routing IPv6 locator SRv6-toC     #使能SRv6能力和动态分配SID能力，SRv6 toC 为Locator名字
```

创建三层虚拟子接口，配置基站业务网关，具体配置如下。

```
interface Virtual-ethernet1/0/3.40  #NSA 业务网关子接口
vlan-type dot1q 40  #1:1 模式，1个基站对应1个VLAN网关
mtu 2000
description 5G-NSA-GW
ip binding vpn-instance RAN    #绑定基站业务VRF
ip address 192.168.0.1 255.255.255.252   #基站网关IP
direct-route degrade-delay 300 degrade-cost 5000  #配置接口状态由Down转为Up后，接口下IPv4直连路由的开销延迟恢复功能

interface Virtual-Ethernet1/0/3.43  #SA 业务网关子接口
vlan-type dot1q 43          #1:1 模式，1个基站对应1个VLAN网关
description 5G-SA-GW
ip binding vpn-instance RAN   #绑定基站业务VRF
IPv6 enable
IPv6 address 2020:3::1:1/127
IPv6 mtu 2000
direct-route degrade-delay 300 degrade-cost 5000
```

配置 toC 业务 VRF 实例，具体配置如下。

```
ip vpn-instance RAN  #配置toC 业务 VRF实例
IPv4-family    #承载NSA IPv4业务
route-distinguisher 4134:1000   #主用A-Leaf采用RD1，备用A-Leaf采用RD2
apply-label per-instance
vpn-target 5555:100000 export-extcommunity       #开启VPN RT 属性
vpn-target 5555: 100000 export-extcommunity evpn  #开启EVPN RT属性
vpn-target 5555:100000 import-extcommunity
vpn-target 5555:100000 import-extcommunity evpn
IPv6-family    #承载SA IPv6业务
route-distinguisher 4134:1000
apply-label per-instance
vpn-target 5555:100000 export-extcommunity
vpn-target 5555:100000 export-extcommunity evpn
vpn-target 5555:100000 import-extcommunity
vpn-target 5555:100000 import-extcommunity evpn
```

BGP 配置，具体配置如下。

```
bgp 100#bgp 进程
router-id 4.1.1.2
peer 10.10.10.10 as-number 100 #与RR建立IBGPv4邻居
peer 10.10.10.10 connect-interface LoopBack0
peer 10.10.10.10 tracking delay 30 #使能BGP Peer tracking功能后，BGP可以快速感知邻居不可达并重新建立连接
peer 3926:0188:0187::10  as-number 100 #与RR建立IBGPv6邻居
peer 3926:0188:0187::10  connect-interface LoopBack0
peer 3926:0188:0187::10  tracking delay 30
#
IPv4-family unicast
undo synchronization
peer 10.10.10.10 enable
#
IPv4-family vpn-instance RAN
import-route direct    #引入基站直连路由
maximum load-balancing eibgp 8  #配置VPN ECMP，设置等价路由的最大条数为8
nexthop recursive-lookup delay 2  #配置对下一跳迭代结果变化的延迟响应为2s
bestroute nexthop-priority IPv6    #优选IPv6 peer发过来的路由，迭代SRv6隧道
advertise L2VPN evpn  #使能私网路由上送EVPN协议时携带SID属性功能
segment-routing IPv6 locator SRv6-toC evpn
segment-routing IPv6 best-effort evpn  #使能基于EVPN路由携带的SID属性进行路由迭代
#
IPv6-family vpn-instance RAN
preference 20 200 255
import-route direct
maximum load-balancing eibgp 8
nexthop recursive-lookup delay 2
bestroute nexthop-priority IPv6
advertise L2VPN evpn
segment-routing IPv6 locator SRv6-toC evpn
segment-routing IPv6 best-effort evpn #使能基于EVPN路由携带的SID属性进行路由迭代
#
L2VPN-family evpn #evpn地址簇，建立peer
policy vpn-target
peer   enable
peer 3926:0188:0187::10  advertise-community    #配置将团体属性发布给对等体
peer 3926:0188:0187::10  advertise encap-type SRv6        #配置使能 IPv6 对等体之间交换 IPv6 Prefix SID
#
```

② S-Leaf 部署

- 全局使能 SRv6，配置 Locator 并在 ISIS 进程中通告（参考 A-Leaf 相关配置）。
- 配置 toC 业务 VRF 实例（参考 A-Leaf 相关配置）。

BGP 配置，具体配置如下。

```
bgp 100
router-id 5.5.5.5
peer 10.10.10.10 as-number 100
peer 10.10.10.10 connect-interface LoopBack0
```

```
peer 10.10.10.10 racking delay 30
peer 3926:0188:0187::10 as-number 100
peer 3926:0188:0187::10 connect-interface LoopBack0
peer 3926:0188:0187::10 tracking delay 30
#
IPv4-family unicast  #IPv4 地址簇 peer 建立
undo synchronization
maximum load-balancing ibgp 8
peer 10.10.10.10 enable
peer 10.10.10.10 enable
#
IPv4-family vpn-instance RAN  #VPNv4 路由地址簇反射
import-route direct
advertise L2VPN evpn  #使能私网路由上送EVPN协议时携带SID属性功能
segment-routing IPv6 locator SRv6 toC evpn
segment-routing IPv6 best-effort evpn #使能基于EVPN路由携带的SID属性进行路由迭代
#
IPv6-family vpnv6
import-route direct
advertise L2VPN evpn  #使能私网路由上送EVPN协议时携带SID属性功能
segment-routing IPv6 locator SRv6 toC  evpn
segment-routing IPv6 best-effort evpn #使能基于EVPN路由携带的SID属性进行路由迭代
#
L2VPN-family evpn  #EVPN L3VPN 地址簇建立
policy vpn-target
peer 3926:0188:0187::10 enable
peer 3926:0188:0187::10 advertise-community
peer 3926:0188:0187::10 advertise encap-type SRv6  #邻居发布EVPN路由由SRv6封装
```

4.7.2 新型移动 5G toB 业务

1. 承载需求

在当前 toC 业务增量已趋于饱和的现状下，5G toB 是市场的新蓝海。对于垂直行业而言，通过 5G 定制网赋能自身数智化转型是面向未来提升核心竞争力、实现可持续发展的必由之路。

传统的移动专网需要通过虚拟拨号专用网（Virtual Private Dail-up Network，VPDN）访问内网，数据必须经过 LNS，部署不灵活，位置固定，组网方案较为单一，无线资源共用，优先级调度效果不能够满足需求，策略缺乏灵活性，缺乏政企业务的个性化支撑。

5G toB 定制，即通过 5G、边缘计算及网络切片等技术，为行业用户在 5G 网络上量身打造一个专用虚拟网络，满足行业客户对网络的定制化需求。

5G toB 业务为客户提供 5G 接入的多点组网、入云、入多云等综合解决方案，基于云网统一切片技术，协同运用 5G 网络切片、端到端 QoS、云网融合等网络能力，为客户提供独享型或共享型专线、专网业务。

5G toB 业务的场景及其需求见表 4-4。

表4-4 5G toB业务的场景及其需求

<table>
<tr><th>应用</th><th>网关位置</th><th>业务流量模型</th><th>带宽需求</th><th>时延要求</th><th>业务可靠性要求</th><th>安全性要求</th></tr>
<tr><td>5G 专线</td><td rowspan="2">城域 / 省核心</td><td>P2P / P2MP</td><td>视用户需求而定</td><td>200ms</td><td>99.9%</td><td>中</td></tr>
<tr><td>媒体直播</td><td>P2P</td><td>上行 >40Mbit/s</td><td>—</td><td>99.999%</td><td>高</td></tr>
<tr><td>智能制造</td><td rowspan="2">园区</td><td>P2P / P2MP</td><td>上行 >100Mbit/s</td><td>10ms</td><td>99.999%</td><td>高（生产安全）</td></tr>
<tr><td>智慧电网</td><td>P2P / P2MP，海量 DTU 小字节并发</td><td>上行 2.5Mbit/s</td><td>15ms</td><td>99.999%</td><td>高（电网安全）</td></tr>
<tr><td>智慧安防</td><td>城域 / 省核心</td><td rowspan="6">P2P / P2MP</td><td>上行 30Mbit/s</td><td>>50ms</td><td>99.99%</td><td>高（警务安全）</td></tr>
<tr><td>矿山</td><td rowspan="2">园区</td><td>上行 20Mbit/s</td><td>30ms</td><td>99.99%</td><td rowspan="3">高（生产安全）</td></tr>
<tr><td>港口</td><td>上行 36Mbit/s</td><td>18ms</td><td>99.99%</td></tr>
<tr><td>智慧园区</td><td>园区 / 城域边缘</td><td>上行 >8Mbit/s</td><td>100ms</td><td>99.9%</td></tr>
<tr><td>无人机</td><td rowspan="2">城域核心</td><td>上行 >30Mbit/s</td><td>20 ～ 40ms</td><td>99.999%</td><td>高（低空飞行）</td></tr>
<tr><td>道桥巡检</td><td>上行 30Mbit/s</td><td>100ms</td><td>99.9%</td><td>中</td></tr>
<tr><td>远程医疗</td><td rowspan="2">城域 / 省核心</td><td>P2P</td><td>上行 >5Mbit/s</td><td>100ms</td><td>99.99%</td><td>高（远程手术）</td></tr>
<tr><td>VR 教育</td><td>P2P / P2MP</td><td>上行 >50Mbit/s</td><td>20ms</td><td>99.9%</td><td>低</td></tr>
</table>

2. 新型移动 5G toB 业务承载方案

5G toB 业务包括 5G 专线和通道类 toB 业务，底层承载包括基于硬切片和基于软切片两种实现方式，为客户提供能满足其业务需求的实现方案。硬切片适用于带宽、时延、可靠性要求高、无线资源消耗大、QoS 保障要求严格、终端移动性强、网络连接和切片价值高的场景，包括但不限于智能电网、远程医疗 / 应急救援、智能制造、智慧园区 / 港口等。软切片适用于带宽、时延、可靠性要求不高、无线资源消耗不大、QoS 保障要求不高、终端移动性较弱、网络连接和切片价值一般的场景，包括但不限于智能抄表、道桥巡检、景区 AR 导航等。近期按照优享通道方式部署，即所有 toB 用户在网络侧采用一个 toB 硬切片，在同一个硬切片内，可叠加软切片实现不同等级业务的优先调度和保障。

硬切片基于 FlexE 实现，如果条件具备，则在汇聚层（B 及 B 以上设备）分别部署 toC 和 toB FlexE 硬切片；软切片基于“VPN + QoS”方式实现。如果不具备 FlexE 能力，则可采用基于 QoS 的优先级队列（Priority Queue，PQ）实现 toB 切片。

5G 定制网业务场景分为致远模式、比邻模式、如翼模式 3 种，分别对应省级 UPF、城域 / 园区的边缘 UPF、客户高安全隔离环境下的边缘 UPF。致远模式下，UPF 集中部署在省核心。

比邻模式分为比邻共享模式和比邻独享模式两种。其中，比邻共享模式下，边缘 UPF 部署在城域内，一般部署在局端机房，一套边缘 UPF 为多个客户服务，边缘 UPF 通过划分不同的 DN 分别接入不同的客户专网。比邻独享模式下，一套边缘 UPF 只为一个客户服务，可按需部署在局端机房或客户园区机房。

（1）致远模式业务承载方案

致远模式下业务承载方案又分为 3 种情况，分别为 5G—站点、5G—5G 和 5G 入云业务，具体说明如下。

① 5G—站点

致远模式下，UPF 集中部署在省核心，5G—站点业务可进一步细分为省内和跨省两种场景，省内致远模式 5G—站点业务实现如图 4-29 所示。

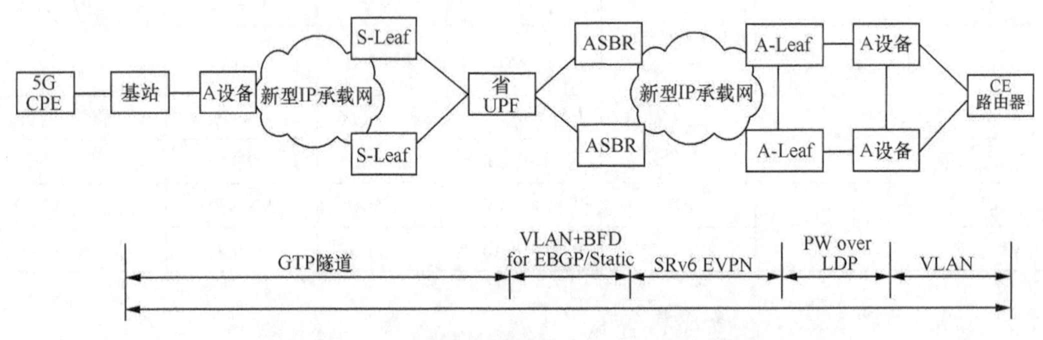

图4-29 省内致远模式5G—站点业务实现

在 N3 接口[1] 侧，UPF 基于数据网络命名（Data Network Name，DNN）和协议数据单元（Protocol Data Unit，PDU）会话区分用户并提供保障，在承载网共享现网已有的 VPN（CDMA-RAN 或 toB RAN）。在 N6 接口[2] 侧，UPF 基于子接口区分用户并提供保障，每个子接口对接到 ASBR 上相应的虚拟路由转发（Virtual Routing Forwarding，VRF）。

在政企点到点 L2 专线场景下，A 设备和 A-Leaf 之间部署 PW over LDP；在省级 ASBR 和 A-Leaf 设备间部署端到端 SRv6 EVPN；在 A-Leaf 部署 PW intro L3EVPN，与省级 ASBR 间通过 MP-IBGP 交换 VRF 路由；在省级 UPF 和省级 ASBR 间部署 BFD for Static 实现业务路由交换和保护倒换。

跨省致远模式的实现与省内致远模式的实现二者的差异不大，主要差别为跨省需要建立本省内 ASBR 与远端外省 ASBR 之间跨骨干网层面的 MP-eBGP 路由的传递。

1．N3接口是移动回传网与UPF之间的接口。
2．N6接口是UPF和企业私网之间的接口。

② 5G—5G

致远模式下，5G—5G 业务可进一步细分为省内和跨省两种。省内致远模式 5G—5G 业务实现如图 4-30 所示。

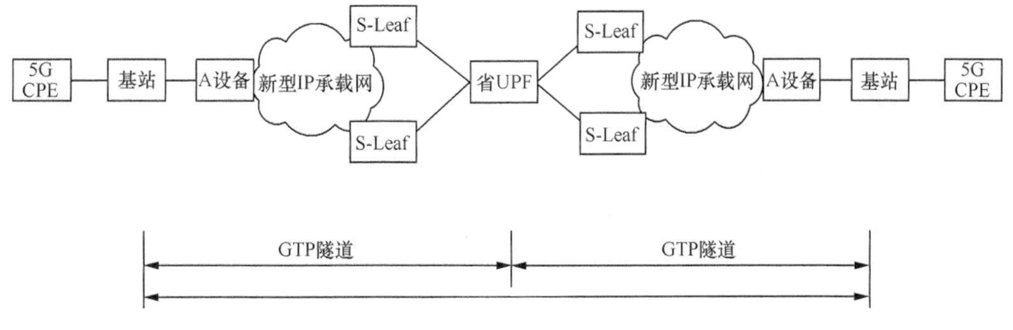

图4-30 省内致远模式5G—5G业务实现

省内 5G—5G 模式，统一由 UPF 基于 DNN、PDU 会话区分用户并提供保障，在承载网共享现网已有的 CDMA-RAN 或 toB RAN VPN。

在 UPF 部署 Framed Routing 机制实现对 5G CPE 下联网段的访问。

跨省致远模式 5G—5G 业务实现（基于 N19 接口）如图 4-31 所示。

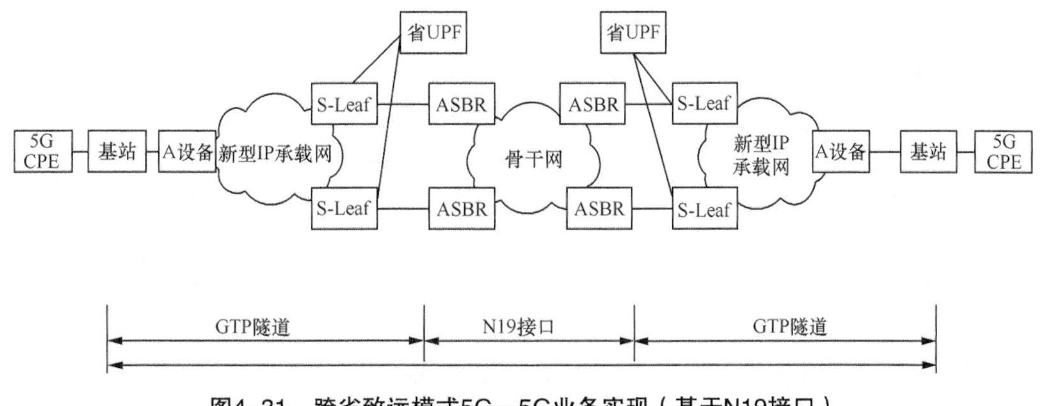

图4-31 跨省致远模式5G—5G业务实现（基于N19接口）

N3 接口侧的实现与省内场景一致，不同省份的 PDU UPF 之间采用 N19 接口实现长途流量的互通，N19 接口流量在 EPC VPN 中承载。多客户流量共享 EPC VPN，由 UPF 基于 DNN、PDU 会话区分用户并提供保障。

在 UPF 部署 Framed Routing 机制实现对 5G CPE 下联网段的访问。

考虑到当前 N19 接口尚未成熟，跨省流量可采用 N6 接口作为临时互通方案，跨省致远模式 5G—5G 业务实现（基于 N6 接口）如图 4-32 所示。

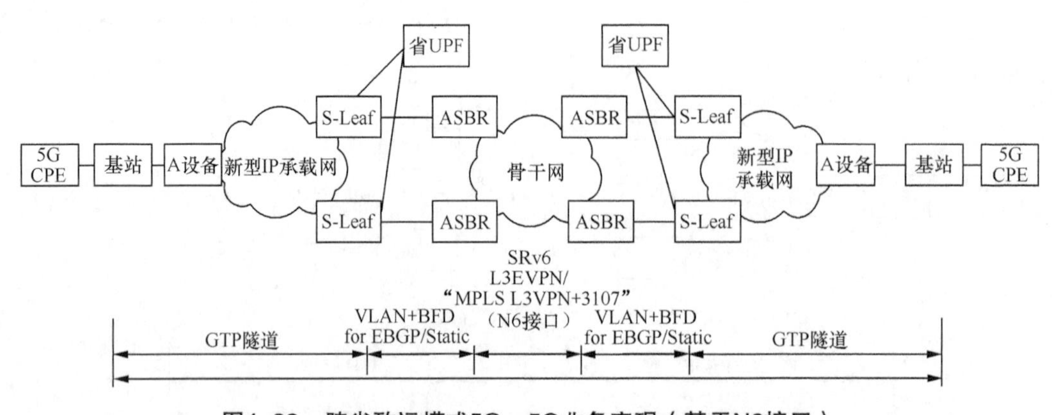

图4-32　跨省致远模式5G—5G业务实现（基于N6接口）

N6 接口流量落地在省级 ASBR 上，在相应省份的省级 ASBR 上部署 VRF，通过业务 L3VPN 实现 N6 接口流量的承载。

如果条件具备，则优先采用 SRv6 L3EVPN 实现跨域。如果条件不具备，则可以采用“MPLS L3VPN + 3107”实现跨域，具备条件时应及时迁移到 SRv6 L3EVPN 方案。

③　5G 入云业务

致远模式下，5G 入云业务可进一步细分为访问省核心云资源池和访问集团级云资源池两种。致远模式省内 5G 入云业务实现（目标方案）如图 4-33 所示。

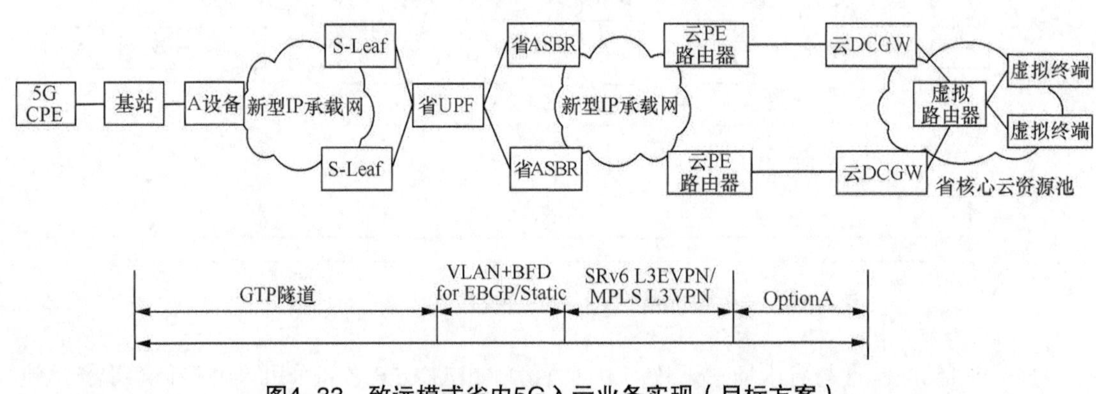

图4-33　致远模式省内5G入云业务实现（目标方案）

在云资源池部署一对云 PE 路由器，上联省级 ER，并与云 DCGW 采用 OptionA 对接。在省级 ASBR 和云 PE 路由器之间部署 SRv6 L3EVPN（优先）或 MPLS L3VPN 实现互通，省级 ASBR 和云 PE 路由器之间的业务流量统一经省级 ER 疏导。

如果是访问集团云资源池，则需要跨域骨干网实现MP-eBGP互通。

（2）比邻模式业务承载方案

比邻模式业务承载方案分为5G—站点、5G—5G和5G入云业务共3种，具体介绍如下。

① 比邻模式5G—站点

比邻模式下，5G—站点业务可进一步细分为城域核心、城域边缘和跨省3种。城域核心比邻模式5G—站点业务实现如图4-34所示。

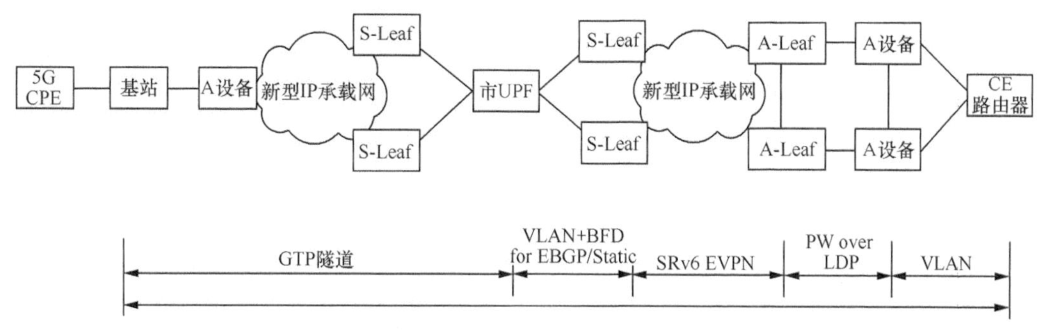

图4–34 城域核心比邻模式5G—站点业务实现

其实现方式与致远模式类似，二者的主要区别在于N3接口落地在城域S-Leaf(5GC CE)，N6接口落地在城域ASBR。

城域边缘比邻模式5G—站点业务实现如图4-35所示。

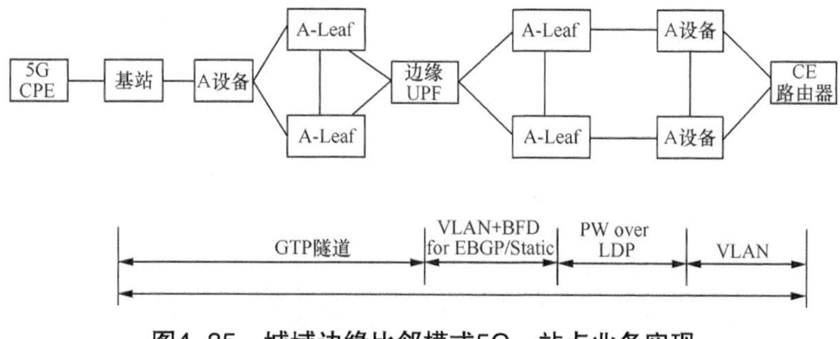

图4–35 城域边缘比邻模式5G—站点业务实现

边缘UPF就近接入一对A-Leaf设备，N3接口和N6接口均落地在该对A-Leaf设备。每个用户在A-Leaf设备上分别部署业务VRF和PW intro L3VPN实现对N6接口流量的承载。

② 比邻模式5G—5G业务实现

比邻模式下，5G—5G业务可进一步细分为城域内和跨省两种场景。城域内致远模式5G—5G业务实现如图4-36所示。

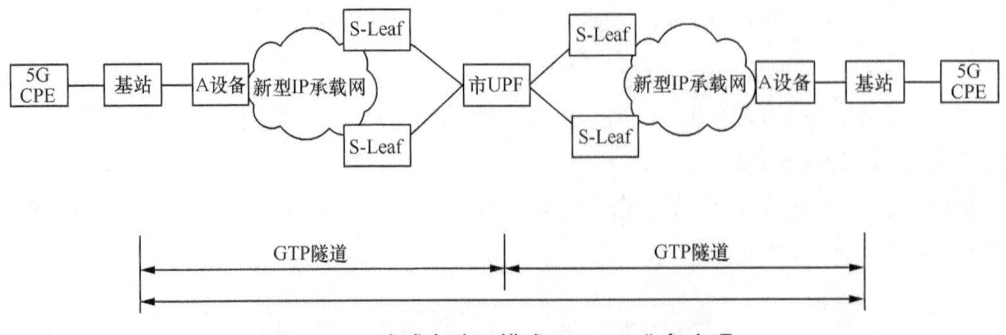

图4-36　城域内致远模式5G—5G业务实现

城域内致远模式 5G—5G 业务实现方式与致远模式类似，主要区别在于 N3 接口落地在城域 S-Leaf（5GC CE），业务覆盖范围在城域内。

跨省比邻模式 5G—5G 业务实现（基于 N19 接口）如图 4-37 所示。

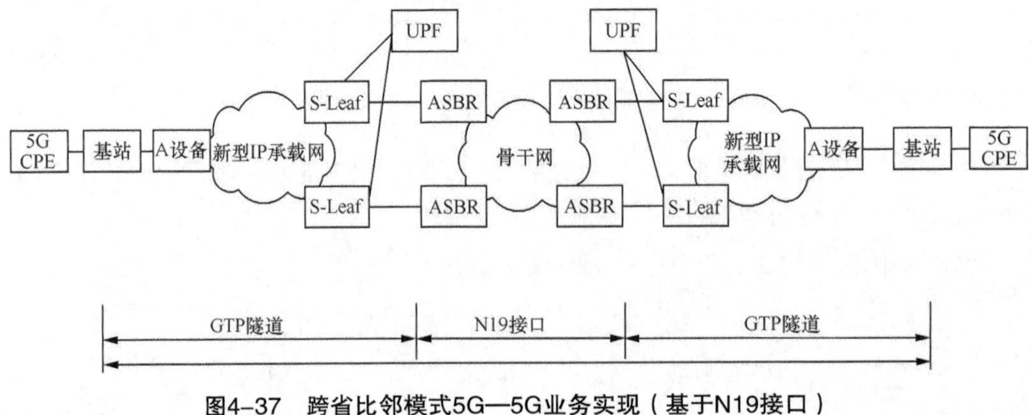

图4-37　跨省比邻模式5G—5G业务实现（基于N19接口）

N3 接口侧的实现与城域内场景一致，不同省份的 PDU UPF 间采用 N19 接口实现长途流量的互通，N19 接口流量在 EPC VPN 中承载。多客户流量共享 EPC VPN，由 UPF 基于 DNN、PDU Session 区分用户并提供保障。

在 UPF 部署 Framed Routing 机制实现对 5G CPE 下联网段的访问。

考虑到当前 N19 接口尚未成熟，跨省流量可采用 N6 接口作为临时互通方案，跨省比邻模式 5G—5G 业务实现（基于 N6 接口）如图 4-38 所示。

跨省比邻模式 5G—5G 业务实现方式与致远模式类似，主要区别在于 N3 接口落地在城域 S-Leaf（5GC CE），N6 接口落地在城域 ASBR。

③ 比邻模式 5G 入云业务实现

比邻模式下，5G 入云业务可进一步细分为访问城域核心云资源池、访问省核心云资源池、访问集团级云资源池、访问城域边缘云资源池和访问园区内云资源池 5 种场景。比邻模式城域内 5G 入云业务实现如图 4-39 所示。

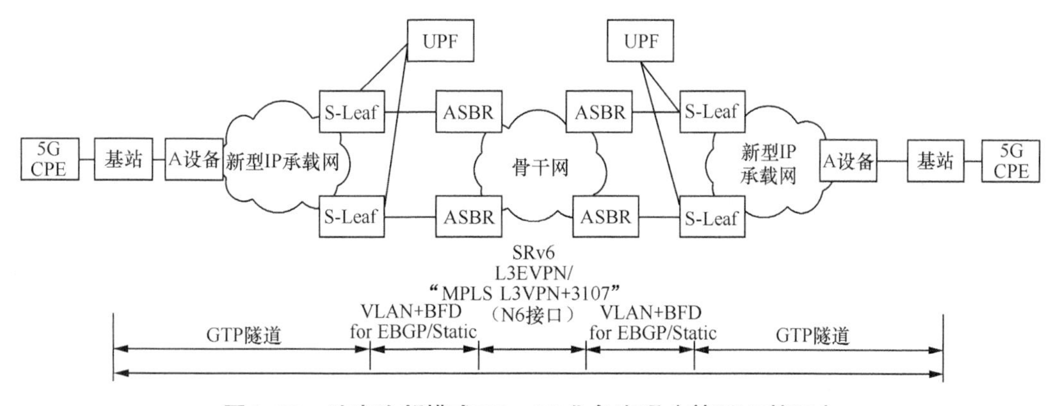

图4-38 跨省比邻模式5G—5G业务实现（基于N6接口）

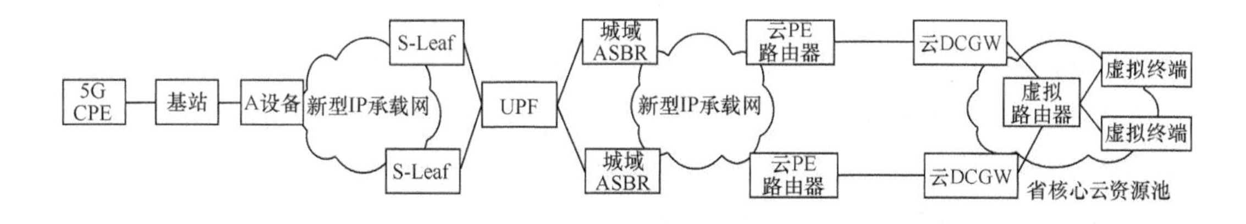

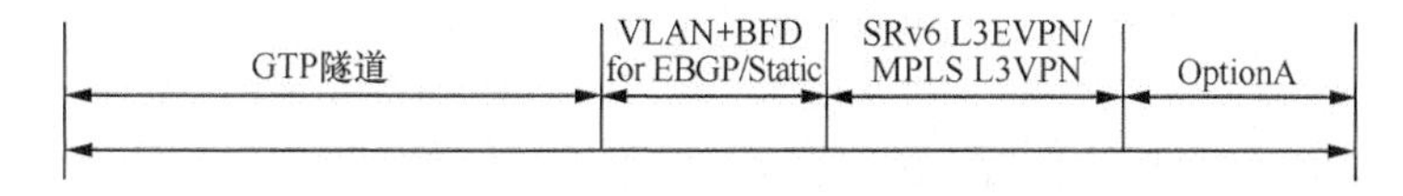

图4-39 比邻模式城域内5G入云业务实现

比邻模式城域内 5G 入云业务实现方式与致远模式类似，主要区别在于 N3 接口落地在城域 S-Leaf（5GC CE），N6 接口落地在城域 ASBR。城域核心云资源池部署一对云 PE 路由器，上联城域 ER，与云 GW 采用 OptionA 对接，以客户为单位，在城域 ASBR 和城域核心云 PE 路由器之间部署业务 L3VPN 实现互通。

访问省核心云资源池、集团资源池、城域边缘和园区内云资源池的场景只是入云节点不同。

（3）如翼模式业务实现

如翼模式主要满足客户完全物理隔离的高安全、高自主需求，通过在客户园区部署单独的一体化网关实现，该网关集成 BBU、5GC / UPF 和 MEC 等功能模块，物理资源由单个客户独占。

当客户在一体化网关部署全量 5GC，不需要与电信网络对接时，如翼模式业务实现如图 4-40 所示。

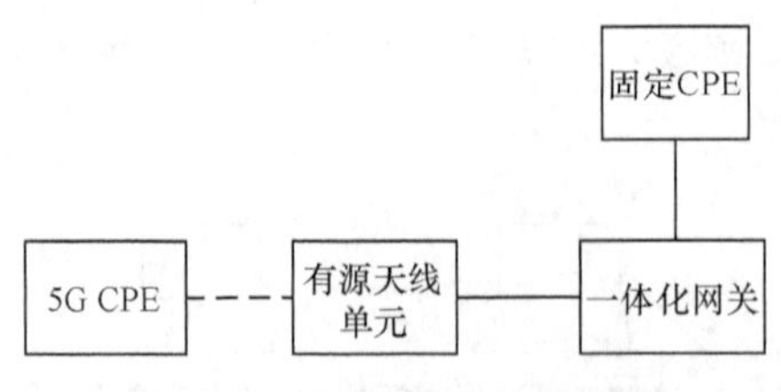

图4-40　如翼模式业务实现

所有设备均部署在园区内，有源天线单元和固定 CPE 通过光纤直连一体化网关，5G CPE 通过有源天线单元访问一体化网关。

3. 新型移动 5G 基站 toB 业务实现

（1）5G toB 业务接入基站

新型 5G toB 业务接入基站与 toC 业务接入基站类似，都是在 A 设备与 A-Leaf 设备形成环形组网架构，并基于 PW over LDP 的方式来实现。

A 设备和 A-Leaf 的配置参考 toC 基站业务接入 PW over LDP，此处不再赘述。

（2）新型骨干核心路由承载

① A-Leaf 部署

全局使能 SRv6，配置 Locator，并在 ISIS 进程下通告。

创建三层虚拟子接口，配置基站业务网关，具体配置如下。

```
interface Virtual-Ethernet1/0/3.40 #NSA 业务网关子接口
vlan-type dot1q 40     #“1:1” 模式，1个基站对应1个VLAN网关
mtu 2000
description 5G-NSA-GW
ip binding vpn-instance to B-RAN   #绑定toB基站业务VRF
ip address 172.16.0.1 255.255.255.252   #基站网关IP
direct-route degrade-delay 300 degrade-cost 5000

interface Virtual-Ethernet1/0/3.43  #SA 业务网关子接口
vlan-type dot1q 43          #“1:1” 模式，1个基站对应1个VLAN网关
description 5G-SA-GW
ip binding vpn-instance to B-RAN   #绑定toB基站业务VRF
IPv6 enable
IPv6 address 2021:3::1:1/127
IPv6 mtu 2000
direct-route degrade-delay 300 degrade-cost 5000
```

配置 toB 业务 VRF 实例，具体配置如下。

```
ip vpn-instance to B-RAN  #配置toB业务 VRF实例
IPv4-family
route-distinguisher 5555:2000 #主用A-Leaf采用RD1，备用A-Leaf采用RD2
```

```
apply-label per-instance
vpn-target 5555:200000 export-extcommunity
vpn-target 5555:200000 export-extcommunity evpn #进EVPN
vpn-target 5555:200000 import-extcommunity
vpn-target 5555:200000 import-extcommunity evpn
IPv6-family
route-distinguisher 5555:2000
apply-label per-instance
vpn-target 5555:200000 export-extcommunity
vpn-target 5555:200000 export-extcommunity evpn
vpn-target 5555:200000 import-extcommunity
vpn-target 5555:200000 import-extcommunity evpn
```

A-Leaf 部署下，BGP 的具体配置如下。

```
bgp 100#bgp 进程
router-id 4.1.1.2
peer 10.10.10.10 as-number 100
peer 10.10.10.10 connect-interface LoopBack0
peer 10.10.10.10 tracking delay 30
peer 3926:0188:0187::10 as-number 100
peer 3926:0188:0187::10 connect-interface LoopBack0
peer 3926:0188:0187::10 tracking delay 30  #使能BGP Peer Tracking功能后，BGP可以快速感知邻居不可达并重新建立连接
#
IPv4-family unicast
undo synchronization
peer 10.10.10.10 enable
#
IPv4-family vpn-instance toB-RAN
import-route direct    #引入直连路由
maximum load-balancing eibgp 8 #配置VPN ECMP，设置等价路由的最大条数为8
nexthop recursive-lookup delay 2
bestroute nexthop-priority IPv6    #优选IPv6 peer发过来的路由，迭代SRv6隧道
advertise L2VPN evpn  #使能私网路由上传送EVPN协议时携带SID属性功能
segment-routing IPv6 locator SRv6-toB evpn
segment-routing IPv6 best-effort evpn #使能基于EVPN路由携带的SID属性进行路由迭代
#
IPv6-family vpn-instance toB-RAN
preference 20 200 255
import-route direct
maximum load-balancing eibgp 8
nexthop recursive-lookup delay 2
bestroute nexthop-priority IPv6
advertise L2VPN evpn
segment-routing IPv6 locator SRv6-toB evpn
segment-routing IPv6 best-effort evpn #使能基于EVPN路由携带的SID属性进行路由迭代
#
L2VPN-family evpn #evpn地址簇，建立peer
policy vpn-target
peer 3926:0188:0187::10 enable
peer 3926:0188:0187::10 advertise-community    #配置将团体属性发布给对等体
peer 3926:0188:0187::10 advertise encap-type SRv6       #配置使能IPv6对等体之间交换 IPv6 Prefix SID
```

② S-Leaf 部署

全局使能 SRv6，配置 Locator，并在 ISIS 进程中通告。

配置 toB 业务 VRF 实例，具体配置如下。

```
ip vpn-instance to B-RAN  #配置toC 业务 VRF实例
IPv4-family
route-distinguisher 5555:2000
apply-label per-instance
vpn-target 5555:200000 export-extcommunity
vpn-target 5555:200000 export-extcommunity evpn
vpn-target 5555:200000 import-extcommunity
vpn-target 5555:200000 import-extcommunity evpn
IPv6-family
route-distinguisher 5555:2000
apply-label per-instance
vpn-target 5555:200000 export-extcommunity
vpn-target 5555:200000 export-extcommunity evpn
vpn-target 5555:200000 import-extcommunity
vpn-target 5555:200000 import-extcommunity evpn
```

S-Leaf 部署下，BGP 的具体配置如下。

```
bgp 100
router-id 10.10.10.10
peer 10.10.10.10 as-number 100
peer 10.10.10.10 connect-interface LoopBack0
peer 10.10.10.10 racking delay 30
peer 3926:0188:0187::10 as-number 100
peer 3926:0188:0187::10 connect-interface LoopBack0
peer 3926:0188:0187::10 tracking delay 30

IPv4-family unicast  #IPv4 地址簇MPLS peer 建立
undo synchronization
maximum load-balancing ibgp 8
peer 10.10.10.10 enable
peer 10.10.10.10 enable
#
IPv4-family vpn-instance toB-RAN  #VPNv4 路由地址簇反射
reflector cluster-id 1000
reflect change-path-attribute
advertise L2VPN evpn  #使能私网路由上传送EVPN协议时携带SID属性功能
segment-routing IPv6 locator SRv6-toB evpn
segment-routing IPv6 best-effort evpn #使能基于EVPN路由携带的SID属性进行路由迭代
#
IPv6-family vpnv6
reflector cluster-id 1000
reflect change-path-attribute
advertise L2VPN evpn  #使能VPN实例向EVPN实例发布IP路由功能
segment-routing IPv6 locator SRv6-toC evpn #使能私网路由上传送EVPN协议时携带SID属性功能
segment-routing IPv6 best-effort evpn #使能基于EVPN路由携带的SID属性进行路由迭代
#
L2VPN-family evpn  #EVPN L3VPN 地址簇建立
```

```
undo policy vpn-target
peer 3:1:1::1 enable
peer 3:1:1::1 advertise-community
peer 3:1:1::1 advertise encap-type SRv6  #邻居发布 EVPN路由 SRv6 封装
```

4.8 云网融合之多业务承载

云网融合是指网络承载段与云内资源池实现业务交叉链接、互相访问，从而达到业务融合的目的。在新型IP承载网框架中，运营商以“云网汇接中心”作为云网融合的载体，实现用户业务由网端向云端的过渡。“云网汇接中心”作为承载网端和云端设备互访作用的汇接中心，其主要作用是将传统IP承载网、IP RAN组网（IP无线接入网络）新型IP承载网等大型承载网络与云资源池相互打通，实现用户云和网之间业务的正常访问。一方面，汇接中心既要承载用户网络端接入；另一方面，汇接中心又要打通至云资源中心的通道，发挥着承“网”启“云”的重要作用。

云网融合组网可以实现以下业务。

1. 云专线业务

网端对接IP承载网/IP RAN/5GC，支持PON接入、IP城域网、5G等多种入云方式，对接多个云资源与第三方合作云商、属地云，实现一线多云。云专线业务如图4-41所示。

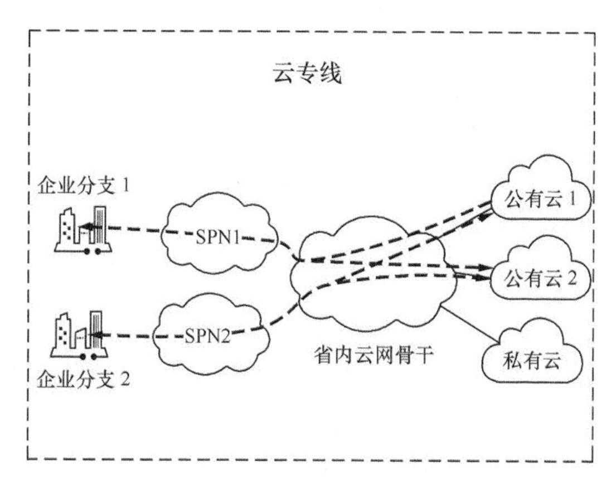

图4-41 云专线业务

2. 云专网业务

云专网业务是在云专线的基础上，实现不同的企业分支点上多个云，企业分支点之间可以互通。云专网业务如图4-42所示。

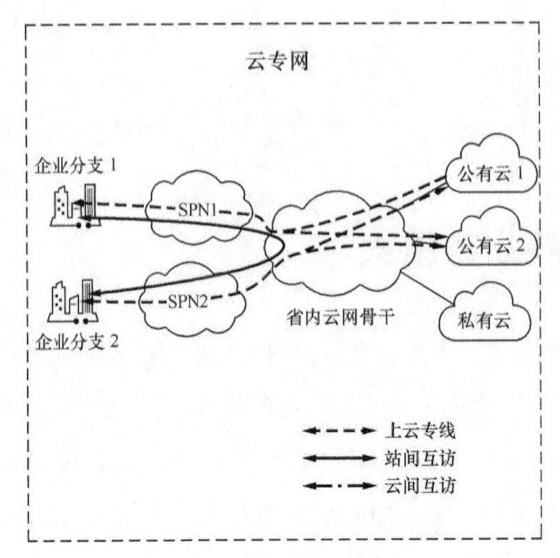

图4-42　云专网业务

3. 云间互联业务

云间互联业务是实现客户不同云之间业务的互联，包括在同一云、多云之间互联或跨云的云间互联。云间互联业务如图 4-43 所示。

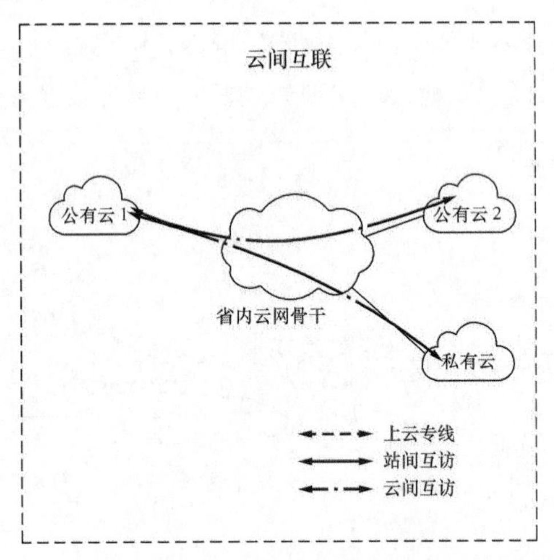

图4-43　云间互联业务

4.8.1　云网融合承载网络架构

1. 传统云网融合承载架构

在网络结构上，用户通过云网汇接中心访问云资源池。网端提供了第二层和第三层的不同方式作为访问云服务的通道（以下统称为二层通道与三层通道），对应的网端边缘设备为二层云PE路由器与三层云PE路由器，用作接入云资源池POP。为了实现云PE路由器的负载均衡和业务路径备份，云PE路由器互为一对。在不同地理位置的云资源池，都有其独立的云PE路由器作为网络端的边缘接入点。例如，针对A地的公有云与B地的公有云，云PE路由器在A地与B地均有部署，并且云PE路由器成对部署。云PE路由器与云POP为直连关系，且云POP接入云内，与云PE路由器处于不同的AS域。因此，在二者三层通道之间经常用MPLS VPN跨域OptionA方案作为路由控制协议。用户如果要访问A地公有云资源池或者B地公有云资源池，则可通过二层通道途经二层云PE路由器访问云POP，也可以通过三层通道途经三层云PE路由器访问云POP。需要说明的是，通道的选择与运营商的云产品设计相关。

传统云网融合组网架构如图4-44所示。无论是二层通道还是三层通道，传统的云网汇接中心都采取在网络侧借助传统IP承载网（城域网或IP RAN网）设备作为用户访问云的网络载体。以某运营商为例，对于二层通道组网，可采用不同云资源池的两台二层云PE路由器与每个地市城域网出口的两台核心路由器CR互联，达到打通IP承载网与云资源池的目的。同理，对IP RAN网络，云PE路由器与全省核心X-ER设备互联即可。对于三层通道组网，为了区分用户访问互联网与入云流量，每个地市不再要求使用CR作为中间载体，而是选择两台城域MSE作为入云ASBR，分别与两台三层云PE路由器互联（设备分布在不同地市，因此，中间链路经过传输管道）。一方面，采用"两两一对组合"可在链路上互相对称，还可以作为彼此角色的备份与负载均衡。另一方面，针对IP RAN接入的三层通道，可利用核心城市的城域网MSE作为全省共用的ASBR与云PE路由器互联。

由此可知，整个架构是基于已有的传统IP承载网设备，部署方便，可以快速组成业务通道。

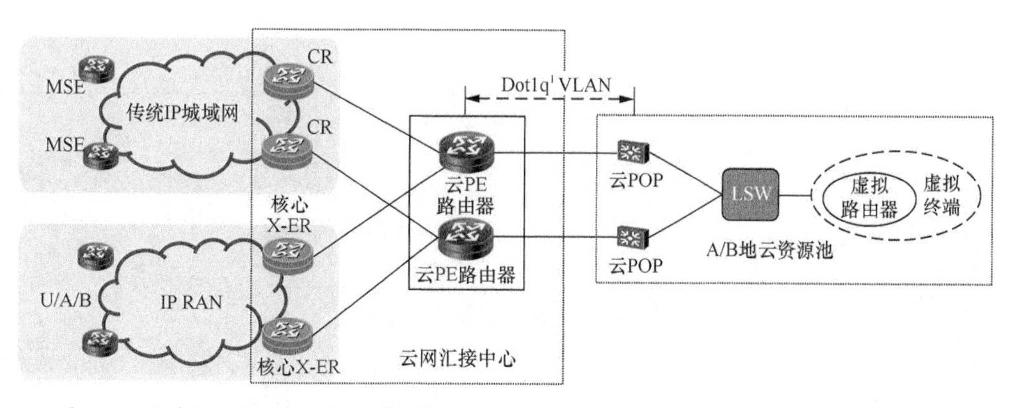

1. Dot 1q是802.1q的简写，是VLAN的一种封装方式。

图4-44 传统云网融合组网架构

2. 新型云网融合承载架构

传统云网融合承载主要存在以下问题。

（1）传统本地承载网分离

目前，各大运营商的传统本地承载网大多是独立分开隔离的多张网络，分为 IP 城域网和 IP RAN 或 5G 核心网等，这在一定程度上造成接入资源的浪费。

（2）云网汇接中心汇聚接入压力过大

由于地市存在多张网且接入方式众多，例如，二层业务接入 CR、三层业务接入 ASBR 等多套设备，导致云网汇接中心接入压力过大，既要通过不同的设备区分不同网络，又要区分不同的接入方式。

综合以上因素，建立一套新的网络框架，使之独立于传统组网与云资源池互访，并且能承接更多接入访问云资源池的需求显得愈发重要。地市 IP 城域网、IP RAN 等本地网需进行新型 IP 承载网络融合，减少云网汇接中心的接入压力。

新型云网融合组网目标架构如图 4-45 所示。相比于传统架构，每个地市可新建 2 台 A-Leaf 设备作为地市的接入网 PE 路由器（统称为网 PE 路由器），同时在汇接中心新建 4 台核心 P 路由器，这样可以在不同的 2 个核心地理位置各部署 2 台（或者“$2 \times N$”台，依据核心地理位置数量 N 部署，其中，核心地理位置应主要考虑为云资源池所在地理位置）。每个地市中的一台网 PE 路由器分别与核心位置 1 的 P_1 和核心位置 2 的 P_3 相互连接，另一台网 PE 路由器则与核心位置 1 的 P_2，与核心位置 2 的 P_4 互联，以此实现网 PE 路由器之间流量负载均衡与备份作用。二三层云 PE 路由器和网 PE 路由器一样，分别与核心 P 路由器一一互联，至此整个汇接中心打通从网端与云资源池二三层的互访通道。

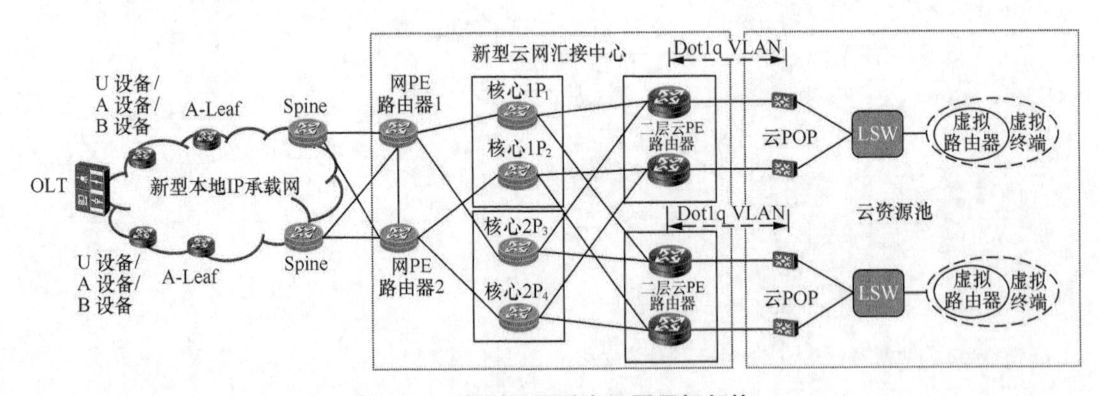

图4-45　新型云网融合组网目标架构

3. 云网融合承载业务多种接入方式

对于云网融合产品，如果按照用户接入方式不同，可大体上分为 PON 接入云专线、IP RAN（STN）接入云专线及 5GC 接入的 VPDN 云专线，不同接入方式的云网融合产品如图 4-46 所示。每种接入方式下，又可以分为二层接入和三层接入。每种云专线产品所使用的技术大相径庭。例如，二层接入的云专线，传统使用的是 MPLS L2VPN 协议；而三层接入，主要使用的是“MPLS L3VPN + BGP”。下面我们从用户接入方式分别介绍每种云专线产品业务流的走向，同时从承载网络框架上分析其涉及的 IP 技术，从而达到理解云网如何融合的目的。

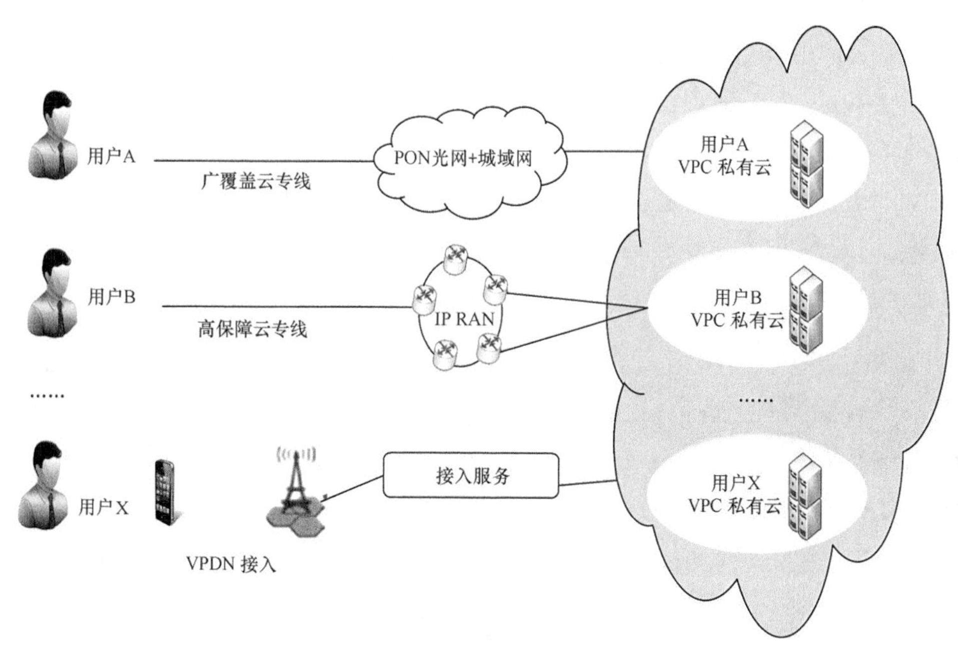

图4-46 不同接入方式的云网融合产品

4.8.2 PON 接入云专线

1. PON 接入二层云专线

PON 接入是承载在无源光纤网络的业务实现方式。云专线产品使用 PON 接入是最常见的选择。PON 接入云专线可以分为二层接入云专线与三层接入云专线。

（1）传统 IP 承载网二层接入云专线业务实现

用户接入 ONU 采用单层或 QinQ 二层 VLAN 透传至 MSE，MSE 至云 PE 采用的是 VPLS（虚拟专用局域网）协议。用户 ONU 至云 PE 路由器都视为二层通道，因此，在 CE 路由器侧（ONU 桥接模式下是光调制解调器下联路由器，路由模式下是光调制解调器）与云 POP 分别设置互联 IP，作为用户上层网络层应用的模式。其中，MSE 与云 PE 路由器中间网络设备需使能 MPLS 转发功能；在保证所有设备能相互学习到其 LoopBack 路由的前提下，使用 LDP 自动分发标签，在流量正反来回方向下构建 LSP 隧道，即用户的公网隧道。

VPLS 通过在用户 VSI（虚拟交换实例）统一用户 VC-ID（虚拟链路标记），以及在对端将地址配置为二层云 PE 路由器的 LoopBack 地址，即能创建一条从该 MSE 始发至云 PE 路由器的虚电路 VC。同理，在云 PE 路由器上也需要创建与 MSE 相同的 VSI（通过自动施工），在实例中配置相同的 VC-ID 与对端 MSE 的 LoopBack 地址，即可创建一条从云 PE 路由器始发至 MSE 的回程虚电路 VC。在两个 VSI 之间的一条双向的虚拟连接构成用户伪线。接入 MSE 与云 PE 路由器之间经过扩展的 LDP 协商分配用户的私网标签，可以很好地将不同客户标记出来。最终用户 PW 承载在公网 LSP 隧道里，实现不同用户隔离。云 PE 路由器与云 POP 之间同样采用 VLAN 协议，以虚拟子接口终结 VLAN 方式实现业务互通。传统二层 PON 云专线业务实现如图 4-47 所示。

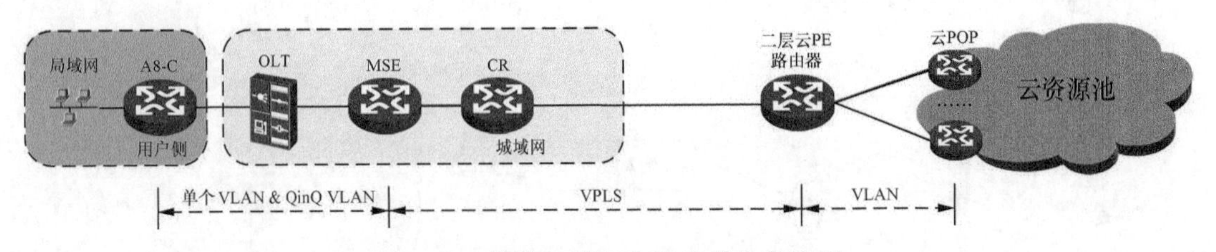

图4-47 传统二层PON云专线业务实现

（2）新型 IP 承载网二层接入云专线业务实现

本地 IP 城域网和 IP RAN 等网络融合改造成新型 IP 承载网会经历一个比较长的阶段，在一定时期内既有新建的新型 IP 承载网也有传统的 IP 城域网、IP RAN 等网络，并且传统的 IP 承载网侧的设备属于老旧设备，不支持 SRv6、EVPN 等特性，因此，从 MSE 到网 PE 路由器需依赖于传统基于 LDP 的 VPLS，而网 PE 路由器到云网汇接中心云 PE 路由器是新建设备，支持 SRv6、EVPN 等属性。二层业务实现上存在以下两种方案。

方案一：新建的云网汇接中心开启 MPLS LDP 和 BGP EVPN over SRv6 双栈。

尚未融合的传统 IP 城域网的二层云专线全程维持基于 LDP 的 VPLS 承载，新建的新型 IP 承载网采用基于 BGP L2EVPN over SRv6 承载。建设初期，PON 接入二层云专线业务实现方案一如图 4-48 所示。

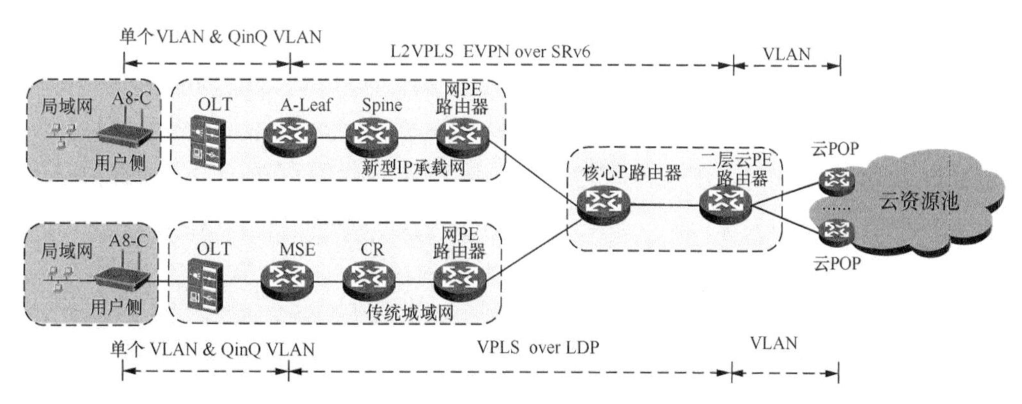

图4-48 建设初期，PON接入二层云专线业务实现方案一

方案二：云网汇接中心云 PE 路由器只部署 SRv6 单栈。

方案一的劣势为云网汇接中心在新型 IP 承载网完全融合前，同时存在 MPLS LDP 和 SRv6，在一定程度上增加了云网汇接中心网络协议的复杂性，而且在改造完成后，云网汇接中心需要去掉 MPLS LDP 的工作，所以建议云网汇接中心云 PE 路由器只部署 SRv6 单栈，对于传统 IP 城域网的二层云专线分段实现，第一段在 IP 城域网内依然使用基于 LDP 的 VPLS，第二段在网 PE 路由器到二层云 PE 路由器使用基于 SRv6 协议的 L2EVPN 承载，只是网 PE 路由器必须同时开启 MPLS LDP 和 SRv6 协议，网 PE 路由器成为关键的拼接设备。建设初期，PON 接入二层云专线业务实现方案二如图 4-49 所示。

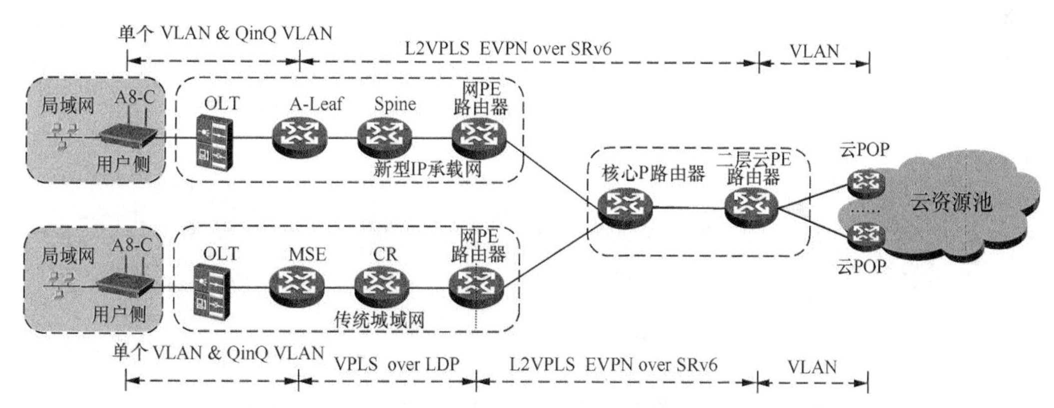

图4-49 建设初期，PON接入二层云专线业务实现方案二

以上两种方案的具体业务配置代码，请参见新型 IP 承载网二层组网专线业务实现部分。

2. PON 接入三层云专线

相比于二层通道，三层通道在某些场景下更利于多云业务的拓展，网端开通一条专线，可以同时接入多个云资源池，例如，不同地理位置的云资源池或云厂商，它们通过同一 MPLS VPN 实例，关联了网端与云端所有开通的线路与端口，达到“一条专线、多朵云”的效果。虽然二层通道通过 VPLS 也能达到类似效果，但是有时存在广播风暴、MAC 地址环路等风险，甚至影响设备中关联的其他用户。而三层通道则只须考虑该用户 VPN 下路由层面出现的问题，因此，相对于二层通道更加安全可靠。这也是二层通道下云专线一般只做点对点产品的原因，同时也是三层通道在业务形态上多样化拓展的优势之一。

（1）传统 IP 承载网三层接入云专线业务实现

用户 PON 接入段依然是通过配置 VLAN 通道直至 MSE。与二层通道不同的是，在 MSE 上，用户所属子接口绑定的不再是 VSI 虚拟交换实例（VPLS），而是 VPN 实例（或者 IP VRF）。用户的网关部署在该子接口上，与用户终端形成接入段的 PE 路由器与 CE 路由器的关系。用户 VPN 实例一般在城域网内全局唯一，具有特定的 RD、RT 值，可根据 RT 值的部署形成全网状或者星形组网。用户路由（一般是互联地址和静态路由）在其接入 MSE 上被引入 BGP VPNv4 地址簇里面，通过 RR 反射器，用户路由被通告至 ASBR 同 VPN 实例中，此时还包含为用户私网路由分配的私网标签。由于 ASBR 与三层云 PE 路由器互为直连，且一般不会部署在同一 AS 域，所以将该 VPN 通过 BGP 跨域 OptionA 方式的路由通告至云 PE 路由器。云 PE 路由器通过已自动施工配置的入云端口绑定同一 VPN 实例，将学习到的用户网端私网路由同样通过跨域 OptionA 方式通告至云 POP。至此，用户网端私网路由已通告至云内。同理，用户云内的路由沿着相反路径通告，最终使网端与云端的路由互相通告至对方。由于现在业务流量一般需要考虑双链路保护，所以还可以在云 PE 路由器与单台云 POP 之间使能跨设备捆绑功能，保证用户上云通道得到多重保护。传统云网融合 PON 三层接入云专线承载示意如图 4-50 所示。

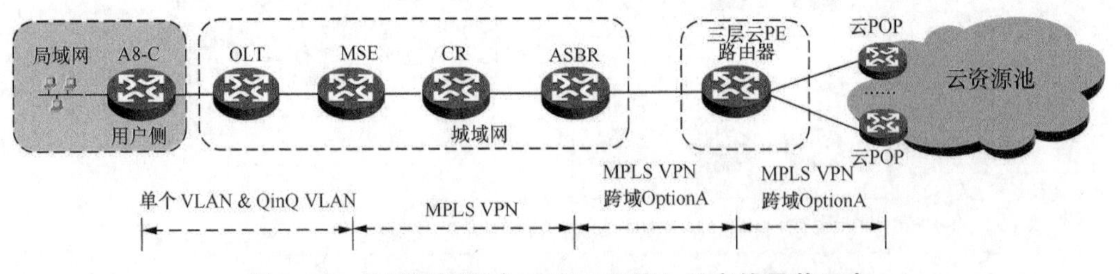

图4-50　传统云网融合PON三层接入云专线承载示意

（2）新型 IP 承载网三层接入云专线业务实现

类似二层接入云专线，传统的 IP 承载网侧只能支持三层 MPLS VPN，因此，从 MSE 到网 PE 路由器还得依赖传统 MPLS L3VPN，而为了达到简化网络协议的目的，网 PE 路由器到云网汇接中心云 PE 路由器可以只开启 L3EVPN over SRv6。只是在网 PE 路由器和核心 P 路由器之间跨域方式上有OptionA和OptionB两种连接方式。

① OptionA跨域方式

尚未融合的传统IP城域网的三层云专线使用MPLS L3VPN承载，在网PE路由器与核心P路由器跨域对接时使用OptionA，三层子接口的方式传递VRF路由，PON接入三层云专线业务实现方案一如图4-51所示。

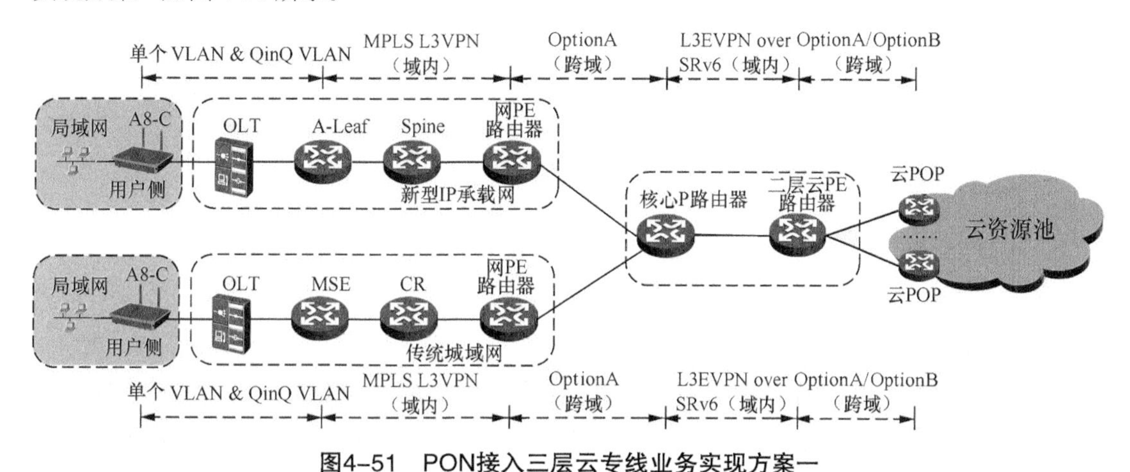

图4-51 PON接入三层云专线业务实现方案一

② OptionB跨域方式

OptionA跨域方式的劣势在于三层云专线用户数量多时，VRF的子接口大多变得不可维护，因此，考虑在网PE路由器上使用路由重生成，网PE路由器将从传统承载网学习到的MPLS L3VPNv4的路由重生成L3EVPNv4路由跨域通告给云网核心P路由器，同时也将从云网核心P路由器学习来的L3EVPNv4路由重生成MPLS L3VPNv4路由通告给传统承载网。PON接入三层云专线业务实现方案二如图4-52所示。

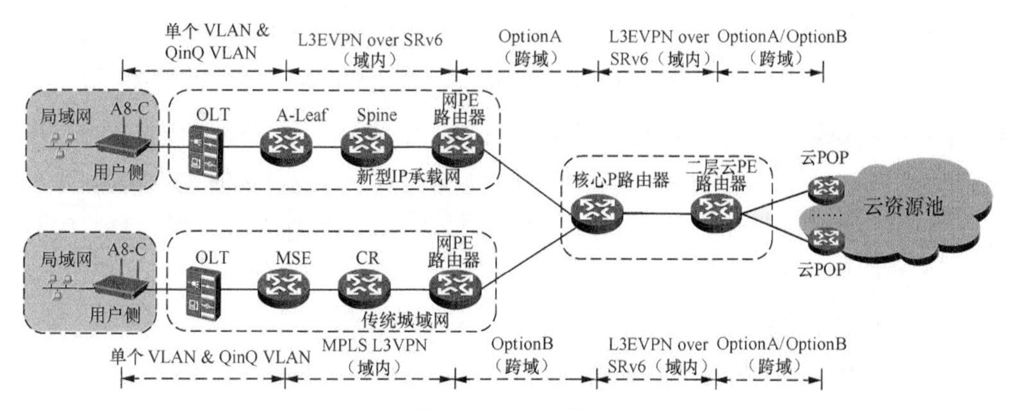

图4-52 PON接入三层云专线业务实现方案二

4.8.3 IP RAN 接入云专线

随着云服务的快速发展，用户通过 IP RAN 上云的需求也日趋增多。利用基站接入设备 A 设备，及 A 设备上联汇聚 B 设备作为政企用户入云接入 IP RAN 承载云专线业务的选择。云专线产品的接入段与传统的 IP 承载网类似，其最终需经过出口路由器与云 PE 路由器相连，或者经由 M 设备接入云网汇接中心。IP RAN 的云专线接入分为二层接入与三层接入。

1. 传统 IP RAN 接入云专线业务实现

（1）二层接入云专线

针对 IP RAN，在组网上，二层云 PE 路由器应与全省核心 X-ER 设备互联，这是云 PE 路由器访问用户的核心通道。它与传统 IP 承载网类似，每个地市可以同样通过 ISIS 协议通告云 PE 路由器，这样全省所有汇聚 B 设备可以学习到云 PE 路由器的 LoopBack 地址路由。而云 PE 路由器同样可以通过静态路由方式学习所有地市的 B 设备的路由，或者通过 ISIS 协议与核心 X-ER 互引。在云网汇接中心，其路由的通告方式与在 IP 城域网内相似，也是在网 PE 路由器内通过 IGP 进程的互引与路由控制，达到云 PE 路由器与 B 设备相互学习路由的效果。

基于传统 IP RAN 的二层云专线承载方式如图 4-53 所示，针对 IP RAN 云专线用户，如果业务承载在二层隧道，用户一般由 U 设备接入，U 设备与上联 A 设备在用户 VSI 内根据 VC-ID 与对端设备 IP 建立 PW。同时，A 设备与上联 B 设备也根据 VC-ID 与对端 IP 建立 PW。能成功建立 PW 的前提是这些设备在同一 IGP 进程内使能，已依赖 LSA 洪泛相互学习到对端设备路由。在 A 设备上，可利用“PW 拼接”技术（或者 PW 电路交换），把二者的 PW 无缝连接在一起，在逻辑上形成一条管道。同理，B 设备与云 PE 路由器也同样通过 VPWS 协议构建 PW，此时要求 B 设备的 LoopBack 地址与二层云 PE 路由器的 LoopBack 地址相互可达，正如前文所提，二者通过 IGP 来实现 IP 可达。最后 PW 终结在二层云 PE 路由器的用户入云子接口上，并且配置入云端的终结 VLAN。需要注意的是，有时用户也可由 A 设备或者 B 设备直接接入 IP RAN，上层连接方式不变。另外，对于同一用户，节点之间的 PW 都需要通过“PW 拼接”技术形成用户的数据管道。

（2）三层接入云专线

基于传统 IP RAN 的三层云专线承载方式如图 4-54 所示，用户 U 设备或者 A 设备接入，与 B 设备建立 PW 隧道；同时，B 设备与核心城市的 ASBR 建立 PW 隧道，在 B 设备上通过 PW

电路交换技术，使同一客户的PW保持无缝衔接。最终在ASBR中通过ve-group二转三技术，将用户的网关（PE侧）部署在虚拟的三层子接口上。三层子接口同时绑定了用户的VPN实例，并且将该VPN的静态与直连路由引入了BGP的VPNv4簇，通过跨域OptionA方式，该VPN与三层云PE路由器实现路由的相互通告。三层云PE路由器与云POP之间又可通过跨域OptionA协议通告用户网端路由至云POP，或者直接在云PE路由器配置用户云端的静态路由。另外，云POP里也需要配置用户网端的回程路由。

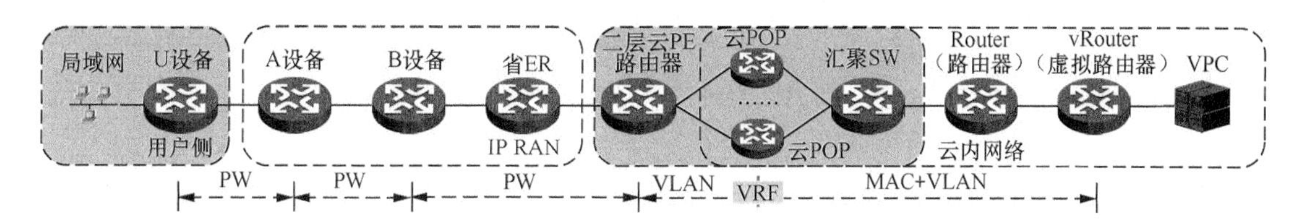

图4-53 基于传统IP RAN的二层云专线承载方式

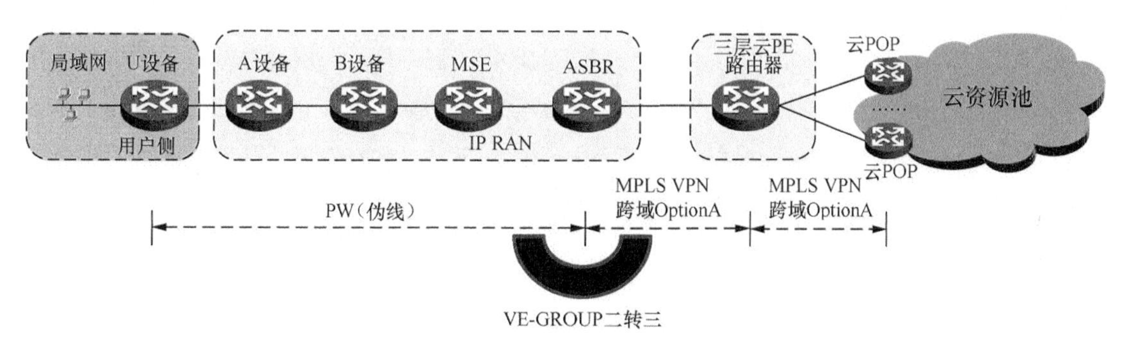

图4-54 基于传统IP RAN的三层云专线承载方式

2. 新型IP承载网IP RAN接入云专线业务实现

（1）新型IP承载网IP RAN二层接入云专线

IP RAN二层接入云专线的演进与PON二层接入云专线类似。

基于新型IP承载网的IP RAN二层云专线承载方式如图4-55所示，传统的IP RAN承载网是B设备与云PE路由器通过基于LDP的VPWS协议构建的PW，而在新型IP承载网接入环境下，B设备通过网PE路由器建立基于LDP的VPWS协议，落点是网PE路由器，然后再从网PE路由器到二层云PE路由器之间建立L2VPWS EVPN over SRv6通道，网PE路由器承担了基于LDP的VPWS实例与基于EVPN的EVPL实例转换。

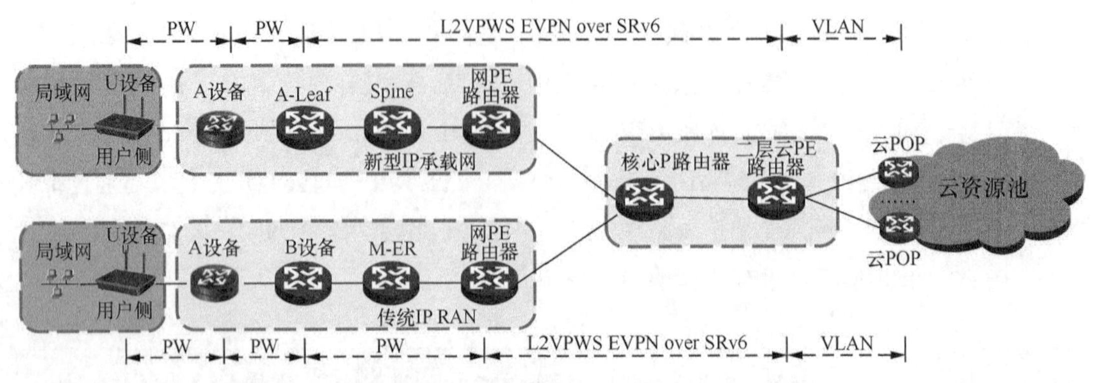

图4-55　基于新型IP承载网的IP RAN二层云专线承载方式

（2）新型 IP 承载网 IP RAN 三层接入云专线

新型 IP 承载网的建设初、中期 IP RAN 三层承载方式如图 4-56 所示，该专线与 PON 三层接入云专线的演变过程类似，在建设初、中期，IP RAN 尚未融合，用户通过 U 设备或者 A 设备接入，与 B 设备建立 PW 隧道，并且在 B 设备终结 PW，此时通过二转三技术，直接在三层虚拟子接口部署用户的网关。相对于传统框架，此时网关已下移至一层设备。那么用户的路由如何发布至网 PE 呢？ B 设备上用户的 VPN 路由通过一二级 VRR 反射，将其通告至网 PE 路由器。至于二者是否在同一 AS 域，答案是多样化的，不过，在网络规划时，为了便于管理与预防更多问题出现，统一 AS 是最优选择。网 PE 路由器至三层云 PE 路由器的路由通告，实际上与 PON 接入方式一致，也是通过“SRv6 + EVPN”的方式，最终实现网端向云端用户路由的通告。

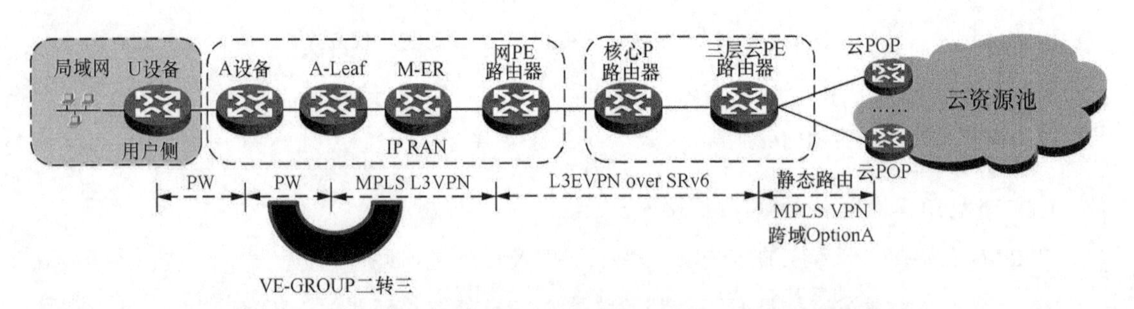

图4-56　新型IP承载网的建设初、中期IP RAN三层承载方式

而到了最终目标阶段，IP RAN 三层接入云专线已经完全融合到本地新型 IP 承载网，并在 A-Leaf 处实现 VE-GROUP 二转三。新型 IP 承载网的 IP RAN 三层目标承载方式如图 4-57 所示。

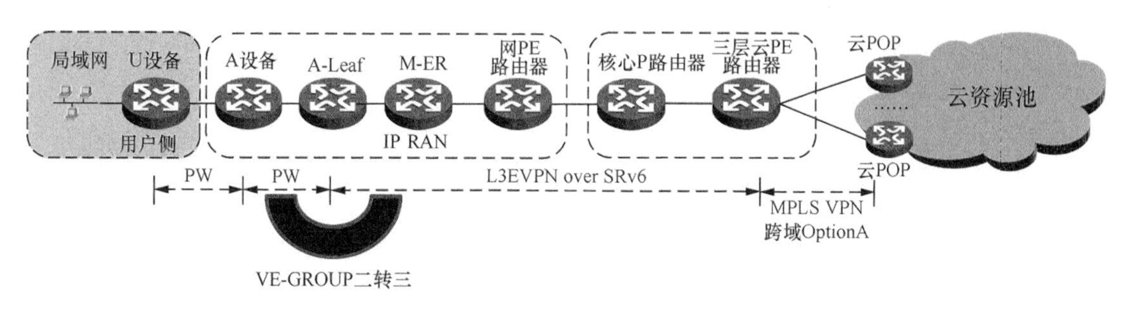

图4-57 新型IP承载网的IP RAN三层目标承载方式

4.8.4 VPDN接入云专线

与PON接入、IP RAN接入云专线相比，5GC无线接入的云专线在组网上会显得比较独立。其主要涉及5GC相关设备，不经过云网汇接中心，因此在应用技术上差别较大，本文不作展开。基于5GC承载方式如图4-58所示，用户物联卡或者手机电话卡无线接入4G网络，通过VPDN连接到LNS上，LNS终结L2TP封装后，基于Domain绑定的VRF实现企业隔离。同时，LNS上存在直连LNS交换机入云的链路，至此满足无线终端入云的需求。

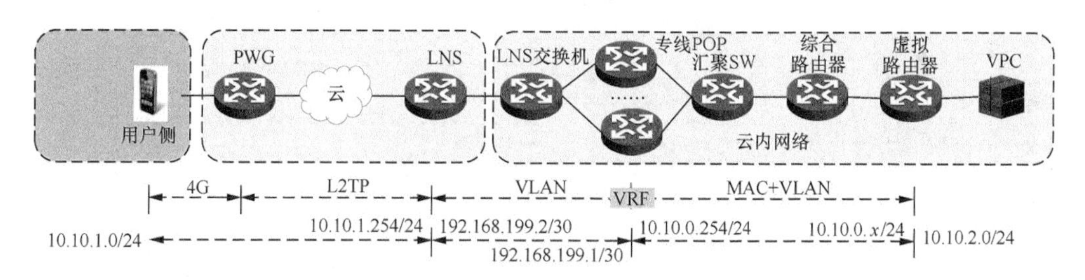

图4-58 基于5GC承载方式

4.8.5 云间互联云专线

前文中提到了几种云网融合之网络承载上的云专线产品，它们需要借助IP承载网、IP RAN等大型接入组网网络实现云网互访。对于运营商而言，要对云网融合产品进行发展，就需要从各个方面拓展业务形态，既然有网端访问云端的需求，那么也一定存在云端访问云端的需求，企业云间互访也是日常需求。

在传统云网融合组网架构中，考虑到不同云PE路由器可能分布在不同AS域，建议直接采用ASBR与云PE路由器路由通告的方式，为MPLS BGP跨域OptionA作为路由控制。具体为在云 PE 路由器入云子接口绑定用户 VPN，同时，ASBR 在同一 VPN 分别对不同云 PE 路由器建立跨域 OptionA 的 BGP 关系，实现用户路由的互相通告。如此一来，用户 IPv4 报文从云内转发至云 PE 路由器后，通过 ASBR 作为中转站，最终转发至另一台云 PE 路由器，后续在云内继续寻址目标主机直至上层应用。

在新型 IP 承载网云网融合架构中，由于使用了"SRv6 + EVPN"技术，同时，设备 P 路由器可以作为云 PE 路由器的 RR 路由反射器，不同云 PE 路由器之间只须建立同一 EVPN，保持 RD 与 RT 出入方向互相匹配，即可依靠 RR 互相通告用户不同云端的路由；而用户从云内转发而来的 IPv4 报文在云 PE 路由器中也被封装为 IPv6 报文，依靠云网汇接中心的 IPv6 用户面，由始发云 PE 路由器转发至核心 P 路由器，再转发至目标云 PE 路由器。在目标云 PE 路由器剥离 IPv6 报文头后，转发至用户 VPN 实例，进而依靠实例路由表转发至云 POP，最终实现业务流量访问目的云资源池。基于云网汇接中心的云间互联承载转发示意如图 4-59 所示。

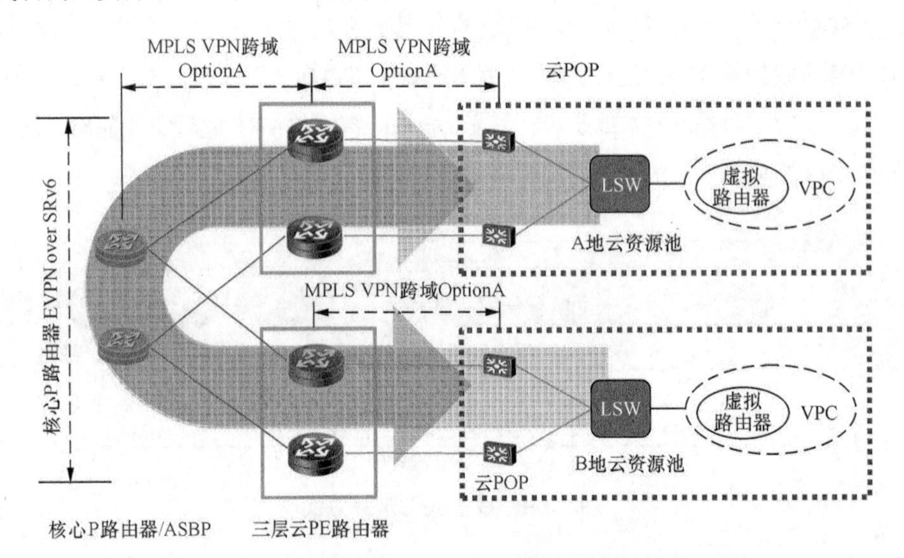

图4-59　基于云网汇接中心的云间互联承载转发示意

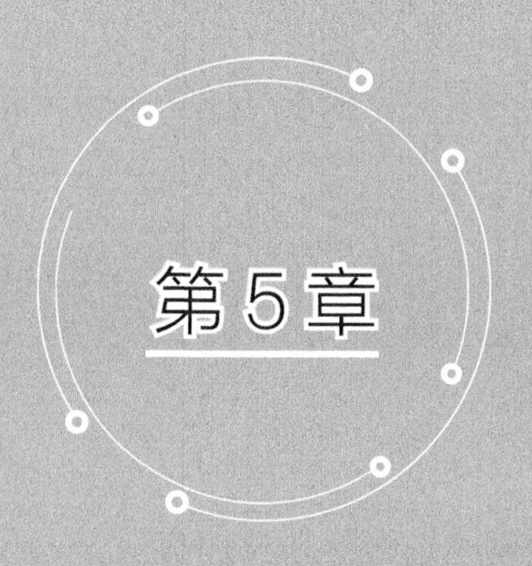

新型 IP 承载网智能运维

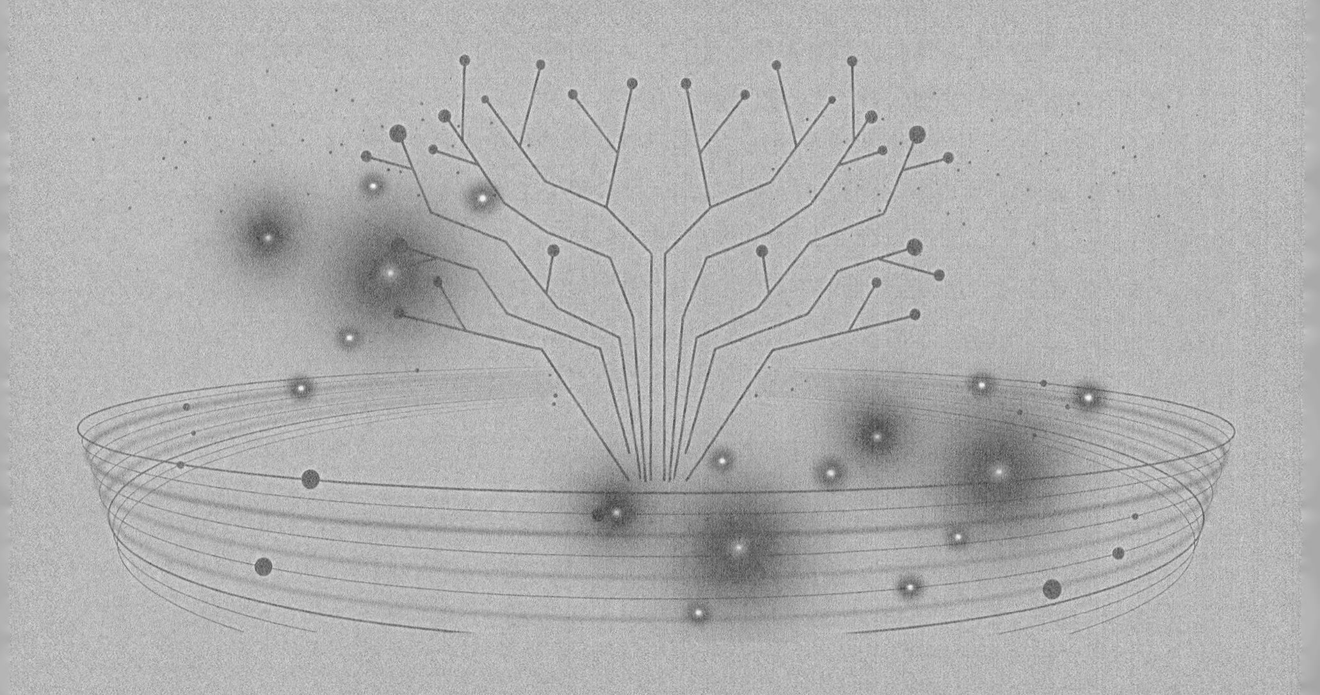

自提出智能运维（Artificial Intelligence for IT Operations，AIOps）的概念以来，互联网、电信、传统企业领域对此已经有了大量应用，AI 正在重塑运维流程、改造工作模式，提高系统的预判能力、稳定性，降低人力成本，提升产品和方案的竞争力。电信领域的 AIOps 在算力、数据的基础上，基于“AI+ 专家知识”构建，持续自动地从海量的运维数据（告警、事件、日志等）中学习、提炼总结规则、优化运行效果，提升运营商及其客户在成本效率、价值体验方面的竞争力。

运维全生命周期围绕提质、增收、降本、增效的目的，构建 AI 加持的智能运维场景。新型 IP 承载网同样需要新型运维模式，需要智能网管开发技术，结合“AI+ 自动驾驶”模式，快速、精准地定位故障点，提高运维效率。

5.1 IP 智能网管发展

伴随着互联网产业的快速发展和云时代的到来，新兴业务模式层出不穷，企业全面走向云化和数字化。电信行业作为各行业数字化、云化转型的使能者，面临巨大的商业机遇，同时也面临更多的挑战。

业务云化导致业务的应用呈现极大的灵活性和不确定性，但当前运营商的基础网络与各类应用之间存在巨大的“鸿沟”：存量的传统网络与新建的 SDN 并存，存在严重的资源割裂问题，网络被动地适配各种新业务，要么无法满足，要么必须付出高昂的代价。而随着企业应用迁移上云及电信云等新业务的发展，运营商管道中的网络流量更加动态多变，传统的网规网优适应性较弱，业务 SLA 保障面临巨大的挑战，并且网络规模和复杂度的持续增加，使运维复杂度也相应增加，运营商亟须采取自动化措施，提高运维人员的工作效率，从而长期有效地控制运营成本。

因此，在业务应用和基础网络之间，需要建立一个智能的适配层，具备全新的“管、控、析”一体化能力。这个适配层要能对网络资源和能力进行自动化集中调度，并允许应用开发者方便调用和灵活拼装各种网络能力，实现业务和应用的持续快速创新。

5.1.1 IP 智能网管发展方向

IP 承载网技术的发展对网络管理与支撑系统提出了更高、更精细的需求，承载网技术与网络管理系统始终是共同发展的。传统的 IP 网络支撑系统更多的是提供集中维护和网络管理功能，从而逐步实现远端的无人值守。IP 网络支撑系统的主要功能包括集中操作维护、性能管理、故障管理、配置管理、集中计费、安全管理等。

未来网络在提供超低时延（毫秒级）、超大带宽（万兆级）、超大规模连接（千亿级连接）等基础能力的同时，还需要更加紧密地与应用服务融合，“以网络资源为中心”的网络管理将转变为“以应用服务为中心”的网络管理，并向智能化、网算存一体化的方向发展，网络管理呈现以下发展趋势。

① 与人工智能深度融合，实现网络智能化。目前，互联网应用已通过手机、边缘计算等实现了终端的泛在智能化，但是网络依然缺少智能，网络资源的调度决策智能化水平不高，造成资源利用率低。因此，未来网络需要依靠网络操作系统，与大数据、人工智能等手段结合，实现智能化网络控制，大幅提升网络资源的综合利用效能。

② 网络、计算、存储深度融合，算网一体化。目前，IP网络主要实现传输和交换功能，虽然有内容分发网络、对等网络等技术手段，但是网络本身没有存储与计算能力，这导致大量信息冗余与网络时延。未来网络将成为整个人类社会的一个宏观的泛计算机系统，可以按照需求去部署传输、存储、计算等能力。网络将原生结合云计算/边缘计算，在广域范围内实现网络、计算、存储的超融合一体化，使各种应用服务资源（例如，算力、数据、内容等）在运营商“云、边、端”多个层次，甚至跨多个运营商的广域网络范围内进行智能动态分布和按需连接协同。

③ 在网络安全管理中，传统碎片化、独立部署设计的网络安全功能已经难以满足工业互联网等场景所需的高效、安全、智能的网络安全保障能力，中心控制式网络安全能力也难以有效地支撑海量接入、高弹性高分布式的网络业务。因此，需要构建与人工智能、分布式防御等深度融合的智驱安全网络体系，以支持“全分布式安全网络”功能在公有云、私有云、混合云及工业互联网等场景的大规模快速部署，通过定制的机器学习算法，实现对网络攻击的自动化多级监测、主动式流量缓和及全分布式网络联防，从而支撑整个互联网的安全、快速发展。

网络的自动化和智能化转型已经成为网络领域未来的重大变革趋势。随着网络业务飞速发展、网络规模不断扩大，用户对网络服务的带宽、时延、可靠性等方面都提出了更加严格的需求。传统依靠固定规则与策略的技术手段已无法满足动态资源分配、故障定位、流量预测等业务的运维管理需求。因此，需要通过人工智能、深度学习、大数据等手段，推动网络智能化发展，逐步减少人工操作，向自服务、自维护、自优化的无人值守网络演进；通过数据建模、语义驱动、网络数字孪生等技术手段，可实现网络业务全生命周期的闭环自动化控制与极致的资源和能源利用率。

具体来说，数字孪生、AI自动编排等关键技术，可对云网资源、数据、能力进行一体化封装、调度和供给。增强网管支撑系统可以通过网络管理、控制系统AI化，打通物理网络与商业意图的有效连接，自上而下地实现全局网络的集中管理、控制和分析，提供面向商业和业务意图使能资源云化、全生命周期自动化，以及数据分析驱动的智能闭环；向上提供开放网络 API 与 IT 快速集成。

这就对位于云化网络的管控层提出以下要求。

第一，网管系统应支持向下管理和控制网络，支持管控 IP、传送和接入网设备，支持 SDN 和传统网络统一管控，支持单域、多域及跨层业务自动化。

第二，网管系统应支持对接第三方管控系统，从而实现跨厂商业务编排和自动化。

第三，网管系统应具备向上开放能力，支持与 OSS、BSS 及业务编排器集成对接，支持应用层的快速定制开发。

因此，网管系统的目标是构筑智简网络，从网络自动化迈向网络自适应，并最终实现网络自治，主要包含以下内容。

① 自动化：使能意图驱动网络，可实现全生命周期的网络部署和维护自动化。

② 自适应：通过实时分析器，基于大数据自动生成业务策略，实现主动维护和闭环优化。

③ 自治：通过人工智能和机器学习，构筑智能网络，支持自动生成动态策略，实现网络自治。

5.1.2 IP 智能网管模型

1. 智能网管架构

智能分析系统作为新一代智能网管的核心，同时具备了信息采集、算法、存储等功能，并引入部分场景的 AI 自动化流程分析，通过业务数据流分析，完成基于不同解决方案的应用场景，从而构建统一的 AI 智能分析架构。结合架构、算法、模型、流程、界面共享调用，提供一致的用户体验。智能网管架构如图 5-1 所示。

智能分析能够提供流量预测等场景的 AI 分析能力和可视化管理，支持用户创建 AI 推理任务，通过在线学习和训练、手工调优进行模型优化，提升各业务场景下智能分析的精度和效率。智能网管中的 AI 融合应用主要采用机器学习的方法，使用算法从大量的数据中解析，从而得到有用的信息并从中学习，然后对真实世界中会发生的事情进行预测或做出判断。机器学习可分为训练阶段和推理阶段两个阶段。其中，训练阶段主要是使用历史数据（又叫训练集数据）训练一个适合解决目标任务的一个或多个机器学习模型（初始化算法模型），并对模型进行验证与离线评估，通过评估指标选择一个较优的模型。当模型达到设定的指标值时可以将模型上线，投入生产，使用推理数据进入在线推理阶段。如果模型上线后出现预测值与实际值之间的偏差（又叫预测误差或测试误差）超出了设定范围，则可以采用获取更多的训练数据、提高训练数据质量、调整特征子集或调整特征权重、调整算法模型等方法提高模型的准确率，提升模型的预测能力。

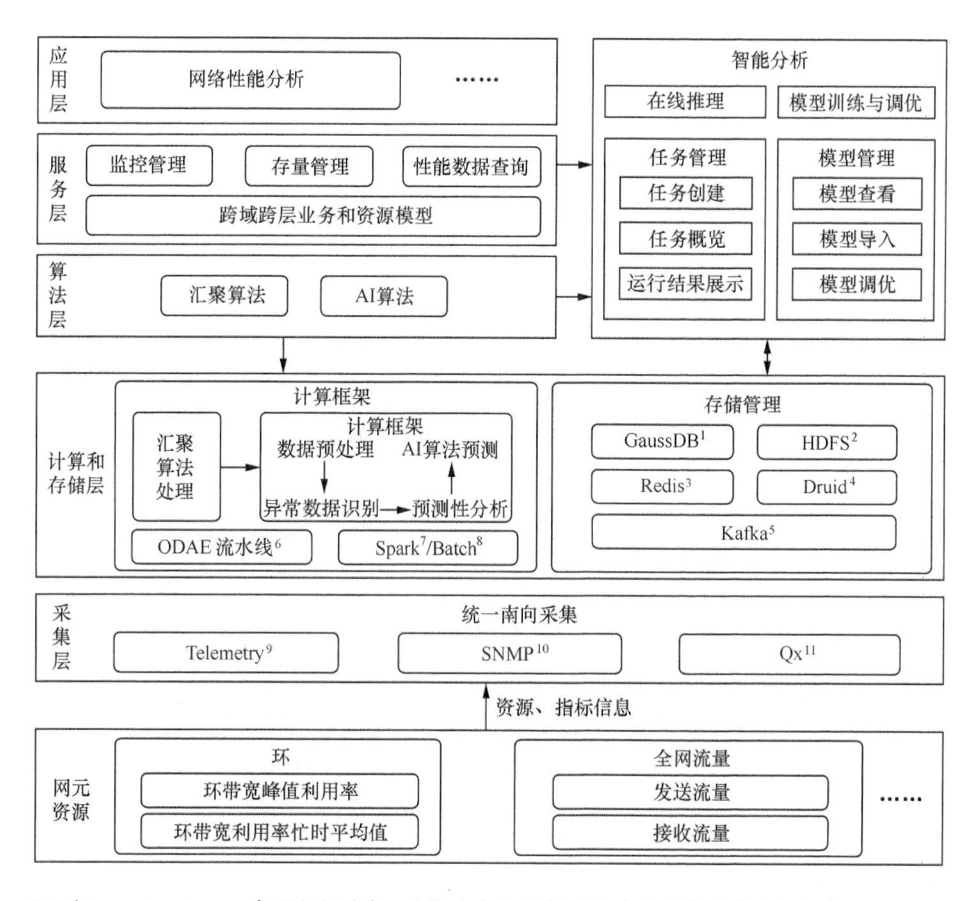

1. GaussDB（Gauss DataBase，高斯数据库），是华为自主创新研发的分布式关系型数据库。

2. HDFS（Hadoop Distributed File System，分布式文件系统）。

3. Redis（Remote Dictionary Server，远程数据服务，是一个存储系统）。

4. Druid数据查询系统，主要用于解决大量基于时序的数据；进行聚合查询，是一个实时分析型数据库。

5. Kafka消息中间件，用于设备上报数据的存储和分布，以及内部服务间的异步消息解耦，是由Apache软件基金会开发的一个开源流处理平台。

6. ODAE（Operation Data Analytic Enginr，运维数据分析引擎）。

7. Spark是指计算引擎，开源的类Hadoop MapReduce的通用并行框架。

8. Batch是指批处理，也称为批处理脚本。

9. Telemetry是指遥测，一种网络设备监控技术，提供周期采样网络设备。

10. SNMP（Simple Network Management Protocol，简单网络管理协议）。

11. Qx是网元（NCP）与子网管理控制中心（SMCC）通信的接口。

图5-1　智能网管架构

2. AI 模型建立、训练与调优

在线推理：支持用户自定义资源、指标、算法来创建 AI 任务；结合实时网络数据，调用业务的算法模型进行推理分析、评估，并提供 AI 推理结果的实时可视化展示，帮助用户评估网络质量。

在线训练：结合网络实际结果数据，通过在线训练、优化模型，将准确率更高的模型保存为新的版本。

模型调优：支持通过网格搜索自动或手动对算法模型进行参数调整，提升模型的准确率。

模型训练流程如图 5-2 所示。

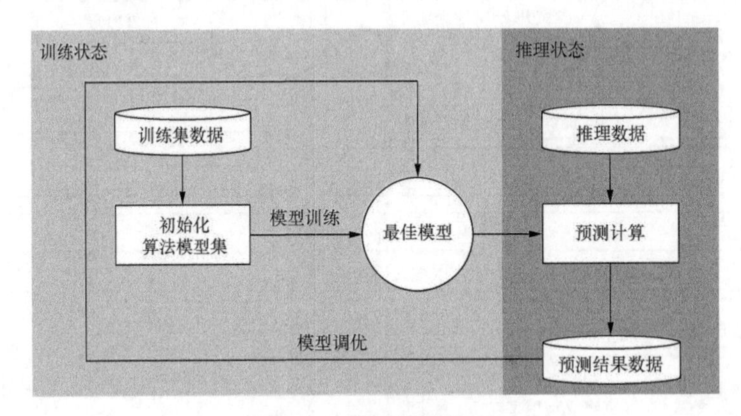

图5-2　模型训练流程

3. 在线推理流程

在线推理流程的重点在于结合业务实际，对算法与预设值进行验证，看其是否符合预期判断，避免模型预设错误，在后续上线中影响实际生产。根据各业务 App 提供网络丢包、时延、抖动、用户掉线等场景业务生成定制的 AI 算法插件，并在完成服务部署后，智能分析后台从应用后台获取 AI 算法插件，同时根据系统后台解析的 AI 算法，将 AI 算法模型注册到模型管理后台，开启在线推理过程。在线推理流程如图 5-3 所示，主要包括以下步骤。

① 创建并启动 AI 任务：在智能分析 UI 上创建一个 AI 任务，指定该 AI 任务的资源、指标和算法模型。

② 获取资源对象：从业务中获取资源对象相关的数据。

③ 获取算法模型：智能分析后台从模型管理模块获取算法模型。

④ 下发计算任务：智能分析后台将模型推送到计算和存储层，并下发计算任务。

⑤ 获取计算数据结果：计算和存储层处理计算逻辑，将计算后的数据提供给智能分析后台。

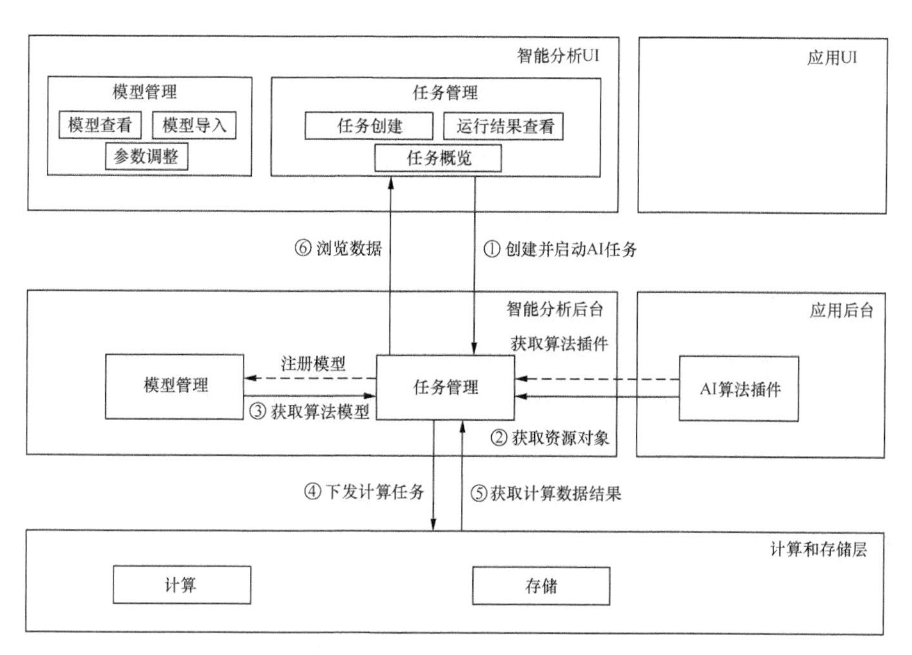

图5-3 在线推理流程

⑥ 浏览数据：查看任务详细信息、统计信息，以及该 AI 任务的分析结果（预测数据、实际数据、偏差率等）。

4. 在线训练流程

在线训练流程需要与生产结合，逐步完成算法优化，得出最贴近实际的算法模型，并应用于生产实际中。在线训练流程如图 5-4 所示，主要包括以下步骤。

① 下发训练任务：系统中一旦创建了 AI 周预测任务，就会每周定时触发训练任务。

② 获取算法模型：AI 任务一旦满足了训练条件，就会从业务 App 中获取训练样本数据。

③ 生成新的算法模型：下发相关训练任务，计算和存储层经过在线训练，训练出新的算法模型，提供给智能分析后台。

④ 上报新的算法模型：从 AI 任务管理中获取训练任务的结果，并纳入模型管理模块中。

5. 模型调优流程

预期模型由于在实际生产中出现了误差或与预期值之间存在很大差异，所以需要调整算法或重新获取训练数据，得出更优的算法模型，应用到实际生产中。模型调优流程如图 5-5 所示，主要包括以下步骤。

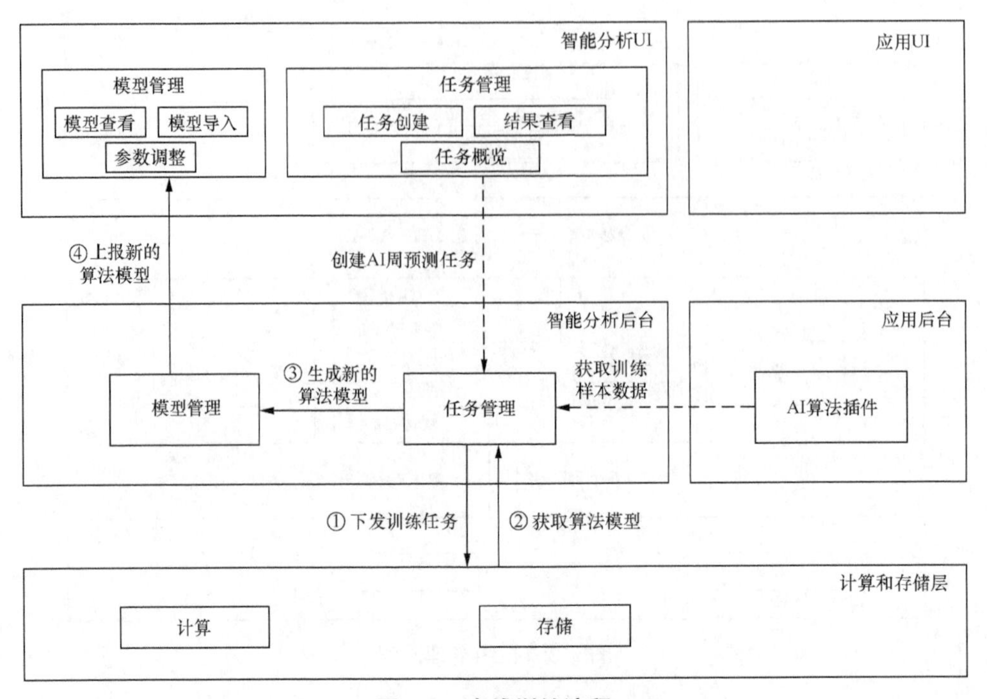

图5-4 在线训练流程

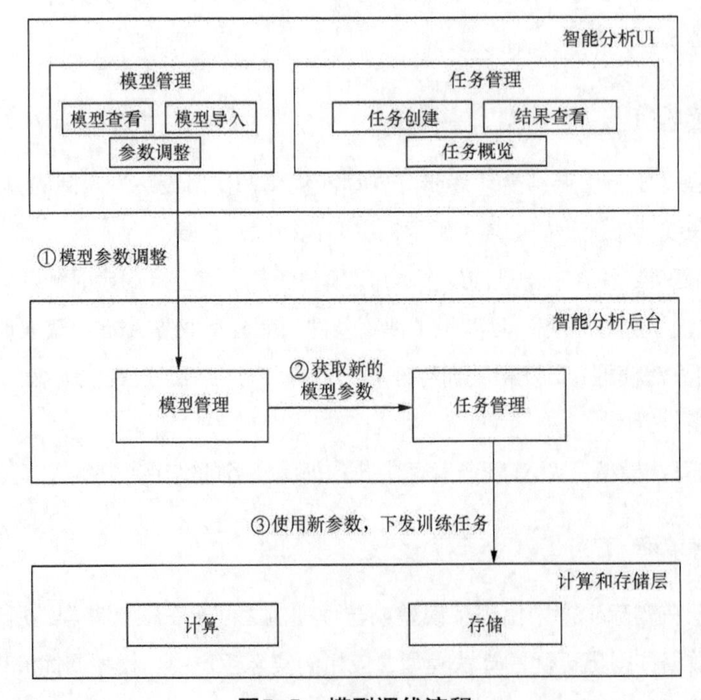

图5-5 模型调优流程

① 模型参数调整：当某一算法模型的偏差超出了预期值，用户可以在智能分析UI调整算法模型中的参数。

② 获取新的模型参数：通知使用该模型的AI计算任务或训练任务，使用新的模型参数来训练。

③ 使用新参数，下发训练任务：如果训练出更高准确度的模型，则将其保存为新版本，AI任务使用新版本的模型进行计算或训练；如果准确度不如之前，则AI任务继续使用之前版本的模型进行计算或训练。

5.2 控制器与网管系统的融合

5.2.1 管控融合演进

云接入能力是云网融合的核心内涵。大量异构云网融合产品和跨云资源池业务场景的出现，对云、网运营支撑系统提出了新的要求，在网络域体现为从接入网、核心网到云资源池的一体化管控能力要求，在管理域体现为客户销售、多点开通、全生命周期质量监控等方面的要求。运营支撑系统建设既要考虑提高云网融合产品的业务开通效率，也要重视建设适应新技术发展的运营支撑保障服务体系。

长期以来，IP网络运营是“黑盒”模式，主要依靠技术专家通过命令行交互工具的方式进行管理维护，过程封闭，不透明。经实践证明，IP网络运营可行的思路包括建设图形化运维工作台，将复杂的管理维护场景进行原子能力封装、图形化按钮封装，降低日常网络运营维护工作的技术门槛。特别强调的是，系统开发的可编程性，例如，将各类业务开通场景进行模型抽象、支持端到端的可视化业务编排，允许网络技术专家通过系统平台进行模块化编程，提高网络管理维护过程开放性的同时促进新业务的创新活动。

随着越来越多的非传统通信技术的引入，无论是网络拓扑复杂度还是数据结构的复杂度都已经发生革命性变化，与此同时，网络管理维护的时效性要求越来越高，信息采集、处理分析、动作响应的难度已经超出人的极限处理能力。建设基于大数据分析的AI引擎，可以建模沉淀、完善专家经验，具备一定的智能化能力，但是AI引擎在大规模网络维护中的存在感还有待提高，关键在于AI的主动感知、事前预测预警能力必须与运营团队的组织流程、管理流程，甚至是前端销售系统、上层监管系统完成深度融合，才能与管理维护工作衔接，完成网络运维体系从自动化到智能化的转型。

在新型 IP 承载网建设中，建设运营支撑系统必须要考虑的问题是：传统网元与新型网元在网络中并存，各类承载业务端到端技术的复杂性增加，支撑系统如何实现一体化管控，保证网络平滑演进。新型 IP 承载网基于网络智能化需求，综合在编排器、控制器、动态资源管理、网络采集分析等领域的实践经验，构建新一代 IP 运营支撑系统架构。

编排器实现了业务快速设计，灵活调用控制器提供的网络原子能力，自动编排，支撑新业务快速部署、开通。控制器实现了控制与转发分离，掌握全网拓扑和业务路径，实现网络配置原子能力的封装及开放。动态资源管理实现了网络、业务资源数据的统一管理及端到端资源视图，实时动态反映网络数据的状态与变化。数据采集分析实现了采集网络的告警、性能、流量数据情况和配置数据，提供分析计算，帮助排除故障及发布事件、数据和分析方法。微服务架构便于快速将各种能力封装组合以支撑业务需求。新一代 IP 运营支撑系统架构如图 5-6 所示。

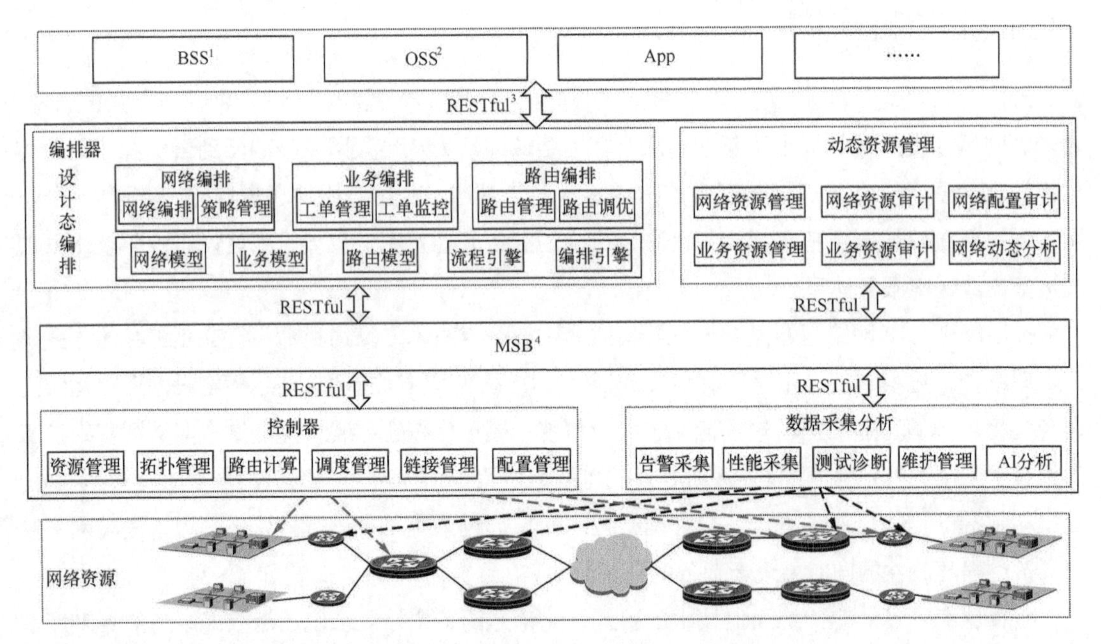

1. BSS（Base Station Subsystem，基站子系统）。

2. OSS（Operational Support System，运行支撑系统）。

3. RESTful是一种架构的规范与约束、原则，符合这种规范的架构就是RESTful架构。

4. MSB（Maximum Spare Bandwidth，最大备用带宽）。

图5-6 新一代IP运营支撑系统架构

按照管控融合一体化建设思路，优选应用基于 SDN 的控制网元，SDN 的控制单元通过就近分布式部署，全面支持边界网关协议连接状态（Border Gateway Protocol-Link State，BGP-LS）、Telemetry 等新型网管协议，实现感知和计算、提供北向管理 API；实现网络拓扑秒级绘制、网络质量和流量秒级感知；支持 SRv6 路径计算、SRv6 网络编程下发，动态调整路径能力，形成新型城域网的感知、计算、调度技术底座；实现在不同 AS 域的控制单元之间的相互通信和协同，动态实时感知网络变化，网络变化包括设备脱网、设备新增、链路中断、部分中断、链路新增等。

云网融合的运营保障平台通过建设 SDN 控制器系统，替换原有 IP 综合网管的业务开通功能，从单纯的业务配置下发工具升级为面向全网业务的运营保障平台。SDN 控制器与传统的网管业务开通的最大区别是实现了透明开放的业务配置平台，极大地提升了自主可控水平。在满足政企专线、政企上云、多云访问、云间互联、电信云、物联网云、内部 IT 云等云网融合业务灵活部署、按需调度的同时，实现了业务开通领域的可编程性。

基于 SDN 的新一代 IP 运营支撑系统的网络感知部分应具备通过 BGP-LS 实现新型承载网内网络拓扑的感知与呈现能力，支持毫秒级的网络拓扑变化感知能力；支持通过 Telemetry 进行秒级网络质量和流量的采集感知，通过实时触发感知设备的端口物理信息的变化；支持通过自身监控感知自身协议变化能力；而在计算能力上，则应达到通过实时感知能力和路径算法实现多种保障算法，例如，SLA 保障、故障切换、流量分担算法和保护；对于跨厂家适配，可以做到屏蔽厂家差异，具备自驱业务配置能力，可以通过即插即用模式控制网络，满足与其他控制器协同，并且能够实现不同 AS 域间的协同能力；在平台协同能力上，能实现平台交换，并实现相关核心与平台交互能力。

5.2.2 图形化网络设备配置

系统在完成故障数据学习后，通过人工判断故障的流程和检查方式，将共性故障场景处理方法固化到网管系统，并支持图形化、可视化的场景编组方式，提供具体检查命令，开放编辑模式。图形化配置的具体场景如下。

① AI 故障视图模块，以图形可视化的模式引导监控人员进行故障处理。

② 支持区分故障场景和业务场景固化处理流程，系统针对定义的场景预设置检查指令。

③ 支持业务接入段路径呈现和诊断，支持图形按钮启动故障检查 [例如，启动 trace（跟踪）路径任务，trace 的结果如有绕行或断点，则叠加呈现]。

④ 支持在路由采集能力的基础上，新增支持分网络层次路由变化监测、告警派单。

⑤ 支持维护作业智能处理，提高预定位和预处理能力，例如，对巡检异常的指标项自动触发复核检查指令。

5.2.3 IP 网络态势感知

网络运营支撑系统在完善日常支撑维护的同时，还要注重引入新兴技术提供的新能力，例如，采用 Telemetry 等技术实时采集全网数据，或基于大数据平台对整网质量和流量数据进行全景可视和深度分析，并结合灵活的调优策略，保证网络准确地实现用户意图及稳定运行。

网络态势感知是指在大规模网络环境中对能够引起网络态势发生变化的安全要素进行获取、理解、显示，以及对最近发展趋势的顺延性进行预测，其最终目的是要进行决策与行动。

测量网络的第一步就是获得网络拓扑图，如果要获得全局角度实时感知能力，则需要在拓扑的基础上叠加通过各种网络分析技术获得的丰富数据源——监控接口上的流量统计信息、CPU 和内存占用情况，还需要监控每个报文在传输路径上的时延、每台设备上的缓冲区占用情况等。

随着网络规模日益增大，精细化监控需求也在发展。监控的数据类型更多，且监控粒度更细，以便完整、准确地反映网络状况，预测可能发生的故障，并为网络优化提供有力的数据支持，支撑行业用户特殊服务保障等。传统的网络监控手段等暴露出以下局限性。

① CLI：最大的问题就是兼容性，同类产品不同厂商之间存在兼容性问题，甚至同厂商不同版本（例如，软件平台切换）之间也会存在差异。而现网环境中大概率是多厂商设备组网，一旦设备升级调试，就需要更改运维脚本，而多厂商则意味着需要准备多个不同版本的运维脚本，这使本来很简单的事情变得复杂。

② SNMP：“拉”（即采集器主动向设备询问）模式需要采集器通过轮询的方式处理每个网元，随着网络规模、采集器，以及采集信息的增加，网元需要接受越来越多的查询，因此，网元不能正常工作。另外，因为采用的是“拉”模式，传输时延不可避免，监控到的网元数据会进一步失真，只能实现分钟级颗粒度，远远达不到秒级甚至亚秒级的颗粒度。

SNMP 虽然也有“推”（即采集器向设备订阅后，由设备推送）模式，即 Trap 上报，但推送数据仅支持告警和事件，对于接口流量之类的数据不支持。另外，因为采用的是 UDP，所以“推”模式会存在丢包的可能。

③ Syslog 检测：Syslog 最大的问题是标准化不足，很多厂商并没有遵守或不完全遵守标准。因此，Syslog 虽然支持“推”模式，能够在设备产生告警和事件时及时推送数据，但推送数据具有随意性，增加了应用开发的复杂度。另外，Syslog 数据主要支持告警或事件，对于接口流量信息等需求无法支持。

总体来说，传统的网络监控方式（例如，SNMP、Syslog 检测）可以采集到网络设备的 CPU、内存、日志等信息，但其缺点是无法采集到网络数据流量，无法判断链路拥塞情况。而 NetFlow、sFlow 则可以实现网络数据流量的采样和推送，但推送的是原始数据，需要进行二次数据加工分析，而且是按照一定比例采集的，不能反映整个网络链路的流量全貌，不能预测流量和拥塞。同时，网络设备的 CPU、内存、网络拥塞信息、网络事件日志信息等没有被实时传递出来，无法判断是什么原因导致的拥塞。而如果将 NetFlow 与 SNMP 有机结合起来，则完全依赖网络设备 CPU 进行数据处理，这无疑增加了网络设备的负担，给网络的稳定运行带来了不稳定因素。

面对大规模、高性能、实时、全路径网络数据监控需求，SDN 呼唤新的网络监控方式，遥测技术在此背景下应运而生。遥测技术是一种从设备上远程高速采集数据的新一代网络监控技术，广泛应用于设备性能监控和故障诊断场景。相比于传统的网络监控技术（例如，CLI、SNMP），遥测技术通过“推”模式，主动向采集器上推送数据信息，提供更实时、更高速、更精确的网络监控功能。

5.2.4 流量流向分析

近年来，由于“万物互联”概念的迅速普及，互联网已成为人们日常工作生活中不可缺少的信息承载工具，不论是对社会的影响力，还是与工作生产的关系，都日益增强。在这种情况下，各大型网络运营商都在全力以赴地开展 IP 网络建设，并不断扩大网络规模，拓展各种新型业务。

随着网络规模的扩张，网络架构的复杂度日益变化，各种新型业务不断涌现，如何做好网络资产的管理，使之能够持续、高效、稳定地运行，成为日常网络管理中越来越重要的工作。传统 IP 网络的关注点更多在于故障处理、配置收集、性能统计和安全防护四大功能，而对于网络中的流量情况、流量成分等关于流量的相关细则缺乏有效的管理手段，使 IP 网络管理中的分析研究无法形成全方位、立体化的管理方法，无法发挥出流量信息在网络管理中的重要作用，更不能为 IP 网络发展和网络架构优化提供更清晰、更有效的支撑手段和优化建议。因此，需要加强网络流量的管理和分析，进而高效地实现 IP 网络管理的分析研究功能，达到进一步提高和优化网络架构的目的。

1. 网络数据流检测协议

网络数据流检测协议（NetFlow）是 1996 年由思科公司发明的，该协议初期用于加速网络设备交换数据，并可以实现对 IP 数据流进行检测和统计。经过多次的版本升级，NetFlow 中用于数据交换加速的功能已内嵌于网络设备中，而对网络设备流入流出的 IP 数据流进行检测和统计的功能仍旧保留，并成为网络设备设计中公认的最主要的 IP/MPLS 流量分析、统计和计费行业标准。NetFlow 能对 IP/MPLS 网络的通信流量进行详细的行为模式统计和分析，从而实现详细统计网络中运行的数据。

NetFlow 系统结构示意如图 5-7 所示，NetFlow 系统包括探测器、采集器、分析报告系统共 3 个主要部分。其中，探测器主要用于监听网络数据；采集器用于收集探测器输出的网络数据；分析报告系统用于分析采集器收集到的网络数据，并产生报告。

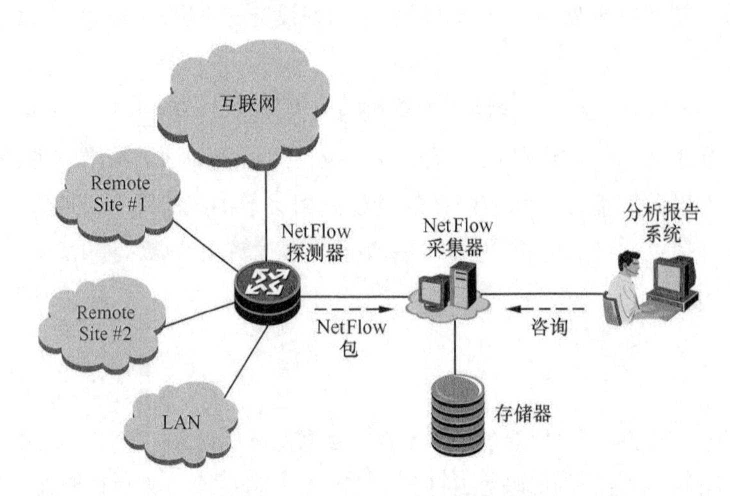

图5-7　NetFlow系统结构示意

利用 NetFlow 收集到的各种信息，网络管理人员可以知道数据包的源地址、目的地址、网络协议类型，以及具体的流量成分情况，更容易分析出网络拥塞原因。相较于其他流量采集协议，NetFlow 更易于管理和解读。

从交换机和路由器采集到的 NetFlow 网络数据由历史数据流及详细的流量统计数据组成。其中，这些数据流包含报文的源 IP 地址和目的 IP 地址，以及两端会话使用的协议和端口；而流量统计数据还包含了数据流的时间戳、源 IP 地址和目的 IP 地址、源端口号和目的端口号、输入接口号和输出接口号、下一跳 IP 地址、信息流中的总字节数、信息流中的数据包数量、信息流中的第一个和最后一个数据包时间戳源 AS 和目的 AS，以及前置掩码、数据包序号等。

2. 网络数据流检测与分析平台

为了便于 NetFlow 信息的收集与后续留存分析，目前，大部分采用建设专用平台的方式对 NetFlow 信息进行采集与保存。系统采集机通过接收 NetFlow UDP 包，分析识别每台路由器或交换机设备发来的原始文件，可确保原始文件长期存储在本地，以追溯历史信息。系统可根据预先配置的分析方案，实时或定时对原始文件进行分析，生成相应的报表和告警信息，并将分析后的结果存储到对应的汇总视图中，以便后续查询时，根据汇总报表产生对应的分析报告。

NetFlow 分析系统架构如图 5-8 所示。

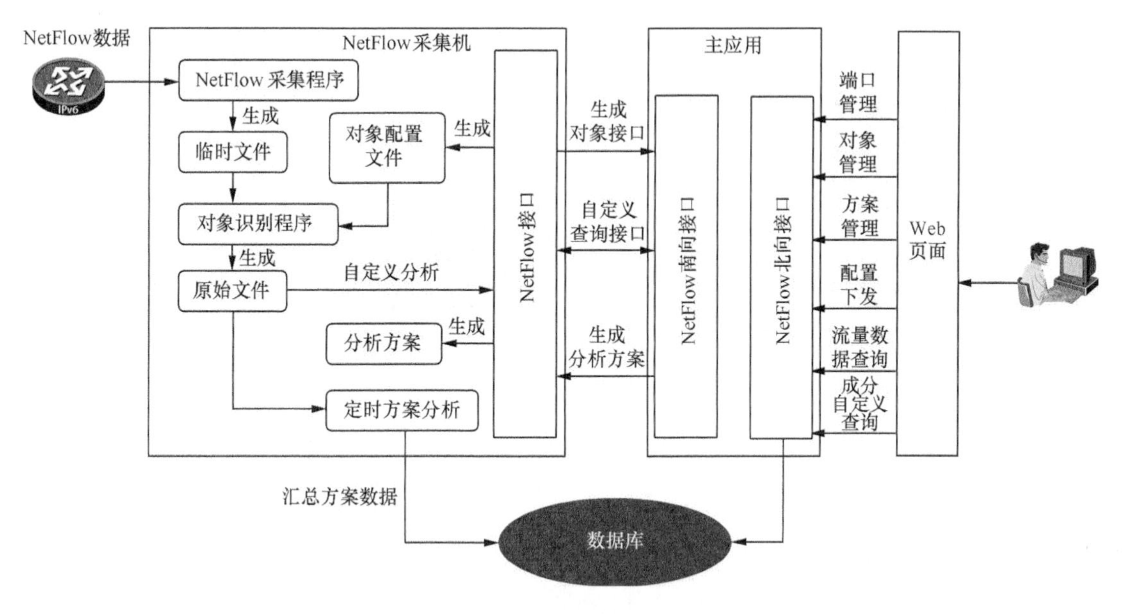

图5-8 NetFlow分析系统架构

系统可通过多个维度，例如，源目的地址范围、源目的网络 AS 号、AS 路径、下一跳地址、源节点、应用、网络协议端口范围、网络设备端口范围等信息，归类产生对应的分析报表结果。

（1）定义分析维度

分析前，首先应对分析对象进行归类定义，例如，对相同的地址段、AS 号、具有相同特征的用户进行定义，以便下一步采集分析用户流量。

（2）定制分析方案

可根据已定制的分析方案进行选择，重新命名后将计划开启采集的新端口或端口集合加入，并启动采集。对于完全不同的分析需求，可重新按需定制新的分析方案，并根据不同的流入 / 流出方向、端口序列、源目的网络、源目的地址段等信息，用不同的方式进行结果汇总。对于不同的数据类型，分析周期可以自由定制，并根据不同的业务类型，产生不同的检查视图结果。对于需要实时分析的流量采集结果，也可以执行单次分析形式，只选择需要关注的参数，实时产生分析结果。

分析结果呈现界面如图 5-9 所示，系统在完成原始数据分析后，可根据需要展示源 / 目的网络、源 / 目的地址、业务类型、流量、流速、流量占比等信息，以及对应的图形信息。

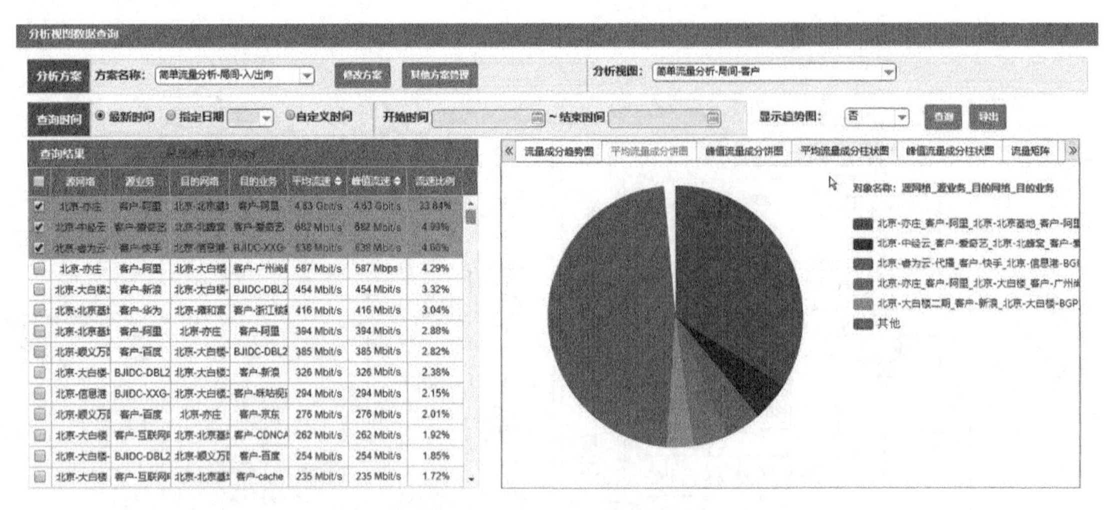

图5-9　分析结果呈现界面

5.2.5　流量工程

流量工程（Traffic Engineering，TE）是根据各种数据流量特性，按照优化目标，经由网络中预定路径（一般是非 IGP 最短路径）转发，用于平衡网络中的不同路由器、交换机或者链路之间的负载。流量工程可实时部署、实时生效。流量工程可以通过隧道、BGP 策略路径、IGP 多平面设计或者策略路由等常见的流量工程手段来实现。流量工程在复杂的网络环境中，通过控制不同的业务流量选择不同的路径，重要的业务通过可靠的路径并保证服务质量，且在网络拥塞的情况下，通过动态调整路由，使整个网络如同一个“可控的城市交通系统”。流量工程可以在保证网络运行高效、可靠的同时，充分利用网络资源、优化链路利用率，便于对网络实施有效的监测管理。

由于互联网的重要性逐渐增强，各种新业务不断涌现。而传统的 IGP 流量规划在建立转发表时，并未将不同业务的可用性特点和业务特性考虑进去，因此，经常会出现网络拥塞的情况，影响客户感知效果。如果系统地进行流量工程规划，则可以有效地增强网络的性能。这就需要对网络中运行的设备端口流量进行分析，除了总数统计，还要提供具体的流量成分分析，并结合 NetFlow 统计分析能力，合理规划网络中各层面的路由策略与转发策略，后续还可以与 SDN 控制器与 SR-TE 流量工程相结合，实现网络流量智能控制。

1. 基于“RR+”的流量调度方式

在传统城域网中，流量调度多采用 IP 网络的 BGP “RR+” 技术。其中，“RR+” 技术利用

BGP路由反射器作为集中控制器，使用BGP作为控制器和路由器之间的控制协议，结合流向感知、质量感知技术，通过对各个域间AS、IP Prefix等属性进行标记来细化分析各域之间的流量，利用NetFlow技术采集各个域之间的流量，修改路由Next_Hop等属性，影响设备的路由选择。综合考虑网络拓扑、链路带宽、时延等属性及所承载业务的质量要求进行路径计算，使报文的转发路径能够不再以传统的最短路径方式转发，而是根据网络现状和业务需求，通过实时的综合调度系统，调整各个域间的流量，实现网络流量的优化。“RR+”系统架构如图5-10所示。

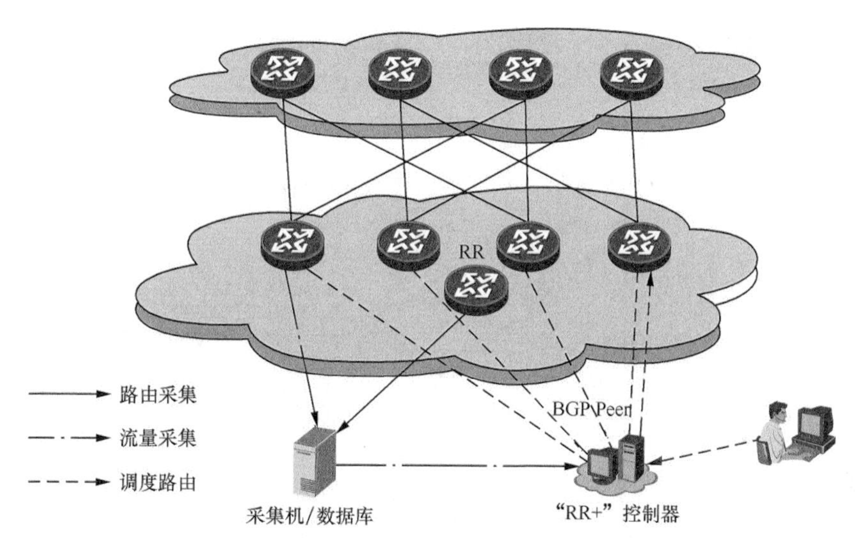

图5-10 “RR+”系统架构

基于“RR+”的流量调度实现流程一般包括以下4个方面。

① 数据采集：流量采集模块主要通过SNMP采集设备侧链路使用率情况，同时通过采集NetFlow信息对流量成分进行分析，结合路由采集模块，采集设备侧IGP和BGP路由。根据预设条件，当链路使用率、预定流量成分占比或域间流量均衡率等指标达到预定阈值时，将需要调度的业务路由通知给策略管理模块，策略管理模块将结合质量和路由数据生成调度策略。

② 生成调度策略：管理员通过策略管理模块视图，选择对应的调度面和调度出口，生成调度策略。调度策略可分为全自动智能生成和半自动手工生成两种实现模式。

③ 网络仿真：在完成网络分析与流量信息收集后，系统可支持对IGP路由策略、BGP路由策略进行调整，或在网络故障和网络扩容工程发生时（新增设备、链路，删除设备、链路，

设备脱网，链路中断，修改链路的参数等），对网络路由改变引起的流量突变进行预测，并可通过拓扑查看上述路由调整后的端到端路径，为路由调整和网络扩容提供依据。系统还可支持仿真场景的定义，将对网络的若干调整，组合定义为一个仿真场景。基于该仿真场景，可重新计算路由拓扑进行仿真。

④ 策略下发：由“RR+”路由控制模块向设备发布修改后的 Next_Hop 等属性，改变设备的原有路由选择。

“RR+”系统调度流程如图 5-11 所示。

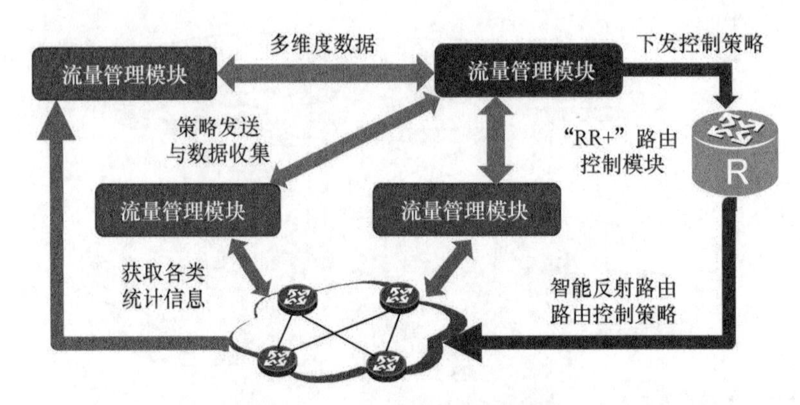

图5-11 “RR+”系统调度流程

在“RR+”系统调度规模部署后，可以动态实现以下两项功能。

① 智能选路：基于用户指定的流量自动调度策略和现网拥塞情况，自动选择需要调度的流量成分，自动为该流量成分寻找调度目标链路，实现拥塞避免和流量负载均衡。选路算法可以支持基于现网拓扑和路由、流量情况，指定的调度约束规则，实现自动拥塞检测、调度流量成分确定、调度目标链路确定。

② 调度策略下发：系统能基于选路结果生成 BGP 路由策略，经人工确认后，通过 BGP 连接向现网路由器发送优选路由，系统需提供方案确保下发路由为优先路由。

2. 基于 SR-TE 的流量调度方式

传统的 IP/MPLS 网络只具备针对带宽进行局部路径规划的能力，无法满足时延等新的业务 SLA 诉求，更无法对业务 SLA 进行检测，实现业务 SLA 的质差分析和路径优化。随着分段路由技术的兴起、SDN 控制器和 SR 的结合，保持全局最优和分布智能的优势，可以实现各种流量工程，根据不同业务提供按需的 SLA 保障。基于分段路由的 SDN 如图 5-12 所示。

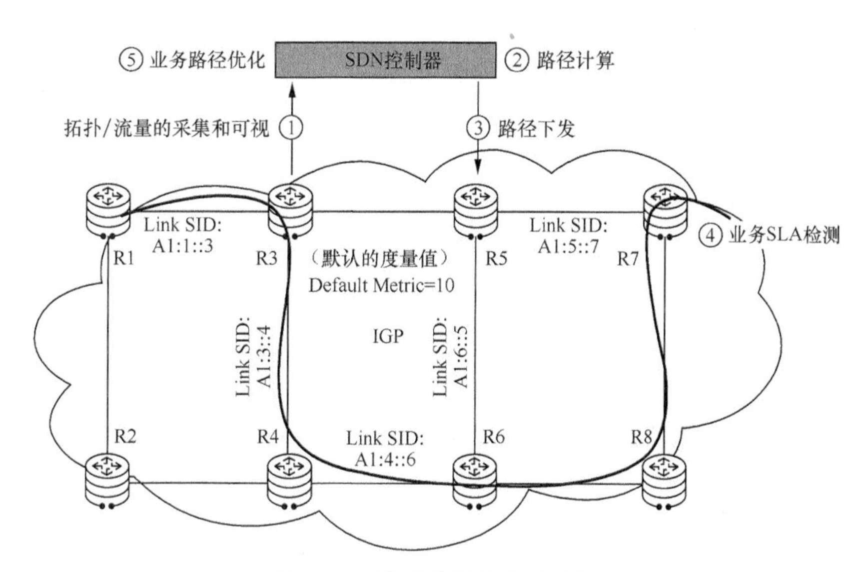

图5-12 基于分段路由的SDN

SR-TE 分为 SR Tunnel Interface（隧道接口）和 SR Policy 两种实现方式。其中，SR Tunnel Interface 是两个网元之间的一个虚拟连接，因此，SR Tunnel Interface 的 SR-TE 类似于传统 LSP 技术，以虚拟接口的方式导入业务流量。SR Tunnel Interface 的路径最终要映射在头节点路由器上的一条实际的隧道。SR Tunnel Interface 方式的 SR-TE 本质上还是一个网络层面的隧道接口，相关业务流量的导入和引流需要借助传统策略路由的方式来实现，因此，实现起来相对复杂，灵活度有所欠缺。

而 SR Policy 定义的是网络的一种策略，SR Policy 由（head-end、color、end-point）三元组描述决定。Segment 列表对数据包在网络中的任意转发路径进行编码，列表中的 Segment 可以支持 IGP Segment、IGP Flex-Algo Segment、BGP Segment 等。当 SR 网络的源节点和目的节点之间存在多条路径时，合理利用 SR Policy 选择转发路径，不仅可以方便管理员对网络进行管理和规划，还可以有效减轻网络设备的转发压力。SR Policy 技术的应用在实现 SR-TE 策略的功能的同时，还帮助用户摆脱了 SR-TE 隧道接口体系的束缚。目前，主流厂家路由器均开始支持 SR Policy。

SDN 控制器通过采集协议收集网络拓扑和流量后，根据业务 SLA 进行路径计算，并将符合 SLA 要求的路径下发到网络设备，网络设备根据路径中的指令进行转发。之后设备启动对业务 SLA 的检测并上报给 SDN 控制器，SDN 控制器在感知到业务劣化之后，对业务路径进行优化。SRv6 在继承 SR 基础编程能力 Segment List 的基础上，扩展了 SID 内的灵活分段（即 Locator、Function 和 Args 长度灵活分配）及 Option TLV[指 Type（类型）、Length（长度）、Value（值）]，可以用来携带特殊的编程信息，更方便地标识业务，规划业务路径，对业务路径进行调优，从而更好地保障业务 SLA。同时，SRv6 强大的网络编程能力还可以使网络和应用结合得更紧密，使能应用驱动的网络，构筑应用与网络的深度互动。

在现网中，流量工程的实现方式如下。

① 在域内路由器上开启 SR，而跨域边界路由器设备上同时启用 SR 及出口对等工程（Egress Peer Engineering，EPE）功能。

② 增加路由器与 SDN 控制器的协作，路由器与 SDN 控制器建立 IBGP 邻居关系，并启用 BGP-LS，SDN 控制器通过 BGP-LS 收集路由器的网络状态信息和标签信息，计算最优路径，并通过路径计算单元通信协议（Path Computation Element Communication Protocol，PCECP）下发预定的业务路径规划信息，下发 SR-TE 的 Segment，满足业务调度需求。SR-TE 流量调度系统如图 5-13 所示。

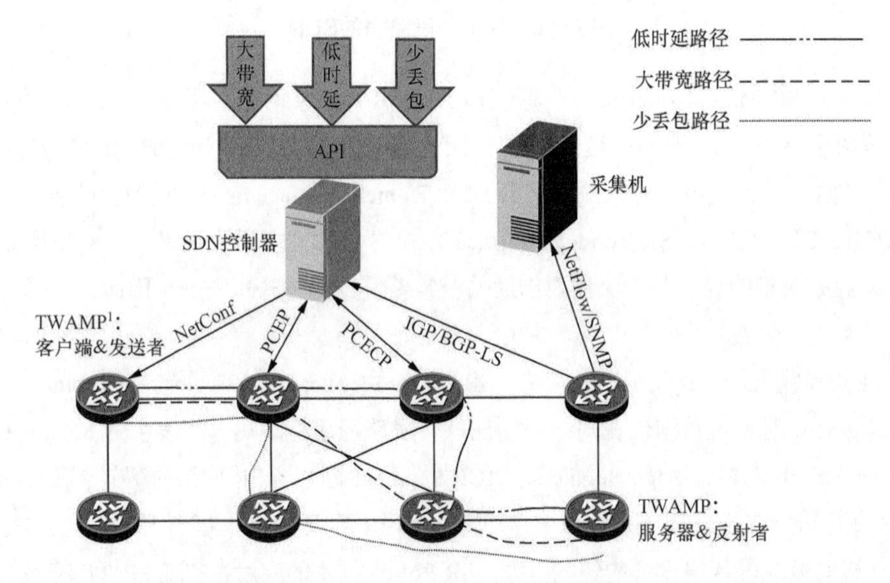

1. TWAMP（Two-Way Active Measurement Protocol，双向主动测量协议）。

图5-13 SR-TE流量调度系统

结合 SDN 控制器与 SR-TE 流量工程规模部署，可以动态实现以下功能。

① 对主路径进行计算，绕过网络中已知的瓶颈和拥塞点。

② 一旦主路径发生故障，实时为业务进行路径的重新规划控制。

③ 提升设备已有的链路利用率，降低运行费用。

④ 根据网络情况优化业务路径，降低业务丢包率、时延等指标，提升感知能力。

未来会有越来越多的业务对SLA提出要求，例如，超宽带云游戏，网络时延不超过50ms，抖动不超过10ms；面向toB的专线云业务，例如，渲染之后的效果图在云端，不同视角的旋转加载，需要动态调整，实时缩放，要求网络时延达到5ms，用户才能有极佳的体验效果等。这些业务都需要网络有强大的流量工程能力，做到随时感知网络链路状态，故障后能够及时按照SLA重新调整流量路径。

5.3 新型IP承载网智能运维实践案例

5.3.1 IP信息安全管理

IP地址是当今互联网技术的基础资源，公网上的IP可以看作网络通行的身份证。个人或单位在互联网上发布的内容均承载在某个动态或静态IP地址上。为了加强对互联网IP地址资源的管理，保障互联网的安全，维护广大互联网用户的根本利益，促进互联网产业的健康发展，2005年中华人民共和国信息产业部（现为工业和信息化部）颁布《互联网IP地址备案管理办法》。从运营商动态接入的IP地址，只要准确填报IP范围，后续可通过查询后台日志的方式查找IP对应的用户信息，备案相对简单。而运营商静态接入的IP地址，则需要人工逐条填报对应的用户信息，涉及的备案字段更多，备案的IP变化较多，备案相对复杂。

1. IP地址自动备案

用户的业务受理信息均保存在客户关系管理（Customer Relationship Management，CRM）系统。用户接入的互联网所使用的IP地址，以及IP地址所在的网络设备或端口等相关信息，一般在业务开通或变更时由资源管理系统分配，或由地址管理员在网络设备进行业务数据配置时分配。这些数据在配置后一般会留存在业务开通系统中，也会留存在后端网管系统内。IP地址备案需要获取CRM系统内的用户数据，同时也需要业务开通过程中分配的IP地址信息或从后端网管系统获取的IP地址信息，并将这些数据拼接起来传送到上级IP地址管理系统，最后将其上报到工业和信息化部。IP地址自动备案包括以下两种方式。

第一种方式是对于涉及需要接入互联网使用IP地址的业务（例如，互联网专线业务），将IP地址备案环节纳入业务开通流程，以确保由业务系统触发IP地址备案的增删改。

第二种方式是定时从网管系统通过配置分析发现新的未备案IP，并通过对IP指向的对应接口描述，反向查找业务系统内的用户信息，完成前后数据拼接。

2. IP 地址备案纳入业务开通流程的方案

IP 地址备案涉及的前后端系统如图 5-14 所示。

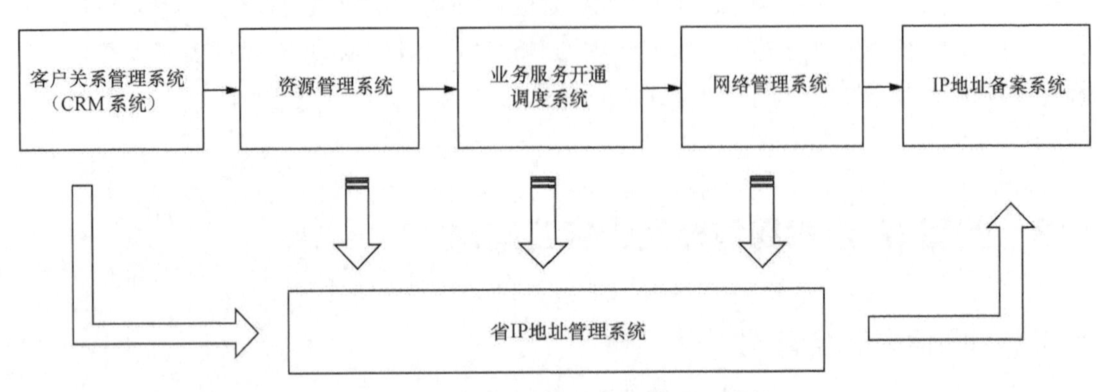

图5-14 IP地址备案涉及的前后端系统

① CRM 系统：主要受理用户业务，存储在网用户及业务信息。

② 资源管理系统：用于分配用户接入物理资源，可能包含部分虚拟资源、存储用户接入的网络资源信息和 IP 资源信息。

③ 业务服务开通调度系统：用于调度业务开通的各个施工环节和系统。

④ 网络管理系统：用于业务开通时自动下发配置，监控网络的设备运行情况，存储设备配置信息。

⑤ IP 地址备案系统：具有存量的 IP 备案数据及与管局和工业和信息化部 IP 备案系统接口，用于上报 IP 备案信息。

静态地址用户备案所需的用户信息可以从 CRM 系统中获取，IP 地址及接入网络信息可以选择从资源管理系统、业务服务开通调度系统、网络管理系统中获取。

3. IP 地址备案数据准确性校验方式

IP 地址备案数据准确性校验方式分为两个部分：一是 IP 地址报备率，即已在网使用的 IP 地址是否全备案；二是 IP 地址的准确率，即在网 IP 地址的备案用途是否准确。

报备率的主要目标是查漏报 IP，需要对全省海量的 IP 资源进行索引，探测 IP 是否活跃。由于 IP 资源是在时刻变化的，如果探测周期太长，则会因为 IP 地址的状态变化而影响结果的准确性。因此，只有实现海量快速筛查、较高的准确度及相对高频率的周期，才能达到检查漏报 IP 的目的。

从备案内容来看，准确率主要分为用户数据和网络数据两个部分。其中，用户数据的准确性由业务系统保证，与用户相关的备案数据由前端系统保证其准确性，定期按业务系统更新即可保证数据的准确性。

网络数据主要是指IP地址对应接口的业务号码与IP地址所在的设备机房等信息，这些数据主要留存在后端网管系统中。IP信息随设备配置的变化而变化，一般都可以按天更新。通过配置分析发现IP地址及IP对应的接口描述，可检查IP与其业务是否与备案系统一致。

4. 检查IP地址报备率方法

（1）PING[1]测及NMAP[2]扫描

对IP地址管理系统中的空闲IP地址进行定期扫描，可以及时发现漏报IP，PING测试是IP网络中常用的测试手段，可以快速检测主机有无响应或路由是否可达。但有些网络中设置了禁PING方式，此时可以采用补充的NMAP扫描方式，检查是否有主机响应。

（2）路由分析

路由分析也是一种用于检查空闲漏报IP的方式，但并非所有已发布路由的IP地址都属于在用IP。由于IP网络各层设备均有不同的路由发布方式及控制策略，受限于各类设备的路由处理机制，可采集到的网络设备范围不同，对分析结果有较大差异。从IPv4中的应用效果来看，路由分析比“PING+NMAP”的效果要差。

5. 检查IP地址准确率

（1）用户数据准确性检查，存量用户数据定期更新

更新时抓取CRM系统内用于IP地址备案的全量用户数据（专线/IDC等涉及静态公网IP地址产品），由IP地址管理系统进行数据校验，对于符合备案要求的相关字段用户数据，按CRM系统最新数据进行更新。

（2）网络数据准确性检查，设备配置文件分析与IP备案系统对比

通过分析纳管设备的配置文件（或通过接口方式收集配置文件），提取接口IP。静态路由及地址池IP可以直观地展现IP所在的网络设备，通过设备配置内的业务编码标识或链路编码标识，与省IP地址备案数据进行对比，作为配套措施，地址管理系统内需增加系统自有的业务号码、长途线路代号和本地电路代号等用于识别设备接口描述的字段。另外，对于现网业务必须有一致的规范，针对异常数据，各级IP地址管理员按照地址管理系统内分权分域进行IP备案校正，或设备配置校正。

1. PING是英文Packet Internet Groper的缩写，中文意思为因特网包括探索器，用于测试网络连接量的程序。
2. NMAP是英文Network Mapper的缩写，中文意思是网络映射器，是一款开源免费的针对大型网络的端口扫描工具。

（3）流程闭环检查

以业务号码为唯一对比值，定期将 CRM 系统的业务号码与 IP 备案系统业务号码进行对比，如果出现 CRM 系统异常或在途工单需要进行过滤，则对比的异常数据一般数量较少，可由人工检查全流程并修正前后数据的一致性。

5.3.2 网络路由安全管理

在大型网络的运营维护中，会将 IGP 和 BGP 分离管理。IGP 主要负责网络拓扑状态的学习与链路优先级控制；协议内一般只有域内路由器互联 IP 地址、设备管理地址，以及一些直连的业务路由，便于路由表的收敛。BGP 主要负责业务级别的路由传递，便于准确地控制业务路由，提高稳定性。在大型网络中，成百上千台核心路由器及目前 100W 级别的 BGP 全球路由表的维护工作面临一定困难。本小节将介绍一些建立大型网络路由安全管理功能的案例。

1. 路由和流量可视化

系统与现网的网络设备通过隧道方式建立逻辑直连，实现 IGP 域邻居对接域内路由及链路数据收集，通过过滤条件可配置多场景的实时拓扑。路由可视化拓扑视图示意如图 5-15 所示。

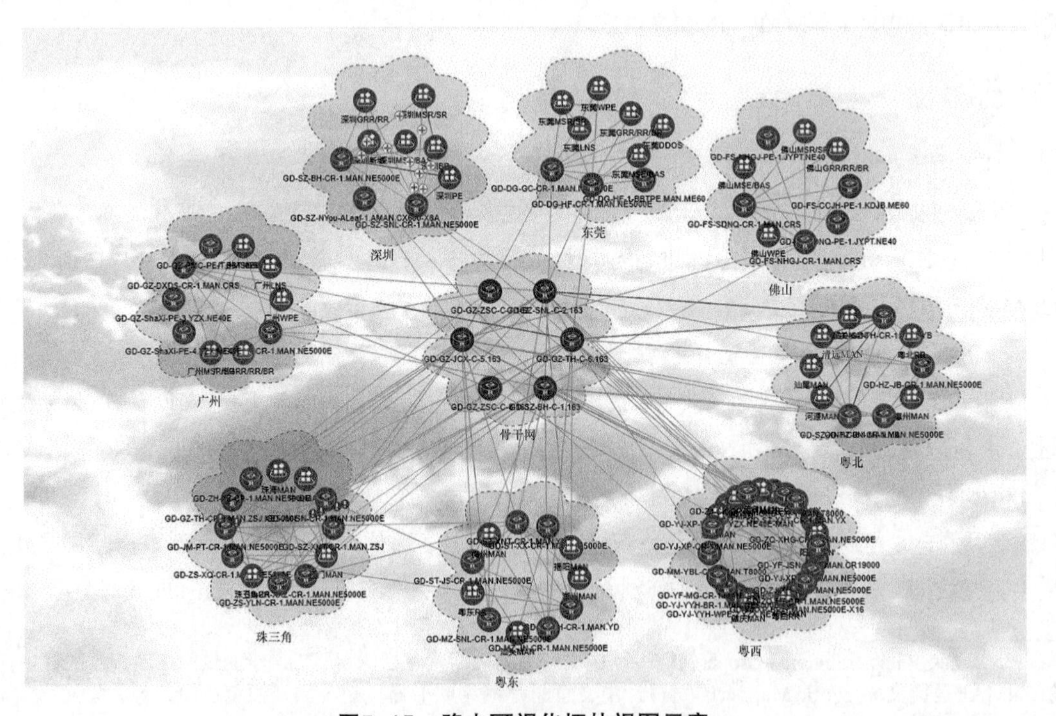

图5–15　路由可视化拓扑视图示意

多跳EBGP邻居方式可以实现BGP业务路由收集，支持通过AS号识别展示不同自治域的路由情况。互联网全球BGP路由查询如图5-16所示。

BGP路由查询 | BGP路由变化查询 | BGP路由条目统计图表 | BGP路由变化统计 | BGP路由变化统计图表 | BGP路由冗余度查询 | AS可达性统计 | AS路由方差统计

路由域：EBGP转发平台　路由类型：IPv4　下一跳地址：　ASPATH：

COMMUNITY：　地址前缀：　网络掩码：　源路由器名称：

源路由器地址：　目标地址：　扩展COMMUNITY：　查询　导出

地址前缀	源路由器	下一跳地址	ASPATH	本地优先级	COMMUNITY	邻居地址	MED	扩展COMMUNITY
1.0.0.0/24		121.11.148.3	4134 13335	100	4134:9	121.11.148.3	95000	
1.0.128.0/17		121.11.148.3	4134 2914 38040 23969	100	4134:9	121.11.148.3	85000	
1.0.128.0/18		121.11.148.3	4134 2914 38040 23969	100	4134:9	121.11.148.3	85000	
1.0.128.0/19		121.11.148.3	4134 2914 38040 23969	100	4134:9	121.11.148.3	85000	
1.0.128.0/24		121.11.148.3	4134 2914 4651 23969	100	4134:9	121.11.148.3	95000	
1.0.129.0/24		121.11.148.3	4134 2914 4651 23969	100	4134:9	121.11.148.3	95000	
1.0.130.0/23		121.11.148.3	4134 2914 38040 23969	100	4134:9	121.11.148.3	85000	
1.0.132.0/24		121.11.148.3	4134 2914 38040 23969	100	4134:9	121.11.148.3	85000	
1.0.133.0/24		121.11.148.3	4134 2914 38040 23969	100	4134:9	121.11.148.3	85000	
1.0.136.0/24		121.11.148.3	4134 2914 38040 23969	100	4134:9	121.11.148.3	85000	

显示1到20,共826110记录　20　第1　共41306页

图5–16　互联网全球BGP路由查询

传统网络管理通过SNMP采集分析设备配置，定制规则绘制网络拓扑的方式既不灵活，也难以保证实时性和准确性。当前，从IGP实时收集的网络拓扑状态更接近现网状况，可提升网络拓扑的准确性；通过多个BGP邻居可接收到多个AS的BGP业务路由及全球BGP业务路由，可提升路由的查询效率，并且可以通过流量采集，以及路由协议的状态展示链路和流量流向，提升故障处理的时效性。

2. 域间路由安全

由于互联网协议设计的互信弱点，近年来，互联网路由泄露、被劫持等安全事件增多，故障波及范围大，对国家、企业的声誉造成严重影响。同时，当前国际主流运营商已陆续构筑路由安全防护体系，部分运营商已开始拒收未注册或者注册错误的路由，尽量避免影响业务正常运行。基础运营商的IP互联网已初步构建以IRR[1]/RADB[2]路由注册库为主、以RPKI[3]/ROA[4]路由认证库为辅的互联网路由泄露及劫持动态监测防护体系，需尽快完善客户路由注册、开启不合规路由拦截和不合法路由封堵，同时完善电信本网路由注册，防止被其他运营商拒收，共同维护良好的网络环境。

1. IRR（Internet Routing Registry，互联网路由登记库）。
2. RADB（Routing Arbiter Data Base，路由选择仲裁器数据库）。
3. RPKI（Resource Public Key Infrastructure，资源公共密钥基础架构）。
4. ROA（Route Origin Attestation，路由源鉴证）。

路由的发布一般是基于管理员预先规划和分配的 IP 地址，IP 地址分为多级规划和分配，运营商内部的一般路由发布是在 IP 地址首次规划 / 分配动作之后。路由发布的动作相当于为某段 IP 地址资源能够从电信网络设备中接入互联网而进行的一个准入操作。而路由注册相当于将这个准入信息通过注册到互联网路由管理机构，通告给其他运营商，这个分段路由是由运营商的某个网络发布的，是经过认证的路由，而且是正确发布和正确注册的路由，其他运营商才会允许这个分段路由进入它们的网络，进而实现互联网两端用户公网 IP 互访。

当前，业界的通用做法是通过 AS 识别或“AS 号 + 路由条目”非严格匹配。需要注意的是，今后路由拟进行严格的 AS 号与严格的路由条目（掩码长度）进行认证，如果路由注册信息不及时变更，则会影响 IP 路由承载的业务通达性。

为了最大限度地实现路由注册的自动化，减少人工处理环节，IP 地址分配动作、路由发布动作和路由注册动作需要通过流程串联，进行流程固化及提示，避免出现遗漏。路由自动注册方式如图 5-17 所示。

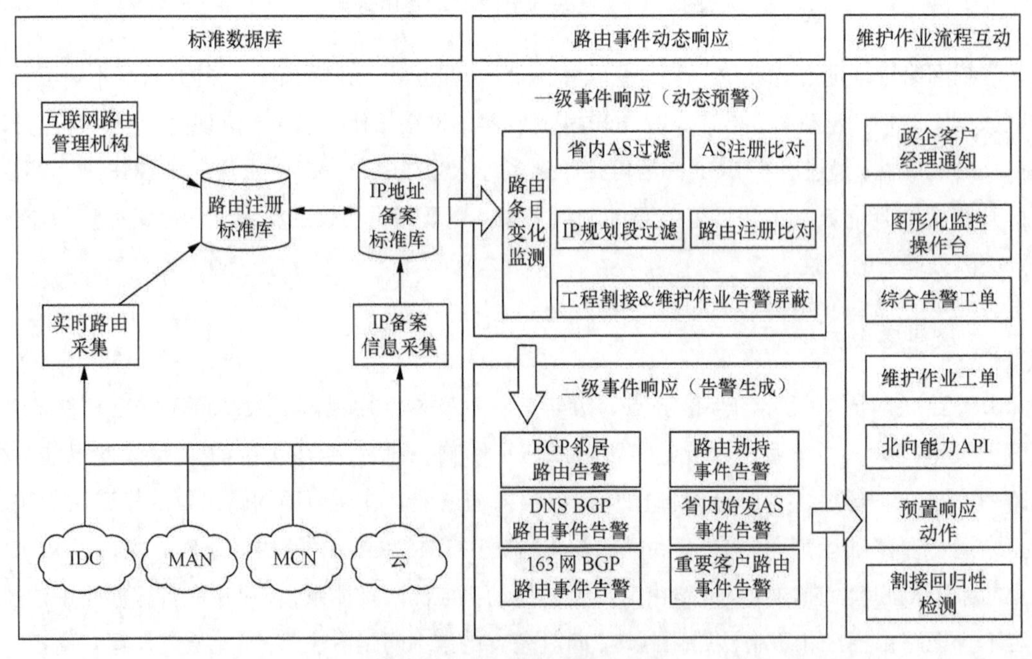

图5-17 路由自动注册方式

现网的网络工程或业务种类繁多，需要及时发现路由变化，并确认路由发布变更是正常操作还是异常操作，依据核查结果对路由注册信息进行变更。路由注册数据库信息查询如图 5-18 所示。

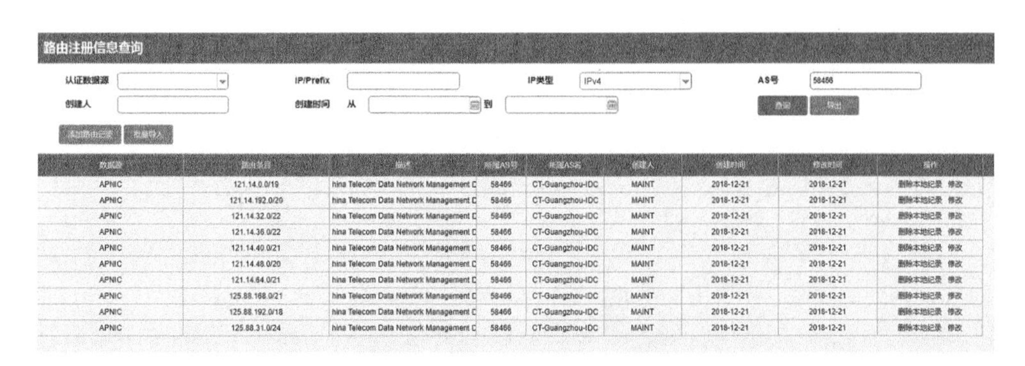

图5-18　路由注册数据库信息查询

路由可视化系统基于让服务器扮演一个静默的网络路由器角色，接收现网的路由变化情况，并通过互联网路由管理机构系统进行对接，同步当前标准库的情况。两类数据对比后，每天对不一致的信息进行对比，也可以通过优化对比关键路由，及时发现不一致情况。

3. 定制 AS 级别路由告警

系统通过对现网路由本身的数据变化进行分析，实现路由异常告警。

（1）发现异常的路由震荡、质差电路、重复路由，并对相关事件按时间戳进行统计

可以对网络的异常事件进行实时监控，防范重大网络故障的发生。IGP 路由事件如图 5-19 所示，BGP 路由变化和统计界面如图 5-20 所示。

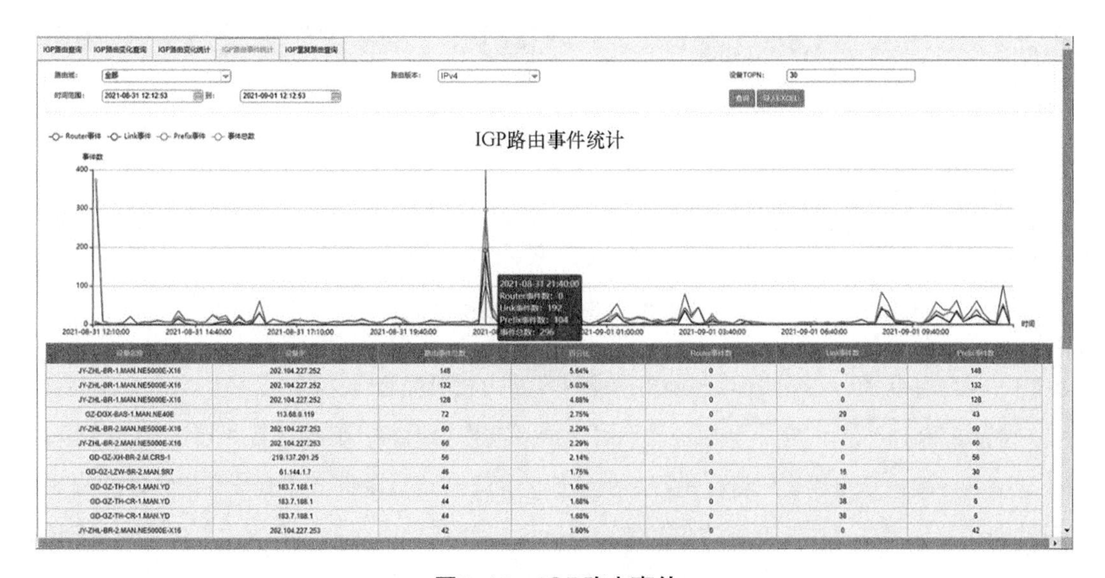

图5-19　IGP路由事件

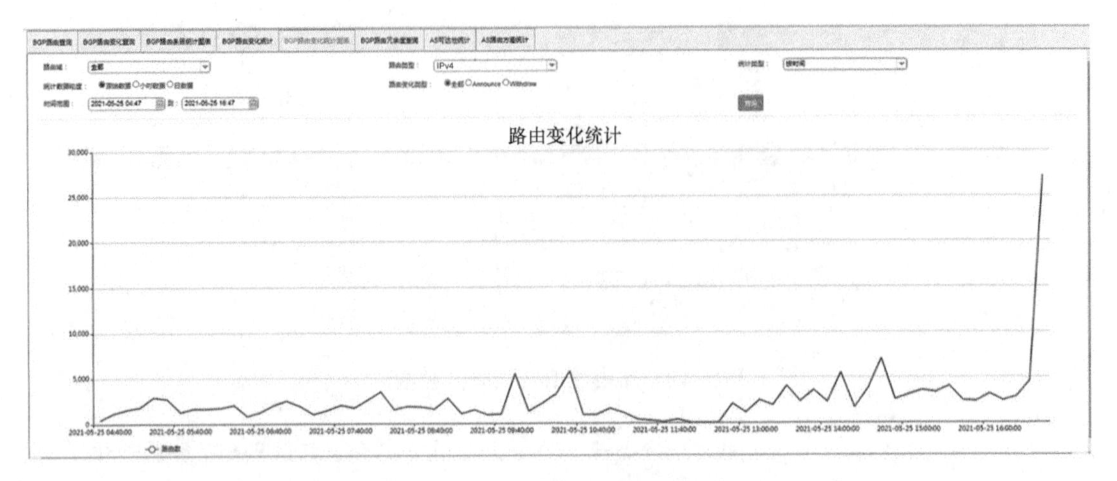

图5-20　BGP路由变化和统计界面

（2）通过对比仲裁路由数据，获取全网 AS 和路由信息，实现 AS 级别的路由告警

国际路由劫持告警如图 5-21 所示，可以及时发现外网的路由劫持事件，对 163 网的路由条目数告警可避免地市级别路由阈限和 AS 业务中断。

国际路由劫持状态监视

IP/Prefix　接入区域　注册归属AS　路由域 全部　IP类型 IPv4　导出

路由peeras　异常类型　路由originAS　查询

路由域	路由条目	ASPATH	PEERAS	ORIGINAS	应归属as	异常类型	归属地	COMMUNITY	ORIGINAS中文	操作
IBGP转发平台	181.189.133.0/24	4134 262206 23243 2	AS4134_中国电信	AS64520		AS未分配		4134:9	江西	屏蔽
IBGP转发平台	181.189.134.0/24	4134 262206 23243 2	AS4134_中国电信	AS64520		AS未分配		4134:9	江西	屏蔽
IBGP转发平台	181.189.135.0/24	4134 262206 23243 2	AS4134_中国电信	AS64520		AS未分配		4134:9	江西	屏蔽
IBGP转发平台	190.106.199.0/24	4134 262206 23243 2	AS4134_中国电信	AS64520		AS未分配		4134:9	江西	屏蔽
IBGP转发平台	190.106.202.0/24	4134 262206 23243 2	AS4134_中国电信	AS64520		AS未分配		4134:9	江西	屏蔽
IBGP转发平台	190.106.203.0/24	4134 262206 23243 2	AS4134_中国电信	AS64520		AS未分配		4134:9	江西	屏蔽
IBGP转发平台	190.106.205.0/24	4134 262206 23243 2	AS4134_中国电信	AS64520		AS未分配		4134:9	江西	屏蔽
IBGP转发平台	190.106.206.0/24	4134 262206 23243 2	AS4134_中国电信	AS64520		AS未分配		4134:9	江西	屏蔽
IBGP转发平台	190.106.207.0/24	4134 262206 23243 2	AS4134_中国电信	AS64520		AS未分配		4134:9	江西	屏蔽
IBGP转发平台	190.106.208.0/24	4134 262206 23243 2	AS4134_中国电信	AS64520		AS未分配		4134:9	江西	屏蔽

图5-21　国际路由劫持告警

（3）客户自带 AS 入网的路由阈限提醒和异常路由注册提醒

自带 AS 和 IP 入网的客户是通过动态路由协议与电信对接，其路由是可以变化的，因此，对于这类客户路由是需要客户自行进行路由注册的，系统通过邮件方式提醒客户经理通知客户进行路由注册。另外，由于此类客户的路由条目数量受到合同约束，系统内设定了一些阈值，当客户路由达到阈值时，系统会自动发邮件提醒客户经理，对客户路由条目阈限告警，避免路由超限，影响客户业务。系统自动监测及预警邮件的设置可以较好地提升客户的体验。

5.3.3 网络异常配置 AI 稽核

现实中，网络设备型号多样，生产厂家众多，设备配置规则复杂，命令种类繁多，仅依靠人工检测难免有遗漏。很多情况下，配置差异和维护人员的理解思路、处理方法不同，出现大量的故障隐患和人为网络故障。传统的技术方案基于设备厂商提供通用的配置模板进行规则检测。但厂商规则比较简单，仅限于设备通用规则，无法细化到本地业务规则；而基于 AI 对同类配置文件的学习和无监督模型训练，构建配置异常检测模型，可以进行网络设备配置稽核。通过检测输入的配置，如果部分设备缺少此类配置文件，与类似设备的配置文件有较大差异，则对差异部分进行告警，提交人工检测申请。AI 配置异常稽核流程如图 5-22 所示。

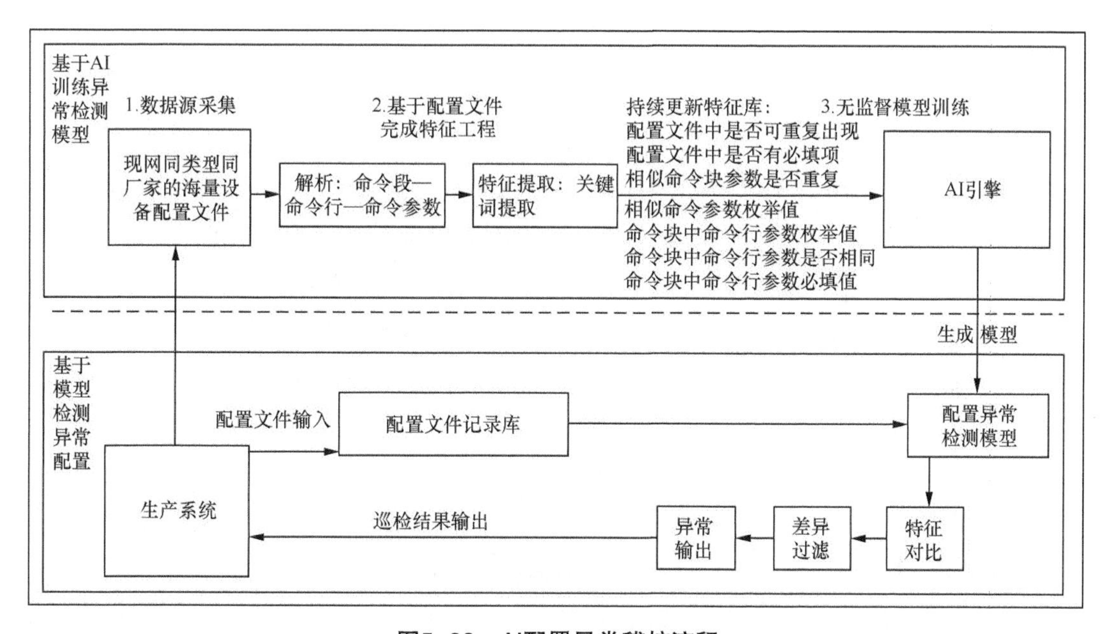

图5-22 AI配置异常稽核流程

具体实现方式：通过对设备历史配置文件的采集和分析，利用对命令块、命令行、参数的拆分，从中提取各自的特征，归纳出对应的关键词、重复出现的特性，以及逻辑关联性，从而形成对应的特征库。特征提取与特征库建立流程如图 5-23 所示。

巡检时，利用特征库检查待检测配置文件是否存在相似命令块错误；如果同类错误在其他配置文件中均存在，则进行人工验证，将同类错误标记为误判，后续形成过滤规则。配置稽核流程如图 5-24 所示。

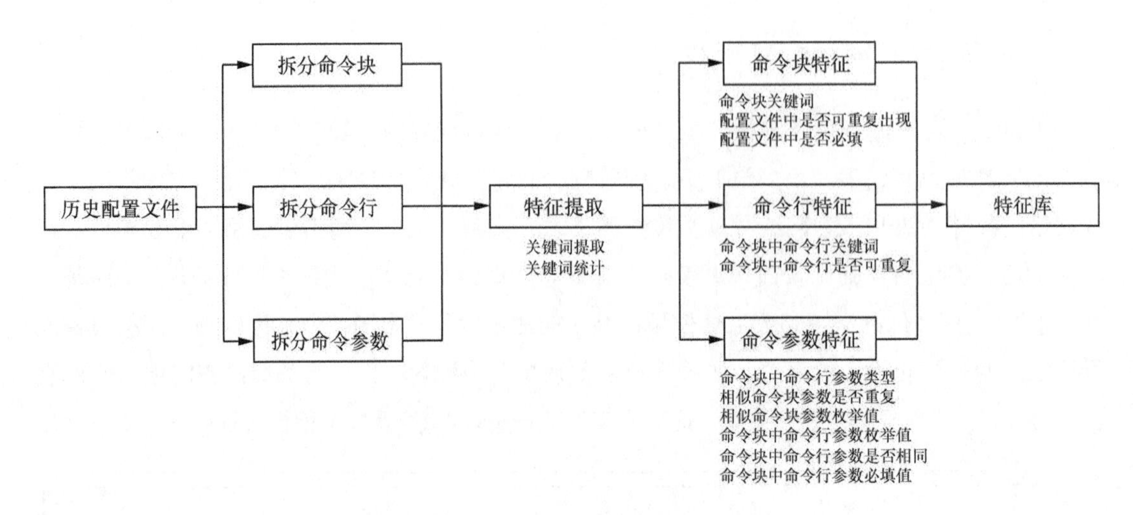

图5-23 特征提取与特征库建立流程

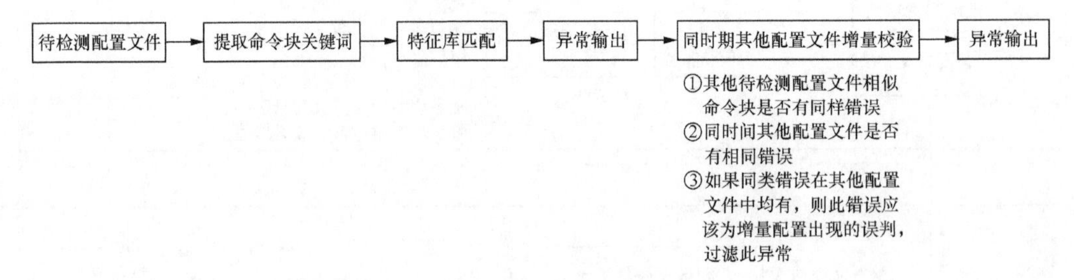

图5-24 配置稽核流程

在完成配置稽核后，可以实现对异常配置进行高亮显示标记，提醒管理员存在配置异常，并根据特征库结果，给出初步更正建议，提示判断错误的原因。

5.4 新型 IP 承载网运维功能展望

5.4.1 AI 技术在网络管理中的应用前景

当前，AI 技术不断发展，需要分析 AI 技术在新型 IP 承载网的应用前景。例如，AI 分析 A-Leaf 越限流聚类为不同故障，并通过 iFIT 逐跳检测，结合关键绩效指标（Key Performance

Index，KPI）分析，精准定界定位，支撑快速排障。AI参与故障预测示意如图5-25所示。

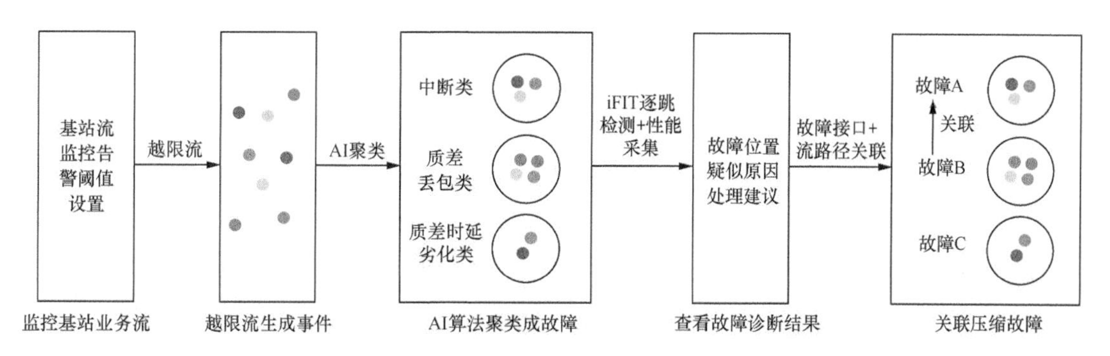

图5-25 AI参与故障预测示意

1. AI计算越限流生成事件

根据AI算法的数据要求，AI计算越限流生成事件是将不同指标的越限流（包括质差流和中断流）转换为统一格式。根据流ID获取一个周期内每条越限流经过的逐跳物理路径。聚类数据包括输入数据（例如，越限流事件）和数据特征［例如，物理路径（网元、端口）］。

2. AI算法聚类成故障分类

AI算法计算同一周期内越限流的路径相似度，经过的共同路径越多（节点、链路），存在同一类故障根因的可能性越大，如果达到算法阈值，则被聚类为一类故障。

（1）聚类主要原则

时延事件单独聚类为时延质差故障，仅有中断事件的丢包问题聚类为中断故障，存在中断和质差事件的丢包问题聚类为质差丢包故障。按时延丢包分类、事件严重程度分别聚类，根据业务影响、故障严重程度和共性问题分类处理；按上下行流单向聚类，计算越限流经过网元接口的路径向量，满足公共路径阈值的越限流聚类为一个故障。聚类算法如图5-26所示。

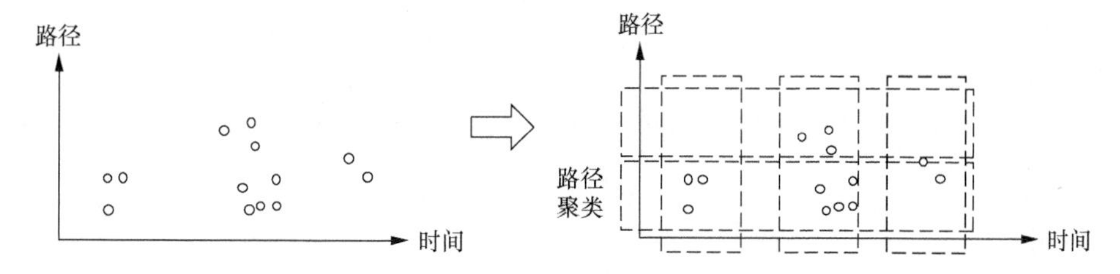

图5-26 聚类算法

（2）聚类过程

对越限流每跳经过的网元和端口建模，计算任意两条流之间的向量距离，将某一半径距离内数量超过阈值的越限流聚为一类。

3. AI 自动故障诊断

AI 系统对聚成故障的越限流启动 iFIT 逐跳检测，结合网元 KPI 分析，提供诊断结果。

每个故障选取 Top*N*（最大的 *N* 条记录）越限流，全部越限流下发 iFIT 逐跳检测。虽然对所有越限流下发逐跳检测会影响智能网管性能，但能回溯查看 7 天内 A-Leaf 所有流的历史逐跳数据，根据实际需要设置逐跳监控策略。需要说明的是，流速为 0 的中断事件生成的故障不启动逐跳检测。

选取 Top*N*（最大的 *N* 条记录）越限流的规则如下。

① 时延质差故障：按 A-Leaf 接入网元分成 *N* 组，每组按 E2E 越限流的最大单向时延排序，选取 Top1 流。

② 丢包质差故障：按 A-Leaf 接入网元分成 *N* 组，每组按 E2E 越限流的最大丢包率 / 重传率排序，选取 Top1 流。如果某组存在 IP RAN 中断信令流，则优先从有重传率的流中选取中断次数最大的 Top1 流。

③ 中断故障：按 A-Leaf 接入网元分成 *N* 组，IP RAN 数据流和 SPN 从每组最大丢包率为 100% 的流中选取流速最大（不为 0）的 Top1 流。IP RAN 信令流从每组有重传率的流中选取中断次数最大的 Top1 流。

创建性能实例，采集网元性能数据。基于 Top*N*（最大的 *N* 条记录）越限流的 iFIT 逐跳检测结果和性能实例采集指标进行诊断分析，对拓扑上诊断为故障位置的链路 / 网元 / 物理接口告警，对逐跳流越限指标的链路 / 网元 / 端口告警。

4. AI 自动关联压缩故障

基于 AI 算法，对故障之间的越限流路径、故障接口进行关联计算，实现跨周期闪断、重复故障的压缩。

（1）关联数据要求

输入数据为 7 天内已诊断和诊断失败的故障，数据特征位于越限流路径（网元、端口）、故障接口。

（2）关联原则

如果未诊断或未关联到故障位置，则基于越限流路径向量进行关联计算；如果多个故障只要有相同的故障接口，则关联到发生时间最近的故障中。需要说明的是，被关联过的故障不再被其他故障关联。

（3）关联过程

初始化一个空的中心聚类结果，作为当前时间点的聚类结果。遍历已诊断和诊断失败的故障、中心聚类结果，如果多个故障微簇的流路径、故障接口加权的向量距离满足故障关联阈值，则将这些故障关联到中心聚类结果中，实现跨周期闪断、重复故障的压缩。否则，这些故障将作为一个新的故障微簇加到中心聚类结果中，并激活当前时刻发生的故障，作为当前周期的聚类结果。

5. AI技术应用前景及优势分析

AI算法将A-Leaf越限流聚类为不同故障，聚类准确率高，将对成千上万个异常A-Leaf的处理转换为数量有限的、影响程度和范围清晰的故障，提升了智能运维能力。

（1）AI融入智能网管精确诊断分析

① 业务SLA多维可视，风险故障点清晰可判。通过概览、拓扑路径还原、报表、趋势图等方式，多维度地展现了故障、A-Leaf、端到端流、逐跳流的业务质量信息，帮助用户实现“7×24”小时监控网络运行的状态。

通过阈值设置，对拓扑路径的链路/网元/端口告警，报表数据、趋势图的越限指标第一时间获取劣化风险，主动规避故障，减少故障率。

故障发生时可实时获取、回放查看故障详细分析（发生时间、故障位置、疑似原因、修复建议、异常指标）、拓扑逐跳路径告警位置、链路/端口/网元指标实时值和趋势图，支持快速定界定位。

相较于IOAM，AI随流检测解决了逐跳丢包检测问题，降低了转发性能影响；相较于IP流性能测量（IP Flow Performance Measurement，IPFPM），提供了更简单的部署方式，增强了扩展性，在随流技术中具有多种优势。

② 更高精度的业务级检测方案。随流检测通过部署PTP时间同步、Telemetry秒级数据采集，采用随流、逐包检测、逐跳实时上报，保证丢包检测准确率为100%，时延检测精度达到微秒级。

精确网络时间协议（Precise Time Protocol，PTP）：随流检测丢包检测需要毫秒级时钟同步，单向时延检测需要微秒级时钟同步。全网部署（E2E流只涉及首尾节点、逐跳流涉及所有节点）微秒级时间同步精度的PTP时钟，确保各节点的丢包统计周期匹配、时延告警周期同步，保证测量准确。

Telemetry秒级数据采集：随流检测使用Telemetry秒级采集上报给智能网管汇聚计算，确保数据的实时性。

随流检测：直接检测报文，真实反映路径和时延信息。

逐包检测：对每个报文逐个检测，信息量大，精确捕获细微丢包。

逐跳上报：IOAM 在尾节点集中上报统计数据，随流检测在每跳节点上报丢包、时延数据，可以解析丢包位置，精确界定丢包点。

③ 可扩展性好，支持场景丰富。随流检测吸收 IOAM、IPFPM 等随流检测技术优势，扩展头除了支持 IPFPM 及 IOAM 能力，还提供更灵活的业务扩展性。例如，相较于 IOAM，随流检测完善了 MPLS 场景。随流检测技术可以支持 MPLS L2VPN/L3VPN、MPLS SR 等多种场景，组播、双归、链路聚合组（Link Aggregation Group，LAG）、ECMP 等多链路场景。

④ 端到端、逐跳部署难度小。随流检测端到端、逐跳易于部署，仅需部署首尾节点，使能网元、端口，不需要配置流信息、路径发现。

业务发现：随流抓取 A-Leaf 和核心网间的 S1 业务流，实现了自动流探测。

实例部署：动态部署，在业务流入口配置随流检测自学习功能，基于自动流探测，自动生成检测实例。

路径发现：基于随流检测头自动学习业务路径，获取实时流量经过的网元、端口等信息，支持路径发现、老化。

⑤ 网元性能影响小。IOAM 按照每个报文上报采集的时间戳及包计数，对网元性能影响较大，数据传输效率降低。随流检测按照检测周期定时上报采集的时间戳及包计数，对网元影响较小。

（2）智能网管部署

在新型 IP 承载网内部署智能网管，可以实现以下功能。

① 智能网管通过云化部署后，对应的北向、南向地址只要网络地址可达即可。

② 通过 NetConf、SNMP 和设备互联，搜集告警和设备硬件信息。

③ 通过与网络设备建立 BGP-LS 邻居，还原新型城域网相关拓扑信息。

④ 通过与网络设备建立 BGP IPv6 SR Policy 邻居，利用控制器给相关网络端到端下发隧道配置。

（3）精确诊断智能网管业务管理

① BRAS-C/U 纳管，进行部分 BRAS 业务查看。

② 承载的业务叠加在切片网络上，例如，移动承载切片、专线切片等，对切片进行精细化管理、辅助诊断。

③ 智能网管自动部署下发 L3EVPN over SRv6、L2EVPN over SRv6 等场景，包括组网专线、上云专线、跨域视频。

5.4.2 随流检测技术的应用

1. 传统业务故障处理手段

新型IP承载网的网络结构复杂，业务故障被动响应，缺乏有效快速的定位手段，传统基于主动发包的OAM技术无法精准反映业务SLA。

传统的故障感知主要依靠告警、流量、路由等信息，感知手段有限，无法覆盖所有的故障场景。硬件类、转发类、配置类、协议类异常问题，缺乏有效的感知手段，无法主动预防，大部分隐患问题错过了前期的排查，直到业务受损，收到客户投诉后才感知到故障；发生故障后，没有有效的手段进行定位，只能在海量运维数据中逐一排查，效率较低，使业务受损时间变长。

例如，某运营商某台设备出现异常，无告警产生。在业务受损2小时后，运维人员收到客户投诉，启动故障定位。使用传统的告警、流量信息查看、逐段PING测试等手段，无法找到故障原因。最后，从网元底层的运行指标中提取关键信息，判断结果是硬件故障导致业务受损。整个故障过程导致3000多名用户业务中断，10多位专家投入分析，排障耗时8个小时。

传统运维模式受限于当前故障感知、定位手段匮乏，现网硬件中70%的问题无法从告警中直接获取到故障根因，给出准确恢复手段。告警、日志、诊断信息、配置文件等运维数据类型多、数据分散，存在大量的无效事件和衍生事件，依赖运维经验，人工分析难度大，耗时低效。传统运维模式存在的主要挑战是问题数量多，全量分析耗时耗力；人工维护故障规则易遗漏；故障定位依赖专家经验。因此，迫切需要新的运维模式，例如，随流检测方式，部署端到端KPI测量，精确捕获细微异常，真实体现业务状态。

传统的业务流测量模式主要有两种实现方式：一种是模拟业务流的检测方式，间接模拟业务报文进行网络测试，但这种模拟并不能完全仿真真实的业务，其相关的路由、QoS队列、经过的链路和节点均可能与真实业务不一致；另一种是直接测试报文，将其插入业务流中，但这种方式只能基于对管道的检测，无法实时呈现业务质量，由于是间隔发包，所以还存在检测精度较低的问题。传统业务流测量方式如图5-27所示。

2. 新型业务测量模式

智能网管可开发随流检测技术提供更高精度的业务级SLA检测方案，快速、精准定位故障点，提高运维效率。随流检测方式如图5-28所示。随流检测方式对业务流直接检测业务报文，这样不仅能真实反映业务路径和时延信息，也能实现对每个报文逐个检测，精确捕获细微的丢包情况。

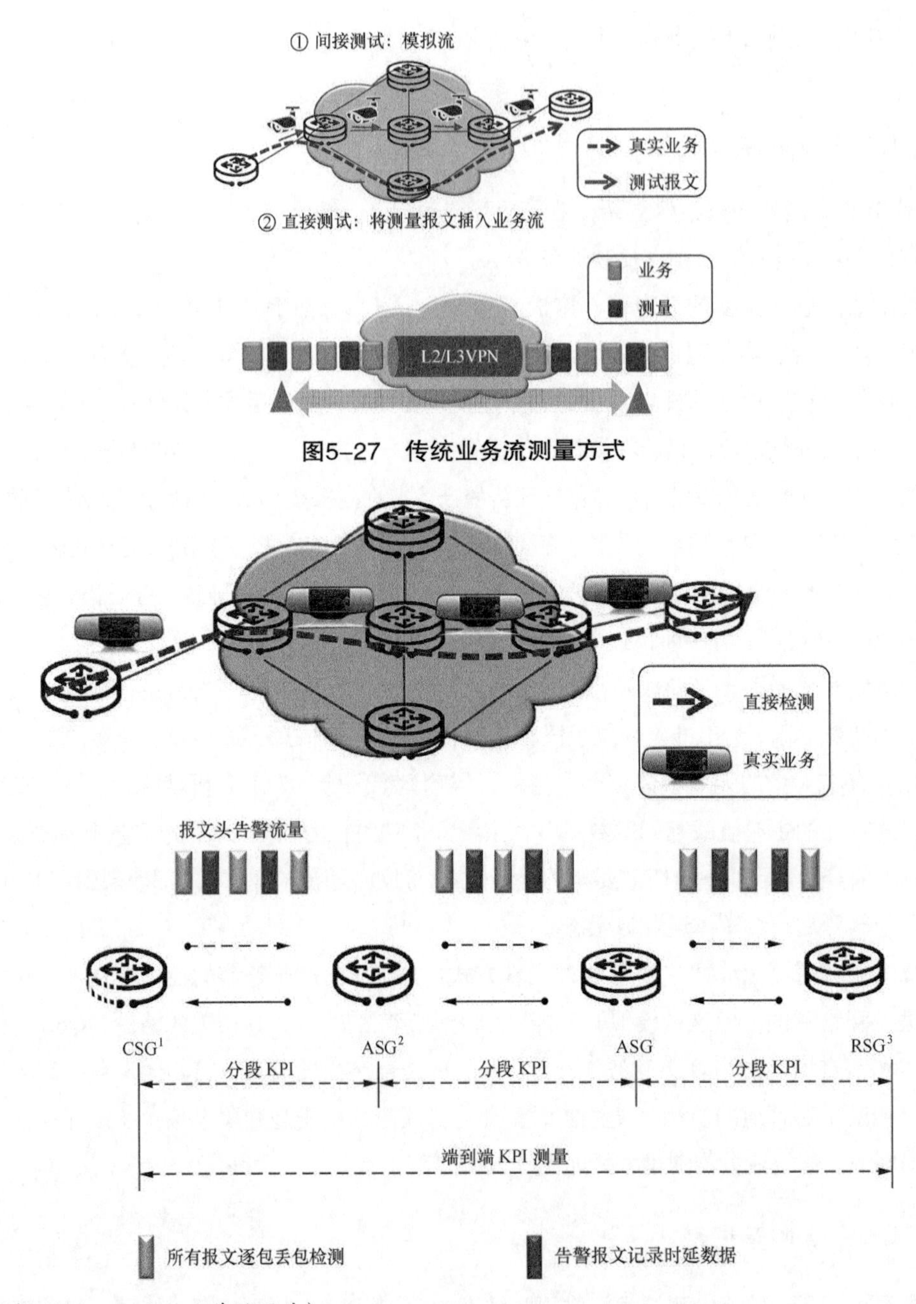

图5-27　传统业务流测量方式

1. CSG（Cell Site Gateway，基站网关）。

2. ASG（Aggregation Site Gateway，汇聚网关）。

3. RSG（Radio Network Controller Site Gateway，无线网络控制器网关）。

图5-28　随流检测方式

（1）随流检测技术介绍

随流检测是面向新型IP承载网更严苛的可承诺、差异化的业务SLA保障需求，更复杂的网络和更高的运维诉求，智能网管需要基于Telemetry秒级数据采集和分析平台，创新随流检测技术并引入AI算法，实现专线等业务的高精度、业务级SLA实时感知、多维可视、主动、智能运维，故障快速定界定位、按需回放，提升SLA的体验和运维效率。

（2）随流检测方案原理

随流检测是基于真实的业务流相关数据提供实时、高精度的网络性能可视及精准的故障定位，提升性能劣化类故障的定界和定位效率。随流检测方案部署如图5-29所示。

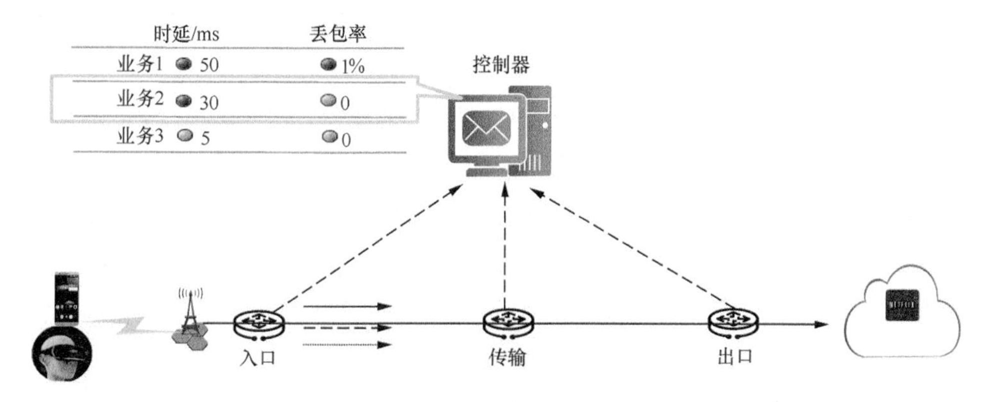

图5-29 随流检测方案部署

在所有节点上部署PTP（IEEE“1588时钟”），保证业务流经过的每个节点的丢包统计周期匹配、时延告警周期同步，以确保测量精度。在业务流经过的端到端网元的入口、出口收集数据包、时间戳。基于报文的特征染色标记对不同业务流的丢包、时延、流量进行识别，获得业务路径上端到端网元、端口、链路的SLA测量结果。网元通过Telemetry协议，将端到端网元、端口、链路的丢包、时延、流量的统计结果上报到智能网管。

智能网管可以识别异常流，对异常流启动逐跳监控。在异常流中添加逐跳模式报文头，还原业务流的逐跳路径，使能逐跳诊断。基于每个节点的报文计数，分析丢包点，确定丢包位置。基于每个节点的时间戳记录，分析链路、节点时延，确定逐跳的时延和时延抖动。基于每个节点上报信息，呈现业务真实路径，实现业务流路径还原。最后，对每个网元、端口、链路的丢包、时延等性能指标进行可视化呈现，对越限的网元、端口、链路等指标实施可视化预警。

基于IOAM扩展、融合IPFPM技术，随流检测融合染色技术，直接对报文进行测量，配合Telemetry秒级数据采集和智能网管统一管控、计算和可视化，实现网络质量SLA实时可视、主动监控、故障快速定界定位。该方式将是新型 IP 承载网运维的重要手段。

（3）随流检测的统计模型

随流检测的统计模型对用户业务流进行直接丢包、时延统计。从统计的角度来看，业务流是统计的目标对象，统计的目的是得到业务流经过传输网络时所产生的丢包和时延，也就是对该传输网络的入口和出口分别统计，然后汇总得出需要统计的性能指标。统计过程主要涉及目标流、目标流穿越的网络、统计系统 3 个对象。

其中，目标流是实施随流检测统计的关键要素，每次统计首先必须指定目标流，目标流根据生成方式的不同可以分为静态检测流和动态检测流两种。

目标流穿越的网络承载了目标流，即目标流既不在该网络内产生，也不在该网络内终结，要求网络内每个节点具有 IP 可达性。

统计系统配置了具有随流检测功能的头节点设备，还配置了多台具有此功能的其他设备。随流检测需要支持丢包统计和时延统计两种统计指标。其中，丢包统计是在某一个统计周期内，所有进入网络的流量与离开网络的流量之间的差，即为承载网络在该统计周期内的丢包数；时延统计是在某一个统计周期内，指定的两个网络节点之间，同一条业务流进入网络的时间与离开网络的时间之差，即为网络在该统计周期内的时延。

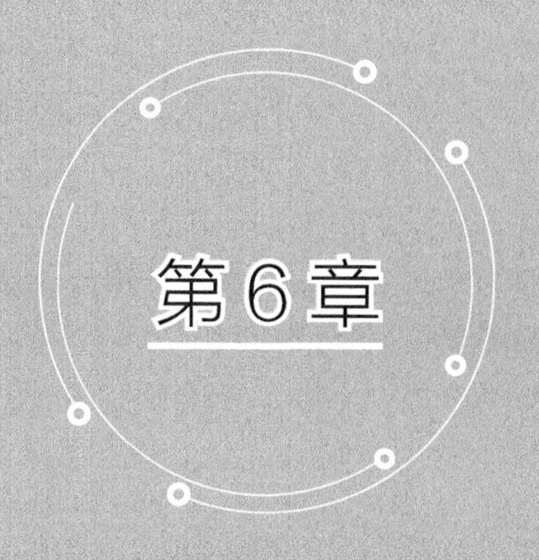

第6章

新型 IP 承载网 SDN 控制器

6.1 SDN 在新型 IP 承载网中的应用

6.1.1 SDN 发展趋势

1. 满足云网融合的要求

云网融合技术是中国千行百业数字化发展的重要底座引擎，也是未来运营商跻身 toB 时代的核心能力所在，是运营商发展的新机遇。传统互联网技术（Internet Technology，IT）和通信技术（Communication Technology，CT）之间技术障碍的逐步消除，建设结构完善、设施完备、整合创新的新型通信设施成为运营商发展的重点，而云网融合技术将帮助运营商由单一通信类服务向综合性的智能通信服务转变，通过面向上下游用户开展基于业务应用技术的网络服务，从而建立属于运营商特色的云网生态。

（1）网络需要彻底 IT 化和云化，进一步释放网络价值

工业互联网、全息通信、虚拟现实（Virtual Reality，VR）等新兴业务技术的蓬勃发展，对网络提出了许多全新的需求和挑战，迫切需要云化、可编程、服务化的弹性网络，以满足不同的确定性业务需求，进一步释放网络价值。传统网络连接可达、尽力而为的 IP 网络架构面临巨大挑战，难以满足面向生产领域的差异化需求。运营商也将由传统的出售服务转型为提供定制化的网络服务。

（2）集中网络控制成为新一代网络技术范式的共识

分段路由技术是近 20 年 IP 网络的重大技术创新，通过引入源路由技术，简化了网络协议与网元功能，支持网络功能可编程和业务自主定制端到端网络路径，可面向重点业务与用户提供更加敏捷和开放的网络服务能力。如果 SDN/NFV 是实现未来网络技术发展的基础框架，则 SRv6 就是实现云网路径拉通和服务定义的核心能力。集中的网络控制也第一次成为网络运行必不可少的组成部分。

（3）现网面临的主要问题与关键挑战

云网融合在产业链成熟度、技术就绪、标准规范、现网存续演进与 IT 流程贯穿等多个层面存在挑战，传统大厂在转控分离、软硬解耦、服务能力开放等方面的态度相对保守，SRv6、APN 等技术的标准化进展较慢，新型网络的生产保障、IT 流程支撑等方面仍然有很多待解决的实际问题。

云网通常是独立建设的，信息互不开放，互相调用的接口不标准，无法构建云网视图。云和网又存在多个系统，数量庞大，功能复杂，而分级、分段、分专业的运维模式也需要多人协作的

统一定位，整体定位效率较低。

2. SDN控制器愿景

我们提出“客户价值驱动的智慧控制体系”，该体系的核心理念是根据客户的价值不同，由客户价值来驱动云网融合的基础设施，要求运营商建设的网络具备客户业务所需要的灵活服务化能力。通过集中的智慧控制体系，将网络能力抽象为面向应用的屏蔽网络差异化的原子控制能力，以服务的形式提供给业务调用，实现网络即服务（Network as a Service，NaaS），完成客户应用的需求与网络能力需求的匹配，从而实现网络能力由客户价值驱动，网络的价值得到进一步释放，进而形成良性闭环。行业的数字化应用将通过灵活的网络能力组合供给，必将激发出更多创新应用场景。

目前，网络正处于由分散智能向局部集中智能的发展阶段。随着以SRv6为基本技术制式的新型网络逐步落地，具备局部SRv6路径计算、决策的SDN控制器陆续入网，网络还需要进一步云化。“智能网元+SDN控制器”的局部集中智能继续向“转发云+控制云”的全程全网集中智慧控制体系演进。

智慧控制体系具备以下5个典型特征。

（1）资源池化

网络实现控制面与数据面的彻底分离，数据面更专注于数据流的高速转发与处理。

（2）弹性服务

上层应用能方便、快捷地按需获取和释放控制云提供的能力及服务，可根据应用场景快速获取从控制云抽取的能力服务，从而扩展业务应用场。对于应用而言，控制云提供的能力和服务是无限制的，能够采用SRv6 BSID服务技术，实现网络的云化体验和弹性服务，并提供不同SLA的客户套餐推荐和订购。

（3）按需自助

控制云提供网络能力开放服务，以云化的形式统一在外部进行网络能力的订购、集中化网络控制能力和数据资源，整合网络模块组件的开放能力，并统一对外提供服务能力开放。

（4）使用量/价值计费

控制云支持按照精细化的基于租户企业实际使用量或按照价值的计费，支持“基础+增值+定制化”（Basic+Advanced+Flexible，BAF）的多量纲计费，能够灵活选择带宽包，并自主在站点之间分配，也能够实时调整站点之间分配的带宽，具体服务的使用情况达到可视、可计费、可对账的目的。

（5）泛在触点

控制云可提供租户账号管理，提供账号在线创建、鉴权、分权分域等功能，提供租户在线购买产品、订单管理、流程审批，提供产品费用计算、趋势分析等。租户可以通过计算机、智能终端、微信公众号在线订购网络能力服务化产品，支持产品级别与 API 级别的按次 / 包月服务订购。

通过构建包含编排中心、控制中心、AI 中心、安全中心的智慧控制云技术体系，实现网络能力的开放与差异化定制，智慧控制云可提供资源池化、弹性服务、按需自助、使用量/价值计费、泛在触点的云化服务，"云网边端安"一体化控制。网络服务能力由客户价值驱动，进而为广泛的行业数字化应用赋能，最终实现应用与网络能力双向创新驱动，协同提升产业价值。

6.1.2 SDN 控制器框架

1. SDN 控制器体系架构

SDN 控制器体系架构如图 6-1 所示。

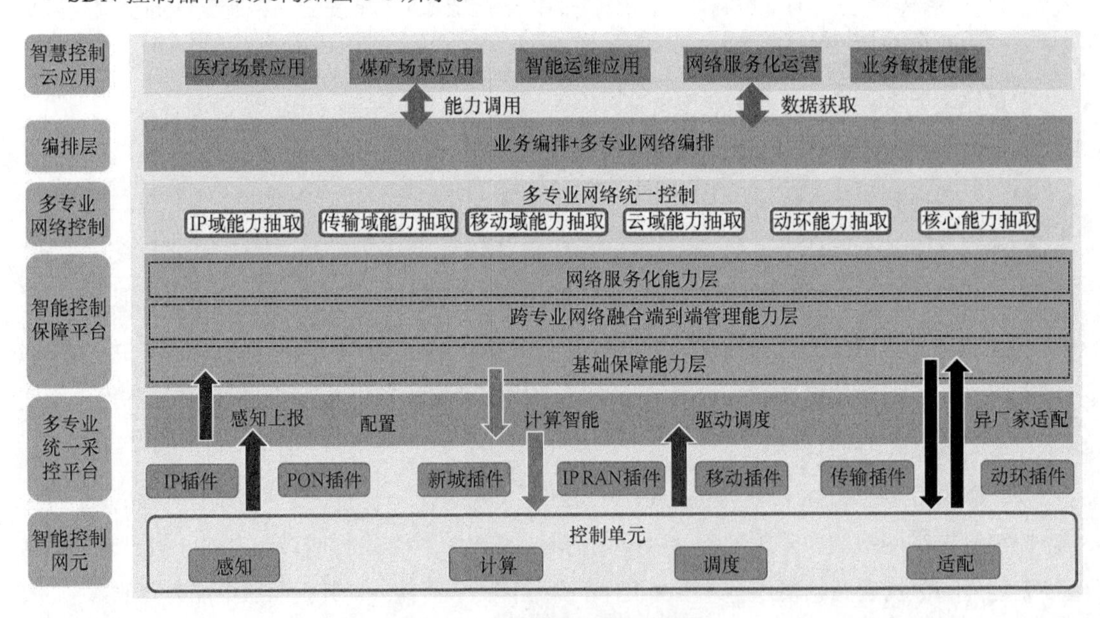

图6–1　SDN控制器体系架构

智能控制网元：转控分离的控制面网元，负责 SID、路径管理，屏蔽异构网络的差异性，是新型 IP 网络必不可少的组成部分。

多专业统一采控平台：云网运营系统的智能底座，以服务化方式提供云网数据实时采集与操作交互的通道，可以把部分能力嵌入智能控制单元，实现产品化功能。

智能控制保障平台：集中管理智能控制单元，可以实现网络可编程、端到端SLA路径调度、云网孪生；可以为独立运行的单元提供增值化服务，可以在提供数据的基础上进行应用的衍生和个性化发展，可以加入AI分析、个性化配置互动等能力。

多专业网络控制：网络内多专业的横向扩展，实现终端、接入、传输、无线等多专业能力支持和多方向发展；在新型IP网络SDN化的基础上，后续可逐步实现传送网、核心网、无线网的转控分离和多专业网络的统一控制。

编排层：网云协同联动，可以实现云侧与网侧互动，实现真正意义上的网云上的控制联动；多专业网络实现转控分离，打通云内SDN，完成接入网和智能网关的SDN化改造，实现“云网边端”协同控制。

智慧控制云应用：多专业完成转控分离，用户面彻底池化，控制面集中化、服务化、云化，最终实现客户需求驱动的一体化云网，激活业务创新，释放云网价值。

2. IP SDN控制器功能架构

在IP 3.0时代，我们可以把SDN与SRv6的技术优势结合，打造新型IP SDN控制器，为构建融合、开放、敏捷、智能的新型网络打下坚实基础。

IP SDN控制器总体功能架构如图6-2所示。

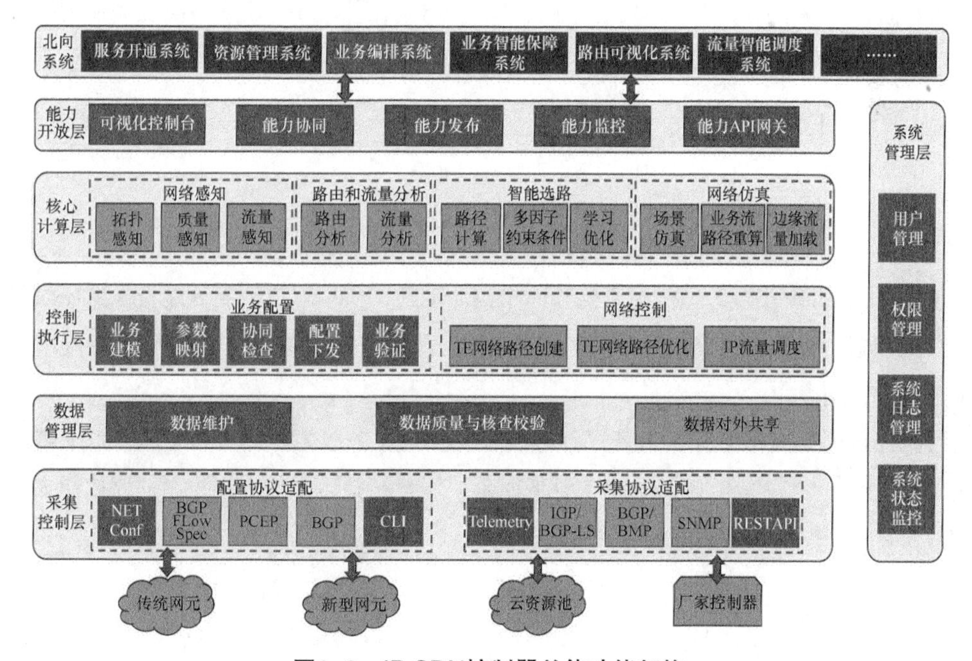

图6-2 IP SDN控制器总体功能架构

（1）多维网络感知能力

通过协议级快速 / 动态网络感知能力，维护复杂协议状态机与时序要求，实现协议完整闭环，实时更新状态。多维网络感知的关键能力和关键技术见表 6-1。

表6-1　多维网络感知的关键能力和关键技术

关键能力	关键技术
网络协议级别多维拓扑实时感知（毫秒级）	• 物理拓扑：网络节点、带宽、连接 • 逻辑拓扑：BGP-LS SRv6 逻辑网络拓扑 • 多层级、多 AS 域间 SRv6 逻辑拓扑
流量及流向感知（秒级）	• 链路、队列、SRv6 Policy Path 流量：基于 Telemetry 秒级实时流量采集 • 流量流向：基于 xFlow 采集流量流向成分
性能质量感知	• 时延、丢包、抖动：TWAMP 测试能力 • 运行状态质量：设备异常、链路质量劣化关键事件实时告警（毫秒级感知、面向连接、联动触发调度） •SRv6 Policy Path 连通性检测
路由数据感知	•BGP 全网路由感知：与 RR 建立 BGP 实时监控网络 BGP 运行状态及路由变化 •BGP-LS 或 IGP 实现 SRv6 组网路由感知

（2）业务端到端敏捷开通和智慧运维

针对不同的业务场景形成不同的业务模板，业务端到端配置自动下发。对业务端到端质量和性能数据实时分析，主动发现业务故障隐患。基于“AI 算法 + 大数据”，对业务端到端状态进行智能分析诊断，自动定位故障点，构建基于客户和业务的拓扑视图，提供各类业务端到端可视化能力。

6.1.3　SDN 控制器可实现的业务

1. 低时延业务

基于 SRv6 Policy 实现跨域低时延保障面的自动创建，实现客户侧到云端资源的低时延路径端到端自动配置，然后通过 BGP FlowSpec 实现业务流的自动引流，有效支撑 IPv6 网络的业务自动配置和智能调度。

通过构建低时延虚拟平面，具备探针等流量差异化服务能力。在 Trunk 捆绑组中剥离一条低时延电路，通过 BGP-LS、TWAMP 实现低时延、质量拓扑可视的虚拟平面的监控能力，通过 SRv6 TE Policy 将探针流量调度至低时延虚拟平面。

2. 高保障业务

借助 SR/SRv6 Policy 等新技术，网络具有选择低时延链路和提高监控的能力，控制器

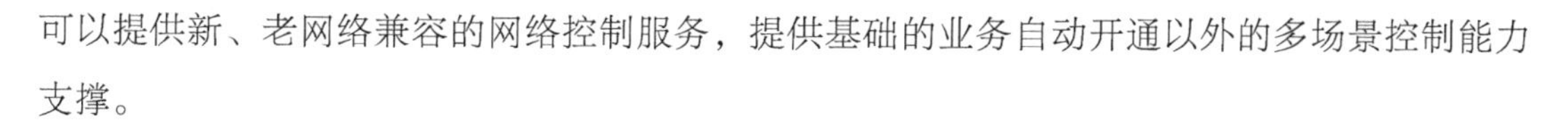

可以提供新、老网络兼容的网络控制服务，提供基础的业务自动开通以外的多场景控制能力支撑。

控制器和新技术结合，能够提供时延保障能力、链路故障保障能力、流量拥塞保障能力和高可靠性保障能力。

（1）时延保障能力

基于 TWAMP 实时检测每条链路的质量数据，对业务需求进行转换，将业务流量自动引导至相应的 SRv6 Policy。

（2）链路故障保障能力

基于 BGP-LS 实时感知网络中 ISIS 的路由变化，对于链路故障等场景，可即时切换路径，保障 SLA。

（3）流量拥塞保障能力

基于 Telemetry 秒级感知链路流量，对于流量拥塞场景，可即时切换路径，保障 SLA。

（4）高可靠性保障能力

多活架构机制保障 BGP SRv6 Policy 策略的稳定性、可靠性。

6.2 SDN 控制器的关键技术

SDN 控制器主要通过三大协议实现网络管理，这三大协议分别是 BGP-LS、SRv6 Policy 和流规格（Flow Specification，FlowSpec）的 BGP 扩展协议。BGP-LS 主要专注于采集能力，通过 BGP 的扩展协议发现全网中的拓扑信息；SRv6 Policy 通过 BGP 扩展协议建立 SRv6 隧道；FlowSpec 通过 BGP 扩展协议实现路由引入隧道。

在 SDN 的发展背景下，新的控制面上移已经成为趋势，通过 BGP 扩展协议实现控制面上移，增加控制器实现控制面集中。因此，控制器要在实现原子能力化和组合能力可配置化的前提下通过 BGP-LS、SRv6 Policy、FlowSpec 的能力进行扩展，形成重要的组合能力，同时与传输专业、无线专业进行扩展，实现多专业控制器能力。

在 SDN 控制器中，通过三大核心和两大协同，实现网络质量感知、业务快速配置、流量集中调优等功能。其中，三大核心是指感知核心、计算核心和调度核心；两大协同是指跨域协同和平台协同。

6.2.1 感知核心

1. 感知核心——BGP-LS

BGP-LS 是一种网络拓扑的采集方式，汇总 IGP 采集的网络拓扑数据并上报给上层 SDN 控制器，从而更加简单高效地实现网络拓扑的收集。

（1）BGP-LS 背景

在 BGP-LS 应用之前，网络都是采用 IGP 完成网络拓扑信息的收集，在这个过程中，IGP 会把多个域的拓扑信息分别上传给 SDN 控制器。该 IGP 拓扑信息收集的方式存在以下局限性。

- SDN 控制器需要具备较高的计算能力，并且需要支持 IGP。
- 在网络拓扑数据收集时，假如存在跨 IGP 域信息采集，SDN 控制器无法获取到全量的拓扑信息，不能计算端到端的最优路径。
- 网络拓扑上报协议存在多样性，SDN 控制器需要支持复杂的分析处理能力。

（2）BGP-LS 的优势

在 BGP-LS 出现之后，可以采用 BGP 进行网络拓扑信息的收集，然后再将信息上报给 SDN 控制器。该拓扑信息收集存在以下 3 个方面的优势。

- 一是能够减少 SDN 控制器计算能力的要求。
- 二是能够对每个 AS 的网络拓扑数据进行整合，并将完整的网络拓扑数据上报给 SDN 控制器，从而实现智能路径计算。
- 三是通过 BGP 上报拓扑信息给 SDN 控制器，实现上报协议的统一。

2. 感知核心——遥测技术

遥测技术是一种远程在网络设备上高速收集数据的网络监测技术，设备采用“推模式（Push Mode）”周期性地主动向 SDN 控制器提交设备数据，以提供更实时、更快捷、更准确的网络监测功能。

过去，客户网络采用 SNMP 技术，通常每隔 5 分钟上报一次设备数据，导致客户网络无法实现实时监控。另外，当大规模数据上报时，设备性能存在瓶颈，会出现数据断点。利用 Telemetry（遥测）技术，维护部门可以通过秒级的采集周期获取设备数据，及时分析异常情况，并快速下发配置，调整设备。

（1）遥测技术的优势

传统数据上报采用“拉模式（Pull Mode）”，需要 SDN 控制器和设备之间建立连接，每次请求都需要对应的解析，而采用遥测技术后具有以下优势。

- 遥测技术采用主动推送模式，能够降低设备压力。
- 数据推送能够达到亚秒级，提高数据采集的实时性。
- 可以监控大量网络设备，弥补传统网络采用“拉模式”监控方式的不足。

（2）遥测技术的工作机制

遥测技术可以在远程的物理设备上或虚拟设备上高速收集数据。遥测技术的工作模式如图6-3所示，完整的遥测技术的工作模式包括5个阶段。

① 订阅采集数据：在这个阶段完成订阅设备的采集数据，以及订阅哪些采集数据。

② 推送采集数据：设备依据订阅数据的方式，将采集完成的数据上报给SDN控制器。

③ 读取数据：分析模块读取采集模块存储的数据。

④ 数据分析结果：SDN控制器解析所读写到的已采集的数据，对网络进行配置管理和实时调优网络。

⑤ 调整网络参数：根据解析的数据，SDN控制器自动生成配置脚本，并对网元进行配置下发操作。

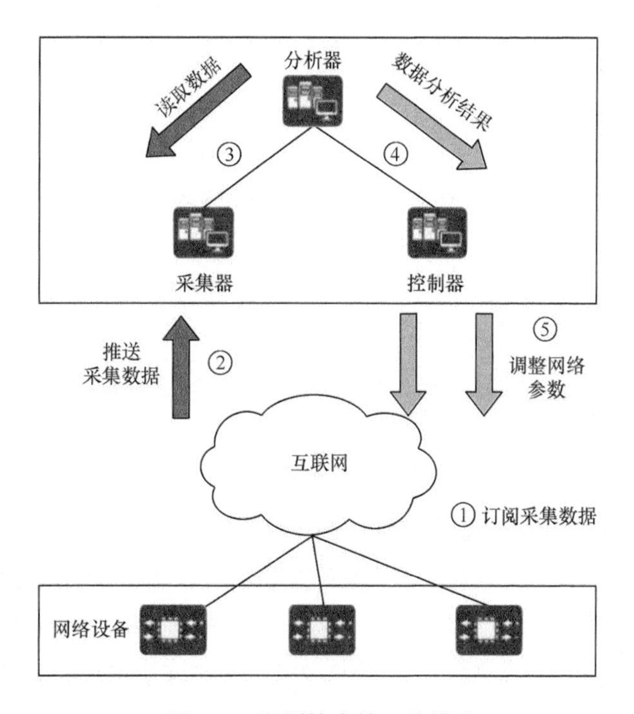

图6-3　遥测技术的工作模式

（3）遥测技术的订阅方式

订阅数据是遥测技术系统中非常重要的一个环节，具体包括以下两种订阅机制。

① 静态订阅。设备作为端侧，SDN 控制器作为服务侧。采用端侧设备主动与服务侧 SDN 控制器建立连接，并向 SDN 控制器推送采集数据。需要采集的数据应在设备上通过命令行的方式配置。

② 动态订阅。SDN 控制器作为端侧，设备作为服务侧，由端侧 SDN 控制器主动与服务侧设备建立连接，并由设备推送采集数据给 SDN 控制器。需要采集的数据应由 SDN 控制器下发动态配置到设备。

如果网络设备与 SDN 控制器之间的连接断开，在静态订阅方式下，设备会重新连接，再次传送采集数据；在动态订阅方式下，设备会取消动态订阅，不再传送采集数据。因此，静态订阅的特点是持续采集和推送，适合订阅需要长期采集的数据，动态订阅的特点是专项采集，按需推送，适合订阅临时需要采集的数据。

（4）遥测技术的应用场景

① 流量实时调优。过去，网络通过 SNMP 技术实现每隔 5 分钟上报一次设备数据，导致客户网络无法支撑实时监控。另外，当大规模数据上报时，设备性能存在瓶颈，会出现数据断点。利用遥测技术，SDN 控制器可以通过秒级的采集周期获取设备数据，及时对异常情况进行分析，并快速下发配置，调整设备。

② 微突发检测。过去，当网络上出现突发异常时，超出设备转发能力的报文将被丢弃。突发现象越多，业务中出现重传的概率越高，网络通信质量越差。采用遥测技术高精度流量采集和上报数据，可以检测到这种突发现象。

3. 感知核心——TWAMP

TWAMP 是一种网络性能测试方法，能够测量网络中任意两台设备之间往返的时延、抖动和丢包数据。

（1）TWAMP 产生背景

当年 TCP/IP 诞生时，其发明者也提供过一种相应的 IP 性能测量工具，即 PING 测试，用来查看 IP 所在的主机是否稳定，相应的其他工具还包括 echo（回波）数据报协议及 Traceroute（跟踪路线）等。这些工具有各自的瓶颈和劣势，它们对排查简单的网络故障可以起到比较好的作用，但是想要检测网络的整体性能还是存在一定的局限。因为检测 IP 网络的全网整体性能比较困难，是一项比较艰巨的任务，需要一套标准的、完整的、统一的检测协议和检测工具。

传统的测量工具还有一个劣势就是不同的网络设备都有不同的设备提供商，不同的设备提供商提供各自的IP性能检测工具，这些工具只适用于设备提供商自己的设备，也就是说，各个设备之间无法互通，我们需要TWAMP这种协议来规范、统一标准。

（2）TWAMP工作机制

TWAMP定义了两种协议：一种叫TWAMP-Control，即TWAMP控制协议，其作用是建立一种相关性能的测量会话，工作在TCP层；另一种叫TWAMP-Test，即TWAMP测试协议主要工作在UDP层，其目的是把控制设备作为性能探测器使用，发送和传送测试包，测试完成后接收返回的测试包，完成完整的性能测试。

TWAMP执行流程如图6-4所示。

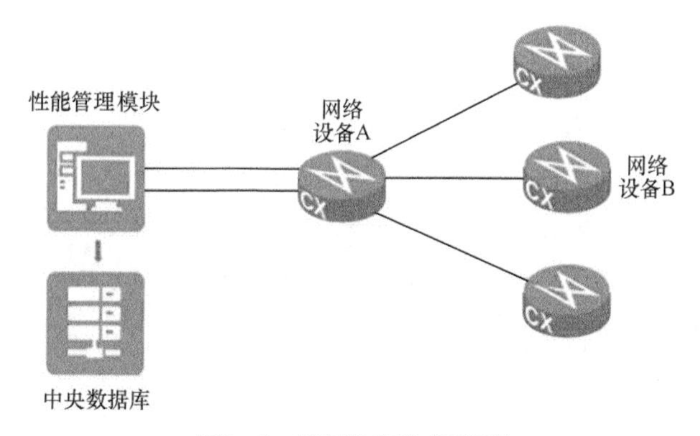

图6-4 TWAMP执行流程

在图6-4中，性能管理模块分别与网络设备和选定具备TWAMP能力的设备建立性能测试会话。从网络设备上发起并完成TWAMP测试的会话。双向IP性能测量值由性能管理模块采集并保存到一个中央数据库中。两种协议的共同协作对建立网络连接的会话检测，以及相应的数据包传送和接收起到了极大的作用。

（3）TWAMP的优势

- 不需要专用探针和专有协议，更加节约成本。
- 采用统一的检测模型，部署简单。
- 可基于五元组进行测量，具备强大的逐点性能统计和故障定位能力。

4. 感知核心——xFlow技术

xFlow技术基于网络流信息的统计与发布，可以对网络中的通信量和资源使用情况进行统计和发布，可以向网络管理人员提供访问通信量等详细信息。

（1）xFlow[1] 实现原理

xFlow 根据报文的目的 IP 地址、目的端口号、协议号、源 IP 地址等关键值来区分流信息，并针对流信息进行数据流统计，再将统计信息发送至服务器进行分析。

网络管理员对全网的 xFlow 流量数据进行分析，记录流量数据的传输时间、传输方向和大小，对网络中各业务的流量和流向进行分析和统计。通过分析这些统计信息，网络管理员可以确定流量的来源、目的地、占用的出口带宽等内容，进而为计费、网络管理、网络优化等应用提供依据。

（2）xFlow 数据采集

xFlow 数据采集架构与执行流程如图 6-5 所示。xFlow 技术的实现，首先需要创建一个 xFlow 缓存，xFlow 缓存中包含所有活跃流的信息。xFlow 缓存的建立通过处理第一个经过标准交换路径的报文来实现。流记录包含在 xFlow 缓存中的活跃流中。所有流记录均包含一些关键字段，这些字段可以封装成 xFlow 的流量传送至采集器。

- 采集机通过接收设备发送的 NetFlow UDP 包，分析识别后生成原始文件存放在本地采集机。该文件的存储时长根据实际需求配置。
- 根据前台配置的分析方案，定时分析原始文件，将分析后的数据存储到对应的汇总视图表中。
- 主应用系统能够根据前端需求，对汇总视图表进行二次汇总后，组织数据进行展现。

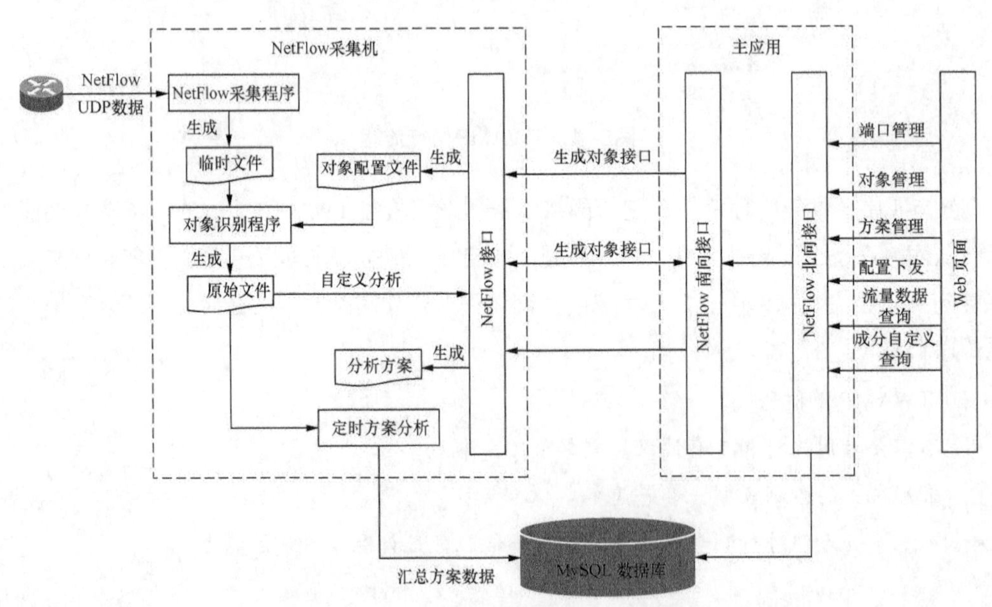

1. MySQL是一个关系型数据库管理系统，是由瑞典MySQL AB公司开发的。

图6-5 xFlow数据采集架构与执行流程

1. xFlow是各种流采集技术的总称，其中，思科公司提出的NetFlow是最具代表性的一种。

（3）xFlow 应用场景

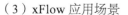

① 网络监控。xFlow 数据流支持实时的网络监控能力，可以快速定位网络中的问题。

② 基于用户的监控和分析。xFlow 数据流可以帮助网络管理员实时了解网络流量中包含了哪些网络、用户，以及流量的变化。

③ 网络规划和预测。xFlow 可以通过长时间的监控、抓取报文，帮助网络管理员预测客户对网络应用的需求，并为网络升级提供指导。

④ 网络安全分析。xFlow 可以实时识别分布式拒绝服务（Distributed Denial of Service，DDoS）攻击、蠕虫和病毒等，并将它们分类。

5. 感知核心——随流检测技术

随流检测技术采用的是，在真实的业务报文中插入报文头进行特征标记，以实现检测网络的时延、丢包、抖动等技术指标。

（1）随流检测与传统检测手段的比较

与传统检测手段相比，随流检测技术具有两个方面的优势：一方面，与通过间接模拟业务数据报文并周期性上报的带外检测技术相比（例如，PING 测试），随流检测技术可以实时、真实地反映网络的时延、丢包、抖动等性能指标，主动感知业务故障；另一方面，与现有的带内检测技术（例如，IPFPM、IOAM）相比，随流检测技术在业务部署的复杂度、用户面效率，以及协议的可扩展性等方面都有更好的表现。

与传统网络运维技术相比，随流检测技术具有高精度、实时性、可视化的优点，可以灵活适配多种业务场景，并进一步通过与大数据平台和智能算法的结合为智能运维的发展奠定坚实的基础。同时，随流检测技术获取的性能指标可以采用遥测技术实时上报，实现网络质量的快速感知与故障定界。

（2）随流检测技术的工作机制

随流检测技术不仅可以对真实业务流进行数据特征标记（染色），而且对特征字段执行丢包、时延测试。网元能够基于报文的特征染色标记进行统计和时间记录，并将结果上报 SDN 控制器，从而计算出丢包、时延等具体数据。

（3）随流检测的工作流程

在云网融合的场景下，控制器实时监控 E2E 的业务质量，当业务质量劣化时，启动逐跳随流检测，快速自动定位故障节点。随流检测的测量过程示意如图 6-6 所示。

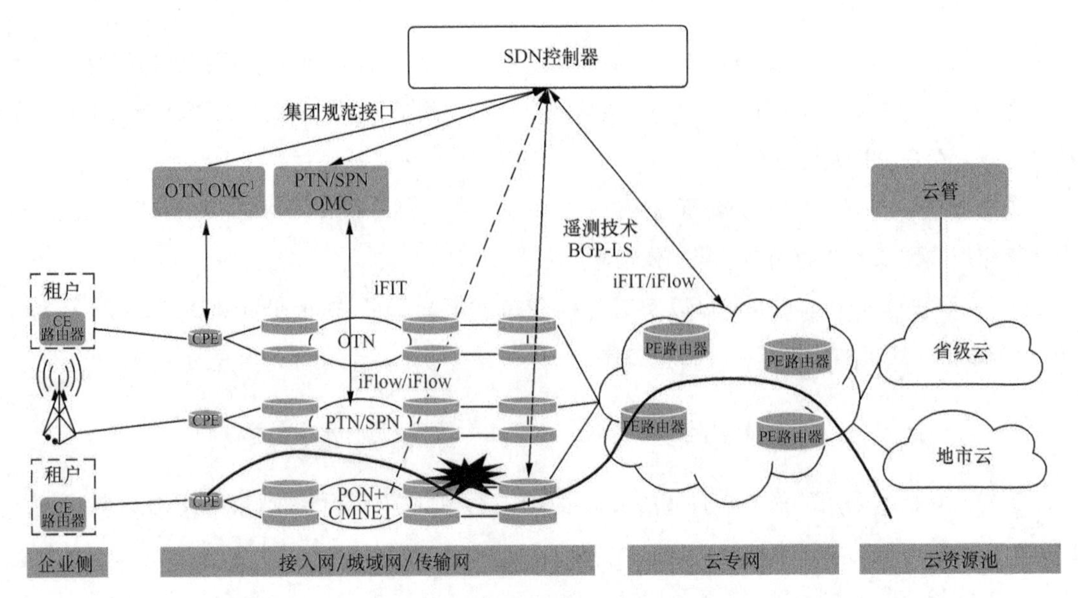

1. OMC（Operation Maintenance Center，运行维护中心）。

图6-6　随流检测的测量过程示意

① 控制器根据 OMC/ 综合告警系统上报的状态或告警信息，实时发现业务质量劣化。

② 控制器向对应设备 /OMC 下发指令，启动逐跳随流检测，然后网元通过遥测技术上报随流检测结果。

③ 控制器根据上报的结果（时延、丢包）进行故障分析，确定故障节点。

6.2.2　计算核心

1. 计算核心——最短路径优先算法

在路径计算过程中，能够根据链路的 *Cost* 值，在整个网络拓扑上利用最短路径优先算法实现到达目的网元的最短路径计算。最短路径优先算法将每个路由器作为根（ROOT）来计算其到每个目的地路由器的距离，每个路由器会根据统一的数据库计算出路由域的拓扑结构图，在最短路径优先算法中，该结构图被称为最短路径树。

最短路径优先算法的过程如下。

最短路径优先算法使用开销（Cost）作为度量值。开销被分配到路由器的每个接口上，因此，从源到目的地的路径开销是源到目的地之间的所有链路出接口的开销之和，从而实现最短路径优先的计算。

最短路径优先计算网络拓扑如图 6-7 所示，在网元 1 和网元 3 之间、网元 2 和网元 5 之间、网元 4 和网元 7 之间的链路 *Cost* 值为 100，其他链路的 *Cost* 值为 10。

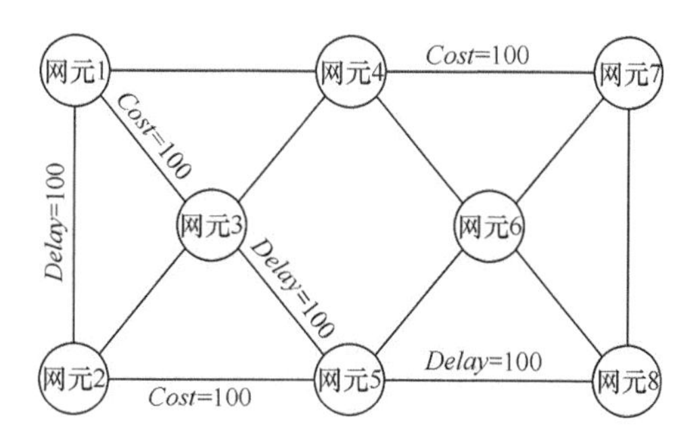

图6-7　最短路径优先计算网络拓扑

以网元 1 到网元 8 的路径，遍历计算两个设备之间的可达路径，然后再根据每段设备之间 *Cost* 值之和进行计算，可以得到最短路径优先计算结果：网元 1 →网元 4 →网元 6 →网元 8。

2. 计算核心——最优时延算法

在路由计算的度量类型中，除了最短路径的链路 *Cost* 值，还可以对链路端到端时延值（Delay）进行计算，完成最优时延算法的路径计算。

最优时延算法的过程如下。

最优时延计算拓扑如图 6-8 所示，网元 1 和网元 2 之间、网元 1 和网元 4 之间、网元 3 和网元 5 之间、网元 5 和网元 8 之间的链路时延值为 100，其他链路时延值为 10。

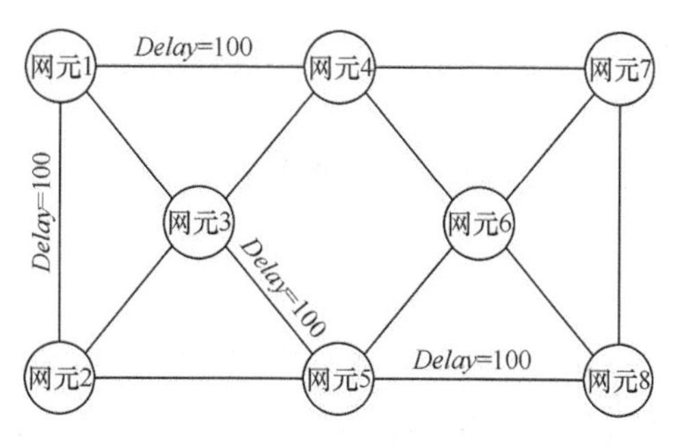

图6-8　最优时延计算拓扑

以网元 1 到网元 8 的路径为例，遍历计算两个设备之间的可达路径，然后通过最优时延算法计算端到端时延值，可以得到路径计算结果：网元 1 →网元 3 →网元 4 →网元 6 →网元 8。

3. 计算核心——双保护链路算法

在路径计算中，除了最短路径和链路时延，还可以在此基础上增加链路保护来进行计算，实现主链路和备链路的双保护链路计算。

双保护链路计算的拓扑如图 6-9 所示，以网元 1 到网元 8 的路径为例，通过双保护链路算法的计算，计算时会自动计算主备路径，计算结果如下。

主链路：网元 1→网元 2→网元 5→网元 8，备链路：网元 1→网元 3→网元 4→网元 6→网元 8。

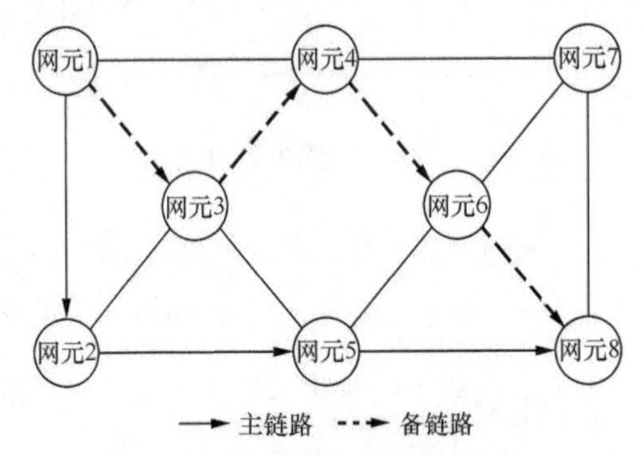

图6–9　双保护链路计算的拓扑

6.2.3　调度核心

1. 调度核心——SR Policy

为了解决传统隧道接口体系中存在的问题，以及为 SR-TE 创新提供更加坚实的技术基础，业界在 2017 年提出全新的 SR-TE 体系，即 SR Policy。SR Policy 完全摒弃了隧道接口的定义，是重新设计的一套 SR-TE 体系。

SR Policy 通过解决 Segment 列表来实现流量工程。Segment 列表对数据包在网络中的任意转发路径进行编码。

SR Policy 具备的优势如下。

① 业务流量引流。在网元进行通告 BGP 业务路由或者接收路由时，对路由信息进行着色（标记），用于表示业务路由所需的 SLA。当头端节点获取到已着色的业务路由时，如果 BGP 颜色团体属性和下一跳与 SR Policy 的颜色和端点匹配，则 BGP 根据此路由，将其解析到 SR Policy 的 BSID，将与同一目的业务路由匹配的不同流引导至不同的 SR Policy，实现更精细的引流。

② 差异化服务。通过QoS策略实现差异化的服务和保障，属于传统方式的做法，但是受限于差分服务代码点（Differentiated Services Code Point，DSCP）的8个等级，且差异化服务是通过逐跳转发设备的QoS保障来实现的，无法将业务流量与承载路径绑定，不能通过优化路径来实现差异化服务。

在SR Policy中，通过Color（颜色）来表征不同的承载诉求，Color不是代表某条实际的隧道，而是代表一类承载能力的隧道的集合，例如，RED（红色）为低时延类的业务诉求，Green（绿色）为时延不优选但大带宽保障类的业务诉求。Color值没有DSCP 8个等级的限制，可以实现更多的保障等级。Color在某种程度上成为业务承载诉求和实际隧道之间的中介，业务流量不直接定义和具体隧道的映射关系，只表达自己的承载诉求并和相应Color的SR Policy进行关联。

2. 调度核心——PCECP

PCECP是一种计算网络路径的标准协议，可以通过集中化的方式实现业务路径计算的能力。最初PCECP的工作组主要是完成RSVP-TE的路径计算和路径建立功能的分离，一开始的路径计算采用分布式，直接在路由器上处理。为了实现统一的路径计算，网元和算路服务器之间需要建立通信，于是PCECP应运而生。

PCECP通信架构如图6-10所示。路径计算单元（Path Computation Element，PCE）是一种算路服务器，路径计算客户（Path Computation Client，PCC）是一种算路请求客户端，路径计算通过PCECP在PCE和PCC之间完成，而路径建立是由路由器之间通过资源预留协议（Resource Reservation Protocol，RSVP）完成的，这是一个转控分离的原始形态。

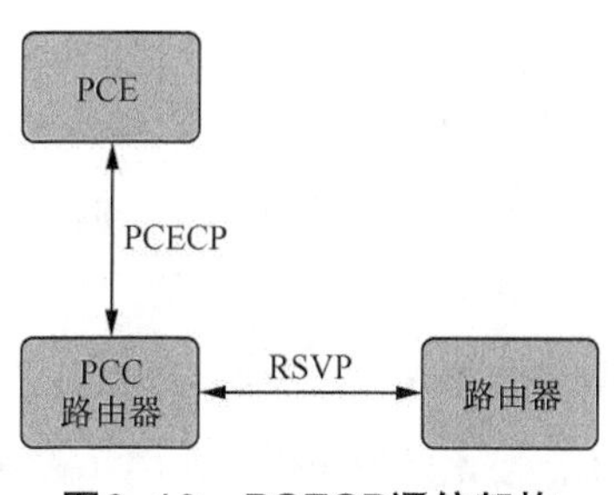

图6-10 PCECP通信架构

3. 调度核心——BGP FlowSpec

BGP FlowSpec是一种用于网络流量调度的技术。在业务运行的过程中，某一段链路故障或其他原因导致链路的利用率下降、链路的 SLA 质量劣化（例如，时延增加等），都会影响业务的质量。通过 BGP FlowSpec 流量调度手段，可以将拥塞路径上的流量或者质量链路上的流量，调度到其他更合适的路径上，从而达到有效利用现网资源、降低网络拥塞的目的。

（1）BGP FlowSpec 定义

① BGP FlowSpec 路由包含了一类新的 BGP 网络层可达信息类型和扩展社区（Community）属性。通过这种新的网络层可达信息和扩展社区属性，BPG FlowSpec 路由可以携带流量的匹配条件和流量匹配后执行的动作。

② BGP FlowSpec 对等体：定义了新的 BGP FlowSpec 地址簇，该地址簇主要用于传递 BGP FlowSpec 路由。BGP FlowSpec 对等体收到 BGP FlowSpec 路由后将优选的路由转换为转发层面的流量控制策略，达到控制流量的目的。地址簇中分别定义了 FlowSpec IP 地址簇和 FlowSpec VPN 地址簇，可以让携带匹配规则和流量动作的 FlowSpec 路由在公网和 VPN 实例中进行传播。

（2）BGP FlowSpec 实现

BGP FlowSpec 借助 BGP 路由更新，将 FlowSpec 路由（流量调度策略）快速应用到其他 BGP 路由器中。

BGP FlowSpec 支持基于 IP 五元组（源 IP 地址、源端口、目的 IP 地址、目的端口、传输层协议）对 IP 流进行分类，通过 FlowSpec 可以将指定 IP 流引入隧道进行流量调优，实现 IP 流的业务 SLA 保障。

6.2.4 平台协同

1. 平台协同——服务能力（南北向接口）

控制器的系统架构针对不同域的网络采集和控制功能，设置了控制器单元。控制器单元采用分布式部署在网络中。控制器单元负责实现信令连接、信令控制、秒级状态感知、智能算路、协议适配等功能。

在跨域协同的服务能力中，需要支撑 SDN 控制器南北向接口，即支撑域内的控制器单元与控制器之间的数据流量，实现控制器对不同域内控制器单元的统一管理与调度。

2. 跨域协同——服务能力（东西向接口）

在跨域协同的服务能力中，还需要支撑东西向接口，即支撑不同域内的控制器单元之间的数据流量，实现控制器之间的快速协同。

3. 跨域协同——BGP 出口对等体工程

BGP 出口对等体工程（BGP Egress Peer Engineering，BGP EPE），通过集中控制器指导入节点，引导流量经过特定的出节点，把流量发往特定的 BGP 对等体或对等链路，以实现域内和跨域流量工程。

在 IP 网络中，通过 IGP 扩展的 SR 只能实现 AS 域内的 SR-MPLS TE，为了实现跨域端到端的 SR-MPLS TE 隧道，需要使用 BGP EPE 技术为 AS 之间的节点分配 Peer SID（对等体 SID），实现跨域转发。BGP EPE 跨域协同如图 6-11 所示。

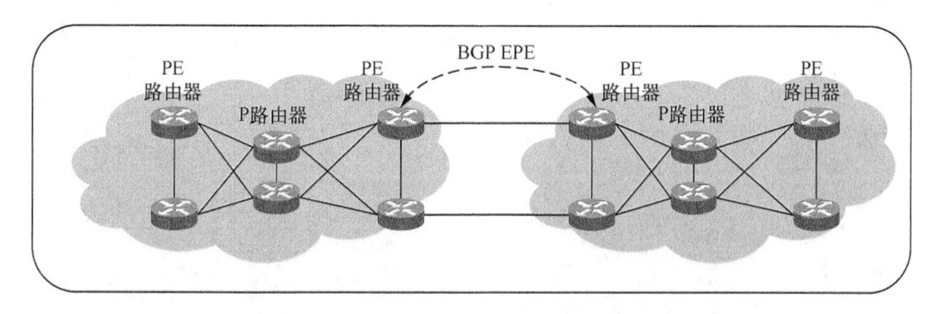

图6-11　BGP EPE跨域协同

- 用户面域内通过 IGP SR 标签转发，跨域通过 BGP EPE 标签转发。
- BGP EPE 负责跨域路由和 BGP Peer SID 标签分配，BGP EPE 标签本地有效，全局范围内可以复用。
- BGP EPE 分配的 Peer SID 可以通过 BGP-LS 扩展传递给 SDN 控制器。SDN 控制器通过对 IGP SID 和 BGP Peer SID 进行合理编排，实现跨域最优路径转发。

6.3 SDN 控制器的关键功能

SDN控制器和SR技术可以为用户提供多种差异化保障面，例如，低时延、大带宽、高可靠等，提供差异化的 SLA 保障，实现新型 IP 承载网业务的感知可视、业务全流程自动开启，以及基于多场景（SLA、拥塞等）的业务智能优化调度。

SDN 控制器的功能可以类比地图导航软件，可以查看地图信息、基于源地址和目的地址的导航路径选择，以及基于路况的导航路径变更等。

6.3.1 SDN 控制器网络呈现

在使用地图导航软件时，能够在界面中呈现建筑物和街道的基础信息和连接关系，还能根据实际交通路况在地图上动态地显示不同的颜色。同理，在新型 IP 承载网中，SDN 控制器通过 BGP-LS 技术与网元交互，自动订阅网络的路由信息和路由变化信息，然后进行数据关联，从而生成网络拓扑。网络拓扑地图示意如图 6-12 所示。

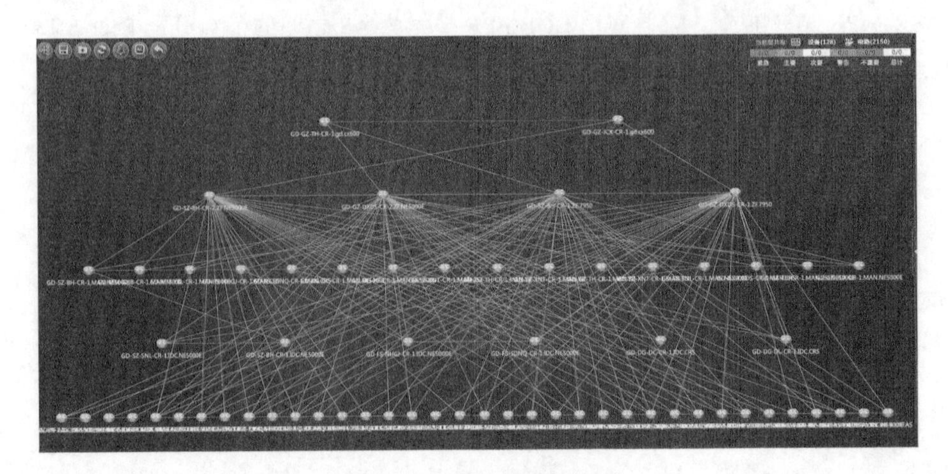

图6-12　网络拓扑地图示意

SDN 控制器能够通过 Telemetry 实时获取网络性能数据，并将设备状态、链路流量、网络时延和告警等信息叠加到网络拓扑上，动态呈现链路的网络质量。网络拓扑地图叠加网络质量如图 6-13 所示。

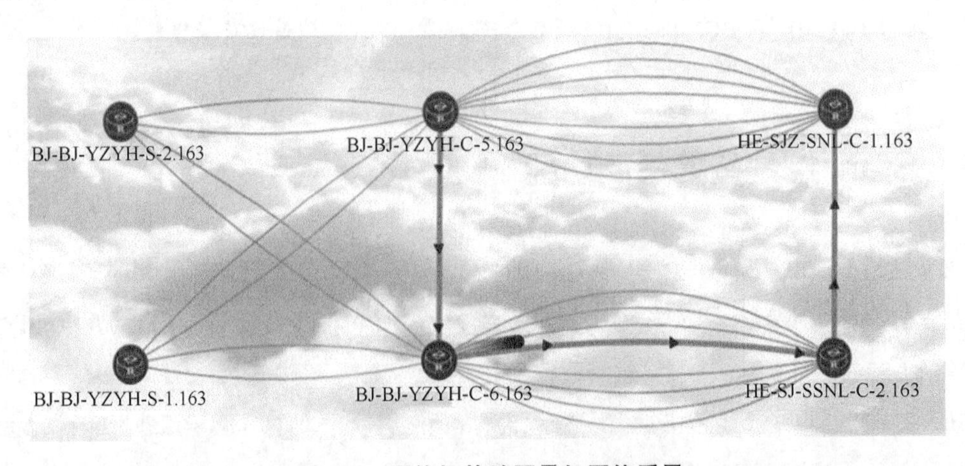

图6-13　网络拓扑地图叠加网络质量

6.3.2 SDN控制器计算

在地图导航软件中，输入源地址和目标地址，结合线路计算规则（时间优先、躲避拥堵、少收费等）自动生成多条导航路径。同理，在新型IP承载网中，SDN控制器将业务的服务诉求转换为源/目标、链路、带宽等需求，然后基于网络拓扑信息进行源地址到目标地址之间的路径计算。

在路径计算中，还可以根据不同的业务需求和现网状况计算参数的自定义配置。自定义参数包括链路端到端时延要求、必经节点/非必经节点、告警设备/链路的过滤和主备保护路径等。

当我们进行最优时延路径选择时，SDN控制器会根据每段链路的时延情况，自动选择最优的链路时延。

- 在两点之间存在多条直连链路，SDN控制器会自动选择时延最小的一条链路，即选择最优路径的一部分。
- 在两点之间存在直连链路和多段链路，SDN控制器会计算多段链接的时延之和，然后再与直连链路的时延对比，选择时延最小的一条链路，即为最优路径。

6.3.3 SDN控制器调度

在选择导航路径后，地图导航软件会实时获取公路路况并将其同步更新到导航线路上，而且随着路况的变化，不断更新导航线路。同理，在新型IP承载网中，SDN控制器开通业务并激活后，通过控制单元实时获取网络的设备状态、链路性能和告警等信息。

在SDN控制器中，可以通过配置业务路径劣化条件（例如，链路时延超过190ms），如果业务运行的网络质量出现劣化（端到端时延超过190ms），则SDN控制器就会自动触发路由重新计算。

端到端链路时延劣化如图6-14所示。

例如，在最优时延链路中，P3-ZTE至P5-HUAWEI之间的链路时延从10ms变为150ms，源端到目的端之间的链路时延超过190ms，SDN控制器就会自动触发路径重新计算。

基于实时获取的网络质量数据，控制器会根据时延最优路径计算条件，计算PE6-RJ至PE4-H3C之间的时延最优路径。路由重新计算的时延最优路径如图6-15所示。

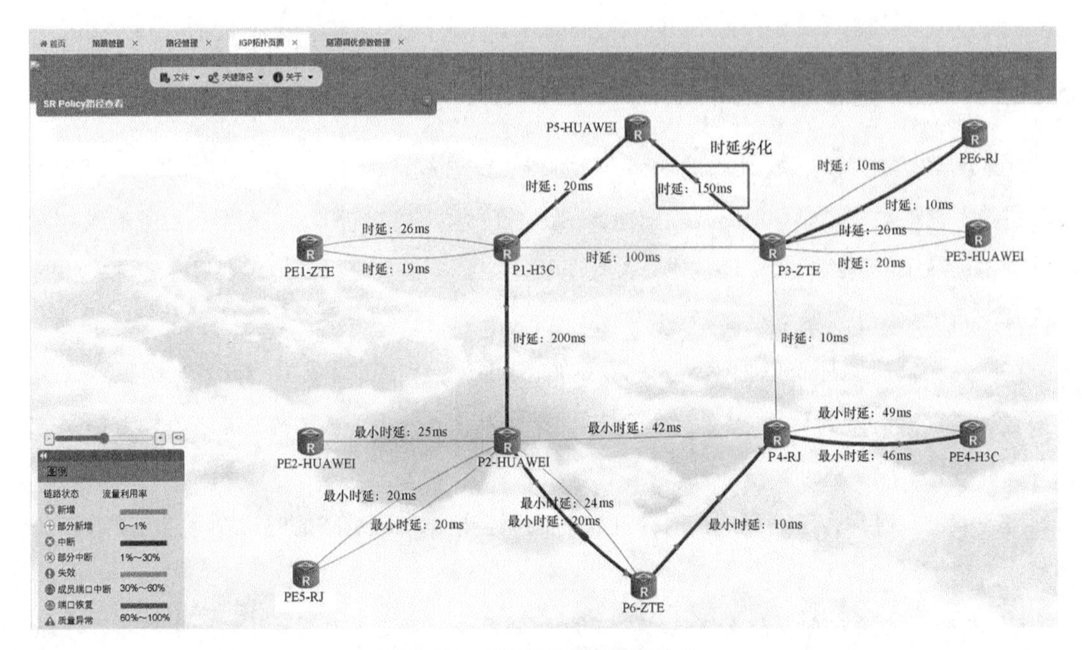

图6-14　端到端链路时延劣化

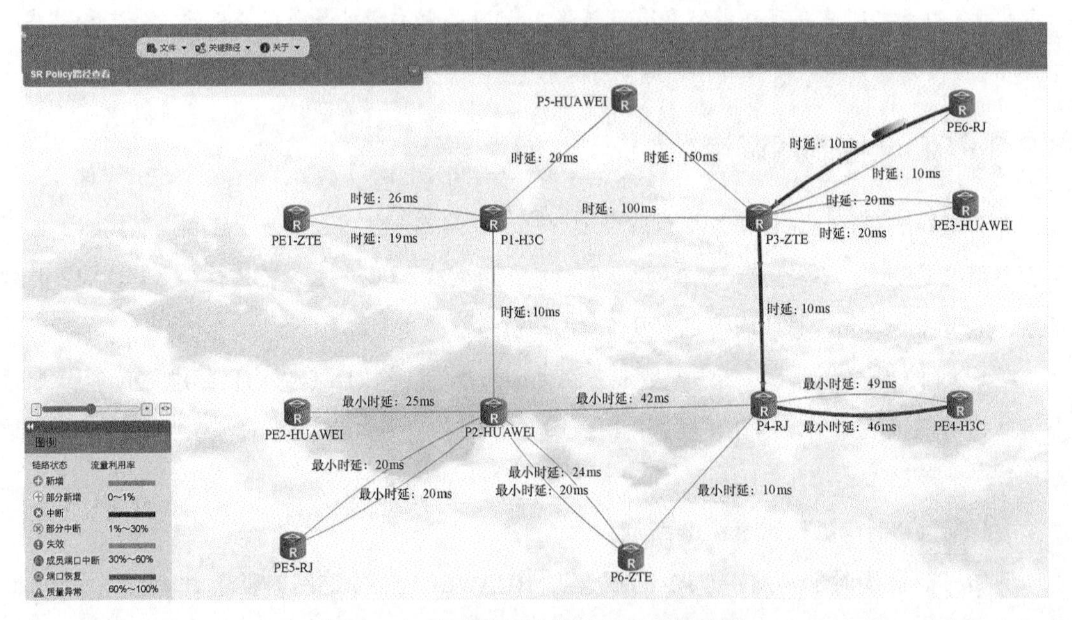

图6-15　路由重新计算的时延最优路径

新型 IP 承载网网络安全

传统的网络安全是指网络设备防御恶意网络攻击。随着产业数字化发展，网络安全稳定运行变得越来越重要，网络安全的内容主要包括以下 3 个方面。

① 网络系统的硬件、软件及其数据受到保护，不受偶然或者恶意的破坏、更改、泄露，保证系统连续可靠地运行，网络服务不中断。

② 当网络受到攻击或者破坏后，快速诊断和恢复业务。

③ 为用户提供灵活多样的安全服务。

本章将主要介绍网络采用哪种技术实现网络安全的目标，实现安全资源池的合理部署，以及能为用户提供什么样的安全服务。

7.1 网络安全风险分析

新型 IP 承载网采用 Spine-Leaf 网络架构，使用 SRv6 作为用户面协议，替换传统的 MPLS 协议。BRAS 设备转控分离，用户面采用池化专用硬件来实现，控制面采用核心云通用服务器方式来实现。新型 IP 承载网的网络架构如图 7-1 所示。

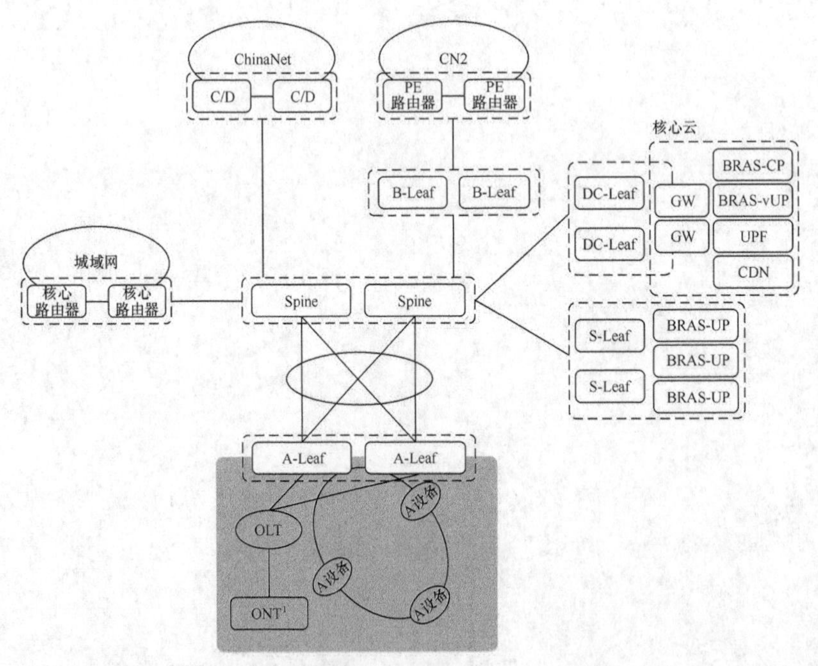

1. ONT（Optical Network Terminal，光网络终端）。

图7-1 新型IP承载网的网络架构

新型 IP 承载网采用 SDN、NFV 等新技术，在面临传统安全风险的同时，也面临新的安全风险。

① 传统城域网没有隔离控制面和互联网用户，导致城域网设备直接暴露在互联网中。虽然城域网出口 CR 设备通过 ACL 等技术限制了城域网外部的网络攻击，但是无法阻断来自城域网内部的网络攻击。因此，新型 IP 承载网需要实现控制面和运营商业务的逻辑隔离。

② 新型 IP 承载网采用 SRv6 作为用户面协议，通过 FlexE、EVPN 等技术实现固移业务的逻辑隔离，结合传统 QoS 等技术，能够为运营商业务提供更有保障性的网络安全性和可靠性。

③ 新型 IP 承载网实现了 BRAS 设备的转控分离，BRAS-UP 采用池化方式部署，在"*N*:1"/"*N*+1"保护提升资源利用率的同时，提高 BRAS-UP 的网络健壮性。

④ 在新型 IP 承载网中，运营商业务采用业务链的方式部署。以拨号宽带为例，宽带用户在 A-Leaf 接入后，通过 VPLS/VPWS EVPN 实现 A-Leaf 和 BRAS-UP 的逻辑互联。与传统城域网相比，VPLS/VPWS EVPN 扩大了接入层二层网络的广播域范围，需要通过水平分割等技术确保二层网络安全。

⑤ 新型 IP 承载网在传统硬件网元的基础上，BRAS-CP 等关键网元通过核心云部署，需要按照等级保护相关要求，保证核心云的安全。

⑥ 在新型 IP 承载网中，运营商通过复杂业务链承载业务，通过传统 IP 网管无法快速定位网络故障，无法可视化监控网络的运行状态。SRv6 的 Telemetry、iFIT 等新特性，能够为新型 IP 承载网提供智能化、可视化等安全运维能力。

⑦ SRv6 在新型 IP 承载网的应用，使网络能够通过业务链的方式编排租户级安全原子能力。因此，运营商基于 SRv6 可以实现端到端安全业务链，为用户提供满足安全业务编排和随选能力的需求。

7.2 新型 IP 承载网的网络安全框架

1. 运营商业务使用 EVPN 实现与网络控制面的逻辑隔离

新型 IP 承载网在网络出口仍然保留传统的 ACL，防止外部网络攻击，将家庭宽带、城域网专线等业务通过 EVPN 承载，实现与网络控制面的逻辑隔离。

2. 设备和网络级的网络保护能力

和传统城域网一样，新型 IP 承载网的网络设备具备管理面、控制面和用户面的安全保护能力，借助 SRv6 TiLFA、EVPN“双归双活”等技术，在避免链路和节点故障导致业务中断的同时，提供毫秒级网络故障倒换能力。

3. 切片安全提供网络 SLA 保障能力

新型 IP 承载网使用 FlexE 等切片技术实现固移业务的安全隔离和资源专用，为运营商提供带宽、时延等可承诺的 SLA 保障能力，同时，通过 Telemetry、iFIT 等技术实现网络可视化运维能力，进一步实现基于业务链的逐跳网络故障快速发现能力。

4. 满足等级保护要求的核心云安全体系

按照等级保护要求建设核心云安全体系，该体系包括安全技术、安全管理、安全运营 3 个方面。其中，安全技术通过安全通信网络（VPN、设备冗余等）、安全计算环境（防火墙、入侵防御、DDoS 防护等）、安全区域边界（漏洞扫描、日志审计等）和安全管理中心（态势感知、安全分析等）保障核心云关键网元的网络安全。

5. BRAS 转控分离安全保障能力

新型 IP 承载网转控分离将传统 BRAS 功能拆分为 BRAS-CP 和 BRAS-UP 两个部分，通过 BRAS-UP 池化保护“*N*:1”/“*N*+1”和 BRAS-CP 的云化冗余和灾备能力保障网络的高可靠性。转控分离后，A-Leaf 和 BRAS-UP 之间通过 VPLS/VPWS EVPN 实现二层逻辑互联，需要通过水平分割、E-Tree、BUM 抑制等技术保障二层网络安全。

6. 安全资源池为运营商用户提供安全随选能力

在新型 IP 承载网络建立安全资源池为运营商用户提供安全服务能力，通过 SRv6 TE Policy 或 SRv6 SFC 为用户提供端到端安全随选能力，能够根据用户订购的安全能力建立安全业务链，满足用户的安全需求。

7.3 EVPN 业务安全承载方案

7.3.1 控制面安全承载方案

新型 IP 承载网与城域网使用同一个 ISIS 进程，保证新型 IP 承载网与城域网互相通告环回地址和设备之间的互联地址。新型城域网公众宽带、互联网专线等业务为了实现与控制面的逻辑隔离，通过SRv6 EVPN承载业务。EVPN VRR与Spine互联，与新型IP承载网Spine、A-Leaf、B-Leaf、S-Leaf和BRAS-UP等设备建立EVPN BGP邻居关系，用于传递L2/L3EVPN路由。同时，新型IP承载网的所有网络设备与城域网建立邻居关系，传递IPv4/IPv6路由，用于ITV等不能使用SRv6 EVPN承载的运营商业务。新型IP承载网控制面示意如图7-2所示。

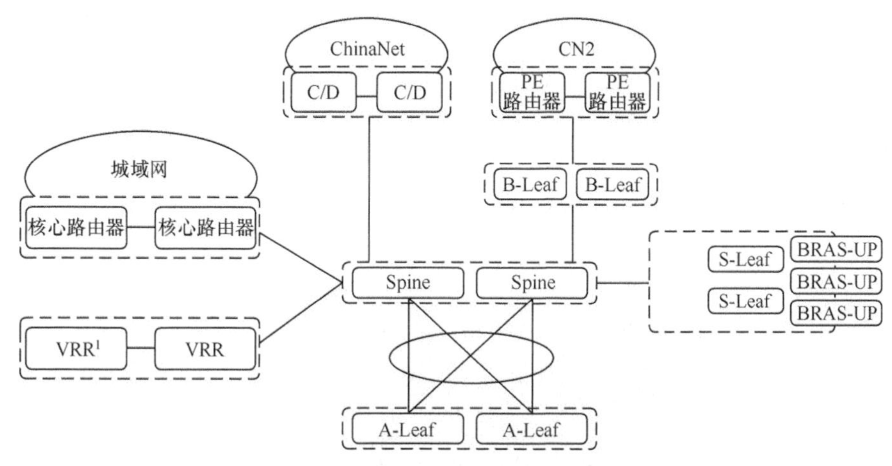

1. VRR（Virtual Router Redundancy，虚拟路由冗余）。

图7-2 新型IP承载网控制面示意

7.3.2 公众宽带业务承载方案

新型IP承载网公众宽带业务的SRv6 EVPN包含两类：一类是从A-Leaf到S-Leaf的SRv6 VPLS/VPWS，实现公众宽带用户与BRAS-UP的二层互联；另一类是从BRAS-UP到Spine的SRv6 L3VPN，用于新型IP承载网内用户之间及新型IP承载网与其他网络的互访。

新型IP承载网公众宽带业务与ChinaNet的互访策略与传统城域网全部流量通过CR转发不同。新型IP承载网公众宽带业务通过Spine与ChinaNet之间的互联链路接收，缺省路由和城域网内部路由通过Spine与城域网CR之间的互联链路接收。因此，公众宽带业务SRv6 L3VPN实例在BRAS-UP和Spine配置，其中，Spine与ChinaNet、Spine与城域网核心路由器的链路配置的是不同的L3VPN实例。L3VPN配置3个路由目标（RT）。其中，RT1用于新型IP承载网内部路由；RT2用于ChinaNet的国内所有路由；RT3用于缺省路由和城域网内部路由。公众宽带业务承载示意如图7-3所示。

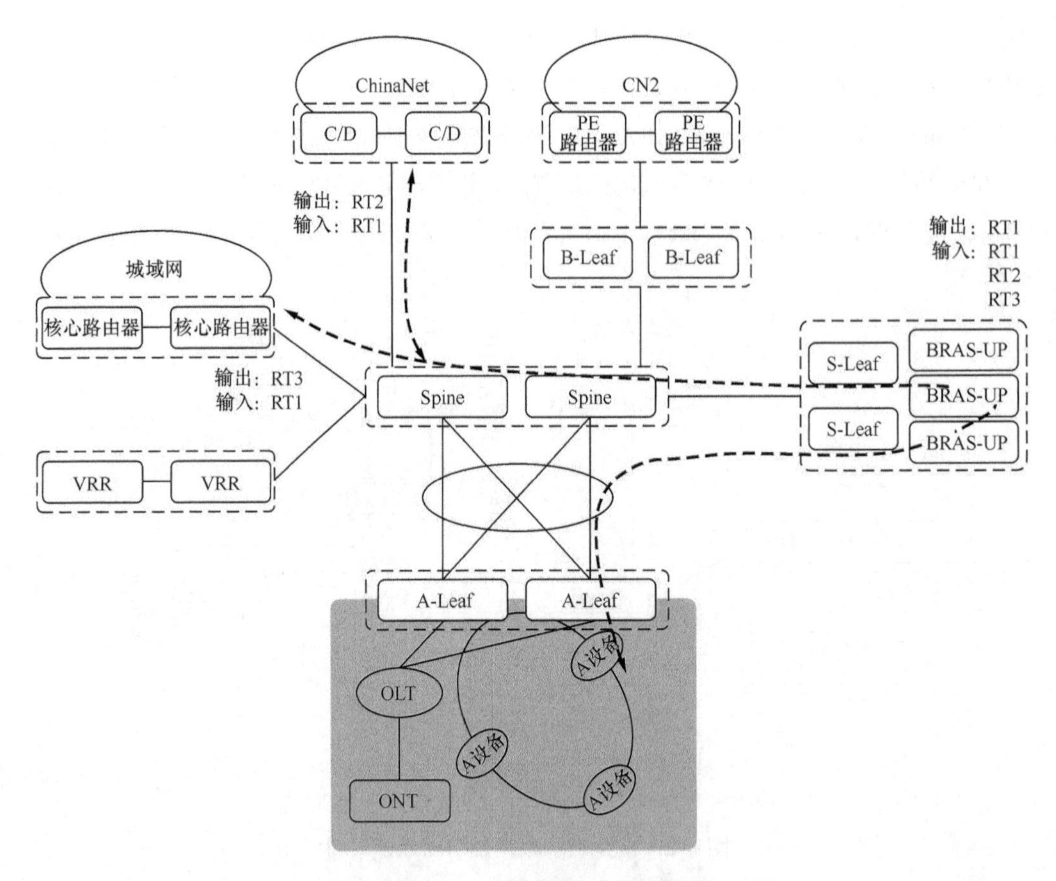

图7-3　公众宽带业务承载示意

7.3.3　互联网专线安全承载方案

新型 IP 承载网互联网专线业务的 SRv6 EVPN 是从 A-Leaf 到 Spine 的 SRv6 L3VPN，用于新型 IP 承载网内用户之间及新型 IP 承载网与其他网络的互访。互联网专线业务承载示意如图 7-4 所示。

新型 IP 承载网互联网专线业务与 ChinaNet 的互访策略与传统城域网全部流量通过核心路由器转发相同。新型 IP 承载网互联网专线业务，入方向的路由的缺省路由和城域网内部路由通过 Spine 与城域网核心路由器之间的互联链路接收；出方向的路由通过城域网核心路由器传输到 ChinaNet。因此，互联网专线业务 SRv6 L3VPN 实例在 A-Leaf 和 Spine 配置。其中，Spine 与城域网核心路由器的链路使用与公众宽带业务相同的 L3VPN 实例。L3VPN 配置 2 个 RT（与公众宽带业务 RT1 和 RT3 相同）。其中，RT1 用于新型 IP 承载网内部路由；RT3 用于缺省路由和城域网内部路由，确保在新型IP承载网中公众宽带和互联网专线业务用户直接互访时，通过Spine与城域网核心路由器的链路访问ChinaNet。

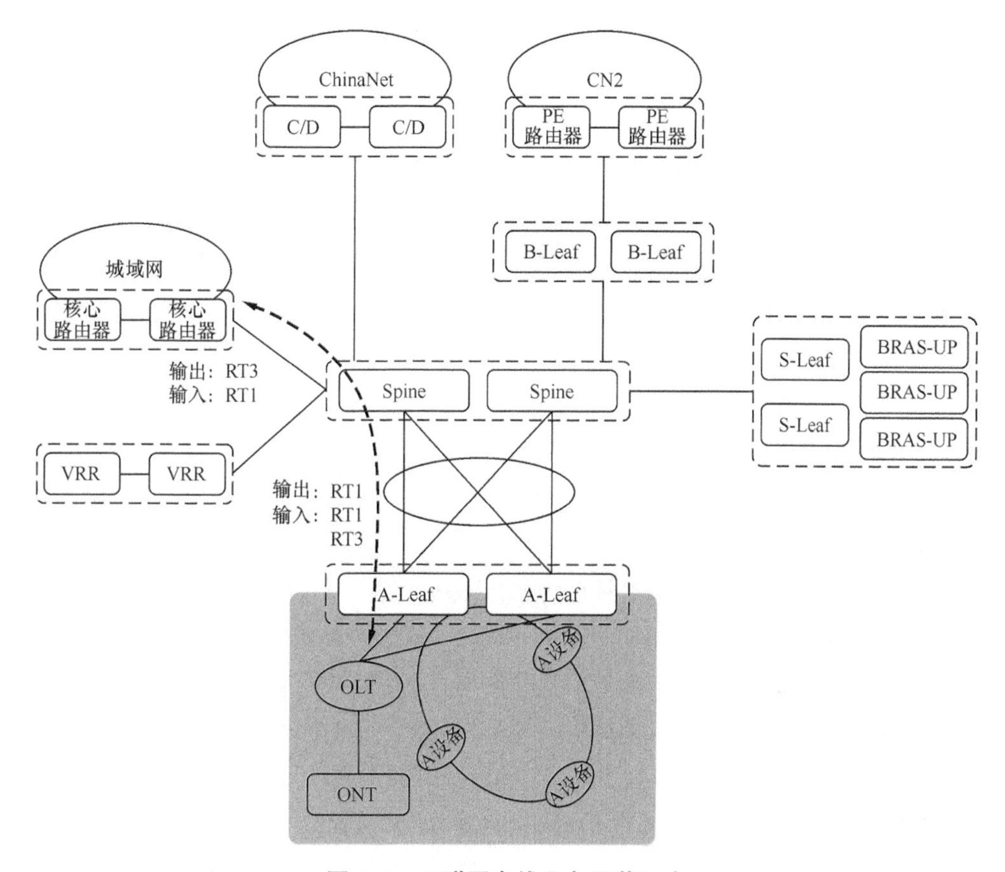

图7-4 互联网专线业务承载示意

7.3.4 IPTV业务安全承载方案

传统的组播协议包括协议无关多播（Protocol Independent Multicast，PIM）和下一代多播（Next-Generation Multicast，NGM）等，要求设备为每条组播流显式建立组播分发树，并且分发树中的每个节点均需要维护组播状态。如果有新的组播用户加入，则将用户从网络边缘的组播流接收设备开始逐跳加入组播树中，由此带来的问题如下。

- **网络扩容困难。**由于需要为每条组播流建立组播分发树，为每个节点维护状态，网络设备的资源消耗和转发性能压力增大，因此，难以在大规模网络中应用。
- **管理运维复杂。**随着组播业务的发展，需要管理维护的组播分发树的数量急剧增加，大量组播树的建立、重建和撤销等操作导致业务难以管理。

- **故障收敛慢**。单点故障会导致为所有组播流重建组播分发树，无法快速收敛。
- **业务体验难以提升**。组播用户的加入请求消息需要在组播分发树中逐跳发送，无法满足用户日益增长的体验需求。

为了解决上述问题，引入以比特索引显式复制（Bit Index Explicit Replication，BIER）和IPv6 封装的比特索引显式复制（BIERv6）为代表的 NGM 技术。与传统组播协议相比，BIERv6 协议具有以下优点。需要说明的是，其中前两个优点为 BIERv6 独有，BIER 并不具备。

- **利用 IPv6 天然可编程能力，不再依赖 MPLS 标签转发**。BIERv6 协议直接利用 IPv6 地址的天然可编程能力，携带组播 VPN 业务信息和 BIER 转发指令，彻底摆脱了 MPLS 标签转发机制。
- **在以 SRv6 为基础的网络中，实现单播与组播协议统一**。如同 SRv6 SID 的功能承载 L3VPN、L2VPN 等业务一样，BIERv6 中的 IPv6 地址承载组播 VPN 业务和公网组播业务，简化了网络的管理和运维。
- **适用大规模网络**。BIERv6 不需要为每条组播流建立组播分发树及保存组播流状态，减少对资源的占用，可以支持大规模的组播业务。
- **简化协议处理**。只须扩展 IGP、BGP，利用单播路由转发流量，而无须创建组播分发树，因此，不涉及共享组播源、切换 SPT 等复杂的协议处理事务。
- **简化运维**。组播业务部署变化时中间节点不感知，不需要在网络拓扑变化时对大量组播树执行撤销和重建操作。
- **故障收敛快、可靠性高**。由于不需要维护基于流的组播分发树状态，设备存储表项少。当网络中出现一个故障节点时，设备只须刷新一条表项，因此，故障收敛快，可靠性得到了提升。
- **业务体验更佳**。组播用户加入 BIERv6 域时，不再需要逐跳加入组播分发树，只须从叶子节点发送给头节点，因此，业务响应速度更快。
- **面向 SDN**。在头节点指定接收者和业务信息，其他网络节点不需要创建和管理复杂的协议和隧道表项，只须执行报文中编入的指令即可，在设计理念上与 SDN 契合。

BIERv6 将 BIER 协议与 Native IPv6 报文转发相结合，不需要显示建立组播树，也不需要在中间节点维护每条组播流状态，可以无缝融入 SRv6 网络，简化了协议复杂度，达到高效转发 IPTV、视频会议、远程教育、远程医疗、在线直播等业务组播报文的目的。

IPTV 业务包含点播和直播，用户首先通过非 Session IPoE 方式获取地址。IPTV 业务采用 BIERv6 承载，实现全业务基于 IPv6 承载。IPTV 业务 BIERv6 承载示意如图 7-5 所示。

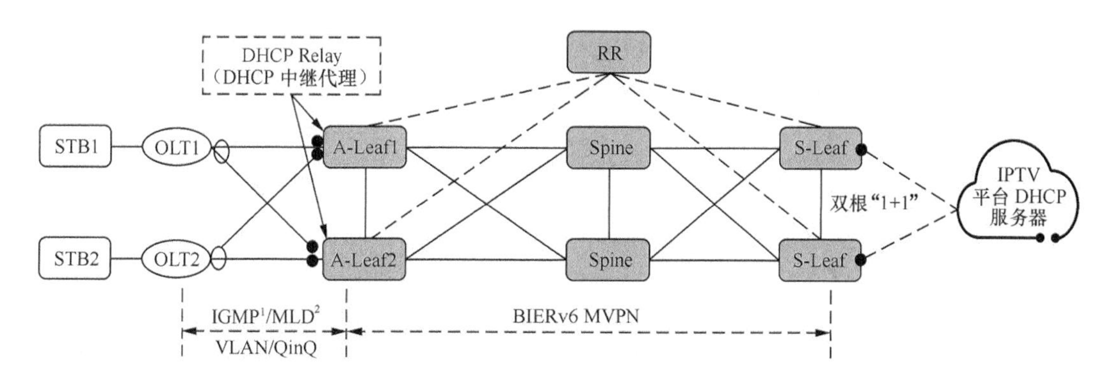

1. IGMP（Internet Group Management Protocol，互联网组管理协议）。

2. MLD（Multicast Listener Discovery，多播接收方发现协议）。

图7–5　IPTV业务BIERv6承载示意

在A-Leaf和S-Leaf之间部署BIERv6组播VPN，通过ISISv6传递BIERv6，通过BGP传递组播组路由。在A-Leaf接入OLT接口部署DHCP中继代理（DHCP Relay），如果用户发起DHCP上线，则DHCP报文被转发到远端DHCP服务器，由DHCP服务器为用户分配IP地址。

① 安全防攻击措施：采用VPN承载，业务与互联网隔离，避免来自网络侧的攻击。

在A-Leaf接入侧，部署DHCP Snooping，防止出现用户仿冒和服务器仿冒等情况。

② 网络故障保护措施：IPTV服务平台采用双归接入S-Leaf，在S-Leaf侧部署组播业务双根“1+1”，起到对接入PE的设备级保护的作用。

用户采用双归接入A-Leaf，对接入侧链路和设备进行保护，需要部署IGMP热备或者MLD热备，在两台A-Leaf之间实时备份组播表项。

如果A-Leaf接入侧链路发生故障，则IGMP和MLD热备可实现毫秒级倒换。如果A-Leaf、Spine、S-Leaf等设备或者链路发生故障，则触发BIERv6的双根保护，可实现毫秒级业务倒换。

7.4　vBRAS池化安全方案

7.4.1　vBRAS-CP安全防护和灾备

vBRAS-CP部署在服务器上，其运行底座为Linux操作系统，按照通信设备的标准进行设计和开发，同时，具有 IT 设备和 CT 设备的基本属性，既有各自优良的特性，也有各自的不足。例如，既有 IT 设备弹性部署的便利性，也会面临 IT 设备基于操作系统的常见攻击，既有 CT 设备多级可靠性和安全机制，也会面临 CT 设备的协议面攻击。结合其特点，首先，运营商对该 VNF 自身加强安全性和可靠性，例如，协议防攻击和 VM 备份机制、多级自愈。其次，运营商在网络层面部署防火墙，甄别安全风险。最后，运营商在网络层面部署冗余备份，例如，多归属、异地灾备。

1. 多级自愈

多级自愈属于高可靠性（High Availability，HA）技术中的一个故障修复功能。HA 是一整套综合技术，主要包括冗余容错、链路保证、节点故障修复和流量工程。在运行过程中出现透明进程间通信（Userspace Inter-Process Communication，UIPC）链路故障或 VM 故障等问题，会导致转发 VM 上的业务出现异常，此时多级自愈能够提供系统故障自我修复功能。

多级自愈可分为 1 ~ 3 个级别。按照自愈动作上升级别，每级可配置策略依次为 reboot（重启）动作、reset（重置）动作和 alt-rebuild（重建交替）（Rebuild VM 和 Rebuild OS）动作。

- reboot 动作是 vNode 重启。
- reset 动作是通过设备管理模块下发命令重置 VM。
- alt-rebuild 动作是指 Rebuild VM 和 Rebuild OS 交替进行。

其中，Rebuild VM 主要用于网管界面的 Rebuild VM 功能和 FusionSphere 形态下 P 层自愈的首次重建。

Rebuild OS 是最常用的重建接口之一，主要应用于系统盘故障、虚拟机故障等 VM 自愈场景。按照策略配置，如果本级自愈失败，则进入下一级自愈，直至自愈成功；如果执行完配置的自愈策略后仍然失败，则对 VM 进行“下电”处理。

多级自愈业务的系统默认策略流程如下。

- 控制 VM 检测出业务异常，触发多级自愈。
- 首先进入一级自愈，VM 自发重启，并启动超时定时器。如果 x 秒内系统实体管理（System Entity Management，SEM）收到 VM 注册报文，则认为 VM 自愈成功；否则，自愈超时，并达到自愈重试次数最大值，自愈失败。
- 如果一级自愈失败，则进入二级自愈，通过设备管理模块下发 reset 命令重置 VM。如果 y 秒内 SEM 收到 VM 注册报文，则认为 VM 自愈成功；否则，自愈超时，并达到自愈重试次数最大值，自愈失败。
- 如果二级自愈失败，进入三级自愈，通过设备管理模块下发 alt-rebuild 命令重建 VM。

如果z秒内SEM收到VM注册报文，则认为VM自愈成功；否则，自愈超时，并达到自愈重试次数最大值，自愈失败触发告警并对VM进行“下电”处理。

- 后续可以人工重建VM或采取其他措施。

2. 防火墙防护

针对云化平台及下挂业务，用户访问公网业务需要通过防火墙进行安全策略过滤。防火墙防护如图7-6所示。

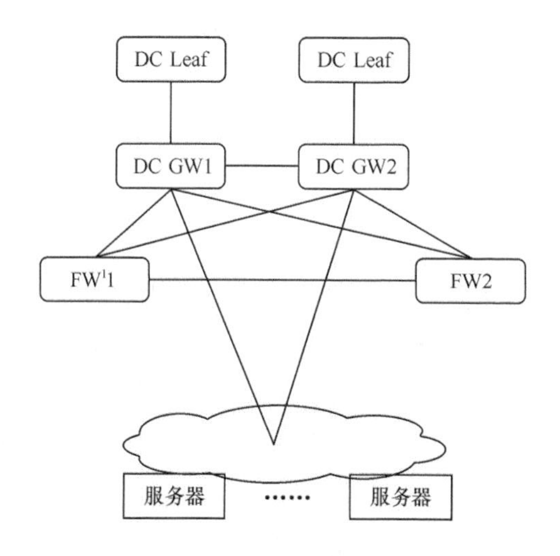

1. FW（FireWall，防火墙）。

图7–6 防火墙防护

用户访问互联网的资源时，内部私有地址会主动发起连接，并在防火墙上对内部私有地址做地址转换，将内部私有地址转换为互联网可使用的公有IP后，用户继续访问互联网资源。此时，在防火墙上进行源网络地址转换（Source Network Address Translation，SNAT），主要用于内部多个私有IP通过共享IP来访问互联网。

当DC云内部的服务器对外提供服务时（例如，对外发布网站），外部地址发起主动连接，防火墙收到这个连接请求后，将报文的目的IP地址由公网地址转换为私网地址，从而完成对DC云内部服务器的访问。此过程相当于防火墙使用公有IP地址替代内部服务来接收外部的连接，将目的公有地址转换为私网地址，主要用于DC云内部的服务器对外发布的场景。

DC内部VNF网元CP的公网业务需要与DC外网AAA服务器互通，以及与CP灾备设备互通。需要说明的是，这些场景流量需要经过防火墙来保证DC内部数据安全。

在 NAT Server 场景下，外网用户访问云内平台的流量经过 DC GW 的上行部分转发至防火墙处理后，完成 NAT Server 转化，再经过 DC GW 的下行部分通过交换机转发到云平台。防火墙主要针对云化 DC 设备中的外联网络进行 NAT 转化，包括管理服务器地址、云化平台（包括防火墙、VNFM 等私网管理地址）、控制器的管理及南向业务地址、磁阵服务器地址等。这些均需要在防火墙上规划 NAT Server 公网地址进行转化，并且配置相关的 IP 策略，只允许固定的 IP 地址进行访问。

AAA 服务器需要与 DC 内 VNF CP 进行交互，进入 DC 内的流量通过 DC GW 公网绕道防火墙处理后，再经过 DC GW 私网转发到 CP。出 DC 的公网流量经过防火墙后，再经过 DC GW 发送出去。

3. CP 异地灾备

CP 异地灾备方案通过在不同地点建立备份系统，从而进一步提高数据抵抗各种安全因素的容灾能力。异地备份方案通过容灾备份系统将本地的数据实时或者批量备份到异地设备中，因此，如果本地的容灾备份中心发生了灾难，那么也可以从异地快速恢复数据或接管系统。

在 CU 分离模式中，异地灾备是指在两个不同的数据中心间实现 vBRAS-CP 设备的双机备份。其中，两个 vBRAS-CP 分别属于不同的 DC，vBRAS-CP 根据相关配置决策主备状态，实现当主 vBRAS-CP 或链路出现故障时，能够快速将业务切换至备 vBRAS-CP。

异地灾备场景下，两个 vBRAS-CP 之间通信需要建立一条主用通道和多条数据备份通道。主用通道用于两个 vBRAS-CP 间的配置同步和主备协商；数据备份通道用于用户信息备份。其中一条数据备份通道对应一个 vBRAS-UP。两个 vBRAS-CP 之间的主用通道和数据备份通道支持通过 SRv6 L3VPN 承载。

备份模式可以分为热备和冷备两种，具体说明如下。

（1）热备

热备是指用户通过 vBRAS-UP 上线把用户信息传送至主用 vBRAS-CP 后，通过主备 vBRAS-CP 间的数据备份通道将用户信息备份至备用设备。当主备 vBRAS-CP 切换后，vBRAS-UP 上的用户不会下线，保证用户业务不中断。

（2）冷备

冷备是指用户通过 vBRAS-UP 上线把用户信息传送至主用 vBRAS-CP 后，用户信息不会同步至备用设备。当主备 vBRAS-CP 切换后，vBRAS-UP 上的用户下线，然后重新拨号上线。

7.4.2 UP 设备级和机房级安全防护

1. UP“*N*+1”保护原理

在 CU 分离模式中，UP 温备是指 CP 侧根据接口状态，控制通道状态决策 UP 的主备状态，实现当主用 UP 或者链路出现故障时，能够快速将用户业务切换至备用 UP；当主用 UP 或者链路的故障恢复时，用户业务能够顺利地由备用 UP 回切至主用 UP，保证用户业务不中断。

在“*N*+1”温备下，没有专门的一台设备作为备用设备，所有 UP 都作为主用设备接入用户，用户上线按照负载分担哈希算法分配在几台 UP 上，当其中一台 UP 发生故障后，用户会均匀地分散切换到其他 UP。“*N*+1”温备场景，为了在发生故障时将用户均衡地切换到其他接口，用户上线时需要负载分担到接口下的多个哈希组。

2. UP 可靠性部署方案

UP 可靠性部署如图 7-7 所示，其部署方式包括以下几个方面。

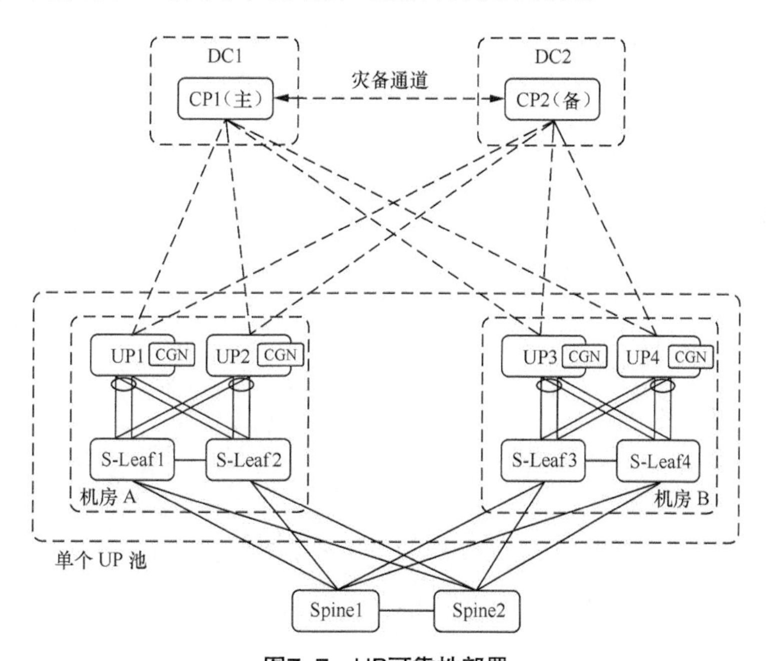

图7–7 UP可靠性部署

- 主备 CP 跨机房部署在两个 DC 机房，实现 CP 的机房灾备。
- 同一个池内的 UP 分别部署在两个机房，实现 UP 的机房灾备。

- UP 池内设备部署“*N*+1”温备保护，实现设备级、板级保护。
- UP 接入侧采用 trunk 双归到两台 S-Leaf，实现链路级保护。
- UP 网络侧采用多链路 IP 负载分担实现保护。
- S-Leaf 设备故障，对于 UP 为 trunk 成员口故障，对于远端 A-Leaf 为双活成员故障，依靠 BGP EVPN 快速收敛。
- CGN 单板在“*N*+1”场景下，部署为框内板间备份，框间为冷备。

（1）CP 灾备保护

正常情况下，用户在主 CP1 上线，同时，主 CP1 将用户信息实时备份到主 CP2。如果主 CP1 所在机房发生故障，或 DC 内特殊原因导致路由不通，CP2 检测到主 CP1 失联，则 CP2 升级为主用 CP 接管业务；之后如果有新上线用户，则主 CP2 上线。如果主 CP1 故障恢复后，CP1 和 CP2 重新进行灾备协商，CP2 将用户信息同步到 CP1，同步完成后，按照灾备回切策略进行回切。CP 灾备保护案例如图 7-8 所示。

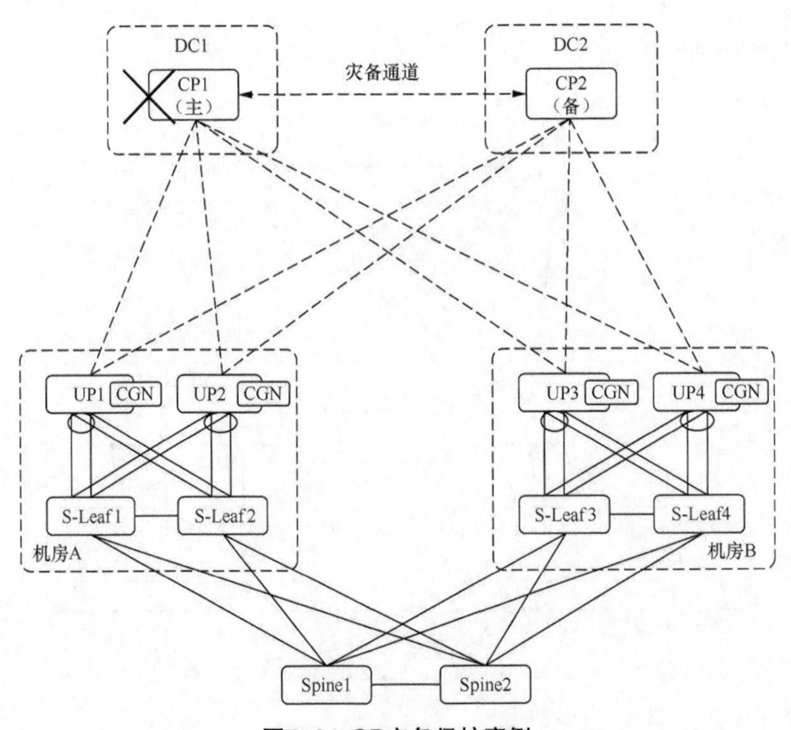

图7-8　CP灾备保护案例

（2）UP 机房灾备保护

正常情况下，用户从两个机房的 UP 上线。当机房 A 发生故障，即相当于两台 UP 同时发生故障，控制面和用户面分离协议（Control plane and User plane Separated Protocol，CUSP）检测到 UP 发生故障后，进行“N+1”切换，将 UP1 和 UP2 上的用户表项下发到 UP3 和 UP4 上，用户在新的 UP 上申请新的 NAT 地址，UP3 和 UP4 在 BAS 口发送免费 ARP 将上行流引到机房 B，同时，发布用户网络路由（User Network Route，UNR），将下行流引到机房 B；当机房 A 故障恢复后，CP 检测 UP 故障恢复，重新连接 CUSP 等通道，然后将用户切到 UP1 和 UP2。UP 机房灾备保护案例如图 7-9 所示。

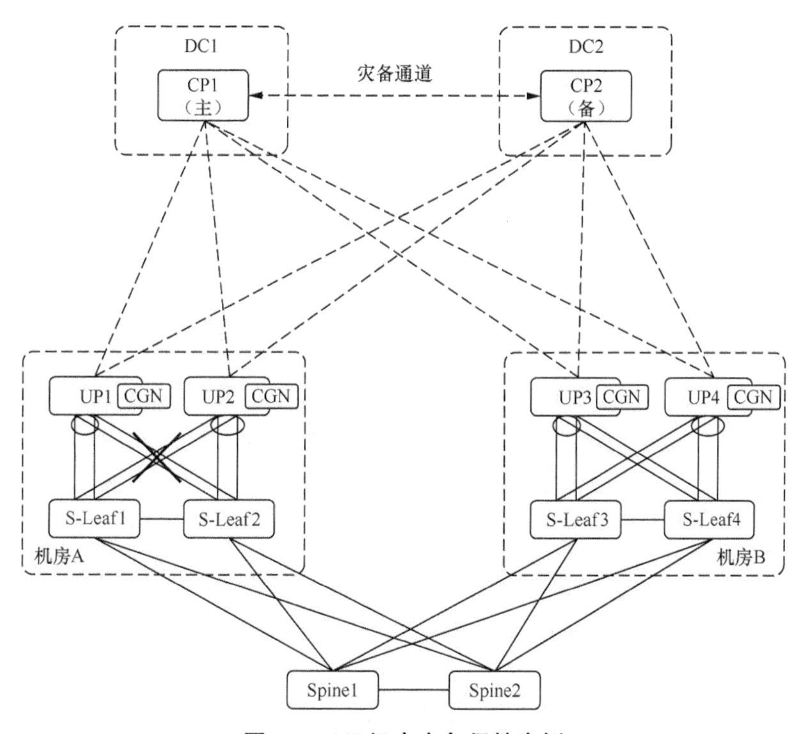

图7-9　UP机房灾备保护案例

（3）UP 接入侧 BAS 口故障

UP2 接入 S-Leaf 的两条链路都发生故障后，例如，单板故障或子卡故障，UP 上报 BAS 接口故障信息，CP 感知故障后，即进行“N+1”切换，将 UP2 故障接口上的用户表项下发到其他 UP 上，并在新的 UP 上申请新的 NAT 地址；当 UP2 接入侧接口故障恢复后，UP 上报故障恢复，CP 感知故障恢复，将用户回切到故障接口。BAS 口故障保护案例如图 7-10 所示。

（4）UP 接入侧单链路故障

当 UP1 接入 S-Leaf1 的一条链路发生故障后，并不发生“N+1”切换，对于 S-Leaf1 和 S-Leaf2 来说，即为“双归双活”一个 AC 口故障；当故障恢复后，S-Leaf1 利用 EVPN 的 MAC

重定向，将 UP1 网关 MAC 的出接口刷新为指向 UP1，从而快速恢复流量。UP 单链路故障保护案例如图 7-11 所示。

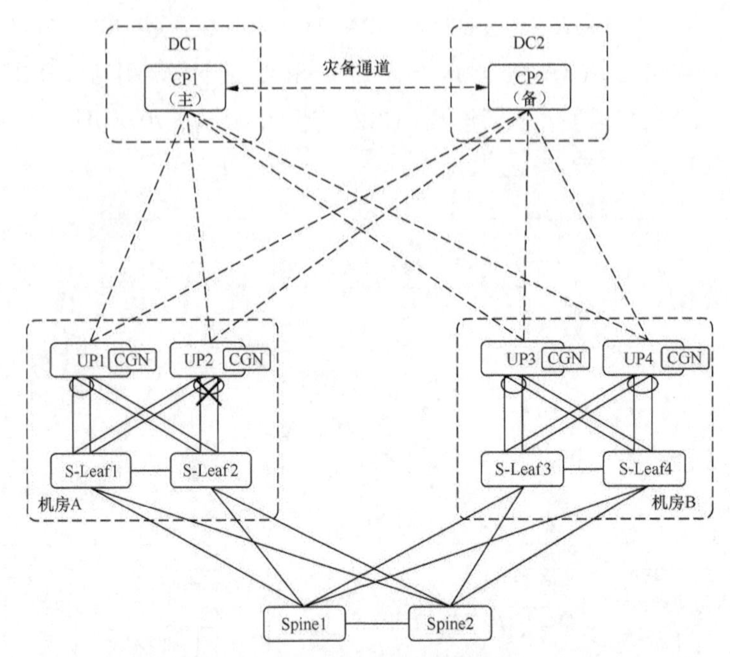

图7-10　BAS口故障保护案例

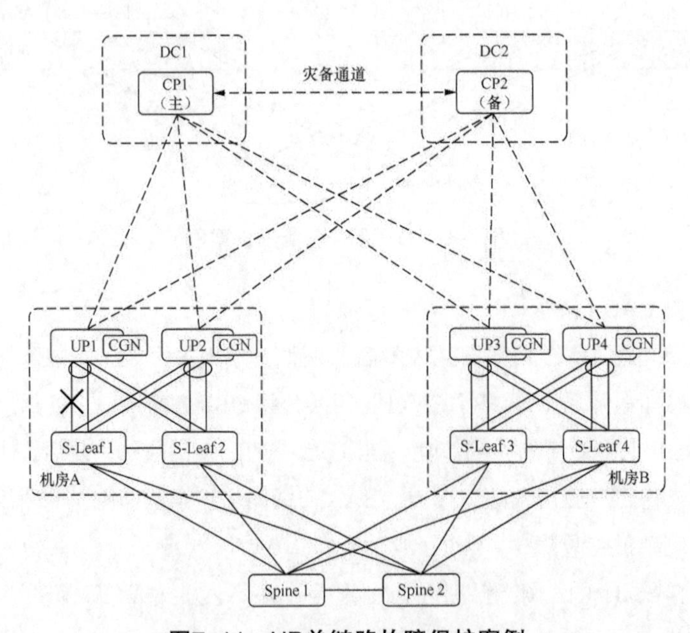

图7-11　UP单链路故障保护案例

（5）S-Leaf设备故障

当S-Leaf1设备发生故障后，对于S-Leaf1和S-Leaf2来说，即为“双归双活”一个成员故障；当S-Leaf1故障恢复后，UP1的trunk很快就能将流量通过哈希算法传输到故障恢复链路上，S-Leaf1收到流量，但是此时S-Leaf1上的IGP、BGP还未恢复，MAC表项未准备好，在一段时间内，流量会在S-Leaf1上丢失。在该故障模式下，需要使用端口延迟UP等技术手段，当S-Leaf1故障恢复后，UP1的接口出现时延，UP1不会立即发送流量，待时延结束后，S-Leaf1已准备好表项，UP1再发送流量，整个过程中流量丢包较少。S-Leaf设备故障保护案例如图7-12所示。

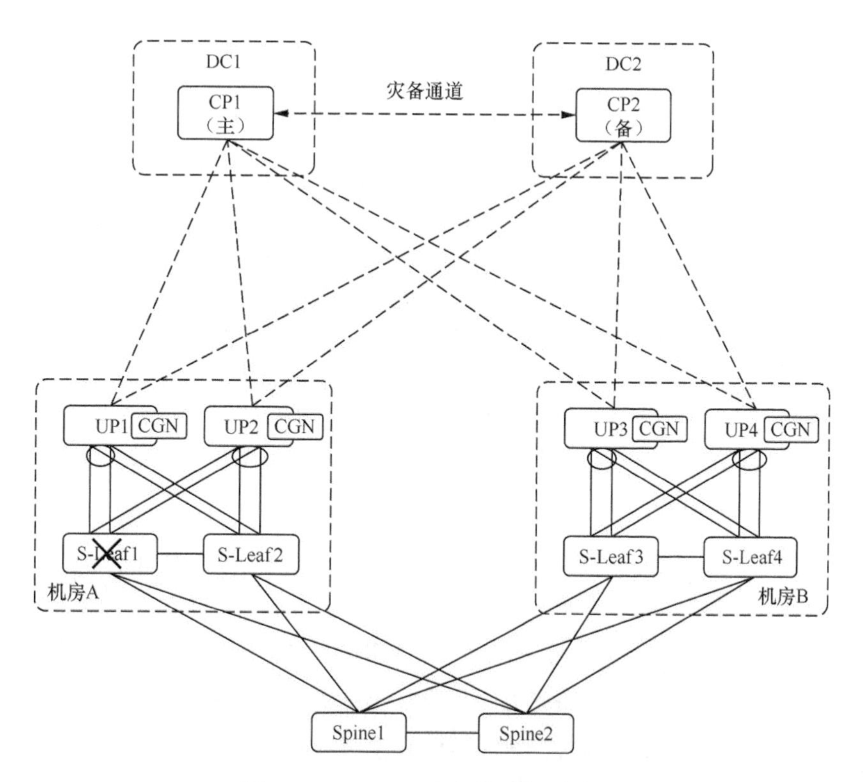

图7-12 S-Leaf设备故障保护案例

（6）CGN单板故障

在UP内部，CGN部署板间备份，当其中一块CGN发生故障后，另一块CGN接管业务，用户不掉线；当互为保护的CGN单板都发生故障后，CP感知BAS口故障进行“N+1”切换，用户切换到其他UP后，重新触发获取公网IP地址。CGN单板故障保护案例如图7-13所示。

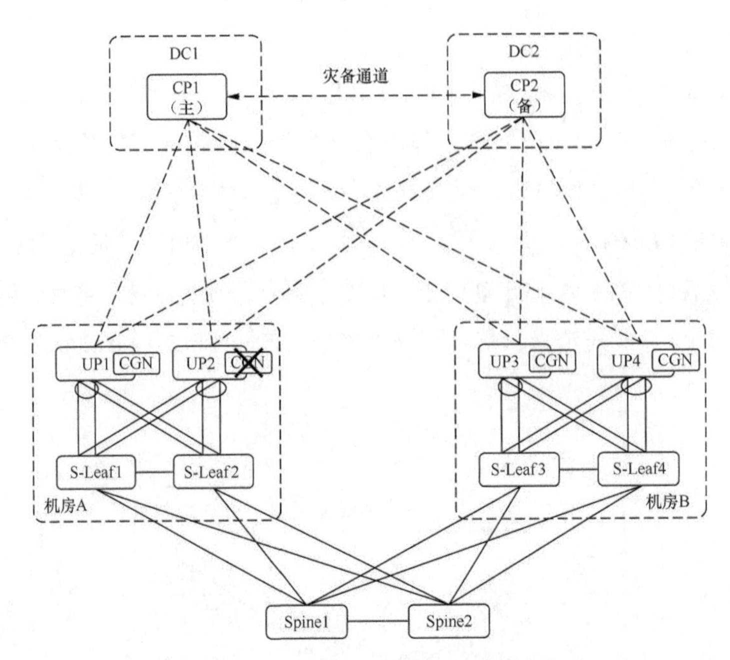

图7-13　CGN单板故障保护案例

7.4.3　EVPN VPLS 增强安全方案

新型 IP 承载网采用 EVPN VPLS 承载家庭宽带业务，但是 EVPN VPLS 本身面临一些 MAC 相关的安全风险，需要借助一些其他的技术手段来降低 EVPN VPLS 带来的安全风险。本节将分几个场景介绍 EVPN VPLS 面临的安全威胁和采取相应的措施。

1. 安全增强场景一：隔离同一台 A-Leaf 设备下不同用户间二层互访

OLT1 和 OLT2 接入同一台 A-Leaf 的同一个 EVPN 中，OLT1 和 OLT2 下挂用户在知道对端 MAC 的情况下，可以直接通过 A-Leaf 互访流量。一般情况下运营商监控不到这些流量，需要对这种情况进行限制。安全增强场景一如图 7-14 所示。

通过在 A-Leaf 上部署基于 AC 口的水平分割，或部署 per AC 的 E-Tree 功能，实现接入侧 AC 口的隔离。此时，OLT1 和 OLT2 下挂用户将不能通过 A-Leaf 进行二层互通，需要在 UP 进行三层互访。

2. 安全增强场景二：隔离不同 A-Leaf 设备下不同用户间二层互访

OLT1 和 OLT2 接入不同 A-Leaf，但是在同一个 EVPN 中，OLT1 和 OLT2 下挂用户在知道

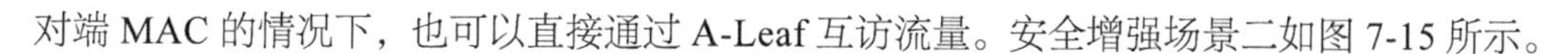

对端 MAC 的情况下，也可以直接通过 A-Leaf 互访流量。安全增强场景二如图 7-15 所示。

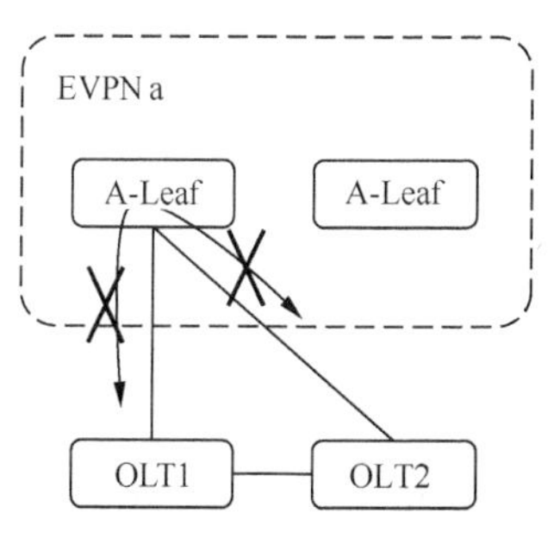

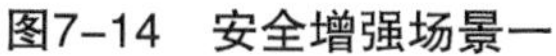

图7-14 安全增强场景一

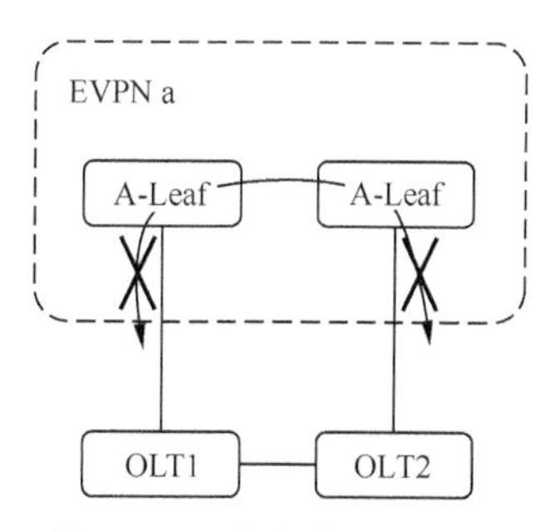

图7-15 安全增强场景二

通过在 A-Leaf 上部署 per AC 的 E-Tree 功能，实现接入侧 AC 口的隔离。此时，OLT1 和 OLT2 下挂用户将不能通过 A-Leaf 进行二层互通，需要在 UP 进行三层互访。

3. 安全增强场景三：抑制接入侧的 MAC 仿冒攻击

如果 OLT2 发起非法攻击，注入 UP 网关 MAC 的流量，则会扰乱 A-Leaf 上的 MAC 学习，OLT1 的用户正常访问外网的流量将被劫持到 OLT2，而不能正常到达 UP 设备，导致 OLT1 下挂用户业务受损。安全增强场景三如图 7-16 所示。

通过在 A-Leaf 上部署流策略，直接丢弃 UP 网关 MAC 的入方向流量，从而使 A-Leaf 不在接入侧 AC 口学习该 MAC 地址，从而实现对网关的保护。

4. 安全增强场景四：接入侧设备异常成环

如果 OLT1 和 OLT2 在接入侧设备异常成环，那么导致二层可以互访。例如，OLT1 下一个用户的 MAC 为 1-1-1，OLT1 和 OLT2 可以二层互通，则 A-Leaf1 从 AC 口学到 MAC，A-Leaf2 也从 AC 口学到该 MAC 并从网络侧发给 A-Leaf1，在 A-Leaf1 上发生 MAC 跳变。安全增强场景四如图 7-17 所示。

该场景下的 MAC 成环，依靠 BGP EVPN 的机制，会在 A-Leaf1 或 A-Leaf2 上将该 MAC 地址抑制掉，解除 MAC 成环。

5. 安全增强场景五：抑制接入侧 BUM 流

现网故障等可能会导致下行流在 A-Leaf 上查不到 MAC 地址明细，流量将以广播的形式转发，可能复制 N 份后发送给 OLT1 和 OLT2，这将导致接入网收到大量广播报文，出现接入网业务受损的情况。安全增强场景五如图 7-18 所示。

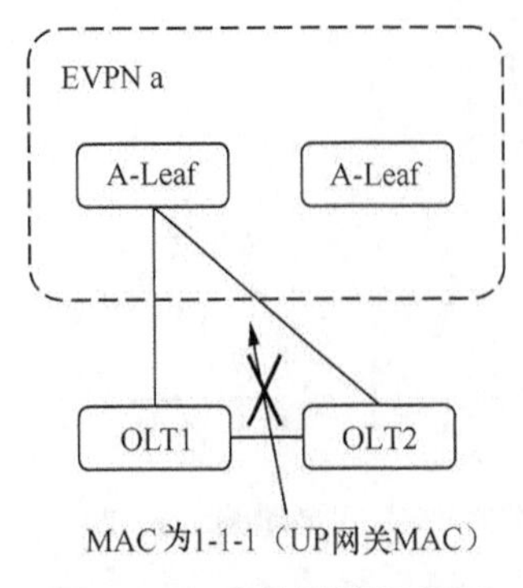

图7-16 安全增强场景三

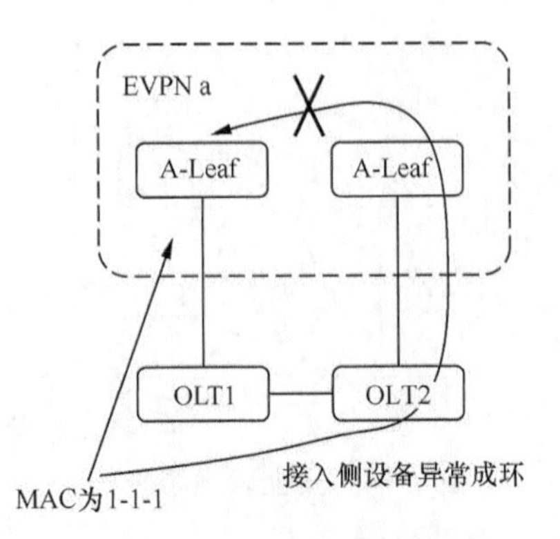

图7-17 安全增强场景四

BUM 流需要在 A-Leaf 的下行出口方向进行 BUM 抑制，将 BUM 流限定在一个较小的带宽内。

6. 安全增强场景六：抑制接入侧 MAC 跳变攻击

设备在 AC 口学习 MAC 时，根据收到的流量学习源 MAC 地址。如果接入侧注入源 MAC 跳变的异常流，则 A-Leaf 仍将正常学习 MAC 地址；如果跳变的 MAC 地址较多，则将出现 A-Leaf 上 MAC 表项超限的情况，导致正常用户的 MAC 地址无法被学习到。安全增强场景六如图 7-19 所示。

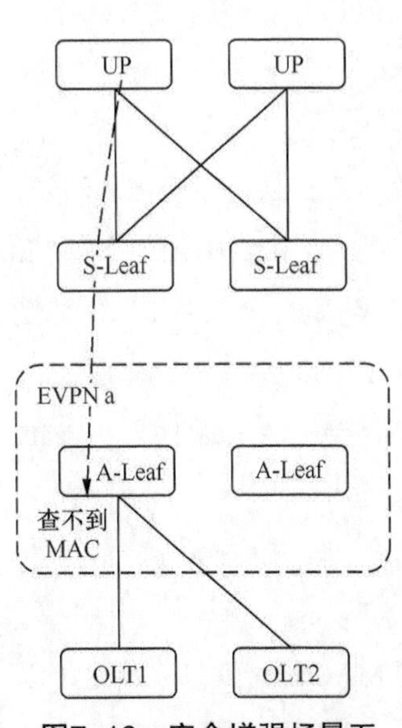

图7-18 安全增强场景五

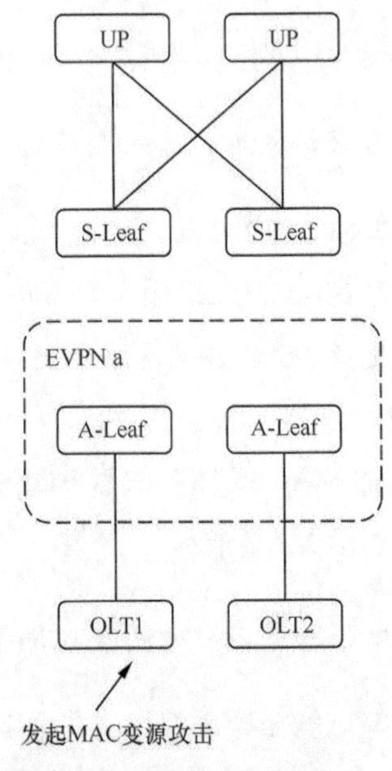

图7-19 安全增强场景六

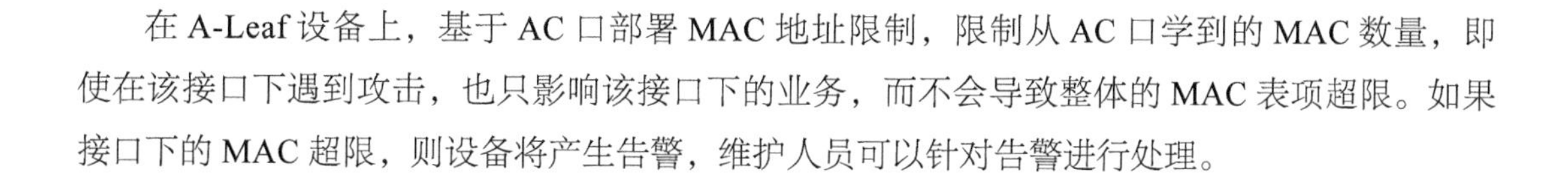

在 A-Leaf 设备上，基于 AC 口部署 MAC 地址限制，限制从 AC 口学到的 MAC 数量，即使在该接口下遇到攻击，也只影响该接口下的业务，而不会导致整体的 MAC 表项超限。如果接口下的 MAC 超限，则设备将产生告警，维护人员可以针对告警进行处理。

7.5 新型 IP 承载网核心云安全

根据相关合规性要求和安全需求，核心云以满足等级保护要求为中心，构建自适应安全防护架构，从管理、技术和运营 3 个方面出发，建立云安全管理中心，对云安全进行全面的感知、分析和预警；建成运营商内部各部门之间协同管理和监督的安全管理体系，规范云安全的组织、流程、制度和规范；部署具备纵深安全防护能力的安全技术体系，保护云平台、云上信息系统和数据；建立以服务和咨询为主，评价和流程为辅的安全运营体系，优化安全管理和安全技术；最终形成“多方协同、纵深防护、全局可视、主动响应、持续提升”的云安全体系，为运营商开展数字化转型保驾护航。

7.5.1 核心云安全总体设计

云计算成为数字化转型的重要支撑，必须要做好安全防护。为了应对用户数字化转型，以及互联网、云计算和大数据等技术应用带来的挑战，我们应为云平台构建具有自适应安全防护模型和责任共担模式的安全体系。

1. 核心云安全设计原则

为了满足等级保护要求，实现构建自适应安全防护架构的目标，遵循“建立自适应安全防护模型和责任共担模式”的设计思路，坚持“协作、共享、智能和服务”的设计原则，保护云平台和云上信息系统，同步规划、同步建设和同步使用安全管理、安全技术和安全运营，开展覆盖决策规划、纵深防护、监测预警、安全响应和评价提升 5 个阶段的工作，保障云安全运行。

1 个目标：即实现自适应安全防护模型。利用大数据安全分析、软件定义安全等新技术，以智能安全运营平台和云安全集中管理系统为基础，建立云安全管理中心，协调云平台的安全能力和安全人员，通报和处置各类安全事件，让其成为云安全的决策、指挥调度和事件处置的中心，持续完善和提升云安全防护模型。

2 个对象：即云平台和云上信息系统。根据各自安全需求和合规性要求，在云平台和云上信息系统分别从安全管理、安全技术和安全运营 3 个层面进行建设，帮助云平台和云上信息系统建立边界清晰、安全合规的安全体系。

3 个体系：即安全管理体系、安全技术体系和安全运营体系。围绕实现自适应安全防护目标，从管理制度、组织机构和人员、建设、运维和运营等多个维度，建立安全管理体系、安全技术体系和安全运营体系，并根据协作的设计原则和自适应安全防护的理念，使安全管理体系指导和规范安全技术体系建设，安全技术体系为安全运营提供技术支撑，安全运营体系优化和完善安全管理体系和安全技术体系，3 个体系相辅相成，最终使云安全防护水平持续提升。

5 个阶段：即决策规划、纵深防护、监测预警、安全响应和评价提升阶段。依托云安全管理中心，利用 3 个体系建立的组织、流程、服务能力和评价指标，帮助主管部门、运维部门和使用部门在不同阶段履行各自的职责，推动云安全运行。

2. 核心云安全总体框架

按照我国网络安全相关标准规范和法律法规要求，依据云安全顶层设计原则，综合运用大数据、软件定义安全和安全运维自动化响应等技术，全面整合各类安全资源，为云平台构建全面、专业和智能的自适应安全防护模型，满足主管部门、运维部门、使用者的各类安全需求，保障云平台安全运行，让使用者安全、稳定地使用云中的各个信息系统和数据。

（1）安全管理体系

根据我国网络安全相关标准规范和法律法规要求，从安全规划、组织机构、管理制度与流程、建设管理和运维管理等多个层面，建立云安全管理体系，为云安全提供安全方针和规划，建立主管部门、运维部门和使用部门 / 单位相互协作、监督的安全组织架构、制度和流程，推动建设部门和运维部门实现安全建云和维护云，以及各个信息系统和数据安全上云和安全用云。

（2）安全技术体系

针对安全需求和合规性需求，依据安全规划统一部署包括网络安全、主机安全、应用安全和数据安全等多种全面和专业的安全能力，保护云平台，并采用软件定义安全和 NFV，将安全能力与安全设备解耦，构建基于 x86 的安全资源池，实现安全能力的服务化，为各使用者提供包括访问控制、入侵防范、安全审计等安全即服务能力，让他们可以自主地保护其信息系统和数据；最终运维部门和使用者从安全通信网络、安全区域边界和安全计算环境，实现为云平台和云上信息系统分别构建纵深防护。

借助大数据安全分析技术和软件定义安全技术，建立安全管理中心，统一收集和处理各类安全数据，进行持续的安全检测和分析；利用可视化技术，建立整体安全态势，并在云安全管理中心进行展示；主管部门和运维部门根据安全形势，进行安全决策，主动和持续地调整和优化安全防护策略，为纵深防护赋予主动防护能力，使安全防护能够监测和应对已知和未知的安全威胁，为安全运营体系提供技术支撑。

（3）安全运营体系

为了应对安全形势变化和安全需求提升的现状，围绕人和安全技术，提供安全运营体系设计，评估和分析现有安全管理体系和安全技术体系，提出具体的优化建议。借助安全技术体系中的各个安全能力和安全管理中心，提供信息资产管理、脆弱性管理、威胁与事件管理、应急响应和安全值守等安全运营服务，帮助主管部门和各使用者开展安全预警、安全评估和响应处置等工作，并利用各类安全指标对安全运营工作进行考核，实现云安全的持续优化和提升。

7.5.2 核心云安全技术体系

根据云安全顶层设计原则和总体架构部署，核心云安全技术体系遵循“一个中心，三重防护”的设计理念，综合软件定义安全、大数据安全分析、威胁情报等技术，将传统安全产品服务化，从云平台和云上信息系统两个层面建立纵深安全防护体系；将安全状态可视化，建立云整体安全态势；利用安全运营服务，辅助使用者安全上云和用云，从而实现主动的云安全防护架构，形成安全事件的事前预警、事中防护和事后审计的安全闭环，并对整体安全持续监测和优化。核心云安全技术体系如图 7-20 所示。

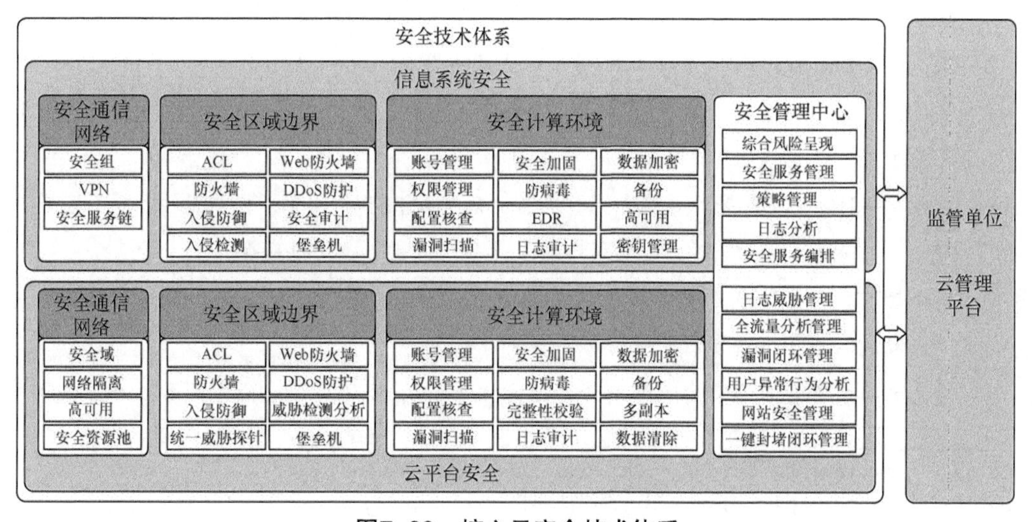

图7-20 核心云安全技术体系

1. 核心云安全域边界安全

核心云用于运营商业务协同、数据共享与交换等，提供基础设施即服务（Infrastructure as a Service，IaaS）、平台即服务（Platform as a Service，PaaS）和软件即服务（Software as a Service，SaaS）等云计算服务。按照不同的安全部署策略，整体上划分为运维接入区、网络接入区、门户区、核心交换区、管理区、业务服务区、安全管理区和信息系统安全服务区 8 个安全域。安全域划分如图 7-21 所示。

- 运维接入区：主要部署平台运维终端的相关安全策略，实现对终端的安全保护。
- 网络接入区：主要部署网络接入的相关安全策略，实现对网络攻击行为的检测、告警和阻断。
- 门户区：主要部署核心云和安全的服务门户。

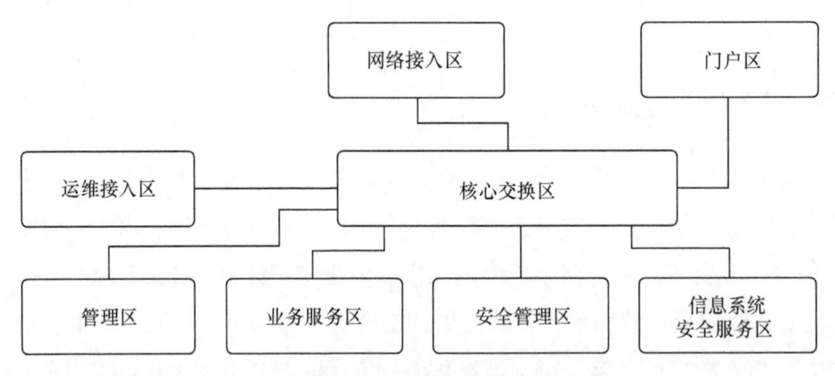

图7-21　安全域划分

- 核心交换区：主要部署核心云的核心交换机及相关的检测和审计设备，实现未知攻击检测、网络内容检测及内网攻击检测的安全策略。
- 管理区：主要部署核心云管理服务器和 NTP 服务器等，实现对核心云的系统管理和时间同步。
- 业务服务区：主要部署计算服务器，为云上客户提供各类服务，包括云主机等；部署 FC-SAN[1]、IP-SAN[2]、FCoE[3]、分布式存储等设备，提供各类存储服务。
- 安全管理区：主要部署核心云安全管理的相关策略，实现设备管理、日志审计、身份认证、漏洞扫描等安全策略。
- 信息系统安全服务区：按照安全资源池方式部署，利用通用 x86 服务器，为业务服务区

1. FC-SAN（Fiber Channel-Storage Area Network，光纤通道存储区域网络）。
2. IP-SAN（IP-Storage Area Network，IP存储区域网络）。
3. FCoE（Fiber Channel over Ethernet Protocol，以太网光纤通道协议）。

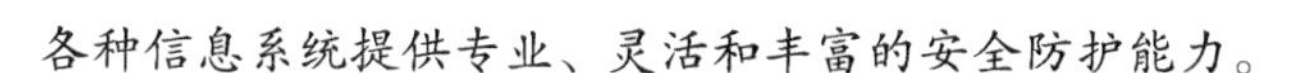

各种信息系统提供专业、灵活和丰富的安全防护能力。

安全区域边界的安全设计主要从边界防护、访问控制、入侵防范、恶意代码和垃圾邮件防范及安全审计等方面进行防护。安全区域边界防护框架如图 7-22 所示。

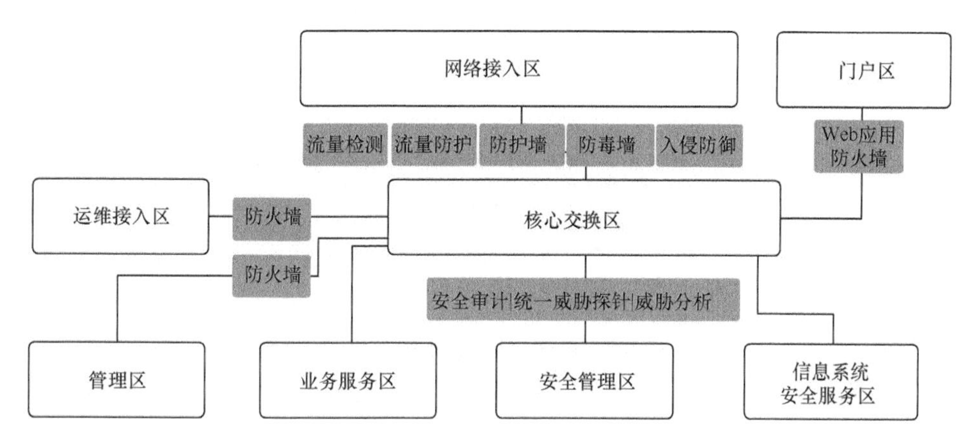

图7-22 安全区域边界防护框架

（1）边界防护

核心云应在网络接入区的边界部署防火墙设备，保证访问和数据流量通过具有安全策略的端口进行通信，并且能够对非授权设备私自连到内部网络的行为和对内部用户非授权连到外部网络的行为进行检查或限制。

（2）访问控制

利用 ACL 或者防火墙、Web 应用防火墙（Web Application Firewall，WAF）等设备，在核心云安全域边界或者安全域之间做好访问控制，让安全域边界或安全域之间的访问通过受控端口进行通信。尤其对网络接入区进行重点防护，仅开放常用端口和运维部门根据实际需要指定的端口及服务。

（3）入侵防范

核心云通过在网络接入区部署入侵防御、流量分析和流量检测等设备，在核心交换区部署入侵检测和威胁分析系统，对核心云向外部或外部向核心云发起的网络攻击行为进行检测、防止或限制，特别要关注利用威胁分析系统对新型网络攻击行为的分析情况。

- 入侵检测 / 入侵防御 /DDoS 防护：检测核心云向外部或外部向核心云发起的网络攻击行为。当检测到网络攻击行为时，进行告警、防止或限制。

- 威胁分析系统：针对高级持续性威胁（Advanced Persistent Threat，APT）等新型攻击，基于全流量分析、沙箱等技术，通过元数据回溯、静态引擎和虚拟执行发现漏洞和未知恶意软件，与入侵防御进行联动和阻断。

（4）恶意代码和垃圾邮件防范

核心云通过在网络接入区部署防毒墙或包含防病毒模块的防火墙进行网络恶意代码防护，通过邮件安全网关对垃圾邮件进行检测和防护。

（5）安全审计

核心云从网络、运维操作等方面分别进行审计，并做好审计记录的备份。

- 网络审计：通过在核心交换区部署网络安全审计，对用户行为和重要安全事件进行审计。
- 运维审计：利用堡垒机对核心云的运维管理人员在远程管理时执行的特权指令进行审计，并且需要核心云的运维管理人员将工作时对系统和数据的操作等日志或方式提供给各使用者进行审计。

2. 核心云安全管理中心

核心云安全管理中心包括系统管理、审计管理、安全管理和集中管控 4 种。

（1）系统管理

为了保障核心云不受来自外部和内部用户的入侵和破坏，设备或组件应该提供集中系统管理功能，并部署运维审计系统，让设备或组件的系统管理员使用运维审计系统对其资源和运行进行配置、控制和管理，包括用户身份管理、系统资源配置、系统加载和启动、系统运行的异常处理，以及管理本地和异地灾难备份与恢复。

运维审计系统为核心云设备或组件的系统管理员分配堡垒机账号，自动发现其可管理的设备和资产，同时设置可管理设备的管理员账号、密码及控制访问权限。在系统管理时，系统管理员登录运维审计系统后，通过图形、Web、字符和文件等协议代理技术自动登录到相应设备或组件。运维审计系统将访问核心云设备或组件的请求、响应进行双向转发，并控制其访问权限，以及对代理转发数据进行校验和审计。

（2）审计管理

审计管理主要负责对核心云的审计记录进行查询、统计、分析等，并对审计结果进行处理。审计范围包括核心云的网络设备、安全设备、主机、操作系统、数据库、云管理平台和安全管理平台等设备或组件。

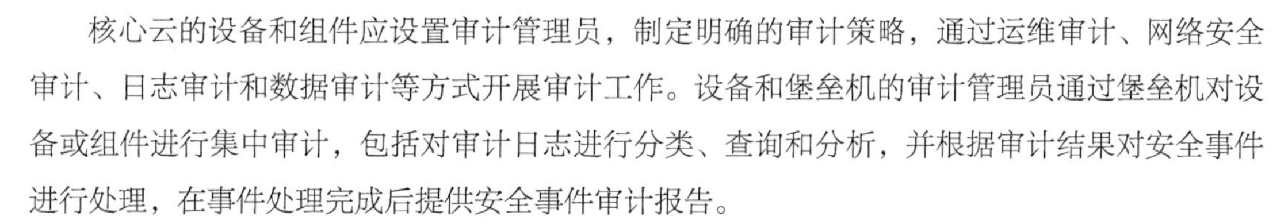

核心云的设备和组件应设置审计管理员，制定明确的审计策略，通过运维审计、网络安全审计、日志审计和数据审计等方式开展审计工作。设备和堡垒机的审计管理员通过堡垒机对设备或组件进行集中审计，包括对审计日志进行分类、查询和分析，并根据审计结果对安全事件进行处理，在事件处理完成后提供安全事件审计报告。

（3）安全管理

安全管理是指对核心云的设备或组件管理员进行身份管理和安全配置管理，包括安全参数的设置，主体、客体进行统一安全标记，对主体进行授权，配置可信验证策略等。通过集中访问控制和细粒度的命令级授权策略，基于最小权限原则实施安全配置管理，同时所有的操作被运维审计系统的堡垒机实时审计。

（4）集中管控

根据建立统一的纵深防御体系的要求，应建立安全管理中心，实现对定级系统的安全设备或组件实施计算环境、区域边界和通信网络的安全策略的统一管控，确保系统安全可靠运行。安全管理中心是一个集合的概念，由安全管理区或平台实现，其核心是实现所有安全设备或组件的统一集中管理。

7.6 安全资源池部署方案

7.6.1 安全资源池概述

随着网络安全形势日益严峻，行业客户对安全防护的需求正在快速地变化。

① 为了满足等级保护等国家要求，客户对安全服务和产品的接受程度越来越高，客户主动选择安全服务意愿明显加强。

② 由于云化部署的安全服务相对硬件具有更多的优势，云化安全服务将占据市场主导地位。

③ 单一安全功能很难满足客户需求，整体解决方案将成为客户首选。

综上所述，为了满足行业客户日益增长的安全防护需求，运营商按照“统一规划、集中部署、集约运营、灵活编排”的原则进行建设，打造“安全云网”，扩展网络安全产品体系，为连接型、资源型产品提供差异化安全服务。运营商通过采取安全资源池的方式为专线用户提供满足等级保护要求的安全专线服务。安全资源池原子能力示例见表7-1。

表7-1 安全资源池原子能力示例

原子能力	功能简述	等级保护控制点说明
下一代防火墙	基础防火墙功能、应用识别控制、应用层防护、资产风险识别等	通信传输、边界防护、访问控制、恶意代码防范
Web 应用防火墙	抵御 OWASP Top10 等各类 Web 安全威胁和拒绝服务，保护 Web 应用免遭当前和未来的安全威胁攻击	访问控制、入侵防范
入侵防护系统	敏感数据保护、高级威胁防御、僵尸网络防护、客户端防护等	入侵防范
入侵检测系统	敏感数据外发检测、客户端攻击检测、非法外联检测、僵尸网络检测等	入侵防范、安全审计
网络安全审计	内容审计、行为审计、数据库审计、流量审计等	安全审计、入侵防范
漏洞扫描	操作系统漏洞、应用系统漏洞、弱口令、配置问题、风险分析等	漏洞扫描与发现
堡垒机	集中账号管理、集中访问控制、集中安全审计等	身份鉴别、访问控制、系统管理、安全管理
日志审计	资产异构日志高效采集、统一管理、集中存储、统计分析，安全事件事后取证	安全审计、入侵防范、审计管理、集中管控
数据库审计	数据库操作行为记录、数据库操作实时审计、数据库操作实时监控、事故追根溯源、提高资产安全	安全审计
防病毒	提供终端查杀病毒、软件管理、漏洞补丁、统一升级管理等功能	恶意代码防范
终端检测与响应	支持主机网络访问隔离、攻击与威胁防护、终端环境强控、安全事件过程追溯、安全基线检查及沙箱防护等功能	访问控制、入侵防范、恶意代码防范
网页防篡改	实时检测和阻断网页篡改，全方位保护网站服务器下的目录及文件，保障网站安全、稳定运行	网站安全、数据完整性

注：1. 开放式Web应用程序安全项目（Open Web Application Security Project，OWASP），该项目是一个组织，提供有关计算机和互联网应用程序的公正、实际、有成本效益的信息。

运营商通常将安全资源池旁挂传统城域网出口路由器或者新型 IP 承载网 B-Leaf 设备。首先，在传统城域网或新型城域网中，运营商通过 MPLS VPN 或者 SRv6 EVPN 等技术将流量从客户专线调度到安全资源池，完成网络业务链的编排。其次，安全资源池采用云化架构，防火墙、入侵防御系统（Intrusion Prevention System，IPS）等安全设备通过虚拟机方式部署，运营商根据客户安全需求使用 VxLAN 或者 SRv6 等技术建立安全业务链。最后，将网络和安全业务链拼接，进而建立从客户网络到互联网的端到端业务链。安全资源池网络架构如图 7-23 所示。

运营商按照国家等级保护要求为客户提供安全服务。安全资源池功能架构如图 7-24 所示。

安全资源池安全防护服务在实现的过程中，涉及运维门户、自助服务门户、资源池控制器、日志分析模块、平台基础引擎、安全服务能力池等。

1. 资源池控制器

资源池控制器可以对安全资源池中所有安全能力进行集中调度管控，实现对安全能力的策略管理、配置管理、性能监控、服务编排、网络管理等功能，还可以根据应用场景的不同进行灵活配置和扩展。

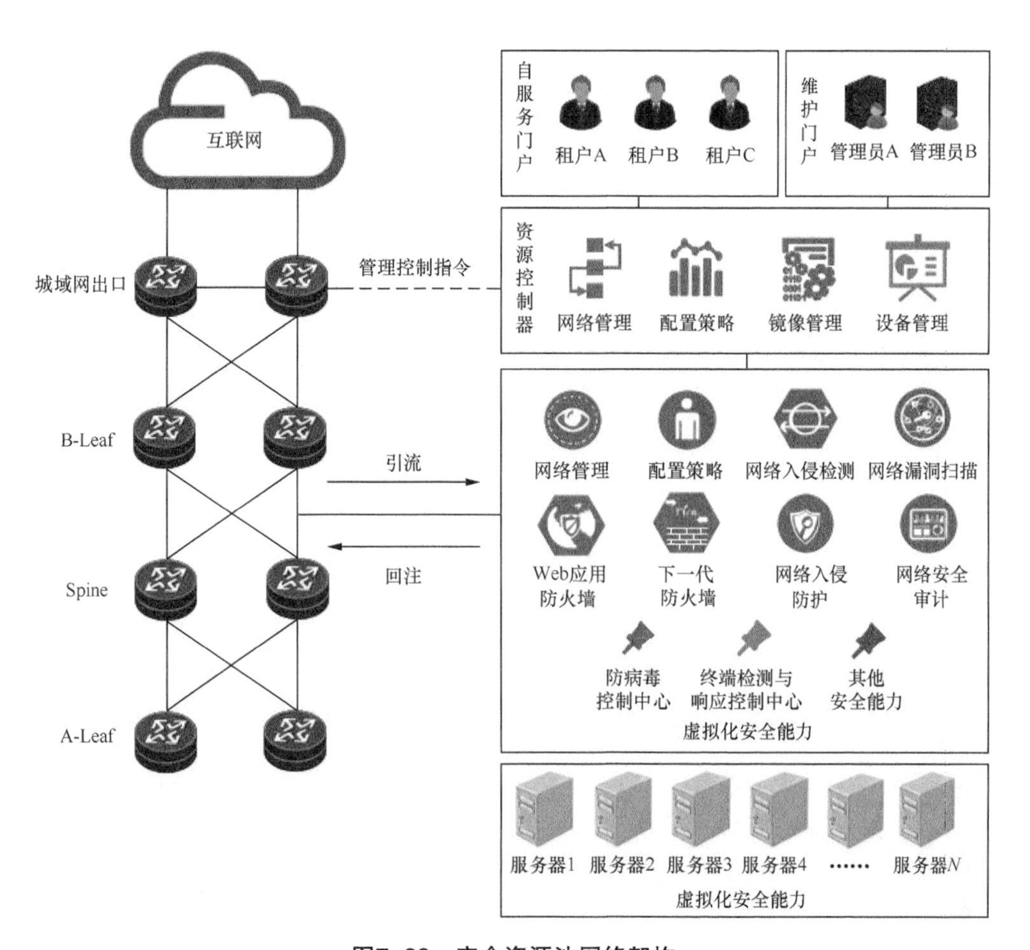

图7-23 安全资源池网络架构

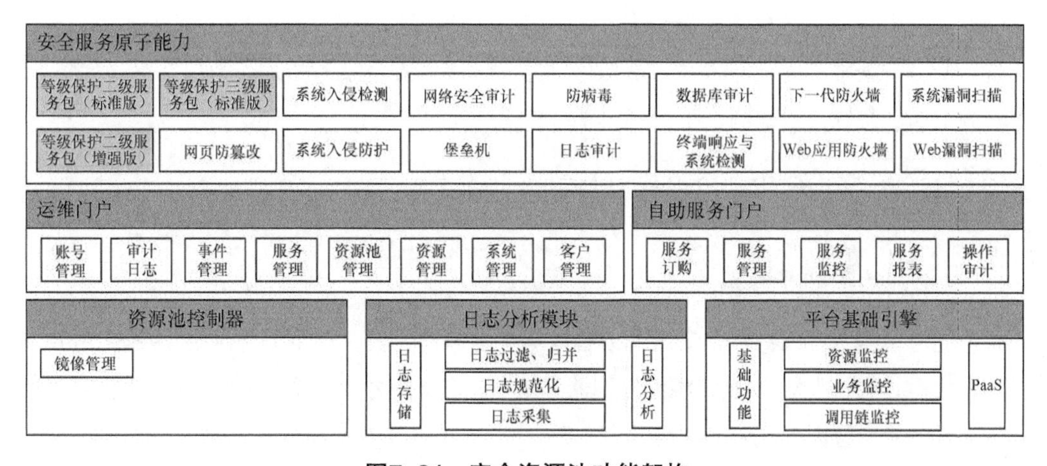

图7-24 安全资源池功能架构

2. 日志分析模块

日志分析模块可以收集安全资源池中各类安全设备日志，通过采集、过滤、归并等处理流程，实现各种安全设备日志的统一管理和存储。在日志管理的基础上，进行一些分析规则的配置，对标准化事件进行分析。

3. 平台基础引擎

平台基础引擎采用 Web 前端与后端业务逻辑分离设计，为门户提供基础功能支持。为平台基础提供 PaaS 功能层服务包括消息中间件、数据服务等。平台基础引擎采用微服务设计，利用容器管理系统可以快速实现对资源监控、业务监控、调用链监控等。

4. 运维门户

管理员可以通过运维门户对安全资源池的资源进行统一管理，对资源池中安全能力抽象形成安全服务并进行组合和发布；通过运维门户对安全资源池进行统一监控、对事件告警进行统一查看，也可以查看整个安全资源池的运行状态、服务使用率，实时掌握安全资源池的动态信息。

5. 自助服务门户

自助服务门户作为安全资源池的服务入口，客户可以自行按需选择满足自己安全需求的安全能力，实现安全的自主可控；同时，在自助服务门户界面自主实现安全服务细粒度的策略配置和下发；客户还可以通过服务监控、服务报表了解自己购买服务的运行情况和业务系统的安全风险。

6. 安全服务原子能力

根据安全资源池中的虚拟安全设备，面向客户按需提供对应的安全服务原子能力。需要说明的是，所有安全服务原子能力采用虚拟化的方式部署。安全服务原子能力包括下一代防火墙、系统漏洞扫描、系统入侵检测、防病毒、堡垒机等。

7.6.2 基于 SRv6 TE Policy 的安全业务链

1. 安全能力管理平台架构

安全能力管理平台架构包含安全能力管理平台业务编排器（以下简称业务编排器）、城域网网管、新型承载网控制器、安全资源池控制器等组件。安全能力管理平台整体架构如图 7-25 所示。

（1）安全能力管理平台业务编排器

安全能力管理平台业务编排器负责安全管理平台的安全业务编排，并根据安全业务策略调用新型承载网向对应的网元设备下发网络侧安全业务链配置信息，同时，通过安全资源池控制器向安全资源池内的分类器和SFC节点下发安全能力编排业务信息，以实现“云网端”安全能力的端到端编排。

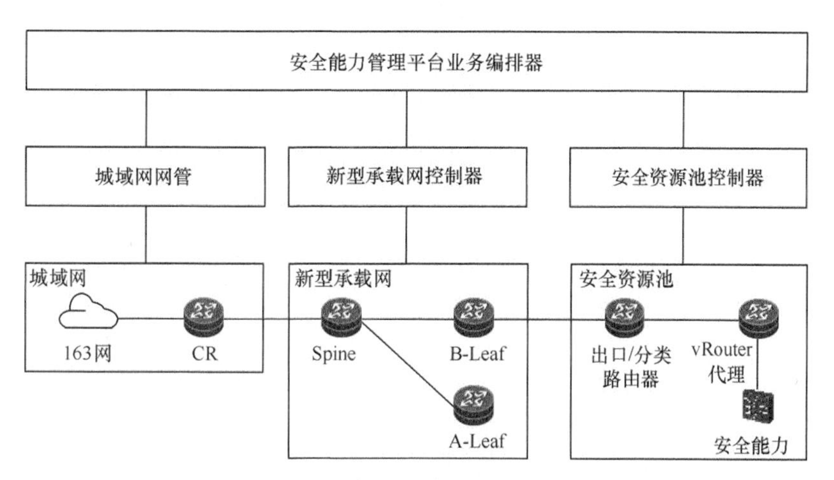

图7-25 安全能力管理平台整体架构

（2）新型承载网控制器

新型承载网控制器向外部系统开放北向业务接口，内部根据新型承载网组网结构和互联网专线技术规范，计算和构建边缘接入设备经过安全资源池到城域网CR设备的安全业务链转发路径（基于SRv6 TE Policy的L2EVPN或者L3EVPN），从而实现在接入设备上以指定用户、指定地址的方式，将互联网流量经安全资源池送达城域网出口CR设备。

（3）安全资源池控制器

安全资源池控制器主动拉起vRouter（虚拟路由器）并分配本地SID，不同租户根据购买的不同类型安全原子能力，生成不同的SRv6业务链，随后安全资源池控制器将不同租户的不同业务链下发至SRv6路由器中，将租户购买的安全服务转换为本地SID。当安全资源池接收安全能力管理平台业务编排器的SFC编排请求时，将编排请求转换为SRv6 SID和SRv6 TE Policy下发到安全资源池中的出口路由器和vRouter，完成资源池内部基于SRv6的业务链编排。

2. 安全资源池整体方案

在开通客户安全业务时，由业务编排器分别调用新型承载网和安全资源池控制器向对应的设备下发网络侧业务链配置信息，同时向资源池内的分类器和SFC节点下发安全能力编排业务信息，实现安全能力的端到端编排。安全资源池整体方案如图7-26所示。

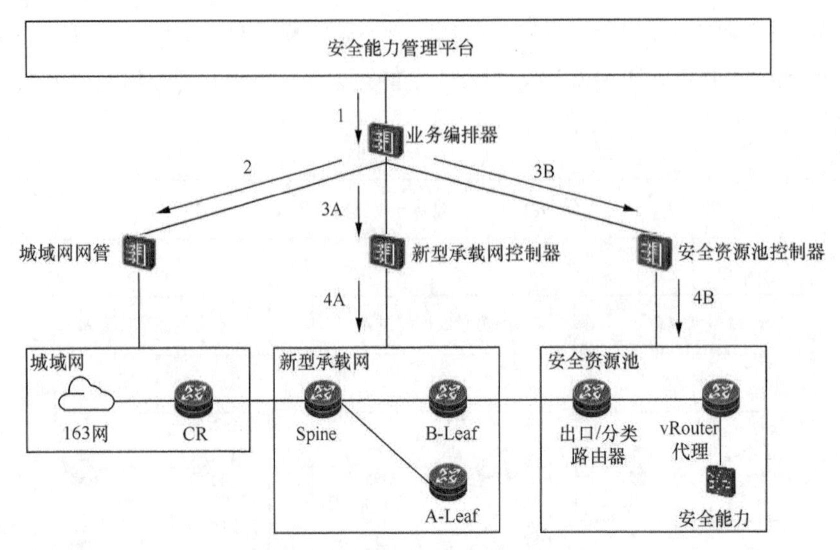

图7-26　安全资源池整体方案

（1）安全能力管理平台：统一编排

用户在安全能力管理平台订购业务，派单后交由业务编排器处理。业务编排器向城域网网管请求校验业务地址的合法性，同时，找到对应的新型承载网控制器和安全资源池控制器。

（2）分支 A（新型承载网侧）

在专线用户防护场景中，业务接入点 A-Leaf、B-Leaf 和 Spine 等网元由新型承载网控制器纳管，通过新型承载网控制器下发网络侧业务链信息（SRv6 TE 显式路径）。

新型承载网控制器根据新型承载网业务形式（城域网专线、极速专线等），下发 SRv6 TE Policy/ 静态路由等配置。业务编排器需要在新型承载网中，根据专线业务类型，创建一个由网络边界三层接入点（A-Leaf 或 BRAS-UP），经由安全资源池，回注到新型承载网出口（B-Leaf 和 CR）的转发路径。对于 IP 引流的方案，下发的配置为从网络三层接入点通过 PBR/BGP FlowSpec，建立 SRv6 TE Policy 隧道。其中，安全资源池内的显式路径在新型承载网通过绑定 SID 拼接方式实现；对于 EVPN 引流方案，需要在 A-Leaf 和 B-Leaf 之间建立 EVPN 实例，在业务开通时，基于 EVPN 实例建立 SRv6 TE Policy 显式隧道。

（3）分支 B（安全资源池侧）

在专线用户防护场景中，安全资源池内网络设备和安全原子能力由安全资源池控制器纳管。安全资源池控制器向安全资源池下发基于 SRv6 SFC 的安全资源池内部业务链信息。

安全资源池控制器根据用户订购安全能力，在安全资源池下发合适的 SRv6 SFC/ 静态路由等配置信息。业务编排器需要在安全资源池内根据订购信息，产生由安全资源池入口设备到出口设备之间的 SRv6 SFC 显式隧道。

3. 新型 IP 承载网 EVPN 转发流量调度方案

新型 IP 承载网业务调度方案如图 7-27 所示。图 7-27 中（a）为城域网普通专线转发路径，城域网专线由 A-Leaf 接入，通过 Spine 汇聚，经城域网 CR 访问互联网，图 7-27 中（b）为安全专线转发路径，A-Leaf 和 B-Leaf 之间通过 SRv6 TE Policy 实现，该路径的业务流量从新型承载网向安全资源池精准引流，安全资源池回注新型承载网仍然采用 IP 转发。

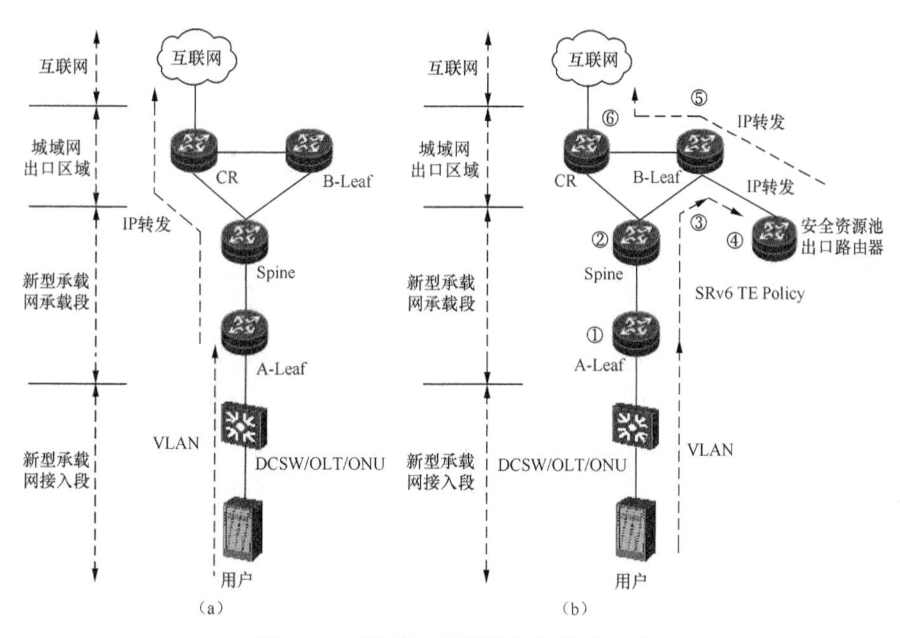

图7-27 新型IP承载网业务调度方案

（1）上行流量

基于 EVPN 的 SRv6 TE Policy，上行方向的流量调度如图 7-27(b）所示。

① 用户从 A-Leaf 接入，A-Leaf 配置 PBR/BGP FlowSpec 策略对用户地址进行识别，将用户流量导入 SRv6 TE Policy，随后根据 SRv6 TE Policy 将 Spine 设备的 SID 映射到 IPv6 报头的目的地址，将流量转发到 Spine。

② 用户流量到达 Spine，将边缘（Border）的 SID 映射到 IPv6 报头的目的地址，将流量转发到 B-Leaf。

③ 用户流量到达 B-Leaf，完成 SRv6 隧道的解封装，将流量转发到安全资源池出口路由器。

④ 在安全资源池内，识别用户地址后，根据用户订购的安全能力，使用 SRv6 SFC 形成安

全资源池内部的安全业务链。

⑤ 安全资源池出口路由器通过 IP 转发将流量转发到 B-Leaf。

⑥ B-Leaf 通过默认路由将流量转发到城域网 CR。

（2）下行流量

基于 EVPN 的 SRv6 TE Policy，下行方向的流量调度如图 7-28 所示。

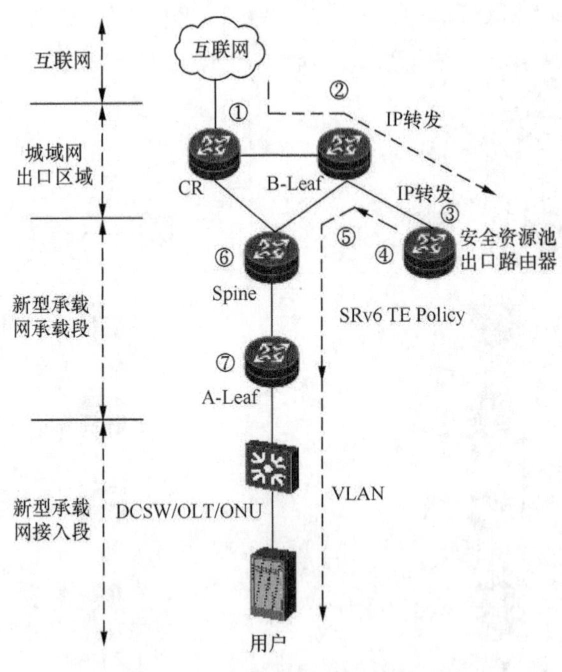

图7-28　下行方向的流量调度

① CR 根据 BGP 路由选路结果将流量转发到 B-Leaf。

② B-Leaf 根据指向安全资源池的路由将流量转发到安全资源池出口路由器。

③ 在安全资源池内，识别用户地址后，根据用户订购的安全能力，使用 SRv6 SFC 形成安全资源池内部的安全业务链。

④ 安全资源池出口路由器根据 IP 路由将流量转发到 B-Leaf。

⑤ B-Leaf 配置 PBR/BGP FlowSpec 策略对用户地址进行识别，将用户流量导入 SRv6 TE Policy，随后根据 SRv6 TE Policy 将 Spine 设备的 SID 映射到 IPv6 报头的目的地址，将流量转发到 Spine。

⑥ 用户流量到达 Spine，将 A-Leaf 的 SID 映射到 IPv6 报头的目的地址，将流量转发到 A-Leaf。

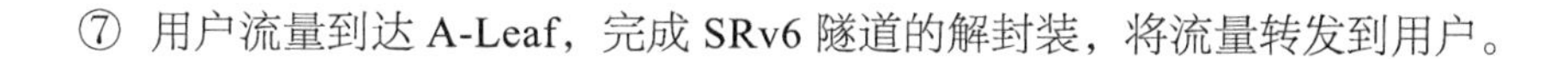

⑦ 用户流量到达 A-Leaf，完成 SRv6 隧道的解封装，将流量转发到用户。

4. 新型 IP 承载网 IP 转发流量调度方案

在 IP 流量转发场景下，通过 PBR/BGP FlowSpec 将用户流量重新定向到 SRv6 TE Policy 显式隧道中，隧道的两端是 A-Leaf 和安全资源池出口路由器。其中，安全资源池的显式隧道在新型承载网通过绑定 SID 方式实现，在安全资源池转换成安全资源池内部 SRv6 TE Policy 显式隧道。上述方式可以实现新型承载网和安全资源池融合的基于 SRv6 TE Policy 的端到端安全业务链编排。

（1）上行流量

在 A-Leaf 上按照客户业务流配置 PBR/BGP FlowSpec 策略，通过 SRv6 TE Policy 指向安全资源池出口路由器。该隧道使用绑定 SID 表达安全资源池内的转发路径。当流量到达安全资源池出口路由器时，将绑定 SID 转换成安全资源池内部的 SRv6 TE Policy 显式路径，实现安全资源池内部的流量调度。安全资源池回注新型承载网时，安全资源池出口路由器的下一跳指向 B-Leaf，在 B-Leaf 上存在 Spine 和 CR 发布的 BGP 路由，优选后不需要绕转 Spine，直接指向城域网 CR 访问互联网。

（2）下行流量

从城域网 CR 到安全资源池，由于安全资源池宣告 A-Leaf 的用户地址路由，CR 优选 B-Leaf 发布的路由，所以 B-Leaf 指向安全资源池出口路由器。从安全资源池到城域网用户，采用类似于上行的调度方法，首先安全资源池将新型承载网的转发路径通过绑定 SID 方式插入安全资源池 SR TE Policy 显式路径中，当流量经过安全资源池内部，安全业务链到达安全资源池出口路由器时，将绑定 SID 转换成新型承载网 SR TE Policy 显式路径，将流量发送到 A-Leaf 设备后进入用户内部网络。

5. 安全资源池流量调度案例

采用一个实际租户购买安全业务的案例方式（新型 IP 承载网采用 EVPN 调度流量），对安全资源池内业务流量走向加以说明。租户资产拟为 10.8.0.100，租户设备为 9.8.0.100，模拟租户同时购买池内两类安全服务原子能力，安全资源池控制器在接收到业务编排器配置指令后，将租户资产和安全服务原子能力转换为引流 IP 与 SID 下发至安全资源池出口路由器。该路由器作为池内封解包的头尾节点，负责根据租户采购的安全服务原子能力生成业务链。

安全资源池下行方向的流量调度如图 7-29 所示。其中，租户购买的安全服务原子能力包括下一代防火墙（Next Generation Fire Wall，NGFW）和 IPS。

租户的业务流量从运营商承载网引流到安全资源池后，到达安全资源池出口路由器。经过设定的匹配规则后，将不匹配流量转发到其他节点。对于匹配流量，安全资源池出口路由器将其封装成 SRv6 报文后，将流量导入规划路径，在 VSR-1 →安全服务原子能力 1（NGFW）→ VSR-2 →安全服务原子能力 2（IPS）的路径中，Segment 列表为 <fc00::0a04::0064，fc00::0a01::0064>。安全资源池出口路由器封装 SRv6 报文后，查询 IPv6 路由表，将报文传递给下一跳 VSR-1。

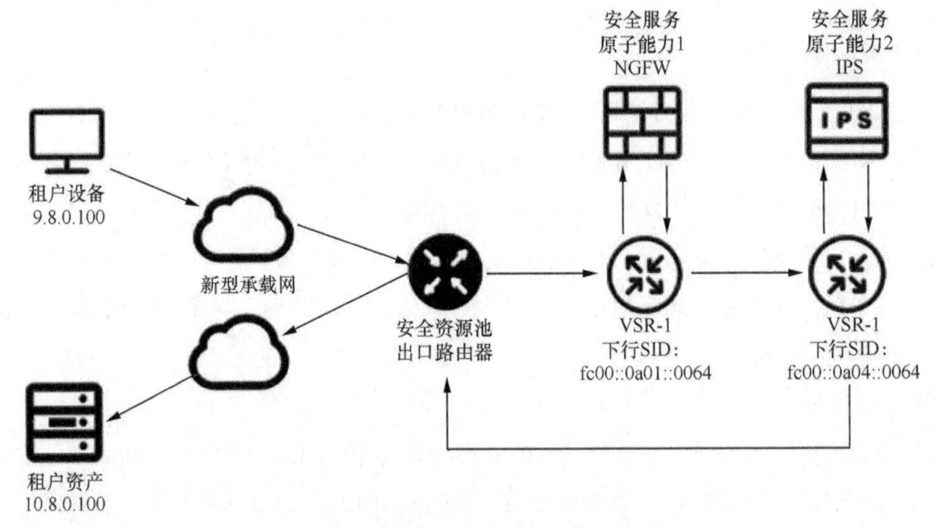

图7–29　安全资源池下行方向的流量调度

VSR-1 收到数据包后根据 IPv6 路由表匹配 IPv6 Local SID 并查询到 SRv6 扩展报头，SRv6 报文根据已经配置的 End.AD4 标签，将流量拆包为 IPv4 报文，并导入安全服务原子能力 1（NGFW）。VSR-1 会维持一个 SRv6 的临时会话，从安全服务原子能力 1（NGFW）接收 IPv4 报文，并按照会话封装该流量。其中，SRv6 报头中的 SL 减 1。封装好的流量包通过查找 IPv6 路由表，寻址到 VSR-2。

当流量经过 VSR-2 时，会执行类似的操作，最终将流量返回安全资源池出口路由器，并解包为 IPv4 报文。该 IPv4 报文的目的地址是租户资产 10.8.0.100。

至此，从租户→租户订阅服务→租户资产的下行流量，可以借助 SFC 定制化完成租户不同的安全服务原子能力需求。

安全资源池上行方向的流量调度如图 7-30 所示。

在 SFC 场景中，上行流量是从安全资源池出口路由器流经下行安全业务链安全服务原子能力的反向顺序，再回到安全资源池出口路由器，原理同上行流量一样。

安全资源池出口路由器调度网元接收到上行流量后，进行匹配并封装 SRv6 报文，产生 VSR-2 →安全服务原子能力 2（IPS）→ VSR-1 →安全服务原子能力 1（NGFW）的路径，Segment 列表为 <fc00::0b01::0064，fc00::0b04::0064>。这里的 VSR-1 和 VSR-2 采用不同的 SID 作为上行流量的 SFC 标识，便于区分上下行流量。

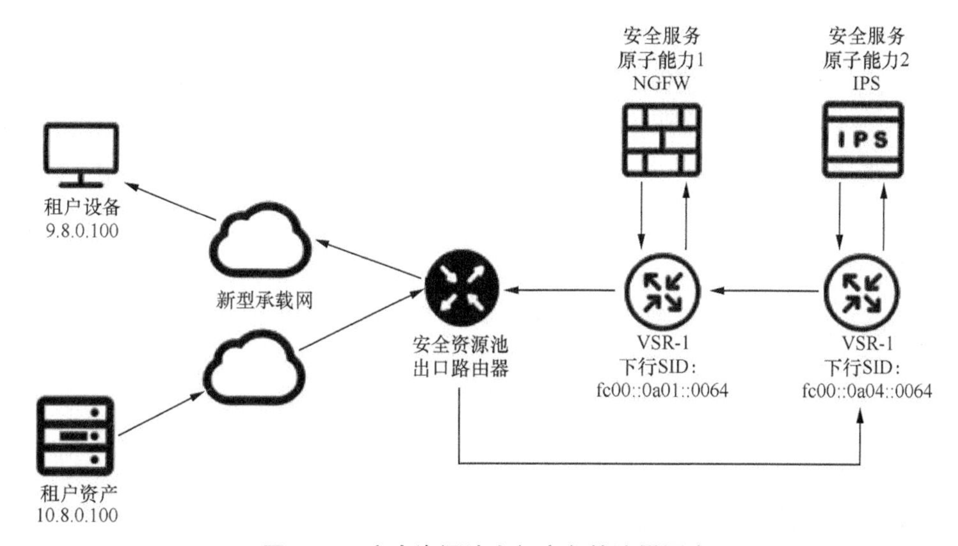

图7-30　安全资源池上行方向的流量调度

最后，上行流量通过安全资源池出口路由器返回给租户设备，达到安全业务链的反序处理。

7.7　网络承载面保护方案

当设备接入互联网时，设备会面临多种风险。常见的风险包括恶意攻击、操作失误、自然或者人为导致的灾难、设备失效等。设备可能同时面临多种安全风险，单纯地使用某一种技术，并不能解决设备面临的安全风险问题。在实际应用中，经常是通过融合多种技术来应对安全风险。常见的做法为逐级提升网络安全能力，例如，先提升单设备的能力，再针对组网提供组网保护方案。接下来，我们按照单设备防护和网络级防护进行具体介绍。

7.7.1　Fabric 单设备级防护

面对网上众多的攻击，设备有必要提升自我防护能力，以保障在攻击发生时，可以主动过滤攻击流量，或者能及时分析攻击流量以消除攻击威胁，或者能提供事后溯源手段避免攻击重复发生。具体面临的威胁主要包括以下几个方面。

- 非法用户通过远程访问设备。
- 黑客利用 TCP/IP 栈的漏洞攻击设备的协议栈。
- 通过泛洪流量占用设备的上传通道。
- DOS 攻击消耗 CPU 和系统的存储资源。
- 通过伪造源 IP 地址欺骗设备造成转发表项、CPU 处理能力的非正常消耗。

设备通过处理从接口板上传到主控 CPU 的报文，按照协议粒度进行分类，通过本机 URPF、TCP/IP 攻击防范、应用层联动、管理业务面防护、动态链路保护等特性对攻击报文进行过滤，实现对已建立连接的业务进行保护，对于畸形报文、欺骗报文、没有开启的业务报文在接口板的网络处理器（Network Processor，NP）进行丢弃，减少不必要的 CPU 处理业务量，实现设备安全性能的提升。

常见的单设备级安全技术的具体说明如下。

1. 应用层联动

应用层联动是指将控制层面的协议开关状态和底层转发引擎的协议关联起来。建立上层和底层之间的联系，使协议在开关状态上保持一致，对于设备没有开启业务的协议，底层硬件默认以小带宽上传协议报文，也可以配置为完全不上传，这样就将攻击者的攻击范围尽可能缩小，减少了设备的安全风险。

当应用层联动协议的运行过程发生变化时，控制层面会把应用层联动协议是否使能的消息通知给用户面，用户面会根据控制开关的变化，调整报文上传的带宽。

当路由器收到对应的应用层联动协议报文时，会根据协议特性匹配 ACL，以决定报文上传的承诺访问速率（Committed Access Rate，CAR）通道，如果此时报文的协议开关是开的，报文就会以配置 / 默认 CAR 带宽上传给控制面。如果报文的协议开关是关的，那么报文会以小带宽上传给控制面，或者直接将报文丢弃。

2. 管理面、控制面防护

管理报文、控制报文从哪个端口上传是可以预先知道的。除了预先规划好的接口，其他接口不应该上传这种报文。

管理面、控制面防护具有以下两个作用。

① 指定某几个端口为管理端口，其他的端口收到的管理报文一概丢弃，可以防止攻击者通过网络接口远程控制路由器。

② 在软件层再对协议报文做一次控制。

管理面、控制面防护通常通过三级策略配置（接口级、板级、全局级）实现。三级策略的配置实现对管理、应用协议的接口级粒度的控制。三级策略的配置能够方便指定路由器的某一个端口处理哪几种类型的协议报文。

支持的协议类型包括以下两个方面。

- 管理协议：FTP、安全外壳（Secure Shell，SSH）、简单网络管理协议（Simple Network Management Protocol，SNMP）、TELNET、简易文件传送协议（Trivial File Transfer Protocol，TFTP）等。
- 应用协议：BGP、LDP、RSVP、OSPF、RIP、ISIS等。

管理面、控制面防护支持三级策略配置。对上述协议，每个级别都有pass（遍，具体是指对源程序或源程序的中间结果从头到尾扫描一次，并作有关的加工处理，生成新的中间结果或目标程序的过程）、drop（撤销）和未配置3种动作。

- 当路由器收到上述协议报文，会判断是否配置了管理业务面防护接口级策略；如果接口策略配置了pass动作，则直接将报文信息上传给控制面处理；如果接口策略配置了drop，则直接将其丢弃。
- 如果没有配置接口级策略或者接口级策略对于这种协议的动作未配置，则判断是否配置了管理业务面防护板级策略；如果板级策略配置了pass动作，则直接将报文信息上传给控制面处理；如果板级策略配置了drop，则直接将其丢弃。
- 如果没有配置板级策略或者板级策略对于这种协议的动作未配置，则判断是否配置了管理业务面防护全局策略；如果全局策略配置了pass动作，则直接将报文信息上传给控制面处理；如果全局策略配置了drop，则直接将其丢弃。
- 如果没有配置全局策略或者全局策略对于这种协议的动作未配置，则直接将报文信息上传给控制面处理。

3. 白名单、黑名单、用户自定义流

对于一些报文，可以明确知道是信任的报文，或者是攻击的报文，明确该信息后，可以通过手动配置让信任的报文以高优先级上传，丢弃攻击报文。

黑名单、白名单、用户自定义流均为用户配置的ACL规则，三者的具体定义如下。

- 白名单是指合法用户或高优先级用户的集合。
- 黑名单是指非法用户的集合。
- 用户自定义流是指用户自定义的防攻击 ACL 规则。

黑名单、白名单、用户自定义流都是通过 ACL 规则和 CAR 来实现的。控制面通过 ACL 与黑名单、白名单、用户自定义流的绑定关系，下发不同的动作给转发引擎。

如果转发引擎收到的报文匹配到白名单的 ACL，则这些报文会采用高速率、高优先级上传；如果转发引擎收到的报文匹配到黑名单的 ACL，则这些报文会被丢弃或者低优先级上传；如果转发引擎收到的报文匹配到用户自定义流的 ACL，则这些报文会根据配置的速率和优先级进行上传。黑名单、白名单、用户自定义流的匹配顺序是可以调整的，系统默认匹配的顺序是白名单、黑名单、用户自定义流。需要注意的是，可以通过命令行调整三者的顺序。首先，通过命令行配置黑名单、白名单、用户自定义流绑定 ACL，然后下发规则和动作。下发的顺序与配置的黑名单、白名单、用户自定义流匹配顺序一致。如果转发引擎收到报文匹配 ACL，则可以根据匹配 ACL 的具体动作，采取不同的 CAR 带宽和优先级上传。

4. 动态链路保护

动态链路保护是利用防攻击特性中的白名单实现的。当设备检测到某种协议的 Session 建立时，将该 Session 信息同步下发到白名单中，后续上传的报文如果匹配该 Session 特征信息，此类数据将会享受大带宽、高优先级上传的权利，由此保证该 Session 相关业务运行的可靠性、稳定性。反之，当设备检测到某种协议的 Session 拆除时，需要将 Session 此信息从白名单中删除。

动态链路保护是保护已经建立 Session 的协议，使这些报文可以优先上传，建立了 Session 的报文会下发白名单至转发面。

- 当路由器收到上述协议报文，首先进行 ACL 匹配，如果收到的报文是已经建立起 Session 的报文，就会匹配上 ACL，并且让这种报文以较大的带宽和较高的优先级上传给控制面。
- 如果没有匹配上 ACL，就会以这种协议原有的带宽和优先级上传到控制面。

5. GTSM

通用存活时间安全机制（Generalized Time To Live Security Mechanism，GTSM）是通过 TTL 的检测来达到防止攻击的目的的。TTL 字段在 IP 报文头中，用于设置数据包可以经过的最多路由器数。如果某个协议或者业务满足 TTL 范围这个限制条件，就可以利用该机制保护设备不受攻击。

GTSM 是一种利用 TTL 防止攻击的通用技术，主要采取的措施如下。

- **对于直连的协议邻居**：将需要发出的协议报文的 TTL 值设定为 255，在部署了 GTSM 功能的邻居收到后，邻居用户面会将 TTL 值非 255 的协议报文直接丢弃，降低了控制面受到攻击的概率。
- **对于多跳的邻居**：可以定义一个合理 TTL 值的范围，例如，251 ~ 255，邻居用户面将超出这个 TTL 范围的协议报文直接过滤掉，降低了控制面受到攻击的概率。

6. TCP/IP 防攻击

对于 IP 空载等畸形报文，路由器协议栈不会处理而是直接丢弃；对于分片或 SYN 这样的报文，应该根据路由器本机的处理能力，对其上传的速率进行限制；对于端口号是 7、13、19 的 UDP 报文，不会对其处理，而是将其直接丢弃。

对于基于 TCP/IP 的一些畸形报文或是一些典型的攻击报文，主要是利用 TCP/IP 攻击防范模块进行防护的。构造一系列的 ACL，将畸形报文和攻击报文的特征下发到 ACL 中进行报文识别，然后采取直接丢弃的措施或者采取 CAR 带宽限流的方式防护。

TCP/IP 攻击防范模块的关键在于其灵活性和可扩展性。因为攻击的方式总是在改变，所以攻击报文的特征识别需要不断更新。

一般需要设备支持以下报文的 TCP/IP 攻击防范。

- **畸形报文**：IP 空载报文、IGMP 空载报文、LAND 攻击报文、Smurf 攻击报文（目的地址为子网广播地址的 ICMP echo request 报文）由协议栈健壮性保证对其识别，并采取丢弃的措施。Smurf 攻击报文 TCP/IP 标志为非法报文由转发引擎直接丢弃。
- **分片报文**：通过软件 CAR 来控制上传协议栈的速率。
- **TCP SYN 报文**：通过转发引擎做 CAR 来控制上传协议栈的速率。
- **UDP FLOOD 报文**：转发引擎直接将其丢弃。

7. 本机单播反向路径检查

一般情况下，路由器接收到报文，获取报文的目的地址，针对目的地址查找路由，如果找到了，就转发报文，否则，丢弃该报文。本机单播反向路径检查（Unicast Reverse Path Find，URPF）通过获取报文的源地址和入接口，以源地址为目的地址，在转发表中查找源地址对应的接口是否与入接口匹配，如果不匹配，则认为源地址是伪装的，丢弃该报文。

本机URPF有效地防范了网络中通过修改源地址而进行的恶意攻击行为。数据报文从网络接口进入网络处理器，对于三层IP报文，查找路由器转发信息库（Forwarding Information Base，FIB），如果是本机路由，则将其上传CP处理，否则，将其进行转发。在上传/转发之前需要做本机URPF检查，获取报文的源地址和入接口，以源地址为目的地址，在转发表中查找源地址对应的接口是否与入接口匹配。检查的原理是根据数据包的源IP地址查路由表。

本机URPF有严格模式、松散模式、“严格+默认路由”模式、“松散+默认路由”模式，具体说明如下。

- 严格模式：如果报文能精确匹配路由（默认路由除外），并且入接口与匹配路由的出接口一致，则上传/转发报文，否则，将其丢弃。
- 松散模式：如果报文精确匹配路由（默认路由除外），则上传/转发报文，否则，将其丢弃。
- “严格+默认路由”模式：如果报文能匹配明细路由或者默认路由，并且入接口与匹配路由的出接口一致，则上传/转发报文，否则，将其丢弃。
- “松散+默认路由”模式：如果报文精确匹配明细路由（包括默认路由），则上传/转发报文，否则，将其丢弃。

本机URPF支持以下模式。

- 接口URPF：支持严格模式、松散模式、“严格+默认路由”模式、“松散+默认路由”模式。
- 基于流的URPF：支持严格模式、松散模式、“严格+默认路由”模式、“松散+默认路由”模式。

8. 攻击溯源

可以把攻击溯源看作一个强大的日志处理中心，对于各个模块检测到的攻击，将攻击报文的信息发送到攻击溯源模块进行记录。

当攻击溯源收到报文时，设备按照配置的采样比和报文长度来记录报文。攻击溯源模块维护一个较大的缓冲区，攻击溯源模块可以根据时间戳对攻击的报文进行排序，支持精确查询和模糊查询，并且当接口板重启后，信息不会丢失，通过命令行还可以按照标准文件格式将其导入主控板的袖珍（Compact Flash，CF）卡（一种用于便捷式的数据存储设备）保存。

一般按照以下流程处理。

- 对于收到需要记录的报文，判断其采样比，如果是未达到配置的采样比，则不做任何处理；如果是达到配置的采样比，则记录报文至内存中。
- 当需要显示时，格式化显示记录的报文，可以对内存中数据和文件中的数据进行显示。

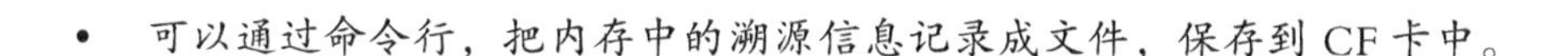

- 可以通过命令行，把内存中的溯源信息记录成文件，保存到 CF 卡中。

7.7.2 网络故障保护方案

设备在现网运行，其目的是稳定地提供网络服务，网络服务因时间过长受损，可以被归为网络面临的风险。设备除了面临恶意攻击，还面临其他风险，例如，光纤被挖断导致的业务中断、设备升级导致的业务中断等。下面，我们将介绍如何通过可靠性技术保护网络正常运行，抵御故障。

基于“SRv6+EVPN”的新型网络简化了协议，在进行可靠性部署时比传统网络简单，主要是利用 SRv6 TiLFA（Topology Independent Loop Free Alternate，拓扑无关的无环冗余替代保护）和 EVPN 双活来实现链路级和节点级保护。SRv6 故障保护场景如图 7-31 所示，图中的黑点为 EVPN 示例接口。SRv6 故障保护方案见表 7-2。

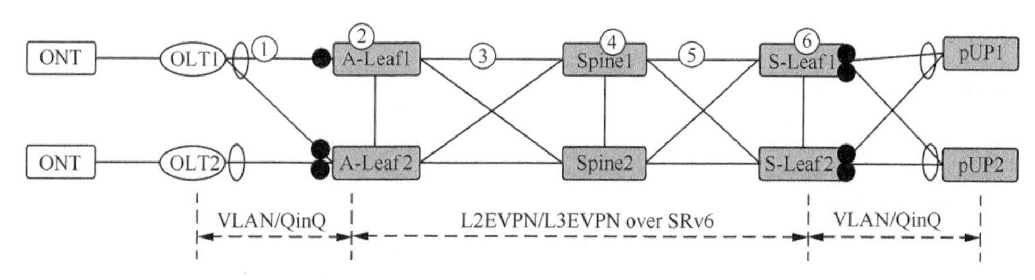

注：图中的①②③④⑤⑥的具体说明见表7-2。

图7-31 SRv6故障保护场景

表7-2 SRv6故障保护方案

故障点	保护机制	故障后上行流量	故障后下行流量
①	Eth-Trunk 跨框链路保护	OLT1 → A-Leaf2 → Spine1/Spine2 → S-Leaf1/S-Leaf2 → pUP1	pUP1 → S-Leaf1/S-Leaf2 → Spine1/Spine2 → A-Leaf2 → OLT1
②	A-Leaf 节点保护（EVPN 双活）	同上	同上
③	SRv6 TiLFA 快速收敛保护	OLT1 → A-Leaf1 → Spine2 → S-Leaf1/S-Leaf2 → pUP1	pUP1 → S-Leaf1/S-Leaf2 → Spine1/Spine2 → A-Leaf1/A-Leaf2 → OLT1
④	Spine 节点保护（SRv6 TE FRR/ SRv6 TiLFA）	同上	pUP1 → S-Leaf1/S-Leaf2 → Spine2 → A-Leaf1/A-Leaf2 → OLT1
⑤	SRv6 TiLFA 快速收敛保护	OLT1 → A-Leaf1 → Spine1/Spine2 → S-Leaf2 → pUP1	pUP1 → S-Leaf1/S-Leaf2 → Spine1/Spine2 → A-Leaf1/A-Leaf2 → OLT1
⑥	S-Leaf 节点保护（EVPN 双活）	同上	pUP1 → S-Leaf2 → Spine1/Spine2 → A-Leaf1/A-Leaf2 → OLT1

1. AC 侧可靠性部署

交换机或者 OLT 双归接入 A-Leaf 设备，部署 E-Trunk 双活。部署 E-Trunk 下的 BFD，检测 AC 口或者 A-Leaf 节点故障做快速倒换。

2. 网络侧可靠性部署

部署 BFD for IGP 和 TiLFA，快速检测并提供 FRR 保护路径，当某处链路或节点发生故障时，流量会快速切换到备份路径，继续转发。所有节点使能中间节点 TiLFA 进行 SRv6 Policy 隧道保护。SRv6 转发时遇到中间节点故障后，可以通过中间节点 TiLFA 功能快速切换到备份下一跳。部署 BFD for SRv6 Policy，当中间链路或者节点发生故障时，切换 SRv6 Policy 的标签交换路径。

3. 节点可靠性部署

对 Leaf 节点成对部署设备，部署 EVPN 双活，利用 EVPN 的双活机制，实现当其中一个节点发生故障后，业务能够快速倒换。

7.7.3 切片安全方案

灵活以太网（FlexE）是实现业务隔离承载和网络分片的一种接口技术。FlexE 在物理层接口上提供通道化的硬件隔离功能，实现硬切片保障业务 SLA，各业务独占带宽，业务之间不互相影响，即可在多业务承载条件下实现增强 QoS 能力。

随着网络建设的发展，按照新型 IP 承载网要求，同一张网络需要承载各种不同的业务，包括家庭宽带业务、专线接入业务、移动承载业务等，实现一网多用。家庭宽带业务流量较大，在同一张网络上承载，如果采用传统 QoS 方案，家庭宽带业务将不可避免地影响移动承载业务和专线投入业务的体验。由于要面向公众服务，该网络不再是一张封闭的网络，将面临来自互联网的安全威胁。采用 FlexE，将家庭宽带业务、移动承载业务、专线接入业务分别放在不同的分片中承载，业务之间相互隔离，既能较好地保障各自业务的带宽和体验，也能隔离可能遇到的安全威胁。

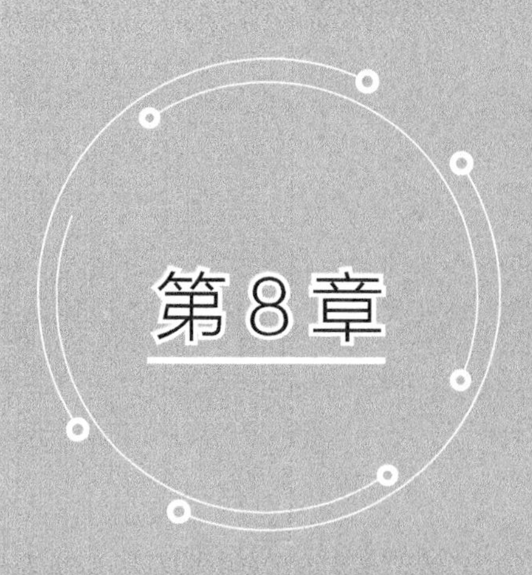

第8章

新型 IP 承载网可编程技术

8.1 SDN 思想对网络编程的影响

8.1.1 SDN 产生的背景

互联网经过几十年的高速发展，从一开始用于满足简单互联服务的“尽力而为”型网络，逐步发展为可提供多媒体业务的融合型网络，但是在互联网业务的快速发展下，源于 IP 的基础网络架构越来越难以满足灵活高效的业务转发诉求，从而出现了一系列问题。

① 复杂的管理运维：IP 技术缺乏对管理和运维的设计，在部署全局业务的策略时，必须配置每台网络设备。随着网络规模的扩大和新业务的引入，这种管理很难实现高效管理业务和快速排障。

② 难以开展网络创新：由于 IP 网络控制面和数据面深度耦合，新技术的引入对现网设备依赖严重，导致新技术的部署周期一般长达 3 ～ 5 年，对网络的演进发展制约严重。

③ 软件大小增长迅速：IP 技术发展主要依赖“打补丁”，随着新功能的不断加入，其系统大小和实现的复杂度也在不断提升。

④ 云网融合困难：随着互联网和云计算的发展，云数据中心越来越多。为了满足多租户组网的需求，多种 Overlay 的技术被提出。历史上，有专家尝试过将 MPLS 引入数据中心来提供 VPN 服务，但由于网络管理边界、管理复杂度和可扩展性等问题，MPLS 进入数据中心的尝试均以失败告终。

⑤ 跨域部署困难：MPLS 被部署到不同的网络域，例如，IP 骨干网、城域网和移动承载网，形成独立的 MPLS 域，也带来了新的网络边界。很多业务需要端到端部署，因此，在部署业务时，需要跨越多个 MPLS 域，带来了复杂的 MPLS 跨域问题。历史上，MPLS VPN 有 OptionA/OptionB/OptionC 等多种形式的跨域方案，业务部署复杂度相对较高。

为了从根本上解决上述问题，经过多年的技术积累和发展后，SDN 和可编程网络技术逐渐浮出水面。

8.1.2 SDN 的价值

SDN 的目标是实现网络设备的完全可编程，一切由软件控制，用户可以根据实际业务需要对设备进行自由编程，达到快速部署业务、提高网络运营效率、降低网络运营成本的目的。网络设备完全可编程包括创建新业务、修改业务流程、创建业务表、配置业务性能等。这些是 SDN 设备必须支持的可编程能力，是 SDN 设备区别于传统网络设备的根本所在。

SDN 采用的转控分离架构（网络控制面和用户面分离）与传统网络截然不同，其集中控制代替了传统网络的分布式控制，其关键能力“软件定义”由开放和可编程接口来实现。SDN 转控分离架构对网络产生以下影响。

① 设备复杂度降低，转控分离降低了对网络设备转发能力的要求，并使网络设备能力简化及统一，硬件趋于通用化，有利于不同厂商之间的互通和对接，从而降低设备的复杂度和硬件成本。

② 网络利用率提升，集中控制面可以管理海量的网络设备，可以协助运维人员构建完整的网络全局视图，实施基于全局网络统一规划。

③ SDN 的控制面可以对网络设备下发各种策略，网络灵活性得以快速落地；同时，上层应用可以通过 SDN 提供的北向接口直接访问网络资源和服务，从而控制网络提供更加灵活的服务，加速创新。

传统网络底层主要负责数据转发，在 SDN 架构下这部分可以由廉价、通用的商用设备组成；SDN 上层是集中控制层，主要是独立的软件系统，而网络设备最终呈现的类型和功能则由上层软件决定，通过远程自动化配置方式来实现部署和运行，并下发设备所需的业务、功能和参数。从上述分析可以看出，SDN 技术必然会对传统电信网络架构的演进带来颠覆性的影响和改变。

SDN 采用 IT 技术模式改造传统网络，使用软件重新定义“封闭”的网络能力，从而使网络由静态走向动态，解决了传统网络难以适应需求快速变化、无法实现网络虚拟化、设备成本及运维昂贵的问题，为网络发展打开了一扇新的大门。

8.1.3 网络编程技术的演进

在 SDN 的转控分离架构中，数据面设备更加通用，类似于计算机通用硬件底层，不需要实现各种网络协议的控制层，只须接收控制面下发的指令并按照指令执行操作。控制逻辑则由 SDN 控制器和应用来定义实现，从而整体上实现软件定义的网络能力。

SDN 主要有以下 3 个特征。

① 开放可编程的网络：SDN 创建了一种新的网络抽象模型，它可以为用户提供一整套通用 API。用户在控制器上通过编程实现对网络的配置、管理和控制。

② 逻辑上的集中控制：SDN 可以对分布式网络状态进行集中的统一管理。逻辑集中控制是 SDN 的架构基础，该架构是网络自动化管理的基础。

③ 转控分离：控制面与数据面解耦，二者遵循统一的开放接口完成通信，二者独立演进，互不干涉。

符合以上 3 个特征的网络都可以成为 SDN。在这 3 个特征中，转控分离为逻辑集中控制创造了条件，逻辑集中控制是网络开放可编程的基础，而网络开放可编程则是 SDN 的核心特征。

SDN 只是一种网络架构，历史上出现过多种用于实现 SDN 的协议，例如，OpenFlow、协议无感知转发（Protocol Oblivious Forwarding，POF）、与编程协议无关的包处理器（Programming Protocol-Independent Packet Processors，PPPP，简称为 P4）和 SR。

1. OpenFlow

OpenFlow 是一种新型网络协议，为了实现网络业务的灵活部署，采用转控分离架构，从网络设备中分离出控制逻辑，统一到中央控制器集中管控，并且设计了 OpenFlow 标准协议作为控制器与交换机的通信接口。其核心思想是将传统交换机 / 路由器控制的数据包转发过程调整为由 OpenFlow 交换机和控制服务器分别完成的独立过程。转变背后隐藏的实际上是控制权的更迭，传统网络中数据包的流向是人为指定的，只进行数据包级别的交换；而在 OpenFlow 网络中，路由转发被统一的控制服务器取代，传输路径由控制器负责计算和下发。

OpenFlow 交换机会在本地维护一个流表，当需要被转发的数据报文有对应的流表表项，则按照流表快速转发；未命中流表表项，报文被上送到控制器，由控制器确认该报文的转发路径，再将路径通过流表下发到 OpenFlow 交换机，交换机再根据下发流表进行转发。流表除了可以使用 IP 五元组（五元组具体是指源 IP 地址、源端口、目的 IP 地址、目的端口、传输层协议），还可以通过其他关键字和动作组织特殊规则，达到灵活应用的目的。例如，当仅需要源 IP 做匹配时，下发流表只须匹配源 IP 字段，配置流动作时添加相应的出端口即可实现常规的 IP 路由转发。

OpenFlow 的优点在于可以灵活编程转发规则，但该优点也存在一些比较明显的问题。

① OpenFlow 的流表规格受限，导致 OpenFlow 交换机性能不足。OpenFlow 目前更多地部署在数据中心，用于比较简单的数据交换，无法部署在对流表表项需求更多的环境中。

② OpenFlow 交换机的优势在于不需要部署 IGP 等分布式路由协议就可以通过控制器收集的网络拓扑来完成路径计算，指导报文转发。但在实际部署中没有运营商会抛弃 IGP 等分布式路由协议，因此，OpenFlow 的用途就只剩下对关键业务的流量调优。

③ OpenFlow 不是改变现有交换机的转发逻辑，而是基于当前的硬件转发逻辑添加对应流表来指导数据包的转发。在这个逻辑下，当增加新特性时，控制器和交换机的协议栈需要重新开发。特殊情况下，交换芯片和硬件也需要重新开发，因此，新特性的增加成本会非常高。

④ OpenFlow 在维持网络状态上能力较差，交换机只能支持无状态的操作，对控制器依赖较大，因此，控制器会存在压力大的情况，其扩展性和性能也存在一些问题。

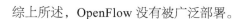

综上所述，OpenFlow 没有被广泛部署。

2. P4

P4 是一种高级语言，主要用于处理底层设备数据的程序，使用 P4 编写好网络应用程序之后，可以对底层设备进行编译 / 配置，从而完成用户和业务需求。

P4 归属于高级编程语言，它的主要作用如下。

① 重新下发配置，程序员可以对已下发的交换机配置做修改。

② 独立协议，交换机不需要和任何网络协议绑定。

③ 目标独立，程序员描述数据处理行为时能够不受底层硬件的特性约束。程序员只须使用 P4 语言进行编程就可以对底层交换机进行配置。具体的过程就是，程序员编写高级语言程序后，编译器将其翻译为表依赖图（Table Dependency Graph，TDG）来帮助分析依赖关系，再将 TDG 映射到不同的转发设备上。

P4 的编程模型可分为两个阶段：一是配置阶段，定义转发逻辑的协议解析过程，该阶段还定义了主体控制程序；二是运行时的流表控制阶段，涉及流表表项的下发、修改、删除及对应的动作。

完成配置后，当设备接收到数据时，解析器（Parser）识别出报文头部，然后通过 “match+action”（匹配 + 启动）表完成匹配，并执行匹配到的首条流动作。“match+action” 表的入表决定报文进哪个队列及出端口，出表关注对报文头字段的修改。另外，报文头可以携带元数据（MetaData）。MetaData 可以携带一些中间信息用于操作处理，例如，传输目的地、入端口、队列、时间戳等。

虽然 P4 在创新上具有一定的技术优势，可以满足网络创新的需求，但是在商业部署上却没有进展。一方面，增加一个网络特性不是一家设备商的事情，它需要运营商和设备商共同参与，由整个行业共同推动、共同制定标准来实现。这个标准的制定周期相对较长，因此，P4 快速支持网络编程的能力显得不那么重要；另一方面，完全集中式的 SDN 在可靠性和响应速度等方面存在问题，且对控制器要求过高。而在实际中，现网并不需要通过推翻分布式路由协议架构来完全重新构建连接，而是需要在现有分布式智能互联的基础上，提供增强的集中式全局优化的能力，实现全局优化和分布式智能的结合。

3. POF

华为公司推出的 POF，也是致力于提升底层设备的可编程能力，使 OpenFlow 交换机对转发逻辑进行编程和修改。

POF 的结构比 P4 简单，首先，管理人员使用 UI 完成对协议和 MetaData 的配置。然后，控制器以 POF 特有的形式存储协议和 MetaData。最后，POF 再配置硬件。交换机的流表由控制器配置或由应用下载到指定设备。

POF 逐层对报文进行解析（类似 OpenFlow），每层可有多张流表，同时可以使用 MetaDate 来处理多层协议的多个字段。

由于 POF 的协议具有无关的特性，所以它可以部署在任意网络，包括非以太网网络，例如，命名数据网络（Named Data Network，NDN）和以内容为中心的网络（Content Centric Network，CCN）这两种未来网络。另外，POF 交换机可以实现更多的智能功能，可以在网络安全等领域有所作为。

POF 的控制流程相对于 OpenFlow 要复杂得多，需要定义一套通用指令集来实现调度，对设备性能带来一定影响。因此，POF 在商业上并没有太大进展。

4. SR

源路由技术是指由数据包的源头来决定数据包在网络中的传输路径，这一点和传统网络转发中各个网络节点自行选择最短路由有本质的不同。但是源路由技术会对数据包进行处理，导致数据包的格式很复杂，开销也增加了，在早期网络带宽资源紧张的情况下，没有大规模应用。

2013 年，出现了 SR 协议，SR 的核心思想是将报文转发路径切割为不同的段，并在路径起始点往报文中插入分段信息，中间节点只须按照报文中携带的分段信息转发即可。

SR 的设计理念在现实生活中很容易找到，下面我们举一个乘坐飞机出行的例子，进一步解释 SR。假设从海口到伦敦的飞机需要在广州和北京进行两次中转，所以行程就会变为 3 段：海口—广州、广州—北京和北京—伦敦。如果我们在海口就买好从海口到广州，广州到北京，北京到伦敦的联程机票，就可以从海口出发，一站一站中转飞到伦敦。如果每个人都能按照这种方式提前进行规划，那么很容易避免局部的突发竞争。虽然对某个人来说，行程不一定是最优的，但是对于群体而言却是全局最优的。上述过程中，存在两个关键点：一是路径分段（Segment）；二是在源头位置对 Segment 进行组合，提前确定了整个出行路径（Routing）。SR 在头节点进行路径组合，中间不需要对路径状态感知，这就是源路由思想。

在网络边界相对明确、业务头尾节点固定的情况下，控制了头节点就可以控制报文的转发路径。仅在头节点进行路径调整，就可以满足不同业务的定制化需求，实现由业务驱动网络，把业务的意图更好地带入网络之中，这也是符合 SDN 思想的。

基于 SR 来优化网络，不需要对现网硬件设施进行大量替换，因此，对现网有更好的兼容性。

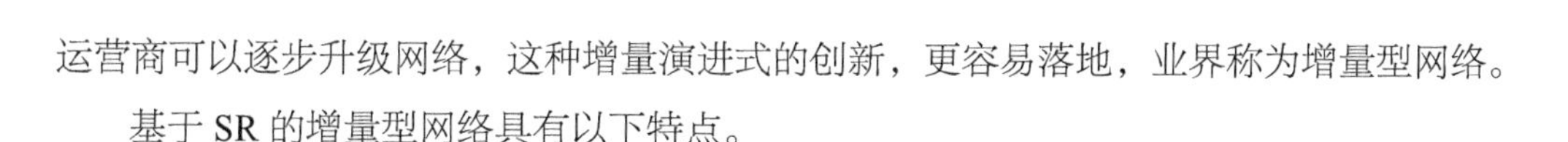

运营商可以逐步升级网络，这种增量演进式的创新，更容易落地，业界称为增量型网络。

基于SR的增量型网络具有以下特点。

- 扩展当前已有协议，便于后续平滑演进。
- 提供集中控制和分布式转发之间的平衡。
- 源路由技术可以实现底层网络和上层应用的快速互通，达到及时影响业务需求的能力。

8.1.4 网络编程和SRv6

目前，SR支持MPLS和IPv6两种数据面，基于MPLS数据面的SR称为SR-MPLS，SID的格式是MPLS的Label（标签）；基于IPv6数据面的SR称为SRv6，SID格式是标准的IPv6地址。

2017年3月，SRv6网络编程草案被提交给因特网工程任务组（Internet Engineering Task Force，IETF），原有的SRv6升级为SRv6 Network Programming。SRv6 Network Programming通过将长度为128比特的SRv6 SID划分为Locator和Function。实际上，Locator具有路由能力，而Function可以代表处理行为，也能够标识业务。这种处理方式意味着SRv6 SID融合了路由和MPLS的能力，使SRv6的网络编程能力大大增强，可以更好地满足新业务的需求，从此SRv6进入一个快速发展的阶段。而随着全球IPv4公网地址耗尽，网络向IPv6迁移，IPv6的发展开始加速，基于SRv6的应用越来越广泛。

虽然SR-MPLS已经提供了两种路径编程，但其MPLS格式的封装扩展性不足，对于SFC和IOAM等一些需要携带元数据的业务需求满足度低。另外，MPLS标签的特点也使报文转发不具备IP技术的普适性，网络中所有设备都需要支持MPLS，因此，在某种程度上提高了对网络设备的要求，从而将MPLS技术限定为运营商骨干网的专属技术，一般只在运营商骨干网或者新建城域网中采用，而在数据中心中基本没有部署。以上原因使SR-MPLS无法成为下一代IP承载网的核心协议。

而SRv6是以IPv6作为用户面的协议，除了具备SR-MPLS的特点，它的原生IPv6属性也使其拥有更好的扩展性和兼容性。同时，SRv6 SID还具有强大的网络编程能力。

SRv6和SR-MPLS的详细对比见表8-1。

表8-1 SRv6和SR-MPLS的详细对比

维度	SRv6	SR-MPLS
简化网络协议	控制面：IPv6 IGP/BGP 数据面：IPv6	控制面：IPv4/IPv6 IGP/BGP 数据面：MPLS
可编程性	灵活，编排器可根据SLA、业务诉求指定网络、应用（业务链），提供灵活的可编程能力	困难

续表

维度	SRv6	SR-MPLS
云网协同	容易，数据中心网络容易支持 IPv6。借助 SRv6 技术，运营商网络可以深入数据中心内部，甚至用户终端	数据中心网络，包括虚拟机支持 MPLS 困难
终端协同	容易，终端设备已经支持 SRv6。Linux 4.10 版本开始支持 SRv6，Linux 4.14 版本支持 SRv6 Function 大部分功能	终端设备支持 MPLS 困难
跨域部署	容易，由于其原生 IPv6 特性，SRv6 跨 AS 域部署只须中间设备支持 IPv6 转发即可，两端 PE 节点只须通过现有网络 IPv6 打通路由	复杂，跨 AS 域互通只有 SR-MPLS TE，依赖跨域控制器
大规模部署	容易，SID 空间采用 IPv6 地址空间，有大量的可用资源用于大规模部署	复杂，SID（MPLS 标签）空间有限，不适合大范围部署
业务开通难度	SRv6 可以和普通 IPv6 设备共组网，只须首尾节点支持 SRv6 即可，业务开通更加敏捷	SR-MPLS 需要域内所有设备升级支持，业务开通相对复杂一些
转发效率	封装头较大，SRv6 的 SID 长度为 128 比特，以封装 L3VPN 为例，最少需要 40 个字节的 IPv6 报文头	SR-MPLS 封装头小，SR-MPLS 的 SID 为 32 比特，以封装 L3VPN 为例，最少需要 8 个字节两层 MPLS 标签

SRv6 技术核心的优势是 Native IPv6 特质与网络编程能力：基于 Native IPv6 特质，SRv6 能更好地促进云网融合、兼容存量网络、提升跨域体验；基于网络编程能力，SRv6 可以更好地进行路径编程，满足业务的 SLA，同时还能将网络和应用连接起来，构建智能云网。

8.2 SRv6 网络编程基本原理

IPv6 经过 20 多年的发展并未得到广泛的应用，SRv6 的出现打破了这种现状。随着 5G 和云业务的发展，IPv6 扩展报文头的强大能力正在被快速发现，极大地加快了 IPv6 的部署节奏。SRv6 作为 5G 和云时代智能 IP 网络的基础协议，结合 SR 的源路由优势和 IPv6 简洁易扩展的特质，可以进行多重编程，符合 SDN 思想，是实现意图驱动网络的利器。

未来的新型业务不仅需要网络运行在 IPv6 网络之上，还需要网络能够具备丰富的编程能力，SRv6 的出现满足了这种业务需求，将网络延伸到用户终端，使运营商网络避免被管道化，同时，协助运营商快速发展智能城域云网，服务于各行各业。

8.2.1 SRv6 回顾

参考本书第 2 章内容，SRv6 是基于 IPv6 报文的扩展，IPv6 报文由 IPv6 基本报文头、扩展头和上层协议 3 个部分组成。IPv6 基本报文头固定大小为 40 个字节，它能够提供报文转发的基本信息，沿途所有设备必须都支持IPv6报文识别。上层协议数据单元由上层协议报文头和其有效载荷构成，上层协议数据单元一般是TCP、UDP或ICMP报文。

IPv6报文格式的设计思想是让IPv6基本报文头尽量简单。大多数情况下，设备只须处理基本报文头，就可以转发IP流量。因此，与IPv4报文头相比，IPv6去除了切片、校验、选项等相关字段，仅新增了流标签（Flow Label）字段。

IPv6还提出了扩展报文头的概念，可以灵活扩展IPv6报文头部而不需要修改现有的报文结构。IPv6报文可以包含（0～N）个扩展报文头，一般情况下，由源节点负责添加。在存在多扩展头的情况下，前一个报文头的Next Header字段指明下一个扩展报文头的类型。

IPv6扩展报文头见表8-2。路由设备根据基本报文头中Next Header值指定的协议号来处理扩展报文头，并不是所有的扩展报文头都需要被查看和处理。

表8-2 IPv6扩展报文头

IPv6扩展报文头名称	协议号
逐跳选项扩展报文头（Hop-By-Hop Options extended Header，HBH）	0
目的选项扩展报文头（Destination Options extended Header，DOH）	60
路由扩展报文头（Routing extended Header，RH）	43
切片扩展报文头（Fragment extended Header，FH）	44
认证扩展报文头（Authentication extended Header，AH）	51
封装安全负载扩展报文头（Encapsulating Security Payload extended Header，ESP）	50
上层协议报文头（Upper-Layer protocol Header，ULH）	ICMPv6：58；UDP：17；TCP：6

SRv6是通过RH扩展来实现的，SRv6报文没有改变原有IPv6报文的封装结构，SRv6报文仍旧是IPv6报文，普通的IPv6设备也可以识别，因此，我们说SRv6是Native IPv6技术。SRv6的Native IPv6特质使SRv6设备能够和普通IPv6设备共同组网，对现有网络具有更好的兼容性。

从IP/MPLS回归Native IPv6，IP网络去除了MPLS，协议简化，并且归一到IPv6本身，具有重大的意义。利用SRv6，只要路由可达，就意味着业务可达。路由可以轻易跨越AS域，业务自然也可以轻易地跨越AS域，这对于简化网络部署，扩大网络的范围非常有利。

8.2.2 SRv6 SRH

IPv6报文扩展头增加了段路由扩展报文头（Segment Routing extended Header，SRH）来支持SRv6。SRH表示一个IPv6的显式路径，存储的是IPv6的路径转发信息。

IPv6的SRH是由转发路径的头节点增加的，中间节点只须按照SRH信息转发即可。SRH

格式如图 8-1 所示。

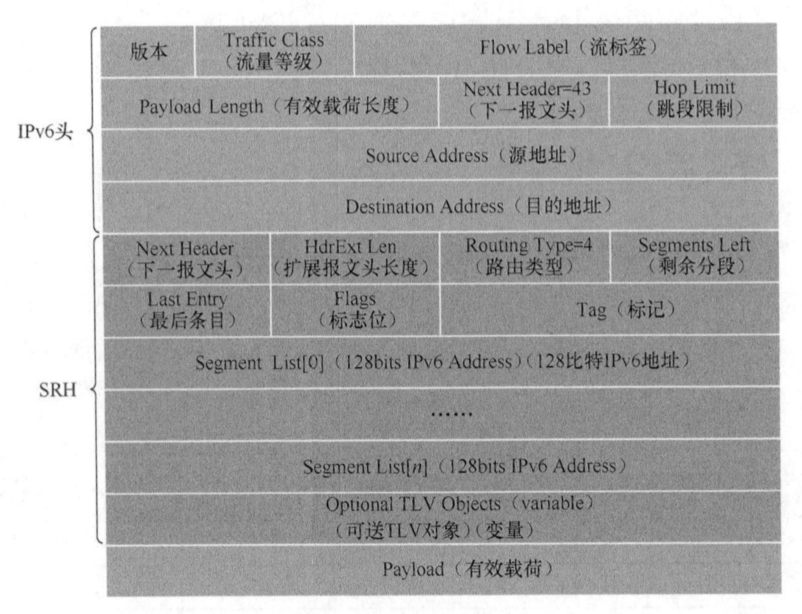

图8-1　SRH格式

IPv6 SRH 的关键信息有以下 3 个部分。

① Routing Type 类型值为 4 时，表明报文头是 SRH。

② Segment List（Segment List [0]，Segment List [1]，Segment List [2]，…，Segment List [*n*]）是网络路径信息。

③ Segments Left（SL）是一个指针，指示当前活跃的 Segment。

SRH 的抽象格式如图 8-2 所示。其中，图 8-2（a）中的 SID 排序是正序，使用 < > 标识，图 8-2（b）中的 SID 排序是逆序，使用（ ）表示，逆序更符合 SRv6 的实际报文封装情况。

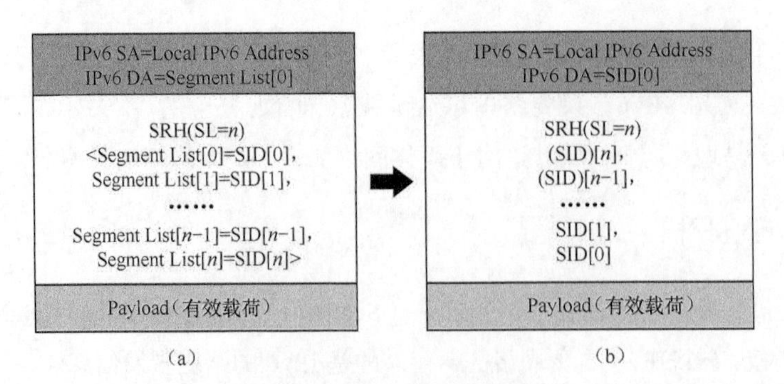

图8-2　SRH的抽象格式

1. SRv6 SRH 的处理过程

在 SRv6 的 SRH 里，SL（剩余分段）和 Segment List（分段列表）信息共同决定报文头部的 IPv6 目的地址。指针 SL 最小值是 0，最大值等于 SRH 中的 SID 个数减 1。在 SRv6 中，SL 字段在经过 SRv6 处理后会做减 1 操作，IPv6 目的地址（Destination Address，DA）信息也会变更，内容是当前指针所指的 SID。SL 和 Segment List 字段共同决定 IPv6 DA 信息。如果节点不支持 SRv6，则不执行上述动作，仅按照最长匹配查找 IPv6 路由表转发。由此可知，节点对于 SRv6 SRH 是从下到上进行逆序操作，这一点与 SR-MPLS 有所不同。

2. SRv6 SID 的特殊之处

SID 在 SR-MPLS 里是标签形式，在 SRv6 里换成 IPv6 目的地址形式。SRv6 通过对 SID 栈的操作完成转发，SRv6 同样是一种源路由技术。SRv6 SID 是 IPv6 地址形式，但也不是普通意义上的 IPv6 地址。SRv6 的 SID 具有 128 比特，足够表征任何事物，这么长的一个地址，如果只用于路由转发，显然是很浪费的，因此，SRv6 的设计者对于 SID 进行了巧妙的处理。SRv6 SID 结构如图 8-3 所示，SRv6 SID 包括 Locator、Function 和 Arguments 共 3 个部分，其中，Locator 占据 IPv6 地址高位，剩余部分位于 Function 和 Arguments。

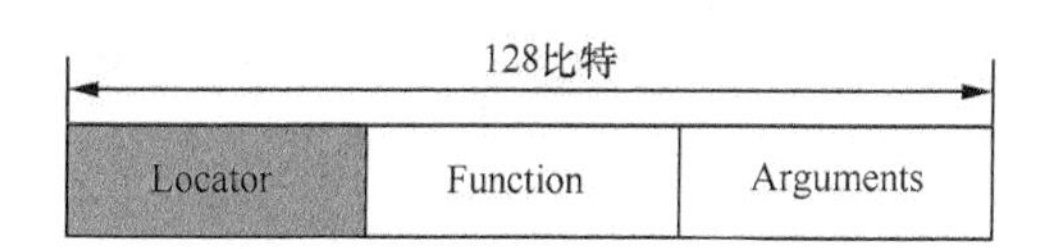

图8-3 SRv6 SID结构

① Locator 在 SRv6 转发域内唯一（除了 Anycast 保护场景下可以不唯一），负责定位功能（路由功能）。节点配置 Locator 后，会有一条 Locator 网分段路由通过 IGP 在 SRv6 域内扩散。这样一来，其他设备 / 节点就可以通过路由定位到这个节点，该节点发布的 SID 也可以通过 Locator 路由送达。

② Function 可以理解为设备预先配置好的各类指令，当设备收到的 Function 和本机的指令相匹配时，即可进行相应的功能操作。Function 通过操作码（Operation Code，Opcode）来显示表征。

③ Function 还可以包含一个可选的参数（Arguments，Args）。Args 字段主要用于定义一些报文的流和服务等信息。当前，一个重要应用是 EVPN VPLS 的 CE 多归场景，转发 BUM 流量时，利用 Arguments 实现水平分割。

下面以 End SID 和 End.X SID 为例来说明 SRv6 SID 的结构。

End SID 的含义是 Endpoint SID，代表网络中的某个特定的节点。End SID 如图 8-4 所示，在各个节点上配置 Locator，然后为节点配置 Function 的 Opcode，Locator 和 Function 的 Opcode 组合就能得到一个 SID，这个 SID 可以代表本节点，称为 End SID。End SID 可以由扩展后的 IGP 在域内扩散，全局可见。

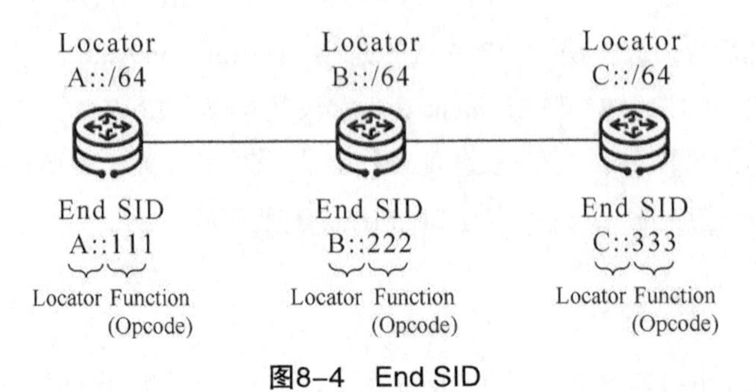

图8-4　End SID

End.X SID 表示三层交叉连接，一般表示节点的某条三层链路，多用于 SRv6 Policy 场景。End.X SID 如图 8-5 所示，在节点上配置 Locator，然后为各个方向的邻接配置 Function 的 Opcode，Locator 和 Function 的 Opcode 组合就能得到一个 SID，这个 SID 可以代表一个邻接，称为 End.X SID。

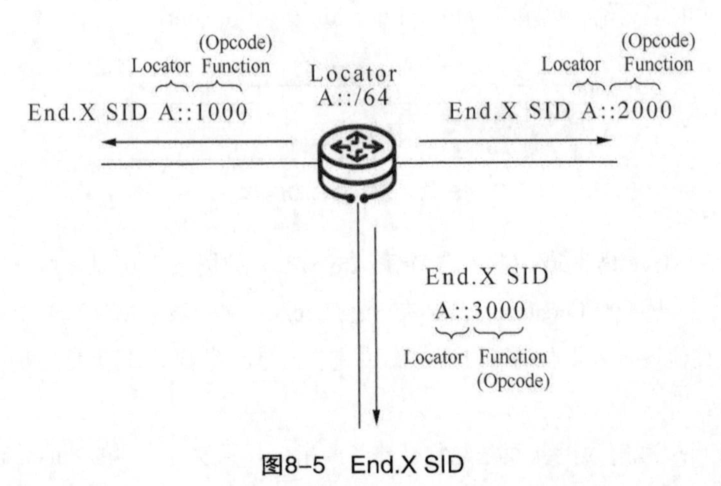

图8-5　End.X SID

End SID 和 End.X SID 分别代表节点和邻接，都是路径 SID，使用二者组合编排 SID 栈已经可以代表任何一条网络路径。SID 栈代表了路径的约束，携带在 IPv6 SRH 中，SRv6 就是通过这种方式实现了流量工程（Traffic Engineering，TE）。

另外，也可以为 VPN/EVPN/EVPL[1] 实例等分配 SID，这种 SID 就代表业务。

1．EVPL（Ethernet Virtual Private Line，以太网虚拟专线）。

当前，SRv6 SID 主要包括路径 SID 和业务 SID 两种类型。例如，End SID 和 End.X SID 分别代表节点和邻接，而 End.DT4 SID 和 End.DT6 SID 分别代表 IPv4 VPN 和 IPv6 VPN 等。

8.2.3 SRv6 指令集

SID 有两个方面的作用：一方面，其 Locator 可以作为路由前缀在网络中通过 IGP 发布，方便上一 SRv6 节点寻址时可以通过查询路由表定位到本节点；另一方面，SID 的 Function 具有操作指令 Opcode 功能，在报文中包含了需要处理该 SID 指令的设备执行对应的操作。

SID 指令集并不是封闭的，实际上由于业务的发展，业务 SID 不断增多。各种常见 SID 的含义见表 8-3。

表8-3 各种常见SID的含义

SID	含义
End SID	表示 Endpoint SID，用于标识网络中的某个目的节点（Node）。对应的转发动作（Function）是：更新 IPv6 DA，查找 IPv6 FIB 进行报文转发
End.X SID	表示三层交叉连接的 Endpoint SID，用于标识网络中的某条链路。对应的转发动作是：更新 IPv6 DA，从 End.X SID 绑定的出接口转发报文
End.DT4 SID	表示 PE 类型的 Endpoint SID，代表网络中的某个 IPv4 VPN 实例。对应的转发动作是：解封装报文，并且查找 IPv4 VPN 实例路由表转发。End.DT4 SID 在 L3VPNv4 场景中使用，等价于 IPv4 VPN 的标签
End.DT6 SID	表示 PE 类型的 Endpoint SID，用于标识网络中的某个 IPv6 VPN 实例。对应的转发动作是：解封装报文，并且查找 IPv6 VPN 实例路由表转发。End.DT6 SID 在 L3VPNv6 场景中使用，等价于 IPv6 VPN 的标签
End.DX4 SID	表示 PE 类型的三层交叉连接的 Endpoint SID，用于标识网络中的某个 IPv4 CE。对应的转发动作是：解封装报文，并且将解封后的 IPv4 报文在该 SID 绑定的三层接口上转发。End.DX4 SID 在 L3VPNv4 场景中使用，等价于连接到 CE 的邻接标签
End.DX6 SID	表示 PE 类型的三层交叉连接的 Endpoint SID，用于标识网络中的某个 IPv6 CE。对应的转发动作是：解封装报文，并且将解封后的 IPv6 报文在该 SID 绑定的三层接口上转发。End.DX6 SID 在 L3VPNv6 场景中使用，等价于连接到 CE 的邻接标签
End.DX2 SID	表示二层交叉连接的 Endpoint SID，用于标识一个端点。如果网络中存在 Bypass（旁路）隧道，则会自动生成 End.DX2L SID。End.DX2 SID 对应的转发动作是：解封装报文，去掉 IPv6 报文头及其扩展头，然后将剩余报文转发到 SID 对应的出接口。End.DX2 SID 可以用于 EVPN VPWS 场景
End.DT2U	表示二层交叉连接且进行单播 MAC 表查找功能的 Endpoint SID，用于标识一个端点。如果网络中存在 Bypass 隧道，则会自动生成 End.DT2UL SID。End.DT2UL SID 可以用于本地双归 PE 发送 Bypass 单播流量。End.DT2U SID 对应的转发动作是：去掉 IPv6 报文头及其扩展头，然后使用剩余报文的目的 MAC 地址查找 MAC 表，根据 MAC 表项将报文转发到对应的出接口。End.DT2U SID 可以用于 EVPN VPLS 单播场景
End.DT2M SID	表示二层交叉连接且进行广播泛洪的 Endpoint SID，用于标识一个端点。对应的转发动作是：End.DT2M SID 去掉 IPv6 报文头及其扩展头，然后将剩余报文在 BD 内广播泛洪。End.DT2M SID 可以用于 EVPNVPLS BUM 流量转发场景
End.OP SID	End.OP SID 是一个操作管理和维护（Operation Administration and Maintenance，OAM）类型的 SID。对应的转发动作是：对 OAM 报文实现上传操作。End.OP SID 主要用于 PING/Tracert 场景

SID 一般遵循特定的命名规则。SID 命名规则见表 8-4。

表8-4　SID命名规则

缩写	说明
End	表示当前指令终止，开始执行下一个指令。对应的转发动作是将 SL 值减 1，并将 SL 指向的 SID 复制到 IPv6 报文头的目的地址字段
X	指定一个或一组三层接口转发报文。对应的转发行为是按照指定出接口转发报文
T	查询路由转发表并转发报文
D	解封装，移除 IPv6 报文头和与它相关的扩展报文头
V	根据 VLAN 查表转发
U	根据单播 MAC 查表转发
M	查询二层转发表，进行组播转发
B6	应用指定的 SRv6 Policy
BM	应用指定的 SR-MPLS Policy

各个 SRv6 节点设备中都包含一个本地 SID 表，该表包含所有由本节点生成的 SID 的信息表，而设备的转发表也是基于本地 SID 生成的。本地 SID 表主要完成以下功能。

- 定义本地生成的所有 SID。
- 指定绑定到这些 SID 的指令。
- 存储和这些指令相关的转发信息，例如，出接口和下一跳等。

8.2.4　SRv6 L3 编程空间

由于 SRv6 赋予了 SID 更多的内涵，SRv6 SID 不仅可以代表路径，还可以代表不同类型的业务，也可以代表用户自己定义的任何功能，因此，SRv6 具有更强的网络可编程能力。

SRv6 的三重编程空间如图 8-6 所示。

1. 路径可编程

路径可编程是指 SRv6 通过分段路由列表（Segment List[0]-[n]）的组合，实现特定业务流报文路径的控制，与传统策略路由控制实现的方式完全不同。在转发过程中，通过 IPv6 的显式路径转发，SRH 存储 IPv6 的分段路由列表信息，依靠 SRH 的 Segments Left 作为指针指定 IPv6 目的地址，引导报文转发路径。我们可以将分段路由列表理解为程序行，SRH 的 Segments Left 理解为程序代码运行指针，整个系统按顺序执行程序代码，从而形成可编程的路径转发。

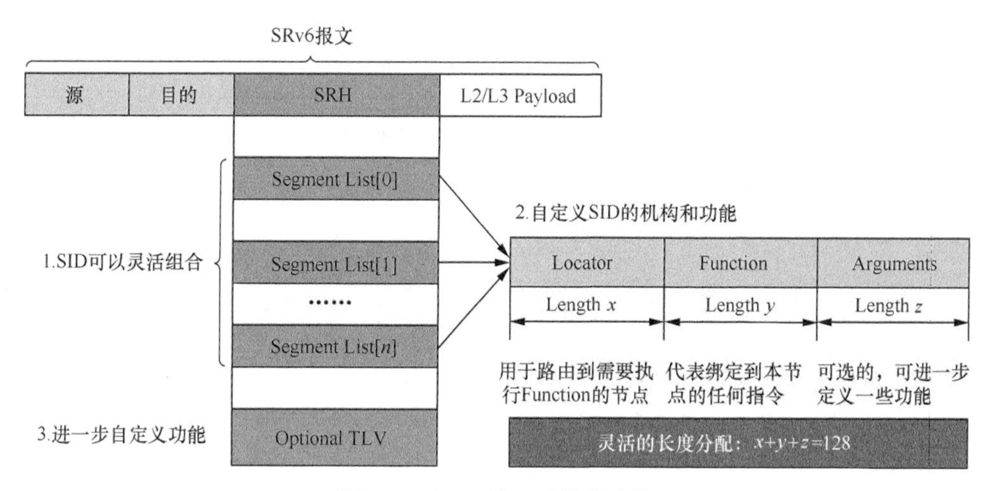

图8-6 SRv6的三重编程空间

2. 业务可编程

SRv6 SID通过Locator、Function、Arguments的组合实现了业务的可编程。

SRv6 SID可以自由组合进行路径编程，由业务提出需求，控制器响应业务需求，定义转发路径，这一点完美地契合了SDN思想。例如，某公司承接省外另一家公司的业务，在一个月内要和对方大量交换数据，因此，立即需要一定的带宽保障，那么该公司就需要向运营商购买一个月的服务，如果按照传统的业务开通方式，多个部门协调运作，业务开通时间很长，经常以月来计算，时间上难以满足该公司需求。但是借助SRv6路径编程，运营商控制器可以快速响应该公司需求，计算符合用户SLA的业务路径，快速开通业务，在一个月的合约到期后，运营商也可以快速拆除连接，释放网络资源。

另外，Function和Arguments字段可以自定义功能，可以将Function理解为对节点的编程命令，节点按指令执行预定义的行为，而Arguments则是行为的参数，可实现更加精细的控制。Function可以由设备商定义，例如，数据包到达SRv6尾节点后，利用Function指示节点将数据包转发给某个VPN实例；Function在未来也可以由用户来定义，例如，数据包到达SRv6节点后，指示节点将数据包转发给某个后台处理。由于Linux系统支持SRv6，所以未来基于Linux系统进行创新，定义不同的Function，可以支持更多新型的业务。

3. 应用可编程

SRH还有可选TLV，可以用于进一步自定义功能，例如，用SRH来携带随流检测的指令头。报文在网络传送时，可以通过 TLV 封装非规则信息，传递给 App 作为应用信息。今后，结合 SRv6 业务链的实现，可以进一步把 SRv6 和应用编程结合起来。

SRv6 有强大的三层编程空间，可以更好地满足不同网络路径的需求，例如，网络切片、确定性时延、IOAM 等。结合 SDN 的全局网络管控能力，SRv6 可以实现灵活的编程能力，便于更快地部署新业务，实现真正的智慧网络。

8.2.5 SRv6 报文转发流程

在 SRv6 网络中存在 SRv6 源节点、中转节点、Endpoint 节点共三类节点。

- SRv6 源节点（Source SRv6 Node）：生成 SRv6 报文的源节点。
- 中转节点（Transit Node）：转发 SRv6 报文但不进行 SRv6 处理的 IPv6 节点，仅要求支持 IPv6，可以不支持 SRv6。
- Endpoint 节点（SRv6 Segment Endpoint Node）：接收并处理 SRv6 报文的任何节点，其中，该报文的 IPv6 目标地址必须是本地配置的 SID 或者本地接口地址。

节点角色只与该设备在 SRv6 报文转发中承担的任务有关，同一个节点可以是不同的角色，例如，节点在某个 SRv6 路径里可能是 SRv6 源节点，在其他 SRv6 路径里可能就是中转节点或者 Endpoint 节点。

SRv6 转发时先读取 SRH，识别报文中的关键信息，更新指针的同时更新目的地址，再发往下一条节点。

SRv6 域中数据包转发过程如图 8-7 所示，假设 SRv6 域中有 5 个节点，除了节点 2 不支持 SRv6，其他节点均支持 SRv6，数据包从左边节点 1 转发到右边节点 5。其转发过程如下。

① 报文从用户侧发送到节点 1，该设备负责给报文增加 SRH 后再封装一层 IPv6 报文首部。封装的 SRH 中存在 3 个节点的 List(Segment List 0 ～ 3)，Segment Left 字段配置为 2；IPv6 报头源地址配置为 2001::1，目标地址是从 SRH 中 Segment List[2] 复制过来的 2001::3。

② 报文到达下一跳节点 2，该节点不支持 SRv6，因此，按照 IPv6 路由查表转发报文。

③ 假设节点 2 支持 SRv6，那么节点 2 收到报文后，会根据 IPv6 目的地址 2001::3 查找 Local SID 表，由于未能命中 Local SID 表中的任何表项，所以该节点会继续依据报文的目的 IPv6 地址查找本机 IPv6 转发表，之后根据目的地址进行路由转发。

④ 数据报文从节点 2 按照路由转发至节点 3，该节点支持 SRv6，因此，根据报文的外层 IPv6 头的目的地址 2001::3 查找 Local SID 表，查找后命中 Local SID 表，执行 SL 减 1 操作，之后指针指向 Segment List[1](下一个活动 Segment)，同时，将 Segment List[1] 包含的 IPv6 地址复制到外层 IPv6 头中的目的地址字段，然后按照普通 IPv6 转发的方式根据目的 IP 查找路由

进行转发。

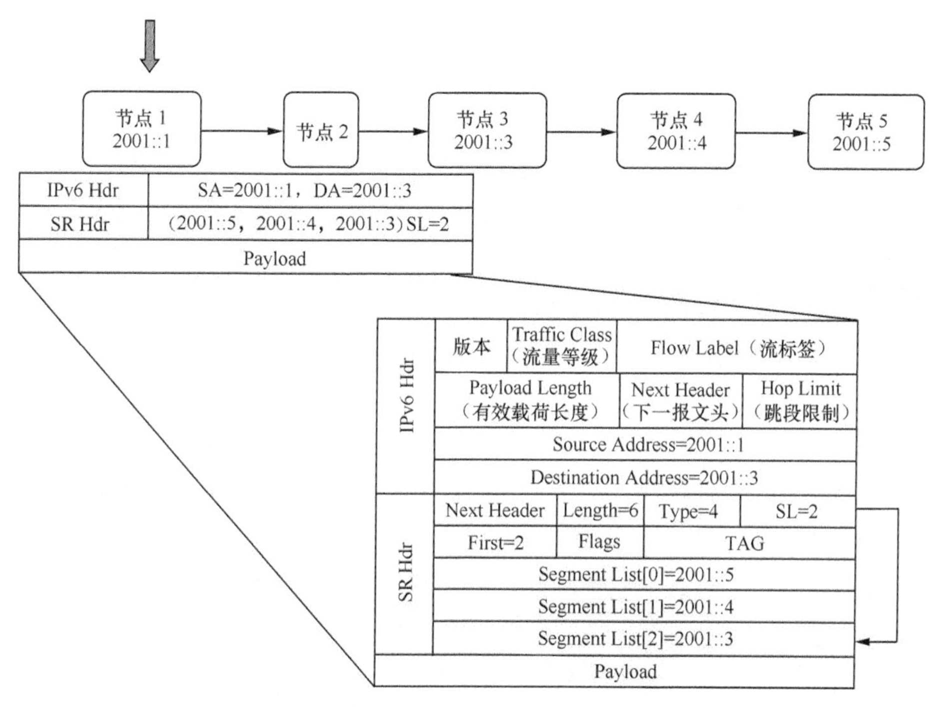

图8-7 SRv6域中数据包转发过程

⑤ 节点4处理过程与节点3相同，Segment List减1变为[0]，报文的IPv6头中的目的地址更新为2001::5。

⑥ 节点5是报文接收节点，收到报文后，查找Local SID表后命中，由于此时SL=0，0代表不需要报文头，因此，节点5直接剥离SRH和IPv6头，读取数据包的Payload内容，并根据该SID所代表的指令进行Payload报文处理。

8.2.6 SID指令伪指令实现

上面已经对SID指令进行了详细的解释，但这套实现方式和传统编程有区别，此处以伪代码编程的方式仿真网络编程在SRv6节点中的实现，方便读者理解。接下来，我们来介绍SRv6中最常见的几种SID的伪代码的实现方式。

1. END SID

END SID是最常见的节点SID，代表的含义是：该SRH处理节点实现转发，其转发的目标地址是下一条指令对应的 IPv6 地址，即基于 IP 路由表将流量引导到下一节点，对应的伪代码如下。

```
IF NH=SRH and SL > 0   //存在SRH扩展头，且Segment Left>0
{
  SL-1  //指令指针指向下一条SID
  update the IPv6 DA with SRH[SL] //更新SRH的目标地址为下一条SID
  FIB lookup on the updated DA  //在FIB查找目标地址
  forward accordingly to the matched entry //按匹配结果转发报文
}
ELSE
  drop the packet  //丢弃报文
```

2. END.X SID

END.X SID 是邻接 SID，代表的含义是：该 SRH 处理节点实现转发，其转发的目标是 SID 对应的邻接链路，用于将流量引导到一个特定的链路上。该节点设备用于转发 SRv6 报文的链路都对应一个邻接 SID，对应的伪代码如下。

```
IF NH=SRH and SL > 0   //存在SRH扩展头，且Segment Left>0
{
  SL-1   //指令指针指向下一条SID
  update the IPv6 DA with SRH[SL] //更新SRH的目标地址为下一条SID
  forward to layer-3 adjacency bound to the SID //按SID指定的3层链路转发报文
}
ELSE
  drop the packet  //丢弃报文
```

3. End.DT4

End.DT4 用于处理 3 层 IPv4 VPN 实例，部署在 VPN PE 上，对应的转发动作是：解封装 IPv4 报文，并且查找 IPv4 VPN 实例路由表进行转发。End.DT4 SID 在 L3VPNv4 场景中的使用，可以等价于 IPv4 VPN 的标签。End.DT4 的 SID 必须始终是最后一个 SID，也可以是没有 SRH 头的 IPv6 报文的目的地址，对应的伪代码如下。

```
IF NH=SRH and SL > 0   //存在SRH扩展头，且Segment Left>0
  drop the packet  //非最后一个SID，则不做处理
ELSE IF Upper-Layer Header == 4  //数据包上层报头的类型为IPv4
{
  pop outer IPv6 header and its extension headers  //弹出IPv6外层封装
  lookup the exposed inner IPv4 DA in IPv4 table //对内层IPv4报文中的目标地址，在VPN FIB中进行查找
  forward via the matched table entry  //根据匹配结果进行转发
}
ELSE
  drop the packet
```

End.DT6 对应于 3 层 IPv6 VPN 的处理，其逻辑与 End.DT4 相同，这里不再赘述。

4. End.DX2

End.DX2 对应的转发动作是：解封装报文，去掉 IPv6 报文头及其扩展头，然后将剩余报文转发到 SID 对应的出接口。End.DX2 SID 可用于 EVPN VPWS 场景，实现引导到出口 PE 的 L2 AC 接口。End.DX2 的 SID 必须始终是最后一个 SID，或者它可以是不带 SRH 头的 IPv6 报文的目的地址，对应的伪代码如下。

```
IF NH=SRH and SL > 0
  drop the packet    //非最后一个SID，则不做处理
ELSE IF Upper-Layer Header == 59   //IPv6纯二层的报文
{
  pop outer IPv6 header and its extension headers   //弹出IPv6外层封装
  forward the resulting frame to OIF bound to the SID  //二层报文转发到SID对应的出接口
}
ELSE
  drop the packet
```

5. End.DT2U

End.DT2U 实现二层单播，可用于本地双归 PE 发送 Bypass 单播流量。对应的转发动作是：去掉 IPv6 报文头及其扩展头，然后使用剩余报文的目的 MAC 地址查找 MAC 表，根据 MAC 表项将报文转发到对应的出接口。End.DT2U SID 可用于 EVPN VPLS 单播场景，对应的伪代码如下。

```
IF NH=SRH and SL > 0    //非最后一个SID，则不做处理
  drop the packet
ELSE IF Upper-Layer Header == 59  //IPv6纯二层的报文
{
  pop outer IPv6 header and its extension headers  //弹出IPv6外层封装
  learn the exposed inner Src.MAC in L2 table T     //学习源MAC
  lookup the exposed inner Dst.MAC in L2 table T   //在MAC表中查找目标MAC
  forward via the matched T entry  //按匹配出口转发二层报文
  else
     to all L2OIF in T  //如果不能匹配目标MAC，则在二层出接口（L2 Output Interfae, L2OIF）泛洪MAC
}
ELSE
  drop the packet
```

8.2.7 SRv6 网络编程的优势

1. 后向兼容好，平滑演进

运营商 IP 网络面临设备类型繁多和难以兼容多厂家设备等诸多挑战，在部署过程中，兼容性是非常重要的。

在 IPv6 的发展过程中，其兼容性一直是个问题。最初，由于 IPv4 的 32 比特地址空间不足，IPv6 把地址长度扩展为 128 比特，但很快出现了 128 比特的 IPv6 地址与 32 比特的 IPv4 地址在网络中无法兼容的问题。如果想部署 IPv6，则需要整个网络全部升级才可支持 IPv6，但是在现网操作这一步是非常困难的。因此，在 SRv6 设计之初就必须考虑要兼容 IPv6 路由转发的问题，确保可以从现有的 IPv6 网络平滑演进到 SRv6 网络。另外，SRv6 通过 Function 不仅可以实现传统 MPLS 所提供的流量工程能力，还可以定义更加丰富的转发行为，真正使网络可编程。

当前，IP 承载网普遍使用了 MPLS。因为 MPLS 标签自身为一串数字，这串数字自身是不带有任何“可达性”信息的，它必须与“可路由”的 IP 地址绑定才有意义，所以 MPLS 路径上的所有设备都需要保存标签与 FEC 的映射关系。

SR-MPLS 采用 MPLS 作为用户面，当承载网由 MPLS 向 SR-MPLS 演进时，可采用以下两种方式。

方式一：全网升级、保持双栈。这种方式需要全网升级才能部署 SR-MPLS。

方式二：部分升级，黏连互通。这种方式需要在 MPLS 域和 SR-MPLS 域的交界节点部署分段路由映射服务器（Segment Routing Mapping Server，SRMS），实现 MPLS LSP 与 SR LSP 的黏连。

无论采用上述哪种演进方式，都需要在初始阶段对现有网络进行大幅改变，因此，导致现有网络向 SR-MPLS 网络的演进缓慢。当需要基于 SRv6 部署特定业务时，只须升级相关的设备支持 SRv6，其他设备只须支持普通的 IPv6 路由转发，而不需要感知 SRv6。SRv6 具有易于增量部署的优点，可以最大限度地保护用户的投资。

2. 可扩展性强，跨域简单

在 MPLS 网络中，跨域部署业务涉及多个节点、多个部门的联合运维操作，是运营商面临的难题之一。为了实现跨域部署，运营商不得不采用传统的 MPLS VPN 跨域技术，而这些技术的复杂性较高，业务开通很慢。

MPLS 跨域的其中一个问题是部署复杂。如果采用 SR-MPLS 实现跨域，建立端到端的 SR 路径，则需要将某个域的 SID 引入另外一个域。SR-MPLS 需要在整网规划增加 SRGB 和 SID，且在跨域场景中引入 SID 时还要避免冲突，因此，进一步增加了规划的复杂性。

MPLS 跨域的另外一个问题是扩展性不足。采用 Seamless MPLS 或 SR-MPLS 实现跨域部署时，因为 MPLS 标签不包含路由信息，所以必须与 IP 地址绑定以实现“可路由”的功能。在跨域场景中，这种绑定关系（32 位的主机路由与标签的绑定关系）必须跨域传播到所有沿途节点。在大型网络中，在交界节点需要生成大量的 MPLS 表项，这给控制面和用户面造成了极大的压力，影响了网络的可扩展性。

SRv6 的跨域部署相对来说更加简单。因为 SRv6 具有原生 IPv6 的特质（即基于 IPv6 可达性就可以工作），所以在跨域的场景中，只须将一个域的 IPv6 路由通过 BGP IPv6 引入另外一个域，就可以开展跨域业务部署（例如，SRv6 L3VPN），进而降低了业务部署的复杂性。

SRv6 跨域在可扩展性方面具有独特的优势。SRv6 的原生 IPv6 特质使它能够基于聚合路由工作。这样即使在大型网络的跨域场景中，只需在边界节点引入有限的聚合路由表项即可，这样不仅降低了对网络设备性能的要求，也提升了网络的可扩展性。

3. 端到端网络，万物互联

网络经常需要跨越多个自治域部署业务，例如，IP 骨干网采用 MPLS/SR-MPLS 技术，而数据中心网络则通常使用 VxLAN 技术，这些技术的应用都需要引入网关设备，实现 VxLAN 到 MPLS 的相互映射，因此，增加了业务部署的复杂性。

SRv6 端到端网络部署如图 8-8 所示。

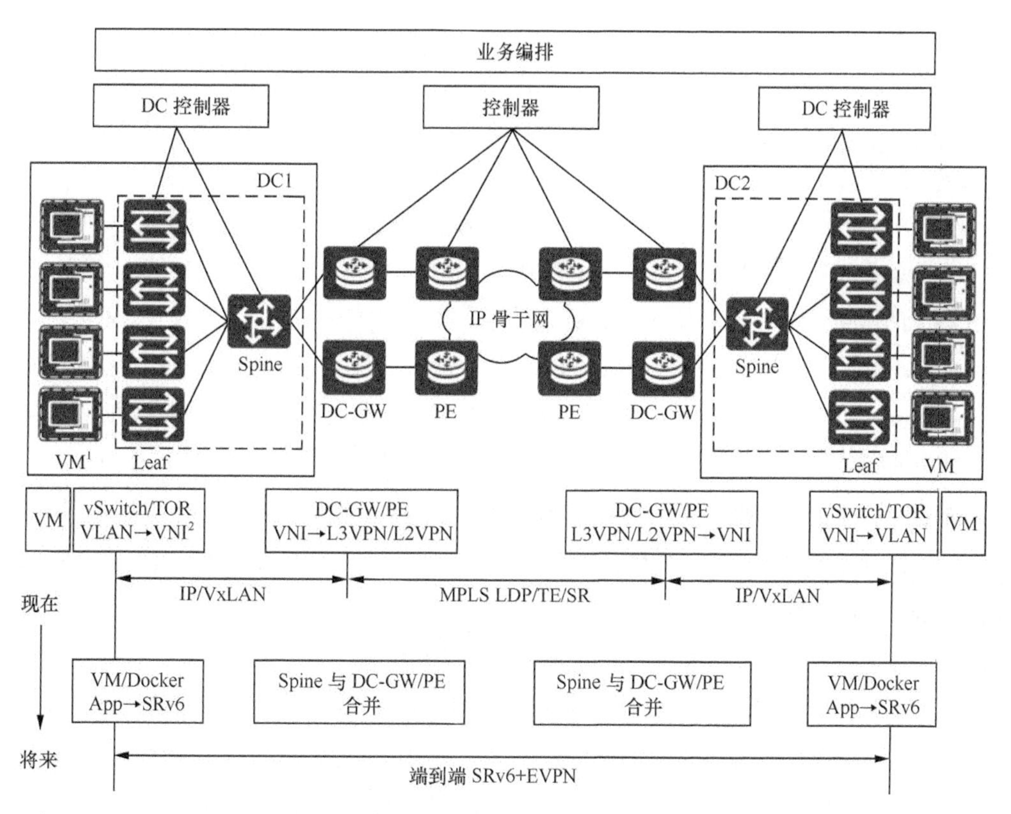

1. VM（Virtual Machine，虚拟机）。

2. VNI（VxLAN Network Dentifier，VxLAN网络标识符）。

图8–8 SRv6端到端网络部署

SRv6 继承了 MPLS 的 TE、VPN 和 FRR 这 3 个重要特性，使它能够替代 MPLS/SR-MPLS 在 IP 骨干网中部署。SRv6 具备类似 VxLAN 仅依赖 IP 可达性即可工作的简单性，也可以被部署在数据中心网络内。因为主机应用支持 IPv6，所以 SRv6 对于 IPv6 的兼容性使它在未来有可能直达主机应用。同时，SRv6 将 Overlay 的业务和 Underlay 的承载统一定义为具有不同行为的 SID，通过网络编程实现业务和承载的结合，不仅解决了业务与承载分离带来的多种协议之间的互联互通问题，而且能够更加方便灵活地提供丰富的功能。

SRv6 释放了 IPv6 扩展性的价值，通过提供 E2E 的智慧、简化的编程网络能力，实现网络部署、业务转发构架的统一性，实现“一网互联万物”的终极目标，这在网络技术发展历史上，ATM、IPv4、MPLS 和 SR-MPLS 等技术都无法做到的，也是 SRv6 最主要的愿景。

8.3 确定性网络

8.3.1 确定性网络的概念

IP 网络是一种尽力而为的转发网络，随着工业互联网的发展，越来越多的业务需要网络具备“服务质量确定、可预期”的能力，端到端的时延不仅要低，并且要稳定。这种能保证时延敏感流的服务质量，实现低时延、低抖动和零丢包率的网络，称为时延敏感网络（Time Sensitive Network，TSN）。2015 年，IETF 成立 DetNet 工作组，专注于 TSN 在第 2 层桥接和第 3 层路由段上实现确定传输路径。这些路径可以提供时延、丢包和抖动的最坏情况界限，以此提供确定的时延。

DetNet 工作组的目标是将确定性网络通过 IP/MPLS 等技术扩展到广域网上，用于满足近些年加速兴起的产业互联网业务，例如，远程医疗、人工智能、无人驾驶等。这些业务对网络传输提出了低时延、低抖动、低丢包率等更高的要求。

在尽力而为的 IP 网络中，端对端的时延和抖动无法控制在一个合理区间，难以保证确定性服务质量。这是因为现有尽力而为的 IP 网络，即使在带宽保证的基础上也无法实现端对端的确定性；现有基于统计复用的 IP 网络，难以对不同时延需求的业务流提供不同的确定性服务；时延和抖动在网络中会不断累加，端对端时延、抖动受到跳数、距离影响都存在不确定性。

DetNet 技术提供可承诺 SLA 的网络技术，综合统计复用和时分复用的优势，在 IP 分组网中提供类似时分复用的服务质量，保证传输中低抖动、零丢包，具有可预期的端到端时延上限。

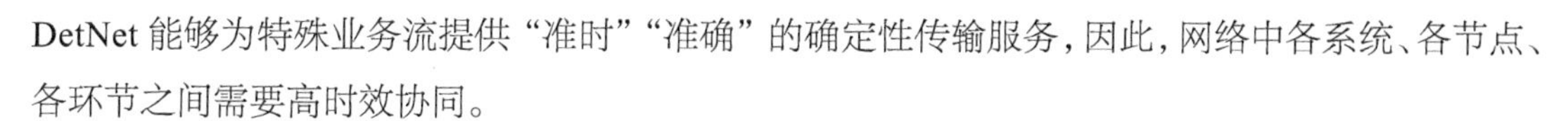

DetNet 能够为特殊业务流提供“准时”“准确”的确定性传输服务，因此，网络中各系统、各节点、各环节之间需要高时效协同。

确定性网络又可以分为局域网确定性网络技术和广域网确定性网络技术，本书将重点讲述在广域网确定性网络技术中的应用。

8.3.2 确定性网络技术

确定性 IP（Deterministic IP，DIP）网络是一种新颖的采用确定性 IP 技术的三层广域网络技术架构。

1. 确定性网络关键措施

资源分配：拥塞是造成分组交换时延不确定与丢包的重要原因，TSN/DetNet 通过资源预留和队列管理算法避免高优先级报文的冲突，避免网络拥塞提供可保证的端到端时延上限。

显式路径：对报文路由进行约束，防止路由震动或其他因素对业务产生影响。

业务保护：同份流量在网络中选取若干条不重合的路径传输，在汇合点保留先到达的报文，“多发选收”保证某条路径丢包时无损切换到另一条路径，保证业务的高可靠传输。

2. TSN 的 3 种调度机制

在 TSN 网络中，调度整形机制是交换机中的两种服务质量保障机制，调度是指队列调度，一般在交换机的出端口实现，包含进入队列、根据调度算法选择发送队列、出队传输 3 个部分。整形是对流量进行整形，通过限制端口的转发速率防止交换机内部或下一跳出现拥塞。对于周期时延敏感流（Periodic Time Sensitive，PTS），涉及以下 3 种调度整形机制。

（1）时间触发以太网

时间触发以太网（Time Trigger Ethernet，TTE）是指在进行确定性业务流报文的转发处理时，把时间戳打在包上，通过时间表控制发送包，让每个包知道自己的发送时间，在发包侧将各个包的发送时间隔开，严格保证时延抖动满足要求。TTE 需要时钟同步和时隙规划这两种技术支持。

TTE 中的 TT 业务就是严格按照调度表（列车时刻表）进行数据的收发，不在收发时间窗口内的 TT 帧会被认为是异常帧丢掉，多个异常帧出现后就会认为时间同步出现了问题，需要重新同步。

（2）时间感知整形

时间感知整形（Time Awareness Shaper，TAS）利用优先级门控队列，即在优先级队列后加上门控开关，通过门控时间表控制门控开关的打开与闭合来保证时延抖动要求。TAS 可以阻断流的持续转发，让高优先级的包得到稳定的间隔转发时间，同时，PTS 之间依然要将发包时间隔开，才能保证时延抖动效果最好。例如，每跳时延为 T，共有 n 跳，则可保证端到端的时延最大为 nT。与 TTE 相比，让优先级队列决定包何时被转发，降低了对发包端的要求，同时时延抖动保证粒度也会弱一些。

（3）循环排队转发

循环排队转发（Cyclic Queuing and Forwarding，CQF）把 TAS 中只用一个最高优先级队列来接收时延敏感流，变为用奇偶两个队列循环接收，即所谓的“乒乓队列”。CQF 可以用于解决流聚合问题，如果两个 PTS 流同时到达，则必有一个 PTS 要等待转发，循环排队转发可以保证等待的流正常等待，且只等待前一个 PTS 流转发，即一个周期为 T，自己再转发一个周期 T，假设共有 n 跳，则端到端时延可保证最大为 $2nT$。

3. 广域网指定周期循环排队转发实现端对端确定性传输

指定周期循环排队转发（Cycle Specified Queuing and Forwarding，CSQF）基于周期门控队列，防止设备内抖动形成对其他流的阻塞，通过时间周期的隔离，可以防止微突发的逐跳累积。CSQF 具有以下 5 个特点。

- 每个转发节点划分一个以 T 为周期的等时间片，对确定性的业务流进行统一周期调度，使其在确定的时间片内转发。
- 特定的业务流在转发路径上的每个节点因为发送时间都被限制在一个特定的时间片内，所以其在该点的时延抖动是有界的。
- 无论增加多少个节点，前一个节点的抖动并不会增加后一个节点的抖动时延，但报文总体的时延会增加。每个节点及时吸收相应抖动，抖动不会累加、扩散。
- 对于末节点而言，该业务流只在确定的时间片内接收和发送，即它在末节点的抖动范围被限制在一个确定的时间片内。
- 保证端到端的抖动控制在 2 个周期内。

4. 确定性 IP 网络的实现

确定性 IP 网络的功能结构由边缘整形、周期映射、SRv6 显式路径规划 3 个部分组成。确定性 IP 网络的总体架构如图 8-9 所示。

其中，边缘整形负责报文在网络入口 PE 路由器上做整形处理。通过边缘整形，将到达时间不太规律的报文，整形到按时间划分的不同 T 周期中。边缘整形消除了对输入报文的严格时间依赖，既可以支持按严格时间周期性进入的报文，也可以支持进入时间不太规律或有突发流量的报文。

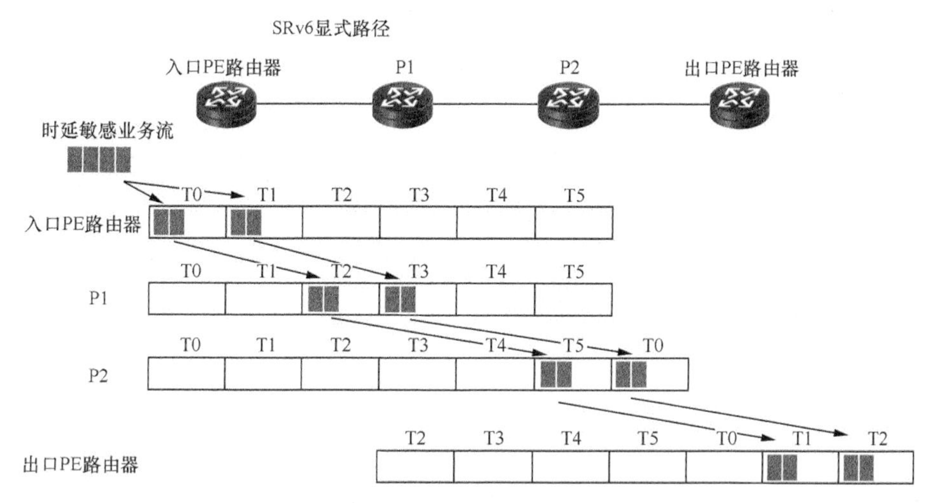

图8-9 确定性IP网络的总体架构

周期映射负责报文在网络中的骨干P路由器或出口PE路由器上逐跳转发的时延控制。通过周期映射，将上游设备一个T周期发送的报文，从本设备出接口以一个T周期发送出去。首先，周期映射允许设备间链路存在传输时延较大的情况。其次，周期映射只看到报文所在周期，看不到报文所属的流，有利于P路由器流规格扩展，同时避免了三层网络各种隧道封装时，P路由器无法识别流的问题。

SRv6显式路径规划负责转发路径规划控制和逐跳转发资源预留。通过SRv6显式路径规划控制报文的实际转发路径，预留路径上的转发资源。固定的路径才能有确定的时延，有转发资源才能够确保转发时延的确定性。

8.3.3 可编程技术在确定性网络中的应用

CSQF是基于多周期的多队列循环调度机制，要求设备间频率同步、设备出端口队列循环排队转发，而且需要维护相邻节点的周期映射关系，最后将带有周期信息的SID列表附加到数据包。

当发包端想要将时间敏感流发送给收包端时，连接建立的工作流程为：①集中式网络控制器收集服务质量的请求；②控制器通过计算满足约束的可行路径和周期来生成SID；③控制器将SID标签栈分配给发包端和沿路径的网络设备。

SID 指定了在每个节点（跳）上传输数据包的出端口和传输周期，启用 CSQF 的设备可以通过消耗数据包头标签堆栈中可用的第一个 SID，以精确的预留时间来转发时间敏感数据包。另外，分段路由不仅是实现显式路由的可行方法，也是一种源路由技术，不需要在中间节点和出口节点维持流状态，因此，具有很好的可扩展性，能调度大规模的流量。

SRv6 技术能有效应用到确定性网络中，可以在以下几个方面实现控制。

- SRH 的 Segment List 指定传输路径，满足 DetNet 显式路径要求，即可以由控制器通过路径计算，选择满足确定性要求的路径。
- SRH 的 Optional TLV 携带业务保护、冗余传输信息，进一步扩展 Function 可以指示报文在特定节点进行流量复制与冗余报文删除。
- SID 的 Arguments 可以定义 DetNet 设备预留的资源信息。

8.3.4 确定性 IP 网络的发展

确定性 IP 网络能够促进工业互联网发展演进，能够促进 5G 网络全行业接入，还能够促进新型业务种类孵化。

1. 促进工业互联网发展演进

工业互联网内网结构演进示意如图 8-10 所示。使用确定性 IP 网络承载云化可编程逻辑控制器（Programmable Logic Controller，PLC）和 I/O 子卡之间的通信，可以满足 OT 网络中生产控制业务通信的时延抖动要求，推动工业互联网 OT 网络的发展演进。

云化 PLC 的价值如下。

- 海量现场级工业数据都通过云化 PLC 系统获取并存储在云上，方便 SCADA 及 IT 网络中的系统进行数据传递和交换，进行工业大数据分析。
- 云化 PLC 实现了从物理 PLC 到 IT 化的软件系统的改造，提升了软件系统升级换代的速度，更好地适应了定制化产品比例逐渐增加的趋势。

2. 促进 5G 网络全行业接入

随着 5G 的快速发展，各个行业也凭借这股浪潮，不断推进本行业的数字化进程，包括电力、交通、金融、教育、医疗、矿山、港口等行业。各个行业存在多种业务场景，不同业务场景对转发时延确定性的要求不同。有些业务场景对承载网络的转发时延确定性有比较高的要求，采用传统 IP 转发技术难以保证正常运行的工作。

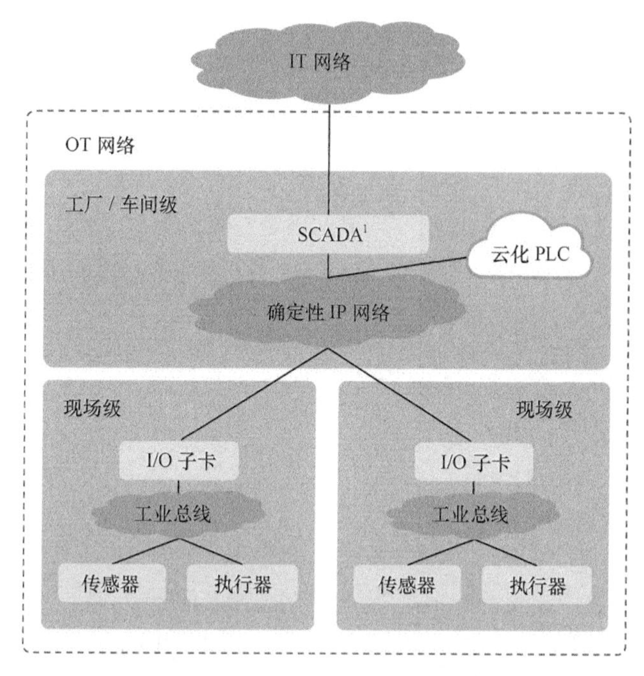

1. SCADA（Supervisory Control And Data Acquisition，监控与数据采集系统）。

图8-10 工业互联网内网结构演进示意

电力差动保护如图 8-11 所示，在电力差动保护场景中，多个继保设备之间相互发送实时电流数据，和本地相同时刻的电流数据进行比较，检测是否发生故障。这种设备间数据通信对时延的要求很严格，要求时延小于 5ms，抖动小于 200μs。这种时延和抖动要求，传统 IP 网络很难满足，需要使用确定性 IP 网络来实现。

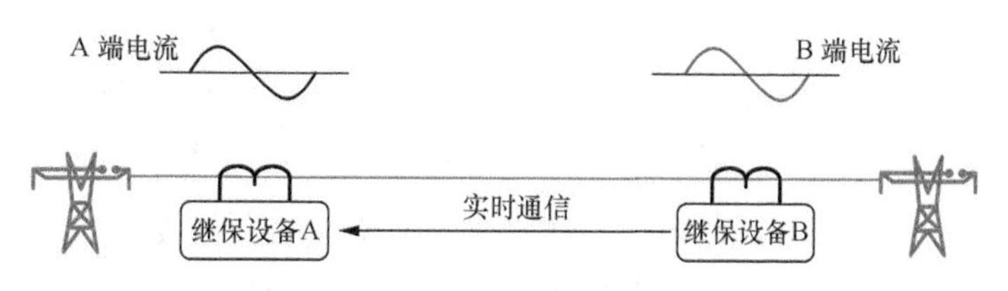

图8-11 电力差动保护

确定性 IP 网络能够提供确定性转发能力，支撑时延和抖动要求较严格的业务场景接入网络。确定性 IP 网络具有以下价值。

- 可以开展新型业务，例如，远程驾驶、远程采矿、远程医疗等，取消了距离的限制，使资源能够充分利用且能得到快速调配。

- 可以利用 IT 已有的技术优势，通过大数据分析、智能分析等技术，改造行业现有的业务，提升效率。

3. 促进新型业务孵化

确定性 IP 网络提供了有界抖动、有界时延的确定性转发能力，满足未来工业自动化、全息通信、车路协同等业务的微秒级时延抖动保障需求，推进智能制造和产业数字化。

8.4 业务链

8.4.1 业务链的概念

在网络业务中，存在客户对增值服务（Value Added Service，VAS）的需求。增值服务是指根据客户需要，为客户提供超出常规服务范围的服务，或者采用超出常规服务方法提供的服务。

在 IP 承载网络中的 VAS 是指网络中除了提供基础的 L2、L3 网络转发服务，还根据客户需要提供 L4 ～ L7 的服务，例如，FW、负载均衡（Load Balance，LB）、VPN、NAT、IPS、入侵检测系统（Intrusion Detection System，IDS）等。

随着云技术的发展，网络设备的 NFV 化使网络业务功能（Service Function，SF）可以从传统的硬件设备上剥离出来，部署到通用的服务器 / 虚拟机上，并实现了按需 / 灵活部署、动态迁移。VAS 在传统网络中的实现依赖于网络物理结构，业务实现不灵活；静态配置引流策略部署复杂，难以实现复杂引流场景。而 NFV 化带来的 VAS 业务新诉求包括自助服务和部署业务、位置不确定；网关分布式、同子网东西向安全控制增多，引流更加复杂；FW/LB 功能 NFV 化，部署动态性增强、功能单一化导致引流复杂。因此，VAS 业务功能要与物理拓扑解耦，在 SDN 控制器的控制下，使用 Overlay 技术将 VAS 服务链映射和物理服务设备解耦。

网络业务的实现，除了需要路由器 / 交换机完成报文传输，还需要若干设备在报文传输过程中完成某些特定的网络服务功能。服务功能专栏（Service Function Column，SFC）是指业务报文在转发过程中所经过的一个有序的 SF 列表，保证指定的业务流按顺序通过这些业务功能节点。网络设备的 NFV 化使 SF 从传统的硬件设备上剥离，部署到通用的服务器 /VM 上，并实现了按需 / 灵活部署、动态迁移。这就要求提供一种满足简单、灵活、扩展性好、与拓扑无关等需求的 SFC 解决方案。

典型业务链案例如图 8-12 所示，业务链顺序是互联网→防火墙→ IDS →负载均衡器→ Web 服务器。

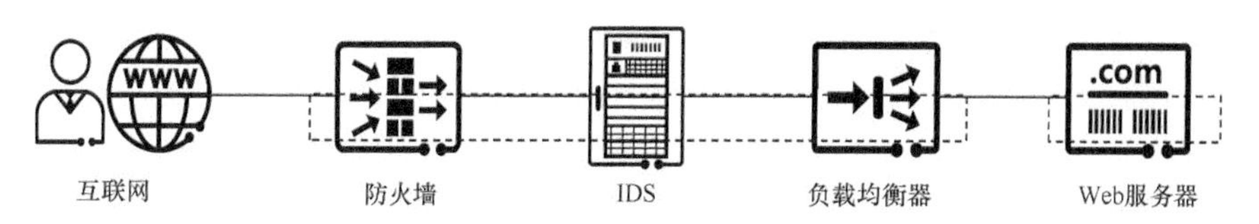

图8-12 典型业务链案例

8.4.2 业务链的管控架构

业务链的实现需要有业务链的管控架构来控制，业务链管控架构示意如图 8-13 所示。其中，网络单元从上而下包括业务链编排器、业务链控制器、流分类器、业务功能转发器等。

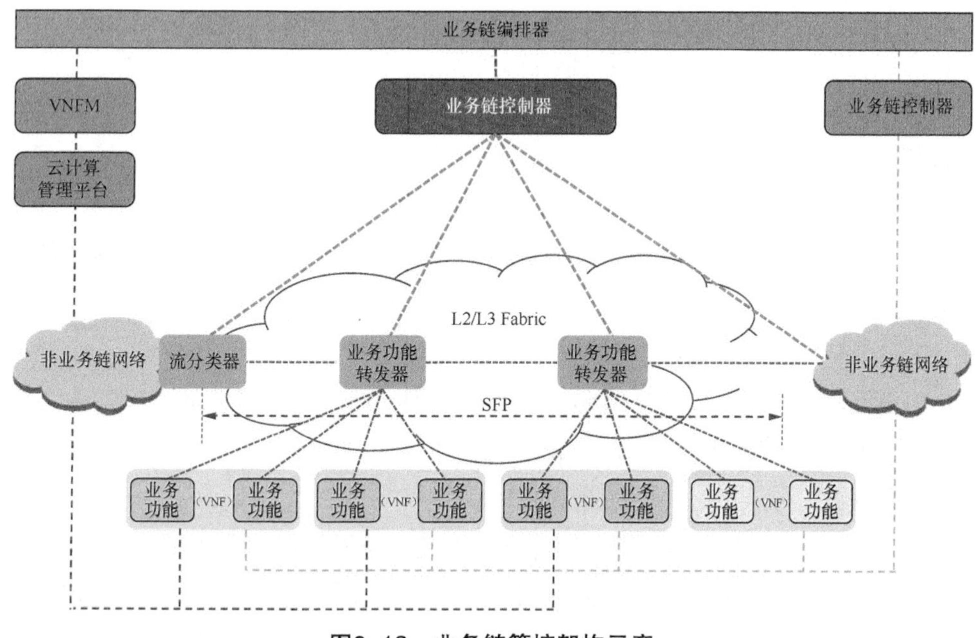

图8-13 业务链管控架构示意

1. 业务链编排器

业务链协同层主要完成提供业务链服务所需的基础资源预置［包括流分类器（Service Classifier，SC）/ 业务功能转发器（Service Function Forwarder，SFF）的预置及基础配置］，SF 与 SFF 的网络连接协同及 SF 的业务策略配置等功能，为业务链特性的统一入口。

2. 业务链控制器

SFC 控制器实现业务链特性的所有网络控制功能，包括业务链所需要的 Overlay 网络管理、业务链路径计算和流表下发等功能，北向通过接口与云管理平台或协同层对接，南向通过 NetConf 等接口与 SC/SFF/PS 对接。

3. 流分类器

从 Non-SFC 网络接收数据报文并基于 SC 对报文进行流分类匹配业务链后，再对报文进行封装后转发给首跳 SFF。SC 分为 Outbound（出境）和 Inbound（入境）两个方向，两个方向的 SC 可以为同一个设备，SC 与 SFF 可以统一部署。

4. 业务功能转发器

SFF 负责将由 SC 引入业务链的数据报文沿预先定义的业务链路径转发，并在业务链尾端将报文转发给 PS。SFF 可以集成业务链代理功能，即作为不能理解业务链功能的 SF 的代理，对报文进行解封装和封装，并更新头部信息。

① 业务链代理

当 SF 不识别业务链封装标准时，通过业务链代理（SFC Proxy）解封装 / 封装业务链相关报文封装格式。

② 业务链尾处理

业务链尾端设备，即报文经过业务链之后要到达的目的设备，业务链尾处理（Post Service，PS）与 SFF 可以统一部署。

③ 业务路径

根据配置计算出的一条报文路径，可以精确到规定每个 SF 的确切位置，也可以大致规定一个路径。业务路径（Service Function Path，SFP）将抽象的 SFC 与具体的 SFF/SF 关联。

④ 业务功能

提供 VAS 的具体设备，SF 通常为虚拟资源，例如，一个虚拟机实例。业务功能（Service Function，SF）从 SFF 接收报文并应用业务策略，再将报文回注到 SFF。

8.4.3 业务链实现方式

1. 传统业务链的两种引流方式

（1）基于 PBR 引流的 SFC

基于 PBR 引流的 SFC 如图 8-14 所示，PBR 通过 SFF 设备对业务流量进行匹配并重定向，使流量不走缺省默认的二、三层转发流程，而是按指定的路径转发。

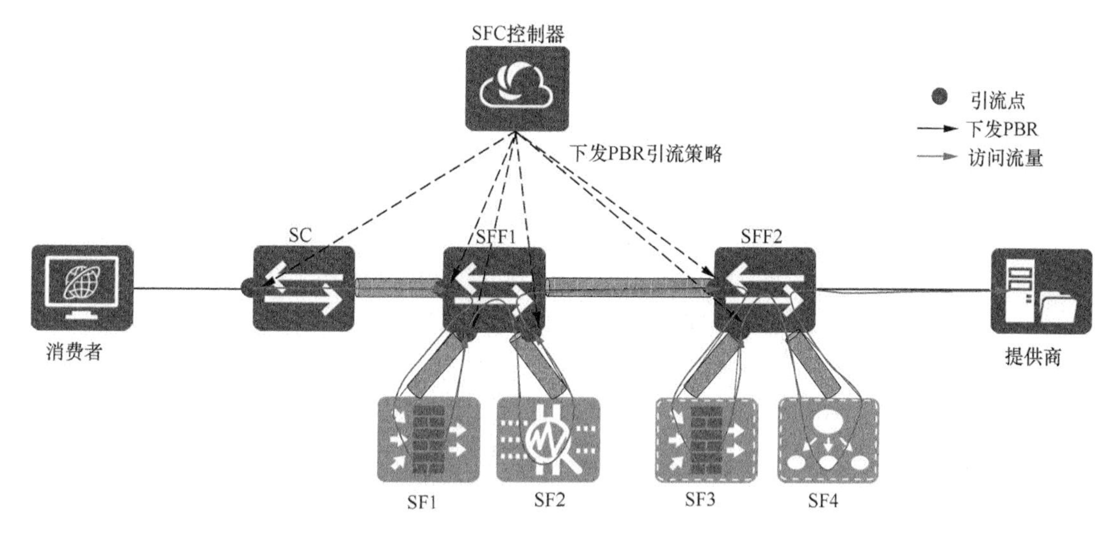

图8–14　基于PBR引流的SFC

PBR-Based 业务链的引流过程：建立 SC 到 SFF、SFF 到 SF、SFF 到 SFF 的业务 VxLAN 转发隧道，标识 VNI；SFC 控制器通过 NetConf 向 SC 和 SFF 的各个引流点下发 PBR 策略并进行业务流量牵引。基于 PBR 引流的 SFC 的特点是每跳都要下发 PBR，PBR-Based 不需要改变原始报文。

PBR 型业务链有一些优点，对传统设备要求低，不需要修改业务报文，对三方 VAS 无依赖，传统网元设备中大多数可以接入 SFC。需要注意的是，因为没有额外的协议与报文头，PBR 型业务链存在以下的问题：基于流的配置复杂，需要逐跳 SFF 配置 PBR 策略，每个 SFF 上都要重新引流；拓扑依赖，即依赖的是强制策略，完成到某个网络出口的转发。例如，经过一个 NAT 型的设备，原始报文中的源 IP 信息丢失，后面的 SF 无法再根据源 IP 做策略处理，无法在各个 SF 之间共享信息，例如，DPI 对报文进行深度分析的结果，不能用于下一跳 SF 的处理，只能用于 DPI 自身的处理。对硬件资源 ACL 占用较多，PBR 通过 ACL 实现，每跳每流经过的每个 SFF 都需要配置 PBR 策略，占用大量的 ACL 资源，无本地保护方案，缺乏故障检测与保护倒换机制，在发生故障时，容易产生流“黑洞”。

（2）基于网络业务报文头引流的 SFC

网络业务报文头（Network Service Header，NSH）是一种业务链数据面封装格式，构建一个新业务面以实现 SFC，即在以太网 VLAN 报文扩展中，再增加一个 NSH 扩展，NSH 封装中包括业务路径和业务元数据信息等。

NSH引流的具体实现过程本书不做详细介绍。与PBR型业务链相比，NSH型业务链具有以下优点：对于NSH-aware型的SF，只需SC做一次流分类，就能提高报文处理效率，能通过元数据携带原始报文的信息，避免一些原始信息在中间SF处理过程中丢失后无法获取，通过元数据在各个SF之间共享信息，例如，某个SF对报文进行深度分析的结果可以携带元数据，作为其他SF功能的输入。

另外，NSH型业务链还具有以下明显的缺点。

- 网络设备、VNF、主机操作系统对NSH的支持非常有限，不支持大部分网络设备的硬件交换机。
- 不支持Stateless SFC，只支持Stateful SFC，NSH需要在每条服务链的所有SFF上维持流的状态，SFF需要维护大量NSH转发表项。这在很大程度上限制了业务链的扩展。
- 对于NSH SFC，当SF出现节点故障或动态缩容/扩容时，必须对所有相关的中间节点进行大量表项的刷新操作，大量表项更新会影响收敛时间。

2. 基于SRv6业务链

标准化NSH业务链实现技术为承载技术提供通用业务链解决方案，但在SRv6网络中，NSH显得有些冗余。SRv6本身具有业务链所需要的业务和路径编排能力，SRv6技术为业务链带来了新的解决方案。

在基于SRv6构建的新型IP承载网络中，基于SRv6可编程能力，业务链功能能够和SRv6/IPv6无缝融合，通过SRv6 SID实现业务链。此处的SID与SRv6的SID功能一样，但可以扩展为业务链的业务标识，通过SRv6 3层可编程空间，还可以指定设备实现特定功能，例如，防火墙过滤、VPN业务等。

在SRv6-aware SF（SF本身可以支持解析SRv6能力）组网中，在SRH中增加要通过的SF节点即可。在SRv6-unaware SF（SF本身不支持解析SRv6报文）组网中，在边缘路由器/交换机上配置业务功能转发节点来完成业务链功能。

基于SRv6业务链的实现如图8-15所示。

（1）业务功能SID分配和发现

为SF分配业务SID，对于SRv6-aware的SF，为SF分配Service SID。对于SRv6-unaware的SF，为SF在SFF上分配SRv6 Proxy SID，SFF通过BGP-LS上报SID给控制器。

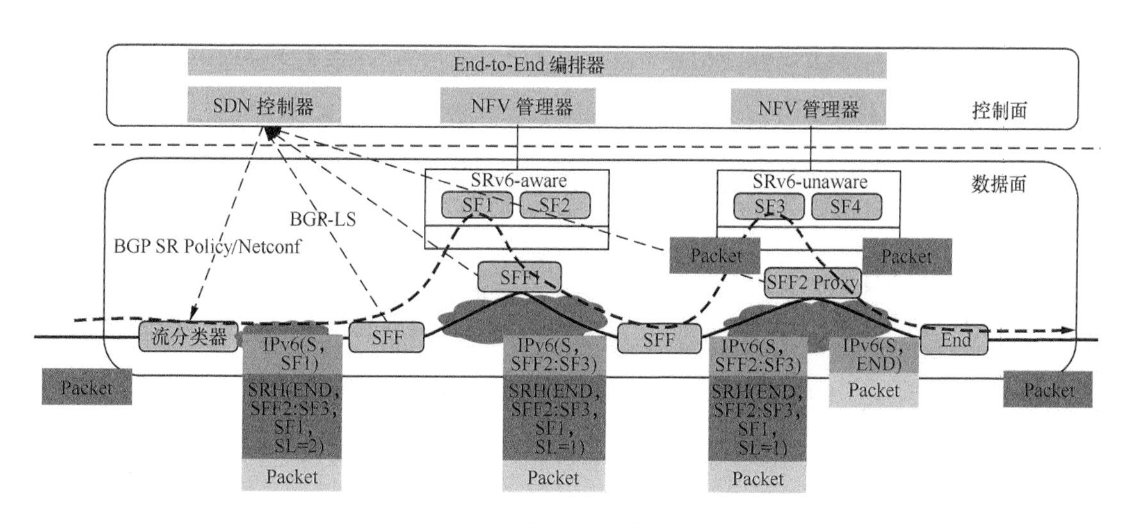

图8-15 基于SRv6业务链的实现

（2）业务功能链发放

编排器完成流分类和业务功能路径定义，并将 SFP 通知给控制器。控制器将 Service SID 与其他 SID 按照 SFP 路径生成 SRv6 的 SID 列表统一编排，以 SRv6 Policy 形式下发给入口 PE，入口 PE 通常也会作为业务链的流分类器。

（3）基于 SFP 的流量转发

业务分类器将流量引导到不同的 SFC，入口 PE 按照 SRv6 Policy 完成 SRH 封装转发给下游设备，中间设备（P 节点）按照 SRv6 流程处理，实现业务链流量按照 SRv6 显式路径进行转发。SFF 与 SRv6-aware 的 SF 对接，按照正常的 SRv6 路径把流量转发给 SF 处理。SFF 为 SRv6-unaware 的 SF 进行 SRv6 代理，将净荷不带 SRv6 的封装转发给 SF 处理。在 SFF 代理 SRv6 解封的场景中，SFF 转发给 SF 前，将 SRv6 头部封装替换为指定形式的隧道头部，SFF 接收 SF 返回的报文时恢复 SRv6 头部封装。

对于 SRv6-aware 的 SF，可以支持解析 SRv6 封装，可以利用 SRH 的扩展 TLV，携带元数据，实现应用的可编程。

3. 业务链的 SRv6 Policy

一个业务链对应一个 SRv6 Policy，使用 <headend，Color，endpoint> 表示。每个业务链使用独立的 Color，用以和其他 SRv6 Policy 区分，防止非业务链业务迭代到此 SRv6 Policy。

一个业务链包含 1 个或多个 SF 实例，每个 SF 关联一个独立的 Service SID。对于 SRv6-

unaware 的 SF，Service SID 使用 SRv6 Proxy 实现，SRv6 Proxy 可以在服务器，也可以在交换机 / 路由器实现。当前方案中，SRv6 Proxy 在承担 SFF 的路由器（Server Leaf）上实现。

Service SID 由两个部分组成：表示 SFF 节点位置信息的 Locator 部分和表示代理接口二层封装信息的 Function 部分。

4. SRv6 业务链的优势

SRv6 业务链的优势主要包括以下 7 个方面。

（1）管理面无状态

SDN 控制器基于 SF 粒度为 SFF/SF 节点配置 SID。SID 不需要单独配置转发。

（2）网络层次简化

拓扑 SID 与业务 SID 统一编排，简化实现与维护，不需要 NSH 分别编排隧道转发路径和 NSH SFP。

（3）跨站点业务链

使用 SRv6 SFC 技术，支持流分类器和 VAS 异地部署，大大提升了 VAS 部署的灵活性，降低部署成本。

（4）支持 VAS 拉远部署

基于 SRv6 Policy 提供路径编排能力，转发器执行基本 SRv6 转发业务。

（5）业务一次解析多次使用

业务可以深度识别，通过 SRH 元数据携带元属性信息，所有 VAS 都可使用。

（6）开放生态

基于 Linux SRv6 构建开放 VAS 生态，大大降低了 VAS 厂商集成难度。

（7）业务快速开通

采取 SRv6 VAS 模式，业务开通分类器单节点部署，中间节点无感知。

8.4.4 SRv6 业务链应用场景

随着互联网业务的发展，无论是家庭用户还是企业用户，对 VAS 的需求越来越多样化，当边缘云逐步下沉后，可以更加方便地对各类用户提供不同的 VAS 能力，这就用到了业务链能力。

对于家庭用户来讲，SRv6 业务链可方便地提供绿色上网、安全管家等能力。通过 SRv6 业务链实现家庭增值业务能力如图 8-16 所示。

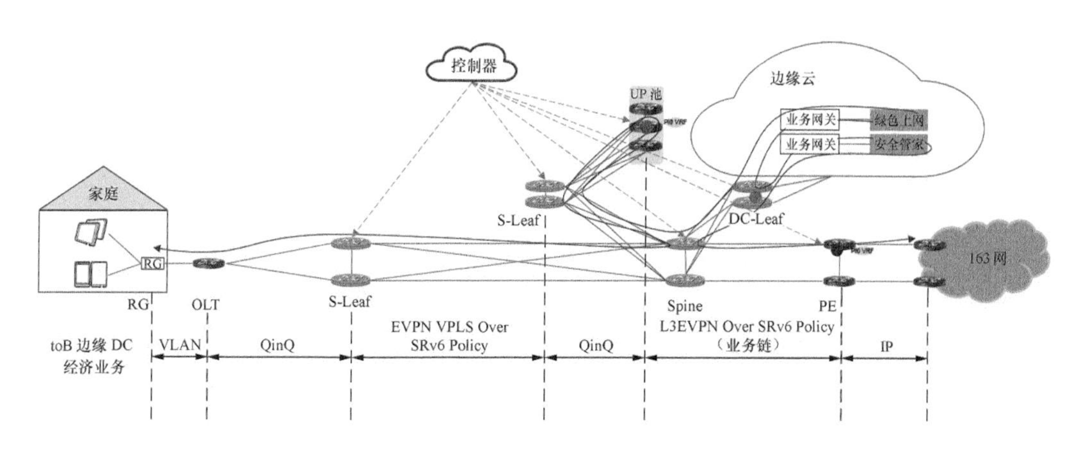

图8–16 通过SRv6业务链实现家庭增值业务能力

对于企业用户来讲，业务链可方便地提供防火墙、防病毒、DPI 等能力。通过 SRv6 业务链实现企业增值业务能力如图 8-17 所示。

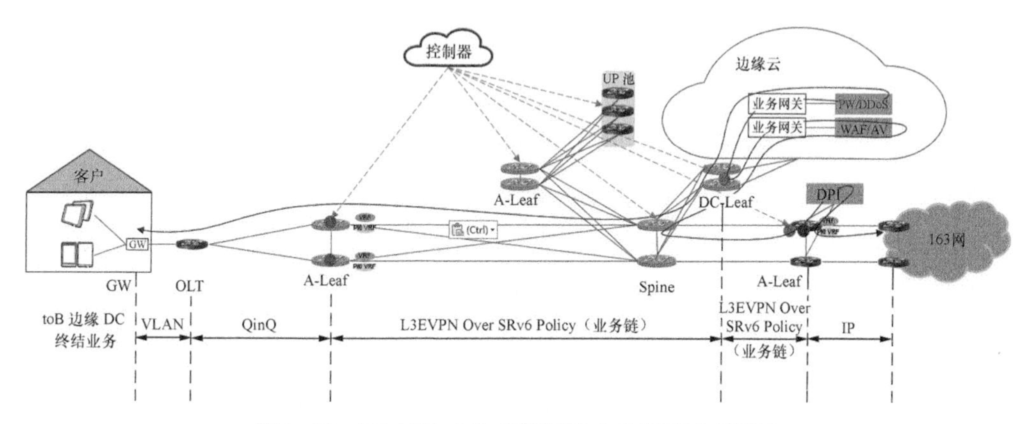

图8–17 通过SRv6业务链实现企业增值业务能力

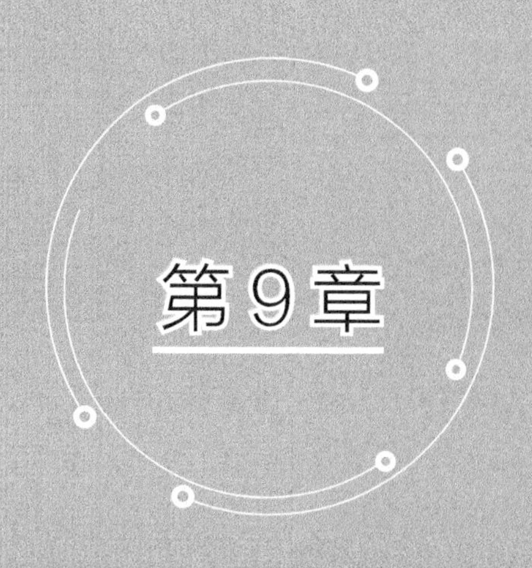

新型 IP 承载网未来发展展望

本章介绍的是在国家政策因素的驱动下，面向未来的业务发展、IP 技术发展、流量发展等具体情况，并从多个维度视角，以宏观、微观等方式分析 IP 承载网的演进方向。

当前，以云计算、SDN、NFV、大数据和人工智能为代表的新兴 ICT 技术，已经进入驱动社会进步发展的阶段，将会在全方位的场景中应用，推动网络步入以自动化和智能化为特征的新时代。这些新技术正在推动电信业发生一场网络重构与升级。新技术的引入，既是机会，也是挑战。

1. 业务部署自动化和智能化

在电信网络运营的流程中，网络规划设计、业务部署和网络运维是分离的，由不同的部门完成，信息传递存在困难，大多数依靠的是人工传递，工作效率低下，运维成本持续增加。新一代的网络架构演进需要实现从网络规划设计、业务部署到网络运维全业务流程端到端的自动化和智能化，实现信息自动传递，同时采用大数据、人工智能等技术，构建一个智能化的网络，降低网络运营成本。

2. 业务 SLA 可承诺、零中断

5G 时代，企业业务对带宽、时延、可靠性和安全方面均提出了很高的要求。未来网络的方向是多业务融合承载，基于网络分片技术提供不同的 SLA 保证能力、支持业务 SLA 的端到端主动测量和快速感知、业务故障的快速感知和快速自愈等，这些将成为下一代网络的关键能力和需求。

3. 万物互联连接数量的增加和网络架构的变化，带来自动化和智能化的诉求

随着 5G 技术的部署、应用，无论是基站的数量，还是用户终端的连接数，都会以爆发式的速度增长。网络架构也会相应发生调整，例如，UPF 网关下沉、MEC 和边缘计算的引入、VNF 设备形态的出现，对应出现流量的网格连接。随着终端数量的激增和网格连接，承载业务隧道和节点的连接关系会有几个数量级的增加。这是一个从量变到质变的过程，传统运维手段已经不足以维护。运营商希望通过人工智能技术，帮助其优化、升级信息基础设施，得以匹配未来业务发展的网络要求。

4. NFV 和云化的引入，带来了跨层协同和故障的 E2E 智能定界定位

云化已经成为运营商 / 企业数字化转型的重要趋势。网络部分节点云化带来了两个方面的

诉求：一方面，在接入层（OLT/ 基站 /CPE）和 IP 承载网之间、DC 之间的协同和合作；另一方面，随着 NFV/SDN 技术在运营商网络中的逐步部署，新技术带来的网络分层解耦后，业务跨层故障需要投入更多资源去分析，响应周期和分析效率下降，无法匹配电信业务快速恢复、响应的要求。

网络服务化、全面智能化是网络发展的趋势，IP 承载网在面向海量连接接入、确定性体验、大带宽的网络能力要求基础之上，对于智能开通、智能运维、智能管理的高阶要求正在成为必备要素，智能化的承载网必然是未来唯一的路径。

9.1 业务驱动：未来多样化业务对承载网的需求

9.1.1 toC 业务发展对承载网的要求

近年来，从“提速降费”的政策带来的收益影响，国内运营商的营收增速持续放缓。从 2G、3G，再到 4G，运营商的增长始终围绕着消费互联网的方向。然而，随着移动通信、固网宽带的渗透率不断提升，面向个人用户市场的人口红利将更加明显。从增量用户数据来看，从 2019 年到现在，运营商的两大传统业务（移动业务和固网业务）的新增用户数量的增长率持续下滑。

如何提升每用户平均收入（Average Revenue Per User，ARPU）值，进一步拉动运营商 toC 业务的增长，变得尤为关键。尤其在 toC 领域，用户体验成为最大的差异化竞争力，挖掘与发展 toC 领域的高阶业务是运营商的核心路径之一。其中，以 VR/AR 为原子能力的 toC 高阶产品，是拉动 ARPU 值快速提升的驱动场景之一。

VR 是通过计算机模拟技术，实现虚拟环境的模拟，从而给用户带来沉浸式的体验。4K 视频与传统标清视频相比，只是在清晰度方面有所提升，3D 影片则让用户体验到三维立体的视觉效果，而 VR 在此基础上带来的是巨幕般的沉浸感与前所未有的交互性。

VR 进入大众用户的视线，最初是以本地 VR 的形式出现的。本地 VR 是指把要体验的视频和游戏等内容存储在本地局域网的一种技术。搭建一套本地 VR 环境，需要购买一副个人计算机（Personal Computer，PC）VR 眼镜，与本地计算机服务器相连，此时的 VR 终端被称为“胖终端”。“胖终端”是因为当时的终端普遍比较笨重，一般无处理器，而且 VR 终端需要通过线缆连接计算机，使用者不方便移动，所以有了“胖终端”这个名字。本地 VR 在用户体验、成本等方面存在诸多问题。

随着 5G 技术、百兆 / 千兆固定宽带的发展和普及，大带宽、低时延的网络技术使内容、渲染服务器不一定部署在本地，图像的压缩比进一步提升，动显延迟（Motion To Photons Latency，MTP）等问题也逐步得到了解决，这为云 VR 技术的成熟和推广提供了技术支撑。云 VR 是指内容在云端，云 VR 终端普遍自带屏幕、处理器和 Wi-Fi 功能，相比之前的“胖终端”更加轻便，价格也更加低廉。云 VR 也对运营商的 IP 承载网能力提出了大带宽、确定性体验、低时延等高阶 SLA 要求，从而保障用户体验的沉浸化、智慧化、全域化。

从云 VR 应用场景来看，可以划分为 3 个阶段。

（1）第一阶段：现阶段已经比较成熟的应用

- 云 VR 巨幕影院：传统内容的新体验，利用现网海量电影资源，让用户随时随地体验 iMAX 影院享受。
- 云 VR 直播：明星演唱会直播，体育赛事直播，热点事件直播，例如，春晚、奥运会直播。
- 云 VR 360° 视频：以体育赛事集锦、演唱会片段，风景剪影、纪录片为主，提供碎片式娱乐，符合消费者快速消费的习惯。
- 云 VR 游戏：无绳终端自由移动，提供面向轻量级游戏玩家的 3DoF（Degree of Freedom，自由度）趣味小游戏，以及面向重大型游戏高端玩家的 6DoF 大型游戏，用户有付费意愿的场景。

（2）第二阶段：1 ～ 2 年将会成熟的应用

- 云 VR 教育：教育创新的新方向，以主人视角体验各个学科文化，全触觉学习，寓教于乐。
- 云 VR 电竞馆：实现大空间、异地、多人合作的竞技游戏。
- 云 VR 营销：toC 销售新模式，通过 VR 技术全方位体验，让消费者实现沉浸式体验，近距离体验产品，体验真实产品，提升用户对产品价值的认知，快速转化成销售。
- 云 VR 健身：让运动更有乐趣，可以为用户同时提供多种健身场景的切换，也可以和地球另一端的朋友在虚拟世界中共同完成，满足社交、娱乐、健康等的一体化需求。
- 云 VR 音乐：视觉、听觉的沉浸式体验，只需要一个终端，即可实现现场音乐会的高级体验，不受时间、地域、空间的约束，为用户带来心神合一的体验。
- 云 VR 唱歌：真正实现以“我”为中心，无论是舞台、音乐、助唱，都可以实现定制化、个性化的演唱体验，畅游虚拟世界。

（3）第三阶段：3 ～ 5 年后才会逐步成熟的应用

- 云 VR 社交：元宇宙级的社交应用，多人同处于超现实 VR 空间观看视频、聊天，网络社交不仅限于语音、图文和视频。

- 云"VR+"垂直行业：VR 技术在医疗、旅游、购物、房地产、工程等领域的应用。

根据上述应用场景的分析，云 VR 面临的体验挑战非常多，在发展过程中可能会遇到 2 个阻碍点：一个是纱窗效应，另一个是晕动症。

纱窗效应：VR 头显分配到每只眼睛的像素数量仅占总像素数量的一半，而屏幕和眼睛距离比较近，所以视野中每个单位面积能看到的像素点就会变少，这些因素结合会形成纱窗效应，即像素间距产生黑色网格。消除纱窗效应的基本方法是提高视频和头显的分辨率，因此，VR 对视频分辨率的要求要显著高于常规视频，这是 VR 的基本要求。云 VR 头显分辨率和传统 TV 分辨率对照关系见表 9-1。

表9-1　云VR头显分辨率和传统TV分辨率对照关系

VR 头显分辨率（双眼）	单眼分辨率	观看体验（等效传统 TV）
2K	1K（960×960）	较差：240P
4K	2K（1920×1920）	标清：480P
8K	4K（3840×3840）	高清：2K
16K	8K（7680×7680）	超高清：4K

晕动症：这是由头部运动和视觉观测到的头部运动不匹配引发的症状。例如，用户转动头，而视野转动有延迟，或者用户头部不动，但显示画面在动，由此引起的恶心、头晕、呕吐等症状。我们一般认为 MTP 的时延要求不能大于 20ms。目前，通过端云异步渲染技术，能满足 MTP 小于 20ms 的要求，因此，"端对端"时延的要求有所降低，但如果总时延过大，仍会出现黑边或界面扭曲等问题。按目前业界的测试情况，云渲染及流化时延要求小于 70ms，分解到网络传输时延大概为 20ms。

为了解决纱窗效应和晕动症带来的问题，云 VR 业务对 IP 承载网络性能提出了一些基本要求，这些要求主要集中在带宽和时延两个方面。对于云 VR 视频来说，目前，主流的 4K VR 视频码率为 40Mbit/s，主流的 8K VR 视频码率为 80Mbit/s。为了获得最佳的用户体验，网络带宽为码率的 1.5 倍左右，因此，主流的 8K VR 视频带宽需求达到 120Mbit/s 以上。对于云 VR 游戏来说，目前，主流的 VR 游戏码率为 40Mbit/s。VR 游戏是强交互型的业务，通过终端设备和云端进行实时数据交互，云端主要进行计算、渲染，压缩后以视频流形式将画面传到终端进行显示。总体来说，云 VR 游戏与网络的带宽、时延相比，对视频有更高的体验要求。典型云 VR 业务对网络的基本要求见表 9-2。

表9-2　典型云VR业务对网络的基本要求

分类	云 VR 视频（沉浸体验）	云 VR 游戏（交互体验）
技术特点	4K/8K 60 ～ 120fps	4K/8K 6DoF
建议码率	40 ～ 80Mbit/s	40 ～ 65Mbit/s
带宽要求	60 ～ 120Mbit/s 以上	60 ～ 130Mbit/s 以上
网络时延要求	20 ～ 30ms 以下	20ms 以下

通过云 VR 的场景分析、业务分析可以看出，高阶的 toC 业务对于 IP 承载网的要求非常高，首先，动态大带宽能力，面向云 VR 等高阶业务的承载，接入段的带宽预计会达到万兆，网络需要根据用户承载业务需求提供大带宽能力，并且能够根据峰值、峰谷进行动态调整，保障用户体验的一致性。其次，网络的确定性体验保障，用户体验的一致性除了有带宽保障，还需要保障网络时延的确定性，从用户端到云端提供确定性的时延保障，需要 IP 承载网支持租户级、应用级的切片专网保障。IP 承载网不但需要满足传统的通用连接需求，还需要具备 toC 场景下差异化业务、差异化用户的承载能力。

9.1.2　toB 业务发展对承载网的要求

1. 企业承载需求

在 toB 领域，越来越多的企业会上云，越来越多的企业生产系统会上云。企业数字化过程中的智能化演进会促进企业对于算力应用的分布式要求，以应对企业智能化对于泛在算力的要求。对于运营商来说，除了要明确具备 DICT 的一体化集成能力，更对基于 IP 承载网络提供的政企专线产品提出了苛刻的“运力”要求，例如，稳定的时延、抖动、可靠性，动态调整带宽等高要求。企业对于网络的时延、带宽、丢包、中断次数、抖动等指标关注度非常高。用户云关注的业务网络指标如图 9-1 所示。

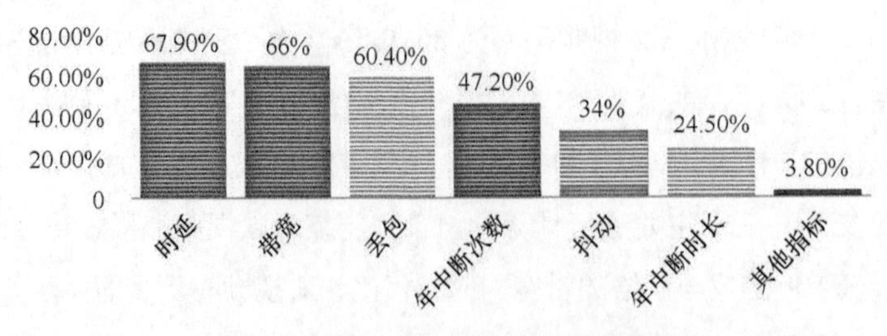

图9-1　用户云关注的业务网络指标

行业智能化对企业内部网络、外部租用运营商网络提出了明确的要求，《工业互联网创新发展行动计划（2021—2023年）》中提出，需要加快工业设备网络化改造、推进企业内网升级，推动信息技术（IT）网络与运维技术（Operation Technology，OT）网络融合，建设工业互联网园区网络；探索云网融合、确定性网络、IPv6分段路由（SRv6）等新技术的部署。

数字经济必然离不开运营商的深度参与，良好的数字经济基础是企业数字化转型成功的要素之一。这个过程也是以数字能力为主线的。这里的数字能力包括：采用软硬件完成数据采集，集合企业数字基础设施，或通过运营商网络实现数据上云等；运用云原生的中心云、边缘云等，实现数据治理、数据经营，加速企业业务数据、财务数据、运营数据等和企业信息基础设施的融合，结合人工智能，实现企业运营智能化、智慧化、极简化，提升生产效率；运用数智能力，实现企业管理升级、决策升级、能力升级。

通过企业数字能力的分析可以看到，企业对运营商可提供的网络产品有了明确的要求，包含多级算力的灵活调度、业务敏捷运营、网络承载的确定性体验，以及数字化能力的组合应用，这就离不开AI技术，也就是智能化的DICT产品。IP承载网作为运营商最核心的网络资源之一，也是最贴近企业用户的网络资源，在企业数字化转型的过程中，发挥着根本作用。IP承载网作为企业连接算力、连接分支、连接用户的基础网络，同样也需要具备未来数字化能力，具体包括泛在的算力连接能力、基于用户/业务的差异化承载能力、多业务综合承载下的智能运维能力，以及网络级安全能力。

在各行业结合自身特点稳步推进企业应用上云的浪潮下，医疗、金融、制造领域的云化是最具代表性和发展潜力的。

（1）医疗云网络承载需求

影像存档与传输系统（Picture Archiving and Communication System，PACS）、实验室信息系统（Laboratory Information System，LIS）和医院信息系统（Hospital Infomation System，HIS）上云是目前主流的医疗云应用。医疗云网络承载需求见表9-3，其中，云PACS远程阅片、LIS和HIS数据查询均对网络承载的指标要求较严格。

表9-3 医疗云网络承载需求

典型应用	业务场景	带宽	时延	丢包率
云PACS	远程阅片（典型影像20MB）	≥200Mbit/s	≤20ms	≤0.08%
LIS上云	查询十天数据（数据量1.8MB）	≥20Mbit/s	≤20ms	≤0.08%
HIS上云	查询十天数据（数据量3MB）	≥150Mbit/s	≤10ms	≤0.1%

（2）桌面云网络承载指标需求

桌面云网络承载指标需求与采用的桌面云协议相关。桌面云网络承载指标需求见表 9-4，对比了独立计算架构（Independent Computing Architecture，ICA）和华为桌面云协议（Huawei Desktop Protocol，HDP）在不同业务场景下对网络性能的指标要求。

表9-4　桌面云网络承载指标需求

桌面云协议	业务场景	带宽	时延	丢包率
ICA	基础办公（服务器轻载）	≥ 25Mbit/s	≤ 30ms	≤ 0.08%
	观看视频（1080P）	≥ 25Mbit/s	≤ 25ms	≤ 0.15%
HDP	基础办公（服务器轻载）	≥ 39Mbit/s	≤ 20ms	≤ 0.08%
	观看视频（1080P）	≥ 25Mbit/s	≤ 60ms	≤ 0.08%

（3）企业通信上云网络承载指标需求

企业通信上云的主要场景包括支持各类软终端和硬终端的音视频会议、数据共享、远程协作等，企业通信上云网络承载指标需求见表 9-5。各应用场景除了对网络承载带宽和时延有要求，对抖动也提出严格的要求。

表9-5　企业通信上云网络承载指标需求

典型应用	带宽	时延	抖动	丢包率
音视频会议（硬终端）	≥ 4Mbit/s	≤ 25ms	≤ 10ms	≤ 0.1%
音视频会议（PC 软终端）	≥ 1.5Mbit/s	≤ 25ms		≤ 0.08%
数据共享	≥ 1.8Mbit/s	≤ 25ms		≤ 0.08%
远程协作	≥ 1Mbit/s	≤ 15ms		≤ 0.1%

（4）行业视频网络承载指标需求

视频作为 toB 行业广泛应用的业务之一，包括视频监控、视频教育、视频会议、游戏等多种场景，行业视频网络承载指标需求见表 9-6。视频编码从高清、超清向 4K/8K 演进，VR/AR 的发展成熟，对网络承载要求越来越严格。

表9-6　行业视频网络承载指标需求

典型应用	带宽	时延	丢包率
视频监控	≥ 8Mbit/s	≤ 150ms	≤ 5%
视频会议	≥ 4Mbit/s	≤ 100ms	≤ 0.1%
4K 视频承载	≥ 50Mbit/s	≤ 40ms	≤ 0.1%
VR（弱交互型）	≥ 100Mbit/s	≤ 15ms	≤ 0.1%
VR（强交互型）	≥ 500Mbit/s	≤ 10ms	≤ 0.1%

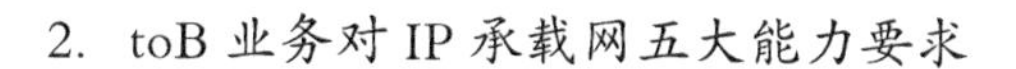

2. toB业务对IP承载网五大能力要求

（1）第一种能力：敏捷随需

随着企业数字化转型推进，企业业务的不断变化和高频调整，各行业企业，特别是广大中小企业对资费敏感，更关注快速业务开通，对网络带宽灵活调整需求旺盛，具体表现为：企业业务频繁调整，对专线网络的敏捷性提出了更高的要求，可以实现业务灵活开通，也具备数据流量的动态路径调度。敏捷开通已成为企业的共同需求，可线上自助订购，专线具备灵活带宽调整能力；越来越多的企业应用向云迁移，企业应用动态迁移到云、应用跨数据中心动态调度成为常态，云网敏捷协同、网随云动是必然选择。

（2）第二种能力：灵活承载

① 分支灵活组网

企业分支灵活扩展、企业业务高频调整，需要承载网对应提供企业分支机构间点到点、点到多点、多点到多点任意数据的灵活互联、企业新分支的快速接入和灵活添加能力。

② 一点灵活入多云，云间按需互联

企业可以通过一根专线灵活访问分布在不同云上的SaaS应用，网络按需将企业站点上传的应用分发到不同的云，用户侧不感知、不切换。在传统的二层专线模式中，企业需要自行规划专线，去匹配算力资源的位置、类型等；如果需要进行企业跨云资源池的业务调整、调度等，需要分析、手工配置才能完成。这种操作模式不仅自动化率低、效率低，而且成本较高。为实现企业业务跨云池的调度、部署，需要网络和云池高度协同，除了连接能力，还需要实现云网互调的能力。

③ 一线灵活多业务

企业希望在不改动自身组网的情况下，通过已有的线路按需灵活叠加上网、组网和上云业务，提供业务和带宽随选、按需购买和变更能力。在快速获取新业务的同时，根据实际业务需求，灵活增删各类业务，实现最优性价比的ICT融合服务。

（3）第三种能力：大带宽

企业应用云化演进使企业流经广域网的流量激增，推动大带宽上云专线和云间互联专线承载。业务的视频化带来数十到数百兆比特每秒的大带宽专线承载需求。

① 大带宽上云专线承载

医疗云化、影像备份、云PACS服务需要100Mbit/s以上的弹性带宽；影像及核心业务容灾要求承载带宽大于1Gbit/s。工业制造云化，催生数条吉比特每秒上云专线需求。桌面云通过数据集中、安全管理、IT简化、故障敏捷恢复等能力，支持移动办公等得到广泛应用。基础办公、视频播放等典型桌面云应用均需要大带宽上云专线承载。以 ICA 桌面云协议为例，在服务器重载情况下，单个终端基础办公需要 50Mbit/s 以上带宽承载。

② 云间高速互联

IDC 之间、公有云之间、公有云与私有云之间、公有云与行业云之间多种场景的云间数据协同，推动数据中心间互联流量爆发式增长，目前，100Gbit/s 已成为数据中心互联的主流需求。

③ 大带宽视频承载

行业视频监控高清化、智能化和云化应用，单个摄像头上联带宽大于 8Mbit/s，单网点专线带宽需求为数十到数百 Mbit/s。远程医疗从高清走向 4K/8K，带宽需求已提升到 500Mbit/s 以上，远程手术甚至需要 1Gbit/s 以上带宽。VR 在 toB 行业的应用开启，支持入门级体验需要 300Mbit/s 以上带宽，极致体验承载带宽需求超过 1Gbit/s。

（4）第四种能力：差异化承载

随着企业“过顶传球（Over The Top，OTT）”借助电商化云服务优势，基于自建云骨干网、不断将 POP 下沉，改善企业专线接入，威胁运营商长途专线市场，也迫使运营商的专线产品向灵活、快捷转型。企业数字化转型过程不同业务、应用对于网络承载能力要求各有差异，不同的 SLA 组合才能给用户提供最优的业务体验。

（5）第五种能力：网络智能化

IP 承载网面向未来 CHBN（Customer，Home，Business，New-market，客户，家庭，政企，新兴业务）多业务的综合承载，需要实现网元级智能化、网络级智能化、业务级智能化以及管控级智能化，通过一体化的智能能力，可以为运营商后端团队、为政企用户提供智能化网络解决方案。例如，带宽动态可调、业务开通自助服务、网络故障自动排障、告警日志自动分析、网络安全态势感知等能力，面向 L5 的自动驾驶 IP 承载网。

9.1.3 toH 业务发展对承载网的要求

面向 toH 的业务发展，从最初的互联网访问，到家庭组网，全面进入家庭业务数字化应用。未来家庭主要应用的是 8K/16K 大屏，从传统的管道业务，走向智慧家庭全业务。智慧家庭的应用场景主要分为以下五大类。

- 大屏娱乐，影视、游戏、裸眼 3D 等。
- 智能服务，智能组网及全屋 Wi-Fi。
- 家庭连接，固定宽带、云宽带、固移融合等。
- 智慧应用，家庭安防、家庭云、智慧家居等。
- 延伸业务，智慧社区、数字嗅觉、VR/AR/ 扩展现实（extended Reality，XR）等。

IP 承载网中 80% 的流量来自 toH，未来，面向 5 ～ 10 年的家庭业务依然是承载网流量的主要贡献者。从对未来业务的分析来看，4K/8K 的高清视频、VR/AR/XR、全息、裸眼 3D 等业务都会成为流量增长的驱动因素。未来，家庭的带宽至少要达到 10Gbit/s。对于承载网的接入、骨干汇聚等节点，至少满足 400GB 或 800GB 互联，提供末端大带宽的泛在接入能力。

从家庭业务流量走向的变化分析，除了南北向流量，更高体验要求的业务与人工智能相关的智慧应用业务，要求中心算力下沉边缘、极度边缘等，势必给流量的走向变化带来强劲的驱动力。东西流量、南北流量分庭抗争，对承载网提出泛在算力互联的基础要求之上，需要承载网可以满足差异化承载、低时延、大带宽、稳定抖动、99.999% 可靠性等高品质网络能力。对于差异化多业务混合承载的承载网，在业务的开通、变更、运维等环节，带来了更大的挑战，如何快速完成排障、过程隐藏的潜在问题自动分析等，都是未来 IP 承载网需要具备的能力。

VR/AR/XR 业务与 toH 应用场景类同。接下来，我们再针对两种 toH 业务，详细分析业务对 IP 承载网络的要求：一种业务是近期已经开始试点的云宽带，另一种业务是远期的裸眼 3D。

1. 云宽带

基于元计算技术的创新，云宽带的核心变化是用户先上云后上网。除了保证用户访问互联网的功能，还可以提供各种基于体验的服务，例如，云 NAS、绿色上网、VR 教育、云游戏等新形态的高品质服务。

宽带变成智慧宽带，不只是为用户提供连接服务，更多的可以触及存储、视频、安全、娱乐等全新的业务体验升级。在云宽带的业务体验中，我们可以全面感受技术为生活带来的品质、便捷。让家庭的各种类型终端变成一个整体，可以一键控制。

云宽带是运营商在宽带转型的大胆尝试，用“DICT+”场景化宽带的综合解决方案为用户提供新一代的宽带产品形态，尝试从管道提供商转型为应用与服务提供商的转变。也是发展泛在边、端算力的新应用场景，以边缘云的应用为中心，应用灵活定义算力资源、定义网络资源，与云资源一体化供应，也是电信云网融合的创新场景之一，实现从销售宽带到“销售宽带 + 应用 + 服务”的深度转型。

2. 裸眼 3D

未来，裸眼 3D 在家庭场景的应用通过高清大屏来承载，实现全息视频通信。裸眼 3D 的技术实现主要包含 3 个环节：对 3D 物体的数字化、网络传输、利用光学或者计算重建显示。根据显示方式不同，裸眼 3D 可以分成两大类。

第一类是光场显示，利用双眼视差产生 3D 视觉效果，包括视差障碍、柱状透镜、指向光源等多种技术。这些技术对观赏角度有苛刻要求，如果希望大面积使用，则需要结合对用户观看位置的实时捕捉，并动态地进行调节。

第二类是空间光调制器（Spatial Light Modulator，SLM），利用干涉方法将三维物体表面散射光波的全部振幅和相位信息存储在记录介质中，当用同样的可见光照射全息图时，利用衍射原理，可以再现原始物体光波，为用户提供“栩栩如生”的视觉感受。

近几年，基于光场显示的裸眼 3D 通过与用户位置感知和计算技术结合，发展很快，一些厂商已经开始展示相关的创新产品，预计 2025 年会在娱乐、商业领域出现大量的实用案例，对带宽的需求在 1Gbit/s 左右，对实时交互的要求较高，在强交互下需要网络时延小于 5ms，商业应用需要 5 个 9（99.999%，1 年内不能工作时间少于 5 分 15 秒）的网络可用性。

9.1.4 toN 业务发展对承载网的要求

面向未来新型业务，当前最热门的无疑是元宇宙和自动驾驶。这两类业务对于网络的要求有差异，也有共同点。共同点在于两种业务对于算力、AI 的使用都是“去中心化”的；差异在于元宇宙要求容器化的网络，自动驾驶需要高可靠低时延的能力。

1. 元宇宙

元宇宙（metaverse）由“meta”（超越）和“verse”（源自 universe）组成。2021 年，Facebook 公司改名为 META，其对元宇宙的描述是：可以将元宇宙视为一个实体互联网，你不仅可以在其中查看内容，还可以置身其中。这大概会是一种混合环境，它包含我们现在可以看到的社交平台，并且可以让我们以具象化的方式置身其中。

元宇宙的核心是“内容原生”，具有 4 个特性：①与现实世界融合连通的模拟世界；②各种体系共存、嵌套的全息形态；③当前与未来技术的融合应用场景；④贯通虚拟与现实对接的商业模式。

结合元宇宙的“容器型”开放架构探讨需求，在基础设施层，元宇宙需要的是全场景覆盖、高质量的网络。在资源层，元宇宙需要的是高可靠、场景化、AI 算力；在容器层，元宇宙需要的是标准化、高可用、可编辑、内容原生工具。对应运营商的业务领域和能力范围，可能存在的机会点除了高质量的基础网络，主要在相对完善的计算基础设施、新型的算力网络，以及依托自身强大实力，通过联合生态伙伴共同塑造创新的商业模式等。

从元宇宙的应用推演对 IP 承载网络的能力要求，总结为以下 3 个方面。一是海量接入点，未来，接入网络的端侧用户是“人 + 组织 + 环境 + 智能机器人 + 智能万物”，接入数量呈几何

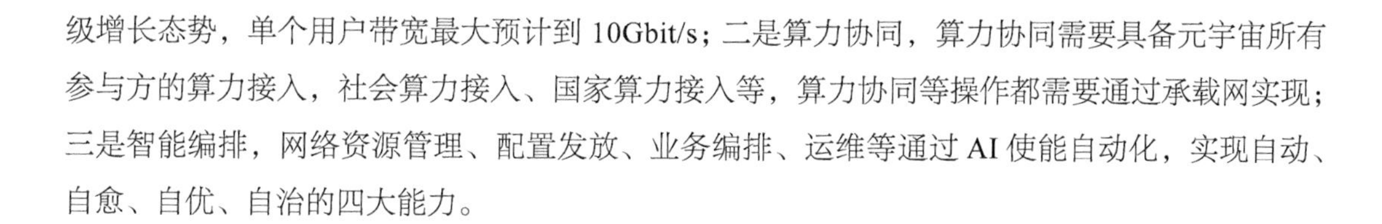
级增长态势，单个用户带宽最大预计到 10Gbit/s；二是算力协同，算力协同需要具备元宇宙所有参与方的算力接入，社会算力接入、国家算力接入等，算力协同等操作都需要通过承载网实现；三是智能编排，网络资源管理、配置发放、业务编排、运维等通过 AI 使能自动化，实现自动、自愈、自优、自治的四大能力。

2. 车联网

车联网主要是指车辆内的车载设备、系统，通过无线通信技术，对已联网的车辆大数据进行分析、应用，面向运行中的车辆提供一系列功能服务。一般来说，车联网及其应用场景有如下特征：为行进中的车辆提供安全距离保障，确保车辆安全行驶，降低事故率；为用户进行精准导航，并通过大数据实现车与车之间的通信，提升公路对于车辆负载的效率、效能等。5G 时代已经到来，5G 车联网与智能交通成为最具价值的场景之一，迈向汽车自动驾驶的方向已经成为必然。

车联网具有以下 5 种信息传输场景。

- 车与云平台间的通信：车辆通过无线通信技术（例如 5G）实现与车联网“大脑（数据中心处理器）”进行数据交互，车联网“大脑（数据中心处理器）”通过大数据及 AI 技术向车辆下达服务指令，实现车与车的数据共享。
- 车与车间的通信：行进中的车辆之间，进行车辆信息的交互，例如，前车的位置、速度、运行数据等，帮助车辆之间对于道路、实时车流状态的判断。
- 车与路间的通信：通过车辆内的设备及系统，通过道路设置的通信基础网络设施进行信息交互，从而实现道路对于车辆信息的汇聚、分析，指引车辆智能选择路径。
- 车与人间的通信：用户无论身在何处，可以通过有线或无线通信技术，实现对于车辆的监测、操控等指挥功能。
- 车内设备间的通信：车内的设备、系统之间的信息数据传递、指令传递等，确保车内系统、数据可以一体化呈现，建立车内的可视的数字化系统，实现车内智能化。

自动驾驶的汽车在未来成为家庭、办公室之外的“第三空间”，未来，用户可以享受到从家庭到出行，再到办公室的连续宽带业务体验。人们在家庭和办公室的业务场景包含大屏、多屏、3D、全息教学和 XR。预计真人级全息会议在 2030 年的普及率并不高，家庭和办公业务的主流宽带需求还是 1 ～ 10Gbit/s、时延小于 5ms。未来，家庭和办公网络将不仅提供宽带的无缝覆盖，还将支持居家办公、场所安全和机器人等全新生活场景。

人们在移动第三空间（车内）的业务场景也将包含多屏、3D、全息教学和 XR。考虑自动驾驶依托网络的车路协同场景，对网络的可用性也提出了更高要求。

无论从车联网的网络需求，还是自动驾驶的第三空间的网络需要，超低时延、确定性体验、高可靠是业务场景对网络的刚需。

9.2 技术驱动：IP 产业技术升级带来的网络能力升级

9.2.1 IP 产业的发展走向“IPv6+”

IP 技术已经全面进入“IPv6+”的时代，IPv6 是唯一可以实现海量规模的网络基础设施升级、演进方案，也是未来网络发展的基石技术。基于 IPv6 的下一代基础设施网络，不仅是面向未来网络发展的必然选择，也是助力中国走向数字经济、行业数字化、社会数字化的重要引擎。对于全面提升国家网络基础设施的安全、可信、可连续性等综合能力，具有重要意义。IPv6 与“IPv6+”技术，必然会为我们国家带来网络基础设施的全面升级、产业及 ICT 融合创新、社会的数字化治理，进而成为我国经济发展的强劲助推力。

我国 IPv6 产业要深入挖掘内生驱动要素，发挥 IPv6 的海量规模部署优势，实现产业升级和业务创新。IPv6 海量地址空间、端到端透明性、移动性支持、内嵌安全等优势，为网络机构的极简、用户业务体验的提升，以及网络可编程、智能化演进打下了良好的基础，与 5G、云计算、产业互联、物联网等应用对网络的能力要求趋同，为进一步开展网络和业务创新提供了广阔的空间。基于 IPv6 技术的综合承载网络升级，打造全 IPv6 的可信网络，通过 IPv6 规模化部署，以及 IPv6 配套技术的升级导入，实现运营商、企业网络能力的提升，实现产业和 ICT 技术的融合发展。

“IPv6+”包括 3 个方面内容：一是以 SRv6 为基础技术，配套网络可编程、确定性网络、业务随流检测、应用感知网络等新型技术体系；二是以网络智能化的创新技术，包含网络故障识别、定位定界以及自愈，网络业务可视化，网络动态调优、算力灵活调度等的运营体系的创新；三是以满足范围接入，通过 5G、固定等方式的接入，对于云计算资源的应用，进而带动个人用户、企业用户的“端、网、云、安”的一体创新模式。因此，“IPv6+”是迈向未来网络的基础技术，该技术不但能够提供泛在的人、物、算力的品质连接，而且可以承载生活、生产等多类型的业务，还可以支撑网络实现数字化运营、智能化编排、服务化体验等。

9.2.2 “IPv6+”能力体系维度

“IPv6+”在超宽、广连接、安全、动化、确定性和低时延 6 个维度全面提升 IP 网络能力。

- 超宽带能力持续释放，应对未来业务不确定性挑战。端到端 400GE 覆盖从接入网络、骨干网到数据中心网络，承载千亿连接和万物上云的数字洪流。

- 广连接能力提供了灵活多业务承载和网络服务化能力。通过利用SRv6可编程技术，实现端到端流量调度，协议简化，网络可编程和用户体验保障，满足多业务融合体验需求。
- 安全能力为IP网打造内生安全体验。"IPv6+"实现零信任，对所有访问进行认证和鉴权，并只提供最小访问权限。基于云网安一体架构协同威胁处置，实现从小时级到分钟级的威胁遏制。
- 自动化能力使能网络自动驾驶能力，实现业务自动部署、故障自愈、自助优化、网络自治等高阶能力，结合人工智能、随流检测、知识图谱等关键技术，将故障恢复时间从小时级提升到分钟级，并可实现异常智能预测。
- 确定性能力为IP网打造可预期的确定性体验。利用切片技术提供高安全、高可靠、可预期的网络环境，实现抖动从毫秒级到微秒／纳秒级。利用智能无损网络技术实现数据中心零丢包。
- 低时延打造人与虚拟世界实时交互沉浸式体验。城域网端到端时延达到10ms，数据中心网络端网协同实现静态时延从微秒级到百纳秒级、动态时延单跳从10～100μs到1μs，提供高效的数据通道。

9.2.3 "IPv6+"创新场景应用

"IPv6+"技术与新基建相结合，诞生三大融合应用创新场景。

1. 场景一："5G toB+"，提升业务体验

借助"IPv6+"独特的创新技术能力（大带宽、低时延、分片隔离），将5G园区的海量接入终端应用延伸到云端，实现企业园区业务的快速连接上云和业务质量保障，进一步提升了5G业务场景的用户体验。

2. 场景二：企业业务多云连接，按需敏捷入云

企业数字化转型和应用场景纷繁复杂，不同业务要求能够满足多云连接的体验要求，无论是百兆带宽接入还是毫秒级时延，"IPv6+"都可以提供高品质的网络连接，可以区分客户的不同业务类型、对网络的需求，实现业务级敏捷入云，助力行业的数字化转型。

随着企业业务部署多云成为趋势，办公类业务、生产类业务、财务类业务，以及多分支机构等会根据业务属性部署到不同的云资源池，进而对网络提出多云连接、多云业务协同、灵活连接调度等的品质网络能力要求。同时，网络需要具备多云负载均衡的能力，综合距离、时延、

价格、物理位置等因素，通过智能云图算法，实现应用级的差异化承载。

3. 场景三：工业互联网网络确定性服务

智能工厂建设需要高质量的外部公共网络，支持工业企业连接分布式工业园区和业务上工业云，采用先进的“IPv6+”技术升级改造企业内网和园区网络，可以确保业务不绕路、不断网、不丢包、不延误，满足确定性服务需求。

9.2.4 “IPv6+”技术演进步骤

根据行业数字化的推进节奏和业务需求，“IPv6+”技术演进可以分为以下 3 个阶段。

1. “IPv6+” 1.0

该阶段实现技术体系创新，构建“IPv6+”网络开放可编程能力，重点通过发展 SRv6 实现对传统 MPLS 网络基础的 VPN、尽力而为业务、流量工程和 FRR 等的替代，业务快速发放，灵活路径控制，简化网络的业务部署。

2. “IPv6+” 2.0

该阶段实现智能运维的创新，带来算力提升、体验可视和体验最优。该阶段重点发展面向 5G 和云的新应用，例如，面向 5G toB 的行业使能、云 VR/AR、工业互联网，以及基于数据 / 计算密集型业务，例如，大数据、高性能计算、人工智能计算等技术。这些应用体验提升需要引入一系列新的创新，包括但不局限于网络切片、随流检测、新一代组播技术和智能无损网络等。

网络切片技术满足“一网千业”所需的多层次、大规格、细粒度的切片隔离承载能力，提供 10 倍以上的商业变现能力。基于“IPv6+”的 Slice ID 技术，采用在 IPv6 扩展报文头中携带 Slice ID，网络设备采用 Slice ID 切片技术后，即使设备上同时存在多个切片，也不会造成分片转发路径的错乱。Slice ID 切片技术极大地降低了网络协议的复杂性，提升了网络切片规格。

SRv6 BSID 技术实现了云网路径服务化的能力，在跨越多个区域的网络中，不同区域的网络由不同的网络控制器管理，打通端到端的入云路径，需要多个网络控制器之间的协同。在智能云网中采用 SRv6 BSID 可快速实现跨域业务开通。单域控制器负责收集本域业务路径服务 BSID，提供给上层控制器或接入网络控制器。上层控制器或接入网络控制通过拼接多个域控制器上报的 BSID，进行端到端的路径编排。SRv6 BSID 技术使跨域业务部署更加便捷，故障收敛时间最小化。

业务链技术面向用户提供基础业务和增值服务。用户通过云网业务运营平台自主选择增值

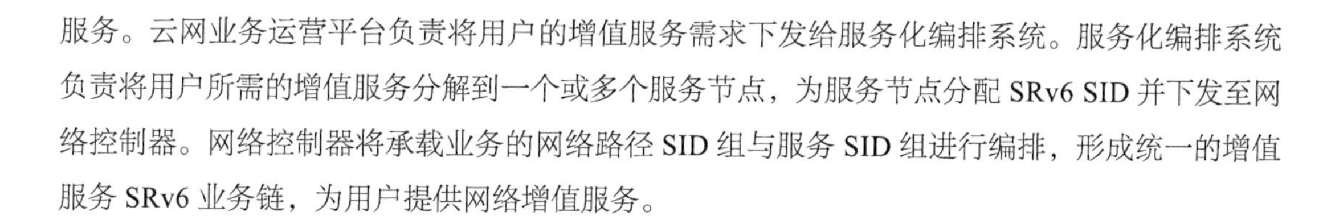

服务。云网业务运营平台负责将用户的增值服务需求下发给服务化编排系统。服务化编排系统负责将用户所需的增值服务分解到一个或多个服务节点，为服务节点分配SRv6 SID并下发至网络控制器。网络控制器将承载业务的网络路径SID组与服务SID组进行编排，形成统一的增值服务SRv6业务链，为用户提供网络增值服务。

3. “IPv6+”3.0

通过商业模式创新，发展应用驱动网络。一方面，随着云和网络的进一步融合，需要在云和网络之间进行更多的信息交互，网络的能力需要更加开放地提供给云来实现应用感知和即时调用。另一方面，随着多云的部署加速，网络需要开放的多云服务化架构，实现跨云协同和业务的快速统一发放和智能运维。

应用感知网络面向未来业务，无论toB、toC、toH，都存在更多的体验优先的应用场景，部分关键应用需要做到可视、可管、可控，同时需要提供高标准的SLA保障。在传统方案中，应用的识别和标记，通过逐跳设备配置ACL等操作来实现。这种操作方式工作量非常大，对网规划和部署带来巨大挑战。借助“IPv6+”技术体系中的APN6应用识别技术，业务和APN ID形成映射，一次部署，整网通用。网络中的设备通过APN ID的识别，可将应用调度到对应的业务分片中，实现细粒度的差分服务。同时，网络中的设备还可基于APN ID的识别，实现应用级的随流检测，提供应用级SLA可视能力。

9.2.5 “IPv6+”为IP承载网带来的能力升级

应用感知网络可以将网络智能、多级算力输送给企业和个人用户，助力中国数字经济。通过IP承载网能力升级，无论对于家庭、个人、行业，都可以提供灵活、敏捷、差异化的优质体验。

1. 海量泛在接入能力

海量泛在接入能力体现在以下4个方面。

（1）万物皆可编码、定义

IPv6地址区域无限制使用，甚至可以为地球上的每个人、每个物件，甚至每粒沙子分配一个IPv6地址。IPv6是助力人类社会进入万物互联的基础。随着IPv6的广泛应用，IPv6在万物互联、万物可编码的优势已经充分得到展现。

（2）网络病毒消亡

目前，病毒和互联网蠕虫给网络带来的安全问题随时爆发，给网络的稳定性带来巨大的隐患。但是 IPv6 网络就不用再担心这些安全隐患的风险，因为 IPv6 庞大的地址空间，对于处于暗处的攻击者来说，就像在地球上所有的沙粒中寻找攻击点，难度可想而知，在以 IPv6 为基础的网络世界中，仿照 IPv4 的攻击手段已经完全失效，所以 IPv6 网络从一开始就变得更加安全、可靠，让病毒、蠕虫难以生存。

（3）网络实名制可行

IPv6 的广泛应用，已经成为互联网安全的基石，它已经成为网络中的实名身份证。受限于 IPv4 地址的局限，无法为每个人提供一个固定的 IP 地址，也就无法通过 IP 地址溯源。再加上运营商只能保留用户 3 个月内的上网访问日志，在 IPv4 时代，对于访问溯源的难度大大增加，网络空间的安全风险也大大增加。正是因为 IPv6 的海量属性，所以 IPv6 可以轻而易举地解决网络实名制的问题，通过为用户分配固定的 IPv6 地址，便可实现 IP 地址、用户的一一对应，有效地解决了网络安全问题。

2. 网络灵活可编程

网络的可编程能力来自 IPv6 地址结构中的可扩展字段的先进能力，通过此字段延伸出新的隧道技术——SRv6，大大提升了网络的可编程能力。网络不再是一个静态的基础资源，而是在 SRv6 的驱动下，成为和业务灵活协同的动态资源，可以按照业务的要求、设计者的意图，对不同的用户、不同用户的业务提供差异化、灵活的调度和保障能力。从而实现对于网络的编程能力，为个人用户、企业用户、家庭用户提供一张灵活可编程的网络，匹配用户的业务要求。

3. 精细化用户级业务管理，提升不同用户、应用的体验

无论个人用户业务，还是企业用户业务，随着场景细分，以及用户对体验要求的提升，对于网络 SLA 要求提出差异化的要求，例如，带宽、时延、抖动、安全、可靠性等的网络指标要求不同。以 IPv6 为基础技术的应用感知网络 APN 技术，通过识别用户的应用信息，根据用户应用对网络要求的差异，把不同的应用映射到不同体验的网络路径中，可以通过网络的综合承载、差异化承载能力，实现为用户不同应用的保障，提升用户核心应用的体验。

使能 APN 的 IP 承载网，不再是互联网应用的管道，而是升级为感知用户应用、服务用户应用的一种优质服务能力。承载网基于 APN 可以根据应用的不同 SLA 要求、VIP 服务等级、安全等级等引流到不同的切片网络。考虑到未来的泛在算力的分布，APN 承载网根据不同业务需要，满足不同的 CPU、GPU、TPU、NPU、ASIC 等算力资源需求，“一站式”完成应用级的算力调度，实现算网一体。

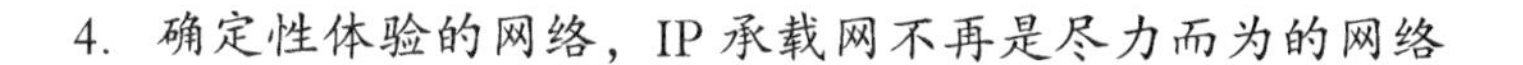

4. 确定性体验的网络，IP承载网不再是尽力而为的网络

确定性技术让IP承载网转变为一张业务生产网络，提升了企业用户的服务等级。5G是交互控制的时代，随着个人用户的不同应用对于网络能力要求的提升，企业用户生产系统数字化后对网络体验的稳定性要求，网络不再是带宽和连接的提供者，网络需要根据承载业务的要求，提供确定性体验的网络能力，具体包括确定性带宽、确定性时延、确定性抖动等。

IP承载网通过升级支持DIP、FlexE等确定性网络技术，可以实现用户级确定性体验。面向未来的智能驾驶、车联网、智慧交通、工业控制、智慧农业、远程手术、VR游戏等业务提供确定性时延、确定性带宽、确定性抖动的高可靠网络端到端传输能力，提供准时、准确的数据传输服务。

9.3 对IP承载网演进的要求

绿色低碳已成为各行各业主要探索和实践的方向。各行各业纷纷寻找与自己有关的低碳减排方法，积极制定行动方案，电信行业也不例外。中国电信计划在“十四五”规划期间，实现单位电信业务总量综合能耗和单位电信业务总量碳排放下降23%。下一步，中国电信将重点从3个方面推进该项工作：一是建设绿色新云网，打造绿色新运营；二是构建绿色新生态，赋能绿色新发展；三是催生绿色新科技，筑牢绿色新支撑。

从运营商绿色发展的方向中，我们从IP承载网所处的位置、需要面向未来具备的业务能力，以及自身的绿色“双碳”方向等维度，可以总结为以下3个发展方向。

1. 方向一：绿色节能

IP承载网中的移动承载网，主要是随着4G/5G基站的部署而规划覆盖的，从5G基站的共建共享战略实施的效果来看，无疑是非常成功的。共建共享对于IP承载网的高效建设提出了更高的要求。我们在中国联通的5G承载网、智能城域网以及中国电信的5G承载网STN网络的规划中看到，运营商明确对网络的各层级路由器总能耗、单比特能耗有了更高的要求和约束。

运营商预计在2030年开始部署6G，应对6G的高频、大带宽以及人工智能的网络加持，对于承载网的覆盖会有更高的覆盖、传输效率要求。因此，“双碳”驱动下运营商在承载网络的规划中，一定会把总能耗、单比特能耗、组合能耗的定义标准化、规范化、产品化，进一步打造绿色、节能的承载网络。对于设备厂商来说，各维度的能耗度量一定会成为市场的刚需，驱动设备厂商对于新材料、新技术、新产品的研发，进一步推动通信产业本身的绿色发展实施。

2. 方向二：多类型业务承载

随着 6G 网络技术的不断深入探索，运营商预计在 2030 年完成 6G 商用部署。从目前可见的产业界研究方向和阶段进展分析，预计 6G 的传输能力比 5G 提升了 100 倍，网络时延也可能达到微秒级。6G 网络会成为海陆空全覆盖的网络，连接全世界的人、物、算力等。从频谱的演进来看，毫米波是 6G 的主要频谱，毫米波的广泛部署意味着具备更高密度的基站和更广覆盖的 IP 承载网络。

对于泛在的 IP 承载网来说，从单网元能力、网络能力、业务承载能力、运营解决方案能力等都会提出更高的要求。对于不同类型的用户有着不同的网络和算力需求；对于同一用户的不同业务或应用的体验有着不同的网络和算力需求；对于不同区域的用户对网络可靠性的等级要求，对网络故障等其他业务影响的差异化要求等。IP 承载网需具备多业务承载能力，要求网络具备的主要能力如下。

① 网络切片、用户级切片、应用级切片等灵活的网络链路拆分、聚合技术，实现不同业务的不同链路承载。

② 应用感知，IP 承载网在未来已经演进成为一张生产、生活、社会安全的网络，网络需要对海量接入的人、物、应用有着精准的识别能力，实现差异化要求识别。

③ 高可靠性，多业务融合承载中，势必互相影响，从业务的整个生命周期都存在影响隔离要求。例如，toC 业务故障、维护对其他业务的影响做到安全隔离。端口、单板、网元、网络的冗余备份解决方案要成为一体化保障能力，保证网络全年 100% 可用。

④ 智能运营，承载网针对运行中的数据、历史数据、未来的预判等具备综合智能的故障分析、优化分析、体验提升分析等，实现网络运营的智能化。对于承载网的资管系统、编排系统等都要实现智能化的升级，具备网络 L5 的自动驾驶能力。

3. 方向三：算力交易

国家多部委明确提出布局全国算力网络国家枢纽节点，启动实施“东数西算”工程，构建国家算力网络体系。“东数西算”“东数西存”是国家的重要举措之一。考虑到我国数据中心的年耗电量较高，且仍处于快速增长的趋势，必须解决数据中心带来的能耗增长问题。这就要求除了从数据中心本身的技术、标准、绿色等方面探索提升，同时，也要在数据中心带来的业务应用模式、商业模式等方面进行创新，从而解决算力应用带来的高能耗。国家八大枢纽点的建设，有效地通过集中规划、分布式应用，解决数据中心无序、快速增长带来的高能耗线性增长。同时，通过新的数据中心技术，提升算力节点建设的标准，加快绿色数据中心技术的发展与部署。

“东数西算”是国家层级的碳交易雏形，碳交易已成为高能耗企业、国家发展的重中之重。碳交易的本质是降低生产对环境的无序破坏，将对环境的消耗作为有偿成本。碳排放作为企业经营的重要经济指标，指导生产方式、商业模式等的改进和提升。因此，碳排放也会催生泛在的碳交易，碳排放必然会成为市场中备受关注的核心“生产要素”，成为一种商品。碳交易给运营商带来最直接的要求就是算力交易、数据处理交易。我们假设 A 省有足够的碳指标，B 省算力已经饱和，那么 B 省的企业会更多地购买 A 省的算力，这样就实现了算力在全国的交易、省内不同地区的交易、同一区域不同企业之间的交易等。

IP 承载网在面向未来的升级演进中，需要支持算力识别、算力度量、算力调度、算力交易四大能力，实现算力交易跨省交易、跨地市交易、跨运营商交易、跨企业交易。

9.4 面向未来：IP 承载网迈向算力网络，实现云网一体

IP 承载网络在面向未来的演进过程中，作为 ICT 基础设施，在社会方方面面发挥着基础支撑的核心作用。未来，IP 承载网会作为人联网、物联网、车联网、产业互联网等的基础支撑网络。自主创新、产业安全可信的 IP 承载网也是加快实现智慧城市等高度信息化、数字化的社会形态愿景的核心推动力。

IP 承载网面向未来 2030 的目标网演进，历经 3 个阶段的演进发展，演进过程的评估维度主要包括以下 4 个方面。

① 资源和数据：网络的基础资源、算力的基础资源建立互相映射、连接的关系，以及对于这些资源和资源间关系的数字化、智能化。

② 运营管理：包括运营控制和设施管理，对于服务提供商内部的管理，以及对外提供服务的“人、物、服务等”核心要素资源的全生命周期的管理。

③ 业务服务：从用户或者业务视角，承载网可以提供的差异化能力。

④ 能力开放：向上层应用、编排等系统提供业务所需，可以被调用的开放型、标准型 API。

1. 第一阶段：以算调网，实现云网协同（2021—2023 年）

IP 承载网和算力实现初步协同，尽管网络基础资源、算力资源相对独立，但是通过承载网

的智能编排系统实现不同类型网络业务的自动化开通。承载网完成算力资源感知、连接的能力，按需为 CHBN 业务提供差异化的调度能力，本阶段的调度主要为集中式调度，调度的资源主要是网络的网元、端口以及算力的 IaaS 层资源。本阶段对应 4 个评估维度的能力，具体说明如下。

① 资源和数据：网络资源、算力资源、管控资源实现无缝对接，并且确保区域内的网调算的双向时延小于 20ms，所有承载网络本身的资源、已经连接的算力资源、存储资源都具备可视能力。

② 运营管理：承载网络所有元素都通过编排系统完成统一对接、监管，实现承载网多种类型业务的自动化开通、故障定位和排除能力。

③ 业务服务：承载网具备提供差异化等级的服务能力，包括与已连接算力所匹配可承载业务的高等级业务提供高质量保障；业务实现网络、CT 云、IT 云、业务云等一体化开通；并且在面向 toB 领域提供多种组合的产品包。

④ 能力开放：网络网元、算力标准化 API 对接接口，完成初步封装，可以为上层编排提供“网 + 算”的多种组合的原子服务能力。

2. 第二阶段：以算融网，实现云网融合（2023—2027 年）

在这个阶段，网络和多种算力在逻辑架构、单网元能力需求趋同，从物理资源的视角实现互联互通，进而对已有资源的编排，实现面向服务对象提供的服务升级。网络网元对于算力的感知可以到网络协议层，IP 承载网具备算力路由能力，所有层级的网元可以作为算力网关，进行网络集中式、分布式、混合式的算力路由计算。此时，对于算力调度的能力可以延伸至 PaaS 层，单个承载网络调度的架构依然以集中式为主。本阶段对应 4 个评估维度的能力，具体如下。

① 资源和数据：云原生的技术应用于 CT 云、IT 云、业务云，部分网络功能虚拟化；网络对于多种算力的度量、管理成为产品的实现标准。承载网的资源呈现方式转变为大数据智能化管理，承载网具备半自主的资源分析、预测报表分析能力，此时的 IP 承载网全部 IPv6 化。

② 运营管理：“网 + 算”集中式管理，通过对基础网络资源、算力资源的统一编排、灵活调度，为用户提供标准化的一体服务产品或解决方案，IP 承载网可实现故障自动定位定界，并实现根据自动策略下的负载动态切换。

③ 业务服务：从用户视角定义产品，再定义解决方案，再基于解决方案进行原子服务的拆分。结合运营商的光纤、接入网、汇聚网、骨干网、多级算力、大数据、集成等生产要素，进行原子服务能力构建，进而为个人、行业提供一体化的数字服务。

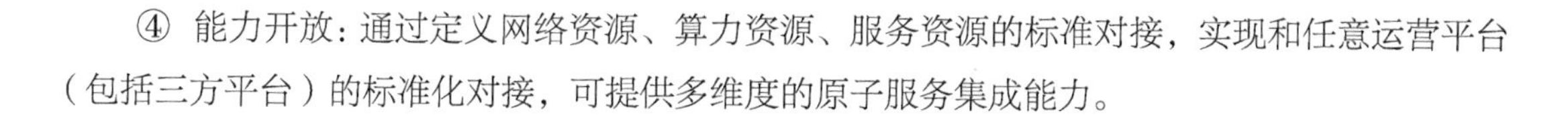

④ 能力开放：通过定义网络资源、算力资源、服务资源的标准对接，实现和任意运营平台（包括三方平台）的标准化对接，可提供多维度的原子服务集成能力。

3. 第三阶段：算力网络，实现云网一体（2027—2030 年）

在此阶段，光纤资源、泛在网络、采控平台、编排应用、运营平台等，都不再以单一的纵向系统出现，而是以内部业务、对外服务业务的视角重新定义，通过业务流驱动各类资源平台的一体化、服务化协同。信息基础设施的各种要素发生“化学反应”，实现 IP 承载网向生产网的升级，对于 CHBN 不同类型的用户，不再看到网络、算力、集成等的物理资源差异，而是通过数字化的服务平台形成多种类型业务的标准组件。承载网转变为一个多级算力一体化的融合网络，网络功能不再局限于单一功能，算网一体的网络实现泛在算力的融合调度、调度能力可延伸至 SaaS 层。调度的架构由集中式演进为分布式，具备算力交易、结算、运营等一体化能力，实现算网一体，实现云网融合的终极阶段目标。

未来，随着 DICT 业务形态不断的智慧化升级、演进，IP 承载网作为运营商最泛在的网络，会像水和电一样，实现对于个人用户、企业用户、家庭用户、机器用户等做到即取即用。尤其是在未来业务趋势在智能化演进过程中，网络和 AI 技术、数字孪生技术、区块链技术，以及量子计算等技术深度结合，承载网变成一张人民生活、社会运转、企业运营综合承载的网络。基础网络资源不再单一的作为产品简单的提供，通过微服务的方式为 CHBN 用户提供差异化、智慧化的综合一体化能力，IP 技术也会从尽力而为演进到确定性技术的高可靠、内生安全的通信技术，未来的 IP 承载网会是一张极致体验的生产型、服务化的网络。

缩略语

缩略语	英文全称	中文全称
5GC	5G Core Network	5G 核心网
AAU	Active Antenna Unit	有源天线单元
AC	Attachment Circuit	接入电路
ACL	Access Control List	访问控制列表
ADSL	Asymmetric Digital Subscriber Line	非对称数字用户线路
AI	Artificial Intelligence	人工智能
AIOps	Artificial Intelligence for IT Operation	智能运维
A-Leaf	Access Leaf	接入叶子
API	Application Programming Interface	应用程序接口
APN6	Application-aware IPv6 Networking	应用感知的 IPv6 网络
AR	Augmented Reality	增强现实
ARP	Address Resolution Protocol	地址解析协议
AS	Autonomous System	自治系统
ASBR	Autonomy System Border Router	跨域边界路由器
ASN	Autonomous System Number	自治系统编号
ATM	Asynchronous Transfer Mode	异步传输模式
BBU	Building Baseband Unit	基带处理单元
BD	Bridge Domain	桥域
BE	Best Effort	尽力而为
BGP	Border Gateway Protocol	边界网关协议
BGP FlowSpec	BGP Flow Specification	边界网关协议流规格
BGP-LS	BGP Link-State	BGP 链路状态
BIER	Bit Index Explicit Replication	比特索引显式复制
BNG	Broadband Network Gateway	宽带网关
BP	Branching Point	分支点
bit/s	bit per second	比特每秒
BR	Broadband Router	汇聚路由器
BRAS	Broadband Remote Access Server	宽带远程接入服务器
BSC	Base Station Controller	基站控制器
BSID	Binding SID	绑定 SID
BUM	Broadcast Unknown-unicast Multicast	广播、未知单播、组播
CAR	Committed Access Rate	承诺访问速率
CCN	Content-Centric Network	以内容为中心的网络
CDN	Content Delivery Network	内容分发网络

续表

缩略语	英文全称	中文全称
CE	Customer Edge	用户边缘
CIDR	Classless Inter-Domain Routing	无类别域间路由
CLI	Command Line Interface	命令行交互工具
CLNP	Connectionless Network Protocol	无连接网络协议
CN2	Chinatelecom Next Carrier Network	中国电信下一代承载网
CINIC	China Internet Network Information Center	中国互联网络信息中心
CP	Control Plane	控制面
CPE	Customer Premise Equipment	客户终端
CR	Core Router	核心路由器
C-RAN	Centralized/Cloud-Radio Access Network	集中式 / 云化无线接入网
CSA	Cyberspace Situation Awareness	网络态势感知
CT	Communication Technology	通信技术
CU	Centralized Unit	集中单元
DA	Destination Address	目的地址
DC	Data Center	数据中心
DDR	Double Data Rate	双倍速率同步动态随机存储器
DetNet	Deterministic Network	确定性网络
DF	Designated Forwarder	指定转发器
DHCP	Dynamic Host Configuration Protocol	动态主机配置协议
DICT	Data and Information and Communication Technology	数字信息通信技术
DIP	Deterministic IP	确定性 IP
DN	Data Network	数据网络
DNN	Data Network Name	数据网络命名
DNS	Domain Name System	域名系统
DOH	Destination Options Header	基于目的选项扩展报文头
D-RAN	Distributed Radio Access Network	分布式无线接入网
DSCP	Differentiated Services Code Point	差分服务代码点
DSLAM	Digital Subscriber Line Access Multiplexer	数字用户线路接入复用器
E2E	End-to-End	端到端
ECMP	Equal Cost Multiple Path	等价多路径
EGP	Exterior Gateway Protocol	外部网关协议
EIGRP	Enhanced Interior Gateway Routing Protocol	增强内部网关路由协议
eNodeB	evolved NodeB	演进型 NodeB
EPC	Evolved Packet Core	分组核心网
EPE	Egress Peer Engineering	出口对等工程
ER	Edge Router	边缘路由器

续表

缩略语	英文全称	中文全称
ESI	Ethernet Segment Identifier	太网分段标识
E-tree	Ethernet Tree	树形以太网
E-Trunk	Enhanced Trunk	跨设备链路聚合
EVI	EVPN Instance	EVPN 实例
EVPL	Ethernet Virtual Private Line	以太网虚拟专线
EVPN	Ethernet Virtual Private Network	以太网虚拟专用网络
FAD	Flexible Algorithm Definition	灵活算法定义
FDDI	Fiber Distributed Data Interface	光纤分布式数据接口
FEC	Forwarding Equivalence Class	转发等价类
FIB	Forwarding Information Base	转发信息库
Flex-Algo	Flexible Algorithm	灵活算法
FlexE	Flexible Ethernet	灵活以太网
FlowSpec	Flow Specification	流规格
FRR	Fast Reroute	快速重路由
FS	First Segment	首分段
FTP	File Transfer Protocol	文件传送协议
FTTB	Fibre To The Building	光纤到大楼
FTTC	Fibre To The Curb	光纤到路边
FTTH	Fibre To The Home	光纤到家庭
FTTX	Fiber-To-The-X	光纤接入
FW	Fire Wall	防火墙
gNB	next generation NodeB	5G 基站
GRE	Generic Routing Encapsulation	通用路由封装协议
GTSM	Generalized Time To Live Security Mechanism	通用存活时间安全机制
HA	High Availability	高可靠性
HBH	Hop-By-Hop Option Header	基于逐跳选项扩展报文头
HDP	Huawei Desktop Protocol	华为桌面云协议
HIS	Hospital Infomation System	医院信息系统
HQoS	Hierarchical Quality of Service	层次化质量服务
HSI	High Speed Internet	高速上网
IAB	Internet Architecture Board	互联网架构委员会
IANA	the Internet Assigned Numbers Authority	互联网数字分配机构
IBGP	Internal Border Gateway Protocol	内部边界网关协议
ICA	Independent Computing Architecture	独立计算架构
ICANN	Internet Corporation for Assigned Names and Numbers	互联网名称与数字地址分配机构
ICMP	Internet Control Message Protocol	因特网控制消息协议

续表

缩略语	英文全称	中文全称
ICT	Information and Communication Technology	信息通信技术
IDN	Intent Driven Network	意图驱动网络
IDS	Intrusion Detection System	入侵检测系统
iFIT	in-situ Flow Information Telemetry	随流检测
IGMP	Internet Group Management Protocol	互联网组管理协议
IGP	Interior Gateway Protocol	内部网关协议
IGRP	Interior Gateway Routing Protocol	内部网关路由协议
IGMP	Internet Group Management Protocol	互联网组管理协议
IMS	IP Multimedia Subsystem	IP 多媒体系统
IOAM	In-band Operations Administration and Maintenance	带内操作管理和维护
IoT	Internet of Things	物联网
IP	Internet Protocol	因特网协议
IPFPM	IP Flow Performance Measurement	IP 流性能测量
IPng	IP Next Generation	下一代 IP
IPoE	Internet Protocol over Ethernet	基于以太网的互联网协议
IPPBX	Internet Protocol Private Branch eXchange	互联网协议专用小交换机
IP RAN	IP Radio Access Network	无线接入网 IP 化
IPS	Intrusion Prevention System	入侵防御系统
IPSec	Internet Protocol Security	互联网安全协议
IPTV	Internet Protocol Television	交互式网络电视
ISIS	Intermediate System to Intermediate System	中间系统到中间系统
ISO	International Organization for Standardization	国际标准化组织
ITMS	Integrated Terminal Management System	终端综合管理系统
L2	Level 2	二层
L2TP	Layer2 Tunneling Protocol	第二层隧道协议
L3	Level 3	三层
LAC	L2TP Access Concentrator	L2TP 访问集中器
LACP	Link Aggregation Control Protocol	链路聚合控制协议
LB	Load Balance	负载均衡
LDP	Label Distribution Protocol	标记分配协议
LFA	Loop-Free Alternate	无环路备份
LIS	Laboratory Information System	实验室信息系统
LLDP	Link Layer Discovery Protocol	链路层发现协议
LSA	Link State Announcement	链路状态公告
LSDB	Link State Data Based	链路状态数据库
LSP	Label Switched Path	标签交换路径

续表

缩略语	英文全称	中文全称
LSP	Link State PDU	链路状态协议数据单元
LTE	Long Term Evolution	长期演进
MAC	Media Access Control Address	物理地址
MAN	Metropolitan Area Network	城域网
MANO	Management and Orchestration	管理和网络编排
MCR	Metropolitan Core Router	城域核心路由器
MEC	Mobile Edge Computing	移动边缘计算
MEC	Multi-Access Edge Computing	多接入边缘计算
MER	Metropolitan Edge Router	汇聚城域边缘路由器
MLD	Multicast Listener Discovery	多播接收方发现协议
mMTC	massive Machine - Type Communication	大连接物联网
MP2MP	MultiPoint-to-MultiPoint	多点对多点
MP-BGP	MultiProtocol BGP	BGP 多协议扩展
MP-EBGP	Multi Protocol Extended Border Gateway Protocol	多协议扩展边界网关协议
MPLS	Multi Protocol Label Switch	多协议标签交换
MSE	Multi-Service Edge	多业务边缘路由器
MTP	Motion to Photons Latency	动显延迟
MVPN	Multicast VPN	组播 VPN
NaaS	Network as a Service	网络即服务
NAT	Network Address Translation	网络地址转换技术
NDN	Named Data Network	命名数据网络
NFV	Network Function Virtualization	网络功能虚拟化
NFVI	Network Functions Virtualization Infrastructure	网络功能虚拟化基础设施
NGFW	Next Generation Fire Wall	下一代防火墙
NH	Next Header	下一报文头
NIC	Network Interface Controller	网络接口控制器
NLRI	Network Layer Reachability Information	网络层可达信息
NG MVPN	Next-Generation Multicast VPN	下一代组播
NOS	Network Operating System	网络操作系统
NP	Network Processor	网络处理器
NR	New Radio	新无线
NSA	Non Stand Alone	非独立组网
NSH	Network Service Header	网络业务报文头
OLT	Optical Line Terminal	光线路终端
ONU	Optical Network Unit	光网络单元
Opcode	Operation Code	操作码

续表

缩略语	英文全称	中文全称
OPEX	Operating Expense	运营成本
OSI	Open System Interconnection	开放式系统互联
OSPF	Open Shortest Path First	开放式最短路径优先
OTN	Optical Transport Network	光传送网
P2MP	Point-to-MultiPoint	点对多点
P2P	Peer-to-Peer	对等网络
P2P	Point to Point	点对点
P4	Programming Protocol-independent Packet Processor	编程协议无关的包处理器
PACS	Picture Archiving and Communication System	影像存储与传输系统
PADO	PPPoE Active Discovery Offer	PPPoE 协议的发现响应报文
PBR	Policy Based Routing	策略路由
PCC	Path Computation Client	路径计算客户
PCE	Path Computation Element	路径计算单元
PCECP	Path Computation Element Communication Protocol	路径计算单元通信协议
PCF	Packet Control Function	分组控制功能
PDSN	Packet Data Serving Node	分组域数据服务节点
PDU	Protocol Data Unit	协议数据单元
PE	Provider Edge	提供商边缘
PHP	Penultimate Hop Popping	倒数第二跳弹出
PIM	Protocol Independent Multicast	与协议无关组播
PLC	Programmable Logic Controller	可编程逻辑控制器
PLR	Point of Local Repair	本地修复节点
POD	Point Of Delivery	分发点
POF	Protocol Oblivious Forwarding	协议无感知转发
PON	Passive Optical Network	无源光网络
POS	Packet Over Synchronous Digital Hierarchy	基于 SDH 的包交换
PPP	Point-to-Point Protocol	点对点协议
PQ	Priority Queue	优先级队列
PS	Post Service	业务链尾处理
PSTN	Public Switch Telephone Network	公用交换电话网
PTN	Packet Transport Network	分组传送网
PTS	Periodic Time Sensitive	周期时延敏感流
pUP	physical User Plane	物理用户面
PVC	Permanent Virtual Connection	永久虚连接业务
PW	Pseudo Wire	伪线

续表

缩略语	英文全称	中文全称
QoS	Quality of Service	服务质量
RADIUS	Remote Authentication Dial In User Service	远程用户拨号认证服务
RAN	Radio Access Network	无线接入网
RARP	Reverse Address Resolution Protocol	反向地址解析协议
RD	Route Distinguisher	路由标识符
RH	Routing Header	路由扩展报头
RIP	Routing Information Protocol	路由信息协议
RLFA	Remote Loop-Free Alternate	远端无环路备份
RNC	Radio Network Controller	无线网络控制器
RR	Route Reflector	路由反射器
RRU	Remote Radio Unit	射频拉远单元
RSVP-TE	Resource ReSerVation Protocol-Traffic Engineering	资源预留协议流量工程
RT	Route Target	路由目标
SA	Stand Alone	独立组网
SC	Service Classifier	流分类器
SCADA	Supervisory Control And Data Acquisition	监控与数据采集系统
SDH	Synchronous Digital Hierarchy	同步数字体系
SDN	Software Defined Network	软件定义网络
SD-WAN	Software Defined Wide Area Network	软件定义广域网
SF	Service Function	服务功能
SFC	Service Function Chaining	业务功能链
SFF	Service Function Forwarder	业务功能转发节点
SFP	Service Function Path	业务路径
SID	Segment Identifier	分段标识符
SIP	Session Initiation Protocol	会话初始化协议
SL	Segments Left	剩余分段
SLA	Service Level Agreement	服务等级协议
S-Leaf	Service Leaf	业务叶子节点
SLM	Spatial Light Modulator	空间光调制器
SMF	Session Management Function	会话管理功能
SMTP	Simple Mail Transfer Protocol	简单邮件传送协议
SNAT	Source Network Address Translation	源网络地址转换
SP	Service Provider	服务提供商
SPF	Shortest Path First	最短路径算法
SPN	Slicing Packet Network	切片分组网
SR	Segment Routing	分段路由

续表

缩略语	英文全称	中文全称
SR BE	Segment Routing Best Effort	分段路由尽力转发
SR TE	Segment Routing Traffic Enginering	分段路由流量工程
SRGB	Segment Routing Global Block	分段路由全局块
SRH	Segment Routing extended Header	分段路由扩展报文头
SRLG	Shared Risk Link Group	风险共享链路组
SRMS	Segment Routing Mapping Server	分段路由映射服务器
SRv6	Segment Routing IPv6	基于 IPv6 的分段路由
SRv6-TE	SRv6-Traffic Engineer	基于 SRv6 分段路由流量工程
STN	Smart Transport Network	智能传送网
STP	Spanning Tree Protocol	生成树协议
TAS	Time Awareness Shaper	时间感知整形
TCP	Transmission Control Protocol	传输控制协议
TCP/IP	Transmission Control Protocol/Internet Protocol	传输控制协议 / 网间网协议
TDG	Table Dependency Graph	表依赖图
TDM	Time Division Multiplexing	时分复用
TE	Traffic Engineering	流量工程
TI-LFA	Topology Independent-Loop Free Alternate	拓扑无关的无环路备份
TSN	Time Sensitive Network	时延敏感网络
TTE	Time Trigger Ethernet	时间触发以太网
TWAMP	Two Way Active Measurement Protocol	双向主动测量协议
UCMP	Unequal Cost Multiple Path	非等价多路径
UDP	User Datagram Protocol	用户数据报协议
ULCL	UpLink CLassifier	上行分流
UMR	Unknown MAC Route	未知 MAC 路由
UNI	User Network Interface	网络用户接口
UPF	User Plane Function	用户面功能
URPF	Unicast Reverse Path Find	单播反向路径检查
VAS	Value Add Service	增值业务
vBRAS	virtual Broadband Remote Access Server	虚拟宽带远程接入服务器
VIM	Virtual Infrastructure Management	虚拟基础架构管理
VLAN	Virtual Local Area Network	虚拟局域网
VM	Virtual Machine	虚拟机
VNFD	Virtualized Network Function Descriptor	虚拟化的网络功能模块描述符
VNFM	Virtual Network Functions Manager	虚拟网络功能管理
VoIP	Voice over Internet Protocol	基于 IP 的语音传输
VoLTE	Voice over Long Term Evolution	长期演进语音承载

续表

缩略语	英文全称	中文全称
VPC	Virtual Private Cloud	虚拟私有云
VPDN	Virtual Private Dail-up Network	虚拟拨号专用网
VPLS	Virtual Private LanService	虚拟专用局域网服务
VPN	Virtual Private Network	虚拟专用网络
VPWS	Virtual Private Wire Service	虚拟专用线路服务
VR	Virtual Reality	虚拟现实
VRF	Virtual Routing Forwarding	虚拟路由转发
VRRP	Virtual Router Redundancy Protocol	虚拟路由冗余协议
VSI	Virtual Switch Interface	虚拟交换接口
vSR	virtual Service Router	虚拟化业务路由器
VTN	Virtual Transport Network	虚拟承载网络
vUP	virtual User Plane	虚拟用户面
VxLAN	Virtual extensible Local Area Network	虚拟扩展局域网
WAF	Web Application Firewall	Web 应用防火墙
xDSL	x Digital Subscriber Line	各种数字用户线路